国家出版基金项目
NATIONAL PUBLICATION FOUNDATION

光电与光纤传感器MEMS技术及应用

Optoelectronic/Fiber Optic Sensors and MEMS Technology Applications

刘玉敏 洪小斌 邹旭东 孙大开 薛晨阳 编著

国防工业出版社
·北京·

内 容 简 介

本书以传感为核心，主要讲述光电与光纤传感器相关的技术及应用，其中，光传感的MEMS化作为传感器发展的方向，也做了深入介绍。全书内容包括与传感器有关的光（辐射）源、光电导器件、结型光电器件、光电发射器件、光纤、各种光纤传感器件与技术、MEMS光传感系统及工艺。对涉及的典型应用，也做了适当介绍。

本书可作为理工科院校光电信息科学与工程、光学工程、信息与通信工程等专业从事传感领域研究的高年级本科生、研究生的学习教材或参考书，也可为研究和从事相关领域的科研人员和工作人员提供参考。

图书在版编目（CIP）数据

光电与光纤传感器MEMS技术及应用 / 刘玉敏等编著 . 北京 : 国防工业出版社, 2024. 7. --（传感器与MEMS技术丛书）. -- ISBN 978-7-118-13402-5

Ⅰ. TP212

中国国家版本馆CIP数据核字第2024ZS0597号

※

国防工业出版社 出版发行

（北京市海淀区紫竹院南路23号　邮政编码100048）

雅迪云印（天津）科技有限公司印刷

新华书店经售

*

开本 710×1000　1/16　**印张** 32¼　**字数** 575千字

2024年7月第1版第1次印刷　**印数** 1—3000册　**定价** 188.00元

国防书店：（010）88540777　　书店传真：（010）88540776

发行业务：（010）88540717　　发行传真：（010）88540762

《传感器与 MEMS 技术丛书》

编写委员会

前言

光电子技术的飞速发展促进了光电传感的发展和应用，近年来，各类光电传感器的性能和商业化程度获得了极大提高，在工业、农业、医疗、环保、国防等领域发挥着越来越重要的作用。本书由来自国内重点大学和科研机构长期从事光电传感和检测研究工作的教授和研究员担任撰写工作，在内容安排上力求与时俱进，注重理论与应用相结合。

本书包括 3 个部分，第 1 部分为光电器件和传感的物理基础以及传感系统中常见的光电器件。光电器件包括光源、光电导探测器件、结型光电探测器、光电发射器件以及红外发射器件和图像传感器等。第 2 部分为光纤及光纤传感器，包括传统光纤和各种新型特种光纤，对各种常见功能的点式和分布式光纤传感器进行了介绍。第 3 部分为 MEMS 光学传感器，重点介绍了光陀螺和加速度计传感器以及声学和气体传感器，对 MEMS 光传感器的制备工艺进行了详细介绍。此外，近年来，基于表面等离基元表面电场增强效应提出的各种小尺寸、高灵敏度的折射率传感以及表面增强拉曼散射效应制备的拉曼传感器受到越来越多的重视，在书中将其作为单独一章进行了介绍。近年来激光雷达逐渐从军用转到民用领域，得到了智能驾驶技术的青睐，书中也对这一技术单独作为一章进行了介绍。

本书由北京邮电大学刘玉敏教授、洪小斌教授、中科院电子所邹旭东研究员、502 所孙大开研究员、中北大学薛晨阳教授等编写，本书的出版，离不开丛书主编范茂军研究员给予的关心和鼓励，范茂军主编多次召集丛书编写组人员讨论会，丛书委员会的成员为本书出版提出了很多重要的意见和建议，在此表示衷心感谢。

本书编写过程中得到了国防工业出版社的关心和支持，特别是张冬晔编辑和李永丽编辑的帮助，在此表示衷心感谢。

最后，需要说明的是，由于时间仓促和作者知识水平有限，书中疏漏错误和不足之处在所难免，诚恳希望读者给予批评和指正。

作　者

2024 年 5 月 21 日

目 录

第2章 光电传感系统中的光源

第3章 光电发射器件

第5章 结型半导体光电探测器

第6章 图像传感器

第10章 点式光纤传感器

第11章 光纤光栅传感器

第12章 分布式光纤传感器

第13章 表面等离激元传感器

第14章 MOEMS集成传感器

第1章 物理基础

1.1 光电传感系统组成

光电探测、传感技术在工业、农业、环保、国防等领域具有重要应用价值，显示出强大的生命力。光电传感器是利用光波的特性作为信息采集的媒介，通过光电转换和数据处理等功能模块把光信号转化为电信号并获取有用信息的器件。从原理上，光电传感能够将一切影响光电特性的物理量，如位移、震动、力、转矩、转速、温度、压力、电流、磁场、图像、液体浓度等，加载到光信号上，极大地丰富了光电传感器的类型和应用范围。

完整的光电传感系统包括光源或光发射机、光学信道、光电传感器、光接收机和信号处理等几部分，如图 1.1-1 所示。通常发射机由光源和调制器组成，光学信道主要是指大气、水下、太空等自由空间以及光纤或其他光波导结构，对传感对象物理量的加载通常需要在光学信道中完成，如将应力、位移等物理量加载在敏感元件或光学信道，影响后续对光反射、散射、衍射、折射、透射等。光接收机主要包括光信号处理、探测器和电信号处理等，接收机通常需要首先对光信号进行处理，并对光载波信号进行恢复，探测器和信号处理部分主要完成光电转换、信号放大、解调、滤波等。光接收机分为功率检测接收机和外差接收机两种：前者主要用于非相关光或直接光电检测系统；后者主要应用于相干光或外差光电检测系统[1]。

图 1.1-1　光电传感系统的组成

1. 光源

光源在光电传感系统中通常不可或缺，不同的传感系统需要不同类型和性能的光源，辐射功率、光谱范围、辐射分布等是光源的典型物理参数。在被动检测中，光源可以是借助其他物理激发完成发光过程的物质，如荧光传感器中的荧光分子。

2. 传感对象物理信号加载

光源发出的光基于各种光学的物理效应与传感对象发生相互作用，如反射、吸收、折射、干涉、衍射、偏振等，使得光束加载传感对象的特征信息形成信号光。能否成功并有效加载传感对象的特征，是光电传感器和光电传感系统设计成败的关键。

3. 光信号处理

按照实际需求，光信号处理功能部分可以置于传感信号加载前端，也可以置于信号加载后端，无论加载在前端还是后端，主要目的是为了提高匹配度，以便更好地获得待测量的信息，以满足光电转换的需要。

4. 光电转换

光电转换是实现信息提取的重要部分，其主要作用是将光信号转化为电信号，并采用电子电路技术将电信号进行放大、预处理等，完成这一功能的器件为光电探测器。近年来，光电探测器发展较快，各种新型光电探测器不断涌现，为光电传感系统的发展奠定了较好的基础。

5. 电信号放大和处理

电信号的放大和处理主要由信号处理电路完成，与电学传感与检测系统的电路差异不大，但在设计上需要对光信号的获取、处理及光电转换等进行统筹设计。

6. 计算机及控制和显示系统

计算机将获取信息通过数值或图表的形式在显示系统进行显示，对于需要反馈控制的传感系统，计算机需要对所传感信息进行分析处理、反馈，并实时下达指令提交给执行单元。随着单片机、嵌入式系统的逐渐成熟，对于复杂的光电传感系统，通常需要做智能分析并反馈，实现智能感知和检测。

1.2　辐射度学和光度学

光电探测所涉及的电磁波谱范围通常只占整个电磁波谱范围的一部分，对应波长在 10nm~1000μm 范围内，划分为紫外、可见光和红外 3 个波段。光电探测的任务是将光辐射能转换为电能，从而获得光信号的特征信息。为此，需要了解辐射特征的定义。

辐射是物体通过电磁波传递能量的方式之一，包括两种形式：热辐射和光辐射。热辐射是物体由于热的原因而发生电磁波辐射，热辐射是温度高于绝对零度物体的固有特性，其辐射能力取决于热平衡时的温度，热辐射的电磁波谱是连续的，光谱成分与温度有关，温度越高，热辐射发出的辐射波长越短。

相比之下，光辐射通常不能靠保持物体内能不变就可以持续保持辐射，因而需要外部激发，光谱也不是连续的，也不再是温度的函数。外界有很多种方式对物质激励，如电致发光、光致发光、化学发光等，其中电致发光的基本原理是被电场加速的带电粒子可以从低能态跃迁到高能态。当带电粒子从高能态跃迁回低能态时，会伴随光辐射，发光二极管（Light Emitting Diode，LED）是其中的一个典型例子。光致发光与电致发光类似，但将材料中原子或离子激发到高能态的是外部入射的高能量光子，荧光、显像管是光致发光的典型例子。化学发光是由化学反应提供能量而引起的发光。在实际的光辐射过程中，往往伴随多种复杂的激发方式，激发方式往往决定了光源的基础光学特性。在光电传感系统的光源选择中，需根据具体应用需求，结合经济因素进行全面考虑。

1.2.1　辐射度学

辐射度学（Radiometric）又称辐射度量学，是一门研究电磁辐射能测量技术的科学，讨论实际的能量大小，而非对视觉（对可见光谱）系统的感觉[2]。辐射度学适用于整个电子波谱（频率：$3\times10^{13}\sim3\times10^{16}$ Hz，波长：10nm~10μm），辐射通量和辐射能是辐射度学研究的基本物理量，对应的基本单位分别是瓦（W）和焦耳（J）。辐射通量与辐射体无关，只与辐射客体（受辐射体）有关。下面介绍辐射度学有关的物理量。

1. 辐射能（Radiant Energy）Q_e

辐射能指以电磁波形式发射、传播、接受的能量，用 Q_e 表示，单位为焦耳（J）。从概念上来说，发射、传播辐射能量必须经过一段时间的积累，因此辐射能是一个过程量。强辐射源会造成传感材料老化，降低器件寿命，材料老化程度不仅取决于辐射的强弱，还受持续辐照时间影响，即器件、材料的寿命与总的辐射能量有关。

2. 辐射通量（Radiant Flux）ϕ_e 和光谱辐射通量 $\phi_e(\lambda)$

辐射通量又称辐射功率，指辐射源发出的辐射在单位时间内通过空间某一截面的辐射能，即以辐射形式发射、传播或接收的功率，单位为瓦（W 或 J/s）。该物理量用于描述辐射能的时间特性，即辐射能随时间的变化率（能量流动速率），它是一个瞬时量，用微分表示为 $\phi_e = \mathrm{d}Q_e/\mathrm{d}t$。非记忆型光电器件的瞬时响应与当前辐射通量有关，而与时间积累无关。

辐射源（光源）所发射的能量往往由很多波长的频谱组分组成，为了对各种波长的辐射能力做定量描述，引入光谱辐射通量的概念。光谱辐射通量定义为在波长 λ 处的单位波长间隔 $\mathrm{d}\lambda$ 内的辐射通量大小，又称光谱密度，是辐射量随波长的变化率：$\phi_e(\lambda) = \mathrm{d}\phi_e/\mathrm{d}\lambda$，单位为 W/nm。总辐射通量为光谱辐射通量的积分 $\phi_e = \int_0^\infty \phi_e(\lambda)\mathrm{d}\lambda$。

3. 辐射强度 I_e（Radiant Intensity）

辐射强度是指点辐射源在给定方位上在单位立体角内发射的辐射通量，记为 I_e，即 $I_e(\theta,\varphi) = \mathrm{d}\phi_e/\mathrm{d}\Omega$，其中，$\mathrm{d}\phi_e$ 是辐射通量微元，$\mathrm{d}\Omega$ 是立体角的微元。在球坐标系下，空间方位用 θ 和 φ 表示，其中，θ 为俯仰角，φ 为方位角。立体角的单位为球面度（sr），故辐射强度的单位为瓦/球面度（W/sr）。图 1.2-1 给出了球坐标系下立体角微元的表示示意图，立体角微元定义为：$\mathrm{d}\Omega = \frac{\mathrm{d}A}{r^2}$，根据图 1.2-1 可得表面微元表示为 $\mathrm{d}A = r\mathrm{d}\theta r\sin\theta\mathrm{d}\varphi = r^2\sin\theta\mathrm{d}\theta\mathrm{d}\varphi$。代入立体角微元的定义可得 $\mathrm{d}\Omega = \sin\theta\mathrm{d}\theta\mathrm{d}\varphi$。

大多数辐射源的辐射强度与辐射方向和表面法线之间夹角的余弦成正比，这样的辐射源称为余弦辐射体或朗伯辐射体。

4. 辐照度 E_e

辐照度也称辐射照度（Irradiance），是受照面单位面积上接收的辐射功率，表示为 $E_e(r) = \mathrm{d}\phi_e/\mathrm{d}S$，单位为瓦每平方米（$\mathrm{W/m^2}$）。辐照度表征了受辐射能照射的表面上，单位面积单位时间内接收的辐射能。对于点光源，辐射能以球面波形式发散，光能量按 $1/r^2$（平方反比）衰减，其中，r 为光源到待测辐射点的距离。对各方向均匀辐射的点光源，辐射光强度为 I_e，距离点光

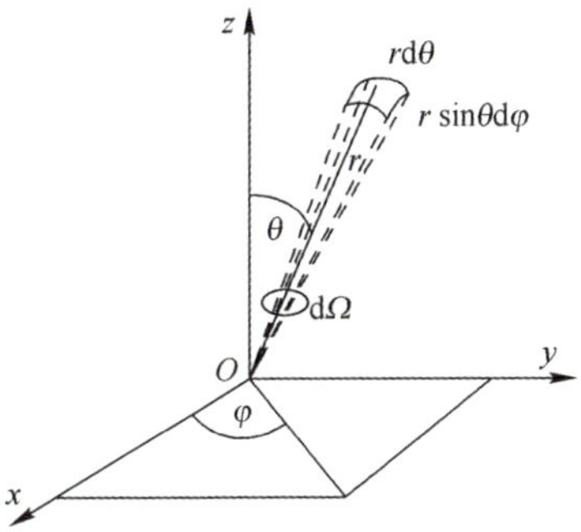

图 1.2-1　立体角微元示意图

源不同位置上，面积为 S 的接收面的光通量 $\phi_e = I\dfrac{S}{r^2}$，辐照度 $E_e(r) = I/r^2$。在实际的光电检测系统中，探测器相对于光源往往具有足够小的立体角，点光源模型近似成立，探测器接收的光通量和辐照度近似依照平方反比规律下降。对于扩展光源或近距离探测情况下，该简化模型不再适用。

5. 辐射出射度 M_e（Radiant Exitance）

辐射出射度是指单位面积、单位时间从物体表面辐射出能量的多少，即物体单位面积上发出的辐射通量。表示为 $M_e(r) = \mathrm{d}\phi_e/\mathrm{d}S$，单位为瓦每平方米（$\mathrm{W/m^2}$）。辐射照度与辐射出射度都是表征辐射通量密度的物理量，它们的区别在于辐射照度是投射到辐射受体表面单位面积的辐射功率，而辐射出射度则是离开物体表面的单位面积辐射的功率。

6. 辐射亮度（辐射率）L_e

辐射亮度又称辐射率（Radiance），用于表示表面某点在给定方向上的辐射（反射）强弱的物理量，即单位时间内通过给定方向单位面积、单位立体角上辐射或反射出的能量。辐射亮度的单位为 $\mathrm{W/(sr \cdot m^2)}$，表达式为

$$L_e = \mathrm{d}I_e/(\mathrm{d}S\cos\theta) = \mathrm{d}\phi_e/(\mathrm{d}\Omega \cdot \mathrm{d}S\cos\theta) \tag{1.2-1}$$

式中：θ 为表面法线与给定光束方向的夹角。

7. 辐射量（Radiant Exposure）

辐射量是指单位面积接收到的辐射能量，表示为 $H_e = \mathrm{d}Q/\mathrm{d}S$，单位为焦耳每平方米（$\mathrm{J/m^2}$）。

1.2.2　光度量学

光度量学体系是一门计量科学，用于反映人眼可探测到的辐射光的测量。

光度学测量与辐射度测量不同之处在于后者完全针对辐射能量，前者则与人眼接收光的亮度与波长有关。由于眼睛对光谱中的黄绿光最为敏感，对红光蓝光敏感度低，考虑到这种颜色差异，光度量学定义了光通量、发光强度、照度、亮度等光度学参量，并通过数学公式阐明了它们之间的关系和光度学的几个重要定律，如照度的叠加性定律、距离平方反比定律、照度的余弦定律等。光度量与辐射度量的关系满足

$$x_v = k_m \int_{380}^{780} V(\lambda) x_e(\lambda) \mathrm{d}\lambda \tag{1.2-2}$$

式中：$x_e(\lambda)$表示任意辐射度物理量；x_v 为光度学物理量；$V(\lambda)$为光谱光视效率函数（视见函数），由国际照明委员会（英语 International Commission on Illumination，法语 Commission International Del' Eclal Rage，法语简称 CIE）于1924年定义[3]，如图1.2-2所示。

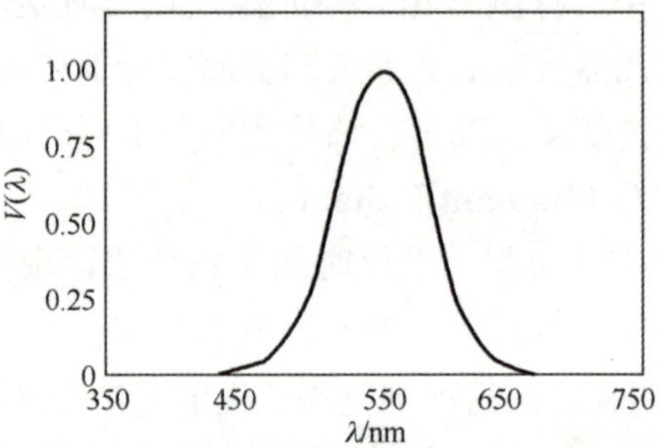

图 1.2-2 国际照明委员会定义的视见函数

视见函数代表了各年龄段人眼对各种波长的相对灵敏度，在波长 555nm，视见函数取最大值1，其他波长处视见函数均小于1，视见函数定义为

$$V(\lambda) = L_{e,\lambda_m} / L_{e,\lambda} \tag{1.2-3}$$

式中：L_{e,λ_m}为波长 $\lambda_m = 555$nm 处的光谱辐射亮度。根据此定义，其他波长的视见函数可以计算得出。此外，人眼在不同明、暗环境中对视觉效应存在差异，这意味着光度量的单位体系是一套与视觉亮暗特性有关的光辐射计量单位。所有光度计量均以视觉下的视见函数为基础定义，光度计量的基本物理量定义为发光强度，单位为坎德拉（cd）。

下面介绍光度学中常见的物理量。

1. 光通量

光通量是指能够被人的视觉系统所感受到的那部分客观辐射通量的大小的度量。辐射通量以光谱光视函数 $V(\lambda)$为权重因子的对应量，若将波长

(频率) 为 $\lambda(v)$ 的光的辐射通量表示为 $\phi_e(\lambda)$，则对应的光通量为 $\phi_v(\lambda)=K_m V(\lambda)\phi_e(\lambda)$。其中，$K_m$ 为比例系数，是波长为 550nm 处光谱的光视效能，又称最大光谱光视效能，由 ϕ_e 和 ϕ_v 的单位决定。光通量的单位为流明（lm），$K_m=683\text{lm/W}$（流明/瓦）。复色光的光通量需对所有频率的光通量求和。

2. 发光强度（Luminous Intensity）

发光强度是指点光源在给定方向上单位立体角内的光通量，记为 I_v，即 $I_v=\mathrm{d}\phi_v/\mathrm{d}\Omega$。发光强度的单位为坎德拉（Candela，cd），是光度学中的基本单位，也是 7 个国际基本单位（米、千克、秒、安培、开尔文、摩尔、坎德拉）之一。1979 年，第十六届国际大会通过的坎德拉的定义为[4]：若发出频率为 540×10^{12}Hz 的单色辐射源在给定方向上的辐射强度为 1/683（W/sr），则该方向上的发光强度为 1cd。坎德拉是光学的基本单位。

3. 光亮度（Luminance）

光亮度是指面光源在给定方向上单位投影面积的沿该方向的发光强度，又称发光率，用符号 L_v 表示。光亮度是辐射亮度的光度学对应量，定义为 $L_v=\mathrm{d}I_v/\mathrm{d}s\cos\theta$，其中，d$s$ 为面光源上的面积元，θ 为面元法线与观察方向间的夹角，dI_v 是面元在观察方向的发光强度。光亮度的国际单位制（SI）为 cd/m^2。光亮度的其他常用单位有 nit（尼特）和 fl（朗伯），换算关系为 $1\text{nit}=1\text{cd/m}^2$、$1\text{fl}=3.426\text{nit}=3.426\text{cd/m}^2$。光亮度一般随观察方向而变，若一个辐射体的光亮度是与方向无关的常量，可知其发光强度与 $\cos\theta$ 成正比，此规律称为朗伯定律，这种辐射体称为朗伯辐射体或余弦辐射体。黑体是理想的余弦辐射体。

4. 光照度 E_v（Illuminance）

光照度是指单位受照面积上接收到的光通量，单位为 lm/m^2，称勒克斯（lx）。发光强度为 1lm 的点光源在离光源的距离为 $\boldsymbol{r}$ 处的照度为

$$\boldsymbol{E}_v=I_v\cos\theta_i/\boldsymbol{r}^2$$

式中：θ_i 为光沿 $\boldsymbol{r}$ 方向入射到受照面时的入射角（与表面法线夹角）。入射光垂直入射时，$\cos\theta_i=0$，$E_v=I_v/\boldsymbol{r}^2$，称为光照度的平方反比定律。

5. 光出射度 M_v（Luminous Exitance）

光出射度是表征光源自身性质的一个物理量，光源的光通量除以光源的面积就得到光源的光出射度值。光出射度用 lm/m^2 表示，但与光照度不同，光出射度中的面积是指光源的面积，而不是被照射的面积。漫反射面受光照后，其光出射度与光照度成正比，比例系数小于 1，称漫反射系数。

为方便对照，表 1.2-1 给出了辐射度学和光度学的相关物理量和单位。

表 1.2-1 辐射度学和光度学相关物理量单位及换算关系[4]

光度学物理量/符号	单　位	辐射度学物理量/符号	单　位	单位换算
光通量/ϕ_v	lm（流明）	辐射通量/ϕ_e	W（瓦特）	1W=683lm
发光强度/I_v	cd（坎德拉）lm/sr	辐射强度/I_e	W/sr	1W/sr=683cd
照度/E_v	lx（勒克斯）lm/m^2	辐照度/E_e	W/m^2	1W/m^2=683lx
发光率/L_v	cd/m^2=lm/(sr·m^2)	辐射率/L_e	W/(sr·m^2)	1W/(sr·m^2)=683cd/m^2
光出射度/M_v	lx=lm/m^2	辐射出射度/M_e	W/m^2	
曝光量	lx·s	辐射量	W/(m^2)·s	
光能/Q_v	lm·s	辐射能/Q_e	J（焦耳）	1J=683lm·s
色温	K（Kelvin）	辐射温度	K（Kelvin）	

1.2.3 辐射度学与光度学的基本定律

1. 朗伯余弦定律

均匀发射体的辐射亮度与方向无关，这样的辐射体称为朗伯（Lambertian）辐射体或朗伯光源。如图 1.2-3 所示，在朗伯光源中，取一个特定的面源 ds，假定面元法线方向的发光强度为 I_0，与面元法线方向夹角为 θ 的方向发光强度为 I_θ，由于发光亮度与方向无关，即

$$L_v(0)=L_v(\theta)=\frac{I_0}{\mathrm{d}s}=\frac{I_\theta}{\mathrm{d}s\cos\theta} \tag{1.2-4}$$

则 $I_\theta=I_0\cos\theta$，称为朗伯余弦定律。该定律表明朗伯光源发射表面的辐射强度按余弦规律变化，对于朗伯光源，面积为 ds，发光亮度为 L_v 的朗伯光源在立

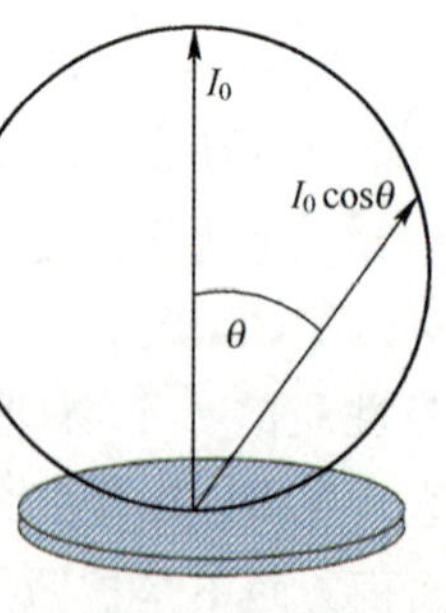

图 1.2-3 朗伯光源辐射强度呈余弦分布

体角$d\Omega$的辐射通量表示为

$$d\phi_v = I(\theta)d\Omega = L_v ds\cos\theta\sin\theta d\theta d\varphi \tag{1.2-5}$$

进一步可以可通过积分计算得到在半球内的总辐射通量$\phi=\pi L_v ds$，根据出射度定义，可表示为$\phi=M_v ds$。郎伯光源是一种理想情况，黑体是郎伯光源的理想物理模型，具有余弦辐射功率分布的反射装置称为理想的漫射辐射器。粗糙表面近似于理想的漫反射体，实际光源在小角度观察范围内（$\theta_s<20°$）近似是郎伯光源。

2. 距离平方反比定律

该定律用于描述点辐射源产生的照度规律：点辐射源在距离d处产生的照度与辐射源的辐射强度成正比，与距离的平方成反比。如图1.2-4所示，辐射强度为I的点辐射源照到与其距离为d的表面P点上，P点所在的面元dA的法线与辐射源的夹角为θ，则点辐射源在P点产生的照度为

$$E=\frac{d\varphi}{dA}=\frac{IdA\cos\theta}{dAd^2}=\frac{I\cos\theta}{d^2} \tag{1.2-6}$$

当垂直照射时，满足$E=I/d^2$。

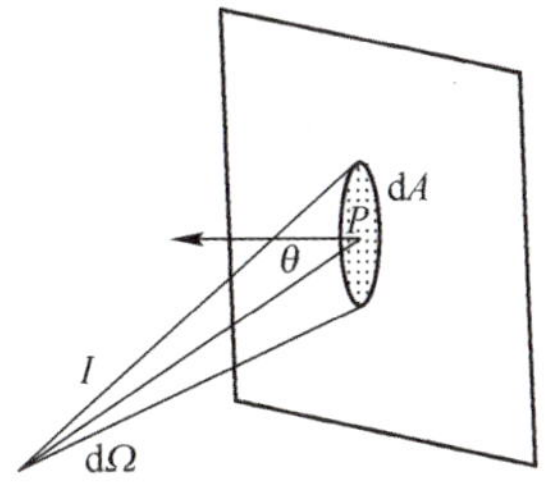

图1.2-4　点辐射源的辐照示意图

1.2.4　黑体辐射

任何物体都具有不断辐射、吸收、反射电磁波的性质，辐射出去的电磁波具有一定的谱分布。由于辐射谱分布与物体性质和温度有关，为研究不依赖于物体性质，而只考虑其温度有关的热辐射规律，物理学家们定义了一种理想物体——黑体（Blackbody）。黑体定义为：在任何温度和波长下，对外来辐射电磁波完全吸收而无任何反射的物体。根据基尔霍夫（Kirchhoff）定律，黑体也是辐射体。下面简单介绍黑体辐射包含几个基本定律。

1. 斯忒藩-玻耳兹曼（Stefan-Boltzmann）定律

该定律描述了黑体的总辐射出射度随黑体表面热力学温度（开尔文温度）

的关系，由 1879 年斯忒藩完成试验，1884 年玻耳兹曼从热力学理论给出，该定律也可从普朗克定律积分得到。其数学表达式为 $M(T)=\sigma T^4$，其中，$\sigma=5.67\times10^{-8}\mathrm{W/(m^2\cdot K^4)}$，称为斯忒藩-玻耳兹曼常数，$c_0=5.67\times10^{-8}\mathrm{W/(m^2\cdot K^4)}$ 为黑体辐射系数。可以看出，黑体总辐射出射度只与黑体热力学温度的四次方成正比，温度变化很小时，就可以导致很大的辐射出射度变化。温度为 300K 时，人体的辐射出射度为 $500\mathrm{W/m^2}$。

2. 普朗克定律

黑体辐射定律描述了任意温度下，一个黑体中发射出的单色辐射出射度与频率（波长）之间的关系，其能量密度谱写成频率的形式可以表示为

$$u_v(v,T)=\frac{4\pi}{c}I_v(v,T)=\frac{8\pi hv^3}{c^3}\frac{1}{\mathrm{e}^{\left(\frac{hv}{k_BT}\right)}-1} \tag{1.2-7}$$

式中：v 为黑体辐射频率；T 为黑体温度；h 为普朗克常数；k_B 为玻耳兹曼常数；e 为自然对数，能量密度谱的单位是 $\mathrm{J/(m^3\cdot Hz)}$。

对全频域积分可得到与频率无关的能量密度，写为波长的函数可为

$$u_\lambda(v,T)==\frac{8\pi hc}{\lambda^5}\frac{1}{\mathrm{e}^{\left(\frac{hc}{\lambda k_BT}\right)}-1} \tag{1.2-8}$$

该定律描述了黑体辐射能量随波长和温度的变化规律，如图 1.2-5 所示。

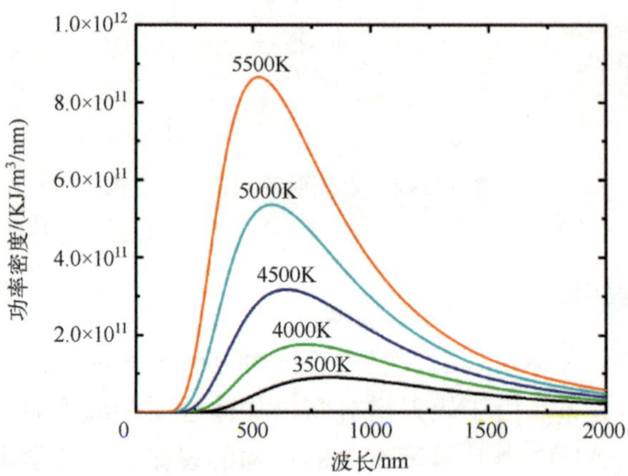

图 1.2-5　黑体辐射功率密度随波长和温度的变化关系

3. 瑞利-琼斯公式、维恩（Wien）公式与维恩位移定律

瑞利-琼斯公式是在 λT 很大时的普朗克公式近似，当 $\lambda T>7.7\times10^5\mu\mathrm{m}\cdot\mathrm{K}$ 时，瑞利-琼斯公式与普朗克公式误差小于 1%。维恩公式在数学上是普朗克

公式在 λT 很小时的一种近似，适合描述短波长区的黑体辐射，$\lambda T>2698\mu m \cdot K$ 时，与普朗克公式误差小于 1%。维恩位移定律是于 1893 年由维恩从热力学理论得出，表达式为 $\lambda_m T=2.8976\times10^{-3} m \cdot K$，其中，$\lambda_m$ 为黑体单色辐射出射度峰值所对应的波长。维恩位移定律可通过将普朗克定律对波长求导并取表达式为零得到。

4. 兰贝特定律

黑体单位面积辐射出的能量在空间的不同方向分布不均匀，其定向辐射能量随角度呈余弦规律变化，法向最大，切向最小（为零），数学表示为

$$I\cos\theta=\frac{d\Phi(\theta,\varphi)}{dA d\Omega} \tag{1.2-9}$$

由光亮度定义可知，黑体在各个方向的辐射亮度相同。

1.2.5 物体发射率

黑体辐射曲线给出了任意温度下全光谱的出射度上限制，实际物理出射度要低于理想黑体，称为灰体（Graybody）。将实际物体与黑体在相同温度下的出射度之比定义为发射率，灰体发射率与发射波长和温度有关，即

$$\varepsilon(\lambda,T)=\frac{M(\lambda,T)_{\text{graybody}}}{M(\lambda,T)_{\text{blackbody}}} \tag{1.2-10}$$

发射率为无量纲，且 $\varepsilon\leqslant1$。对于黑体，在所有波长下，$\varepsilon=1$。基尔霍夫发现，在给定温度下，材料的发射率与吸收率的积分之比为常数，等于给出了特定温度下物体的辐射出射度，即

$$\frac{M(\lambda,T)_{\text{source}}}{\alpha}=M(\lambda,T)_{\text{blackbody}} \tag{1.2-11}$$

结合式（1.2-11）与维恩定律，易得 $\alpha=\varepsilon$，可以看出，好的吸收器就是好的发射器。辐射能量入射到物体表面除吸收外，不考虑非线性效应，还有一部分被反射，另一部分被透射，即 $1=\alpha+R+T$。对于非透明材料，可近似认为透射为零，即 $\alpha+R=1$。因此，可通过吸收率得到物体的发射率 $\varepsilon=1-R$，这是设计超构表面辐射制冷和太阳能热光伏吸收器的理论基础[5-6]。

部分常见材料的发射率如表 1.2-2 所列。

表 1.2-2　部分常见材料的发射率

材　料	温度/K	发射率 ε
钨	500	0.05
	1000	0.11
	2000	0.26
	3000	0.33
	3500	0.35
抛光的金	375	0.02
抛光的白金	500~900	0.034~0.1
抛光的银	313~650	0.02~0.03
黑纸		0.9
水	275-375	0.95~096
石墨粉		0.97
Si_3N_4	773	0.9[7]

1.3　半导体基础

半导体可宽泛地定义为导电能力介于导体和绝缘体之间的材料，但这样的模糊定义不能揭示半导体材料的本质。实际上半导体的电导率范围比较宽泛，且对环境温度等参数较为敏感，半导体的掺杂、缺陷、表面结构等都会极大影响半导体的光电特性，因此半导体实质是指一种导电能力对环境和结构灵敏的材料[8]。半导体材料遍及晶体和非晶体以及有机物和无机物，研究和应用比较成熟的是无机晶态半导体。近年来，基于有机物的柔性半导体在可穿戴智能感知器件和柔性显示方面的巨大应用潜力，逐渐成为研究的热点领域，但在稳定性和制备工艺方面尚不成熟。

1.3.1　半导体电子结构

1. 晶体结构

固态晶体包含七大晶系和 14 种布拉菲格子，但对于晶态半导体，除少数半导体分属其他类型的结构外，大多分属立方晶系和六角晶系。金刚石结构（第一代半导体材料 Si、Ge 等）和纤锌矿结构（第二代半导体材料 InAs、GaAs、InP 等）均是由立方晶系的面心立方晶格套构形成的，如图 1.3-1 所示。纤锌矿结构（第三代半导体材料 GaN、AlN、InN、ZnO 等）是由六角晶系中的六角晶格套购形成的。以上材料在排列方式上均属密集结构，内部离子和周围 4 个异性离子形成四面体结构。其中，参考原子位于正四面体的中心，近邻配位原子位于正四面体顶角，每个顶角原子也以自身为中心与另外 4 个构成 4 个四面体。对于金刚石结构，由于套购的面心立方晶格为同种原子，形成的四面体为正四面体。金刚石和和闪锌矿结构的密集面沿（111）方向排列。

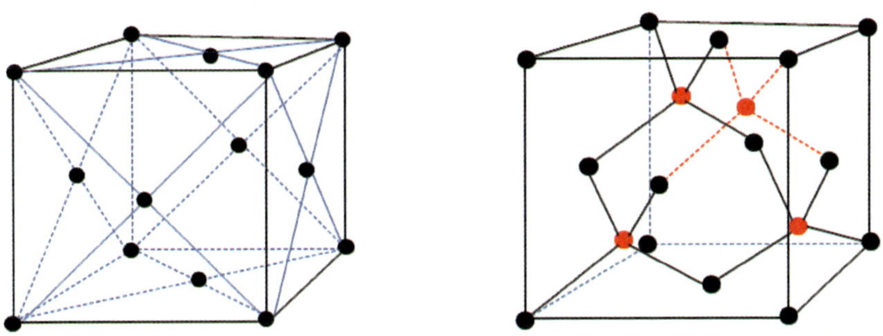

(a) 面心立方结构　　(b) 闪锌矿结构

图 1.3-1　面心立方格子及其复式格子示意图

纤锌矿结构属于六角密集结构，其密集面沿着（0001）方向按 AB/AB 方式堆积，如图 1.3-2 所示。

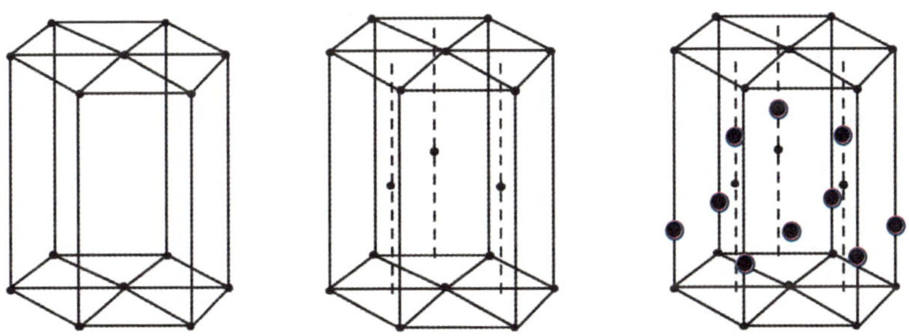

(a) 六角晶格　　(b) 六角密集结构　　(c) 纤锌矿结构

图 1.3-2　六角格子及其复式格子示意图

2. 能带和导电性

当原子间距较远时，孤立原子的能级处于简并状态。对与半导体材料，当原子间距互相靠近形成晶体时，原子彼此简并的能级会发生分裂，原子间距越小，分裂程度越大，由于构成晶体的原子数目较多，分裂形成的能级之间间隔足够小，可以近似看成连续的能带。能带上的能级可以被电子占据称为允带，允带之间通常间隔着一个禁带（实际的半导体情况要复杂得多）。只有当一个允带中的能量状态部分被电子占据时，电子才能在外加电场的作用下发生运动状态的改变，从而产生导电性。典型的半导体，允带中一个为导带，另一个为价带，中间隔着一个禁带，在绝对零度的情况下，导带中没有载流子，价带中的电子为满带状态，半导体不导电。随着温度升高。对于本征半导体，收到热激发，存在一定概率将价带内的价电子从价带激发到导带。导带中存在可以自由运动的电子，价带中电子跃迁后，一大群价电子可以在价带内运动。为描述方便，将其等价为一个带正电的可以自由运动的空穴，因此半导体中有两种导电的载流子。本征半导体的电子和空穴载流子浓度可以表示为

$$\begin{cases} n_0 = N_c \exp\left(-\dfrac{E_c - E_F}{k_B T}\right) \\ p_0 = N_v \exp\left(-\dfrac{E_F - E_v}{k_B T}\right) \end{cases} \tag{1.3-1}$$

式中：N_c和N_v分别为半导体的导带和价带有效态密度；E_F为半导体的费米能级。

本征半导体的载流子浓度主要受温度调控，并不能用于电子或光电子器件。与本征半导体对应的是掺杂半导体，掺杂半导体由于破坏了半导体晶体的周期性，会在禁带引入杂质能级，根据杂质能级在禁带中的位置，通常将杂质分为浅能级杂志和深能级杂志两种类型。通常将位于到导带附近的施主型杂质（可为半导体提供一个电子）或位于价带附近的受主型杂志（可为半导体提供一个空穴）称为浅能级杂质。反之，将远离导带（价带）的施主型杂质（受主型杂质）称为深能级杂质。由于浅杂质能级距离允带边较近，在热激发下很容易电离，从而为导带提供一个电子或为价带提供一个空穴。

1.3.2 半导体中的载流子

1. 载流子所处的能量状态

半导体被电子占据的能量最高的几个能带分别是导带和价带，导带与价带之间隔着一个禁带，对于杂质半导体，禁带中还存在杂质、缺陷等束缚能级。电子处于导带中，主要是导带底附近；空穴就处于价带中，主要是价带顶附近。价带中有大量的价电子，由于这些价电子是被共价键束缚的，不能自由运动，不参与导电。

对于掺杂浓度不太高的半导体，导带中的电子或价带中的空穴浓度也较低，载流子能级上的分布近似遵从经典的波耳兹曼分布，半导体为非简并半导体，非简并半导体的载流子浓度计算仍采用式（1.3-1）。与本征半导体不同的是，非简并半导体的费米能级受温度、掺杂浓度和类型等多重因素的影响。相反，若掺杂浓度很高，导带底的大量电子或价带顶的大量空穴在个子能带上的分布就需要考虑泡里不相容原理的限制，这时载流子遵从量子的Fermi-Dirac分布，半导体称为简并半导体，简并半导体的载流子浓度不满足式（1.3-1），一般重掺杂区域不作为器件的工作区。

2. 多数载流子与少数载流子

对于特定的掺杂半导体，载流子可分为多数载流子（多子）和少数载流子（少子）两种。以N型半导体为例，电子就是多数载流子，而空穴是少数载流子。除载流子数目具有数量级的差异外，多子与少子的不同还表现在以下几个方面。①来源不同，多子由掺杂电离提供，室温下杂质几乎完全电离，多子浓度随温度变化不大，少子主要由本征激发产生，随温度升高指数增加。②少子是关键少数，在半导体器件中起重要作用，光、电器件中参与注入和抽取的载流子主要是少子，如PN结构的电流主要是少子的扩散电流。③少子在局部区域可通过注入和积累形成浓度梯度，多子浓度很难改变。④半导体中的非平衡载流子一般指少子，由于复合而消失，具有一定的寿命。⑤少子由于浓度梯度，存在一个有效范围-扩散长度，多子的有效存在范围称为德拜屏蔽长度。⑥少子主要是扩散运动导电，扩散导电能力取决于扩散系数，多子导电主要是漂移运动，导电能力取决于多数载流子浓度和电场强度和迁移率。少数载流子虽然数量少，但是它所产生的电流却不一定小，其主要原因就是它们能够产生很大的浓度梯度，从而可输运较大电流。例如，数百安培工作电流的可控硅整流器（Silicon Controlled Rectifier，SCR）就是少数载流子工作的器件，所有双极结晶体管（Bipolar Junction Transistor，BJT）都是少数载流子工作的器件。相反，多数载流子工作的器件，其电流却不一定很大。⑦对时间特性的影响，少数载流子能够存储（积累），则对于器件的开关速度有很大影响；而多数载流子的电容效应（势垒电容）往往是影响器件时间特性（最高工作频率）的重要因素。

3. 平衡载流子与非平衡载流子

处于热平衡状态的半导体，在一定温度下载流子浓度一定，这时载流子的浓度称为平衡载流子浓度，平衡电子浓度和平衡空穴浓度分别表示为 n_0 和 p_0。非平衡载流子是指处于非平衡状态的半导体，载流子浓度也不再是 n_0 和

p_0，可以比它们多出（或减少）一部分，比平衡状态多出（或减少）的这部分载流子称为非平衡载流子。半导体偏离平衡状态的方法有电注入、光能粒子辐照、光照等。以光照为例，如果光子能量大于半导体带隙时，光子与价电子相互作用，将电子从价带激发到导带，产生电子-空穴对，导带多出一部分光生电子，价带多出等浓度的光生空穴，这部分载流子就是非平衡载流子，使半导体电导率增加。

4. 载流子的电输运

载流子的电输运包含载流子的漂移运动和扩散运动两类。漂移运动：在外加电场的作用下，半导体中的空穴（电子）沿（逆）电场方向做定向运动。尽管两种载流子的方向相反但由于电性也相反，因此形成的漂移电流沿电场方向在非强场情况下，漂移运动遵循欧姆定律的微分形式，漂移电流表示为

$$J_{\mathrm{dr}}=\sigma E=J_{n,\mathrm{dri}}+J_{p,\mathrm{dri}}=(ne\mu_n+pe\mu_p)E \tag{1.3-2}$$

式中：μ_n 和 μ_p 分别为电子和空穴的迁移率。

式（1.3-2）等号右侧括号前半部分 $ne\mu_n$ 表示电子电导率，后半部分 $pe\mu_p$ 表示空穴电导率。

载流子浓度不均时，无规则的热运动会导致载流子存在沿浓度负方向的扩散运动，由扩散运动引起的电流称为扩散电流。考虑到载流子的带电性和扩散运动的方向，半导体中扩散电流为

$$J_d=J_{n,d}+J_{p,d}=eD_n\nabla n-eD_p\nabla p \tag{1.3-3}$$

式中：$J_{n,d}$和 $J_{p,d}$分别为电子和空穴的扩散电流密度矢量；D_n 和 D_p 分别为电子和空穴的扩散系数；∇n 和∇p 分别为电子和空穴的浓度梯度。

根据散度定理，对三维情况：①由于空穴漂移运动导致的单位体积、单位时间空穴积累数表示为$-\frac{1}{e}\nabla\cdot J_{p,d}$；②由于空穴扩散运动导致的单位体积、单位时间空穴积累数表示为$-\frac{1}{e}\nabla\cdot J_{p,\mathrm{dri}}$；③由于复合作用，单位体积、单位时间消失的空穴数为$\frac{\Delta p}{\tau_p}$；④由于激发作用，单位时间、单位体积产生的空穴数为 g_p，因此在单位体积单位空间引起的空穴数目的变化率，可表示为

$$\frac{\partial p}{\partial t}=-\frac{1}{e}\nabla\cdot J_p+\frac{\Delta p}{\tau_p}+g_p \tag{1.3-4}$$

式（1.3-4）称为空穴的连续性方程，在一维简化情况下，空穴、电子遵

循的连续性方程为

$$\frac{\partial p}{\partial t}=D_p\frac{\partial^2 p}{\partial x^2}-E\frac{\partial p}{\partial x}-\mu_p p\frac{\partial E}{\partial x}+g_p-\frac{\Delta p}{\tau_p} \tag{1.3-5}$$

$$\frac{\partial n}{\partial t}=D_n\frac{\partial^2 n}{\partial x^2}-E\frac{\partial n}{\partial x}-\mu_n n\frac{\partial E}{\partial x}+g_n-\frac{\Delta n}{\tau_n} \tag{1.3-6}$$

连续性方程反映了半导体中少数载流子运动的普遍规律是研究半导体光、电器件的基本方程之一。

1.4 半导体的光电效应

光电探测器件利用材料的光电效应制成。材料因光照而引起电学特性的改变统称为光电效应，根据光照产生的载流子性质和行为的不同，光电效应可以分为内电光效应和外电光效应。外光电效应伴随电子从材料表面逸出，产生电子发射，形成真空中的电子现象，故又称为光电发射效应。内光电效应产生载流子（自由电子或空穴）并不逸出，仍在物质内部运动。内光电效应伴随着材料电导率变化的光电导效应、材料电压的变化的光生伏特效应、材料在磁场作用下载荷重新分布形成电势的光磁电效应等多种效应。

1.4.1 光电导效应

光电导效应（Photoconductive Effects）又称为光电效应或光敏效应，是内光电效应的一种，它是指在光照条件下，材料内部载流子浓度变化，从而导致电导率发生变化的现象。当光照射到半导体材料时，由于吸收光子的能量，使原本束缚态电子变为可导电的自由电子，导致载流子浓度增大以及材料电导率增加。假定在无光照时，半导体的电导率为 σ_0，在光照作用下，半导体材料吸收入射光子能量，对于本征吸收（光子能量大于或等于半导体材料的禁带宽度），就会激发出电子-空穴对，使载流子浓度增加 $\Delta n=\Delta p$，进而导致半导体的导电性增加，阻值降低。电导率的增量表示为 $\sigma-\sigma_0=\Delta nq(\mu_n+\mu_p)$，其中，$\sigma$ 为非平衡电导率，μ_n 和 μ_p 分别为电子和空穴的迁移率，q 为电子电荷。对于杂质吸收，需要光子的能量大于杂质的束缚能级（N 型 ΔE_d，P 型 ΔE_a）。本征吸收和杂质吸收的长波限分别表示为 $\lambda_{\max}=1.24/E_g(\mu m)$ 和 $\lambda_{\max}=1.24/\Delta E_{a,d}(\mu m)$，其中，能量的单位为电子伏（eV），光敏电阻就是基于光电导效应的典型光电器件。

1.4.2 光伏效应

光生伏特效应简称光伏效应（Photovoltaic Effect），也是内光电效应的一种，它是指光照下，非均匀半导体或半导体与金属结合的不同部位之间产生电势差的现象。该效应包含两个过程：首先，光子（光波）转化为电子、光能转化为电能；其次，是电压形成过程。当存在电势差的半导体两端用导线连通，就会形成电流的回路。

以 PN 结为例，当无光照时，PN 结处于平衡状态，存在内建电场。在结的 N 区一侧积累了正电荷，P 区积累了等量的负电荷，电场方向由 N 区指向 P 区，电子和空穴在结区的扩散电流和漂移电流各自达到平衡。当半导体 PN 结受到光照时，样品对光子的本征吸收和非本征吸收都将产生光生载流子（电子–空穴对），但引起光伏效应的只能是本征吸收所激发的少数载流子。由于 P 区产生的光生空穴，N 区产生的光生电子属多子，都被势垒阻挡而不能通过 PN 结区。只有 P 区的光生电子和 N 区的光生空穴以及结区产生的电子空穴对（少子）在扩散到结电场附近时能在内建电场作用下漂移过 PN 结区。光生电子被拉向 N 区，光生空穴被拉向 P 区，即电子–空穴对被内建电场分离，这导致在 N 区边界附近有光生电子积累，在 P 区边界附近有光生空穴积累。它们产生一个与热平衡 PN 结的内建电场方向相反的光生电场，其方向由 P 区指向 N 区。该电场使 PN 结势垒降低，势垒的减小量即光生电动势。并非所产生的全部光生载流子都对光生电流有贡献，若 N 区中空穴在寿命 τ_p 的时间内扩散距离为 L_p，P 区中电子在寿命 τ_n 的时间内扩散距离为 L_n，若 $L=L_n+L_p$ 远大于 PN 结的宽度，可以认为在结区附近平均扩散距离 L 内所产生的光生载流子都对光电流有贡献。位置距离结区超过 L 的电子–空穴对，在扩散过程中将被全部复合掉，对 PN 结的电压无贡献。

当对 PN 结加反向电压工作时，就形成光敏二极管，利用光生伏特效应制成的光电器件主要有光敏二极管、光敏晶体管和光电池。

1.4.3 光电发射效应

当受到光照时，如果入射光子的能量 $h\nu$ 足够大，材料内的电子得到了足够的光能后可脱离物质表面束缚，从物质表面上发射出来的现象，称为光电子发射效应，又称为外光电效应。它是真空光电器件光电阴极工作的物理基础。发射出来的电子称为光电子，可以发射光电子的物体称为光电发射体。由光电子在外场的作用下形成的电流即为光电流。光电管和光电倍增管即是利用这种效应制成的。下面介绍光电发射效应的两个基本定律。

1. 光电发射第一定律

当光照射到光阴极上的入射光频率或频率成分不变时，饱和光电流（单位时间内发射的光电子数目）与入射光强度成 I_p 正比，表示为 $I_p=q\dfrac{\eta\Phi\lambda}{hc}$，$q\dfrac{\eta\Phi\lambda}{hc}$，其中，$\eta$ 为光吸收率。

2. 光电发射第二定律

光电子的最大动能与入射光的频率成正比，与入射光强度无关。

对于金属材料，电子吸收光子能量，从基态跃迁到能量高于真空能级的激发态，受激电子在向表面运动过程中与电子或晶格碰撞会损失一部分能量。到达金属表面的电子如果仍有足够的能量可以克服表面势垒的电子束缚作用，即可从表面逃逸。逸出功表示为，真空电子能级与金属费米能级之差。爱因斯坦成功解释了外光电效应并给出了著名的光电效应方程，表达式为 $hv=1/2mv^2+W$，其中，hv 表示入射光子的能量，$1/2rhv$ 表示逸出电子的动能，W 表示逸出功，逸出功为真空能级 E_0 与金属费米能级 E_{Fm}之差，即 $W=E_0-E_{Fm}$。不同材料的逸出功不同，从光电方程可以看出，不同材料存在对应的红限频率，该频率是能使材料能发生外光电效应的光波的最低频率，也是最大波长，可以表示为 $\lambda_{max}=\dfrac{1.24}{W}(\mu m)$，其中，逸出功 W 的单位为电子伏（eV）。

好的光电发射材料必须具备如下特征：①吸收系数大，最好大量受激发电子位于材料浅表面，以保证电子逸出过程中损失能量少；②逸出功要小，界面电子容易逸出；③材料有一定电导率，确保电子逸出后，电子可从电源中获得补充。

对于半导体光电发射材料，由于其发射量子效率远高于金属光电发射的量子效率，且探测响应宽，尤其在红外探测方面具有不可替代的地位，在红外探测、微夜视、地物勘测等方面扮演越来越重要的角色。光电发射过程与金属光电发射类似：①半导体吸收光子能量，电子被激发到导带高能态；②高能态的电子向表面运动并参与载流子的散射过程，能量会有损失；③到达半导体/真空界面的电子克服表面势垒束缚，逃逸到真空，成为真空电子。

对于价带中的电子，只有吸收的能量大于阈值能量 $E_{th}=E_g+X_e$ 的光子，才能发生光电发射现象，其中，χ_e 为半导体的电子亲和能，表示为电子真空能级 E_0 与导带底电子能级 E_c 之差，即 $\chi_e=E_0-E_c$。因此，半导体光电发射的长波限 $\lambda_{max}=\dfrac{1.24}{E_{th}(\mathrm{eV})}(\mu\mathrm{m})$。

在半导体中被激发的电子处于导带的高能态，称为热电子，这些热电子在极短时间内就会由于散射作用而到达平衡状态，能量处于导带底附近，这时的电子称为冷电子，这些冷电子向表面运动并克服电子亲和势能（$\chi_e>0$）到达真空能级的概率很低，实际应用中多为经过处理后的半导体结构，在表面附近具有负的有效电子亲和势，这部分内容将在光电发射阴极中讨论。

1.5 光热电效应

材料在受到光照射后引起温度变化，进而导致材料电学特性发生变化的现象称为光热电效应，与光电效应的区别在于光生载流子的能量会传递给晶格振动，导致材料温度上升，引起材料电学特性变化。由此可见，光热电效应发生需要两个条件：首先是照射的光具有足够能量使得物体加热升温；其次，物体本身具有热电材料特性，可在温度变化条件下，产生电荷积累或释放效应，实现光能-热能-电量的转换。光热电效应分为热释电效应、辐射热计效应和温差电动势效应。

1.5.1 热释电效应

介质或半导体在光照作用下发生温度变化，温度的变化导致材料极化或磁化的强度、方向发生变化，进而导致材料表面电荷分布发生改变，产生一定的电势差，这种现象称为热释电效应。

根据原子或分子正、负电荷的相对位置，可将材料分为非极性材料和极性材料。对于非极性分子，分子正、负电荷的分布可以是中心对称的也可以是非中心对称的，但电荷中心必须重合。对于极性分子，分子正、负电荷中心的位置不重合，会出现宏观极化现象，又称自发极化，自发极化导致在垂直极化方向的表面上产生等量、异号的表面束缚电荷。

对于一般电介质，在外加电场的作用下，如图 1.5-1 所示，微观上电介质内部原子或分子的正负电荷分布会发生移位，形成微观电偶极子，在宏观上表现为材料表面电势高的一侧积累负电荷，电势低的一侧积累正电荷，即电介质发生了极化现象。从施加电压到电介质表面建立稳定极化电荷分布的过程，与电容器充电过程类似，外部电路中会有电流通过。当撤去外加电场后，电介质的极化消失。

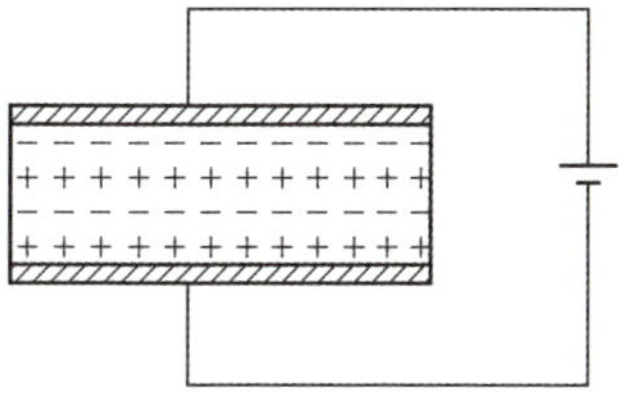

图 1.5-1　电介质在外加电场作用下的极化

当电极板内放置具有自发极化的电介质时，在光照的情况下，电介质吸收光子能量转化为热能，导致温度增加时，电偶极子热运动的无规则扰动会引起电介质极化强度减弱，导致表面束缚面电荷密度降低，与电容器放电类似，电路中也会有电流通过，最终电介质与外界环境达到新的平衡。在吸收热量导致温度升高过程中，电介质极化强度降低，释放了部分极化电荷，这种效应称为热释电效应[9]。

热释电效应中温度对自发极化的强度影响很大，温度低时，极化强度最大，表面束缚面电荷密度最大，温度高时，极化强度减弱，表面感应束缚面电荷密度降低。当超过临界温度时，极性介质表现为非极性，极化强度为零，材料发生相变或退极化，产生相变的临界温度 T_c 称为居里温度。

在红外辐射下具有热释电效应的电介质可用于制造热敏探测器。当受到强度调制的光辐射照射到热释电介质时，会引起自发极化强度随时间的变化，导致垂直于极化方向的晶体两个外表面之间出现微弱变化的电压信号，由此可测定吸收入射辐射的光功率。

热释电效应可应用于温度测量、火灾监控、地震预警、医学影像等领域。此外，热释电效应还广泛应用于热释电发电设备中，将热能转化为电能。例如，将热源放置在热释电材料的一侧并保持温度差，就能够在热释电材料中产生电势差，并驱动电荷流动，从而实现将热能转化为电能的目的。

1.5.2　辐射热计效应

材料在光的照射下，引起材料温度的变化，进而导致材料电阻率变化的现象称为辐射热计效应。材料阻值与温差的关系可以表示为 $\Delta R=\alpha_T R\Delta T$，其中，$\alpha_T$ 为温阻系数，R 为器件电阻，T 为温度。当温度变化不大时，温阻系数（Temperature Resistance Coefficient，TCR）可以表示为 $\alpha_T=(1/R)\times \mathrm{d}R/\mathrm{d}T$。

对于金属材料，电阻值与温度成正比，即 $R=BT$，易得温阻系数为 $\alpha_T=1/T$，可见温阻系数与温度成反比，因此随着温度的增加，电阻温度系数变小，在标明电阻温度系数时，需要指明针对的温度。对于半导体材料，电阻 R 与温度 T 的关系一般可表示为指数形式，即 $R=R_0\exp\left[B\left(\frac{1}{T}-\frac{1}{T_0}\right)\right]$，易得其温阻系数为 $\alpha_T=-B/T^2$，可见温度越高，温阻系数越小。半导体的 α_T 值是负值，其绝对值大于金属材料的 α_T 值。在 300K 时，半导体材料的 α_T 约为-0.33，比金属材料的 α_T 值大一个数量级。对于超导材料，材料在超导转变温度下的电阻值随着温度的变化而产生很大变化，材料在吸收光辐射后产生的微小升温就可以引起样品电阻的显著变化，从而产生相当大的输出信号电压。使用超导材料制作探测器，需要样品保持在超导转变温度以下，这会导致探测器的设计和使用相当复杂。

1.5.3 温差电效应

如图 1.5-2（a）所示，当两个不同的材料 a 和 b 两端相连，组成闭合回路，若接头 A 处、B 处具有不同的温度，则闭合回路中会有电流产生，称为温差电流，产生电流的电动势则称为温差电动势，该效应于 1821 年由塞贝克发现，后来称为塞贝克效应。若接头 A 处的温度大于接头 B 处的温度，即 $T_2=T_1+\Delta T$，开路状态下，C 和 D 之间的电动势为 $\Delta\Theta_{ab}$。在闭路情况下，电流在 b 材料中从 T_2 流向 T_1，电动势为正。表征塞贝克效应大小的物理量为电动势率又称塞贝克系数，表示为 $\alpha_{ab}=\mathrm{d}\Theta_{ab}/\mathrm{d}T$，单位为 V/K。

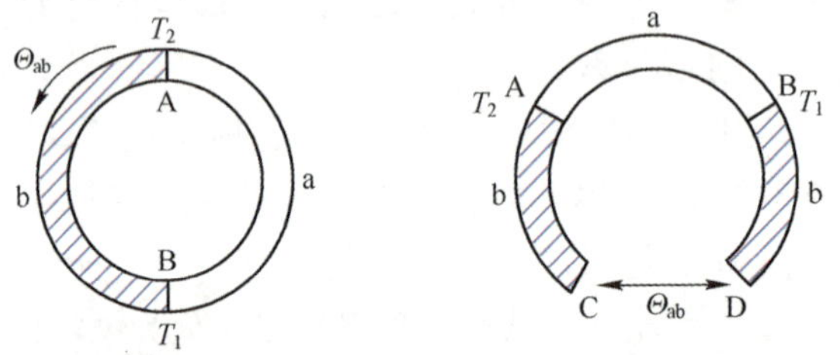

(a) 塞贝克效应　　(b) 帕尔贴效应

图 1.5-2　两种温差电效应示意图

如果在上述短路部分接入电动势，构成闭合回路，形成电流，会在两个接头位置出现一个放热另一个吸热的现象，称为帕尔贴效应，如图 1.5-2（b）所示。接头位置单位电流、单位面接引起的吸热、放热量与电流成正比，表示为$\frac{\mathrm{d}H}{\mathrm{d}t}=J\pi_{\mathrm{ab}}$，其中，$J$为电流密度，$\pi_{\mathrm{ab}}$为帕尔贴系数，单位为伏特（V），该系数是温度的函数。同时，两节点间会出现温差电动势，大小与吸收和辐射功率成正比，因此测出温差电动势的大小就可以计算出吸收的辐射功率。

温差电效应的物理机制：半导体在不同的温度下具有不同的载流子浓度，当单一半导体两端存在温度差异时，载流子浓度的不同会导致载流子的扩散，以消除电荷浓度的差异，从而形成电动势。两端的温差越大，则产生的赛贝克电位差越大。相比于半导体，金属中的自由电子浓度与费米能级几乎不会随温度改变，因此金属的赛贝克效应远小于半导体，其赛贝克效应由电子的平均自由程来决定。若平均自由程随温度上升，则热端的自由电子有较高的概率向冷端移动，此时的塞贝克系数为负值。反之，若电子的平均自由程随温度上升而下降，则冷端的自由电子有较高的机会流向热端，此时的塞贝克系数为正值。

1.6 光电器件的噪声和特性参数

光电器件的功能是将光辐射信号转化为电信号，量子效率和灵敏度反映了光电器件的功能优劣。对于微弱光电信号的探测，探测器需与电子电路等信息处理器件结合使用，由于放大电路的作用，即便没有光信号，器件也存在电流、电压的输出，由于噪声得到了放大，对于微弱信号，其光电信号与噪声信号同样得到放大，导致信号无法有效提取。因此，对于微弱光信号探测提取能力，更大程度上取决于探测器噪声和电子电路噪声。其中，光电探测器的噪声是指光电探测器在实现光电转换功能时，受到无用信号的干扰。

光电探测器的噪声在实际应用中总是有害的，特别是对于探测微弱信号，如果噪声过大，将使得有用信号淹没在噪声中，探测器或探测系统就会失去探测功能。噪声是影响探测性能提升的最终限制因素，由于噪声的随机性，对待测物理量的噪声进行时间平均分析意义不大，通常用所待测物理量的均方根表征噪声的绝对强弱。在通信、检测领域，噪声的消除和缓解是十分重要的课题[10]。

1.6.1 光电器件的噪声

光电探测系统的噪声可分为三类：①光源噪声，主要是信号辐射和背景辐射产生的噪声；②探测器噪声，包括热噪声、散粒噪声、载流子产生-复合噪声、$1/f$ 噪声、温度噪声，对于探测器噪声，低频时，$1/f$ 噪声起主导作用，中频时，产生-复合噪声起主导作用，高频时，白噪声起主导作用；③电路噪声，主要包括信号放大电路和处理电路噪声。下面主要对探测器有关的噪声进行介绍。

1. 噪声的特点和数学描述

当光电探测器无输入或入射极低时，输出会出现杂乱无章的变化信号，这些杂乱无章的信号不是对光输入的响应，而是探测器的固有噪声。当输入信号极低时，响应信号会淹没在噪声信号中，导致信号无法提取，因此，器件的固有噪声决定了探测器的探测极限。对这些输出的噪声电压或电流信号取时间平均，平均值为零，但均方根不等于零，将均方根电压（电流）称为器件的噪声电压（电流）。噪声具有固有性、均值为零、均方根不为零等特点。

噪声是一种随机信号，任何时刻都不能精确预知其大小。用数学语言描述，噪声是一种连续型随机变量，即它在某时刻可能出现各种可能数值。以噪声电压 $V_{\mathrm{N}}(t)$ 为例，$V_{\mathrm{N}}(t)$ 表示在 t 时刻的噪声电压的大小。由于噪声的随机性，噪声电压的大小只能用概率密度表示 $p(V_{\mathrm{N}})$。概率密度函数 $p(V_{\mathrm{N}})$ 表示 t 时刻的噪声电压为 V_{N} 的概率。描述噪声的一个非常重要的参数为噪声功率谱密度，用于表示噪声功率的频谱分布，用 $S_{\mathrm{N}}(f)$ 表示：

$$S_{\mathrm{N}}(f)=\lim_{\Delta f\to 0}\frac{\bar{I}_{\mathrm{N}}^{2}(f,\Delta f)}{\Delta f} \tag{1.6-1}$$

式中：$\bar{I}_{\mathrm{N}}^{2}(f,\Delta f)$ 为在频域 $(f,\Delta f)$ 之间噪声频谱分量的平均功率。

功率谱密度的单位为安方每赫兹（A^2/Hz）。在噪声理论中，将功率谱密度与频率无关的噪声称为白噪声，将功率谱密度随频率变化的噪声称为有色噪声。实际的探测器总有一定的带宽，探测器输出的噪声功率可由噪声功率谱密度在频率的积分得到

$$\bar{i}_{\mathrm{N}}^{2}=\int_{f_1}^{f_2}S_{\mathrm{N}}(f)\,\mathrm{d}f \tag{1.6-2}$$

式中：f_1 和 f_2 分别为探测器工作频率的上下限。

2. 光电探测器噪声的分类

噪声根据来源可以分为外部噪声和内部噪声，外部噪声包含人为噪声和自然因素。内部噪声的主要来源包括热噪声、散粒噪声、产生-复合噪声、低频噪声、光子噪声等。在光电转换过程中，电子的跃迁或逸出表面等过程是一系列独立的随机事件，载流子在数目上随时间具有不确定性，这种与信号

同时伴随的随机起伏会显著影响信号探测准确性，特别是在微弱信号的情况下。由于噪声具有随机性的特点，处理上通常需要采用随机信号理论进行分析，将噪声的时间函数进行傅里叶分析，得到噪声功率随频率变化的关系，即功率谱。根据噪声功率与频率的关系，将与噪声功率频率无关的噪声，称为白噪声，热噪声的功率谱是平直的，属于白噪声；将功率谱与频率的倒数成正比的噪声称为 $1/f$ 噪声；噪声始终贯穿于光电探测系统的工作过程中，是光电信号探测中的不利因素，同时也是限制光电系统性能的决定性因素。了解和掌握噪声统计特性，并采取有效措施减少噪声的影响，有利于提取噪声背景下的有用信号，对设计和使用光电探测器具有重要意义。下面对各种噪声产生机理和特点做定性说明。

1）热噪声（Thermal noise）

热噪声是由耗散元件中载流子的随机热运动引起的电流、电压起伏，是耗散原件的噪声来源，又称约翰逊（Johnson）噪声或奈奎斯特噪声。处于热平衡条件下的耗散元件，即使没有外加电压也存在一定量的噪声。热噪声对探测能力影响最大，以电阻为例，在没有外加电场时，电阻内部的电子做无规则的热运动，无定向迁移，因而没有电流。但在微观上，由于载流子运动的涨落，两个相反方向运动的电子数目并不相等，导致在电路中产生电势涨落，并引起电流涨落。噪声电压于 1982 年由约翰逊实验证实，同时奈奎斯特（Nyquist）推导出热噪声功率可表示为 $V_J^2 = 4k_B T\int_{f_1}^{f_2} R(f)\,\mathrm{d}f$，其中，$k_B$ 为玻耳兹曼常数，T 为温度，$R(f)$ 表示电阻随频率的变化关系。在纯电阻情况下，$R(f)$ 与频率无关，噪声均方电压表示为 $V_J^2 = 4k_B TR\Delta f$，噪声电流均方值为 $I_J^2 = V_J^2/R^2 = 4k_B T\Delta f/R$。由此可见，通过降低探测器温度和探测电路带宽可以降低热噪声，提高探测器的信噪比。

2）散粒噪声（Shot Noise）

在无光照情况下，半导体在热激发作用下可以随机的产生电子-空穴对，造成载流子数目的起伏和电流涨落，该噪声称为暗电流噪声。另外，在有光照的情况下，辐射光子到达光电子器件并激发光电子的事件是随机的，也会引起光电流的起伏，热激发和光激发产生电子-空穴对过程的随机性对光电器件并无区别，由于起伏的最小单元是一个电子电量，故称为散粒噪声。散粒噪声存在于所有光电探测器中，散粒噪声的均方电流可表示为 $\bar{I}_{Ns}^2 = 2q\bar{I}\Delta f$，其中，$\bar{I}$ 为通过光电探测器的平均电流，Δf 为探测器带宽，q 为基本电荷电量。散粒噪声属于白噪声与频率无关，由于直接起源于载流子的粒子性，因而与

基础电荷量 q 有关。

3）产生-复合噪声（Generation-Recombination noise）

在半导体探测器中，半导体中载流子光激发、热激发产生的电子-空穴对是随机的。电子和空穴在运动中存在严重的复合过程，复合过程中每个电子-空穴对的复合时间是随机的，即复合本身也是随机的。载流子的产生起伏和载流子复合起伏，使得起伏加倍，产生-复合噪声在本质上仍为散粒噪声。但是，强调产生和复合两个物理过程，故加以单独命名，产生-复合噪声主要存在于光电探测器中。产生-复合电流噪声达式为：$I_{G-R}^2=4q\bar{I}G\Delta f$，其中，$G=\tau_0/\tau_d$ 为光电导探测器的内增益，是载流子平均寿命 τ_0 和探测器电极间渡越时间 τ_d 的比值，产生-复合噪声属于白噪声。

4）光子噪声

当光源的强度非常弱时，光子数不足以对均匀强度光场进行充分统计平均。由于光子是离散性，传输光的强度显示出一个统计分布，即光子数的泊松分布。即便在恒定光功率下，瞬间到达探测器的光子数也是随机的。激发载流子具有随机性，导致电流起伏，故称为光子噪声，本质也是散粒噪声。光子噪声会影响光学仪器和光电器件的灰度、分辨率和信噪比等性能。可以通过增加光源强度、使用更高质量的光学元件、增加探测器面积、降低工作温度等方法来降低。

5）$1/f$ 噪声

由于光电器件的光敏层微粒不均匀或不必要的微量杂质的存在，当电流流过时，微粒间发生微火花放电引起的微电爆脉冲导致 $1/f$ 噪声。该噪声几乎存在于所有探测器中，又称闪烁噪声或低频噪声，该噪声是主要表现在 1kHz 以下的低频域，且与光信号的调制频率 f 成反比，称为低频噪声。表达式为 $I_{1/f}^2=KI_b^{\alpha}\Delta f/f^{\beta}$，其中，$K$ 为比例系数，与器件工艺、电极接触情况、表面状态及尺寸有关，I_b 为偏置电流，α 与器件电流 I 有关，通常取 2，β 取值为 0.8～1.3，与器件材料性质有关，大部分材料可取 1。由于 $1/f$ 噪声主要出现在 1kHz 以下低频区，通过限制低频段的调制频率不低于 1kHz，可以将低频噪声降低到产生复合噪声以及热噪声之下，从而避免 $1/f$ 噪声。流行的低频噪声有两种模型：Hooge 模型[11]（机理为杂质或缺陷对载流子散射引起的迁移率波动导致噪声的产生）和 McWhorter 模型[12]（机理为载流子浓度波动导致噪声的产生），Hooge 模型的低频噪声均方电压表示为 $V_{1/f}^2=\alpha_{\mathrm{H}}\dfrac{V^2\Delta f}{Nf}$，其中，$\alpha_{\mathrm{H}}$ 为 Hooge 常数，N 为载流子数目。习惯用拐点频率 $f_{1/f}$ 表示低频噪声的低频性质。

6）温度噪声

热探测器与具有恒定温度的环境进行能量交换，在无辐射存在时，尽管探测器处于平均温度 T_0，但实际上热探测器的温度在 T_0 附近具有一定起伏，这种温度起伏引起的热探测器输出起伏称噪声称为温度噪声。热探测器的温度噪声功率表示为 $\Delta \overline{W_T^2}=4Gk_BT^2\Delta f$，其中，$G$ 为热探测器的热导，可见温度噪声功率与热导成正比，与工作温度的平方成正比，由于温度噪声的功率谱与频率无关，因此属于白噪声。温度噪声主要存在于热探测器中，它限制了热探测器所探测的最小辐射能量。要注意热噪声与温度噪声的区别：前者是粒子随机波动引起的随机性电流，是在温度不变情况下产生的；后者是温度有一定起伏变化，导致热流量的变化产生的噪声。

7）过剩散粒噪声

在具有内增益的探测器中，如光电倍增管、光电导和雪崩二极管，信号噪声均被放大。对于具有增益为 G 的探测器，信号电流、背景辐射电流和暗电流均得到放大，$i_s=Gi_{\text{ph}}$，$i_b=Gi_{b0}$，$i_d=Gi_{d0}$，其中，i_{ph} 为光电流，i_{b0} 和 i_{d0} 分别为无增益时的暗电流和背景电流。由于倍增过程的随机特性，散粒噪声也被放大，这种随机性倍增的统计结果导致过剩噪声因子 F，表示为材料、结构和探测器增益的函数。探测器均方噪声电流表示为 $\overline{i_{\text{nsh}}^2}=2qBG^2F(\overline{i_{\text{ph}}}+\overline{i_{bo}}+\overline{i_{d0}})=2qBGF(\overline{i_s}+\overline{i_b}+\overline{i_d})$，过剩噪声因子为增益的函数 $F=\overline{G^2}/\overline{G}^2$，对于无增益探测器，$G=1$，$F=1$。

3. 信噪比和噪声等效功率

信噪比（SNR）是指器件负载电阻 R_L 产生的信号功率 P 与噪声功率 P_N 之比。假定器件负载为 R_L，信号辐射产生的等效电流为 I，背景辐射噪声和器件噪声产生的噪声等效电流为 I_N，信噪比可表示为

$$\text{SNR}=\frac{P}{P_N}=\frac{I^2R_L}{I_N^2R_L}=\frac{I^2}{I_N^2} \tag{1.6-3}$$

用分贝（dB）可表示为

$$(\text{SNR})_{\text{dB}}=10\lg\frac{I^2}{I_N^2}=20\lg\frac{I}{I_N} \tag{1.6-4}$$

可以看出，虽然对于单个器件可以通过提高入射光功率和增加光接收面积提高信噪比，但器件固有探测性能原则不变，因此单纯用信噪比不能准确表征器件的探测能力，存在一定局限性。噪声等效功率（Noise Equivalent Power，NEP）可以看作器件探测能力的标志，定义为探测器输出信号方均根

和噪声方均根相等时的入射辐射功率，单位为 W，用符号 NEP 表示为

$$\mathrm{NEP}=\phi\big|_{I=I_{\mathrm{N}}}=\phi\big|_{\frac{S}{N}=1} \tag{1.6-5}$$

在器件响应与入射辐射功率保持线性关系的情况下（$\phi=KI$），可得 $\mathrm{NEP}=I_{\mathrm{N}}/K$，可见灵敏的器件（比例系数 K 越大）具有更小的噪声等效功率。当入射信号的辐射功率小于噪声功率时，探测器信号输出功率小于噪声功率，探测器失去探测能力。因此，NEP 就是探测器能探知的最小目标辐射。为表示方便，将等效噪声功率的倒数称为探测率，用符号 D 表示，探测率越大，器件性能越好。实践发现，许多探测器的 NEP 正比于探测器信号的方均根，探测信号与器件接受面积 A 和带宽 Δf 乘积的方根$\sqrt{A\Delta f}$正比。因此，通过$\sqrt{A\Delta f}$将噪声电流归一化，就可以得到不依赖器件面积和带宽的归一化探测率，用 D^* 表示，称为比探测率，$D^*=\dfrac{K}{I_{\mathrm{N}}/\sqrt{A\Delta f}}=\dfrac{\sqrt{A\Delta f}}{\mathrm{NEP}}(\mathrm{cm}\cdot\mathrm{Hz}^{1/2}\cdot\mathrm{W}^{-1})$。

1.6.2 光电探测器的主要特性参数

光电探测器原理不同，种类繁多，特性参数不尽相同，但主要的特性参数通常包括工作波长、工作带宽、探测器寿命、量子效率、响应率、响应速度、线性度、光电探测噪声、等效噪声功率或探测率等。将能够直接测量到的参数称为实际参数，相应的还有些参数是根据条件折合的参数，称为参考参数。在根据参数选取光电探测器时，要注意探测器参数测量的条件和工作条件。

1. 量子效率（Quantum Efficiency）

量子效率：对于特定波长的入射光，每秒产生的光电子数与入射光光子数的比值，可以表示为

$$\eta=\frac{I/q}{P/h\nu} \tag{1.6-6}$$

式中：P 为入射光功率；I 为光电探测器中产生的平均光电流；q 基本电荷电量；$h\nu$ 为一个光子具有的能量。

量子效率是从光的量子特性出发来定义器件的灵敏度。理想情况下，一个光子产生一个光电子，但实际情况由于受其他物理过程，如吸收和散射的影响，实际的光电探测器量子效率小于 1。需要注意的是，上述量子效率是反映光电探测器的一个微观参数，即仅考虑光与光电材料相互作用过程，不包含后续有载流子增益参与的物理过程，因此称为外部量子效率。外部量子效

率与材料的吸收系数有关，对于本征半导体材料，吸收系数与带隙宽度有关，对于本征吸收，只有能量大于带隙宽度的光子才可以被材料吸收，即 $hc/\lambda \geqslant E_g$。探测器的长波限即为材料的带隙波长，只有小于带隙波长的光子才能够被吸收，如图 1.6-1 所示，吸收光子后，价带电子被激发到导带，称为可自由移动的电子，同时价带产生一个可自由移动的空穴。表 1.6-1 给出了 300K 时典型半导体二极管材料的带隙。

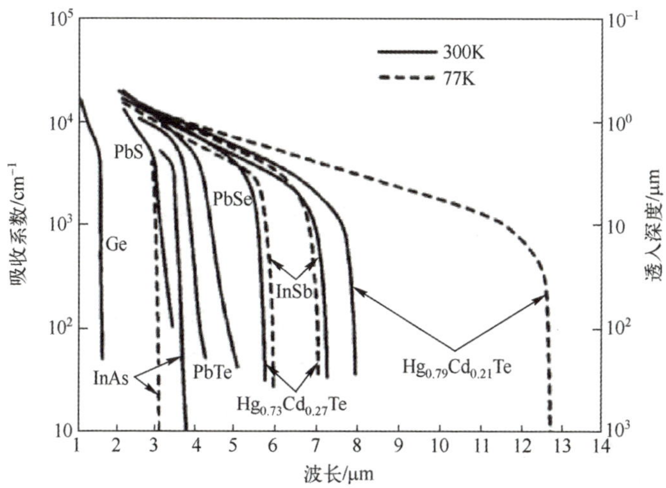

图 1.6-1 常见半导体探测器材料的吸收系数、穿透深度与入射光波长的关系

表 1.6-1 典型半导体材料的带隙（300K）

材　料	带隙/eV	材　料	带隙/eV
GaAs	1.42	InAs	0.35
GaSb	0.73	InGaAs	0.75
$GaAs_{0.88}Sb_{0.12}$	1.15	InP	1.35
Ge	0.67	Si	1.14

除本征吸收外，还存在两种非本征吸收：杂质吸收和纳米半导体中的子带间跃迁吸收。图 1.6-2 给出了 3 种吸收物理机理示意图，对于施主杂质吸收，施主能级多余的束缚电子在吸收一个光子后，被激发到导带，称为自由移动的载流子。同时，施主杂质变为带有正电荷的离子，杂质离子不可移动。受主杂质与施主杂质类似。杂质吸收也存在由束缚能决定的长波限制，由于束缚能级位于带隙以内，故杂质吸收的长波先要大于对应的本征吸收长波限。

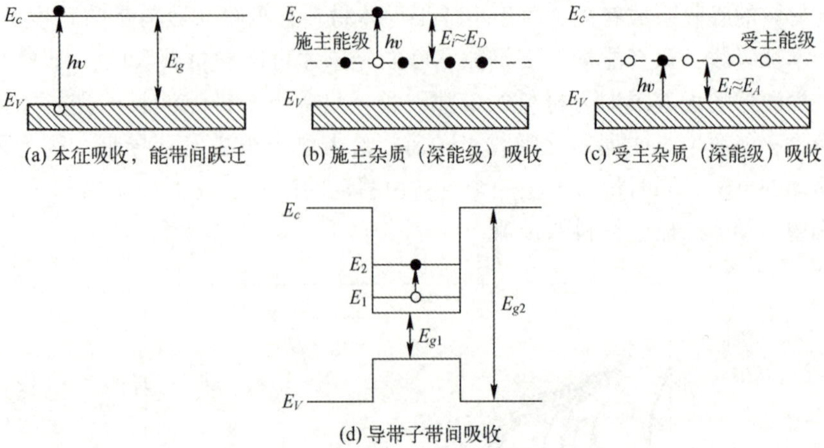

(a) 本征吸收，能带间跃迁　(b) 施主杂质（深能级）吸收　(c) 受主杂质（深能级）吸收

(d) 导带子带间吸收

图 1.6-2　光子吸收的几种物理机制示意图

2. 响应率（Responsivity）

光电器件的响应率又称探测灵敏度，用于定量描述光电器件输出电信号的方均根与输入光信号功率方均根之间的关系。相关参数包括积分灵敏度、光谱（单色）灵敏度和频率灵敏度。积分灵敏度反映光电探测器输出信号的电压、电流物理量与连续入射光谱的光功率 P（或光通量 ϕ）之比，前者称为电压响应率 R_U 或电压灵敏度 S_U，单位为伏/瓦（V/W），后者称为电流响应率 R_I 或电流灵敏度 S_I，单位为安/瓦（A/W）。电压、电流灵敏度分别表示为

$$\begin{cases} S_U = \mathrm{d}U/\mathrm{d}P(\mathrm{V/W}) \\ S_I = \mathrm{d}I/\mathrm{d}P(\mathrm{A/W}) \end{cases} \tag{1.6-7}$$

式中：U 和 I 分别为电压和电流的方均根值；P 为辐射光谱范围内的总功率，可表示为 $\phi_e(\lambda)\Delta\lambda$，其中，$\phi_e(\lambda)$ 为光谱辐射入射功率（W/m），P 也可表示为 $\int_0^\infty \phi_e(\lambda)\mathrm{d}\lambda$ 。

对于无内部增益的探测器，电流灵敏度可用外部量子效率表示为 $S_I = \eta q/h\nu = \eta \dfrac{\lambda(\mu\mathrm{m})}{1.24}$，单位为 A/W，可见探测器零密度随波长增加而增加（探测器工作在线性区时满足）。为反映光电探测器在不同波长灵敏度，需定义单色灵敏度 R_λ 或光谱灵敏度，该参量与积分灵敏度定义类似，只是需要将输出电压、电流和输入光功率表示为波长的函数：

$$\begin{cases} S_U(\lambda) = \mathrm{d}U_\lambda/\mathrm{d}P_\lambda \\ S_I(\lambda) = \mathrm{d}I_\lambda/\mathrm{d}P_\lambda \end{cases} \tag{1.6-8}$$

如果光谱灵敏度在某波段范围内为常数，则称该光电探测器为无选择性探测器（如光热探测器），否则称为选择性探测器。在实际应用中，考虑到光谱的分辨率，上述定义并不容易通过测量获得，一个常用于替代的无量纲物理量为相对光谱灵敏度，表示为

$$S_\lambda = S_I(\lambda)/S_{\lambda m} \tag{1.6-9}$$

式中：$S_{\lambda m}$为S_λ的最大值，所在波长为单色灵敏度的峰值波长，表示为λ_m；S_λ为一无量纲的物理参数，该参数随波长的变化曲线称为光电探测器的光谱灵敏度曲线。

当光电探测器的入射光为强度调制光时，光电流随调制频率的升高而减少，这时的灵敏度称为频率灵敏度S_f，定义为$S_f=I_f/P$，I_f为光电流的均方根值实变函数的傅里叶变换，其中，$I_f=I_0(f=0)/\sqrt{1+(2\pi f\tau)^2}$，其中，$\tau$为光电探测器的响应时间，取决于材料、结构和外电路。同样，相对频率响应可以定义为$S(f)=S_0/\sqrt{1+(2\pi f\tau)^2}$，$S_0$为非调制光强度信号的响应率，随着调制频率的升高，相对频率响应下降，规定$S(f_c)=S_0/1.414$的调制频率f_c为光电探测器的截止响应频率，易得$f_c=1/(2\pi\tau)$。

3. 响应时间

相应时间为描述光电探测器件对入射辐射响应快慢的参数。当光电探测器在受到阶跃变化的光脉冲照射时，响应时间可用输出电信号脉冲的上升时间τ_r和下降时间τ_f表示。上升时间定义为入射光照射到探测器后，光电探测器输出电信号上升到稳定值时所需要的时间，类似的，下降时间定义为入射光截断后，光电探测器输出电信号下降到稳定值时所需要的时间。

当用一个辐射脉冲（方波）照射光电探测器时，光电探测器的输出相比信号输入存在延迟效应，将输出信号从峰值的10%～90%所经历的时间称为探测器上升时间，将输出从峰值90%降到峰值的10%所经历的时间为探测器下降时间。

4. 线性度

光电探测器输出电流、电压等物理量与入射信号光功率成比例的程度和范围用于表征器件的线性度。在一定范围内，探测器输出量正比于输入光量，这一范围称为探测器的线性区，在线性区内，探测器响应度为常数。基本上线性区的下限取决于暗电流和噪声，上限取决于器件的饱和效应。实际光电探测器的线性工作范围通常还与偏置电压、调制频率、外围电路等工作条件有关。

5. 温度特性

在不同的温度状态下，光电探测器性能会有明显差别，半导体是温度敏感的材料，半导体光电探测器性能随温度变化的特性会更显著。通常器件的性能会随着温度的升高导致信噪比降低，信号变差，甚至失去功能。商用器件标注的工作温度是指光电器件处于最佳工作状态时的温度。

6. 频率响应

光电器件中，输出电信号与入射光信号之间的滞后效应会使得先后作用的光信号产生交叠降低信号调制度。对于快速变化的光信号，输出会产生严重畸变。将光电探测器的响应随入射调制频率变化而变化的特性称为探测器的频率响应。频率响应函数为

$$R(f)=\frac{R_0}{\sqrt{1+(2\pi f\tau)^2}} \tag{1.6-10}$$

式中：$R(f)$ 为频率在 f 时的响应度；R_0 为频率为零时的响应度；$\tau=RC$ 为时间常数。

图 1.6-3 给出了典型器件的频率响应曲线。

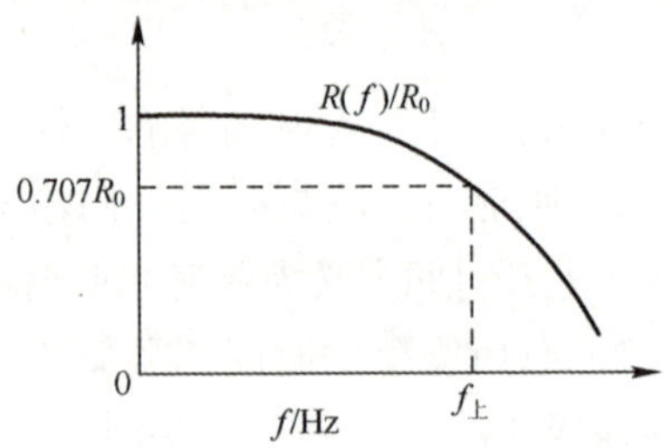

图 1.6-3　典型器件的频率响应曲线

随着入射信号调制频率的增加，探测器响应度会下降，当响应度下降到峰值的 0.707 倍时，对应的信号调制频率定义为探测器的上限截止频率 $f_上$。由式（1.27）易得 $f_上=\frac{1}{2\pi RC}$，可见时间常数决定了探测器对信号调制带宽的限制。

参考文献

[1] 顾婉仪，黄永清，陈雪，等．光纤通信［M］．北京：人民邮电出版社，2011.

[2] 金伟其，王霞，廖宁放，等．辐射度光度与色度及其测量［M］．北京：北京理工大学出版社，2016.

[3] SCHANDA J. CIE colorimetry［J］. Colorimetry: Under Standing the CIE System, 2007, 3: 25-78.

[4] ROGALSKI, A. Infrared detectors［M］. 北京：机械工业出版社，2014.

[5] RUMYANTSEV S L, JIN S H, SHUR M S, et al. Low frequency noise in amorphous silicon thin film transistors with SiNx gate dielectric［J］. Journal of Applied Physics, 2009, 105 (12): 124504.

[6] ZHAI Y, MA Y, DAVID S N, et al., Scalable-manufactured randomized glass-polymer hybrid metamaterial for daytime radiative cooling［J］. Science, 2017, 355 (6329): 1062-1066.

[7] 于坤，刘玉芳，赵跃进．光谱发射率测量标准参考材料研究进展［J］．光谱学与光谱分析，2012，32 (11)：5.

[8] 陈治明，雷天民，马剑平．半导体物理学简明教程［M］．北京：机械工业出版社，2011.

[9] 绍式平．热释电效应及其应用［M］．北京：兵器工业出版社，1994.

[10] BANASZEK K, KUNZ L, JACHURA M, et al. Quantum limits in optical communications［J］. Journal of Lightwave Technology, 2020, 38 (10): 2741-2754.

[11] XU Y, GWOZIECKI R, COPPARD R, et al. Diagnosis of low-frequency noise sources in contact resistance of staggered organic transistors［J］. Applied Physics Letters, 2011, 98 (3): 033505.

[12] RUMYANTSEV S L, JIN S H, SHUR M S, et al. Low frequency noise in amorphous silicon thin film transistors with SiN_x gate dielectric［J］. Journal of Applied Physics, 2009, 105 (12): 124504.

第2章

光电传感系统中的光源

光源是将各种形式的能量（核能、电能、化学能、热能等）转化为光辐射能的器件，自然界中存在天然光源，如太阳、恒星等。光电传感系统中的光源主要是指人造光源，由于电能的广泛普及，光源的能量转化以电能转化为光能为主。相干性是光源的重要技术指标，按照相干性，一般可将光源分为相干光源、低相干光源和非相干光源，光源的分类如图2-1所示。各种类型的激光器，如气体、固体、染料、化学、半导体、自由电子激光器以及由非线性光学效应产生的激光器等，是典型的相干光源。低相干光源的光学相干性较相干光源较低，典型的有发光二极管（LED）、超辐射发光二极管（Superluminescent Diode，SLD）等。非相干光源主要指用于照明、显示的各类光源，如白炽灯、荧光灯、液晶显示器、荧光显示器、显像管、阴极射线管等。

按照发光机理，光源可以分为热辐射光源、气体发光光源、固体发光光源、激光器等。

热辐射光源是指物体在高温条件下产生热辐射的光源，为非相关光源。典型的非相关光源包括白炽灯、钨卤灯。优点是通常结构简单、价格便宜、使用方便，辐射光谱连续等；缺点是对光源的稳定性对电源和电路的稳定性要求较高，光源调制速率较低，一般达不到传感器件的要求。

气体发光光源是指气体或金属蒸汽在通电流的情况下，产生激发态分子和离子，依据气体放电原理而产生光辐射的光源，包含辉光放电和弧光放电两种。正常状态下气体不是导体，当气体原子受到具有一定能量的电子碰撞

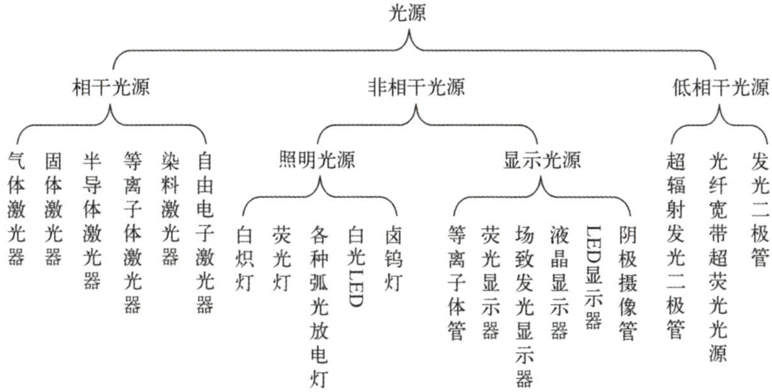

图 2-1 光源的分类

时会被激发和电离而发光。当放电电流较小时，放电处于辉光放电阶段，放电电流增大到一定程度时，气体放电呈低电压大电流放电，这就是弧光放电。弧光灯可填充气体包括从氢气到氙气范围，包括汞-氩气和钠-氩气，典型的高压弧光电光源包括荧光灯、钠灯、汞灯、金属卤化物灯、碳弧灯、氙灯等。辉光放电光源包括氖灯和霓虹灯，均为低压气体放电发光。气体放电光源的发光光谱不连续，具有高强度、长寿命和短波长的特点，在传感领域有独特之处。例如，用气体放电光源激发的光来激发待测物质，使其发射荧光，可用于检测物质温度和含量。

固体发光光源是指在电场作用下使固体材料发光的光源，可由电能直接转化为光能，包括有机固体发光光源和无机固体发光光源两大类。前者主要包括有机发光二极管（OLED）有机蓝色燃料以及染料敏化太阳能电池，后者常见种类有半导体固态发光光源和稀土离子发光材料构成的光源。固体发光光源具有体积小、重量轻、低功耗、长寿命、抗振动和耐干扰性强等优点。

激光器是光学传感中用的最多的光源，包括各种固体激光器、气体激光器、液体激光器、光纤激光器等，其光谱覆盖范围也最宽（紫外光、可见光、近红外光、中红外光、远红外光、太赫兹）。

2.1 光源的基本特性参数

2.1.1 辐射效率和发光效率

光源的辐射效率：在特定波长范围内，光源的辐射通量与产生这些辐射

通量所需要的电功率之比，即

$$\eta_e = \frac{\phi_e}{P} = \frac{K_m \int_{\lambda_1}^{\lambda_2} \phi_e(\lambda) d\lambda}{P} \tag{2.1-1}$$

式中：ϕ_e 为辐射通量；K_m 为光谱光视效能 $K(\lambda)$ 的最大值，大小为 683lm/W。

光源的发光效率：在特定波长 $\lambda_1 \sim \lambda_2$ 范围内，光源发射的光通量与产生这些光通量所需电功率之比。单位为流明每瓦（lm/W），可表示为

$$\eta_v = \frac{\phi_v}{P} = \frac{K_m \int_{\lambda_1}^{\lambda_2} \phi_e(\lambda) U(\lambda) d\lambda}{P} \tag{2.1-2}$$

式中：$U(\lambda) = K(\lambda)/K_m$ 为光谱光视效率。

辐射效率和发光效率的单位均为 lm/W（流明每瓦）。对于常见光源的发光效率对比见表 2.1-1。

表 2.1-1　常见光源的发光效率

光源名称	效率/(lm/W)	光源名称	效率/(lm/W)
白炽灯泡	10~15	钨卤灯	12~34
石英卤素灯	~15	高压钠灯	80~150
金属卤化物灯	60~100	低压钠灯	130~175
荧光灯	35~80	球形氙灯	30~40
三基色日光灯	96	节能灯	30~60（与品牌相关）
白光 LED	80~200	高压汞灯	35~70
无极荧光灯	80~140		

2.1.2 光谱功率分布

光源发出的光都具有一定光谱分布宽度，且按频率分布的功率大小不同，用光谱功率分布描述功率和频率的关系可以更清楚光源的光谱成分。如果光源是黑体，其光谱功率分布可用普朗克公式计算。实际应用的光源光功率谱分布大致有 4 种：第一种为线状光谱，功率谱由若干分离的光谱线组成，如钠原子光谱；第二种为带状光谱，光源的光功率谱形成一系列谱带，每个谱带内由若干连续的细谱线；第三种为连续光谱，光谱连续分布且具有一定的宽度；第四种为混合光谱，连续的光功率谱背景上有线状光谱或带状光谱混

合而成。图 2. 1-1 给出了几种光源的光功率谱分布，在实际中，功率谱的纵坐标大多采用归一化光功率，也有文献采用光子计数或者 dB 表示替代光源辐射的光功率。

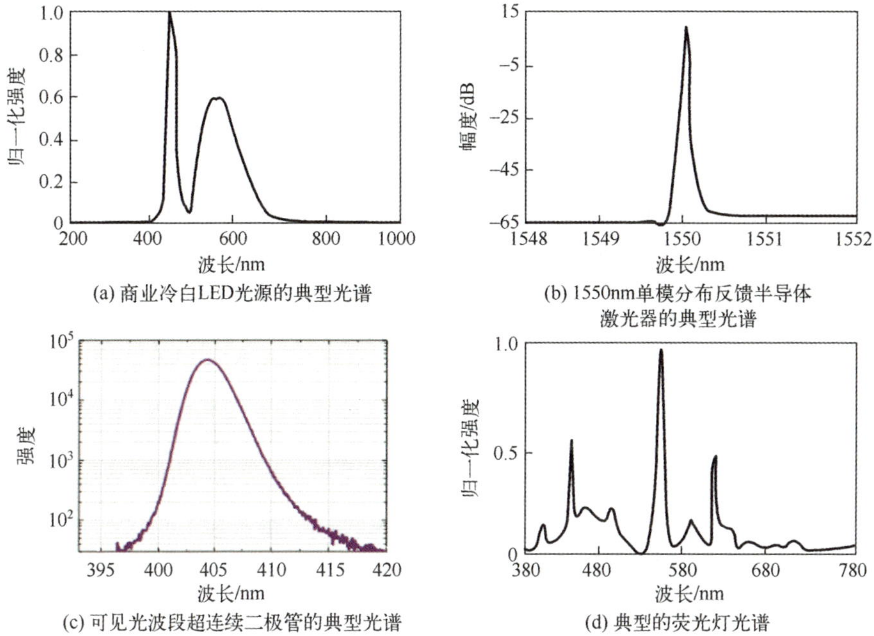

图 2. 1-1　典型光源的光功率谱分布

光学测量和光学传感对光源的选择与具体应用有关，在目视光学系统的传感和测量中，应选择可见光光谱丰富的光源，如白光 LED、钨卤灯等。对彩色摄影成像的传感和测量中，应选择具有日光色的光源以获得较好地色彩还原，如钨卤灯、氙灯。在紫外传感测量中，通常需要用氙灯、汞氙灯等紫外辐射光源，如用氙气弧灯作为蒸发散射检测的光源[1]。对利用干涉原理进行高精度传感和精密测量的光学系统则通常需要用频谱较窄、相干性好的激光光源。

2.1.3　空间光强分布

光源在空间各方向的发光强度通常不同，一般用发光强度矢量和发光强度曲线来表征光源的空间光强分布。建立极坐标系，自极坐标原点向各径向取矢量，用矢量的长度表征光源在该方向的发光强度的相对大小。最后，将矢量的终点连成曲线就可得到光源在该截面的发光强度曲线，又称配光曲线，将所有截面的配光曲线连在一起，就形成了光源的三维发光强度分布。由于大部分的光源的形状具有轴对称性，其发光强度在空间的分布也是轴对称的。所以，通过光源轴线取任意截面，可以用该截面内的光强分布曲线来代表光源在整个空间的分布。对于商用光源，通常为了改善空间光场分布需要对光的出射部分进行光学设计和优化，如增加微球透镜以减少出射光场的发散性[2]，或对输出光束进行准直。如果光源发光强度在空间的分布不具有轴对称性，则需要用若干测光平面的光强度分布曲线来描述光源的空间光强分布。为提高光源的利用率，光源使用中，已知光源发光强度分布的情况下，要充分利用发光强度最强的方向。图 2.1-2 给出了带球透镜的紫外 LED 和典型白光 LED 的输出光强度分布。

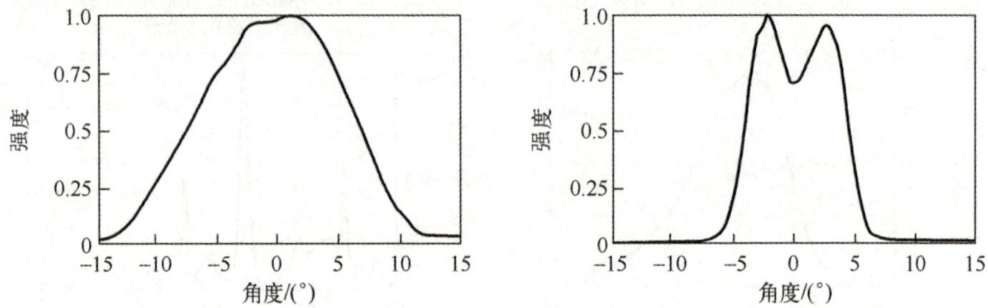

(a) 商用紫外LED（带球透镜）的远场光强度分布

(b) 典型白光LED（用于显微镜照明）的输出光强度分布

图 2.1-2 LED 光源的空间光强分布

2.1.4 光源的颜色

光源的颜色包括色表和显色性两方面的含义。用眼睛直接观察光源时感觉到的颜色为光源的色表，例如，高压钠灯的色表呈黄色，荧光灯色表呈白色。用光源照射物体时，物体呈现颜色是物体反射光在人眼内感受到的颜色，称为物体色。物体色与照射物体的光源颜色以及物体的物理特性有关，相同物体在不同光源照射下可呈现不同的物体色。将光源照射物体呈现的物体色与该物体在全辐射体照射下所呈现颜色的一致性称为光源的显色性，显色性是光源再现物体颜色的能力的指标，人们规定用显色指数（Color Rendering Index，CRI）来衡量[3]，显示指数的数值区间为 0~100，数值越大，光源显色性越好。国际照明委员会（CIE）规定了 14 种特殊物体作为检验光源显色性的“试验色”。白炽灯、钨卤灯等几种光源的显色性较好，显色指数可以达到 100，适用于辨色要求较高的场合，如彩色摄影、彩色电视的拍摄与放映、染料、彩色印刷等行业。以摄影为例，在显色性好的光源环境所拍的照片色彩丰富、饱和度适中或较高，色彩比较逼真，在显色性差的光源环境里拍摄的照片则表现为色彩较淡饱和度较低；荧光灯，石英金卤灯可以达到 80 左右；高压汞灯、钠灯等显色性比较差，显色指数最多达到 50，一般用于隧道、码头、马路等辨色要求较低的场合。

2.1.5 光源的色温

黑体的温度与其辐射性具有一一对应关系，因此，从光源的颜色与温度的关系，引出了颜色温度的概念，简称色温，对于非黑体辐射源，其辐射特性可用黑体的辐射特性近似表示。一般光源，经常用色温、相关色温和分布温度来表示[4-5]。

（1）色温。当加热到一定的温度，黑体发出的光所含的光谱成分，称为这一温度下的色温，计量单位为“K”（开尔文）。若某辐射光源发出的光的颜色与黑体在某一温度下辐射出的光的颜色相同，则称黑体的这一温度为该光源的色温。例如，100W 灯泡发出的光的颜色，与绝对黑体在 2527℃时的颜色相同，那么这只灯泡发出的光的色温为（2527+273）K＝2800K。由于同一颜色可以由多种光谱分布产生，所以色温相同的光源，相对光功率谱不一定相同。在光源颜色的测量中，色温范围为 1000～10000K。一般比较白的光源认为具有较高色温，而黄色光源具有较低色温。较低色温范围一般为 2700～3500K，常用于建筑或居家装饰，以营造温馨气氛。中等色温为 4000～5000K，颜色呈白色或日光色，用于办公场所。高等色温为 5500～6500K，呈蓝白色或天然白色，适用于舞台照明等。

（2）相关色温。若光源的颜色与任何温度下黑体辐射的颜色都不相同，但光源的光谱分布于黑体轨迹比较接近，这时在均匀色度图中，如果光源的色坐标点与某一温度下的黑体辐射的色坐标点最接近，则黑体的温度称为该光源的相关色温，其核心思想是在均匀色度图上用距离最短的温度表示光源的相关色温。

（3）分布温度。辐射源在某一波长范围内辐射的相对功率谱与黑体在某一温度下辐射的相对光光谱功率分布一致，该黑体的温度就称为该光源的分布温度。分布温度不再用颜色表征，而是用相对功率谱于黑体相对功率谱的一致性。

在传感和检测系统中，光源的选择要综合考虑光源的强度、稳定性、光谱特性、空间强度分布工作条件等方面。

2.2 热辐射光源

2.2.1 太阳与黑体模拟器

太阳模拟器是用来模拟太阳光的设备，其基本原理是利用人工光源产生定量且可重复的光谱分布模拟不同条件下的太阳辐射，以克服在试验过程中，太阳光辐射受时间、地点和气候的影响，且总辐照度不能调节等缺点。随着光源技术的进步，太阳模拟器光源的选用也在变化。金属卤化物灯、碳弧灯、氙弧灯、氩弧灯、汞氙灯、钠蒸气灯、石英钨卤灯、氙灯、LED 和超连续激光器等光源均可以用作太阳模拟器的光源[6]。太阳能模拟器的控制系统需要准确地调节光源和滤光器，以产生精确的波长和光强度。另外，还需要控制软件，确保太阳能模拟器可以按照预定的光谱分布生成光照。

太阳能模拟器已经广泛用于航空航天、光伏发电、农业等领域。根据其使用场合不同，一般分为空间太阳模拟器和地面太阳模拟器。按照发光谱分布可分为两种类型：全光谱和部分光谱。全光谱太阳能模拟器会模拟真实太阳光谱中所有波长，覆盖紫外到红外，部分光谱太阳能模拟器只模拟可见光谱。

空间用太阳模拟器能够较为准确地模拟太阳辐射的准直性、均匀性和光谱特性，具有较高的空间外热流模拟精度，主要用于航天器的热平衡试验、材料老化试验，以及航空航天用光电器件的定标等，如 KM6 太阳模拟器。然而，对于地面用太阳模拟器，在各项特性参数中，其准直性要求没有空间用太阳模拟器高，主要使用辐照不均匀度、光谱匹配度、辐照不稳定度这 3 个参数来评价其模拟太阳光的等级，如表 2.2-1 所列。

表 2.2-1　太阳能模拟器等级评价标准[7]

品　质	方　法	等级（依据 CIE）		
		A	B	C
光谱匹配度	计算在 6 个波段内光谱辐照强度占总波段光谱辐照强度的百分比与标准光谱百分比的比例	0.75~1.25	0.6~1.4	0.4~2.0
辐照空间不均匀度	计算在有效辐照面内最大和最小光强的比例	≤2%	≤5%	≤10%
辐照时间不稳定度	计算在一段时间内辐照面一点上最大和最小光强的比例	≤2%	≤5%	≤10%

IEC 60904-9 参考太阳光谱辐照分布如图 2.2-1 所示。

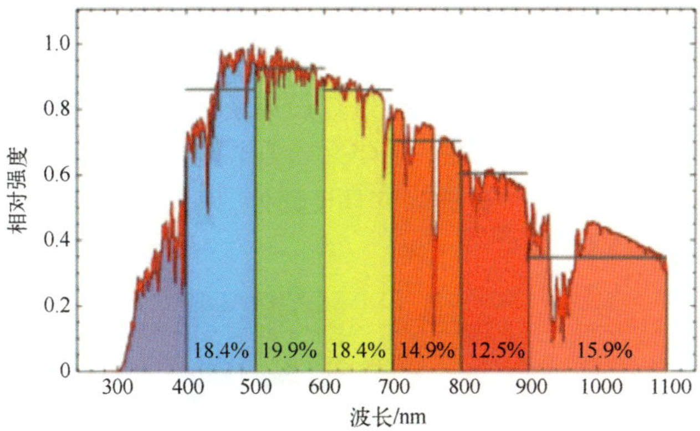

图 2.2-1　IEC 60904-9 参考太阳光谱辐照分布[7]

对于地面太阳能模拟器，应可以根据需要实现一定程度的调节，要能实现标准测试条件（STC）下的测试：以空气质量 1.5 光谱辐射，测试面上达到 1000W/m^{2}的辐照度和器件温度为25℃。根据 ASTM E927（地面光伏测试用太阳能模拟标准规范）和 IEC 60904-9，太阳能模拟器依据性能划分为 3 个等级：A 级、B 级和 C 级。这 3 个等级由 3 个主要标准决定：光谱匹配、辐照度的空间不均匀性和时间不稳定性，如表 2.2-1 所列。

根据太阳模拟器的有效辐照面的大小，将地面太阳能模拟器分为单片太阳电池测试仪和太阳电池组件测试仪。单片太阳电池测试仪一般用于电池片厂商的功率测试及分选，以及太阳电池组件生产前的功率测试及分选，其测试面积较小，可以测试常规的 125、156 太阳电池。太阳电池组件测试仪一般用于太阳电池组件出厂前的测试（开路电压、短路电流、填充因子、转换效率等），一般测试面积较大。

2.2.2　白炽灯与钨卤灯

白炽灯（Incandescent Lamp）是将灯丝通电加热到白炽状态，利用热辐射发出可见光的电光源。如图 2.2-2 左图所示白炽灯实物图，其基本结构由灯头、导线、灯丝（钨丝）、感柱、电极、支架（钼丝）和玻璃外壳构成。自从爱迪生发明碳化纤维（碳丝）白炽灯以来，经人们对灯丝材料、灯丝结构、充填气体的不断改进，白炽灯的发光效率也相应提高。白炽灯辐射连续光谱，具有显色性好（显色指数为 90～100）、价格低、易制造、便于替换等优点，其色温为 2300～2900K，属于低色温光源。白炽灯的主要缺点是转换效率依然很低，只有2%~10%的电能转换为眼睛能够感受到的可见光。此外，钨丝（螺旋状）在高温（3000°C左右）工作条件下升华，钨蒸汽在玻璃外壳沉积，使得灯泡变黑，导致照明变差。为避免钨氧化，需要对钨丝灯泡做真空处理或填充惰性气体（氮气或氩气）；白炽灯长期使用依然会导致钨丝变细而熔断，白炽灯的平均寿命为1000h。近年来随着节能灯、白光LED等新一代照明光源的迅速发展，除传统装饰和灯具设计外，白炽灯已逐步退出生产和销售环节。

图2.2-2 典型钨卤灯泡和白炽灯泡的结构实物图

钨卤灯（Tungten-Halogen Lamp）是灯泡内填充气体包含有部分卤族元素（溴、碘等）或卤化物的新一代白炽灯，其实物如图2.2-2所示。在普通白炽灯中，灯丝的高温造成钨的蒸发，钨蒸汽沉淀在玻壳上，产生灯泡玻壳发黑的现象。因此，白炽灯的形状做成大肚子形状，以增大钨蒸气的沉积面积。钨卤灯利用钨卤循环的原理消除了这一发黑的现象。基本过程如下：灯丝在高温工作条件下蒸发，钨蒸气向温度较低的玻壳处移动，蒸气钨的温度在玻壳附近降低并与填充的卤素气体（如氟、氯、溴、碘等各种卤族元素）发生化学反应，形成卤化钨。卤化钨倾向于往高温处移动，最后又聚集在灯丝附近，由于高温区卤化钨很不稳定，遇热后会重新分解成卤素原子和钨原子，这样钨又重新在灯丝上沉积下来，完成了“再生”。以上过程循环往复，卤素与钨的反应达到平衡状态。钨卤循环解决了普通白炽灯灯壁发黑以及钨丝过早断裂问题，大大延长了灯丝的寿命。

为使灯壁处的卤化物处于气态，钨卤灯的管壁温度要比普通白炽灯高得多，如碘钨灯管壁温度为250~600℃，溴钨灯的管壁温度为200~1200℃。相应地，钨卤灯的尺寸就必须要小得多，玻壳要使用耐高温和机械强度高的熔石英（Fused Quartz）玻璃（与普通玻璃相比，熔石英玻璃不能隔断钨卤灯产生的紫外线）。由于玻壳尺寸小，强度高，灯内允许的气压高，在较高的工作温度下，钨卤灯泡内的工作气压要比普通白炽灯高得多。由于在钨卤灯中钨的蒸发受到更有力地抑制，同时钨卤循环消除了玻璃外壳的发黑，灯丝工作温度和发光效率可获得极大提高，灯泡寿命相应延长，因此钨卤灯是一种高亮度和高色温的人工光源。钨卤灯分为高压钨卤灯（可直接接入 220～240V 电源）及低电压钨卤灯（需配相应的变压器）两种，低电压钨卤灯具有相对更长的寿命和高安全性等优点。

钨卤灯按用途可分为 6 类。①照明钨卤灯。分为高压双端灯、低压单端灯和多平面冷反射低压定向照明灯 3 种，广泛用于商店、橱窗、展厅、家庭室内照明。②汽车钨卤灯。包括前灯、近光灯、转弯灯、刹车灯等。③红外、紫外辐照钨卤灯。红外辐照钨卤灯用于加热设备和复印机上，紫外辐照钨卤灯已开始用于牙科固化粉的固化工艺。④摄影钨卤灯。在舞台影视和新闻摄影照明。⑤仪器钨卤灯。用于现代显微镜、投影仪、幻灯以及医疗仪器等光学仪器上。⑥冷反射仪器钨卤灯。用于轻便型电影机、幻灯机、医用和工业用内窥镜、牙科手术着色固化、彩色照片扩印等光学仪器上。

钨卤灯具有体积小、光衰小（5%）、色温稳定（2500～3500K）、高亮度、高显色度、高发光效率（17～33lm/W）、高寿命等优点。图 2.2-3 给出了典型商用钨卤灯辐射的相对功率谱。钨卤灯的缺点是耗能依然较高，发光过程伴随着产生大量热量产生。尽管石英钨卤素（QTH）灯已用于研究和工业应用数十年，但这些红外源的热性能尚未得到全面研究。因此，这些灯的辐射效率以及工作条件对辐射效率的影响尚不完全清楚。文献［8］对 QTH 灯在一定工作温度范围内的辐射效率进行了研究，结果表明，灯的效率在很大程度上取决于灯丝的温度，在大约 2500K 和 3000K 时，测得的最低辐射效率为 91%，最高辐射效率为 95%。使用灯的数值模型预测，在灯丝温度约为 1000K 时，辐射效率低至 54%。热效率随源温度的变化是由对流传热系数和辐射传热系数对源-环境温度差的非线性依赖性驱动的。

使用过程中需要注意：①钨卤灯的温度较高，不适合在温度高、有振动或者是易燃易爆炸的环境中使用；②钨卤灯的外壳使用的是耐高温玻璃，玻璃壁上沾染了油污会使玻壁上受热不均匀导致钨卤循环不能很好地完成，影响使用寿命。玻壳油污，可用酒精清除；③由于熔石英玻璃不能阻断紫外光谱，需要采取措施，防止紫外辐射的影响。

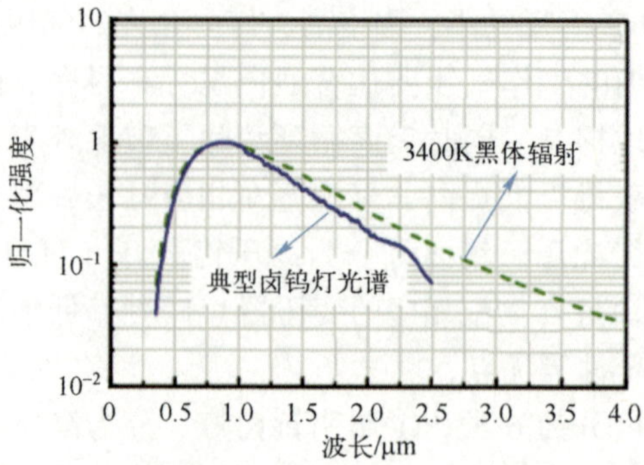

图 2.2-3　典型商用钨卤灯与黑体（3400K）辐射的相对功率谱

2.3　气体放电光源

气体放电光源是利用充入灯泡中的惰性气体（氦、氖、氙、氪）或金属蒸气（汞、钠等）在电场作用下电离后，正负离子实现能级跃迁而辐射发光的光源，其发光机制称为气体放电原理。气体放电光源具有的优点如下：①发光效率高，是白炽灯的好几倍；②非灯丝热辐射，电极牢靠，耐振动，抗冲击；③寿命长，是白炽灯的数倍；④具有大范围光色适应性。基于上述优点，气体放电光源在光电传感检测等领域有广泛应用，根据结构和放电介质的不同，气体放电光源的类型也很多，下面简单介绍几种常见的气体放电光源。

1. 脉冲灯

脉冲灯是一种高亮度、短脉冲宽度的气体放电光源，可以在很短时间（微秒级别）发出极强的光辐射，是除激光器外，最亮的光源之一。基本电路结构是电容和脉冲灯并联后与电阻串联，并与直流电源构成回路。工作时，直流电源经电阻后给电容充电，电容电压高于光源的点火电压但低于其击穿电压，当高压脉冲施加在脉冲灯的触发丝上，使灯管内产生电离火花，大大降低光源的电阻，实现脉冲灯点火，电容器的电荷以极短时间通过脉冲灯释放，管内大量处于激发态的气体原子或分子，当重新回到基态时，会放出光子，形成光辐射，由于过程极短，可产生极强的闪光。典型的应用实例是照相机闪光灯，就是一种脉冲氙灯，其色温与日光接近，是彩色摄影用光源，光谱具有连续性，色温极高，约为6000K，显色指数为90左右。

其他常见脉冲灯还有氘灯，内充高纯氘气。目前国外生产的氘灯，除少数企业外，基本上都是属于带有 3 只插脚形式的氘灯。3 根插脚引线的氘灯中，有两根插脚引线为阴极（一般为黑色的直热式氧化物阴极），一根插脚引线为阳极（一般为红色，钼皮构成），灯泡由紫外透过性较好的石英玻璃制成。工作时先加热灯丝，产生电子发射，当阳极加高压时，高速电子激发氘原子，从阳极小圆孔中辐射连续紫外光。氘灯是紫外可见分光光度计的紫外线光源，它发出光的波长范围一般为 190~400nm 的连续光谱带。氘灯的使用波长范围一般为 190~360nm。氘灯在 486.0nm、583.0nm、656.1nm 3 处各有一根特征谱线，经常用来作为标定仪器的理论波长值（656.1nm、486.0nm 使用最多，583.0nm 使用很少，因为它不够尖锐，同时还伴有小峰，如图 2.3-1 右（b）所示）。氘灯广泛应用于液相色谱仪的紫外线检测器，UV-VIS 分光光度计，电泳仪，血液检查等多种分析测试仪器中。

(a) 实物图

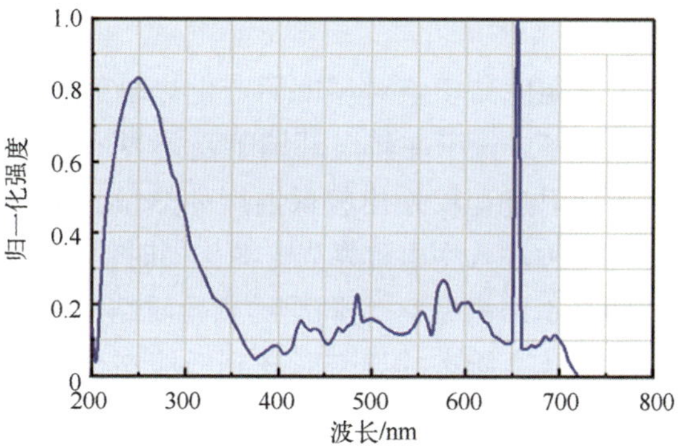

(b) 功率谱分布

图 2.3-1　脉冲氘灯的实物图及典型的脉冲氙灯功率谱分布

2. 汞灯

汞灯分为低压（小于 1atm）、高压（2~10atm）和超高压（大于 10atm）3 类。低压汞灯主要发射 253.7nm 紫外光，在此波长的辐射效率可达 60%，可见光辐射很少，通常作为紫外线灯具使用。高压汞灯规格和品种较多，包括荧光、反射型、自镇流荧光和管型高压汞灯，发光效率高达 64lm/W 左右，寿命长（16000~24000h），光学成分包含较多可见光成分的窄光谱，但红光少。管壁涂有荧光物质后可做高压水银荧光灯，可用于广场或街道照明，根据荧光物质的种类不同，可以分为暖色、冷色、日光色等多种颜色。与白炽灯相比，高压水银荧光灯具有灯光柔和、发光效率高、显色性优良和寿命长的优点。超高压汞灯辐射有较强的紫外、可见光和近红外光谱。亮度达 $10^9 cd/m^2$，发光效率为 30~50lm/W。

气体放电光源的不足之处为以下几点：①光谱范围受限，主要集中在紫外和可见光区，对红外和其他波长范围辐射有限；②光源启动前阻抗小，起动后阻抗大，具有类似电弧特性，导致起动时需要脉冲高压启动或采用起动电极，从而使得气体电离导电，启动后阻抗减小，需采用镇流器限制电流；③交流电路中，限流电感和分布电容的共同作用，灯具两端会产生高频振荡，干扰通信设备或其他电子设备正常工作，电流过零点时灯具不发光，存在闪动，对视觉有害；④需要散热或水冷辅助，能量利用率低；⑤稳定性差，电极老化和气体泄漏易导致输出功率变化；⑥受环境如温度、湿度、压力等影响较大，操作和维护不方便。

2.4 发光二极管

物体由于温度高于绝对零度而产生热辐射形成的光源为热光源，与之对应的是物体分子或电子在特定环境下受外界能量激发而辐射的光源称为冷光源。冷光源辐射过程仅发出较低温度的热量，优点是效率高、耗能低、寿命长。LED 是一种注入型电致发光光源，同时也是一种冷光源。

LED 的基本结构是 P-N 同质结或异质结，处于发光状态时，外部施加正向电压，电子从高能态的导带跃迁到低能态价带，将电能转化为光能。由于 P-N 结 LED 发光面积小，可以看作点光源，可用于数字、字符显示，也广泛用于光电传感和光电检测用光源。具有如下优点：①工作电压低，耗电少，但发光亮度和效率高，十分节能（能耗是白炽灯的 1/10，节能灯的 1/4），环保（无汞等重金属）；②体积小、重量轻、抗冲击、寿命长、可用于集成电路中，易于通过电流调控发光，且具有较快的响应速度（光纤通信、显示信息快速切换、照明启动快等）；③比普通光源单色性好，具有宽带（40~80nm）和低相干的特点，这一点在光纤传感领域十分重要，由于自发发射的特点，LED 受传感器元件后向反射的灵敏度非常低；④非常稳定，平均寿命万小时量级。

P-N 结电注入 LED 的主要过程如下：处于平衡状态的 P-N 结，在结区存在势垒，载流子的扩散和漂移到达平衡。当 P-N 结两端施加正向电压时，势垒高度降低，宽度变窄，载流子扩散加剧，电子势垒和空穴势垒相等，但由于电子迁移率大，扩散主要是大量电子从 N 区扩散到 P 区，并与 P 区的空穴复合（P 区为发光区），由于复合过程是电子从高能级跃迁到低能级，对于直接带隙半导体会伴随发光现象，跃迁能会以光子的形式辐射出来。

为提高 LED 的载流子注入效率，可采用异质结构。异质结与 P-N 结的主要区别是结两侧材料的禁带宽度不同，同样当加上正向电压时，会导致 N 区电子势垒降低和 P 区空穴势垒降低。电子势垒和空穴势垒高度不同，势垒低的一侧，多子的扩散较强（宽带材料），注入另外一侧（窄带材料），势垒高的一侧，多子扩散被抑制，这样带隙直接复合跃迁会发生在窄带一侧。在窄带一侧发生辐射，辐射光进入宽带隙材料后不会引起材料的本征吸收，因此在异质结 LED 中，宽带隙区域（注入区）是光的透射窗。

电子和空穴复合时，辐射光子的能量取决于半导体的带隙及载流子位于能带中的位置，这样的能带间直接复合过程称为本征复合，由于是能带（不同于能级间跃迁）间跃迁。因此，LED 管的发光波长存在一定谱宽，且电子从导带跃迁到价带是自发辐射过程，所以光子辐射的方向有较宽的角度。除带间直接复合导致的辐射跃迁外，内部还存在非本征复合引起的辐射跃迁，主要是导带与杂志能级、杂志能级与价带之间的跃迁，这些跃迁能量一般小于带隙，但接近带隙范围内，进一步增加了发光谱宽。

从结构划分，LED 可以分为五类，分别为表面 LED、侧边 LED、平面 LED、圆顶形 LED 和超辐射 LED。其中，表面 LED 和侧边 LED 在光通信和光纤传感系统中得到了广泛应用，平面 LED 和圆顶形 LED 常见于显示、报警等方面，典型特点是功率小、价格低。SLD 的特性介于激光和荧光之间的过渡状态，发光强度高于表面 LED 和侧边 LED，非线性高，受温度影响大，在后面将单独有介绍。

GaAs/AlGaAs 表面发光型双异质结 LED 的发光波长为 0.8~0.9μm，有源区为圆形平面，约 50μm，厚度为 2.5μm，面发射型 LED 辐射以各向同性形式为主，有源区光束的发散角较大，在水平方向和垂直方向均为 120°。图 2.4-1（a）给出了 GaAs/AlGaAs 面发射型 LED 的结构示意图。面发射型 LED 通常与大芯径的多模光纤耦合，LED 光纤耦合出处方式采用对接耦合，光纤端面直径与发射表面尺寸需匹配，光纤尾纤从衬底刻蚀的圆孔处置于有源区正上方。这个过程中，光纤接头的定位应尽可能地使光纤末端靠近二极管，这样可以最大限度地减少光纤输入端的损耗，使输出功率最大化。因此，LED 在生产过程中都经过高质量的 MM 尾纤对准，并用黏合剂固定，耦合效率一般不超过总体的 10%。

对于 InGaAsP/InP 双异质结侧边发射型 LED，发光波长为 1.3μm，有源区由 N 型 AlGaAs 构成，上下两侧为 P 型 AlGaAs 和 N 型 AlGaAs 构成。典型结构如图 2.4-1（b）所示作为波导限制层，限制层带隙比有源层大，但折射率比有源层低，但高于周围材料。光从受限波导侧面出射，有源层断面要与光纤尺寸匹配，由于波导的限制作用，其发光的方向性优于表面 LED，水平方向发散角为 25°~35°，垂直方向为 120°。

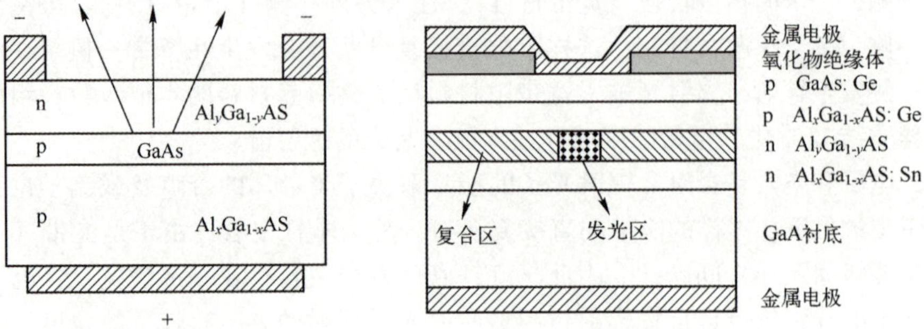

(a) 半导体体表面型光发射型LED的结构示意图　　(b) 半导体侧边型发射型LED的剖面结构示意图

图 2.4-1　半导体光源的典型剖面结构

2.4.1　普通亮度的 LED

普通单色 LED 具有体积小、工作电压低、工作电流小、发光均匀稳定、响应速度快、寿命长等优点，可用各种直流、交流、脉冲等电源驱动点亮。它属于电流控制型半导体器件，使用时需串接合适的限流电阻。

普通单色 LED 的发光颜色与发光的波长有关，而发光的波长又取决于制造 LED 所用的半导体材料。红色 LED 的波长一般为 650~700nm，如 GaAsP LED 的峰值发光波长为 0.65nm，GaP 的发光波长峰值为 0.7μm。琥珀色 LED 的波长一般为 630~650nm，橙色 LED 的波长一般为 610~630nm，琥珀黄色 LED 的峰值波长一般为 585nm 左右，绿色 LED 的峰值波长一般为 525~570nm，又分为绿色（525nm）、纯绿色（557nm）、标准绿色（565nm）、黄绿色（570nm），蓝色 LED 典型峰值波长为 470nm。

2.4.2　超高亮度的 LED

高亮度单色 LED 和超高亮度单色 LED 使用的半导体材料与普通单色 LED 不同，其发光强度比标准 LED 高几个数量级。通常，高亮度单色 LED 使用砷铝化镓（GaAlAs）等材料，超高亮度单色 LED 使用磷铟砷化镓（GaAsInP）等材料，而普通单色 LED 使用磷化镓（GaP）或磷砷化镓（GaAsP）等材料。

InGaN/GaN 材料制备的 LED 在发光效率方面也具有优越表面，商业用 LED 可达 90lm/W，实验室演示效果可高达 120lm/W。

LED 自 20 世纪 60 年代诞生以来，以每 10 年亮度提高 30 倍，价格下降到 1/10 的“海兹定律”般的速度发展，其理论光效可达到 260lm/W。白光 LED 光效的实验室数据已超过 100lm/W，而进入商业领域的大功率白光 LED 也达到 40lm/W。随着关键技术的突破，未来大功率 LED 的光效仍具有很大的上升空间，最高有可能达到 150~200lm/W。

超高亮度 LED 广泛应用于显示、照明，信号灯、汽车灯、医疗设备灯领域。具有特点如下：①亮度高，高发光效率；②高抗振性能；③光强可通过电压电流控制；④长寿命，由于采用了先进半导体材料和制造工艺，具有比普通 LED 更长的寿命，提高系统可靠性。超亮 LED 的缺点包括成本高、需散热设计和对电源要求高。

2.4.3 白光 LED

在照明和显微成像领域，需要显色较好的白色光源。白光 LED 通常采用两种方法形成。

第一种是互补色法，利用“蓝光技术”与荧光粉配合形成白光，是实现白光 LED 中，使用最普遍和最成熟的方法。通过在蓝光晶片上涂抹一层黄色荧光粉，蓝光晶片发出的蓝光一部分被荧光粉吸收，另一部分与荧光粉作用发出的黄光和绿光相混合。该方法的缺点是其显色指数相对较低，且荧光粉的材质对白光 LED 的衰减影响很大，蓝光的波长和强度要能正确激发相应的荧光材料。市场主流的荧光粉是钇铝石榴石（YAG）荧光粉、硅酸盐荧光粉、氮化物荧光粉，与蓝光 LED 芯片相比荧光粉有加速老化白光 LED 的作用，而且不同厂商的荧光粉对光衰的影响程度也不尽相同，这与荧光粉的原材料成分关系密切。对于 InGaN/YAG 白光 LED，通过改变 YAG 荧光粉的化学组成和调节荧光粉的厚度，可以获得色温为 3500~10000K 范围内的白光 LED。

第二种采用三基色法，将红光 LED，绿光 LED 和蓝光 LED 小基片封装在一起，构成白色 LED，这种方法需要非常精确控制不同颜色 LED 的亮度和电流，以确保三种色光的混合可产生预期的白色；三基色发的另一种方式是用紫外光 LED（或蓝光 LED）激发 RGB 三波长荧光粉来产生白光；未来比较看好这种方法制备白光 LED，可用 InGaN 紫外 LED 激发红、绿、蓝三基色荧光粉，这对三基色荧光粉的颗粒度、稳定性要求较高。

除单晶片白光 LED 外，也提出了多芯片的白光 LED，该方法在单个 LED

封装中使用多个芯片，每个芯片发出的颜色不同，通过控制这些芯片的亮度和色彩混合来实现白色光的发射。该方法由 3 个基本的色彩（红、绿、蓝）芯片组成，也可以添加黄色或者紫外光芯片来产生更宽广的光谱范围。通过控制每个芯片的电流和亮度，多芯片白光 LED 可以实现更高的色彩饱和度和精确色温控制，缺点是该方法需要更高的技术和成本。例如，多芯片白光 LED 需要专门的电路控制来实现每个芯片的精细控制，增加了硬件和控制算法的复杂性，另外每个芯片的温度特性和光维持特性也不相同，导致对电路设计的要求较高，技术尚不成熟。

2.5 超辐射发光二极管

超辐射发光二极管（Superluminescent Diode，SLD）是 20 世纪 70 年代初近些年发展起来的一种新型半导体 LED。自 Kurbativ 等首次制备出来，获得了快速发展，在光纤传感、光纤陀螺、光学相干层析成像、光时域反射计等领域获得重要应用[9]。目前，商用的 SLD 的波长范围覆盖 650～1620nm，输出功率高达 100mW，带宽高达 100nm。

超辐射光是由自发发射光子在增益介质中传播经历了受激放大过程而得到的，与激光二极管（又称半导体激光器，LD）相比，在结构上缺少反馈回路（反射镜），由于增益介质厚度较大，电子释放出的光子频率分布更宽。在特定条件下，SLD 可以发出连续谱，将不同波长的光谱成分混合在一起形成宽谱输出。当激发电流密度足够高时，自发发射的光子受激放大而雪崩式倍增，发光强度随激发强度超线性地急剧增加，谱线宽度变窄，主要特征是由初始的自发发射很快地演变为受激发射和自发辐射的混合。理想的超辐射器件是一种相位不一致的非相干光源，它具有 LD 功率大、耦合效率高、响应速度快的优点，同时具有普通 LED 的低噪声、频谱宽的优异性能。与半导体激光器相比，SLD 有更宽的发光光谱，因此具有更短的相干长度，可以显著地降低由光纤瑞利散射和非线性光克尔效应等引起的噪声以及光纤传输的模式噪声。此外，SLD 的输出功率高，发散角更小，耦合效率更高以及响应速度更快。从光谱半高全宽（Full-Width-at-Half-Maximum，FWHM）来看，一般来说 LED 的光谱最宽，SLD 次之，LD 的光谱最窄。图 2.5-1 给出了典型的 LED、SLD 和 LD 的输出光强与电流特性以及光谱分布特性曲线。

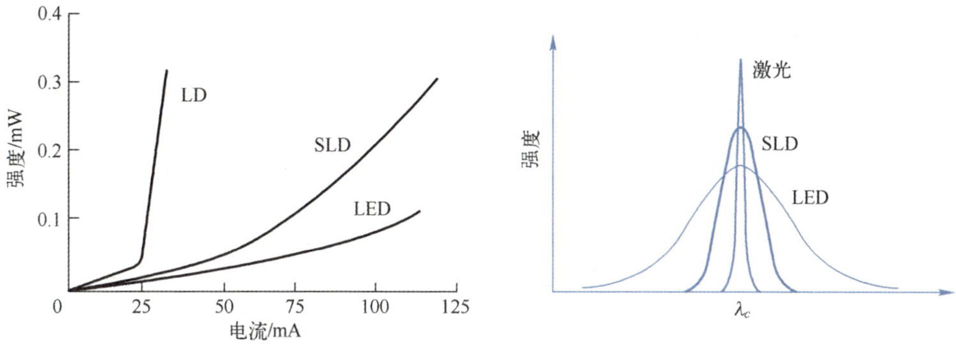

(a) 典型的LD、SLD和LED的电流与输出强度的特征曲线

(b) 典型LD、SLD和LED的发光强度谱曲线

图 2.5-1　3 种光源的典型特性示意图

SLD 的性能介于 LD 和 LED 之间，由于其高亮度、宽光谱、发光强度均匀灯特性，可提供适应于光纤陀螺所需要的较高输出功率、短相干长度和低光束发散角。低相干干涉测量法是一种广泛使用的干涉测量方法测量技术，其典型应用范围从光学低相干反射计到光学相干断层扫描。相对于相干干涉测量法的主要优势是其通常更大的空间定位干涉信号来源的样本区域的能力，以及对杂散光的更强稳健性。光纤陀螺具有尺寸小、重量轻、功耗低、抗振动、抗电磁干扰、噪声低等优点，在航海、航空、宇航、机器人等自控定向装置中有着广阔的应用。当采用半导体激光器作为光纤陀螺的光源时，由于激光的相干性，会使瑞利散射光与信号光产生干涉，引起输出的所谓瑞利噪声，为减少这种噪声，一般可采用短相干或非相干光，如 SLD。

在短波长方面，日本 Anna Kafar 研究小组已经研制出 InGaN 基蓝紫色 SLD，当波导长为 1mm 时最大出射功率达到 200mW；在长波长方面，日本 Nobuhiko Ozaki 研究小组采用 InAs 基自组织量子点制作的近红外 SLD，当出射光峰值波长为 1280nm 时，FWHM 达到 170nm；在器件工艺方面，Romain Beal 研究小组采用红外激光高温退火方法使器件的 FWHM 增加 33%；在光斑质量方面，韩国 Su Hwan Oh 研究小组采用深掩埋波导配合模式转换器结构得到近圆形光斑输出；在器件工作寿命方面，俄罗斯 Andreeva E. V. 研究小组采用的多量子阱结构 SLD 最大工作寿命超过 30000 小时。

作为光纤陀螺的光源，SLD 的典型波长分别为 850nm、1310 nm、1550 nm 3 种，850nm SLD 一般作为低精度光纤陀螺的光源，1310 nm、1550 nm SLD 用作中精度和高精度光纤陀螺的光源。

2.5.1 工作原理和基本结构

SLD 的工作原理基本与 LED 相似，在正向偏置电压下，有源层发生粒子数翻转分布，导带的电子向价带或杂质能级跃迁，发生复合释放光子，自发辐射的光子在腔内传播时受到增益作用得到放大。在半导体激光器中，存在腔体端面的反射形成的光学谐振腔的共振作用，当注入电流高于阈值电流时，产生激光输出。在 SLD 中，可通过人为的控制端面，让后端面只存在较低的反射不足以形成光反馈共振，在输出端面，反射率尽可能低，无法形成共振，这样输出的光即为非相干光，且由于增益足够大，自发发射的光子在单次通过有源区时，能发生受激辐射，发光的光谱和发散角都变窄，带宽增加。

随着应用的需求，对 SLD 的功率要求和带宽要求变得越来越重要，有多种方法用于提高 SLD 的带宽：叠加不同发光中心波长的有源层；级联各种不同发光中心的有源层；利用量子阱不同能级之间的跃迁发射光谱的叠加增加光谱宽度或采用不同宽度的双量子阱结构等，以上思想都是基于发光中心波长有源层的叠加。半导体自组织量子点由于具有天然的尺寸、形状和组分方面的非均匀分布（高斯分布）特性，导致其具有较宽的发射光谱，在制备宽带半导体放大器和 SLD 方面具有极大吸引力，可同时解决宽带宽、高功率、高温度稳定性[10]。

SLD 在结构设计上的关键是破坏并有效抑制光学腔的光反馈结构，采用的技术手段包括：将光腔的一端导入光吸收区；降低介质薄膜引起的器件端面反射率；调整器件端面的反射角度。

对于将光导入波导吸收区结构，有两种方式，分别为直波导吸收区 SLD 和弯曲波导吸收 SLD。前者技术已经趋于成熟，主要在半导体激光器结构基础上，通过质子轰击直波导形成高阻隔离吸收区和用常规光刻技术制备的非泵浦吸收区。直波导吸收区具有容易实现，特性较好的优点，但缺点是工作范围有限，当电流增强时，对 F-P 腔的抑制效果会变弱甚至失效，形成激光发射，若降低电流，可防止激射，但意味着输出光功率降低。

弯曲波导结构吸收区可以克服直波导吸收结构的缺点，当光在弯曲波导中传播时，会出现入射角小于临界角的情况，导致光从弯曲波导一侧透射除去，仅有少量光被反射回有源层，可以高效抑制 F-P 腔振荡，实现在大注入电流的情况下的超辐射，提高出射功率。

将抗反射涂层涂于出射端面也可破坏光反馈结构，在另一断面涂有金膜，以增加输出功率，这种方法的难点在于高效抗反射涂层蒸镀的制备，需要对膜厚进监测，难以批量化生产。

在高功率工作条件下，理想情况下的 SDL 发射功率谱与 LED 十分相似。在实际情况中，尽管 SLD 结构中已经尽可能破坏了谐振光腔光学反馈，但端面仍有残余的光反馈效应，这在 SLD 的输出光谱上，会表现出其输出强度的调制特性，频谱包络的调制深度，反映了 SLD 的相干长度。

2.5.2　物理特性和参数

作为一种重要的发光器件，SLD 具有许多特殊的物理特性和基本参数，下面对一些常见的 SLD 物理特性进行介绍。

（1）宽谱输出。SLD 具有产生宽波谱输出的能力，通常覆盖 700~1600nm 的波长范围，能够同时发射多种波长的光线。

（2）高光谱亮度：SLD 具有很高的光谱亮度，输出功率通常在几毫瓦到数十毫瓦之间，这种高光谱亮度使得 SLD 能够产生高质量的图像或信号。高亮度温度系数：SLD 输出功率对温度的变化非常敏感。SLD 的亮度随温度的变化而变化，这是与激光器不同的重要特征之一。

（3）高波长稳定性。SLD 相对于颜色稳定性很好，在大约 20℃，波长漂移不超过 1nm。

（4）长寿命。SLD 的使用寿命长达几万小时以上，这使得它们非常适合于长期使用的场合。较低工作电压：SLD 的工作电压通常在 2~4V。高响应速度：SLD 的快速响应速度为纳秒级，这使得它成为很多高速检测和显示系统中的必备元器件。

2.6　激　光　器

2.6.1　激光器的基本原理

激光器是能发射激光的装置。激光是受激辐射发出的光，并非自然界存在，而是人为制造的光。光与物质之间的相互作用是激光产生的物理基础。组成物质的微观粒子具有一系列不同的能级，处于某一能级的粒子吸收或释放能量变到另一能级的过程称为跃迁。粒吸收和辐射光能发生跃迁，光子的能量可以表示为 $E_2-E_1=h\upsilon$，其中，E_2 为高能级，E_1 为低能级，$h\upsilon$ 为光子的能量（h 是普朗克常数）。微观粒子与光子的作用过程包括受激吸收、自发辐射和受激辐射过程，以上3种跃迁过程是激光产生的基础，图2.6-1给出了二能级受激吸收、自发辐射和受激辐射的能级示意图。

1. 受激吸收

处在低能级的粒子吸收光子能量跃迁到高能级的过程称为受激吸收。

2. 自发辐射

处在能级较高的激发态的粒子，在激发态能级只能停留一段很短的时间，就会自发地跃迁到低能级状态，同时辐射出一个频率 $v=(E_2-E_1)/h$ 光子的过程称为自发辐射。对于多能级级联自发跃迁的情况，不同激发态的粒子寿命也不尽相同，有的寿命很短，有的则较长，将寿命较长的能级称为亚稳态能级。自发辐射过程中，各粒子的跃迁过程彼此无关联，不同粒子自发辐射的光在频率、相位、传播方向具有一定随意性。普通光源发光过程就是基于大量高能级粒子的自发辐射过程，典型的光源有霓虹灯、荧光灯、LED等。

3. 受激辐射

1917年，爱因斯坦指出，处在高能级 E_2 的粒子在入射频率为 $v=(E_2-E_1)/h$ 光子的诱发下，向低能级 E_1 跃迁并辐射出一个与入射光子状态完全相同的光子，这一过程称为受激辐射（图2.6-1）。

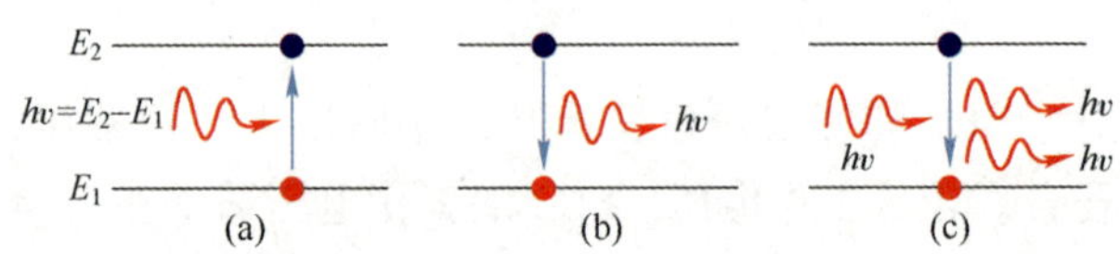

图2.6-1 粒子受激吸收、自发辐射和受激辐射示意图

在受激辐射跃迁过程中，辐射出的光子继续诱发更多粒子发生受激辐射，产生大量状态相同的光子，光信号被放大，这个过程称为光的受激辐射放大，由此产生的光就是激光，是相干光。在正常条件下，受激吸收和受激辐射是同时存在的，受激吸收使光子数减少，受激辐射使光子数增加。在常温条件下，低能级上的粒子数多于高能级上的粒子数，因此当光通过激光物质时，受激吸收大于受激辐射，光强减弱，无法产生激光。为产生激光，需要通过向激光的工作物质输入能量，使高能态的粒子数大于低能态的粒子数，这一状态称为粒子数反转。当入射光通过处于粒子数反转状态的激光物质时，受激辐射大于受激吸收，光强放大，形成激光。对激光物质输入能量实现粒子数反转的过程被称为激励、抽运或泵浦。

激光器通常包括激光物质、激励系统和光学谐振腔3个部分。当某一个粒子系统处于粒子数反转状态时，称为激光物质，激光物质自发辐射产生的光子与激光物质作用产生受激辐射。由于激光物质处于粒子反转状态，受激辐射大于受激吸收，光强放大。激光物质可以是固体、气体、液体和半导体等媒介。为了实现粒子数反转，激励系统向激光物质输入能量。通常不同的激光物质采用不同的激励系统，常见的激励系统有光学激励、气体放电激励、化学激励和核能激励。激光物质受激辐射获得的激光寿命短、光的方向性差、光波模式多，需要通过光学谐振腔维持振荡、对激光的频率和方向进行限制。光学谐振腔由两个相互平行且与激光物质垂直的反射镜组成：一个是全反射镜；另一个是半反射镜作为输出镜。激光光束在谐振腔内多次往返振荡，谐振腔对不同方向和频率的光具有不同的选择性损耗特性，保证激光的单色性和定向性。

2.6.2 激光器的分类

自从 1960 年梅曼发明世界上第一支激光器以来，激光器发展十分迅速、已经形成种类繁多的激光器家族。按照工作物质的不同，激光器可分为固体、光纤、气体、液体、半导体、自由电子、等离子体激光器等；根据激励方式不同，激光器可以分为光泵浦式、电泵浦式、化学泵浦和核泵浦激光器；根据运转方式不同，激光器可以分为连续、单次脉冲、重复脉冲、调 Q、锁模、单模、稳频和可调谐激光器。

下面根据激励物质的不同，分别对各类激光器和特点进行简单介绍。

（1）固体激光器工作物质为固态，主要在晶体基质（铝酸钇、氟化钙、钇铝石榴石、钨酸钙、刚玉、铍酸镧）或玻璃类基质（钙冕玻璃、钡冕玻璃）中掺入金属离子，金属离子受激发成为发光中心。常见晶体激光器以红宝石（Al2O3：Cr3+，激射波长 0.6943μm）、掺钕钇铝石榴石（YAG：Nd3+，激射波长 1.064μm）、掺镱钇铝石榴石（YAG：Yb4+，激射波长 1.03μm）为典型代表。玻璃激光器以钕玻璃激光器为典型代表。晶体或玻璃基质均要求有较高的化学稳定性、抗劣化特性和优良的热学特性，此外还要金属离子易掺杂、高透射率、高折射率均匀性等。固体激光器以光为激励源。常用的脉冲激励源有充氙闪光灯，连续激励源有氪弧灯、碘钨灯、钾铷灯、半导体发光二极管、激光等。

固体激光器的工作介质制备较复杂，所以价格较贵，其次，由于工作物质吸收谱窄的原因，导致固体激光器的能量转化效率较低，约千分之几个量级。固体激光器的优点是体积小、使用方便、输出功率大。在传感领域，固体激光器多用于跟踪、制导、测距等方面。由于功率较高，在激光加工如激光打孔、切割、焊接、激光武器领域有较为广泛的应用。

(2) 光纤激光器是指用掺有稀土元素的光纤作为增益介质的激光器，严格来说，光纤激光器也属于固体激光器，但光纤激光器近年来发展较快，种类繁多，已经在光通信、传感、材料处理获得广泛应用，这里对光纤激光器单独讨论。

构成光纤激光器的光纤材料包括晶体（红宝石、YAG）光纤、高非线性光学效应（受激拉曼散射、受激布里渊散射）光纤、掺稀土离子的玻璃光纤（Er3+、Yb3+、Nd3+、Tm3+）和塑料光纤（包层掺入激光染料作为增益介质）。此外，为了提高光纤激光器的某些光学性能，在光纤结构上，除常见的单包层光纤外，双包层光纤、光子晶体光纤、还有一些独特设计的特种结构光纤也在光纤激光器中获得了应用[11]。

光纤激光器的谐振腔结构包括 F-P 腔、环形腔、8 字形腔、环路反射器光纤谐振腔、DBR 腔、DFB 腔等。

光纤激光器的优点与其结构有密切关系，主要包括：成本低、技术成熟、结构紧凑、所需分分立光学元件较少，可以做到全光纤化；可选择适宜泵浦波长、材料的吸收谱较宽，因此能量转化效率高，光纤损耗低，激光阈值低；稀土离子和光纤结构、光纤材质的多种组合方式使得光纤激光器种类丰富，满足了更加广泛的应用需求；光纤面积体积比大，散热效果好，对致冷要求低；可获得极高的输出功率。

在传感方面，光纤激光器可应用于相位型、波长型、光强型和偏振型光纤传感器中，用于对测温、测压、建筑、船舶、和飞机的健康检测等领域，具有解调过程简单、高灵敏度和具有竞争的分辨率。

在工业加工领域，充分利用光纤激光器的高功率特点，在激光雕刻、焊接、打标、打孔等方面已经获得广泛引用。

(3) 气体激光器工作物质是气体或金属蒸气，进一步可以分为中性原子气体（氦、氖气体）、离子气体（氩离子、氪离子）、分子气体（CO、CO_2、N_2）、准分子（惰性气体准分子和惰性气体卤化物准分子）气体激光器（KrF、ArF）和金属蒸汽（铜蒸汽、锶蒸汽、氦镉蒸汽、氖镉蒸汽）。由于上述气体的吸收谱线较窄，若采用光泵浦，能量转化效率低，因此多采用电激励。

气体激光器结构简单、造价低，操作方便，工作介质均匀，光束质量好以及能长时间较稳定地连续工作。气体激光器波长范围广，覆盖从真空紫外到远红外，既可以以连续方式工作，也可以以脉冲方式工作，是品种最多、应用最广泛的一类激光器，市场占有率较高。

（4）液体激光器主要是有机荧光染料溶液或含稀土金属离子的无机化合物溶液（工作物质为稀土离子）作为介质的激光器。液体激光器的波长覆盖范围为紫外到红外波段，激光波长连续可调是染料激光器最重要的输出特性。器件特点是结构简单、价格低廉。缺点是染料溶液的稳定性比较差。染料激光器主要应用于科学研究、医学等领域，如激光光谱光、光化学、同位素分离、光生物学等方面。

（5）半导体激光器属于固体激光器，发展成熟、进展较快。具有体积小，重量轻、效率高、波长范围宽、能耗小、寿命长、易集成等特点，通常将其单独归为一类。半导体激光器的工作物质是非平衡载流子，能级跃迁发生在导带价带之间、能带与杂质能级之间或者量子半导体材料中的子能带之间；半导体激光器的缺点之一是工作一段时间之后会出现不可逆的性能劣化，这在需要长期使用且不方便更换激光器的应用场合尤其重要。另外，在方向性和单色性方面，普通半导体激光器不如气体激光器，需采用一些特殊措施可以缓解这一不足。

（6）自由电子激光器（Free Electron Laser，FEL）不需要利用活性介质及其能级的反转特性。工作原理是利用空间周期变化磁场中高速震荡运动的自由电子束，通过改变电子束速度产生相干电磁辐射，主要核心部件为电子加速器和自由电子振荡器。FEL 的特点是波长跨度极大，可从 X 射线到微波。FEL 激光器具有输出光谱连续可变、输出功率大、光束质量好等优点，在科学研究、工业加工等领域具有广泛应用。

根据输出波长范围不同，激光器可以分为远红外（25~1000μm）、中红外（2.5~25μm）、近红外（0.75~2.5μm）、可见光（0.4~0.7μm）、近紫外（0.2~0.4μm）、真空紫外（0.05~0.2μm）和 X 射线（0.01~50Å）激光器。

2.6.3　激光的特性

（1）高亮度。相较于普通光，激光的能量集中，能量密度高，大功率激光器的输出光亮度比太阳表面光高出几百亿倍。

（2）高方向性。激光的方向性好，发光方向的立体角可以控制在几毫弧度以内，发散角小，从地球照射到月球表面的光斑直径在 2km 以内。

（3）单色性。激光的波长基本一致，光谱波段狭窄，激光器输出波长变化在万分之一纳米，单色性极好。

（4）高相干性。激光是一种受激辐射发出的光，光子在相位上是一致的，加之谐振腔的选模作用，激光具有很强的空间相干性。由于以上特点，激光广泛应用在精密加工、准直、测距、精密测量等方向。

2.6.4 激光的应用

激光器的发明是20世纪的重大事件之一，奠定了现代光学的基础，激光的应用已经渗透到了人类生活的各个方面，影响巨大。

（1）激光器是实现代激光加工必不可少的器件之一，主要以大功率CO_2和YAG激光器为主，具体应用包括切割、焊接、打标、打孔、表面处理、激光快速成型、激光涂覆等[12]，近年来随着高功率光纤激光器的快速发展、成熟以及价格方面的优势，光纤激光器正在部分取代固体激光器和气体激光器在大功率方面的应用。

（2）半导体激光器的出现和迅速发展，开创了光纤通信元年并极大地促进了光通信的发展，是光通信和光信息处理、光传输、构建大型数据中心的基础组件之一，成为互联网、云计算的重要支撑[13]。

（3）在工业、农业的精密测量、传感检测方面，激光获得广泛应用，如激光雷达、各种精密光学传感器件等。

（4）在医学领域的激光手术刀、眼科光学层析等设备已经非常普及[14]。

（5）在军事领域[15]，激光器可应用于激光通信、夜视、预警、测距、激光制导、激光定向能武器、受控核聚变等。

参考文献

[1] GAUDIN K, BAILLET A, CHAMINADE P. Application of a xenon arc lamp as a light source for evaporative light scattering detection [J]. Analytical and Bioanalytical Chemistry, 2006, 384 (6): 1302-1307.

[2] JOO J Y, KANG C S, PARK S S, et al. LED beam shaping lens based on the near-field illumination [J]. Optics Express, 2009, 17 (26): 23449.

[3] HOUSER K, MOSSMAN M, SMET K, et al. Tutorial: color rendering and its applications in lighting [J]. LEUKOS, 2016, 12 (1-2): 7-26.

[4] PARDO P J, SUERO M I, PÉREZ Á L, et al. Optimization of the correlated color temperature of a light source for a better color discrimination [J]. Journal of the Optical Society of America A, 2014, 31 (4): A121.

[5] KOVALENKO O Y, DASHKINA Y A, ZHURAVLYOVA Y A, et al. Analysis of tungsten

halogen lamps characteristics [J]. Light & Engineering, 2021, 29 (5-2): 79.

[6] ESEN V, SAĞLAM Ş, ORAL B. Light sources of solar simulators for photovoltaic devices: a review [J]. Renewable and Sustainable Energy Reviews, 2017, 77: 1240-1250.

[7] GRANDI G, IENINA A. Analysis and realization of a low-cost hybrid LED-halogen solar simulator [C] //2013 International Conference on Renewable Energy Research and Applications (ICRERA). IEEE, 2013: 794-799.

[8] JENKINS R, ALDWELL B, YIN S, et al. Energy efficiency of a quartz tungsten halogen lamp: experimental and numerical approach [J]. Thermal Science and Engineering Progress, 2019, 13: 100385.

[9] DJIE H S, DIMAS C E, WANG D N, et al. InGaAs/GaAs quantum-dot superluminescent diode for optical sensor and imaging [J]. IEEE Sensors Journal, 2007, 7 (2): 251-257.

[10] JIANG C, WANG H, CHEN H, et al. Broadband quantum dot superluminescent diode with simultaneous three-state emission [J]. Nanomaterials, 2022, 12 (9): 1431.

[11] ZERVAS M N, CODEMARD C A. High power fiber lasers: a review [J]. IEEE Journal of selected topics in Quantum Electronics, 2014, 20 (5): 219-241.

[12] RAČIUKAITIS G. Ultra-short pulse lasers for microfabrication: a review [J]. IEEE Journal of Selected Topics in Quantum Electronics, 2021, 27 (6): 1-12.

[13] KRISHNAMOORTHY A V, THACKER H D, TORUDBAKKEN O, et al. From chip to cloud: optical interconnects in engineered systems [J]. Journal of Lightwave Technology, 2017, 35 (15): 3103-3115.

第3章 光电发射器件

光电接收器件是将光能转化为电能的装置，又称为光电传感器或光电探测器，在信息领域，利用光电接收器件可以实现光信号到电信号的转换。光电发射器件（Photoemissive Device）是一类重要的光电探测器，其基本原理是利用了材料的外光电效应，包括真空光电二极管（已逐渐被半导体光电二极管取代）、光电倍增管、图像增强管和真空电子摄像管等。光电发射器件因其极高的灵敏度、稳定性好、极快响应速度和噪声小等特点，在微弱辐射探测和快速微弱辐射脉冲信息捕获方面具有较大的应用。缺点是结构比较复杂、工作电压较高、体积相对较大。本章主要介绍光电发射材料、光电发射器件的结构、原理、特性参数以及在光电发射器件的典型应用。

3.1 光电发射阴极

使材料内电子逸出的方法有两种：一种是增加电子的能量；另一种是减少阻碍电子从材料逸出的势垒高度。

热阴极（热电子发射）的原理就是在足够高的温度下，使得阴极中的部分电子获得足够的能量克服表面势垒逸出，它是大电流真空器件中应用最广泛、发射性能和稳定性最好的阴极类型，缺点是能耗高，延时大。二次电子发射就是在较高能量电子轰击下，使阴极内的电子获得足够能量克服表面势垒逸出，用于实现电子流的倍增。

场致发射阴极（冷阴极）是在材料表面施加电场，减弱表面势垒，使阴极体内电子可以通过量子隧穿效应逸出表面，进入真空环境中。场致发射阴极在场发射显示、微波管、电子显微镜、电子能谱等领域有重要应用，优点是低功耗、低延时。

光电发射阴极（Photocathode）简称光电阴极，是利用光电效应发射电子的材料，在光电发射器件中，由于光电发射体与阴极相连，称为光电阴极。在光照下，光电阴极中的电子吸收光子，获得较高动能，并从光电阴极逸出表面到达真空环境，在阴极外，受外部电、磁场的操控，完成特定的器件功能。光电阴极的性能直接影响着整个光电发射器件的性能，讨论典型的光电阴极材料十分必要。

3.1.1 光电发射阴极的主要参数

光电阴极的主要特性参数包括灵敏度、量子效率、光谱响应、暗电流等。

1. 光谱灵敏度

绝对光谱灵敏度是指阴极发射的光电流 I_k 与入射的单色辐射通量 $\Phi_{e,\lambda}$ 之比 $S_e(\lambda)$，单位为（mA/W），可表示为

$$S_e(\lambda)=\frac{I_k}{\Phi_{e,\lambda}} \tag{3.1-1}$$

相对光谱灵敏度是指某波长 λ 的绝对灵敏度 $S_e(\lambda)$ 与绝对光谱响应曲线上的最大值 $S_e(\lambda_{\max})$ 的比值，可表示为

$$S_e'(\lambda)=\frac{S_e(\lambda)}{S_e(\lambda_{\max})}\times 100\% \tag{3.1-2}$$

2. 积分灵敏度

积分灵敏度是指光电阴极在某波长范围内的积分辐射作用下，输出的光电流与入射辐射通量之比，单位为（A/W），可表示为

$$S_e=\frac{I_k}{\int_0^{\infty}\Phi_{e,\lambda}\mathrm{d}\lambda} \tag{3.1-3}$$

对于可见光波长范围内的白光作用于光电阴极，光电阴极输出电流 I_k 与入射光通量 Φ_v 之比称为光电阴极的白光灵敏度，单位为（mA/lm），可表示为

$$S_v=\frac{I_k}{\int_{380}^{780}\Phi_{v,\lambda}\mathrm{d}\lambda} \tag{3.1-4}$$

3. 量子效率（量子产额）

光电阴极的量子效率定义为在特定波长的辐照下，光电阴极单位时间发射电子数与辐射光子数之比，量子效率和光谱灵敏度是一个物理量的两种表示方法，可表示为

$$\eta=\frac{N_{e,\lambda}}{N_{p,\lambda}}=\frac{I_k/q}{\Phi_{e,\lambda}/h\nu}=\frac{S_{e,\lambda}hc}{\lambda q}=\frac{1240S_{e,\lambda}}{\lambda}\times 100\% \tag{3.1-5}$$

式（3.1-5）最右侧的表达式中，波长 λ 的单位为 nm，灵敏度参数 $S_{e,\lambda}$ 的单位为 mA/W。量子效率越高，表明光电阴极发射电子的效率也越高。

4. 光谱响应

用光谱响应特性曲线描述光电发射阴极的光谱响应特性，可采用光电阴极的光谱灵敏度与波长的关系曲线或量子效率与入射辐射波长的关系曲线，两种曲线存在对应关系。

5. 暗电流（Dark current）

在室温下光电发射阴极中也存在一定概率的少数热电子处于较高能级，可以克服表面势垒形成热电子发射，形成的热发射电流与辐照无关，称为暗电流。光电发射阴极的暗电流与材料的光电发射阈值和工作温度有关，一般光电发射阴极的暗电流极低，其强度相当于 $10^{-18}\sim10^{-16}\,A/cm^2$ 的电流密度。

6. 光电发射系数

一个入射光子产生的光电子数，用符号 δ 表示。

7. 发射度

发射度（Emittance）指从光电阴极表面发射出的电子横向动量和纵向动量之比，发射度越小，表示光电阴极从表面发射出的电子束越集中，束流质量也越高。

8. 寿命

寿命指光电阴极在使用中能够保持高量子效率的时间，寿命越长，表明光电阴极持续保持高能量电子束的发射的能力越强。

3.1.2 常用光电阴极材料

光电阴极作为真空光电器件的重要部件，其性能直接影响光电发射器的性能。良好的光电阴极应具备：①较大的光吸收系数，使阴极有较多电子受到光激发；②受激发电子尽可能位于表面附近，使光电子在材料内部传输受到损失小，增加光电子的逸出概率和逸出速度；③逸出功小，到达真空界面电子有大的逸出概率；④光电阴极要有一定电导率，逸出的大量电子可以从

外部电源补充。图 3.1-1 给出了几种常见光电阴极的光谱响应曲线。

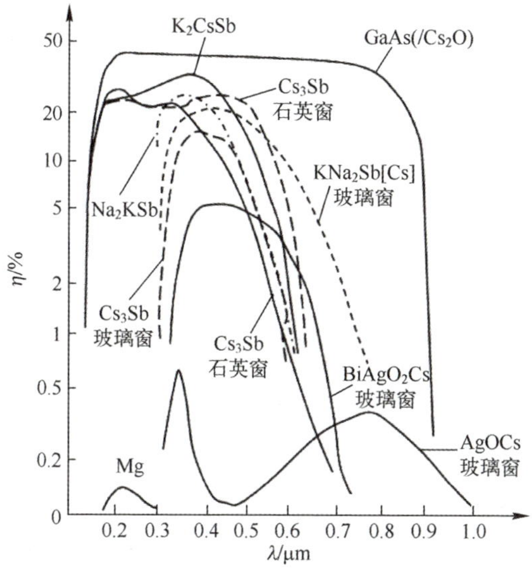

图 3.1-1　几种常见光电阴极材料的光谱响应曲线（量子效率）

金属表面阴极常见的材料有银、镍、铜、镁、钇等，具有较高的发射度，适用于高功率瞬态工作场合，在超大激光功率条件下可获得大的光电流，可用于加速器等高能真空电子设备中。其主要特点如下：①在可见光范围内对入射光有高的反射率，吸收系数小，不利于在可见光应用；②金属中的自由离子浓度高，光电子受很强的碰撞散射，损失能量大，运动距离很短就能到达热平衡，只有近表面光电子才能逸出，具有很浅的逸出深度，金属光电阴极的灵敏度低，量子发射效率低于 0.1%，如基于激光脉冲沉积制备的镁金属薄膜，在 266nm 的量子效率为 0.1%，钇的量子效率为 0.001%[1]；③金属逸出功大，大于 3eV，因此金属光电阴极适用于对紫外灵敏的光电探测器。为测量金属的光谱响应峰值，需要波长较短的紫外光。为获得可靠的纯金属特性，测量应在真空条件下进行，这就必须考虑真空紫外光透射窗口材料的问题。MgF_2在 $\lambda=120\sim200$nm 时具有最高透射率，LiF 窗材料的透射率极限是波长 100nm，对于更短的波长，则没有合适的窗材料。

图 3.1-2 给出了碱金属光电阴极的光谱响应特性曲线，其他金属的逸出功率都大于碱金属。

半导体光电阴极的光谱响应较多在可见光和近红外波段，是广泛应用的光电阴极，其发射机制有本征发射、杂质发射和自由电子发射。本征发射的

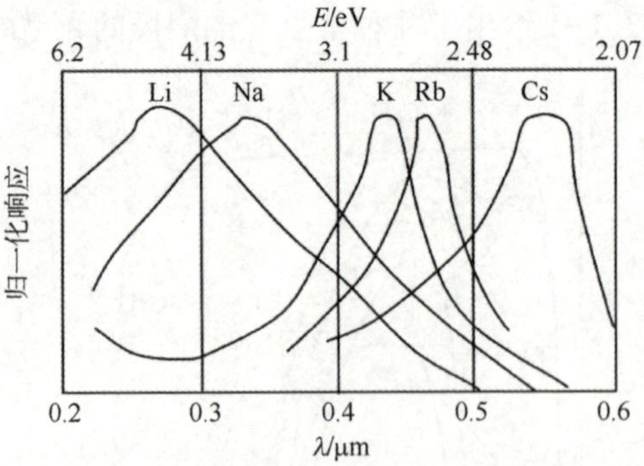

图 3.1-2 碱金属光电阴极光谱响应特性曲线

光吸收系数大得多，散射能量损失小，量子效率比金属大得多，可高达10%~30%；发半导体中杂质发射电子的量子效率很低，1%左右。本征半导体中的自由电子浓度比金属低几个数量级，自由电子发射对光电发射的贡献与本征发射和杂质发射相比可忽略。光电子在逸出过程中的能量损失主要为晶格散射，光电子逸出深度比较大，数量级为几十纳米。半导体中跃迁到导带的电子需要克服电子亲和势才能逸出，电子亲合势在数值上等于真空能级与导带底能级之差。半导体光电阴极的光电发射能量阈值定义为电子亲合势与禁带宽度之和 $E_{th}=E_g+\chi_e$，故半导体光电发射的长波限为

$$\lambda_{max}=\frac{hc}{E_{th}}=\frac{1.24}{E_{th}}(\mu m) \tag{3.1-6}$$

对于特定半导体材料来说，电子的亲和势对导带电子逸出的概率影响非常大，减小电子亲和势可以大大提高电子的逸出概率，提高量子效率。

下面分别介绍几种典型的光电阴极材料。最早发明的为银氧铯（Ag-O-Cs）光电阴极，之后陆续发现的是锑铯单碱光电阴极以及锑与若干碱金属元素构成双碱、多碱光电阴极。以上几种类型光电阴极均为正电子亲和势光电阴极（PEA，$\chi_e>0$），为提高量子效率，研究人员提出了负电子亲和势（NEA）光电阴极，发射材料一般为Ⅲ-Ⅴ族化合物，具有量子效率高、暗电流小、光电子能量分布和角分布集中，扩展长波限的潜力大和平均逸出深度大等优点。

根据国际电子工业协会规定，把 NEA 光电阴极出现以前的各种光电阴极，按照其发现的先后顺序以及所配窗口材料的不同以 S-数字形式编排，称为实用光电阴极。如表 3.1-1 所列。下面对常见实用光电阴极和 NEA 光电阴极进行介绍。

1. 银氧铯（S-1）和铋银氧铯光电阴极

作为最早发现（1929 年）和使用的高效光电阴极，银氧铯（Ag-O-Cs）对整个可见光和近红外辐射灵敏，在光谱响应曲线中有 350nm 和 800nm 两个峰值，响应范围延伸到 300～1200nm，覆盖可见光和近红外，积分灵敏度为 70μA/lm，可在反射和透射模式下工作，可见光区灵敏度较低，工作温度高达 100℃。主要缺点是：①室温热电子发射较大，导致暗电流较大（10^{-14}～10^{-11} A/cm^2），且随温度变化敏感；②具有明显疲乏现象（随着所用时间增长，电子发射能力下降），光强越强，工作波长越短，疲乏现象越严重；量子效率不高，峰值处约为 0.5%～1%。银氧铯光电阴极早期在红外变像管中得到应用，在实用光电阴极中可用于红外探测（主动微光夜视仪器）。银氧铯光阴极制作工艺简单，首先在玻璃壁上涂有一层银膜，后继通过辉光放电使银表面氧化，最后加入铯蒸汽进行表面敏化处理，即可得到 Ag-O-Cs 薄膜。由于结构简单，制作成本低，银氧铯光电阴极获得广泛应用。

铋银氧铯光电阴极也可用类似方法制成，四层顺序可依次按照金属-氧-金属-铯、金属-金属-氧-铯结构制备，其中金属铋和银在结构中的位置可互换。优点是结合了 Ag-O-Cs 和 Bi-Cs-O 阴极的优点可获得在整个可见光谱范围内获得具有均匀响应和高灵敏度（量子效率 10%）的光电阴极，光谱响应与人眼匹配，但长波限较短只到 750nm。随着光电阴极材料的新发展，已经逐渐被高灵敏度的多碱光电阴极取代。

2. 单碱和多碱锑化物光电阴极

单碱锑化物就是金属元素锑与碱金属元素（锂、钠、钾、铷、铯等）中的一种结合形成的化合物，具有稳定的光电发射特性，其中，1936 年研制的锑化铯（Cs_3Sb）光电阴极最为常用。根据所用窗口材料的不同，锑化铯具有不同的光谱特性，在 S 系列中包括 S-4、S-5、S-11、S-13、S-17 和 S-19 等多种编号。以锑化铯光电阴极（S-11）为例，禁带宽度为 1.6eV，电子亲合势为 0.45eV，光电发射阈值为 2.05eV，表面经过氧化后，SbCs（O）的光电发射阈值略降，在紫外和可见光区的灵敏度较高，光谱响应范围在 200～650nm，峰值波长在蓝光附件，长波限约为 650nm。对红外不灵敏，积分灵敏度为 110－150μA/lm，峰值响应波长为 440nm，峰值量子效率较高（20%～30%），是Ag-O-Cs 材料的 20～30 倍，是铋银氧铯的 2 倍，暗电流为 3×10^{-15} A/cm^2，疲乏效应比银氧铯阴极小；另外，材料的电阻较小，光电阴极可通过较强大的电流，适合测量较强的入射光；制作过程简单，首先在真空玻璃内管壁蒸镀一层厚度压纳米的锑金属膜，然后通入铯蒸气，生成 Cs_3Sb 化合物。

为进一步提高灵敏度可通入微量氧气形成 Cs_3Sb（O）光电阴极。由于工艺和理论最为成熟，该光电阴极的长期应用于光电管、光电倍增管器件中。

1955 年，萨默发现，锑与一种以上碱金属形成的化合物可以获得比单碱锑化物获得更高的量子效率。多碱锑化物光电阴极（S-20~S-25）的峰值量子效率可提高到 30%，并拓展光谱响应范围。典型的有双碱的锑钾钠（Na_2KSb）、锑铯钾（K_2CsSb）和三碱的锑钾钠铯（Na_2KSbCs）和四碱的锑钾钠铷铯（SbKNaRbCs）等。锑钾钠铯（Na_2KSbCs）光电阴极（S-20）不仅具有高量子效率，而且具有宽光谱响应，长波限可拓展到近红外 930nm，适用于宽带光谱测量仪；热电子发射电流约为 10^{-16}~-10^{-14}A/cm^2，工作稳定性好，暗电流低，抗疲劳；需要注意的是含铯的光电阴极不适于超过 60℃条件下工作，否则会导致铯蒸发，灵敏度降低甚至失效。

3. 紫外光电阴极

紫外和可见光灵敏度均具有较高灵敏度的光电阴极比较常见，但在特殊应用中需要屏蔽可见光的影响，仅要求在紫外敏感，这样的光电阴极称为日盲型光电阴极或称为紫外光电阴极。如用于空间卫星上进行紫外辐射探测的日盲型光电管和核酸蛋白检测器上进行紫外光谱检测的光电转换器件等就需要紫外光电阴极作为光电子发射部件。主要的材料有碱金属卤化物，如碘化铯（CsI）、溴化铯（CsBr）、碘化钾（KI）和溴化钾（KBr）以及碱金属碲化物，如碲化铯（Cs_2Te）、碲化铷（Rb_2Te）、碲铯钾（Cs-K-Te）和碲铷钾（Rb-K-Te）等[2]，量子效率和疲劳效应是紫外光电阴极需要特别关注的参数。碘化铯是最常见的紫外光电阴极材料，长波限分别为 0.32μm，工作模式在反射模式下，量子效率对厚度不敏感，在 150nm 具有超高的量子效率（40%）。Tremsin 等研究了沉积和热处理后的 CsI、KI 和 KBr 蒸发膜在 115~190nm（真空紫外（Vacuum Uitra Violet，VUV）光下的发光稳定性，发现后蒸发热处理不仅提高了 CsI 和 KI 光电阴极的 QE，还增强了 CsI、KI 和 KBr 的辐射抗性[3]。其他研究发现，经过后蒸发热处理后，CsBr 在 150nm 处可以实现高达 35% 的量子效率。为了研究 VUV 引起的辐射老化过程，Singh 等使用角分辨 X 射线光电子能谱研究了在 VUV 辐照下 CsI 光电阴极的可能污染和降解情况[4]。表面分析表明，由于存在晶格缺陷，VUV 辐照导致 CsI 薄膜逐层降解，导致电子传输性能下降和光电流劣化。这项工作提出的疲劳机制有助于开发和优化大面积光电阴极。

对于足够能量的入射光子，光电阴极会出现双光电子发射现象，对于高能量的光子，双光电子发射效应不可忽略，在波长低于 200nm 时，双光电子发射概率可达 15%~20%[5]，因此不适合用长波长的辐射校正高能辐射的紫外光电倍增器件。表 3.1-1 列出了常规光电阴极编号与特性。

表 3.1-1　常规光电阴极编号与特性

编号	光电阴极材料	窗口材料	工作方式（T/R）	峰值响应波长/nm	典型光响应度/（μA/W）	峰值响应度/（mA/W）	峰值量子效率/%	25℃下暗电流/（fA/cm^2）
S-1	Ag-O-Cs	石灰玻璃	T、R	800	30	2.8	0.43	900
S-3	Ag-O-Rb	石灰玻璃	R	420	6.5	1.8	0.53	—
S-4	Cs-Sb	石灰玻璃	R	400	40	40	12.4	0.2
S-5	Cs-Sb	9741 玻璃	R	340	40	50	18.2	0.3
S-8	Cs-Bi	石灰玻璃	R	365	3	2.3	0.78	0.13
S-9	Cs-Sb	7052 玻璃	T	480	30	20.5	5.3	0.3
S-10	Ag-Bi-O-Cs	石灰玻璃	T	450	40	20	5.5	70
S-11	Cs-Sb	石灰玻璃	T	440	70	56	15.7	3
S-13	Cs-Sb	熔凝玻璃	T	440	60	48	13.5	4
S-17	Cs-Sb	石灰玻璃	R	490	125	83	21	1.2
S-19	Cs-Sb	熔凝玻璃	R	330	40	65	24.4	0.3
S-20	Na-K-Cs-Sb	石灰玻璃	T	420	150	64	18.8	0.3
S-21	Cs-Sb	9741 玻璃	T	440	30	23.5	6.6	4
S-23	Rb-Te	熔凝玻璃	T	240	-	4	2	0.001
S-24	K-Na-Sb	7056 玻璃	T	380	45	67	21.8	0.0003
S-25	Na-K-Cs-Sb	石灰玻璃	T	420	200	43	12.7	1

4. 负电子亲合势光电阴极

前面提到的光电阴极均为正电子亲合势（Positive Electron Affinity，PEA）光电阴极，又称为常规光电阴极，即界面真空能级位于材料导带能级之上，主要用于常用真空光电器件中。电子亲和势定义为等于真空能级与导带底的能级差，用于表征光电效应发生时电子逸出的难易程度，电子亲和势越小，电子越容易逸出。当电子亲和势为零或负值，意味着导带电子处于能量最有利于逸出的位置，只要光子激发的电子能扩散到表面就可以逸出，极大增强了材料的光学灵敏度。

负电子亲和势（Negative Electron Affinity，NEA）光电阴极就是在理论研究的基础上为提高灵敏度专门设计的。负电子亲和势是指体内的有效电子亲和势，而不是指表面的电子亲和势，材料表面的电子亲和势不会改变。在III-V族化合物表面做特殊处理，使表面区域能带弯曲，真空能级降到导带之下，使得有效的电子亲和势为负值，能带弯曲将影响导带中电子逸出所需要的能量，从而影响光电阈值，这样经过特殊处理的阴极称为负电子亲和势光电阴极。NEA阴极是像管走向第三代的标志，经过多位科学家近20年的努力，1975年，人类首次获得了稳定的NEA光电阴极。

负电子亲和势灵敏度提高的物理机理如下：价带电子吸收光子后，发生跃迁成为导带的热电子，热电子寿命短（10^{-12}~10^{-4}s），在此期间如果能运动到真空界面，就可以逸出，但热电子逸出深度只有几十纳米，在逸出之前就由于散射等原因变为冷电子，冷电子仍为非平衡载流子，但寿命较长（10^{-9}~10^{-8}s），因此在寿命时间内扩散到表面的有效深度可达1000nm的深度，冷电子在体内能量高于真空能级，可以向真空界面运动，直至逸出，因此NEA光电阴极具有远高于常规光电阴极（PEA）的量子效率。图3.1-3给出了由于能带弯曲导致的正、零和负电子亲和势光电阴极的界面能带图。

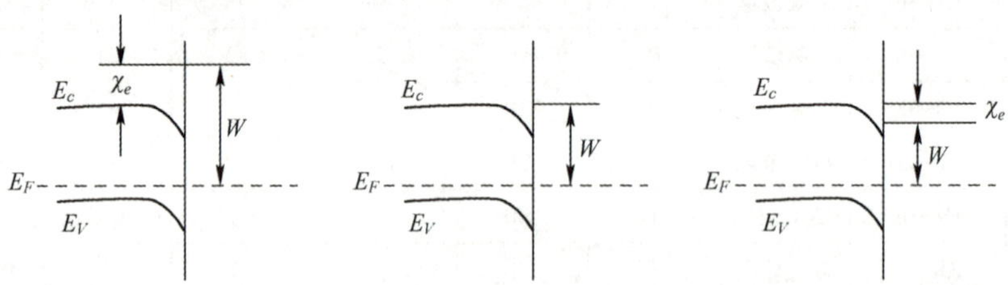

(a) 正电子亲和势光电阴极　(b) 零电子亲和势光电阴极　(c) 负电子亲和势光电阴极

图3.1-3　各种半导体光电阴极能带结构（W为半导体的功函数）

GaN基具有宽带隙、直接跃迁、化学稳定性好等优点，使其成为理想的紫外光电阴极材料。GaN负电子亲和势光电阴极具有高量子效率、暗电流小和发射能量集中等独特优点，基本过程包括[6]：采用MOCVD或MBE技术在蓝宝石衬底低温（500~600℃）外延一定厚度的AlN或GaN缓冲层，接着调高生长温度，外延高质量的GaN薄膜，并制备P型GaN掺杂层，然后对样品进行化学清洗，并通过表面吸附Cs、O等原子实现负电子亲合能，后续做热退火处理，减少薄膜缺陷。为进一步提高量子效率，通过梯度掺杂结构制备的阴极样品中，光激发电子既可在内建电场加速下向表面定向漂移，又可在浓度差作用下向表面扩散，参考文献［7］报道的利用深梯度掺杂结构制备的GaN光电阴极效率在5.17eV可高达68.7%。梯度掺杂GaAs光电阴极的最大积分灵敏度为1798μA/lm，远高于相同清洗和激活条件下普通均匀掺杂GaAs

光电阴极的灵敏度[8]。

负电子亲和势光电阴极的典型特点是：①高吸收，低反射；②高量子效率可达 50%～60%；③冷电子发射光谱能量分布集中，在成像器件中分辨率极高，光谱响应比较平坦；④暗电流极小；⑤在可见光、红外区能获得高响应度；⑥工艺复杂，价格较高。表 3.1-2 给出了常规和负电子亲和势光电阴极的性能。

表 3.1-2 常规光电阴极和负电子亲和势光电阴极性能

性　能	NEA	PEA
E_g与 W 比较	$E_g>W$	$E_g<W$
发射电子	导带热化电子（冷电子）	过热电子
平均逸出深度/μm	1～7	0.1～0.5
响应时间	慢	快
光电子角度（锥半角）/(°)	20	75
透射式积分灵敏度/(μA/lm)	1500	700（最大）
长波限/μm	$1.24/E_g$	$1.24/(E_g+\chi_e)$
光谱响应范围	可有选择设计（可拓展至红外 1μm）	不能设计

NEA 的积分灵敏度为 1450～4000μA/lm，峰值波长为 550nm，量子效率高达 20%～50%，光谱响应范围从蓝光到 1200nm，暗电流较低约为 10^{-17}～10^{-16} A/cm^2。对 1.06μm 激光波长探测的需求，推动了光电阴极向红外波长拓展。其中，典型的为组分可调的 $In_xGa_{1-x}As$ 负电子亲和势光电阴极，由于带隙宽度较小，长波限可拓展至 1.3μm，在 1.06μm 具有可观的量子效率（9%）[9]。

5. 纳米结构材料光电阴极

随着纳米制备技术的进步，已经发展出性能优异的纳米材料结构光电阴极，如纳米进球阴极，纳米碳管阴极等。其基本原理是利用表面等离子体共振现象来提高光子电子发射效率的阴极[10]，光电阴极通常由金属纳米粒子制成，这些金属粒子可以吸收光子并产生局部表面等离子体共振，表面等离子体共振现象可在表面形成高强度局域电场，促进电子发射。这种表面等离子体共振现象可以在表面形成高强度电场，提高电子束发射效率，改善束流质量，降低发射热度。纳米结构光电阴极通常具有高量子效率、高发射度和长寿命，在加速器物理实验中已经获得了应用，并取得了良好效果，在高能物理实验和加速器中具有较好的应用前景。但制备难度、制备成本和操控技术等方面要求较高，需要进一步研究完善。

3.2 光电管与光电倍增管结构原理

3.2.1 光电管

光电管又称光电发射二极管，是利用外光电效应制作的光电发射器件，按照管内是否填充气体可分为真空光电管和充气光电管。充气型光电管是为了提高某种性能，在管内充入某种低气压惰性气体。

1. 光电管的结构

光电发射管主要由光电阴极、光窗、玻璃壳和阳极组成。光电阴极是半导体光电发射材料，涂于玻壳内壁，从光窗入射的辐射照射光电阴极时，可向外发射光电子。阳极是金属环或金属网，置于光电阴极的对面，加正的高电压以收集从阴极发射出来的电子，图 3.2–1 给出了典型光电管的结构和工作电路示意图。

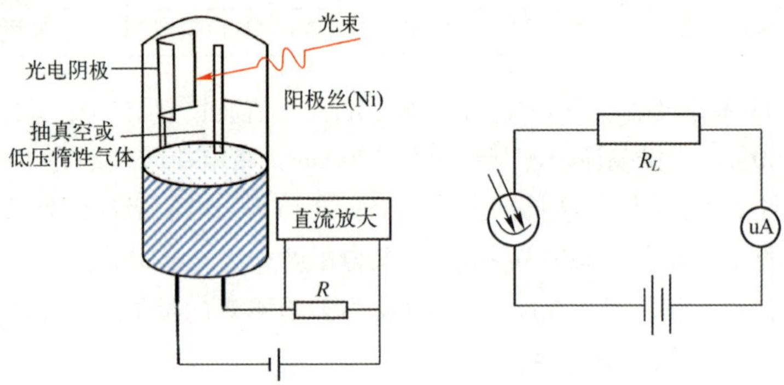

图 3.2–1　板极型光电光管的典型结构和等效电路

在外形上，根据受光位置可分为顶部受光和侧面受光。从受光面蒸镀情况，可以分为管壁型结构和板极型：前者是将光敏感面蒸镀在玻璃管内壁；后者将光敏面蒸镀在管内的金属板上；按阳极形状，可分为棒状、圆锥状、板状、盘状、网格状圆柱状等。

实际的光电管按照光阴极和阳极的形状和设置的不同，光电管一般可分为 5 种类型。①中心阴极型：这种类型由于阴极面积很小，受照光通量不大，仅适用于低照度探测和光子初速度分布的测量。②中心阳极型：这种类型由于阴极面积大，对入射聚焦光斑的大小限制不大；又由于光电子从光阴极飞向阳极的路程相同，电子渡越时间的一致性好；其缺点是光电子接收特性差，需要较高的阳极电压。③半圆柱面阴极型：这种结构有利于增加极间绝缘性能和减少漏电流。④平行平板极型：这种类型的特点是光电子从阴极飞向阳极基本上保持平行直线的轨迹，电极对于光线入射的一致性好。⑤带圆筒平板阴极型：它的特点是结构紧凑、体积小、工作稳定。

2. 光电管的工作原理

充气光电管有气体封装于管内，充气光电管常用的电极结构有中心阴极型、半圆柱阴极型和平板阴极型。所充气体一般为电离电位较低的惰性气体，如氖气、氦气、氩气等，以形成对阴极的性能保护。不同于真空光电管的是光电子在电场作用下向阳极运动时与管中惰性气体原子碰撞会发生电离现象。由电离产生的新电子和阴极发射光电子一起被阳极接收，正离子却反向运动被阴极接收。因此，在阳极形成数倍于真空光电管的光电流，一般充气光电管比真空光电管的电流大 10 倍以上。根据充气光电管内充气成分的不同，可分为单纯气体型和混合气体型：①单纯气体型：这种类型的光电管多数充氩气，优点是氩原子的原子量小，电离电位低，管子的工作电压不高，有些管内充纯氦气或纯氖气，导致工作电压升高；②混合气体型：这种类型的管子常选氩、氖混合气体，其中氩占 10% 左右，由于氩原子的存在使处于亚稳态的氖原子碰撞后即能恢复常态。

光电管的基本工作过程如下：当入射光线透过光窗照到光阴极上时，由于外光电效应，光电子从光电阴极内发射至真空。在阴极和阳极之间电场的作用下，光电子在电极间作加速运动，最后被高电位的阳极接收，在闭合回路作用下形成光电流。光电流的大小取决于光辐照强度、光阴极的灵敏度和量子效率等因素。

充气光电管最大缺点是在工作过程中灵敏度衰退很快，其原因是正离子轰击阴极而使电子发射层材料的结构破坏。光电发射器件的优点是光电阴极面积大、灵敏度高（一般积分灵敏度可达 20～200μA/lm）、稳定性好、光电发射弛豫过程短，响应速度快、暗电流小（10^{-14}A）、噪声小；缺点是一般体积都比较大、结构复杂、工作电压高（高达百伏到数百伏）、玻璃材质外壳容易导致破碎等。

3. 光电管的基本特征参数

（1）光电管的伏安特性。在一定的光照射下，对光电器件的阴极所加电压与阳极所产生的电流之间的关系称为光电管的伏安特性。

(2) 光电管的光照特性。光照特性是指当光电管的阴极和阳极之间所加的电压一定时，光通量与光电流之间的关系。光照特性曲线的斜率称为光电管的灵敏度。

(3) 光电管的光谱特性。一般光电阴极材料不同的光电管有不同的红限频率，因此它们可用于不同的光谱范围。另外，同一光电管对于不同频率的光的灵敏度不同。以 GD-4 型光电管为例，阴极是用锑铯材料制成，其红限 $\lambda_c=700$nm，对可见光范围的入射光灵敏度比较高，适用于白光光源，应用于各种光电式自动检测仪表中。对红外光源，常用银氧铯阴极，构成红外探测器。对紫外光源，常用锑铯阴极和镁镉阴极。

3.2.2 光电倍增管

1. 光电倍增管的工作原理

光电倍增管（Photo Multiplier Tube，PMT）是一种真空光电发射器件，结合了高增益、低噪声、高频率响应和大信号接收区等特征，可将微弱光信号转换成电信号，常用在光学测量和光谱分析仪器中。光电倍增管由入射光窗、光电发射阴极、电子光学输入系统、电子倍增系统、阳极 5 个部分构成，上述部分封装在真空玻璃管中。透光窗通常由硼玻璃和石英玻璃构成，前者适用于可见光，后者可透过紫外光。图 3.2-2 给出了光电倍增管的基本结构。其基本工作过程如下：①光子透过入射窗口入射在光电阴极 K 上；②光子能量大于光电阈值的情况下，光电阴极发射光电子，并在电场作用下，离开光敏面发射到真空中；③光电子通过电场加速并经由电子限束器 F（聚焦电极，相当于光路中的孔径光阑的作用）汇聚到第一倍增极上；④第一倍增极发射出的电子在电场作用下高速运动到达第二倍增极，上述过程依次进行直到最后的第 N 个倍增极，电子数目获得 N 次倍增；⑤经过 N 次倍增后的发射电子

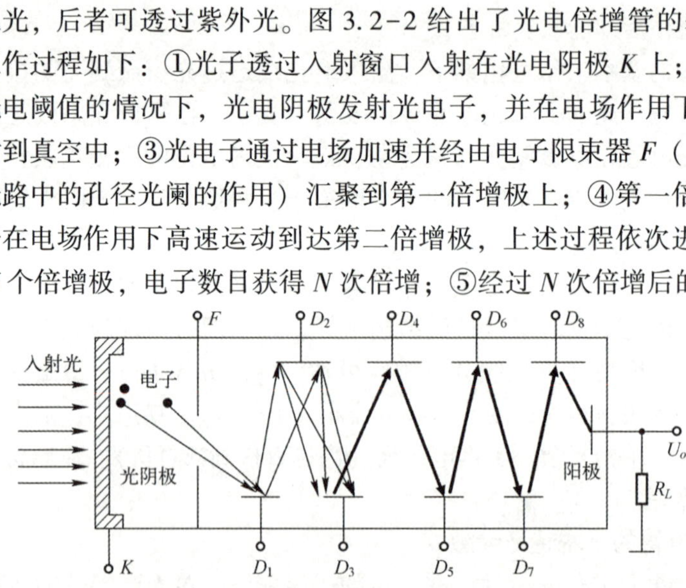

图 3.2-2 光电倍增管工作原理示意图

由阳极收集，形成阳极光电流，光电流在外部负载电阻的作用下形成压降并输出。

由此可见，电倍增管是比光电管进一步提高光电管灵敏度的光电转换器件，这使光电倍增管的灵敏度比普通光电管要高得多，可用来检测微弱光信号。在最佳工作条件下，光电倍增管曾用来测量最低达 10^{-19} W 的微弱光信号[11]。光电倍增管高灵敏度和低噪声的特点使它广泛地应用在冶金、电子、机械、化工、地质、医疗、核工业、天文和宇宙空间研究领域的光测量方面。光电倍增管可以工作在紫外、可见和近红外区光谱区。日盲紫外光电倍增管对日盲紫外区以外的可见光、近紫外等光谱辐射不灵敏，具有噪声低（暗电流小于 1nA）、响应快、接收面积大等特点。

2. 光电倍增管的结构

光电倍增管倍增方式又分为打拿极（倍增极位于阴极和阳极之间，英文 dynode）和微通道管（Microchanne Plate，MCP）两种，下面简单介绍打拿极型光电倍增管。

打拿极型光电倍增管由光入射窗、光电阴极、电子光学系统、打拿极（倍增极）和阳极等组成，并由玻璃封装，内部高真空（10^{-4} Pa），图 3.2-2 所示为典型的打拿极光电倍增管。倍增级由一系列倍增电极组成，每个倍增电极工作在比前一级倍增电极更高的电压下。下面针对每个部分展开介绍。

1）光窗

光电倍增管的光窗提供了光的入射通道，另外还起到短波限的作用，按接收光的方式分为端窗式和侧窗式两种，如图 3.2-3 所示。侧窗式结构是从侧面接收入射光，使用的为不透明（反射式光电阴极）和环形电子聚焦型电子倍增极结构，特点是能够在较低的电压下具备较高的灵敏度，单价便宜，在分光度计、旋光仪及常规广度测量方面应用广泛。端窗型结构从一侧或顶部接收入射光，窗的内表面沉积有一层半透明的光电阴极（透射式光电阴极），端窗结构在均匀性方面比侧窗好，但价格较贵。另外在高能物理实验中需要用到广角度捕获入射光，光电倍增管的光窗要采用大尺寸半球形。

在光窗材料的选择上，要避免目标光被光窗材料过多吸收，需根据透过波长进行选择，常见的有钠钙玻璃、蓝宝石（紫外波长延伸至 150nm）、硼硅玻璃（又称无钾玻璃，可透过 300nm 到近红外的入射光，不适合紫外探测）、透紫外玻璃（又称 UV 玻璃，可以很好透过紫外，截止波长接近 185nm，分光领域要求用透紫外玻璃）、熔石英玻璃和氟化镁玻璃（极好紫外透过性，可接近 115nm）。由于光电阴极具有较好的紫外灵敏性，因此器件的短波限往往取

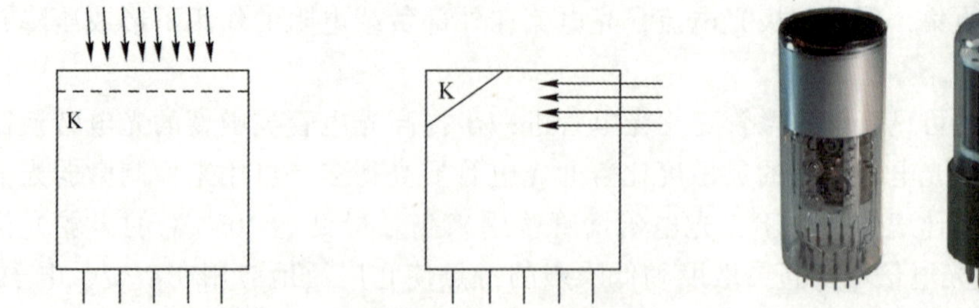

(a) 端窗式（半透明光电阴极） (b) 侧窗式（反射型光电阴极） (c) 实物图

图 3.2-3 端窗式和侧窗式光窗结构示意图和对应的实物图

决于光窗材料对紫外透射的短波限。图 3.2-4 给出了常见光窗玻璃材料的透射谱曲线。

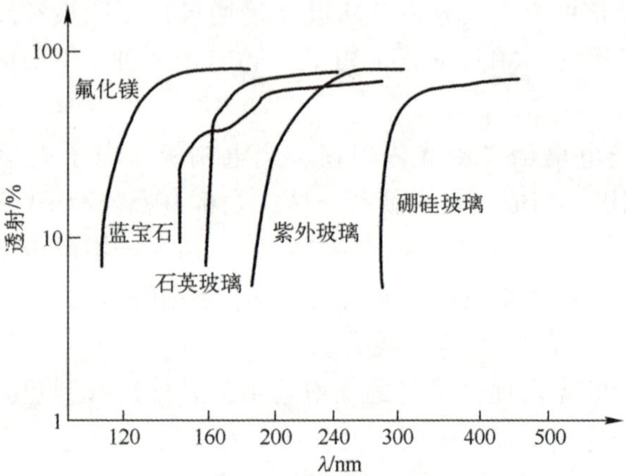

图 3.2-4 几种常见光窗玻璃材料的透射特性

2）倍增系统

倍增极（打拿极）的几何形状和排列方式有许多种，其性能方面也有差异，要根据需要选择合适的倍增极结构。根据电子在其中运动轨迹的不同，光电倍增管分为聚焦型（环状、直瓦片式）和非聚焦型（百叶窗式、盒栅式）倍增极。对于聚焦型倍增系统，电子在运动过程中即加速又聚焦，电子从前一级飞向后一级倍增极时，在两极间的电子运动轨迹可能会出现交叉。对于非聚焦型，电子在运动过程中只加速不聚焦，两个倍增极之间的电子轨迹是平行的。图 3.2-5 给出了 4 种常见的倍增系统的结构示意图，一般倍增系统是数目从几级到十几级的倍增电极组合而成。对于直瓦片式的主要特点是极间电子渡越时间差异（零散）小，但绝缘支架可能积累电荷而影响电子光学系统的稳定性。圆瓦片式结构多用于端窗式光电倍增管，具有结构紧凑、体积小，响应时间快，线性好等优点，但灵敏度的均匀性差些。盒栅式结构广泛用于端窗式光电倍增管，主要特点是收集效率较高（可高达95%），结构紧凑，均匀性与稳定性好，但倍增极之间的电子渡越时间差异较大。百叶窗式的主要特点是工作面积大，适用于端窗式光电倍增光窗，与大面积光电阴极配合可制成探测弱光辐射的大尺寸光电倍增管，但极间电压较高时，有的电子可越级穿过，收集效率较低，渡越时间差异大，响应慢，最高频率约为几十兆赫兹。

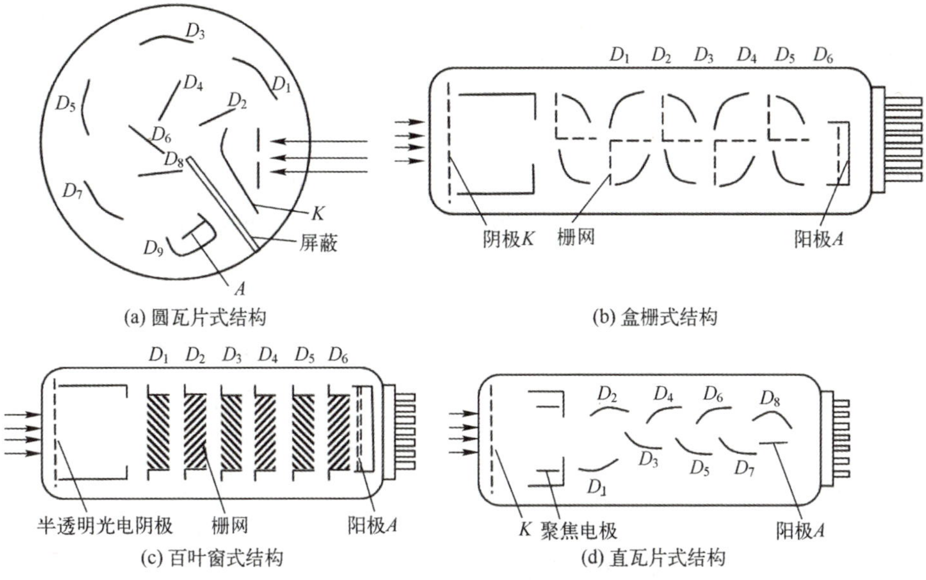

图 3.2-5 几种典型的光电倍增管的倍增极结构示意图

其他倍增极结构还有紧贴栅网型（电子加速方向与栅网平行，可用于磁场环境）、微通道板型（时间响应特性好）、电子轰击型（结构简单，线性好，噪声小）、金属通道型（小而精密，时间特性好）等。

3）光电阴极

用于接收入射光，向外发射光电子，材料以化合物半导体为主，决定了倍增管光谱特性的长波限和光谱灵敏度。光电阴极按工作方式可分为透射式和反射式。

4）电子光学系统

电子光学系统位于光电阴极和第一倍增极之间的区域，由聚焦电极和偏转电极构成，主要有两方面作用包括：①将光电阴极发射的光电子尽可能汇聚到第一倍增极上，同时通过散射去掉电子束中的杂散热电子，以提高信噪比，性能参数为电子收集率；②使阴极面上不同位置发射的光电子在光学系统中渡越时间尽可能相等，减少渡越时间差异，保证倍增管的快速响应，性能参数为渡越时间离散性 Δt。良好的光电发射阴极同时也是好的二次发射电极。

5）阳极

阳极靠近最末一级倍增极，用于收集末级倍增极二次发射的电子，并通过引线输出倍增电流信号。倍增管阳极要满足：①接收电子性能良好，在大电流工作状态下，不产生空间电荷效应；②要有较小的输出的电容，在接收较大电流时，为避免产生空间电荷效应，阳极输出电容要足够小，并与管脚具有良好接触。阳极目前多采用金属网做成的栅网状结构，由于离末级倍增极很近，电场很大，表面电场很强，可有效消除空间电荷。网状结构减少了有效面积，使得阳极与末级倍增极电容变小，提升了时间响应特性。

6）稳定性

光电倍增管的稳定性是由器件本身特性、工作状态和环境条件等多种因素决定的。管子在工作过程中导致输出不稳定的情况很多，主要包括：①管内电极焊接不良、结构松动、阴极弹片接触不良、极间尖端放电、跳火等引起的跳跃性不稳现象，信号忽大忽小；②阳极输出电流太大产生连续性和疲劳性的不稳定现象；③环境条件对稳定性的影响，如环境温度升高，会导致管子灵敏度下降；④潮湿环境造成引脚之间漏电，引起暗电流增大和不稳定；⑤环境电磁场干扰引起工作不稳定。

3.3 光电倍增管的主要特性参数

1. 灵敏度

灵敏度描述光电倍增管对入射光信号的响应能力，定义为光电倍增管在单位入射光通量下的输出电流，表示为 $S=I_p/\phi$，其中，S 为灵敏度，ϕ 为入射光通量，I_p 表示光电倍增管响应电流。将 I_p 用阳极电流 I_a 表示时，得到的灵敏度称为阳极灵敏度，用阴极电流 I_k 表示时，得到的灵敏度称为阴极灵敏度。由于存在倍增引起的增益效应，易得阳极灵敏度与阴极灵敏度满足 $S_a=S_kG$，其中，G 为光电倍增管的内增益，与工作电压和倍增电极的特性（二次发射系数）有关。根据入射光的不同，每种灵敏度可根据需要用光谱灵敏度和积分灵敏度表示。在测量阴极灵敏度时，要施加电压使得光电阴极处于饱和工作状态，这样阴极电力不受电压的影响，只由光电阴极特性（量子效率）决定。

灵敏度参数与光电阴极的量子效率有关，量子效率越高，灵敏度越高。一般来说，光电倍增管的量子效率在可见光和近红外波段有很好的响应，可以达到50%以上。暗计数率（Dark Count Rate，DCR）指光电倍增管在没有入射光子的条件下，单位时间产生的“非光信号有关”的电子数。这些电子可能来自温度噪声、自发电子、电磁干扰等。暗计数率越低，灵敏度越高。灵敏度通常会影响光电倍增管的动态范围，动态范围是指光电倍增管能够承受的最大信号幅值与最小信号幅值之比。一般来说，灵敏度越高，动态范围越宽大。

2. 电流放大倍数

一定工作电压下，光电倍增管阳极电流与阴极电流之比 $G=I_a/I_k$ 称为光电倍增管的放大倍数。它表征了光电倍增管的内增益特性，取决于各倍增极的二次电子发射系数 δ 以及倍增总级数 N。倍增极的二次电子发射系数定义为二次发射电子数目与入射基础电子数目之比。理想光电倍增管的增益 G 与二次电子发射系数 δ 的关系为 $G=\delta^N$，对于典型的 $\delta=5$（倍增极电压约为100V）和 $N=9$ 的情况下，增益 $G\approx2\times10^6$。

假定光电阴极发射的光电子被第一倍增极收集，收集效率为 η_1，且后续每个倍增极都存在收集系数，则内增益 G 应修正为 $G=\eta_1(\eta_i\delta)^N$。对于非聚焦型光电倍增管，$\eta_1\approx90\%$，$\eta_1<\eta_i<1$。对于聚焦型光电倍增管，可近似用 $\eta_i\approx\eta_1\approx1$ 估算增益 G。二次电子发射系数与倍增材料和一次电子入射能量有关，如图 3.3-1 所示。由图可见，存在一个特定的一次入射电子能量，使倍增极材料获得最大的二次电子发射系数，一次电子系数过高或过低都不能使倍增材料获得最大的二次电子发射系数。一般来说，灵敏的光电发射材料也是良好的二次电子发射材料。为获得最大的二次发射系数，对于特定材料需要合适的极间电压，使得一次入射电子能量处于最佳值。对于一些倍增极材料，二次电子发射系数可用经验公式评估 $\delta=CU_{DD}^k$ 表示，其中，C 为常数，k 的范围为 0.7~0.8，U_{DD} 为倍增极电压。如对于锑化铯（Cs_3Sb），二次电子发射系数的经验公式为

$$\delta=0.2U_{DD}^{0.7} \tag{3.3-1}$$

式中：U_{DD} 为倍增极电压。

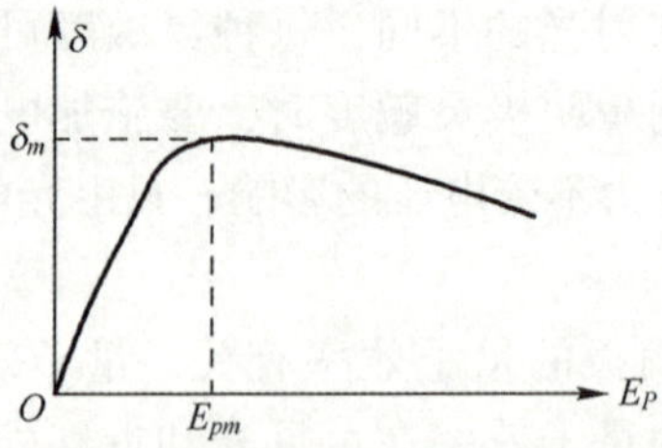

图 3.3-1 二次电子发射系数 δ 与一次电子能量 E 关系

锑化铯具有很好的二次电子发射功能，在 400V 电压下，二次电子发射系数可高达 10。对于氧化的银镁合金，二次电子发射系数与极间电压成正比，比例系数为 0.025，尽管二次电子发射系数稍差，但可在较强电流和较高温度（150℃）下工作。增加二次电子发射系数，可以减少增益级的数量，并增加初始光电电子产生可检测事件的可能性，从而提高整体效率。新发展的 NEA 材料，可具有更高的二次电子发射能力。例如，GaP 在电压为 1000V 时，倍增系数可超过 50，使用化学气相沉积（Chemical Vapor Deposition，CVD）技术沉积的掺硼多晶金刚石薄膜表现出可高达 80 以上的二次电子发射系数[12]。假定所有倍增极的收集效率为 1，倍增极电压均相同，则增益可以表示为 $G=C^N U_{\mathrm{DD}}^{kN}=C^N\left(\frac{U}{N+1}\right)^{kN}$，其中，$U$ 为总电压。由此可见，光电倍增管增益易受到总供电高压的影响，电压的不稳定性因素包括电压的漂移、纹波、温度稳定性、输入、负载等。

3. 暗电流

暗电流指的是无光照情况下光电倍增管的阳极输出电流，用 I_d 表示，光电倍增管在正常工作条件下，一般在 $10^{-16}\sim10^{-10}$A 量级，在所有光电探测器中，暗电流最小，暗电流限制了直流光通量条件下的电流最小值。暗电流会产生噪声干扰信号，进而影响光电倍增管的信噪比和灵敏度。尽管光电倍增管暗电流较小，但影响因素较多，不仅与倍增管本身结构有关，还与环境温度、相对湿度等因素有关，如果不能很好地注意并消除，则器件不能达到正常效果，甚至不能正常工作。

暗电流的影响因素包括以下几个方面：①光电阴极和倍增极表面的热电子发射，由于上述光电阴极和倍增极材料的光电发射阈值较低，即使是无照射的情况下也会由于室温热激发导致一定的表面电子逸出，这些电子可被电子倍增系统倍增，形成暗电流。热电子发射电流可表示为 $I_{\mathrm{dt}}=AT^{5/4}\exp\left[-\frac{qE_{\mathrm{th}}}{k_{\mathrm{B}}T}\right]$。

可见，必要时降低工作温度可减少热电子发射导致的暗电流；在足够低的温度下，器件的暗电流仍受限于漏电流的大小；②管内阳极和其他电极之间以及芯柱阳极和管脚之间的漏电流，由各电极之间因为非理想绝缘（玻璃、管座、灰尘）或放电效应引起，欧姆漏电暗电流比较稳定，对噪声影响小，在低电压工作时，欧姆漏电是暗电流的主要部分。在制作光电倍增管的时候，可以采用硅隔离等技术将光电倍增管的电气元件隔离开来，从而减小暗电流；③管内残余气体电离，管内由于真空度不够高，残余气体分子在高速运动电子的激发下电离，产生正离子和电子，电子经倍增放大形成暗电流，正离子反馈到光电阴极，并轰击次级电子，这些电子后续倍增放大也形成暗电流，这种情况在高压条件下特别严重，使倍增管工作不稳定；④场致发射效应，光电倍增管在高压条件下工作时，由于电极的尖端、棱角或加工不当造成的粗糙边缘使得局域场强太高引起场致发射，形成暗电流，这些暗电流会急剧增加，导致工作状态失稳，可以适当降低工作电压，提高电极加工精度以降低场致发射引起的暗电流，一般为减少场致发射效应引起的暗电流，光电倍增管都会规定最高工作电压；⑤高能宇宙射线或玻璃窗内含有少量放射元素的衰变释放的β射线均可激发玻璃荧光，并激发光电子，形成暗电流；⑥玻璃壳及电极支撑材料发光。在负高压使用时，光电倍增管的金属屏蔽层与玻璃壳之间电场很强，强电场下玻璃壳产生的放电现象或玻璃荧光现象，此外，偏离轨道的离子与管壁撞击产生的荧光会形成光反馈，以上发光都可引起暗电流，这些暗电流将严重干扰信号，在阴极为负高压应用时，玻璃壳和屏蔽层的距离不小于10~20mm。

在设计和使用光电倍增管时，要根据以上产生暗电流的物理机制，在选材、制造工艺、使用环境、内部设计等方面采取针对性措施。

4. 噪声

光电倍增管的噪声来源主要包括4种：①外界干扰，如外界电磁干扰，背景光、电源不稳定等；②结构工艺不成熟完善，如电极尖端自由电子发射、残余气体电离等；③光子噪声、入射光子数目的不稳定，光电倍增管在输出信号中会存在不同强度的光子噪声；④电子统计过程的随机噪声，主要由阴极光电发射和倍增极二次电子发射随机性导致的散粒噪声和负载电阻的热噪声组成。前两种噪声可以通过工艺改善和器件的正确使用来避免或消除，第4种噪声为光电倍增管主要噪声，其中负载电阻的热噪声可表示为

$$\overline{I_{nT}^2}=\frac{4k_{\mathrm{B}}T\Delta f}{R_L} \tag{3.3-2}$$

散粒噪声主要由背景辐射电流 I_b，阴极暗电流 I_d 以及信号电流$\overline{I_s}$的散粒效应引起的。光电阴极的散粒噪声电流为

$$\overline{I_{nk}^2}=2qI_k\Delta f=2q\Delta f(I_{sk}+I_{bk}+I_{dk}) \tag{3.3-3}$$

光电阴极的散粒噪声被逐级放大，并在每一级产生新的散粒噪声，因此，第一级输出噪声电流可表示为

$$I_{nD1}^2=(I_{nk}\delta_1)^2+2qI_k\delta_1\Delta f=I_{nk}^2\delta_1(1+\delta_1) \tag{3.3-4}$$

依此类推，可得第 n 个倍增极的输出散粒噪声电流表示为

$$I_{nDn}^2=I_{nk}^2\delta_1\delta_2\cdots\delta_n(1+\delta_n+\delta_n\delta_{n-1}+\cdots+\delta_n\delta_{n-1}\cdots\delta_1) \tag{3.3-5}$$

为简化计算，假定各个倍增极的发射系数都等于 δ，可得倍增管末极输出的散粒噪声电流为

$$\overline{I_{na}^2}=2qI_kG^2\frac{\delta}{\delta-1}\Delta f \tag{3.3-6}$$

式中：$\frac{\delta}{\delta-1}$表示引入倍增系统对散粒噪声效应的贡献，在二次发射系数 $\delta\gg1$ 的情况下，$\overline{I_{nDn}^2}\approx2qI_kG^2\Delta f$，因此，总的噪声电流表示为

$$\overline{I_n^2}=\frac{4k_BT\Delta f}{R_L}+2qI_kG^2\Delta f \tag{3.3-7}$$

在设计倍增管负载电路时，总是使得式（3.3-7）中前一项（负载电阻的热噪声）远小于后一项（散粒噪声），即负载电阻满足 $R_L\geqslant\frac{4k_BT}{2qI_kG^2}$（实际负载电阻约为 $10^4\sim10^5\Omega$），这时散射粒子噪声主要来源于暗电流的倍增，电流信噪比可表示为

$$\mathrm{SNR}=\frac{S}{N}=\frac{I_sG}{\sqrt{2qI_kG^2\Delta f\frac{\delta}{\delta-1}}} \tag{3.3-8}$$

减少噪声和暗电流的有效方法是降低工作温度，采取必要的制冷措施，这对于微弱信号探测或光子技术十分重要。采用基于帕尔贴效应的半导体制冷可将温度降低到-30℃以下，使光电倍增管信噪比实现数量级提升。在光源条件充分稳定的条件下进行测量，可减少光子噪声的影响。其他措施包括采用低噪声前置放大器以及附加低通滤波器等减少噪声干扰。

进一步可以根据倍增管的灵敏度定义，结合等效噪声功率的概念，可以得到光电倍增管可探测到的最小辐射通量，又称为噪声等效辐射通量，即

$$\mathrm{NEI}=\frac{\sqrt{2qI_k\Delta f\dfrac{\delta}{\delta-1}}}{S_k} \tag{3.3-9}$$

1）直接探测

对于直接探测，光信号在被阴极照射之前受到低频信号 ω_m 的调制，阳极得到探测信号为 ω_m 的输出电流。假定用调制因子 $1+m\cos\omega_m t$ 代表调制振幅，则调制后的探测信号 $E_s(t)=E_s(1+m\cos\omega_m t)\cos\omega_s t=\mathrm{Re}[E_s(1+m\cos\omega_m t)\mathrm{e}^{\mathrm{i}\omega_s t}]$，光电阴极电流可以表示为

$$I_{sk}=A[E_s(1+m\cos\omega_m t)]^2=AE_s^2\left[\left(1+\frac{m^2}{2}\right)+2m\cos\omega_m t+\frac{m^2}{2}\cos2\omega_m t\right] \tag{3.3-10}$$

由无调制情况下（$m=0$）的$\overline{I_{sk}}=qP\eta/h\upsilon_s$，可得 $AE_s^2=qP\eta/h\upsilon_s$。对应的输出阳极信号电流为交流放大的信号，表示为 $I_{\mathrm{ca}}=(2mGqP\eta/h\upsilon_s)\cos\omega_m t$。对应的功率信噪比为

$$\frac{S}{N}=\frac{\overline{I_{\mathrm{ca}}^2}}{\overline{I_n^2}}=\frac{2(GmPq\eta/h\upsilon_s)^2}{(2qG^2(\overline{I_{sk}}+I_{dk}+I_{bk})+4k_{\mathrm{B}}T/R_L)\Delta f} \tag{3.3-11}$$

令 $m=1$，并假定散粒噪声远大于热噪声，阴极暗电流远大于背景电流和信号平均电流，利用信噪比等于1，可得最小可探测功率为

$$P_{\min}=(h\upsilon_s/\eta)\sqrt{\frac{I_{dk}\Delta f}{q}} \tag{3.3-12}$$

当采取措施可以使热噪声、背景噪声和暗电流噪声可完全消除或忽略时，阴极平均光电流的来源为光信号$\overline{I_{sk}}$，将其代入式（3.3-12），可得最小可探测功率为

$$P_{\min}=\Delta fh\upsilon_s/\eta \tag{3.3-13}$$

这是光探测器的量子极限。

2）外差探测

对于外差探测，待测信号 $E_s\cos\omega_s t$ 与本地信号 $E_L\cos(\omega_s+\omega)t(\omega\ll\omega_s,E_L\gg E_s)$进行混频，产生频移分量 ω，总入射光场表示为

$$E(t)=\mathrm{Re}[(E_L\mathrm{e}^{\mathrm{i}\omega t}+E_s)\mathrm{e}^{\mathrm{i}\omega_s t}] \tag{3.3-14}$$

光电阴极发射电流可表示为

$$I_{sk}(t)=A\,|(E_L\mathrm{e}^{\mathrm{i}\omega t}+E_s)\mathrm{e}^{\mathrm{i}\omega_s t}|^2=A(E_s^2+E_L^2+2E_LE_s\cos\omega t) \tag{3.3-15}$$

忽略式（3.3-15）中的小项 E_s^2，式（3.3-15）可转化为 $I_{sk}(t)=AE_L^2[1+(2E_s/E_L)\cos\omega t]$，在只有本振信号的情况下，$\overline{I_{sk}}=\dfrac{qP_L\eta}{h\upsilon_L}$，并利用 $\upsilon_s\approx\upsilon_L\approx\upsilon$ 易得阴极电流为

$$I_{sk}(t)=\frac{qP_L\eta}{h\upsilon}\left[1+\left(2\sqrt{P_s/P_L}\right)\cos\omega t\right] \tag{3.3-16}$$

对于阳极电流的散粒噪声可表示为

$$\overline{I_{na}^2}=G^2\,\overline{I_{nk}^2}=G^2 2q\left(I_{dk}+I_{bk}+\frac{qP\eta_L}{h\upsilon}\right)\Delta\upsilon \tag{3.3-17}$$

由式（3.3-16）易得信号的方均电流为

$$\overline{I_{sa}^2}=G^2\,\overline{I_{sk}^2}=2G^2P_LP_s\left(\frac{q\eta}{h\upsilon}\right)^2 \tag{3.3-18}$$

探测器外差探测的信号比表示为

$$\frac{S}{N}=\frac{2G^2P_PP_s\ (q\eta/h\upsilon)^2}{\Delta f[2qG^2(I_{bk}+I_{dk}+qP_L\eta/h\upsilon)+4k_BT/R_L]} \tag{3.3-19}$$

由此可见，通过增加本征信号功率可以增加信噪比，直到由 $2q^2G^2P_L\eta/h\upsilon$ 来主导信噪比的值时。此时的信噪比为$\dfrac{S}{N}\approx\dfrac{P_s\eta}{\Delta fh\upsilon}$，相当于探测的量子极限，对应的最小探测功率为

$$P_s=\frac{\Delta fh\upsilon}{\eta} \tag{3.3-20}$$

5. 伏安特性

入射到光电倍增管阴极面上的光通量一定时，阴极电流 I_k 与阴极和第一倍增极之间的电压 U_k（阴极电压）的关系曲线称为阳极伏安特性曲线。同理，入射到光电倍增管阴极面上的光通量一定时，阳极电流 I_a 与阳极和末级倍增极之间的电压 U_a（阳极电压）的关系曲线称为阳极伏安特性曲线。理解和掌握光电倍增管的伏安特性非常重要，因为它直接关系到光电倍增管的灵敏度和线性工作范围。图 3.3-2 给出了 3 组不同光辐射通量照射下的阴极和阳极的伏安特性曲线。可以看出，当阴极（阳极）电压增大到一定程度，阴极（最末倍增极）的电子流完全被阴极（阳极）所接收，此时，阴极（阳极）电流与入射光通量呈线性关系即 $I_k=S_k\Phi_{e,\lambda}(I_a=S_a\Phi_{e,\lambda})$，而不再与阴极（阳极）电压有关。

极限工作电压是指光电倍增管所允许施加的电压上限，高于此电压，管

子会产生放电甚至击穿。

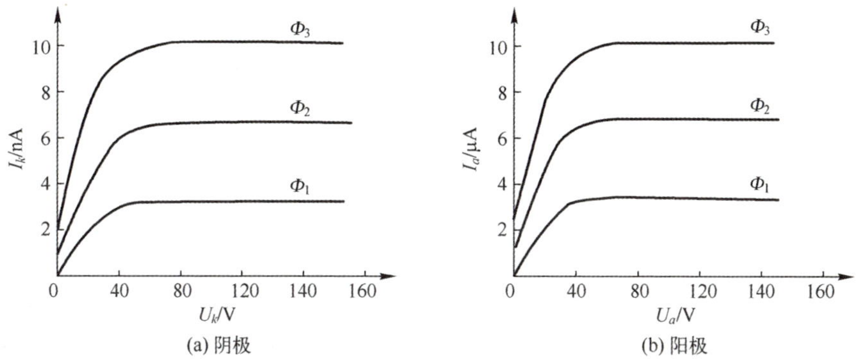

图 3.3-2 光电倍增管阴极和阳极的伏安特性曲线示意图

6. 时间特性

光电发射、电子发射存在弛豫效应（约为皮秒量级），电子在电极间渡越也需要时间，因此从光入射到光电阴极到阳极电流输出存在一定时间延迟，且电子在倍增过程中受到电子的碰撞和扩散的影响，会导致即使是相同光电子产生的二次电子之间也存在渡越时间的散差。对于时间间隔相近的入射光脉冲，输出的电信号脉冲就可能存在串扰。时间散差是造成脉冲展宽的主要因素，同时也会导致脉冲前沿和后沿的不对称，脉冲峰值位置不确定等，从而降低测量精度和时间分辨率。由于电子发射弛豫时间较短，与渡越时间散差引起的脉冲展宽效应相比，在光电倍增系统中，电子发射弛豫时间可忽略。减少渡越时间散差的措施包括：①采用更紧凑的倍增结构和更高效的倍增材料；②在结构上优化设计阴极、阳极和倍增极的几何形状、合理配置各电极的电位分布等。日本 Hamamatsu 公司研发了入射窗直径为 80mm，阴极的有效面直径为 76mm 的高性能打拿极 PMT，可实现平均约 3.9ns 的电子渡越时间弥散，但该管型暗计数率较高[13]。英国 ETEL 公司研发了窗口直径分别为 77mm 和 86mm 的打拿极 PMT，实现了小于 5ns 的电子渡越时间弥散特性[14]。

图 3.3-3 给出了电子渡越时间散差对脉冲宽度的影响示意图。图 3.3-3 中 t_t 为脉冲上升时间，表示电流脉冲从 0.1 脉冲幅度上升到 0.9 脉冲幅度所经历的时间。t_τ 为脉冲响应宽度（半宽度），是指从电流脉冲前沿 $0.5I_{max}$ 到脉冲后沿 $0.5I_{max}$ 之间经历的时间间隔。脉冲前沿斜率 S 也是表征时间响应的物理量，是指电流脉冲幅度在脉冲上升时间的上升幅度与脉冲上升时间的比值，即 $S=(0.9-0.1)I_{max}/t_t$。光电倍增管的时间特性决定了其频率响应。当用频率

为 f 的正弦交变光信号照射倍增管时，光电管的频率上限 f_R 可用经验公式表示，即 $f_R=\dfrac{0.35}{t_t}$。

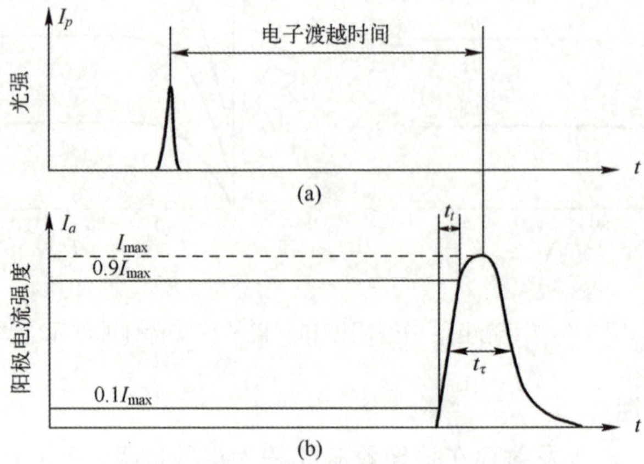

图 3.3-3　电子渡越时间散差对脉冲宽度的影响

7. 线性

光电倍增管阳极电流 I_a 与光电阴极接收光照通量 ϕ_k 之间的关系称为光电倍增管的光电特性，两者之比即为阳极灵敏度。在很宽的光强工作范围内，光电特性保持线性，即灵敏度为常数。光电倍增管的线性特性取决于内部结构、光电电路、输出电路多个因素。可以分为两类：①内因，包括空间电荷效应（电流较大时，倍增系统最后两级和阳极之间的空间电荷效应导致最后几个倍增极的二次发射系数下降）、光电阴极电阻率、聚焦、收集效率的变化、阴极和倍增极疲乏效应导致二次发射系数减小变化等；②外因，包括输出电流在负载的压降对末级倍增电压的负反馈和电压再分配等可能会破坏信号线性。影响线性范围的下限因素是暗电流和噪声。

在实际工作条件下，要求阳极输出电流不超过额定值，一般为 100μA 以下，因此光电倍增管仅适用于测量非常微弱的光信号。

8. 疲乏与衰老

光电倍增管灵敏度因强光照射或因照射时间过长而降低，停止照射后又部分地恢复，这种现象称为“疲劳”。这是由于在电子束碰撞升温或工作条件的高温导致光电阴极材料蒸发过多引起的（如含有铯成分的光电阴极中铯金属蒸发）。蒸发作用导致光电阴极和倍增极的电子发射能力下降，灵敏度降低，甚至不能正常工作。因此，要对光电倍增管（阳极电流）进行限流保护，对工作环境温度进行限制。光电倍增管由于疲劳效应导致灵敏度逐渐下降，称为老化，最后器件不能正常工作。将光电倍增管在连续工作状态下，灵敏度下降为原来的50%时经历的时间定义为光电倍增管的寿命。在强入射光条件下工作会加速器件老化，在光电管外加高压状态下，不能打开光电直读光谱仪的外罩，在日光照射下，倍增管将快速损坏。

3.4　光电倍增管的供电和信号输出电路

从光电倍增管的结构和工作原理可以看出，相邻的倍增极依靠内部电场完成电子的加速和汇聚，因此合理设计供电电路并分配好倍增极的电压对光电倍增管的正常工作至关重要。光电倍增管的分压电路种类很多，这里仅介绍电阻分压供电电路。

3.4.1　高压分压电路

1. 电源电压和极间电压

光电倍增管的阴极和阳极工作电压的选取要保证伏安特性曲线工作在线性范围，通常 U_{ak}需要在千伏左右。各倍增极之间、阴极、聚焦极、阳极都需要分配合适的电压（通常 U_{DD}为 100V 左右），以保证电子的有效收集和倍增。为了使器件工作稳定，倍增管对电源电压的稳定性有较高的要求，在比较精密地测量时，通常要求电源电压的稳定度在 0.01%～0.05%。极间电压影响着倍增极的二次电子发射系数 δ 或倍增管的内增益，因此可通过倍增管内增益 G 的经验公式并结合倍增极的个数来确定极间电压。

2. 接地方式

依据接地方式，电阻分压电路分为阳极接地和阴极接地两种方式。对于阴极接地方式，阳极接正高压，又称正高压接法。这种接法，阳极信号输出必须加耐高压、噪声小的隔直电容，因此只能输出交变信号，阳极高压的通断会对信号造成冲击，使得后续信号处理变得复杂。正高压接法的优点是减少了电子对管壁碰撞的噪声，输出端可得到较小的暗电流和噪声，其分压电路如图 3.4-1（a）所示。

图 3.4-1（b）为阳极接地方式，在阳极接地方式下，光电阴极接负高压，又称负高压接法，这时阳极电位与地接近，可以将倍增管看作电流源。优点是：阳极信号输出方便，可直流输出，故可以直接与放大器耦合，这种

接法使用很广泛。缺点是靠近管壳的金属支架或磁屏蔽筒接地，光电阴极屏蔽困难，支架与阴极和倍增极之间存在较高电位差，导致部分电子撞击玻璃壳壁，易导致阳极输出的暗电流和噪声较大。

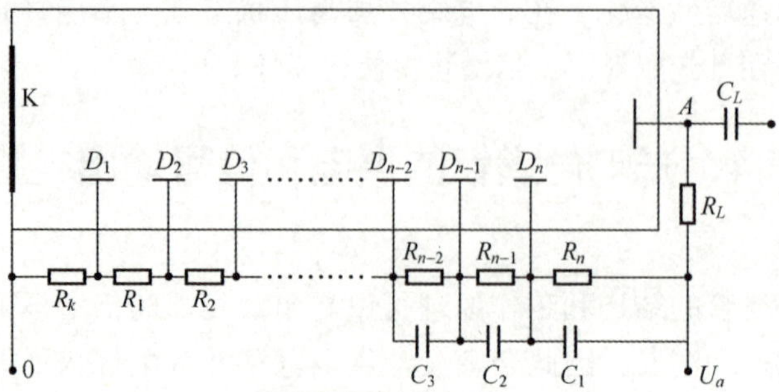

(a) 阴极接地方式

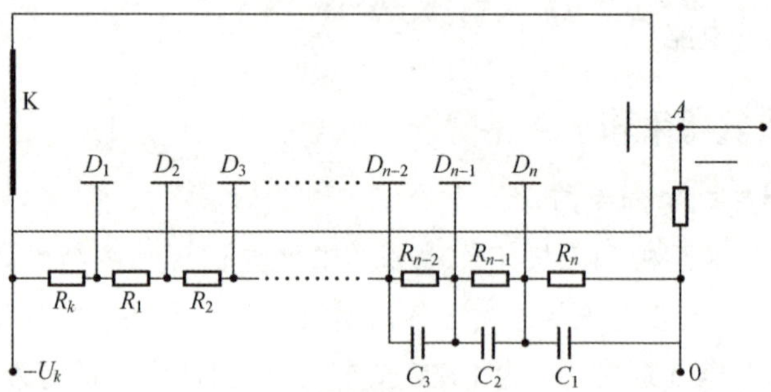

(b) 阳极接地方式

图 3. 4-1　光电倍增管分压电路示意图

根据分压电路的分压数值分布，分压电路可以分为均分电阻电压电路和锥形电阻分压电路（倍增极间电压逐渐增大）。倍增管在电压稳定的前提下，随着入射光通量的增加，光电流逐渐增强，倍增极之间的空间电荷效应会对电子束电流产生扰动，使得在特定点出现输出电流饱和现象。为降低其影响，电压分配上，使电荷密度较大的最后几个倍增极之间适当增加电压梯度，可以降低空间电荷效应。实际应用多采用锥形电阻分压电路，以提器件的高线性度。

3. 分压电阻串

分压电阻串由多个电阻组成，用于将高压分为多个相等或预定的电压分压点，分压电阻的选择要考虑阻值、功率、稳定性和温度系数等因素。由于光电倍增管各倍增极的电子倍增效应，各级电子电流按放大倍率分布，其中阳极电流 I_a 最大，因此分压电阻串中每级的电流并不相等。但是，当分压电

阻的电流 I_R 远远大于最大阳极电流 I_{am} 时，可近似将流过各分压电阻 R_i 的电流近似相等，工程上常设计 I_R 大于 10 倍的 I_{am}。如果选择分压电流过大，将使分压电阻功率损耗加大，倍增管温度升高，热电子发射噪声增加，性能降低，甚至无法工作。选定电流后，电阻链分压器的总电阻可以表示为

$$R=U_{ak}/(10I_{am}) \tag{3.4-1}$$

取阴极串联电阻 $R_k=1.5R_i$，则分压电阻为

$$R_i=\frac{U_{ak}}{10(N+1.5)I_{am}} \tag{3.4-2}$$

当极间电压给定时，分压电阻的最大值取决于最大阳极电流值，分压电阻的最小值取决于供电电源功率，通常取倍增极间的分压电阻 R 的阻值为 20k～1MΩ。

4. 末级并联电容

当入射辐射信号为高速信号或脉冲时，末三级倍增极的电流变化会引起较大的极间电压变化，引起光电倍增管的增益起伏，光电倍增管灵敏度下降。解决办法是在 3 个末倍增极的电阻上分别并联一个电容，通过电容的充放电过程使得末三级电压保持稳定。电容需满足

$$C_1>\frac{70NI_{am}\tau}{LU_{DD}} \tag{3.4-3}$$

式中：N 为倍增管的倍增极个数；I_{am} 为阳极峰值电流；τ 为脉冲持续时间；U_{DD} 为极间电压；L 为增益稳定度百分数。

其他两个电容需满足

$$C_2\geqslant\frac{C_1}{\delta},\quad C_2\geqslant\frac{C_1}{\delta^2} \tag{3.4-4}$$

通常并联电容器的数值为 0.02～0.05μF。

3.4.2 信号输出方式

1. 负载电阻输出

若光电倍增管后接的放大器采用电压输入，需采用负载电阻将倍增管输出电流换为电压，如果倍增管的输出电容为 C_s，器件的截止频率可以表示为

$$f_c=\frac{1}{2\pi C_sR_L} \tag{3.4-5}$$

负载电阻的选择应考虑压降不能过大（通常限制在几伏以内），否则将导

致末倍增极与阳极电压的下降，增加空间电荷，使倍增管偏离线性工作范围。光电倍增管的有效负载 R_0 为负载电阻 R_L 与 R_{in} 的并联，故有效负载的阻值比负载电阻的阻值要小。

因此，负载电阻的选择需要注意以下 3 个方面：①如果探测系统对时间响应要求较高，则负载电阻应相应减小；②负载电阻不能引起末倍增极与阳极之间电压的明显下降，使工作区域偏离线性范围；③负载电阻远小于放大器输入阻抗。

2. 运算放大输出

运算放大器输入阻抗非常高，光电倍增管的输入电流被阻隔在运算放大器的反向输入端外，如图 3.4-2 所示。大多数输出电流流过反馈电阻 R_f，这样可以将电压分配在 R_f 上，电压为 I_pR_f。运算放大器的开环增益极高，反相输入端电位与正相输入端电位相等，运算放大器的输出电压 $U_0=-I_pR_f$。通常为了防止光电倍增管输出端电压过高，可采用保护电阻和一对二极管构成保护电路，防止前置放大器损坏，保护电阻的阻值要合适（$10^3\sim10^4\Omega$），既不能过小（起不到保护功能），也不能过大（增加测量大电流的误差）。

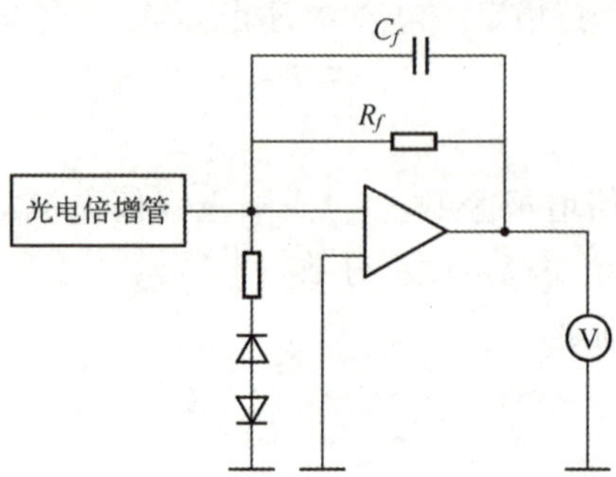

图 3.4-2　运算放大输出电路

3.5　微通道板光电倍增管

光电倍增管存在一些局限性，如噪声较大、动态范围较窄等。为了克服这些限制，研究人员开始开发微通道板（Microchannel Plate，MCP）光电倍增管技术。与打拿极 PMT 相比，MCP-PMT 是一种大面阵的高空间分辨的电子倍增探测器，并具备非常高的时间分辨率，响应速度快，但仍需几千伏工作电压，且不可避免存在漏气风险[15]。主要用作高性能夜视像增强器，并广泛应用于宇宙射线和中微子探测等前沿探索领域。

3.5.1 微通道板的结构和工作原理

微通道板以玻璃薄片为基底，在基片上以数微米到十几微米的空间周期以六角形周期排布孔径比空间周期略小的微孔。一块 MCP 上约有上百万微通道，二次电子通过电子碰撞通道壁覆盖的二次电子发射材料实现电子倍增放大，工作原理与光电倍增管相似，主要就是用微通道倍增系统取代了打拿极倍增系统，基本结构如图 3.5-1 所示。MCP 型光电倍增管均为端窗式光电倍增管，适于受照面积大的应用。典型 MCP 光电倍增管的组成包括入光窗、光阴极、电子倍增极和电子收集极（阳极）等。微通道板的基本参数如下：通道孔径 d，约 5～50μm，开口比不小于 60，电极浸没深度：输入端不大于 0.8d，输出端为 2～3d，通道长度 L，通常仅有 0.3～1mm。

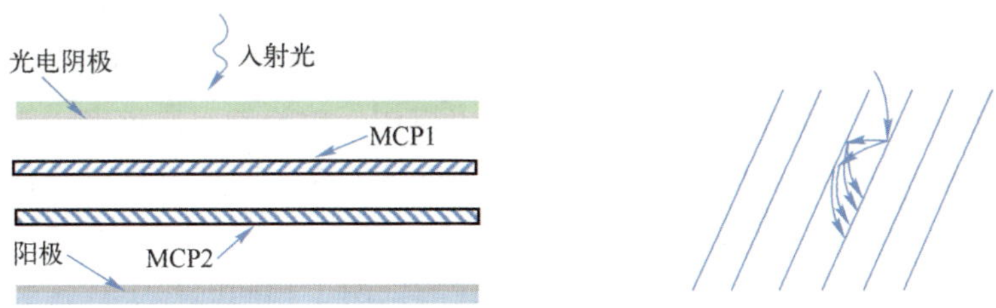

图 3.5-1 微通道板光电倍增管工作原理示意图

微通道板的运作原理与光电倍增管和电子倍增管相似，首先是粒子或光子撞击探测器表面，产生了二次电子或光电子；然后借由电场加速，使电子再撞击下一个表面，产生多次倍增的二次电子，使信号放大。通道表面是由高电阻的材料构成，为连续式的二次发射极。最后增强的电子信号通常由一个阳极收集，或打在屏上显像。

在微通道板的每个通道的内壁上都涂有一种能发射次级电子的半导体材料，当给微通道板加了一定电压后，就会在每个通道中产生一个均匀的电场。这个电场是沿轴向的，能使进入电场的低能电子（光子或电子）与通道壁碰撞的时候能产生次级电子，并且在轴向电场的作用下次级电子被加速，这样次级电子碰到壁上又会产生更多的新的次级电子。因此，对于一个入射粒子，在通道板的输出端就会产生很多的电子。每个微通道就是一个光电倍增管，无专享的光阴极，打拿极是连续分布。另外，入射粒子不只限于光子，事实上任何载能粒子，只要在通道壁上能打出次级电子，它都能响应。与光电倍增管外电路分压器相比拟，微通道板利用铅玻璃自身的体电阻作为分压电阻，一般极间总电阻为 10Ω，通道中的电势梯度使次级电子得到加速，获得能量，从而保证在下一次轰击通道时有足够大的二次发射系数。

3.5.2 微通道板光电倍增管

单个粒子通常产生的效应太小而不能直接检测。微通道板用作粒子放大器，将单个撞击粒子转变成电子束。通过在 MCP 上施加强电场，每个单独的微通道变成连续倍增极电子倍增器。因为通道与板呈一定角度，通过小孔进入一个通道的粒子或光子可确保撞击微通道壁。通过通道的电子级联，根据电场强度和微通道板的几何形状可放大原始信号几个数量级。在级联之后，微通道在检测到另一信号之前需要时间来恢复（或再充电）。电子从板的另一侧离开通道，在那里它们被收集在阳极上。这些阳极被设计成允许空间分辨的粒子收集，产生入射在极板上的粒子或光子的图像。尽管在很多情况下，收集阳极用作检测元件，但 MCP 本身也可以用作检测器。通过电子级联产生的极板放电和再充电可以与施加到极板的高压分离，并被测量以直接产生对应于单个粒子或光子的信号。

MCP 的增益非常嘈杂，意味着连续检测到两个相同的粒子常常会产生非常不同的信号幅度。可以使用恒定分数鉴别器来消除由峰高变化引起的时间抖动。采用这种方式，MCP 能够以非常高的分辨率测量粒子到达时间，使其成为质谱仪的理想检测器。

作为 MCP-PMR 的重要部件，传统 MCP 均采用传统氢还原铅硅酸盐玻璃技术，使得 MCP 通道内容易残留气体并在倍增过程中引起离子反馈致使光电阴极受损，量子效率下降，从而极大地限制了 MCP-PMT 的使用寿命。因此，延长 MCP-PMT 的寿命并降低其成本成为近年来 MCP-PMT 研发的主要热点之一。

在 MCP 使用中应注意：①保持端面的清洁，不能用手触摸；②避免碰撞，挤压造成机械破损；③避免在真空不高的情况下加高压引起通道内孔放电；④防止两端面间高压击穿造成绝缘破坏；⑤防止 MCP 一次性直接暴露在强粒子束中。

通常在应用 MCP 时，会使用 2~3 片微通道板相连，使信号增益更大，最高可以侦测到单一粒子或光子。因为微通道板由上百万个分开的微米级通道构成，提供了很好的二维空间分辨率，所以可以设计来让带电粒子或光子产生二维影像。其应用有夜视镜和光分解离子成像。其他应用包括：作为各种粒子计数器，由于没有窗和包装材料的吸收问题，在低能粒子探测中显出优越性；MCP 由于包含上百万个完全确定的坐标位置，相对独立的通道计数系统，因此也常作为位置灵敏探测器；利用快上升时间特性，MCP 也可用于飞行时间谱仪的探头。

3.6 应 用

光电倍增管因其具有极高的光电高灵敏度、极快响应速度、大范围内增益可调以及极低的暗电流和噪声等特性，是光电探测领域广泛应用的重要器件，在有些场合下甚至是唯一器件，典型应用包括极微弱光探测、射线探测、光谱测量、色度计、照度计、光密度计、光子计数、生物发光、化学发光研究和微光时域分析等方面。

3.6.1 光电倍增管的典型应用

1. 光谱测量

围绕 PMT 的高灵敏度探测能力和光栅的高光谱分辨率，已经发展了多种不同应用的光谱测量仪。例如，紫外/可见/近红外分光光度计、原子吸收分光光度计、发光分光光度计、荧光分光光度计、拉曼分光光度计以及其他液相或气相色谱，如 X 光衍射仪、X 光荧光分析和电子显微镜等。

2. 光子计数

光子计数技术对于探测极微弱光是有效的方法。光电倍增管（PMT）于 20 世纪 30 年代开发，是第一个利用真空中电子信号放大的装置，自那时以来一直是高速、高灵敏度和光子计数应用的重要检测器。充分利用其增益极大的特性，PMT 广泛使用在天体光度测量、天体分光光度测量、化学发光、生物发光等领域。其优点是：测量精度高，可以测量比较暗弱的天体，还可以测量天体光度的快速变化。天文测光中，应用较多的是锑铯光阴极的倍增管，为了观测近红外区，常用多碱光阴极和砷化镓阴极的光电倍增管，后者量子效率最大可达 50%。

光子计数的基本过程：入射光子信号照射光电倍增管产生光电子，光电子经倍增器倍增后的电脉冲信号（单光子脉冲），计数电路与脉冲的计数率与幅度大小有关。脉冲幅度较小的属于探测器噪声，以热噪声为主，幅度较大的脉冲为光电子脉冲峰，通过鉴别电平可将高的脉冲鉴别并输出，实现单光子计数。

光电倍增管单光子探测器的组成包括光电倍增管、放大器、鉴别器、计数器、A/D 转换等，最后将结果模拟输出或数字输出。为提高计数精度和速度，采用可编程逻辑器件或现场可编程门阵列器（Field Programmable Gate Array，FPGA）构建计数器作为计数单元，以实现快速、精确的光子计数，消除 A/D 转换芯片带来的性能限制。

单光子探测器还可以与近场逐点扫描技术结合，以探测二维平面内各点单光子事件的强度，形成二维平面成像的探测。

3. 飞行时间-正电子发射断层扫描

在传统正电子发射断层扫描（Positron Emission Tomography，PET）技术基础上增加了测量时间信息，是目前在核医学领域研究中可在分子水平上对生物体进行监测的高端医疗影像设备，通过追踪生物体内的放射性示踪剂分布，监测细胞活性及其代谢过程进行复杂三维成像是核医学临床疾病诊断、病理研究、药物开发等领域不可或缺的关键诊断设备。飞行时间（time of flight，TOF）-正电子发射断层扫描探测系统是由成百上千个由闪烁晶体与 PMT 耦合而成的探测单元模块组成的环状结构。当向生物体注射^{11}C、^{13}N、^{15}O、^{18}F 等超短半衰期放射性同位素示踪剂后，示踪剂将参与生物体的新陈代谢活动，到达病灶位置并发生衰变释放出正电子，正电子运行很短的距离后与生物体内负电子发生湮灭释放出一对能量为 511 keV 的背向 γ 射线，继而被环绕着生物体的 TOF-PET 探测系统中的闪烁晶体吸收并产生具有特征上升和下降时间的光信号，光信号通过与闪烁晶体耦合的 PMT 转化为电信号并放大输出，从而获得 γ 射线的时间与能量信息，最后通过数据重建获得断层图像，从而达到诊断疾病的目的。

以美国宾夕法尼亚大学研发的基于打拿极 PMT 的 TOF-PET 扫描仪样机为例，样机采用了 38880 个尺寸为 4mm×4mm×30mm 的 LaBr3:Ce(5%)闪烁晶体与 432 个探测面直径为 51mm 的打拿极 PMT 耦合，获得了约 375ps 的符合时间分辨率[16]。

参考文献

[1] LORUSSO A, GONTAD F, PERRONE A, et al. Highlights on photocathodes based on thin films prepared by pulsed laser deposition [J]. Physical Review Special Topics-Accelerators

and Beams, 2011, 14 (9): 090401.

[2] ZHANG X, ZHANG Y, QIAN Y, et al. Spectral response characteristics of transmission-mode alkali telluride photocathodes working from vacuum-ultraviolet to ultraviolet band [J]. Journal of Vacuum Science & Technology B, 2017, 35 (6).

[3] TREMSIN A S, SIEGMUND O H W. Heat enhancement of radiation resistivity of evaporated CsI, KI and KBr photocathodes [J]. Nuclear Instruments and Methods in Physics Research Section A: Accelerators, Spectrometers, Detectors and Associated Equipment, 2000, 442 (1-3): 337-341.

[4] SINGH B K, GARG P, PRAKASH A, et al. VUV-induced radiation ageing processes in CsI photocathodes studied by microscopy and spectroscopy techniques [J]. Nuclear Instruments and Methods in Physics Research Section A: Accelerators, Spectrometers, Detectors and Associated Equipment, 2009, 610 (1): 350-353.

[5] FAHAM C H, GEHMAN V M, CURRIE A, et al. Measurements of wavelength-dependent double photoelectron emission from single photons in VUV-sensitive photomultiplier tubes [J]. Journal of Instrumentation, 2015, 10 (09): P09010.

[6] LI B, CHANG B K, XU Y, et al. Research and development of GaN photocathode [J]. Acta Physica Sinica, 2011, 60 (8): 088503.

[7] GUO X, WANG X, CHANG B, et al. High quantum efficiency of depth grade doping negative-electron-affinity GaN photocathode [J]. Applied Physics Letters, 2010, 97 (6).

[8] ZOU J, CHANG B. Gradient-doping negative electron affinity GaAs photocathodes [J]. Optical Engineering, 2006, 45 (5): 054001-054005.

[9] WANG H, LINGHU J, ZOU P, et al. Theoretical study on the photoemission performance of a transmission mode $In_{0.15}Ga_{0.85}As$ Photocathode in the near-infrared region [J]. Molecules, 2023, 28 (13): 5262.

[10] FOROUTAN S, DIZAJI H Z, RIAHI A. Plasmon resonance-enhanced photocathode by light trapping in periodic concentric circular nanocavities on gold surface [J]. Optik, 2017, 138: 223-228.

[11] ENGSTROM R W. Multiplier photo-tube characteristics: application to low light levels [J]. JOSA, 1947, 37 (6): 420-431.

[12] LAPINGTON J S, TAILLANDIER V, CANN B L, et al. Investigation of the secondary electron emission characteristics of alternative dynode materials for imaging photomultipliers [J]. Journal of Instrumentation, 2012, 7 (03): C03018.

[13] AIELLO S, CLASSEN L, GIORDANO V, et al. Characterization of the 80-mm diameter Hamamatsu PMTs for the KM3NeT project [C]//AIP Conference Proceedings: Vol. 1630. American Institute of Physics, 2014: 118-121.

[14] BORMUTH R, CLASSEN L, KALEKIN O, et al. Characterization of the ETEL and HZC

3-inch PMTs for the KM3NeT project [C]//AIP Conference Proceedings: Vol. 1630. American Institute of Physics, 2014: 114-117.

[15] 潘京生. 微通道板光子探测器及其时间分辨的影响因素 [J]. Laser & Optoelectronics Progress, 2021, 58 (17): 1700006.

[16] ASHMANSKAS W J, LEGEYT B C, NEWCOMER F M, et al. Waveform-sampling electronics for a whole-body time-of-flight PET scanner [J]. IEEE transactions on nuclear science, 2014, 61 (3): 1174-1181.

第4章

光电导探测器

由辐射引起被照射材料电导率发生改变的一种物理现象称为光电导现象，光电导（photoconductive）探测器就是利用半导体材料的光电导效应制作的光电探测器。由于电导率的变化同样也表现为电阻值的变化，光电导探测器也常称为光敏电阻（photoresistor）。光电导探测器用途广泛，在可见光或近红外波段主要用于测量和探测、工业自动控制、光度计量等；在红外波段主要用于导弹制导、红外热成像、红外遥感等方面。

本章主要介绍光电导探测器的工作原理、光电导材料及结构、光电导探测器的基本参数，最后介绍光电导探测器的应用实例。

4.1 光电导探测器的工作原理

半导体受到光照时激发产生非平衡载流子，导致电导率增加，在外加电压的作用下，光电导探测器的输出回路将产生光电流。物理模型如图 4.1-1 所示，矩形光电导材料的长、宽、高分别为 l、w、d，光功率为 P 的光辐射沿 z 方向均匀入射到光敏面，光在光电导材料内的光功率可表示为

$$P(z)=P(1-R)\exp(-\alpha z) \tag{4.1-1}$$

式中：R 为光电导材料表面的反射率；α 为材料吸收系数。

光生载流了浓度的统计平均值 n 可以表示为光入射深度 z 的函数，在外加

电场的作用下，在深度 z 处光生载流子的漂移电流密度为 $J(z)=qn(z)(V_{d,n}+V_{d,p})=qn(z)(\mu_n+\mu_p)E=qn(z)(\mu_n+\mu_p)\dfrac{U}{l}$，其中，$q$ 为电子电量，μ_n 和 μ_p 分别为电子和空穴的迁移率（下面用 μ 表示电子迁移率和空穴迁移率之和），U 和 E 分别为外加电压和光电导材料的电场强度，$V_{d,n}=\mu_n E$ 为电子的漂移速度。输出平均电流表示为电流密度对整个横截面的积分，即

$$I_p=\int_0^d J(z)w\mathrm{d}z \tag{4.1-2}$$

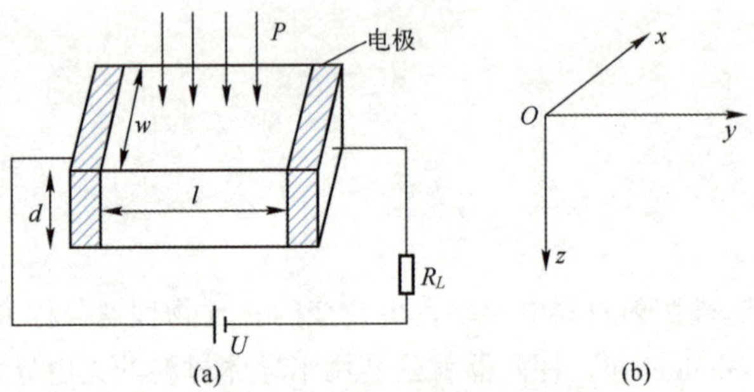

图 4.1-1　光电导探测器原理图

进一步，光电流 $I_p=\dfrac{q\mu Uw}{l}\int_0^d n(z)\mathrm{d}z$。电子浓度沿 z 轴的分布与光生载流子在外电场作用下的产生率与复合率有关，在稳态情况下，两者相等。在 z 位置附近长度 $\mathrm{d}z$ 内的吸收光功率表示为 $\alpha P(z)\mathrm{d}z$，单位体积内的吸收光功率可表示为 $\alpha P(z)\mathrm{d}z/(wl\mathrm{d}z)$，进一步求出 z 附近位置单位体积产生的光生载流子为 $\alpha P(z)/wlh\upsilon$。同理，根据载流子复合理论，z 附近单位体积内由于复合减少的光生载流子数目为 $n(z)/\tau_0$，其中，τ_0 为载流子的寿命。利用稳态条件，光生载流子产生率等于复合率，即

$$\frac{\alpha P(z)}{lwh\upsilon}=\frac{n(z)}{\tau_0} \tag{4.1-3}$$

结合式（4.1-1）可得光生载流子浓度分布和光电流分别为

$$n(z)=\frac{\alpha P(1-R)\tau_0\exp(-\alpha z)}{wlh\upsilon} \tag{4.1-4}$$

$$I_p=\frac{\alpha P(1-R)\tau_0 q\mu U}{h\upsilon l^2}\int_0^d \exp(-\alpha z)\mathrm{d}z \tag{4.1-5}$$

假定 $R=0$，$\alpha=1$，即入射光完全被吸收，通过对式（4.1-5）进行积分可计算得平均光生载流子浓度 $n_0=P\tau_0/wlh\upsilon$，对应的光电流 $I_{p0}=qP\tau_0\mu Ud/l^2h\upsilon$。进一步可将量子效率可表示为

$$\eta=\frac{I_p}{I_{p0}}=\frac{\alpha(1-R)}{d}\int_0^d \exp(-\alpha z)\mathrm{d}z \tag{4.1-6}$$

光电流可进一步表示为量子效率的形式，即 $I_p=\frac{\eta qP}{h\upsilon}\left(\frac{\mu U\tau_0}{l^2}\right)=\frac{\eta qP}{h\upsilon}\left(\frac{V_d\tau_0}{l}\right)$，其中，光生载流子在光电导材料两电极之间的漂移时间称为渡越时间，电子的渡越时间 $\tau_{d,n}=l/V_{d,n}$，空穴的渡越时间 $\tau_{d,p}=l/V_{d,p}$，定义有效渡越时间 $\frac{1}{\tau_d}=\frac{1}{\tau_{d,n}}+\frac{1}{\tau_{d,p}}$。进一步可得 $\tau_d=l/V_d$，其中，$V_d=V_{d,n}+V_{d,p}$ 表示电子和空穴漂移速度的大小之和。光电流可简化为 $I_p=\frac{\tau_0}{\tau_d}\frac{\eta q}{h\upsilon}P$。光电导探测器是具有内增益的器件，通常 τ_0/τ_d 称为光电导探测器件的内增益 G。假定载流子复合寿命远大于多子的有效渡越时间，这样很多载流子在复合之前在电极间已经有多次穿越，这是内增益产生的原因。容易看出，内增益与材料本身、器件结构（尺寸）、外加电压等因素有关，内增益也可小于 1，数值取决于漂移长度与电极间距之比。通常在工作状态下，载流子在电场作用下以饱和速度运动，漂移长度：$L_{\mathrm{drif}}=\nu_d\tau$，电极间渡越时间 $\tau_t=l/\nu_d$，因此内增益 $g=\tau_0/\tau_t=L_{\mathrm{drif}}/l$。若饱和漂移长度大于器件电极间距长度，当载流子从电极扫出。同时，有等量自由电荷从另一侧电极注入，注入的自由电荷继续完成电流循环，直至被复合掉。

光电导探测器的带宽 $B=\frac{1}{2\pi\tau_0}$，由此可见，尽管较长的复合寿命提高了器件增益，但同时也意味着带宽的减少。对于光电导传感器存在带宽和增益的折中，器件的增益带宽积 $GB=\frac{1}{2\pi\tau_d}$。对于特定的材料和几何结构，τ_d 为常数，因此增益带宽积不变[1]。为使得增益带宽积最大化，设计时要尽可能减少电极间距，这意味着工作区长度减少，不利之处是会减少光信号的吸收，导致量子效率下降，增益带宽积的典型值 $GB\approx10^9$。

4.2 光电导材料及结构特点

4.2.1 材料及分类

当照射的光子能量 $h\nu$ 等于或大于半导体的禁带宽度 E_g 时，光子能够将价带中的电子激发到导带，从而产生导电的电子-空穴对，这就是本征光电导效应。当光子被杂质吸收，激发附加的电子或空穴时，也会引起附加的载流子化，改变材料电导率，属于非本征光电导效应。凡禁带宽度或杂质离化能合适的半导体材料都具有光电效应。本征光电导体的响应截止波长：$\lambda_c = hc/E_g = 1.24/E_g(\mu m)$，其中，$c$ 为光速，h 为普朗克常数，E_g 为材料的禁带宽度(eV)。本征半导体光电导材料的截止波长受禁带宽度的限制，半导体杂质吸收光子将束缚在杂质能级的电子或空穴激发成自由的光生载流子，需要的能量取决于杂质电离能。由于杂质电离能比禁带宽度小得多，杂质光电导的截止波长比本征光电导的截止波长要长得多。

表征光电导效应主要由 3 个参量，分别是灵敏度、弛豫时间（惰性）和光谱分布。

1. 光灵敏度

定义为一定光强下光电导的强弱，可用光电增益 $G=\beta\tau/\tau_d$ 表示，其中，β 表示量子效率，表示平均吸收一个光子所能产生的电子-空穴对数，τ 为光生载流子寿命，τ_d 为光生载流子在光电导两个电极间的渡越时间。上述公式成立的条件是在稳态情况下，电子-空穴对产生率和复合率相等。载流子在光电导两电极的渡越时间 τ_d 可表示为

$$\tau_d = \frac{l}{V_d} = \frac{l}{\mu \cdot \dfrac{U}{l}} = \frac{l^2}{\mu U} \tag{4.2-1}$$

式中：l 光电导体两电极间的距离；μ 为电子和空穴的载流子迁移率之和；U 为外加电压；V_d 为电子和空穴漂移速度大小之和。

将渡越时间代入可得光电增为 $G=\beta\tau\mu U/l^2$，也可分开表示为两种载流子对增益的贡献之和，即增益可表示为

$$G = G_n + G_p = \beta\tau(\mu_n + \mu_p)U/l^2 \tag{4.2-2}$$

2. 光电导弛豫

光电导是非平衡载流子效应，存在非平衡载流子弛豫现象，可用弛豫时

间表征光电导对光强反应的快慢。弛豫时间是光电导上升或下降的时间。光电弛豫时间决定了在快速变化的光强下光电器件能否有效工作，从光电导的形成机制来看，弛豫现象反映了光生载流子积累或消失的快慢。在分析光电导与光强之间关系时，通常分两种典型情况讨论：第一种为直线型光电导，光电导与光强呈线性关系；第二种为抛物型光电导，光电导与光强的平方根成反比。光电导工作在弱光强条件下，光电导与光强呈线性关系，工作在强光条件下，呈抛物关系。

非平衡载流子（电子）与光强的关系可表示为 $\Delta n=\alpha I^{\gamma}$，其中，$\alpha$ 表示材料的吸收系数，γ 表示光电转换因子，直线型和抛物型光电导 γ 的取值分别为 1 和 1/2。在稳态情况下，若光生载流子有确定的复合概率或寿命 τ，直线型光电导满足 $\Delta n/\tau=I_n\alpha\beta$，其中，$I_n$ 为以光子计算的入射光强度。对于直线型光电导，在恒定光照下，光电导与时间的微分方程为

$$\frac{\mathrm{d}\Delta n}{\mathrm{d}t}=I_n\alpha\beta-\frac{\Delta n}{\tau} \tag{4.2-3}$$

式（4.2-3）右侧第二项的物理意义表示单位体积单位时间内由于复合而减少的载流子数，右侧第一项表示由于光强入射单位时间单位体积产生的载流子数目。假定初始条件，$\Delta n(0)=0$，易得式（4.2-3）的解为 $\Delta n(t)=\tau I_n\alpha\beta\left(1-\exp\left(-\frac{t}{\tau}\right)\right)=\Delta n_0\left(1-\exp\left(-\frac{t}{\tau}\right)\right)$，其中，$\Delta n_0$ 为稳态下的非平衡载流子浓度。当取消光照后，依照变换后的初始条件，可得 $\Delta n(t)=\tau I_n\alpha\beta\exp\left(-\frac{t}{\tau}\right)=\Delta n_0\exp\left(-\frac{t}{\tau}\right)$。

图 4.2-1 给出了直线型光电导的上升和下降曲线，线性光电导的弛豫时间与光强无关，上升和下降是对称的，称弛豫时间 $t=\tau$。对抛物性光电导，复合率 $p=b(\Delta n)^2$，其中，b 为比例系数，稳态条件下复合率等于产生率 $b(\Delta n)^2=I_n\alpha\beta$，决定光电导与时间的微分方程为

$$\frac{\mathrm{d}\Delta n}{\mathrm{d}t}=I_n\alpha\beta-b\Delta n^2 \tag{4.2-4}$$

根据初始条件，易得在恒定光照后，非平衡载流子随时间的变化关系为

$$\Delta n=\sqrt{I_n\alpha\beta/b}\tanh(t\sqrt{I_n\alpha\beta b}) \tag{4.2-5}$$

取消光照后，非平衡载流子随时间的方程为 $\frac{\mathrm{d}\Delta n}{\mathrm{d}t}=-b\Delta n^2$，相应的解为

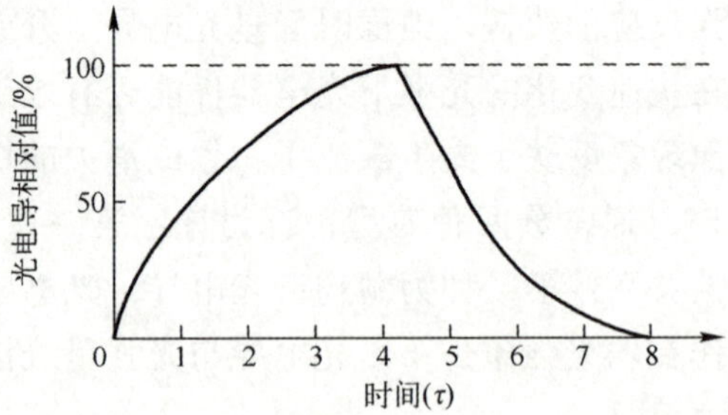

图 4.2-1　直线型光电导的上升和下降曲线示意图

$$\Delta n(t)=\frac{\sqrt{I_n\alpha\beta/b}}{1+t\sqrt{I_n\alpha\beta b}} \tag{4.2-6}$$

从式（4.2-6）可以看出，抛物型光电导的弛豫时间与光强有关，光强越强，弛豫时间越短，图 4.2-2 给出了抛物型光电导的上升和下降曲线。

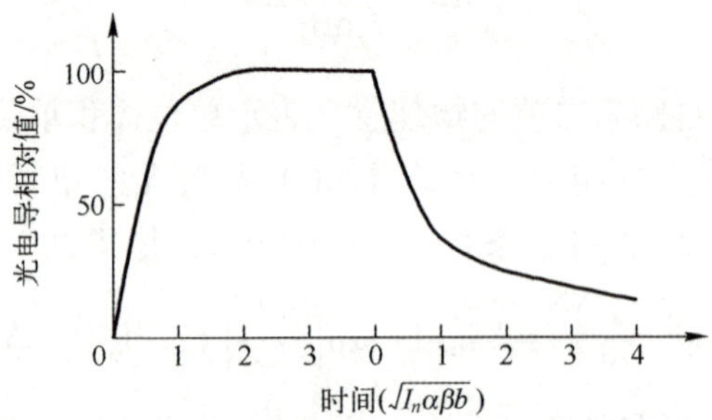

图 4.2-2　抛物型光电导的上升和下降曲线示意图

3. 光电导的光谱分布

光电导的光谱分布是指光电导的大小与光照的波长密切相关，同时与光生载流子的激发类型（本征激发、杂质激发）密切相关。光电导的光谱分布用相对灵敏度光谱分布曲线表征，分为“等量子”曲线或“等能量”曲线，前者指对不同波长以光量子计算的光强度是相同的，后者指的是用不同波长下的光通量密度计算得到的光强是相等的。图 4.2-3 给出了掺金的锗在不同掺杂条件下的相对光响应分布曲线。

常用的光电导探测器材料中，在紫外波段敏感的有 CdS、CdSe、CdTe 等，材料禁带宽度大于 1eV，可以在室温下工作，相应的光电导探测器结构也比较简单；对可见光波段灵敏的有 TiS、CdS、CdSe、CdTe、Si、Ge 等；对近红外波段灵敏的有 PbS、PbSe、PbTe、InSb、$Hg_{0.75}Cd_{0.25}Te$ 等；在大于 8μm 波段

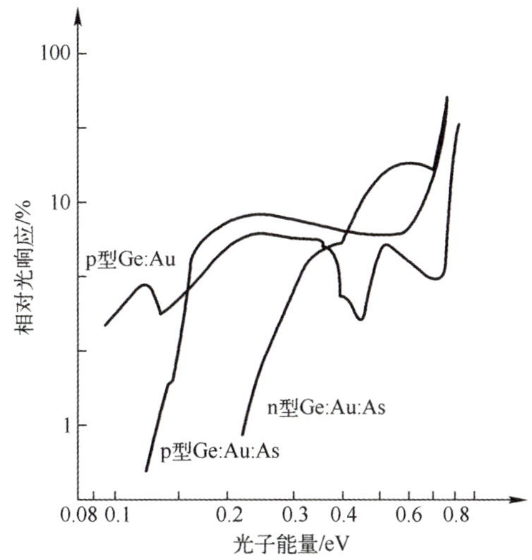

图 4.2-3　掺金的锗中含不同杂质的光电导响应分布曲线

的有 $Hg_{1-x}Cd_xTe$、Pb_xSn_{1-x}、Te、Si 掺杂、Ge 掺杂等；CdS、CdSe、PbS 等材料可以由多晶薄膜制成光电导探测器。

与真空光电发射器件相比，光电导探测的优点是波长探测范围很广，由于载流子不需要克服表面势垒的限制，可通过材料掺杂获得长波长的探测能力；缺点是为避免光生载流子被热激发载流子淹没，大多长波长光电导探测都需要制冷才能工作。另外，受限于材料的载流子寿命和器件尺寸、迁移率等决定载流子的渡越时间，内增益不如真空电子发射器件。各种材料及相关参数如表 4.2-1 所列。

表 4.2-1　常见本征半导体的材料参数

材　料	禁带宽度 E_g/eV	光谱范围/nm	峰值波长/nm
CdS	2.45	400~700（常温）	550~570（常温）
CdSe	1.74	680~750（常温）	720~730
PbS	0.4	500~3000	2000
PbTe	0.31	600~4500	2200
PbSe	0.25	700~5800	4000
Si	1.12	450~1200	850
Ge	0.66	550~1800	1540
InSb	0.16（室温）； 0.23（77K）	1000~7000	6μm（室温）； 5μm（77K）
InAs	0.33	1000~4000	3500

下面介绍几种常见的光电导探测器材料及器件。

1）Ge、Si 掺杂探测器

对于掺杂的 Ge 探测器为 P 型杂质，掺杂杂质包括 Hg、Cu、Au、Zn、Be、Ga 等金属元素，典型工作波长范围在 2~10μm。以 Hg 为例，作为受主，电离能为 0.09eV，对应的红限波长为 14μm。对于 Cu 杂质，电离能为 0.041eV，对应的红限波长为 32μm；对于 Zn 杂质，电离能为 0.033eV，红限波长为 38μm；对于 Ga 杂质，电离能仅 0.01eV，红限波长达 115μm。这些材料的光谱响应如图 4.2-4 所示。上述材料制成的器件一般工作在低温条件（4K）下，量子效率较高，一般在 50% 左右。但是，内增益较低：对于 Ge:Hg，内增益仅为 0.03；对于 Ge 探测器，通过使用重掺杂和高补偿锗可实现较短的响应实现，典型的时间为 200ps[2]；对于 Si，在掺 B 的情况下，电离能为 0.044eV，红限波长为 23μm，精确红限波长和量子效率随掺 B 浓度有慢变化，工作温度低于 15K；对于掺 Ga 的锗，电离能为 72meV，频谱响应超过 17μm，工作温度低于 20K，量子效率 15% 左右。

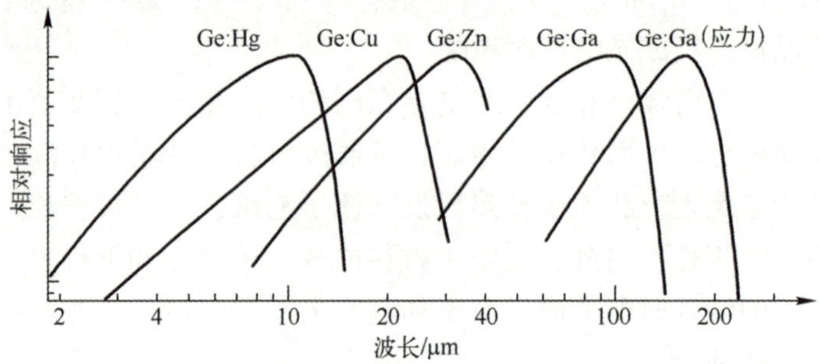

图 4.2-4　5 种非本征 Ge 材料的相对响应与波长的关系

2）CdS、CdSe 材料及光电导探测器

光敏电阻是指电导率对光照比较敏感的材料，常用于制备光电导探测器。单晶 CdS 对可见光、x、α、β、γ 射线均有响应，灵敏度较高，响应时间较慢，响应时间为 5~100ms，响应波长为 0.3~0.52μm。多晶 CdS 比单晶光谱响应宽，但响应时间较长，具体与入射光照度有关，在 100lx 照射下约为几十毫秒，当光调制高于 1kHz 时就难以胜任。

制备方法主要采用蒸发、烧结、黏结等。通过在 CdS 中掺杂 Cu 或 Cl 或将 CdSe 和 CdS 按一定比例制成合金，可以使材料兼具本征光电导和杂质光电导的特性，使得光谱响应向长波长扩展，对应的峰值波长红移，如图 4.2-5 所示[3]。

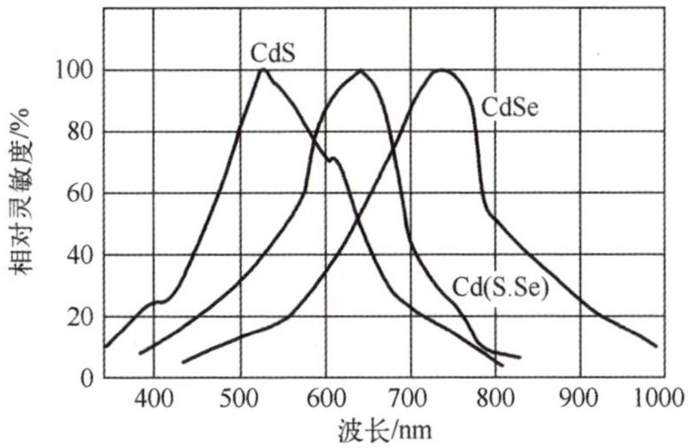

图 4.2-5 CdS 和 CdSe 的光谱响应

CdS、CdSe 光电导探测器常采用环氧树脂或金属密封封装，具有灵敏度高、体积小、价格低、寿命长、光谱特性好、高可靠性、常温工作（范围为-30~70℃）使用方便等特点。其标准尺寸有 5mm、12mm 和 20mm 等，在照相机、摄影机的可见光检测、灯光控制（如烟雾气、火焰和防盗探测器、路灯）等方面具有广泛应用。

3）PbS、PbSe 材料及光电导探测器

PbS 是一种军用最多的优良近红外光敏电阻，常温下的响应范围为 1.3~3μm，峰值响应波长为 2μm，响应时间为 200μs，有较大的电压输出，因而常用于火灾领域的探测，是在短波红外拥有最优性价比的探测器。常用的制备方法有真空蒸发、化学沉积或外延沉积，制备厚度为微米量级的多晶或单晶薄膜。材料或器件的参数与工作温度有关，随着温度降低，峰值波长和响应波长向红外波段拓展，同时归一化探测率 D^* 增加，响应时间增加。主要缺点是响应时间较长为 100~300μs，室温约为 77K 条件下，长达几十毫秒，探测范围可达 4.2μm。

4）InSb 材料及光电导探测器

InSb 单晶室温条件下的禁带宽度较窄（0.18eV），对应的截止波长为 6.9μm，77K 时的禁带宽度为 0.23eV，截止波长为 5.4μm。禁带宽度随温度的增高而减小，温度系数为 -2.3×10^{-4} eV/K。室温下的电子迁移率高达 $\mu_n=60000\text{cm}^2/(\text{V}\cdot\text{s})$，77K 时电子迁移率减为室温的一半。

锑化铟光谱响应的峰值波长位于大气窗口（3~5μm）范围内，具有广泛应用。光电导型探测器的制作过程，主要由单晶 InSb 经切片、磨片、抛光、减薄等过程制成需要的厚度，再粘贴于衬底上，经精细加工后制备电极、焊接引线、封装杜瓦瓶等，由于工艺成熟，可制作成单元或阵列器件。有工作

温度在室温（295K）、195K 和 77K 3 种光电导探测器在售器件。性能最优异的为工作在 77K 的低温探测器。室温工作的噪声主要是受热噪声限制，77K 工作的主要具有明显 $1/f$ 噪声特征。

5）$Hg_{1-x}Cd_xTe$ 系列材料及光电导探测器

$Hg_{1-x}Cd_xTe$ 系列光电导探测器是目前性能最优良和技术成熟的探测器，是由 CdTe（半导体，接近 0K 时的 $E_g=1.6eV$）和 HgTe（半金属，接近 0K 时 $E_g=-0.3eV$）的混晶材料制成，混晶的带隙随组分 x 和温度 T 而变化，在 x 的组分较小时，可用经验公式为

$$E_g=1.59x-0.25+5.233\times10^{-4}T(1-2.08x) \tag{4.2-7}$$

其中，Cd 的组分通常为 0.18～0.4，组分的不同使得材料具有可调控的禁带宽度，从而影响其光谱响应范围，混晶的响应波长范围可达 1～30μm。利用调控特性，并改变器件的工作温度，可以得到不同长波限、峰值响应波长的高可探测率 D^* 的光电导探测器。随着制备技术的进步，已经可以制备出 $Hg_{1-x}Cd_xTe$ 的径向和纵向 x 值不均匀性降低到小于 $0.0008cm^{-1}$，电学活跃杂质不超过 $10^{14}cm^{-3}$，在 77K 时观察到电子迁移率超过 $1.5\times10^6cm^2/V\cdot s$，测量到的结构缺陷小于 $104cm^{-2}$[4]。

通常有 1～3μm、3～5μm（$x=0.28$）和 8～14μm（$x=0.2$，$E_g=0.1eV$）3 种波长范围的探测器。由于在低温下有较高的探测度和响应率（D^* 比 InSb 探测器的可探测率大一个数量级），因此碲镉汞光电导探测器是目前近红外、中红外性能最优良的探测器，满足激光雷达、激光测距、光电对抗、制导及光通信的红外波段探测需求。

4.2.2 结构特点及原理

光电导探测器的通常结构是在半导体的两端加电极和引线，封装在带有窗口的金属或环氧树脂外壳内，在应用时需要外加电源和负载将电流引出。在无光照的情况下，光电导探测器的电流可表示为

$$I_d=AJ=A\sigma_0U/l=\frac{AUq}{l}(n_0\mu_n+p_0\mu_p) \tag{4.2-8}$$

式中：A 为横截面面积 $A=wd$；n_0 和 p_0 分别为无光照时的平衡载流子浓度。

在有光照情况下，由于载流子浓度增加而导致电导率变化，可以表示为 $\Delta\sigma=q(\Delta n\mu_n+\Delta p\mu_p)$，进一步可以将光电流表示为 $I_p=\frac{AUq}{l}(\Delta n\mu_n+\Delta p\mu_p)$，平均

非平衡载流子浓度可表示为 $\Delta n=\Delta p=\frac{\eta P}{h\upsilon}\frac{\tau_0}{Al}$，最终可得 $I_p=\frac{\eta PUq\tau_0}{h\upsilon}\left(\frac{\mu_n+\mu_p}{l^2}\right)$。由此可见，光电流与电极间距的平方成反比，在结构设计上要求将减小电极间距。图 4.2-6 给出了叉指形和蛇形两种典型的光电导探测器的结构设计，既保证有较大工作区面积又使得电极间距足够低，以获得高的内部增益。为进一步增加量子效率，对于正面入射，通常需要在表面镀有抗反射膜，或者将光从底部衬底材料耦合到光电导层，衬底材料要选用对工作波长透明的宽带隙半导体材料。

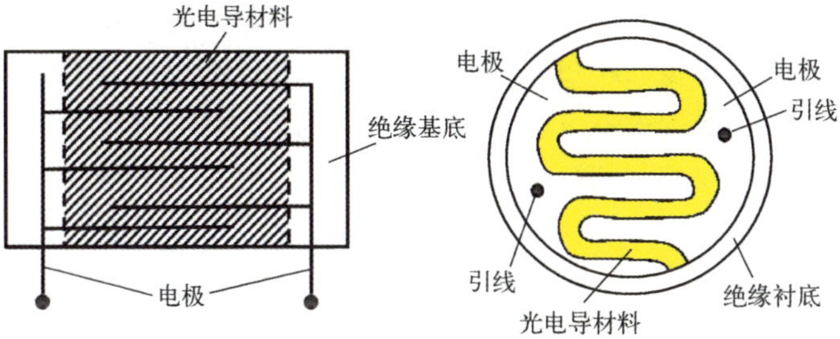

图 4.2-6　光电导的探测器的结构

4.3　光电导探测器的主要特性参数

4.3.1　光电流及光电导增益

对于光电导探测器，给定电压下，在无光照条件下的稳态阻值和电流称为暗电阻和暗电流。同理在给定电压下，有一定光照下的稳态阻值和电流分别称为亮电阻和亮电流。光电流是亮电流和暗电流之差。因此，要求暗电流越小越好，亮电流越大越好，这就要求光电导探测器的亮电阻越小越好，而暗电阻越大越好，相应的表征参数定义为暗电阻与亮电阻之比。

光电导增益系数 G 是表征光电导探测器的重要参数之一，表示在长 l 的光电导电极施加电压 U 后，在外加电场作用下，产生的光生载流子形成的光电流 I_p 与单位时间产生的电荷量的比值，即 $G=\frac{I_p}{qN}$，其中，$N=\frac{\eta P}{h\upsilon}$。根据光电流的表达式，易得光电导增益为

$$G=I_p=\frac{U}{l^2}(\tau_n\mu_n+\tau_p\mu_p)=G_n+G_p \tag{4.3-1}$$

式中：G_n 和 G_p 分别为电子和空穴的光电导增益系数。

通过进一步定义电子和空穴的在两电极的渡越时间，电子和空穴增益系数进一步表示为 τ_n/t_n 和 τ_n/t_p，在半导体中，电子和空穴载流子的寿命相等用 τ_0 表示，总的光电导为

$$G=\tau_0\left(\frac{1}{t_n}+\frac{1}{t_p}\right)=\frac{\tau_0}{t_d} \tag{4.3-2}$$

式中：t_d 为有效渡越时间，表示为电子和空穴渡越时间的倒数之和。

通过合理设计电极间距可以使 $G>1$，流过电极的电荷数就会大于由于光电效应产生的电荷数，G 一般在 10^3 数量级。因此，增加光电流就需要既要有一定的光敏面积，又要尽可能减少电极间距，这也是光电导探测器结构设计的特点。

4.3.2 光电特性

光电导探测器的光电特性定义为光电流与入射贯通量或光功率之比，根据光电流的表达式 $I_p=\frac{q\eta P}{h\upsilon}\frac{\tau_0}{t_d}$ 或 $I_p=\frac{q\eta\Phi_e(\lambda)}{h\upsilon}\frac{\tau_0}{t_d}$，可见光电特性取决于量子效率和光电增益。

在弱光照情况下，量子效率、有效渡越时间和载流子寿命保持不变，光电特性呈线性关系。当光照变强时，载流子浓度增大，会影响载流子寿命，渡越时间将随电子浓度和器件升温而改变，此时在同一波长处也会出现非线性偏离。此时非线性关系为

$$I_p(\lambda)=S_gU\Phi^\gamma \quad 或 \quad I_p(\lambda)=S_gUE^\gamma \tag{4.3-3}$$

式中：γ 为光电转换因子；S_g 为光电导灵敏度，与材料有关；Φ 和 E 分别为入射光通量和入射光照度。

在线性工作区域，光电流与辐照强度成正比，此时，$\gamma=1$，$I_p(\lambda)=S_gUE=g_pE$，此时的 g_p 称为直线性光电导。随着入射增强，光电流与辐照度的线性关系破坏，并随着辐照度增加，进一步近似为抛物线形，此时，$\gamma<1$，当 $\gamma=0.5$ 时，此时的光电导称为非线性光电导。

光电导探测器工作在无光照情况下的电导为暗电导用 g_d 表示，在光照情况下的电导为亮电导 g，亮电流为暗电流与光电流之和，因此线性工作条件下

的亮电导和光电导满足 $g=g_p+g_d=S_gE+g_d$。γ 的值可以通过试验测定，$\gamma=\left|\frac{\lg R_A-\lg R_B}{\lg E_B-\lg E_A}\right|$，其中，$R_A$、$R_B$ 分别为两个不同光照度 E_A、E_B 下的探测器电阻。在测量时需在一定光照度范围内，多测量几组数据。若计算的 γ 值相同，则说明光电导探测器在此光照度范围内，该 γ 值有意义，且光电导探测器的线性特性较好。

4.3.3 光谱特性

将在一定波长下光电流强度与入射辐射通量之比定位为光谱响应率，根据前面光电流的表达式，可得光谱响应率为

$$S(\lambda)=\frac{I_p(\lambda)}{\Phi(\lambda)}=\frac{q\eta\lambda}{hc}G \tag{4.3-4}$$

由此可以看出，内增益系数是反应光谱响应率的重要指标，但高增益系数的光电导探测器的电极间距须足够小，会导致探测器激光敏面太小而不适用，因此会受到结构设计的限制。另外，依靠增加载流子的寿命提高增益系数，但同样也会使得器件响应速度变慢，高增益和响应速度都是光电导探测器件的重要技术指标，两者也是矛盾的，需要折中考虑。

光电导探测器的光谱响应率主要由材料禁带宽度、杂质电离能、掺杂比、掺杂浓度等因素决定。

4.3.4 伏安特性

伏安特性是指在特定光照下光电导探测器的电流电压关系，由于光电导探测器实质是与光照度有关的可变电阻，即光敏电阻，因此符合欧姆定律，但伏安特性曲线与光照度有关（图 4.3-1）。在使用中要注意对电流或电压的

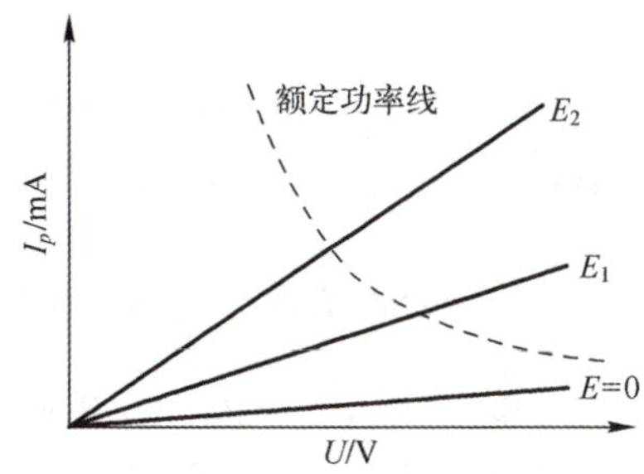

图 4.3-1 光敏电阻的伏安特性曲线示意图

控制，不要让光敏电阻功率超过额定值，导致器件损伤。

4.3.5 时间响应及频率特性

由于非平衡载流子的弛豫效应，光电导探测器的时间响应与其他光电器件相比要差，频率响应低。图 4.3-2 给出了几种光敏电阻的频率特性曲线。由图可见，最高频率响应仅可工作在几千赫。光敏电阻的响应时间与入射光照度、工作温度有明显依赖关系。

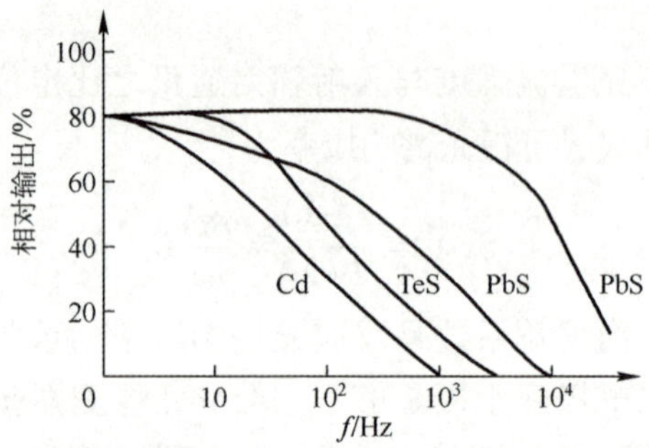

图 4.3-2 几种光敏电阻的频率特性曲线

4.3.6 前历效应

将光电导探测器在测试前所处的状态对光电导探测器特性的影响称为前历效应。大多数光电导探测器在稳定的光照下，电阻值存在明显的漂移现象，经过一段时间间隔后，该现象依然存在。根据测试前光电导探测器所处的状态可以分为暗态前历效应和亮态前历效应。暗态前历效应：光电导探测器在无光照条件下放置一段时间后，在 1lx 的照度下测量其不同时刻（如 1s 后）的电阻值 R_1，并求出该时刻阻值与稳态时的阻值 R_0 的比值 R_0/R_1。这个比值越大越好。亮态前历效应：光电导探测器在有光照条件下放置 24h，当照度与工作时所要达到的照度不同时，出现的一种滞后现象。例如，首先测量 100lx 照度下的阻值 R_1，再在 1000lx 照度下放置 15min，再测量 100lx 照度下的电阻值 R_2，用 $\beta=\frac{R_2-R_1}{R_1}\times100\%$ 表征亮态前历效应，这个比值越小越好。

图 4.3-3 给出了硫化镉光电导探测器分别在黑暗状态放置 3min、1h 和 24h 下的暗态前历曲线。由图可以看出，暗态前历时间越长，光电流上升越缓慢，前历效应越显著。一般工作电压越低，暗态前历效应越显著。

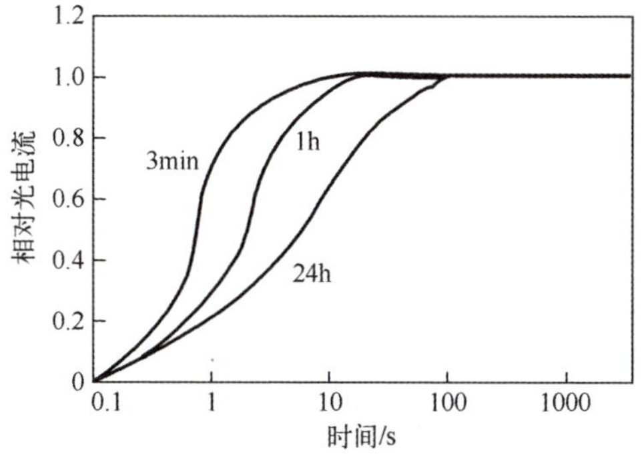

图 4.3-3 硫化镉光电导探测器在黑暗中放置不同时间下的暗态前历效应曲线

图 4.3-4 给出了硫化镉光电导探测器的亮态前历效应曲线，图 4.3-4 中，两条曲线分别表示从初始高、低亮度照射到同一中间照射亮度的亮阻值变化。由图可以看出，亮阻值从高亮度到低亮度比低亮度到高亮度到达稳态所需时间要短。

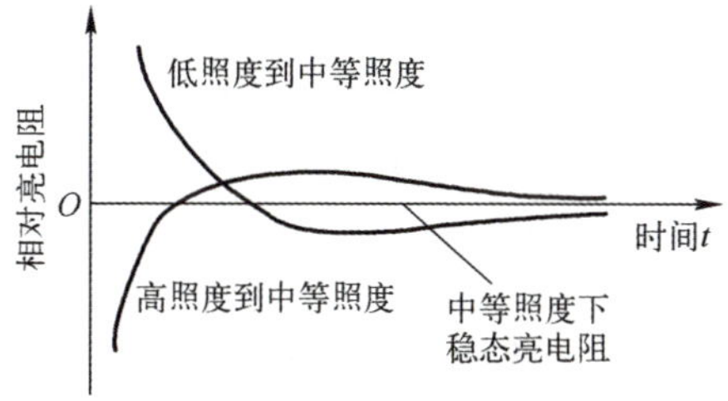

图 4.3-4 硫化镉光电导探测器的亮态前历效应曲线

4.3.7 温度特性

光电导探测器是多子器件，因此温度特性与光电导材料有密切的关系，不同材料的光电导探测器温度特性差异较大。当温度升高时，半导体的热激发载流子增多：一方面导致热噪声增加；另一方面，复合概率随着温度的升高而增加，将导致光生载流子的寿命下降，使光电导器件灵敏度降低。半导体温度的变化也会导致半导体的带隙发生变化，进而引起光谱响应率、峰值响应波长、长波限等参数的变化。图 4.3-5 所示为 CdS 和 CdSe 光面电阻的温度特性曲线。当工作环境温度变化较大时，探测器的光电导率变化较大，应采取温度控制措施，以提高光电导探测器的工作稳定性，特别是工作在长波红外的光电探测器。

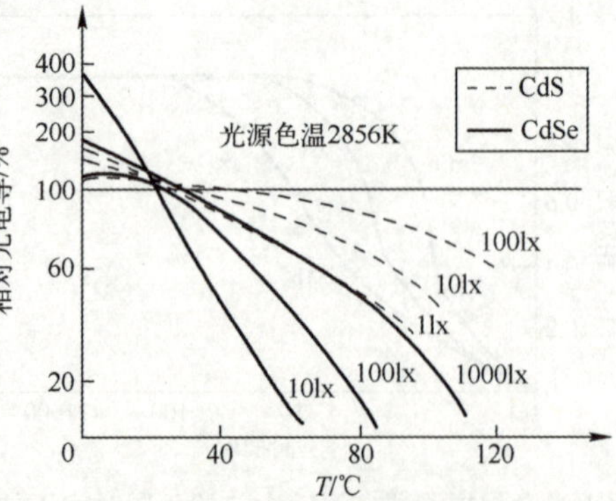

图 4.3-5 CdS 和 CdSe 光敏电阻的温度特性

4.3.8 噪声

光电导探测器的主要噪声为热噪声和产生-复合噪声。其中，热噪声电压为 $\overline{V_J^2}=4k_B T_{eff} R_{eff}\Delta f$，电流为 $\overline{i_j^2}=\dfrac{4k_B T_{eff}\Delta f}{R_{eff}}$，其中，$R_{eff}$ 为探测器电阻和前置放大器电阻的并联组合电阻，Δf 为器件带宽，T_{eff} 为有效温度，与前置放大器的噪声因子 NF 有关，表示为 $T_{eff}=T(10^{NF/10}-1)$。热噪声来源于具有平均能量为 $k_B T_{eff}$ 的载流子的随机运动对暗电流的贡献。产生-复合噪声来源于载流子的产生和复合涨落导致的电导涨落，热平衡下产生-复合噪声电压为 $\overline{V_{G-R}^2}=2(G+R)lWd\,(Rqg)^2\Delta f$，其中，$G$ 和 R 分别为载流子产生和复合速率。

对于准本征光电半导体的噪声电压表达式为

$$V_{G-R}=\frac{2V_b}{\sqrt{lWd}}\frac{1+b}{bn+p}\left(\frac{np}{n+p}\right)^{1/2}\left(\frac{\tau_0\Delta f}{1+\omega^2\tau_0^2}\right) \tag{4.3-5}$$

对于非本征的 n 型光电导的方均根产生-复合噪声电流表示为

$$\overline{I_{G-R}^2}=\frac{4I_s^2\,\overline{\Delta N^2}\,\tau_0\Delta f}{N^2(1+\omega^2\tau_0^2)} \tag{4.3-6}$$

式中：N 为探测器中载流子的数目。

若半导体深能级（电子陷阱）的数目与电子数目相比较少，则满足 $\Delta N^2=N$，则器件中的电流为 $\overline{I_s}=\dfrac{NG_c}{\tau_0}$。产生-复合电流噪声为

$$\overline{I_{G-R}^2}=\frac{4qI_sG_c\Delta f}{1+\omega^2\tau_0^2} \tag{4.3-7}$$

式中：I_s 为光电导探测器的稳态输出光电流；ω 为输入光信号的光调制角频率。

总的噪声性能用等效噪声功率为[1]

$$\mathrm{NEP}=\frac{8h\upsilon}{\eta}\left[1+\frac{k_{\mathrm{B}}T}{qG}(1+\omega^2\tau^2)\frac{G_c}{I_s}\right] \tag{4.3-8}$$

式中：G_c 为通道电导。

光电导探测器的主要噪声产生机制为电导通道的热噪声，可以通过增加通道电阻来减少热噪声。减少通道厚度可增加通道电阻，但同时量子效率会下降。为降低热噪声，需增加通道电阻，同时维持高增益和量子效率，因此光电导探测器材料通常具有较低的载流子浓度。对于窄带隙半导体材料，通常具有较高的热噪声、产生-复合噪声和暗电流。

下面对光电导外差探测下的信噪比进行分析，同样令信号电场和本振电场分别表示为 $E_s\cos\omega_s t$ 和 $E_L\cos(\omega_s+\omega)t(\omega\ll\omega_s,E_L\gg E_s)$，进行混频时，产生频移分量 ω，总入射光场 $E(t)=\mathrm{Re}[(E_L\mathrm{e}^{\mathrm{i}\omega t}+E_s)\mathrm{e}^{\mathrm{i}\omega_s t}]$，探测器载流子的产生率 $A(E_s^2+E_L^2+2E_LE_s\cos\omega t)$，载流子的数目方程为

$$\frac{\mathrm{d}N_c}{\mathrm{d}t}=A(E_s^2+E_L^2+2E_LE_s\cos\omega t)-\frac{N_c}{\tau_0} \tag{4.3-9}$$

求解载流子密度为

$$N_c(t)=A\tau_0(E_s^2+E_L^2)+A\tau_0\left(\frac{E_sE_L\mathrm{e}^{\mathrm{i}\omega t}}{1+\mathrm{i}\omega\tau_0}+c.\ c\right) \tag{4.3-10}$$

进一步可将电流表示为 $i(t)=\dfrac{N_c(t)q}{\tau_d}=\dfrac{qA\tau_0}{\tau_d}\left(P_s+P_L+\dfrac{2\sqrt{P_sP_L}\cos(\omega t-\varphi)}{\sqrt{1+\omega^2\tau^2}}\right)$，假定信号功率为零时，电流表达式应为 $\dfrac{q\eta P_L}{h\upsilon}\dfrac{\tau_0}{\tau_d}$，可得系数 $A=\dfrac{\eta P_L}{h\upsilon}$。代入电流表达式可获得探测器信号电流 $i_s(t)=\dfrac{2q\eta}{h\upsilon}\left(\dfrac{\tau_0}{\tau_t}\right)\dfrac{\sqrt{P_LP_s}}{\sqrt{1+\omega^2\tau_0^2}}\cos(\omega t-\varphi)$，探测器平均电流 $\bar{I}=\dfrac{q\eta}{h\upsilon}\left(\dfrac{\tau_0}{\tau_d}\right)P_L$，可见通过本振功率可以增加噪声功率 $\overline{i_{G-R}^2}=\dfrac{4q\Delta f}{1+\omega^2\tau_0^2}\left(\dfrac{\tau_0}{\tau_d}\right)^2\dfrac{q\eta}{h\upsilon}P_L$，同时增加信号方均功率，表达式为 $2\left(\dfrac{q\eta}{h\upsilon}\right)^2\left(\dfrac{\tau_0}{\tau_d}\right)^2\dfrac{P_sP_L}{1+\omega^2\tau_0^2}$，信噪比为

$$\frac{S}{N}=\frac{\overline{i_s^2}}{i_N^2}=\frac{P_s\eta}{2h\upsilon\Delta\upsilon} \tag{4.3-11}$$

尽管光电导探测器具有较大的增益，但在某些应用场合，仍不足以克服器件的固有噪声限制。

4.4 光电导探测器的变换电路

光电导探测器的电导率与入射辐射功率有关，因此可以通过探测器将光学信息转换为电学信息，通过简单的工作电路可将因辐射功率而导致的电导或电阻变化转化为电流或电压信息，下面将简要介绍。

4.4.1 基本偏置电路

光电导探测器的基本偏置电路如图 4.4-1 所示，在光照度 E 作用下，光敏电阻的阻值为 R_d，电导为 g，流过负载电阻 R_L 的电流为 I_L 可表示为

$$I_L=\frac{V_A}{R_d+R_L} \tag{4.4-1}$$

式中：V_A 为电源电压。

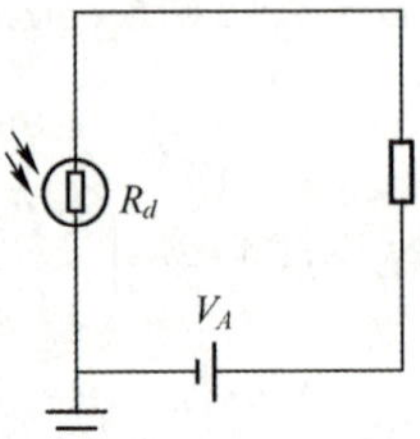

图 4.4-1　基本偏置电路

探测器电阻值与光照相关，用电流表示由于光敏电阻阻值变化引起的电流变化为

$$\mathrm{d}I_L=-\frac{V_A}{(R_L+R_d)^2}\mathrm{d}R_d \tag{4.4-2}$$

将光敏电阻的微元表示为 $\mathrm{d}R_d=\mathrm{d}\left(\frac{1}{g}\right)=-\frac{\mathrm{d}g}{g^2}$，利用 $gU=(g_d+S_gE)U=I_d+I_p$，进一步可得 $\mathrm{d}g=S_g\mathrm{d}E=\mathrm{d}I_p/\mathrm{d}U$，其中，$U=R_dV_A/(R_d+R_L)$ 为光敏电阻两端的分压。综合上述关系可得电流变化可表示为

$$\mathrm{d}I_L==\frac{R_d^2V_AS_g\mathrm{d}E}{(R_L+R_d)^2}=\frac{R_dS_gU\mathrm{d}E}{R_L+R_d}=\frac{R_d\mathrm{d}I_p}{R_L+R_d} \tag{4.4-3}$$

负载电阻 R_L 两端的输出电压微元为

$$dV_L = R_L dI_L = \frac{R_d R_L}{R_d + R_L} dI_p = \frac{R_d R_L S_g U dE}{R_d + R_L} = \frac{V_A R_d^2 R_L S_g dE}{(R_d + R_L)^2} \tag{4.4-4}$$

由此可见输出电压的微元与入射照度 E 的微元呈线性关系。

4.4.2　恒流偏置电路

当负载电阻远远大于光电导探测器的电阻（$R_L \gg R_d$，典型的电导探测器样品的电阻为 100Ω 左右的低电阻材料）时，工作电路中流过探测器光电导体的电流 $I_L = V_A / (R_L + R_d)$ 基本恒定，负载输出的电压信号的微元称为开路电压，即

$$V_{oc} = dU_0 = dI_L R_L \tag{4.4-5}$$

根据 dI_L 的表达式易得开路电压 $V_{oc} = dI_L R_L = \frac{R_d R_L dI_p}{R_L + R_d} \approx R_d dI_p$。

4.4.3　恒压电路

当负载电阻远远小于光电导探测器的电阻（$R_L \ll R_d$，探测元件的半导体为高阻半导体）时，工作电路中探测器两端的电压基本等于电源电压，与 R_d 无关，流过负载的电流信号微元称为短路电流，即

$$I_{sc} = dI_L = \frac{R_d dI_p}{R_L + R_d} \approx dI_p \tag{4.4-6}$$

则

$$I_{sc} = d(S_g EU) = S_g V_A dE \quad 或 \quad I_{sc} = d\left(\frac{q\eta P}{h\upsilon} G\right) = \frac{q\eta G}{h\upsilon} dP \tag{4.4-7}$$

4.4.4　负载匹配偏置电路

由 $dV_L = R_L dI_L = \frac{R_d R_L}{R_d + R_L} dI_p$ 可知，当负载电阻和光电导探测器的电导相等时，输出的电压微元最大，此时输出的电压表示为$\frac{1}{2} R_L I_p$，负载匹配输出电功率最大，总的光电导效率最高。

参考文献

[1] GUPTA M C, BALLATO J. The handbook of photonics [M]. The USA: CRC Press, 2018.

[2] PAVLOV S G, DESSMANN N, POHL A, et al. Picosecond VIS-FIR photoconductive germanium detector [C]//2015 40th International Conference on Infrared, Millimeter, and Terahertz waves (IRMMW-THz). IEEE, 2015: 1-1.

[3] SNELL J F, DRISCOLL W G, VAUGHAN W. Handbook of optics [J]. McGraw Hill, New York, 1978: 8-10.

[4] HIGGINS W M, NELSON D A, ROY R G, et al. History of the "detector materials engineering" crystal growth process for bulk $Hg_{1-x}Cd_xTe$ [J]. Journal of electronic materials, 2013, 42: 3320-3330.

第5章

结型半导体光电探测器

本章将主要讨论结型半导体光电探测器，与前面介绍的光电导探测器相比，尽管两者都基于内生光电效应，但它们导电机理不同，结型半导体光电探测基于光伏效应。主要的器件包括光电池、光电二极管、光电三极管、PIN二极管、雪崩二极管（APD）、位置敏感探测器（PSD）以及象限探测器等。对于结型半导体光电探测器，PN结是其基本结构，PN结器件属于少数载流子导电，光电导器件则属于多子导电。与光电导探测器相比，结型探测器的优点包括暗电流小、线性度好、噪声低、响应速度快等。基于以上优点，结型光电探测器在光通信、光学精密测量、光电自动控制（光电开关）、图像采集等方面获得了广泛应用。

半导体PN结、肖特基、PIN结等构成在电注入条件下工作的半导体二极管和三极管，相应的在光激发条件工作的器件即为光电二极管和光电三极管。下面将以PN结为主，重点介绍几种结型半导体光电探测器的结构、工作原理、物理特性和用途。

5.1 结型光电探测器工作原理

5.1.1 热平衡和电注入条件下的PN结

PN结本质是一种接触，P型材料和N型材料接触并结合在一起就形成了

PN 结。图 5.1-1 给出了热平衡状态下 PN 结构的空间电场、内建电势、能带图和载流子分布图，其中，N_A 和 N_D 分别为 P 区和 N 区的掺杂浓度。接触后的 PN 结，在热平衡状态下具有统一的费米能级 $E_{fn}=E_{fp}$，并在结的两侧形成空间电荷区，x_n 和 x_p 分别为负、正空间电荷区的宽度。空间电荷区的电荷密度与对应的掺杂浓度有关，掺杂浓度越高，该区的空间电荷区宽度越小。正、负异号的空间电荷区导致产生相应的内建电场，内建电场阻碍载流子的扩散，同时促进载流子的漂移运动。到达平衡时，P 区和 N 区两侧建立恒定的接触电势差，势垒高度为 V_D，势垒高度的大小等于接触前 P 区与 N 区的费米能级之差。这时系统具有统一的费米能级，不存在静载流子跨越结区，流过 PN 结的每一种载流子的漂移电流 $J_{p,\mathrm{dri}}$、$J_{n,\mathrm{dri}}$ 等于其对应的扩散电流 $J_{p,\mathrm{dif}}$、$J_{n,\mathrm{dif}}$，各自的静电流为零，总的电流也为零。在空间电荷区与 N 区的边界，存在电子浓度梯度，电子扩散力与电子受到的电场力达到平衡，不存在跨越边界的静电子流。同理，在空间电荷区与 P 区的边界，存在空穴梯度，但空穴扩散力与电场力抵消，不存在跨越边界的静空穴流。势垒宽度在 P 区和 N 区的分布与响应区域的掺杂浓度成反比，与内建电势差的均方根成正比。

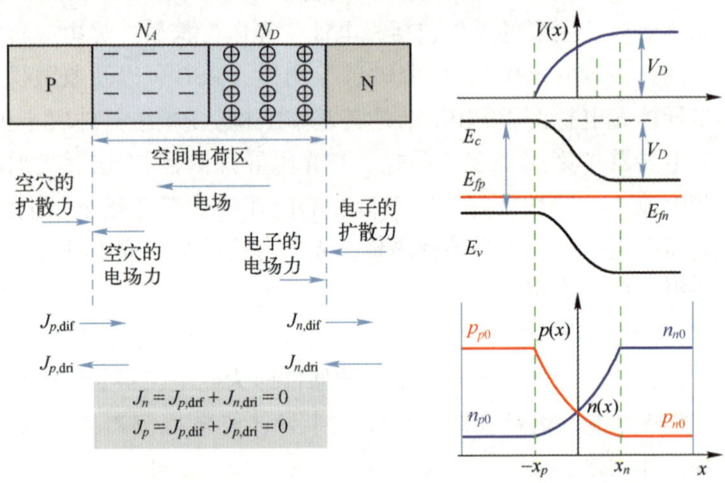

图 5.1-1　平衡 PN 结的空间电场、内建势场，能带分布图和载流子分布曲线[1]

在接入外加电源的情况下，外部电压降落在 PN 结的结区，外部电场与内建电场叠加，将导致空间电荷区的变化，同时由于平衡条件被破坏，在新的空间电荷区边界与热平衡的空间电荷区的边界之间会形成少数载流子的扩散区。扩散方向与外加电压的方向有关，因此 PN 结导电是少数载流子导电，理想 PN 结的电流大小为

$$I=I_s(\exp[qV/k_BT]-1) \tag{5.1-1}$$

式中：V 为外部电压；k_B 为玻尔兹曼常数；T 为开氏温度；I_s 为反向饱和电流。

当 $V>0$ 时，电流随着外加电压增加迅速增加，电流方向从 P 区经过 PN 结流向 N 区，为正向电流；当 $V=0$ 时，电流为零，PN 结为热平衡状态；当 $V<0$ 时，式（5.1-1）第一项趋于零，电流为反向饱和电流 $I=-I_s$，与外加正向电压时的电流方向相反。反向饱和电流与带隙宽度和温度有关，随着温度升高，反向饱和电流迅速增加，带隙宽度越大的半导体，反向饱和电流变化越快。

5.1.2 光照下的 PN 结

1. PN 的光生伏特效应

当光直接入射到 PN 结的结面时，若耗尽区很薄，则光子将进入到 PN 结的结区，甚至半导体内部，能量大于带隙的光子在结的两侧导致本征吸收，并激发电子-空穴对，激发的非平衡载流子中多子对载流子浓度变化不大可以忽略，对器件起主要作用的是非平衡少子。在 PN 结内建电场的作用下，P 区的少子（电子）穿过 PN 结进入 N 区，同理，N 区的空穴在内建电场的作用下从 N 区穿过 PN 结耗尽层后进入 P 区。电荷的运动使得 N 区电势降低，P 区电势升高，在 PN 结两端生成光生电动势，这就是光生伏特效应。

光生载流子运动形成的电流称为光生电流 I_p，电流方向从 N 区指向 P 区，光生电动势等价于在 PN 结施加正向电压 V，电势降低为 qV_D-qV，产生的电流为前向电流 $I_F=I_s(\exp[qV/k_BT]-1)$，方向从 P 区指向 N 区；光生电流与前向电流方向相反。在 PN 结开路情况下，PN 结两端最终建立稳定的开路电压 V_{oc}，同时，流过 PN 结的静电流为零，满足 $I_p=I_F$。

当 PN 结工作在无偏置的开路状态时，PN 结器件产生光生伏特效应，器件处于光伏工作模式，在这种模式下，可用于辐射探测，其突出优点是不需要外接电源，非平衡载流子依靠辐射激发产生，通过测量 PN 结两端电压来探测辐射强度。

当 PN 结工作在反向偏置状态，无光照情况下，反向电流很小，电阻很大。当有光照时，PN 激发的非平衡载流子引起的光电导导致电阻降低，电流增加，电流大小与光照度有关。光生载流子引起电阻变化，PN 结处于光电导工作模式，工作原理类似于光电导器件（光敏电阻）。但它们机理不同，结型器件的导电依靠的是少子扩散导电，光敏电阻依靠的是多子漂移导电。另外，由于单向导电性，无光照结型器件的反向电阻很大，反向饱和电流很小，这意味着很低的暗电流。

当 PN 结正向偏置时，由于处于正向导通状态，电流已经很大，光照引起的回路电流和 PN 结电压变化都不再明显，此模式下不能用于光电探测。

2. 光照下 PN 结的开路电压和短路电流

光照下的 PN 结在外接负载时，由于光生伏特效应，PN 结存在两种方向相反的电流 I_p 和 I_F，流过负载的电流 I_L 可表示为 $I_L=I_F-I_p$，正向电流与 PN 结的光生电动势 V 有关，综合可得负载电流为

$$I_L=I_F-I_p=I_s(\exp[qV/k_B T]-1)-I_p \tag{5.1-2}$$

光生电流 $I_p=S_E E$，其中，S_E 为光电灵敏度，E 为光照度。图 5.1-2 给出了 PN 结在有光照和无光照情况下的典型伏安特性曲线，从图 5.1-2 中可以看出，在反向偏压情况下，随着光照度的增加，反向电流逐渐增大，但在同一光照度下，反向电流与反向电压关系并不敏感。另外，在反向偏置下工作时，内建电场与外加电场方向相同，使得势垒进一步增加，产生的电子-空穴对更容易以漂移方式渡越结区，提高了器件的时间和频率响应特性。下面讨论在太阳能电池中非常重要的两个指标，开路电压和短路电流。

1）开路电压

当负载电阻无穷大时，相当于电路开路，此时 PN 结两端的电压为开路电压，易得开路状态，电流为零，此时光生电流与光生伏特电压引起的前向电流相等，根据负载电流表达式可知，$I_s(\exp[qV_{oc}/k_B T]-1)-I_p=0$，进而求得开路电压为

$$V_{oc}=\frac{k_B T}{q}\left[\ln\left(\frac{I_p}{I_s}\right)+1\right] \tag{5.1-3}$$

由式（5.1-3）可知，开路电压取决于光生电流，光生电流与光电灵敏度和光照度有关。在一定光照度下，影响开路电压的决定因素的是光电灵敏度，光电灵敏度与量子产率以及电子和空穴的扩散长度有关，只有当有光子可有效激发电子-空穴对，且激发位置的电子在电子扩散长度内可进入结区，激发位置的空穴在空穴扩散长度内可进入结区才能够穿过结区形成光电流。

2）短路电流

如果将 PN 结两端短路，此时 PN 结两端电压为零，故前向电流 $I_F=0$，回路的短路电流等于光生电流，即 $I_{sc}=I_p$。

从图 5.1-2 可以看出，随着光照度增加，开路电压和短路电流均增大。

具体数值表明，开路电流与光照度线性增加，开路电压随光照度增加成对数增加，但开路电压存在上限。当光生电压 V_{max} 增大到 PN 结势垒拉平时，可得到最大的光生电压 V_{max}，即最大光生电压为 PN 结势垒高度 V_D，V_D 取决于 P 区和 N 区在热平衡状态下的费米能之差，由于浅杂质的杂质束缚能级很小，最大光生电压实际上与材料的带隙宽度相等。

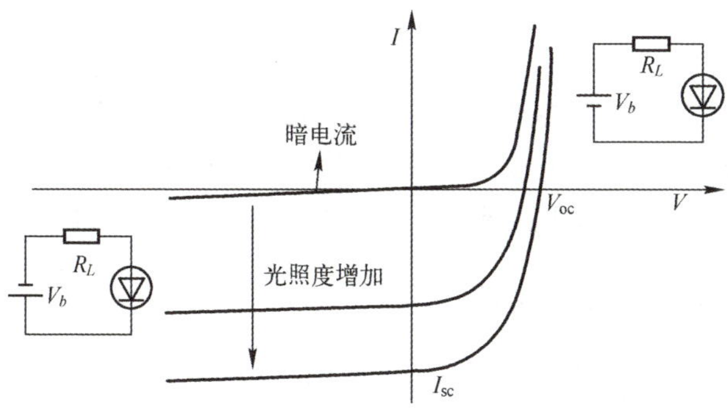

图 5.1-2　PN 结在无光照和有光照情况下的伏安特性曲线

5.2　硅光电池传感器件原理

光电池是一种直接把光能转换成电能的半导体器件。它的结构很简单，核心部分是一个大面积的 PN 结。光电池 PN 结的面积要比普通二极管的 PN 结大得多，所以受到光照时产生的电动势和电流也大得多。按照用途，光电池分为两大类：提供能源和光电测量。

光电池可提供能源需要的太阳能，因此提供能源的光电池主要是指太阳能电池，早期主要用于特殊的、供电不方便的场所，因其体积小、重量轻、可靠性强和长寿命等特点，是航空、航天、海上灯塔等设备的重要电源。随着材料和工艺技术的成熟，太阳能电池的转换效率已经接近极限，另外规模化效应导致太阳能电池的成本逐渐降低，现在太阳能电池的大规模安装和利用已经是面对未来能源危机和降低碳排放的重要解决方案之一。

基于光电探测用的光电池，通常不需要外加偏置，而是直接将光信号转换为电信号，这也是光电池探测器的重大优点。作为探测器，主要关注的参数指标包括线性范围宽度、灵敏度、光谱响应、寿命等。

用于制作光电池的半导体材料有许多种，包括硅、锗、硒、GaAs、CdS 等，但基本结构依然是 PN 结。近年来，钙钛矿太阳能电池发展较快，长期稳定性研究已经取得了一定进展，但仍未很好解决[2-4]。

与同质结（硅、锗、硒等构成的 PN 结）光电池不同，异质结太阳能电池由禁带宽度不同的半导体材料构成 PN 结，这时入射光窗在宽禁带半导体材料一侧，由于入射光子的能量低于宽带隙材料的带隙，几乎全部透过宽禁带材料，光吸收发生在异质结的窄带半导体一侧，并产生电子-空穴对。异质结光电池的窗口效应可提高入射光的收集效率，理论上可获得更大的光电转换效率。

硅光电池发展技术成熟、具有光电转换效率高、性能稳定、光谱范围宽、频率特性好等优点，是应用最广、最有发展前途的光电池，目前光电转换效率已经接近理论极限。这里主要介绍硅光电池的结构、原理和特性。

5.2.1 硅光电池的基本结构

用单晶硅做的 PN 结光电池，面积会受到晶圆工艺的影响，核心部分是 PN 结，光敏面可以是 P 区也可以是 N 区。当本征硅掺入五价磷、砷等即可形成 N 型硅，在 N 硅基底扩散硼杂质可制成 P^+ 层作为受光面，形成 P^+N 型（2CR）硅光电池。同理，当本征硅掺入三价硼、镓等即可形成 P 型硅，在 P 型基底扩散磷可形成 N^+ 层，并作为受光面，形成 N^+P（2DR）硅光电池，如图 5.2-1 所示。作为受光面的 P^+ 层或 N^+ 层要足够薄，使得光子能够照在结区，这样光生载流子才能可形成光电流。

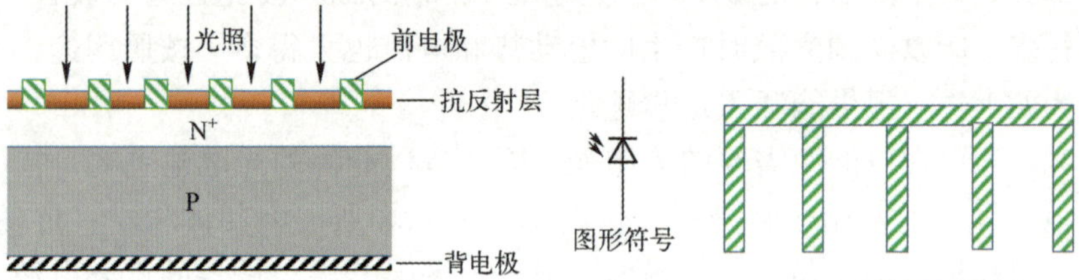

(a) N^+P型硅光电池材料结构示意图　(b) 前端电极俯视图

图 5.2-1　N^+P 型硅光电池的基本结构示意图

由于硅的折射率较大，从空气入射的光反射率较高，可在光敏面一侧涂一层抗反射膜，以增加光的吸收，二氧化硅可起到抗反射作用，并对表面起到除尘、防潮等保护作用。

在电极结构上，为了增加透光效果和减少硅光电池电极与光敏面的接触阻，需要将光敏层的电极做成栅状。

5.2.2　硅光电池的工作原理

硅光电池的工作原理就是光生伏特效应，当光照射在硅光电池的 PN 结区时，会在半导体中激发出光生电子-空穴对。其中光谱中的短波部分，吸收能力强，具有较小的穿透深度，电子-空穴对主要产生在太阳能电池表面附近的 N 型区域，如图 5.2-2 所示。电子-空穴对会在浓度梯度的影响下，越过空间电荷层，从 N 区扩散至结区，并在内建电场作用下漂移至 P 区，导致在 PN 结两侧积累正、负电荷。对于光谱中的中波部分，其穿透深度可到达空间电荷层，产生的电子-空穴对，在内建电场的作用下，电子漂移到 N 区，空穴漂移到 P 区；光谱中的长波部分具有最大的穿透深度，可到达 P 区，并产生电子-空穴对，电子在浓度梯度的作用下，会扩散至空间电荷区，并在内建电场的作用下到达 N 区一侧。总之，在空间电荷区之外产生的电子-空穴对，在内电场的作用下，多数载流子的不能穿越阻挡层，而少数载流子却能穿越阻挡层。P 区的光生电子进入 N 区，N 区的光生空穴进入 P 区，PN 结耗尽区的光生电子和空穴可分别到达 N 区和 P 区，这样使得 PN 结三个结构区域中产生的电子-空穴对可以分开，集结在 N 区的光生电子使 N 区带负电，集结在 P 区的光生空穴使 P 区带正电。P 区和 N 区之间产生光生电动势。

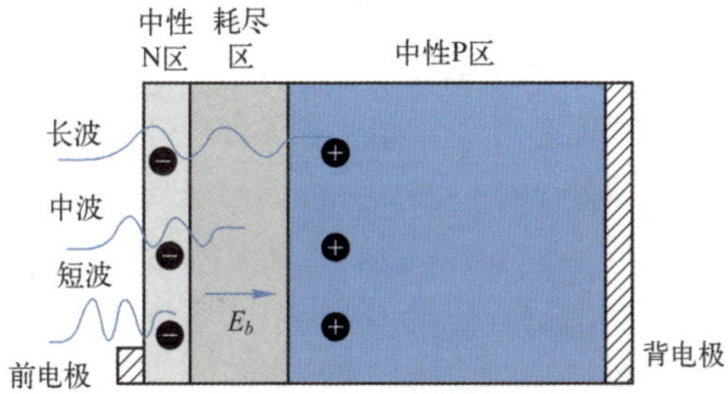

图 5.2-2　光电池的工作原理图（E_b 为内建电场）

当硅光电池接入负载后，光电流从 P 区经负载流至 N 区，负载中即得到功率输出。负载输出电压为 $U=I_LR_L$，其中，I_L 为电路输出电流，数值上等于光生电流和前向电流之差，光生电流是由于光生少子的漂移，前向电流是由于光生伏特效应引起的少子扩散电流。当将硅光电池看作电源时，电流正方向规定为从 P 区经过负载流回 N 区，故 $I_L=I_p-I_F$，展开上式可表示为

$$I_L=S_gE_e-I_s(\exp[qU/k_BT]-1) \tag{5.2-1}$$

式中：U 为外加电压；E 为光照度。

5.2.3 硅光电池的特性参数

1. 光电特性

硅光电池的光电特性主要指伏安特性、光照下的电流、电压特性等。根据前面讨论我们知道，在外加负载的情况下：若光电池工作在零偏置下，且无光照情况下，光电池的工作状态位于伏安特性曲线的原点；当光电池工作在零偏置，有光照情况下，光电池工作状态的伏安特性曲线位于第四象限区域。当光电池工作在正偏置，无光照情况下，光电池工作状态的伏安特性位于第一象限。有光照情况下，光电池两端产生光生伏特，由光电池的电流方程 $I_L=S_gE-I_s(\exp[qU/k_BT]-1)$，进一步分析可知。①在无光照的情况下($E=0$)，光生电流为零，光生电压为零，负载电流为零；②在有光照的情况下，$I_L=S_gE-I_s(\exp[qU/k_BT]-1)$，在开路状态下，负载电流为零，开路电压可表示为 $V_{oc}=U=\dfrac{k_BT}{q}\ln\left(\dfrac{S_gE}{I_s}+1\right)$，光生电流为 $I_p=S_gE$；在光电池短路状态下，光电池两端电压为零，短路电流 $I_{sc}=S_gE$。由此可见，短路电流与光照度成正比，开路电压与光照度成对数关系。在测量中，常利用电流-光照度曲线，两者之间在低光照度下呈线性关系。随着照度的增加，逐渐偏离线性关系，转向抛物关系，光照的线性工作宽度取决于负载电阻，负载电阻越小，线性宽度越大。图 5.2-3 给出了不同负载下，硅光电池电流密度与照度的关系示意图。由图可以看出，当照度超过一定值后，两者不再呈线性关系，负载越大，出现非线性的光照阈值越低。

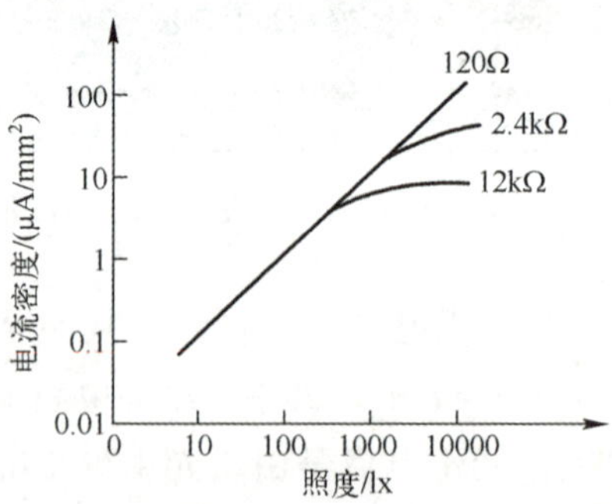

图 5.2-3　不同负载下，硅光电池的电流照度曲线

2. 光谱响应特性

光电池只有在一定的工作波长范围才能产生光伏响应，其长波限受材料

带隙宽度，更长的波长无法激发电子-空穴对。短波长的光子的能量虽然能激发电子-空穴对，但入射光也受到折射率引起的表面反射限制。另外，短波长的光子激发的电子-空穴对在表面附近，硅表面复合速度很大，很容易在表面被复合掉，导致对信号电流没有贡献，因此能量过大的光子，光电响应反而也会下降。因此，光电池实际的光谱响应受波长，材料、制作工艺、工作环境等影响。图 5.2-4 给出了各种常见半导体材料的光谱响应，可以看出材料决定 Si 的光谱响应范围为 0.3～1.1μm，峰值波长为 0.8～0.9μm。

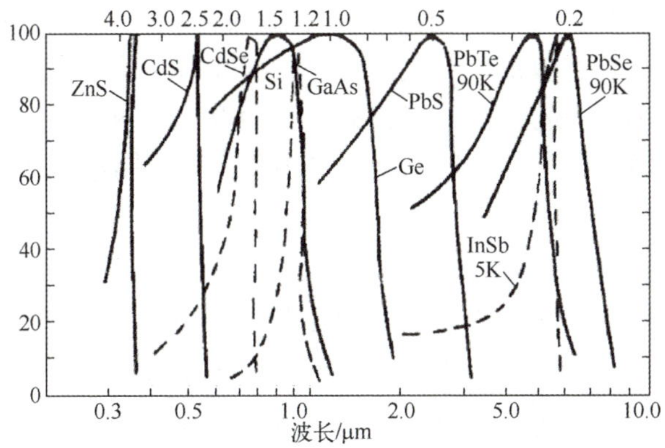

图 5.2-4　常见半导体材料的光谱相对响应曲线

3. 时间、频率响应

PN 结中少子的扩散、漂移、复合等过程均需一定时间才能完成。因此电学响应与光学冲激之间存在时间滞后效应，可以利用矩形光脉冲激发后电学信号的上升时间 τ_r 和下降时间 τ_f 来表征光电池的时间特性。试验测试得出的基本规律是：负载电阻越大，响应时间越长；光电池面积越大响应时间越长，因为 PN 结存在结电容，PN 结电容与面积成正比，电容越大，充放电的电荷总量也越大。光电池的时间常数定义为 $\tau=R_LC_i$。对于需要快速响应时间，需采用小结面积的光电池，负载越小，对提高响应时间有利但同时意味着输出电压降低。

对于正弦交流调制光信号，当负载电阻大时，频率特性也相应变差，硅光电池的最高截止频率仅为几千赫兹，硒光电池比硅光电池频率响应更差，频率响应和上升下降时间之间满足关系：$t_r=t_f=\dfrac{0.35}{f_c}$。

截止频率可近似表示为 $f_c\approx\dfrac{1}{2\pi[C_i(R_s+R_L)+\tau_d+\tau_r]}$，其中，$R_s$ 为光电二极

管内阻，τ_d 为空间电荷区外产生的电子-空穴对通过扩散到达耗尽层所需要的时间，τ_r 为耗尽层的少子漂移过 PN 结所需要的渡越时间。

用于光伏模式的光电池，PN 结面积大，电容大、时间响应长，响应截止频率低是其缺点，但同时不需要外加电源是其优点，为很多低频场景下的应用带来方便。

4. 温度特性

光电池材料的物理特性受到温度影响，相应的影响也会反映在光电池器件上，开路电压的极值与带隙存在关联性，带隙宽度 E_g 具有负温度系数，相应的开路电压也具有负温度系数，随着温度升高，开路电压明显降低，温度系数的大小约为 2~3mV/℃。短路电流是短路时的光电流，具有正温系数，但系数较小，短路电流温度增加比例很小。为了长期稳定地工作，硅光电池在作为探测器件时需要采取温度补偿措施。对于硅光电池的工作温度不能超过 200℃，硒光电池不能超过 50℃。

基于以上特点，在选用硅光电池作测量用时，既要注意其光敏面积大、频率响应低的缺点，也要注意到其电流与照度的线性变化特点，选择适合硅光电池工作的场景。另外，其线性宽度与负载电阻有关，在外接放大器时，要注意电流与光照度的比例变化关系，并尽可能减少负载，有利于提高响应截止频率和线性工作宽度。

硅光电池在探测方面广泛应用于光度和色度测试方面。硅光电池用于量能变换器件时，具有较强的环境适应能力，可用于恶劣环境下，无人值守设备的供电，通常需要将硅光电池串联、并联为电池组用，以提高输出电流和电压，并配合储能设备，为灯塔、航标灯、卫星、无人区基站等供电。表 5.2-1 给出了硅光电池的主要参数范围。

表 5.2-1 商用硅光电池的主要参数范围（25℃，100lx 下测试）

光谱范围/μm	峰值波长/μm	光电灵敏度/μA/(mm² · lx)	响应时间/μs	开路电压/mV
0.32~1.4	415~900	6~8	0.1~10	≥300
短路电流/μA	芯片尺寸/mm²	暗电流/nA	结电容/pF	封装形式
0.8~14	9~100	0.1~10	20~18000	金属底座/石英玻璃光窗；黑陶瓷底座/环氧透明窗口

5.3　硅光电二极管传感器件原理

光电二极管（Photo-Diode）和普通二极管一样，也是由一个 PN 结构成的非线性器件，具有单方向导电特性，是最简单的光电器件。光电二极管与普通二极管在结构上的区别很明显，在外观上，光电二极管有光窗，用以接收光照，实现光吸收和光电转换。为提高光生电流，通常器件的结面积较大。光电二极管的受光层为扩散掺杂区，结的深度较浅以获得更好的光电转换能力。在使用方面，光电二极管在电路中不作为整流元件，而是把光信号转换成电信号的光电传感器件。

与光电池相比，光电二极管区别主要包括：①光电二极管 PN 结的结面积比光电池小，截止响应频率有所提高，光电流小，通常为微安量级；②掺杂浓度方面，PN 结光电二极管比光电池低几个数量级，以减少耗尽层宽度，提高探测的响应速度；③硅光电二极管的电阻率（1000Ω/cm）远远大于硅光电池的电阻率（0.01～0.1Ω/cm）；④光电池在零偏压下工作，光电二极管在反向偏压工作。

只有当光子的能量大于带隙，才能将电子从价带激发到导带成为自由载流子，从而产生显著电流，因此光二极管的频谱响应范围与制备光电二极管的材料有关：硅（0.19～1.1μm），锗（0.4～1.7μm），InGaAs（0.8～2.6μm），PbS（1～3.5μm），InSb（2～7μm）。可以看出硅和锗光电二极管的工作频带有重叠，但由于硅光电二极管具有更大的带隙，因此它在应用过程中产生的信号噪声比锗光电二极管小。在结构上，二极管有 PN 结型、PIN 型、APD 型、异质结型和肖特基势垒型。按照工作波段覆盖范围，光电二极管可分为：紫外光型、可见光型和红外光型。在上述分类中，最典型的为同质结硅光电二极管，由于技术成熟，管芯控制精度高，暗电流温度系数低等诸多优点，获得广泛应用。

5.3.1　硅光电二极管基本结构

与硅光电池一样，根据衬底采用的掺杂类型，硅光二极管有两种基本结构。其中，采用 N 型单晶硅衬底及硼扩散工艺形成的 P^+N 结构称为 2CM 型，2CM 型光电二极管有前极和后极两条引出线。采用 P 型单晶硅衬底及磷扩散工艺形成的 N^+P 结构称为 2DM 型，如图 5.3-1 左图所示。2DM 型有 3 条引出线，除了前极和后极外，还设有环极，用以减少暗电流和噪声的影响。

5.3.2 硅光电二极管的工作原理

光电二极管是将光信号变成电信号的半导体器件。它的核心部分也是一个 PN 结，和普通二极管相比，在结构上不同的是，为了便于接受入射光照，PN 结面积尽量做的大一些，电极面积尽量小些，而且 PN 结的结很浅，一般小于 1μm。

光电二极管是在反向电压作用之下工作的，如图 5.3-1 右图所示。没有光照时，反向电流很小（一般小于 0.1μA），称为暗电流。当有光照时，携带能量的光子进入 PN 结后，把能量传给共价键上的束缚电子，使部分电子挣脱共价键，从而产生电子-空穴对，称为光生载流子。

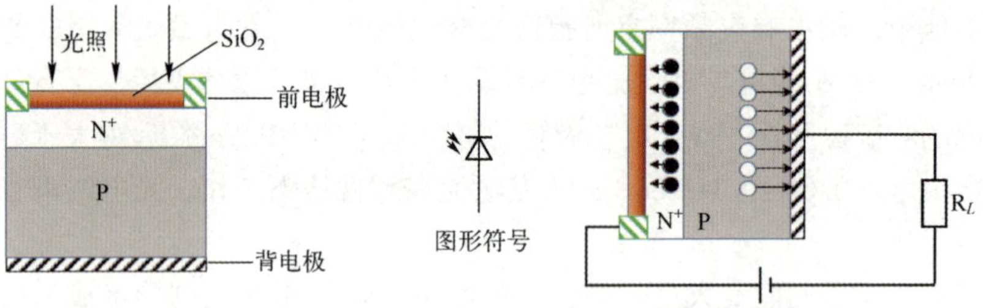

图 5.3-1　2DM 型硅光电二极管的结构、符号和工作原理图

它们在反向电压作用下参加漂移运动，使反向电流明显变大，光的强度越大，反向电流也越大。光电二极管在一般照度的光线照射下，所产生的电流称为光电流。如果在外电路上接上负载，负载上就获得了电信号，而且这个电信号随着光的变化而产生相应变化。

5.3.3 光电二极管的电流方程

图 5.3-1 中给出了 2DM 光电二极管的图形符号，图中箭头所示方向为型光电二极管的电流方向，实际光电二极管的电流是从光照面（N 侧）流向背光面（P 侧）。

在无光照情况下，光电二极管的伏安特性曲线与普通二极管并无区别，电流方程可表示为

$$I=I_0\left[\exp\left(\frac{qV}{k_B T}\right)-1\right] \tag{5.3-1}$$

式中：I_0 为反向饱和电流；电压 V 为反向偏压，其值为负。当反向偏压满足 $|V| \geqslant \frac{k_B T}{q}$ 时，反向电流 $I \approx -I_0$。

在有光照情况下，反向的光生电流包含两个部分：一部分为在耗尽层光子激发电子-空穴对在内部电场下的漂移电流；另一部分为扩散区光子激发的电子-空穴对中少子的扩散电流，在中性区激发的电子-空穴对对光电流无贡献。光生电流的表达式为

$$I_p = \frac{\eta q}{h\upsilon}[1-\exp(-\alpha d)]\Phi_e(\lambda) \tag{5.3-2}$$

总的电流为反向光生电流和反向暗电流之和，即

$$I = \frac{\eta q}{h\upsilon}[1-\exp(-\alpha d)]\Phi_e(\lambda) + I_0\left[1-\exp\left(\frac{qV}{k_B T}\right)\right] \tag{5.3-3}$$

式中：$\eta=(1-R)T_h$ 为光电二极管的量子效率，包含了入射表面的反射以及入射表面到有源区之间的中性区透射的影响；α 为 PN 结材料有源区（耗尽区）的光吸收系数；d 为 PN 结耗尽层宽度。为提高量子效率，通常表面要施加抗反射膜。另外，光信号进入有源区前的中性层对光的吸收要尽可能减少，以增加进入有源区的功率，因此该中性层应尽可能地薄。对于从 P 区一侧入射的 PN 结光电二极管，P 区通常需要重掺杂，这样耗尽层主要分布在轻掺杂的 N 区一侧。

5.3.4　光电二极管的基本特性

1. 伏安特性

光电二极管的伏安特性可以通过电流方程式（5.3-3）获得，与普通二极管不同的是，光电二极管必须工作在光电效应能够发生的区域，因此，施加的外部电压不能超过 PN 结的内建电势。对于硅光电二极管，外加电压必须小于 0.7V。在正向电压下工作时，光电二极管工作特性类似于普通的正向二极管。为表示方便，通常将式（5.3-3）中的电压和电流同时加负号，绘制得到的曲线为光电二极管的伏安特性曲线。图 5.3-2 给出了硅光电二极管典型伏安特性曲线的示意图，其中，辐照度 $E_3>E_2>E_1$。

由式（5.3-2）可以给出光电二极管的电流灵敏度表达式为

$$S_i = \frac{I_p}{\Phi_e} = \frac{\eta q \lambda}{hc}[1-\exp(-\alpha d)] \tag{5.3-4}$$

硅光电二极管的电流灵敏度一般为 0.5μA/W，电流灵敏度为常数，在一定的

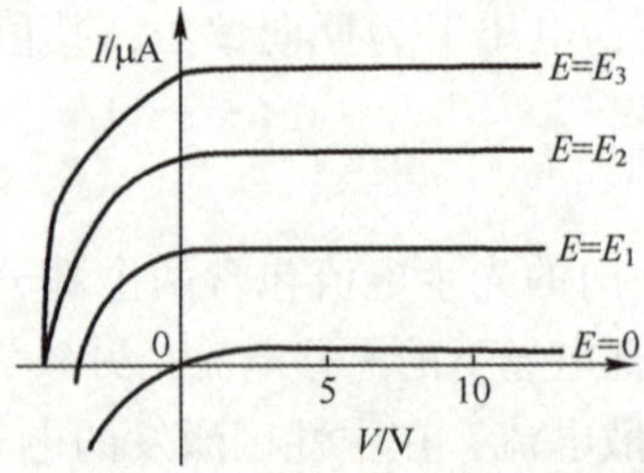

图 5.3-2　典型硅光电二极管的典型伏安特性曲线

反向偏压条件下（图 5.3-2 的第二象限，二极管工作在光电导模式），光电流与入射光功率基本呈线性关系，有较大动态范围。为维持施加在二极管的偏压基本不变，工作在此模式下，要求负载电阻远远小于光电二极管内阻。同时，施加的反向偏压也需足够大，对应的输出电压 $V_{out}=IR_L\approx(I_0+I_p)R_L$。

2. 光谱响应

在等功率下，绘制不同单色波入射时，光电二极管的电流灵敏度与波长的关系曲线，即可得到二极管的光谱响应特性。光谱响应特性主要由材料决定。对于硅光电二极管，峰值响应波长的范围在 0.8～1.0μm，对 GaAs 激光波长的探测性能最佳，对于氦氖激光器，硅光电二极管也有较高的探测灵敏度。典型的硅光电二极管响应特性曲线如图 5.3-3 所示。

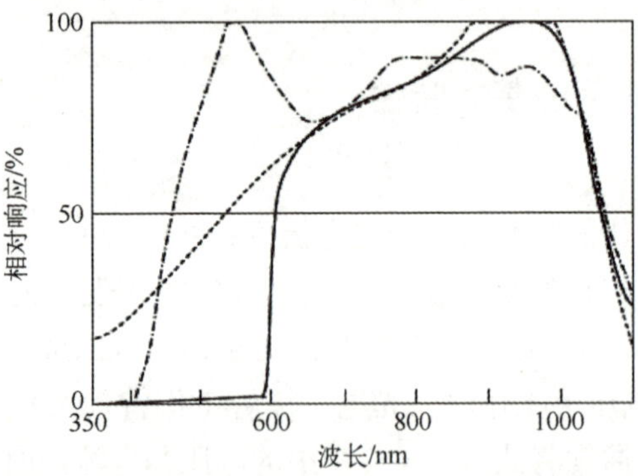

图 5.3-3　几种不同型号的国产硅光电二极管的光谱响应特性曲线

3. 频率响应特性

图 5.3-4 给出了光电二极管的基本电路和小信号等效电路。该电路可视为一个高内阻的恒流电流源电路，串联电阻 $R_s<100\Omega$，包括中性区电阻和电极寄生电阻，二极管的结电阻较大，约为 $R_j>10^7\Omega$ 量级，结电容为 C_j，结电

容一般很小，约为几个到十几皮法，并联电容 C_p 为电极和封装引起的寄生电容，R_L 为负载电阻。结电容和电阻均与二极管的尺寸和结构相关，并随外部电压变化，随着反向电压幅度增加，二极管耗尽层厚度增加，进而导致结电阻增加，结电容减小。负载输出电压可表示为

$$V_{\text{out}}=I_P\frac{(R_j+R_s)R_L}{R_j+R_L+R_s} \tag{5.3-5}$$

结电阻远远大于负载电阻时，有 $V_{\text{out}}\approx(I_P+I_d)R_L$。当入射光为调制光信号时，负载上的输出电压信号也会随调制频率变化，当频率变化较高时，输出电压会降低。

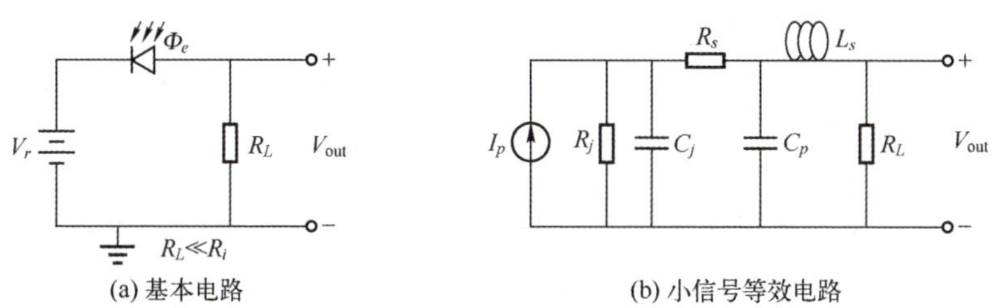

图 5.3-4 硅光二极管电路

影响光电二极管频率响应特性的主要因素包括 3 个特征时间：①光生载流子在扩散区（准电中性）的扩散时间 τ_{dif}；②光生载流子在渡越势垒区（耗尽层）的漂移时间 $\tau_{\text{dri}}=\dfrac{W}{v_{\text{dri}}}$，其中，$W$ 为耗尽层宽度，随着反向电压增加而增加，v_{dri} 为载流子漂移速度，在非饱和情况下，漂移速度与电场成正比，$v_{\text{dri}}=\mu E$；③结电容和负载电阻决定的电路时间常数 $\tau_{RC}=(C_j+C_p)(R_L+R_s)$。前两个特征时间用于表征光电流的频率响应，第 3 个特征时间是等价电路的响应时间。

由于大的反向偏压导致的较强内部电场，在耗尽层产生的光生载流子在耗尽层的漂移速度要远大于扩散区光生载流子的扩散速度，低速的扩散运动限制了光电二极管的响应时间。扩散区的扩散电流维持时间取决于载流子的寿命，导致光电二极管的冲激响应呈现长的时间拖尾，对应器件在频率响应中的低频衰落。对于高速光电二极管，通过合理的结构设计，可减少耗尽层外的光生载流子，达到消除扩散时间的影响。光电二极管的简化结构、内建电场分布和光子、载流子的功能区如图 5.3-5 所示。

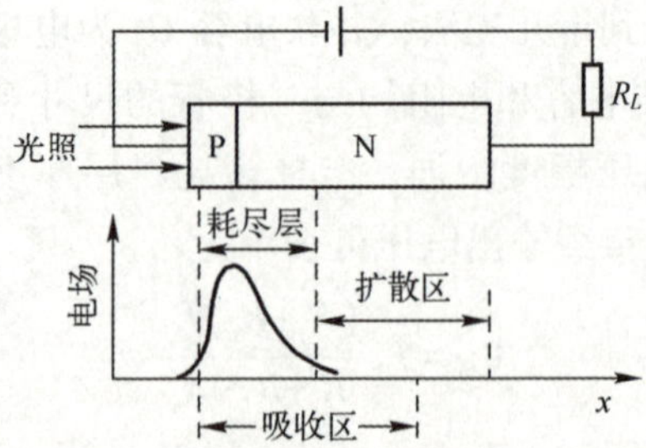

图 5.3-5　光电二极管的简化结构和内建电场分布

对于一般光电二极管，总的渡越时间中，漂移时间和扩散时间之和为 0.1~1ns，结电容和负载电阻（几百欧）决定的时间常数也在纳秒量级。通常电子比空穴具有更高的迁移率。因此，不同载流子具有的渡越时间也不同，在细节分析中需要考虑两者的差别。在一般评估中可取两者平均作为渡越时间的参考：$\tau_{tr}=(\tau_{tr}^{e}+\tau_{tr}^{h})/2$。假定渡越时间常数以载流子漂移为主，冲击响应对应的响应为一理想矩形函数，持续时间为 τ_{tr}，在频域上可近似表示为 $R_{ph}^2(f)=R^2(0)\operatorname{sinc}^2(\pi f\tau_{tr})$，对应的 3dB 截止频率 $f_{3dB}^{ph}=\dfrac{0.443}{\tau_{tr}}$。

电路响应取决于 5.4-3（b）等效电路图，由于寄生效应会影响频率响应特性，在设计过程中要尽可能消除。高速工作的二极管工作条件需要二极管结电阻远大于负载电阻和串联电阻。当在外加反向电压增加时，由于耗尽层宽度增加，导致结电容可进一步变小，结电阻会增加。由于串联电阻较小，时间常数的调节可主要靠负载电阻，当负载电阻较大时，负载电阻成为影响二极管频率响应的重要因素。等价电路的冲击响应可表示为

$$R_{cir}^2(f)=\frac{R_{cir}^2(0)}{1+4\pi^2 f^2\tau_{RC}^2} \tag{5.3-6}$$

式中：$f=\omega/2\pi$，为入射光的频率；$\tau_{RC}=(R_L+R_S)(C_j+C_p)\approx R_L C_j$。

由此可见，输出电流为调制角频率的函数，当 $\omega=1/\tau_{RC}$ 时，$R_{cir}^2(f)=R_{cir}^2(0)/2$，此时的调制频率 $f_{3dB}^{cir}=1/2\pi\tau_{RC}$ 称为光电二极管的 3dB 上限截止频率。

器件总的频率响应 $R_{total}^2(f)=R_{ph}^2(f)R_{cir}^2(f)=\dfrac{R^2(0)}{1+\omega^2\tau_{RC}^2}\operatorname{sinc}^2(\pi f\tau_{tr})$，对应的 3dB 截止频率表示为 $1/(f_{3dB}^{total})^2=1/(f_{3dB}^{ph})^2+1/(f_{3dB}^{cir})^2$。可进一步用电路时间常数和渡越时间表示为 $f_{3dB}^{total}=\dfrac{0.443}{[\tau_{tr}^2+(2.78\tau_{RC})^2]^{1/2}}=\dfrac{1}{2\pi[\tau_{RC}^2+(0.36\tau_{tr})^2]^{1/2}}$。

由此可见，当 $\tau_{tr}>2.78\tau_{RC}$ 时，总的频率响应受限于渡越时间，否则频率响应将主要受限于电路时间常数。在实践中，频率响应特性会因寄生效应和扩散电流的影响而劣化。为优化光电二激光在高速领域的应用，需要：①在结构设计上消除扩散电流；②改进封装和制备工艺，消除寄生效应；③光电流带宽和电路带宽的均衡；④采用直接带隙半导体制造光电二极管，通常直接带隙材料制造的光电二极管比间接半导体材料制备的速度要快[5]，如 InGaAs。

4. 带宽-量子效率积

在高速光探测器中，带宽和量子效率是重要的性能指标，但在器件设计中需要折中考虑。增加带宽意味着减少渡越时间，即降低有源层厚度。另外，量子效率正比于材料吸收率 $1-\exp(-\alpha W)$，太薄的有源层量子效率会下降。故通常用带宽-量子效率积的最大化作为探测器的综合评判指标，通常采用改变 PN 结的结构来提升带宽-量子效率积。

5. 噪声特性

光电二极管的噪声主要来源包括低频噪声、散粒噪声和热噪声，其中最主要的噪声是散粒噪声和热噪声。由于 PN 结二极管无增益，散粒噪声可表示为

$$I_{ns}^2=2qI\Delta f=2q(I_d+I_b+I_s)\Delta f \tag{5.3-7}$$

式中：$I_d=I_0$ 为暗电流；I_s 和 I_b 分别为背景辐射和信号辐照引起的光电流，总的光电流表示为 $I_p=I_b+I_s$。结合二极管的电流方程以及等效负载电阻 $R_{eq}=\dfrac{R_L(R_s+R_j)}{R_L+R_s+R_j}$ 的热噪声 $I_{n,th}^2=\dfrac{4k_BT\Delta f}{R_{eq}}$。由于负载电阻 R_L 远小于二极管电阻 R_j，近似可得 $R_{eq}\approx R_L$。光电二极管的总噪声为

$$I_{ns}^2=\frac{2q^2\eta\lambda(\Phi_s+\Phi_b)}{hc}\Delta f+2qI_0\Delta f+\frac{4k_BT\Delta f}{R_L} \tag{5.3-8}$$

由此可以看出，尽管减少负载电阻可以提高光电二极管工作电路的频率响应特性，但也会增加热噪声。在负载电阻的选择上需要兼顾考虑频率响应和热噪声两个因素。

光电二极管与光电倍增管相比，具有结构稳定、电流线性良好、成本低、体积小、重量轻、寿命长、量子效率高（典型值为 80%）以及低工作电压等优点；频率特性好，适宜于快速变化的光信号探测；具有较好的抗辐射性，可用于高剂量辐射环境下的应用；工作区单一，不存在多信道效应，易于实现信号的处理和放大。不足是面积小、无内部增益（即使是雪崩光电二极管

的增益才仅为$10^2 \sim 10^3$，光电倍增管的增益则可达10^8)、灵敏度较低（只有特别设计后才能进行光子计数应用)，对制作工艺要求很高。

5.4 硅光电三极管传感器件原理

5.4.1 硅光电三极管基本结构

光电三极管与普通晶体管类似，其基本组成部分包括光窗以及集电极、发射极和基极三根引出管脚，原理上相当于在基极和集电极之间并联一个光敏二极管，因而具有内部增益，可输出较大的电流（毫安量级)。内部是两个PN结构成的，分为PNP和NPN两种类型，采用N型硅材料为衬底制作的为NPN结构（3DM型)，采用P型硅衬底制作的为PNP结构（3CM型)。

以NPN型光电晶体管为例，图5.4-1给出了该晶体管结构示意图、图形符号和原理图。首先在N型衬底Si上扩散掺杂三族元素（硼）形成P型层，在P型层上再掺杂五族元素（磷）形成重掺杂的N型层，最后覆盖SiO_2保护层。电极引入包括：在重掺杂N侧开窗引入集电极，中间P型层引入基极(基极电流通过光电流引入，因此也可不引出基极)，在N型衬底底部引入发射极，这样就形成了一个具有两个引脚的光电三极管。

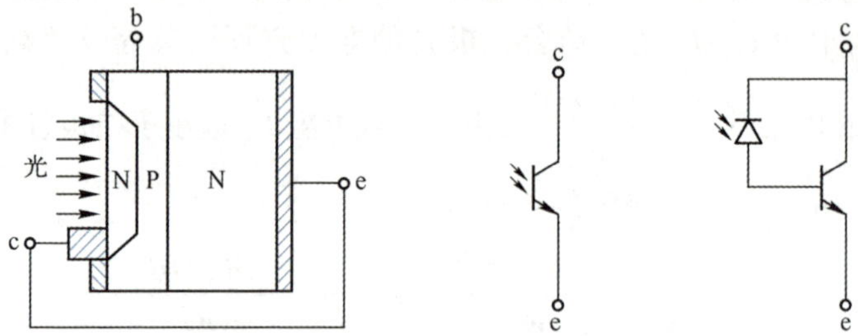

(a) 结构示意图　(b) 图形符号　(c) 原理图

图5.4-1　NPN（3DM）型光电晶体管的结构原理图

5.4.2 硅光电三极管工作原理

光电三极管的工作过程包括光电转换和电流放大两部分，除用光电转换电流I_p取代基极电流外I_b，与普通三极管工作原理完全相同。以NPN晶体管结构为例，在使用时，光敏晶体管的发射极接电源负极，集电极接电源正极。

在光窗不受光的情况下，晶体管基极处于开路状态，集电结（基极-集电极PN结）处于反向偏置，基极电流 $I_b=0$，集电极电流 I_c 很小，此时的 I_c 称为光敏三极管的暗电流。当光子入射集电结时，光子激发电子-空穴对，反向偏置的集电结内建电场使得电子漂移向集电极，空穴漂移到基极，电荷积累形成光生电压，基极电位升高，发射结（基极-发射极PN结）加上正向偏压，基极电流不为零，当基极没有引线时，集电极电流与发射极电流相等：$I_c=I_e=(1+\beta)I_b$。可见光信号是在集电结进行光电变换后，再由集电极、基极和发射极构成的晶体管放大而输出。PNP型晶体管（3CM型）与NPN的工作原理相同，但集电极和发射极接电的极性相反。

5.4.3　光电三极管的特性

1. 光照特性与光照灵敏度

光电三极管的输出电流 I_c 与照度之间的关系在部分区域近似呈线性关系，但线性度比光电二极管要差，由于电流的放大作用，输出电流和灵敏度均比光电二极管要大。当光照度足够大（千勒克斯量级以上）时，输出电流会呈现饱和现象，在光照度较弱时，灵敏度则较低。表明对弱信号检测不灵敏。这是由于电流放大倍数 β 的非线性所致，对于弱光和强光，其放大倍数都会下降。图5.4-2为典型光敏晶体管的光照特性示意图。

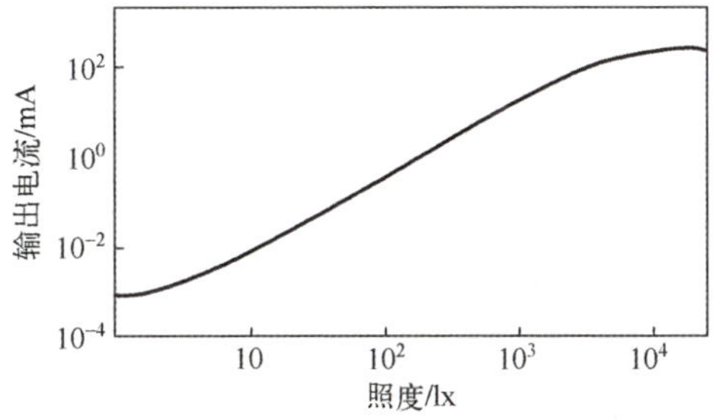

图5.4-2　光敏晶体管的光照特性

2. 伏安特性

光电三极管在不同光照下的伏安特性，与普通三极管在不同基极电流时的输出特性类似，不同的是由光电流 I_p 取代了基极电流 I_b，光电流由集电极c与基极b之间的PN结在光照下产生。光电三极管的伏安特性曲线如图5.4-3所示。可以看出：①在零偏置（$U_{ce}=0$）时，光电晶体管没有集电极电流输出（除暗电流外），这与光电二极管不同，这是由于光电晶体管的集电极在无反向偏压时没有放大作用；②只有偏执电压保证发射结处于正向偏置，集电结处于反向偏执下，晶体管才能正常工作，在低的工作电压时，输出电流与照度具有非线性关系，随着电压增加（大于 5V），输出电流呈现饱和特性，因此，光电晶体管多用来做光电开关元件或光电逻辑元件；③光电晶体管的电流放大作用，使得它适合用于各种光电控制和光电逻辑器件，由于线性范围小，使得光电晶体管一般不用于辐射探测。

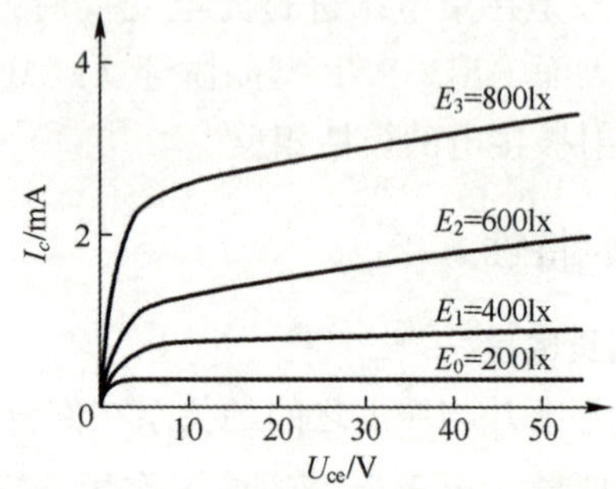

图 5.4-3 光电晶体管在不同光照水平下的伏安特性曲线

3. 响应时间和频率特性

光电三极管的频率特性曲线如图 5.4-4 所示。影响光电三极管的内在因素有：①大的集电结电容、正向偏置时发射结电容导致的充放电时间，这种影响一般在微秒量级；②光声载流子渡越基区所需要的时间；③光生载流子被收集到集电极所需要的时间；④光电三极管的频率特性是受负载电阻和等效电容决定的 RC 时间。一般来说，光电三极管的频率响应比光电二极管差。除降低基极发射极电容 C_{be} 和集电极发射极电容 C_{ce} 外，减少负载电阻可以提高频率响应，常在外电路上采用高增益、低输入阻抗的运算放大器，以改善

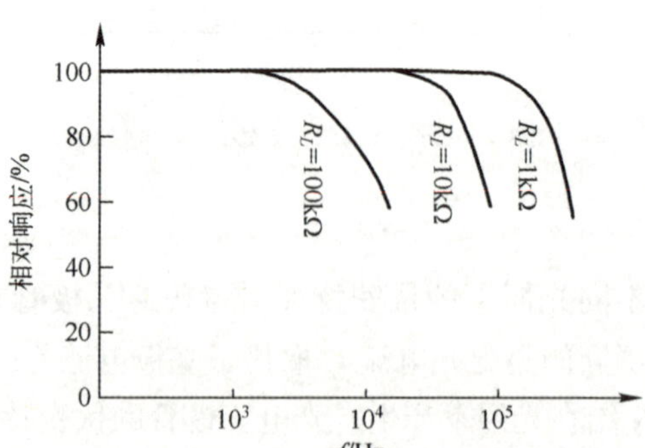

图 5.4-4 光敏晶体管的频率特性

三极管的动态性能。硅光电三极管比锗的频率响应特性要好，锗管一般要求入射光的调制频率不高于 5kHz。

4. 温度特性

光电晶体管的温度特性曲线反应的是光电三极管的暗电流以及光电流与温度的关系，随着温度的升高，暗电流和光电流会线性增加，即晶体管的放大系数 β 随温度的升高而增加。光电三极管暗电流、光电流受温度增加的影响均比二极管大得多。温度对光电流的影响比暗电流要小。由于对暗电流的影响很大，在实际应用的电子线路中应该对暗电流进行温度补偿，否则将会导致输出误差。有的光晶体管有 3 条引线，基极引线可用于进行温度补偿。

5. 光谱特性

光晶体管存在一个最佳灵敏度的峰值波长。当入射光的波长增加时，由于光子能量变小，激发电子-空穴对的效率下降，导致晶体管的相对灵敏度下降。当入射波长变短时，光子的吸收主要发生在半导体表面附近，表面激发的电子-空穴对不能到达结区，另外，表面复合效应也降低了非平衡载流子浓度，导致相对灵敏度下降。硅材料的峰值波长在 900nm，锗的峰值波长为 1500nm。锗带隙较窄导致暗电流比硅大，性能较差。因此，在可见光和高温物体探测时一般选用硅晶体管，但对于红外进行探测时，适合采用锗晶体管。

5.5　特殊结型光电二极管传感器

5.5.1　PIN 光电探测器

PN 结二极管中，耗尽层宽度随外加偏压变化，因此导致 PN 结的结电阻和电容也与反向偏压有关，且内建电场在耗尽层是非均匀的。这种简单 PN 结光电二极管有两个显著不足：①结电容较大，使得电路时间常数 τ_{RC} 太大，导致器件响应在高频条件下快速衰落；②耗尽层厚度通常为微米数量级，对于长波入射，当穿透深度远大于耗尽层时，吸收会发生在光电二极管的扩散区之外（死区），导致量子效率极低。

改进的方法是采用 PIN 结构，PIN 光电二极管与普通光电二极管结构大致相似，不同之处在于在 PN 结之间存在一层较厚的本征层——I 层，而 P 区和N区通常为重掺杂。图5.5-1给出了PIN光电二极管的结构和反向偏压下的能带示意图。由于本征层具有较大的电阻，因此，反向偏压的压降几乎全部位于本征层。实际当中I层不一定是本征的，但一定是高电阻区，故可以是弱掺杂的P^-（π区）或N^-层（V区），这层本征层位于重掺杂P^+和N^+层之间，P^+和N^+电阻很弱，几乎不承担压降。

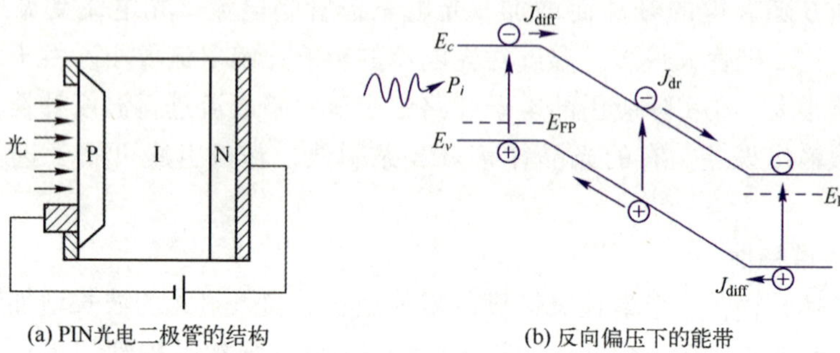

图5.5-1　PIN光电二极管结构和反向偏压下的能带

PIN光电二极管的结构特点使其具有结电容小、渡越时间短、灵敏度高等优点。PIN结构设计带来的影响如下。

（1）如图5.5-2（b）所示，I型区的引入，增大了耗尽层宽度，内建电场主要集中在本征层，且当P区和N区掺杂浓度相当时，电场在本征区均匀分布$E=(V_{bi}+V_R)/W$，其中，V_{bi}为平衡时PIN的内建电势。耗尽层宽度受反向电压影响不明显，很好地固定为本征区的厚度，即$W=d_i$。结电容可表示为$C_j=\varepsilon A/W=\varepsilon A/d_i$，故在设计时，可预先考虑本征层厚度和结电容的面积，有效降低结电容的大小，进而有利于PIN光电二极管的电路时间常数$\tau_{RC}=R_LC_j$变小，增加3dB工作截止频率，典型的硅PIN探测器的频带宽度可达10GHz。

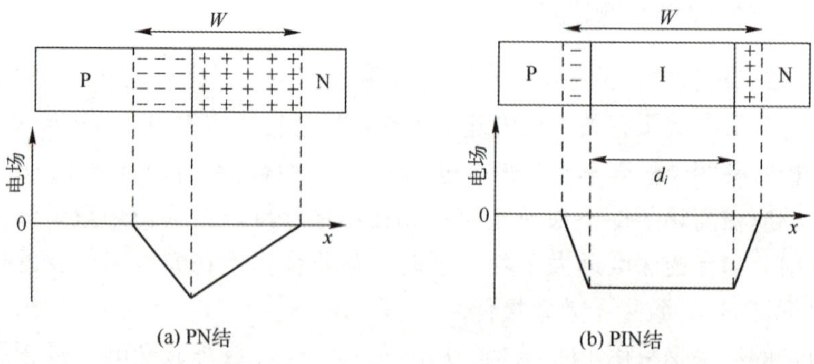

图5.5-2　PN结和PIN结的耗尽层及内建电场分布对比

当本征层为弱掺杂时 V 层（π 层）时，内部电场将不再为理想的均匀电场。此时，最强电场位于 $P^+V(N^+\pi)$ 界面，然后以较小的斜率缓慢沿 N(P) 区下降，在通过 $VN^+(\pi P^+)$ 界面后以较大的斜率下降。

（2）厚的本征层使得器件在反向偏压条件下能承受的反向偏压较大，与普通光电二极管相比，增加了器件的线性输出宽度。

（3）影响 PIN 光电二极管频率响应的时间常数还包括照射在耗尽层外的电子-空穴对的扩散时间 τ_{dif}，通常为大于几毫秒数量级。为减少这部分电子的扩散时间，通常需要表面层做得足够薄。

（4）厚的本征层对载流子渡越耗散层时间有明显的影响。渡越时间是影响 PIN 探测器频率响应的第 3 个时间常数，即

$$\tau_{\text{dri}}=\frac{d_i}{v_d}=\frac{d_i}{\mu E}\approx\frac{d_i^2}{q\mu V_R} \tag{5.5-1}$$

式中：$d_i=W$，为本征层厚度或耗尽层厚度；V_R 为反向偏压。

式（5.5-1）中忽略了内建电势 V_{bi} 的影响（通常 $V_{\text{bi}}\ll V_R$）。可见，随着本征层厚度的增加，会导致渡越时间变长，影响时间响应，在设计时需要对本征层厚度进行优化。另外，要尽可能采用大的反向电压，以降低响应时间。在强电场下，迁移率不再是与电场无关的常数，而是趋于饱和速度 v_{sat}。以 Si 为例，饱和漂移速度约为 10^7cm/s 数量级，对于厚度为 10μm 的本征层，渡越时间约为 0.1ns，与典型的电路时间常数相比要大得多，因此 PIN 的调制频率很大程度仍受限于载流子漂移时间 τ_{dri}。

（5）I 层的吸收系数小，入射光可穿透厚度材料内部，对长波区的吸收有利。由于在耗尽区产生电子-空穴对，转化为光电流效率比扩散区光生载流子效率高。因此，整体增加了器件光电转换效率，极大地提高了器件响应。另外，与 PN 结相比，I 层在功能上起耗尽层的作用，其厚度可控，且不受反向电压影响。

（6）由于本征层的电阻很大，PIN 光电二极管的输出电流较小，通常位于零点几到几个微安，因此，在应用中通常与前置运算放大器集成在同一个芯片上封装成一个器件。

（7）PIN 光电二极管的 P 型层和 N 型层的厚度很薄，从光吸收的比来看，光吸收几乎全部集中在本征区，光生电流以高速漂移运动为主，载流子渡越时间短，响应速度快。

通过以上 7 点可以看出，本征区宽度对 PIN 光电二极管的性能设计上具有重要作用。本征区太宽会使得载流子渡越时间较长而影响器件响应时间。

本征区太窄则会使吸收区超出本征区，本征区以外区域的光吸收不会产生有效的光电流，导致量子效率降低。图 5.5-3 给出了硅 PIN 光电二极管吸收率、漂移速度和耗尽层厚度的关系。

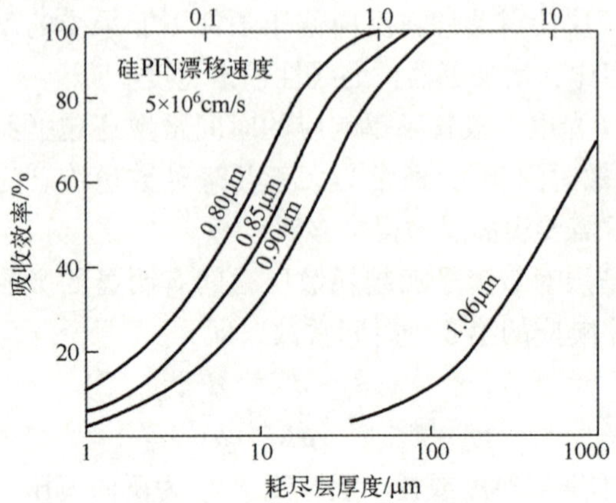

图 5.5-3 硅 PIN 光电二极管吸收率与载流子渡越时间和载流子厚度的关系

PIN 光电二极管脉冲响应的上升时间与 PIN 光电二极管的 3 个时间常数关系的近似表达式为 $\tau_r^2=\tau_{RC}^2+\tau_{\text{dif}}^2+\tau_{\text{dir}}^2$。当 τ_{RC}、$\tau_{\text{dif}}\gg\tau_{\text{dir}}$时，PIN 光电二极管可获得与输入波形相近的输出波形。当 $\tau_{\text{dif}}\gg\tau_{RC}$、$\tau_{\text{dir}}$时，输出波形具有明显的形变。

基于 Si 和 InGaAs 的 PIN 光电二极管在商用市场获得广泛应用，波长范围覆盖 0.3~1.7μm，基于 Ge 的 PIN 光电二极管受限于材料的低带宽，具有较大的暗电流，工作条件需要制冷，如表 5.5-1 所列。

表 5.5-1 常见商用 Si 基 PIN 光电二极管的性能参数

品牌型号	封装	峰值波长/nm	灵敏度/(A/W)	光谱范围/nm	结电容/pF	最大反向电压/V	最大暗电流/pA	工作温度/℃
滨松(s15137)	金属 TO-8	1000	0.52	112~360	10	150	10000	-40~100
滨松(S998-01CT)	玻璃环氧树脂	960	0.65	110~320	200	10	1000	非制冷
北京敏光(LSSPD-1.2)	TO46	950	0.55	110~400	6 (1MHz, $V_R=5$V)	80	60	-40~85
北京敏光(LSSPD-6)	TO6 或 TO8	950	0.55	110~400	2000 (1MHz, $V_R=5$V)	60	1200	-40~85
Hamamatsu(s6775)	SIP	960	0.55	110~320	40	20	10000	非制冷

5.5.2　雪崩光电二极管

PIN 光电二极管的结构设计成功提高了 PN 结光电二极管的时间响应和量子效率，但由于耗尽层厚度较大，电阻较高，输出光电流很低。因此，PIN 在应用中通常需要有一个分离的或集成的晶体管，以对 PIN 光电二极管产生的微弱光电流进行放大。光电导探测器是具有内增益的器件，但受结构尺寸和载流子迁移率的限制，增益幅度有限。雪崩光电二极管（Avalanche Photon Diode，APD）是具有更大内增益的探测器件，较好解决了 PIN 光电二极管的灵敏度问题，其基本原理是将光电二极管在反向高偏压下（击穿电压附近）达到载流子雪崩效应来实现灵敏度的增加。

为达到雪崩效应，二极管需要工作在极强的反向电压下，一般达 100~200V，接近材料击穿电压。光生载流子在强电场作用下可获得极大的速度和加速度，以近饱和速度运动的高速载流子与晶格碰撞电离出新的电子-空穴对，其倍增过程如图 5.5-4 所示。新产生的电子继续加速，并进一步碰撞更多的电子-空穴对。持续的雪崩过程不断重复使得 PN 结电流急剧增加，形成强大的光电流，其中的电离载流子远大于光生载流子。将 APD 的电流倍增系数定义为 $M=I/I_0$，其中，I_0 为倍增前光生载流子引起的光电流，I 为 APD 输出光电流。

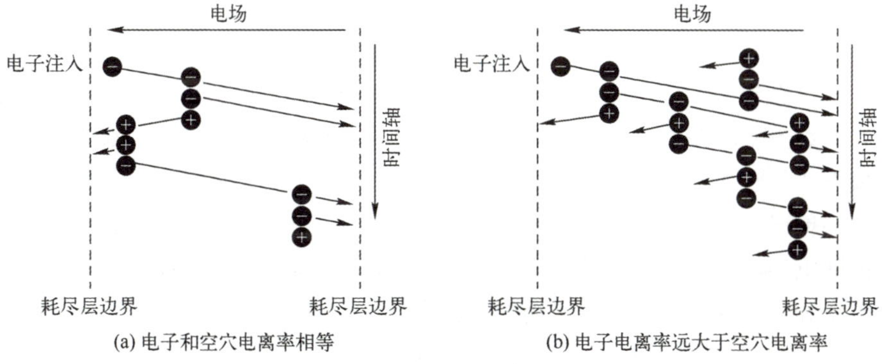

图 5.5-4　雪崩倍增过程示意图

APD 的增益系数与碰撞电离率有密切关系，定义为一个载流子在电场作用下，漂移单位距离后产生的电子-空穴对数目，数值与材料和载流子类型有关，电子和空穴的电离率不一样，但都与电场强度有密切关系，表 5.5-2 给出了几种半导体材料的碰撞电流参数。

表 5.5-2　几种半导体材料的碰撞电离参数

半　导　体	载　流　子	离化能/eV	电子-空穴离化率比 α_e/α_h
Ge	电子-空穴	$1.5E_g$	$\alpha_e \simeq 5\alpha_h$
Si	电子-空穴	$1.6E_g$	$\alpha_e \simeq 30\alpha_h$
GaAs	电子-空穴	$1.5E_g$	$=1$
GaInAs	电子-空穴	—	≈ 1

试验确定的电离率 α 与电场强度近似满足 $\alpha=\alpha_\infty \exp\left[-\left(\frac{b}{E}\right)^m\right]$，其中，$E$ 为电场，α_∞、b 和 m 均为与材料有关的参量，α_∞ 为电场趋于无穷时的载流子电离率。以 GaAs 为例，$\alpha_\infty=1.3\times10^6$/cm，$b=2\times10^6$V/cm，$m=2$。一般情况下，产生有效碰撞电离的电场强度在 $10^4\sim10^5$V/cm 的量级，如 InAs 在室温下，碰撞电离需要的电场约为 10^4V/cm，GaP 需要的电场则超过 10^5V/cm。离化能为电子、空穴碰撞电离时需要具有的最小能量，以简单的抛物型导带和空穴带为例，电子和空穴电离能可分别表示为

$$\varepsilon_{ie}=\varepsilon_g\left(1+\frac{m_e^*}{m_h^*}\right) \tag{5.5-2}$$

$$\varepsilon_{ih}=\varepsilon_g\left(1+\frac{m_h^*}{m_e^*}\right) \tag{5.5-3}$$

式（5.5-3）中的电子和空穴质量均取电导有效质量（与晶体取向有关），假定电子和空穴的电导有效质量相等，则电离能为 1.5 倍的带隙。由于碰撞电离是随机过程，可采用碰撞电离截面来表征，载流子能量低于碰撞电离能的情况下，载流子碰撞电离截面为零，当高于碰撞电离能时，碰撞电离截面随电离能快速增加。载流子的碰撞电离概率与碰撞电离截面成正比。假定电子和空穴的电离率相等，倍增系数为

$$M=\frac{1}{1-\int_0^W \alpha \mathrm{d}x} \tag{5.5-4}$$

式中：W 为耗尽层宽度。

由此可见，当式（5.5-4）分母为零时，倍增系数无穷大，定义分母为零作为雪崩击穿的条件。这意味着通过耗尽层每一个载流子只要平均能产生一对电子-空穴对，就会发生雪崩击穿。M 趋于无穷时的反向偏压就是雪崩击穿

电压 U_{BR}，实验表明当反向偏压略低于雪崩电压时也可发生雪崩倍增，倍增系数与反向偏压的关系可为

$$M=\frac{1}{1-(V_R/V_{BR})^n} \tag{5.5-5}$$

式（5.5-5）中 n 的取值与 APD 的结构有关，对于 N^+P 结构，$n\approx2$，对于 P^+N 结构，$n\approx4$。依据材料和结构设计，雪崩光电二极管的可获得较大的雪崩增益（200 或以上），因此具有极高的灵敏度。

图 5.5-5 给出了几种 APD 的结构。对于 N^+P 结构和 P^+N 结构，结的弯曲会导致材料在反向电压下过早击穿，因此，需要在基片上蒸涂金属铂形成硅化铂保护环，将边缘击穿问题降到最低，同时为保证结击穿电压均匀一致，需要材料掺杂均匀且材料以及加工过程中的引起的缺陷浓度降到最低。对于 PIN 雪崩二极管，由于高的反向偏压会使得耗尽层扩展至结区，具有较强的抗击穿能力，不需要设计保护环。PIN 型雪崩二极管在市场上最为常见。

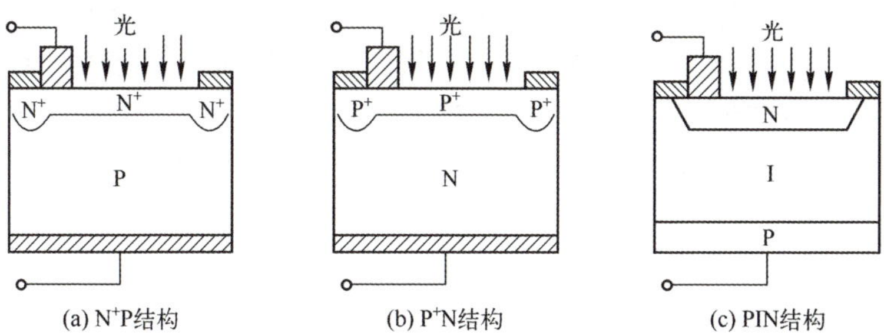

图 5.5-5　几种常见 APD 结构

对 PIN 结构的 APD，相关学者提出了多种改进结构设计以提高探测器的性能，图 5.5-6（a）给出了 Reach-through APD 的结构图和内部电场分布。该结构顶层为高掺杂的 N^+层，光信号从 P^+层入射，后面 3 层依次为 P 层、π 层和 P^+层，掺杂浓度 P^+层最大，π 层最小。在零偏压下，耗尽层在 P 层内，且通常不穿透 P 层。当外部施加足够大的反向偏压时，耗尽层将扩展并穿透 π 层。内部电场从带正电荷的施主离子（N^+层）到达带负电荷的受主离子（P^+层）。由于掺杂浓度的关系，N^+P 结界面处的电场强度最强，$P\pi$ 结界面和 πP^+结界面的电场强度相差不大。N^+区电场变化率最大，其次为 P^+区，π 区电场斜率变化最小。从 N^+入射的光子，主要在厚的 π 区吸收，在该区近均匀电场作用下，产生的电子-空穴对分别以饱和速度向 N^+和 P^+方向漂移，当漂

移电子到达 P 区后，电场快速增加，电子能量进一步增大，当达碰撞电离条件时，实现二次载流子的产生和光电流倍增。Reach-Through APD 的结构设计使得光吸收区和雪崩区在空间分离，仅有电子可以在 P 区获得足够高的能量实现碰撞电离（空穴在漂移方向，电场逐渐降低，无法达到碰撞电离所需能量），达到降低过剩噪声的目的。为减少雪崩区和重掺杂区界面在边界附近的泄漏电流噪声，通常围绕界面边界设计保护环，如图 5.5-5（a）和图 5.5-5（b）所示。

图 5.5-6 给出了异质结吸收雪崩分离 APD 的结构和内部电场分布示意图，在零偏压下，耗尽层主要位于 N 型 InP 区域，随着偏压增加，耗尽层扩展并穿透 InGaAs 区，后者的电场低于 N 型 InP 区的电场，在工作中 N 型 InP 区作为雪崩区，InGaAs 的 N 区作为吸收区。异质结的好处是，长波长的光子在透过 InP 区时，由于 InP 为宽带隙半导体，对入射光没有吸收，可实现比同质结 APD 更好的雪崩和吸收的功能分离。图 5.5-6（b）中倍增区碰撞电离的载流子为空穴。另外，在异质结的界面，存在带边势垒 ΔE_v，因此空穴向雪崩区迁移过程中，会受到带边势垒的阻挡，空穴能量必须能够克服势垒阻挡，否则会在界面捕获。为克服高势垒阻挡，可采用变梯度组分 InGaAsP 降低势垒高度，这样带边势垒 ΔE_v 被隔成多个小的势垒台阶，这样 InGaAs 区的空穴很容易克服小的势垒台阶，之后空穴在渐变组分层加速，并获得能量以克服第二个势垒台阶，最后到达具有高电场分布的倍增区。电子被 InGaAs 的 n^+ 区收集，不产生倍增。

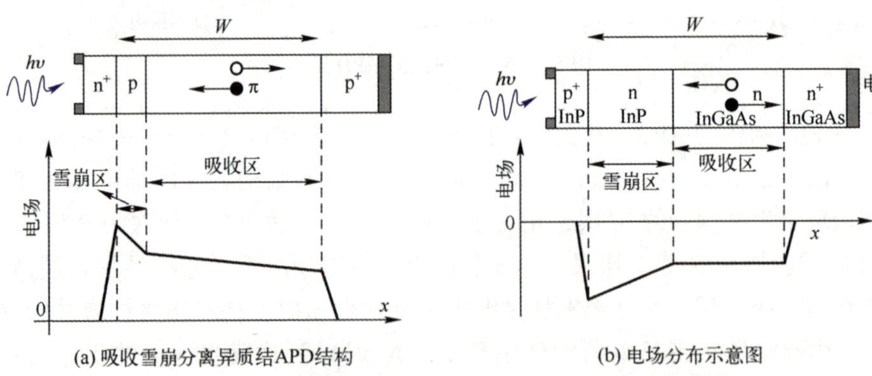

图 5.5-6　Reach-Through APS 结构和场分布示意图

与光电倍增管类似，半导体二极管也可以实现多次倍增结构，形成固态倍增器件。常见的有两种结构：量子阱超晶格 APD 和梯度带隙超晶格 APD。

第一种为量子阱超晶格结构的 APD，其简化的能带图如 5.5-7 所示，超晶格类型为插入型，即窄带隙半导体材料的能带嵌于宽带隙材料之中。窄带隙材料和宽带隙材料具有不等的厚度，导带和价带的带边势垒分别为 ΔE_c 和 ΔE_v，以 GaAs/AlGaAs 为例，$\Delta E_c=3(E_{g1}-E_{g2})/5$，其中，$E_{g1}$ 为宽带隙半导体的带隙。对于 InGaAs/InAlAs，$\Delta E_c=2(E_{g1}-E_{g2})/3$。当外加反向偏压时，能带发生弯曲，窄带隙材料中的电子获得加速，通过宽带隙材料，再次进入窄带隙材料，同时由于界面导带变的变化，获得附加能量 ΔE_c。电子在窄带隙区的能量可以达到碰撞电离要求，实现电子空穴对的倍增。同理，空穴也可以发生上述过程，但由于 $\Delta E_v<\Delta E_c$，空穴倍增的概率较小，通过合理设计，可以避免空穴发生碰撞电离，降低过剩噪声。

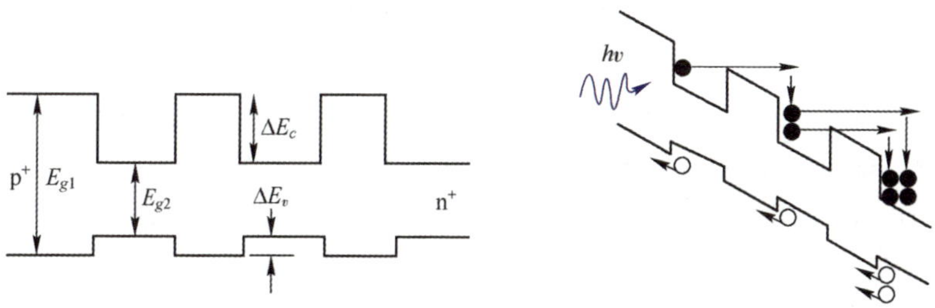

(a) 简化的多量子阱超晶格APD的能带　　(b) 反向偏压下电子的碰撞电离过程

图 5.5-7　量子阱超晶格 AP 的能带和碰撞电离过程

梯度带隙渐变超晶格 APD 的简化能带图和反向偏压的雪崩电离过程示意图如图 5.5-8 所示，其原理与量子阱超晶格 APD 基本相同。

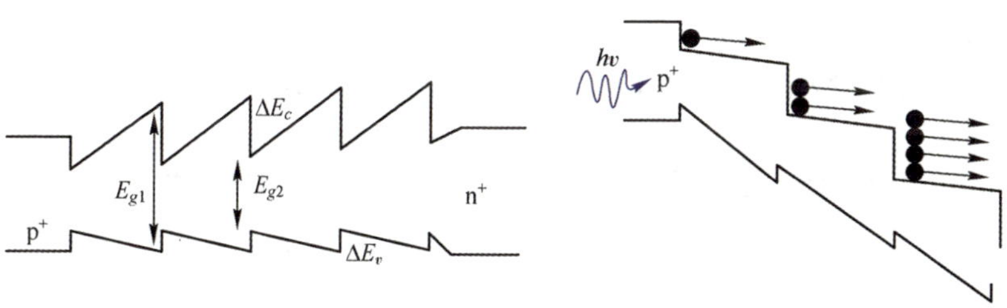

(a) 简化的梯度带隙超晶格APD的能带　　(b) 反向偏压下电子碰撞电离的过程示意图

图 5.5-8　梯度带隙超晶格的能带和碰撞电离过程

除极大的电流增益和高灵敏度外，APD 器件由于内场极强，电子的渡越时间很短，具有快速响应的特点（纳秒级），是目前响应最快的光电二极管，带宽可达 100CHz。APD 在光通信中应用较多，但 APD 器件对材料和工艺要求高，为保证整个光敏面的均匀倍增，材料需尽可能无缺陷，另外 APD 对制作工艺和结面的平整度都要求较高。

放大过程的雪崩反应是随机的，导致电流噪声较大，这也是 APD 的主要缺点。假定未倍增的暗电流和光电流分别表示为 $I_{d,0}$ 和 $I_{\text{ph},0}$，则散粒噪声电流为

$$i_{\text{nsh}}^2 = M^2[2q(I_{d,0}+I_{\text{ph},0})B] \tag{5.5-6}$$

式中：M 为内部增益，内部增益存在随机涨落，这种涨落来源于倍增区域碰撞电离过程的随机性。

一方面在碰撞电离发生前，载流子在倍增区的漂移路程（时间）不同；另一方面，载流子在倍增区发生碰撞电离的分布并不均匀，越接近倍增区高场区（末尾阶段），碰撞电离越频繁。这种碰撞电离统计的结果是在倍增后的散粒噪声中增加了过剩噪声的贡献，称为雪崩噪声。考虑到雪崩噪声，噪声电流需要修正为 $i_{\text{nsh}}^2 = M^2F[2q(I_{d,0}+I_{\text{ph},0})B]$，其中，$F$ 为过剩噪声因子，是倍增因子和碰撞电离概率的函数。作为近似公式过剩噪声因子也表示为 $F = M^x$，其中，x 取决于半导体材料和 APD 结构。对于硅基 APD，$x \in (0.3, 0.5)$。

在反向偏压接近反向击穿时，光电流随反向电压的改变而发生较大变化，且此时的反向电压容易有波动，影响增益稳定，因而在确定反向偏压工作点后，器件对偏压的稳定性要求较高。另外，APD 较高的增益意味着建立雪崩过程需要较长的时间，停止照射，雪崩过程会也会持续较长时间。因此，在探测高频调制光信号时，会存在带宽窄的问题，增益-带宽积是 APD 的一个基本限制。

APD 的应用领域主要包括光通信、光测距、光传感等领域。

5.6 象限探测器和光电位置探测器

5.6.1 象限探测器

象限探测器主要利用集成电路光刻技术，将圆形或方形光敏面分隔成几个面积相等、形状相同、位置对称的区域，每个区域相当于一个光电器件。可以确定光斑在二维平面的位置坐标。在光学准直、定位和跟踪领域有重要应用，圆形象限探测示意图如图 5.6-1 所示。

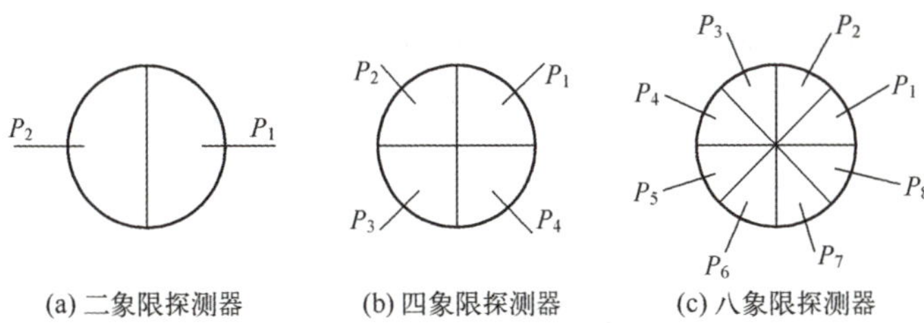

图 5.6-1　圆形象限探测器示意图

下面以四象限探测器为例简要说明象限探测器的工作原理，四象限光电探测器是把四个性能完全相同的光电池、光电二极管、PIN 光电二极管或雪崩光电二极管等按照直角坐标要求排列而成的光电探测器件，常用于激光制导或激光准直中。一般将四象限光电探测器置于光学系统焦平面上或稍离开焦平面。当目标成像或光束光斑不在光轴上时，4 个象限上探测器输出的光电信号幅度不相同，比较 4 个光电信号的幅度大小就可以知道目标成像在哪个象限上（也就知道了目标的方位），若在四象限光电探测器前面加上光学调制盘，则还可以求出像点偏离四象限光电探测器中心的距离或 θ 角。

对于二象限探测器可以检测一维位置，四象限和八象限探测器可检测二维位置，确定光斑在 x 方向和 y 方向的偏移。对于象限基线与坐标轴和原点都重合的情况，可采用和差电路的形式，首先计算相邻象限的输出信号和，再计算信号差，最后通过除法器计算位置偏移量。在下面的计算中，假定光斑为规则的圆，半径为 r，光照度均匀分布，投影在第 i 个象限的面积为 S_i，其中，$i=1,2,3,4$。光斑中心与坐标中心具有一定偏移。每一路信号经放大器放大后做下一步信号的运算处理，放大器的放大倍数为 K，第 i 个探测器的输出信号经放大器放大后的电压为 V_i，其中，$i=1,2,3,4$。经运算电路计算的偏离信号为

$$\begin{cases} V_y=K[(V_1+V_2)-(V_3+V_4)] \\ V_x=K[(V_1+V_4)-(V_2+V_3)] \end{cases} \tag{5.6-1}$$

为消除光斑本身总能量的变化对测量的影响，采用和差比幅电路，经过比幅后得到的偏离信号表示为

$$\begin{cases} V_y=K\dfrac{(V_1+V_2)-(V_3+V_4)}{V_1+V_2+V_3+V_4} \\ V_x=K\dfrac{(V_1+V_4)-(V_2+V_3)}{V_1+V_2+V_3+V_4} \end{cases} \tag{5.6-2}$$

当四象限探测器坐标与分区线成45°角时，常采用图5.6-2所示的直插电路，直插电路在 x 方向和 y 方向的偏移量为

$$
\begin{cases}
u_y = K\dfrac{V_2 - V_4}{V_1 + V_2 + V_3 + V_4} \\
u_x = K\dfrac{V_1 - V_3}{V_1 + V_2 + V_3 + V_4}
\end{cases}
\tag{5.6-3}
$$

直插电路相对简单，但灵敏度和线性特性相对较差，四象限探测器的直插电路如图5.6-3所示。

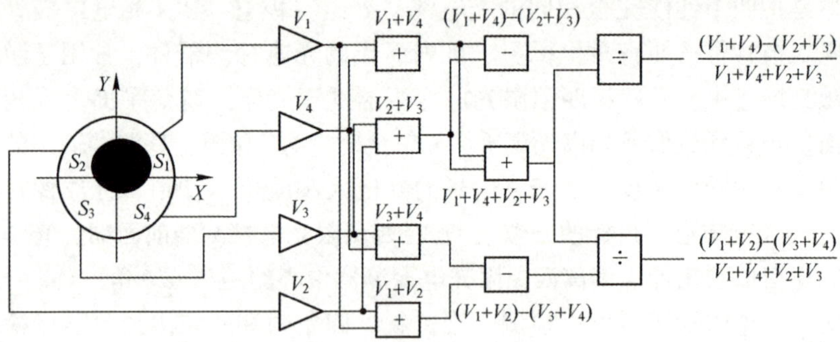

图5.6-2 四象限探测器的和差电路

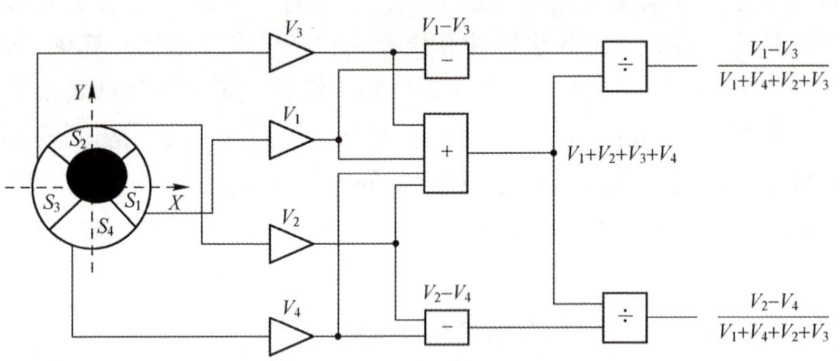

图5.6-3 四象限探测器的直插电路

象限探测器可用于光斑的探测、对准跟踪等方面。但象限探测器受到测量精度和探测器本身的限制，具有如下缺点。

①光斑全部落入一个象限的情况下，无法实现探测；②要求光斑均匀和形状对称，否则会引起误差；③各象限存在间隔，存在探测盲区；④不适宜探测对小光斑或非均匀不对称光斑；⑤测量的精度与光源光强及漂移密切相

关，测量精度和分辨率受限制。通过提高象限数，可以提高测量的分辨率，但上述缺点依然不能消除。

5.6.2　光电位置敏感探测器

光电位置敏感探测器（Position Sensitive Detector，PSD）是一种基于非均匀半导体横向光电效应（Lateral Photoelectric Effect，LPE），对入射光敏面上的光点位置或粒子位置敏感的光电器件，是一种在跟踪、航空航天、纳米机器人等领域广泛使用的组件。根据可检测光点或粒子的位置的维度信息，分为一维 PSD 和二维 PSD 两种：前者在敏感面的两端设有电极，用于检测光点或粒子在一维线上的位置；后者在光敏面的四边都设有电极，可检测光点或粒子在二维平面的位置。

PSD 具有如下优点：①光敏面无象限分割线，消除了感应盲区；②对光斑形状无严格要求，与是否聚焦无关；③可连续测量，灵敏度高、分辨率高，一维 PSD 可达 0.2μm；④可同时检测光强和位置；⑤忽略光斑形状细节，给出光斑“重心”位置；⑥响应速度快，电路配置简单，可广泛用于激光束的监控（对准、位移、振动等）、平面度检测、自动测距、二维位置检测等系统中。

PSD 的 PN 结结构、工作状态、光电转换原理与普通光敏二极管类似，但工作原理与普通二极管不同。普通光敏二极管基于 PN 结或肖特基结的纵向光电效应，PSD 是基于 PN 结或肖特基结的横向光电效应和纵向光电效应的综合。光敏二极管输出光电流反映输入光的强弱，其主要作用是光电转换和控制。PSD 除光电转换外，重要的功能是分配光电流，通过合理设置分流层收集电流的电极，依据电极收集到电流信号的比例确定入射光的位置，下面以 PIN 二极管型的 PSD 为例，首先分析一维 PSD 的基本结构和工作原理，图 5.6-4 给出了一维 PIN 二极管型的 PSD 剖面结构示意图。

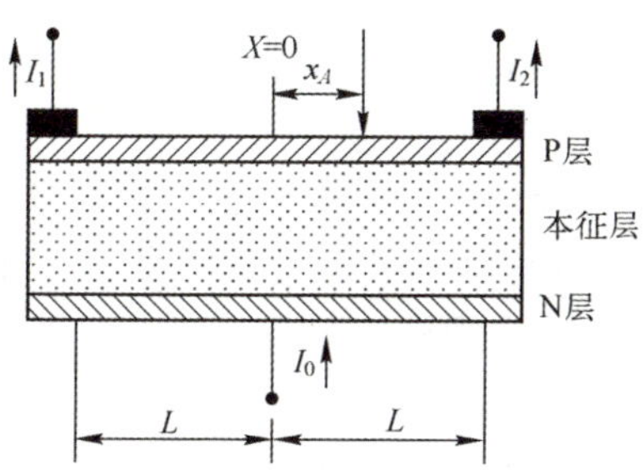

图 5.6-4　一维 PIN 二极管型 PSD 剖面结构示意图

PIN 结光电二极管型的 PSD 在 PN 结中间插入一高阻本征层，如图 5.6-4 所示，顶层为 P 区，中间为 I 区，底部为 N 区，P 层起光敏层的作用，且具有横向分布的均匀电阻，电流分配通过电阻的分流作用实现。当施加反向电压时，本征层很容易就实现耗尽，势垒宽度大大增加，可以减少势垒电容，另外势垒区载流子可以具有较高的量子效率和漂移速度，从而显著提高器件的响应时间。当光束入射到距离 PSD 中心为 x_A 位置时，在该位置将产生与入光照度成正比非平衡载流子，这些载流子形成的光电流通过 P 型电阻层分流到连接的两个电极，由于 P 型电阻均匀分布，左右两端电极的分配电流 I_1 和 I_2 与入射光点到电极的距离成反比，P 区总电流与 N 区电流 I_0 相等，即 $I_0=I_1+I_2$。综合以上关系可得电流与位置满足的关系为[6]

$$I_1=I_0\frac{L-x_A}{2L};\quad I_2=I_0\frac{L+x_A}{2L};\quad x_A=\frac{I_2-I_1}{I_2+I_1}L \tag{5.6-4}$$

由此可见，光点的位置只与电流的分流之差与总电流的比值有关，与光照度无关。

图 5.6-5 给出了一维 PSD 结构的示意图和等效电路，图 5.6-5 中 1 和 2 表示两个 P 区的信号电极，3 为公共电极，位于 N 区，感光面呈长条形。其等效电路包括并联电阻 R_{sh}、理想二极管 D、结电容 C_i、电流源 I_p 以及可分配电阻 R_d，其中电阻分配 R_d 与光斑位置 x_A 相关。根据电流分配，一维 PSD 可以用于检测光点的位置或者光点在光敏面的移动量。

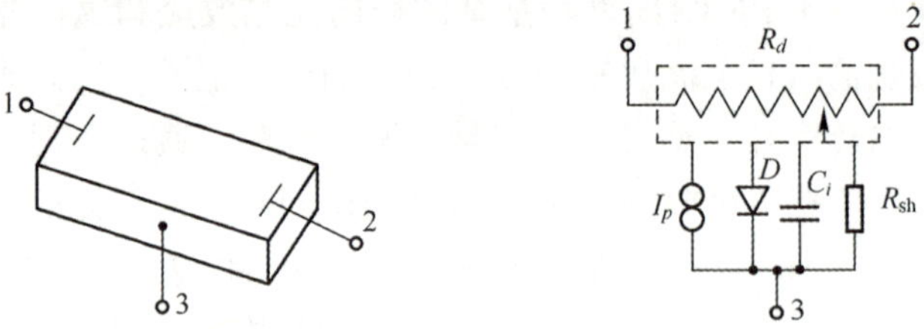

(a) 和等效电路　　(b) 示意图

图 5.6-5　一维 PSD 结构

图 5.6-6 给出了利用 PSD 进行位移测量的原理示意图，由激光器发出的光束经透镜聚焦照射再待测物体，物体光斑的散射光通过位于 PSD 前面的接收透镜聚焦在 PSD 光敏面，当物体从基准位置移动到其他位置时，PSD 光敏面的像也会发生位置移动，移动量可从 PSD 电流分配的变化反映，根据三角原理，通过信号处理可以得到位移量的大小和方向。由于信号电流分配与位移之间的关系不再是线性关系，在信号处理中需要考虑。另外，光敏面的光

强也会随位移变化，因此需要施加反馈回路以调整激光强度以确保电流具有相对稳定的输出。从图 5.6-6 中可以看出，由于光点在 PSD 移动，为提高分辨率通常要在受光面前设置收集透镜，对于位移、距离等测量系统，测量的范围与 PSD 的长度或者面积有关。另外，对于无遮挡的情况，对于 PSD 器件还需要配置合适的窗口材料以减少来自其他环境光的干扰，为减少来自可见光部分的干扰，应采用可见光截止型窗口材料，基于 PSD 的位移测量原理示意图如图 5.6-6 所示。

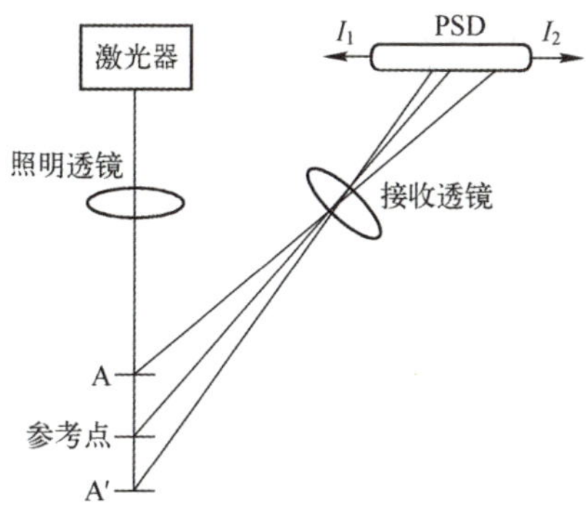

图 5.6-6　基于 PSD 的位移测量原理示意图

二维 PSD 用于测量光点在二维平面的位置，感光面做成方形，但比一维 PSD 在另一个方向多一对电极，两对电极分别标示为 X、X' 和 Y、Y'。在结构上又可以分为双侧双电极和单侧四电极。

双侧双电极型二维 PSD 结构示意图和等效电路如图 5.6-7 所示，在器件的前表面和后表面分别设置一对电极，方向正交，每个位置的光电流信号由两个电阻层分成两部分，优点是位置探测能力强，位置探测误差小，分辨率高。假定方形光敏感面的电极的边长为 $2L$，坐标原点与光敏面的中心重合，坐标轴与电极边长平行，根据一维 PSD 形同的原理，可以计算对应的光点位置坐标公式可以表示为

$$x=\frac{I_3-I_4}{I_3+I_4}L,\quad y=\frac{I_2-I_1}{I_2+I_1}L \tag{5.6-5}$$

单侧四电极结构的二维 PSD 结构示意图和等效电路图如图 5.6-8 所示，4 个电极都设在 PIN 光电二极管的前表面，光电流在同一电阻层内被分成 4 个部分，优点是施加偏压容易，暗电流小，响应速度快，缺点是周边有相对较大的误差。光点位置的计算方法与双侧双电极相同。当光点偏离中线较远时误差较大。

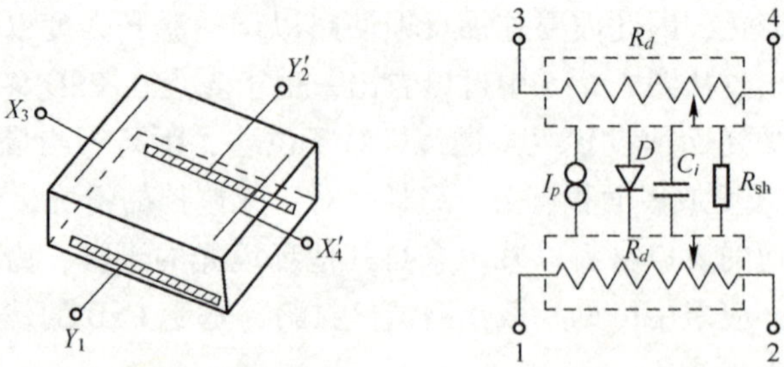

(a) 双侧双电机二维PSD结构　　(b) 等效电路

图 5.6-7　双侧二维 PSD 的结构和等效电路

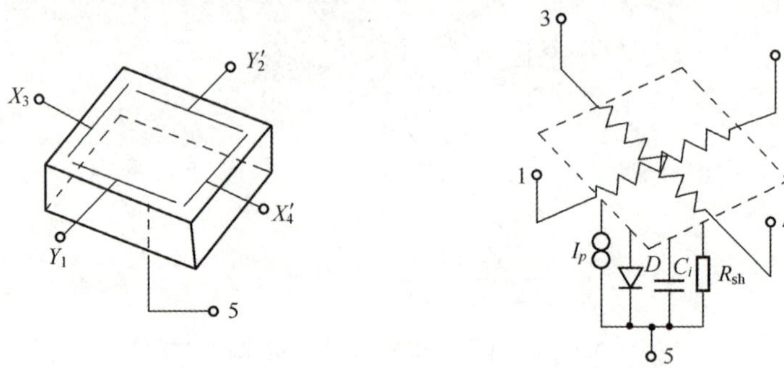

(a) 电构结构示意图　　(b) 等效电路图

图 5.6-8　二维 PSD 单侧四电极结构示意图和等效电路图

为了减小单侧四电极结构的周边误差，对光敏面和电极进行改进，将光敏面由正方向做成枕形，如图 5.6-9 所示，这样的结构可以使边缘四周误差减小。同时保留暗电流小、响应时间快、容易施加偏压等特点。假定枕形的

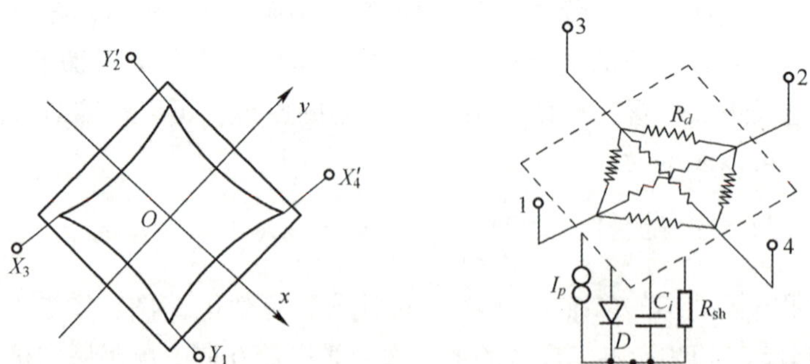

(a) PSD结构　　(b) 等效电路

图 5.6-9　枕形单侧四电极二维 PSD 结构

单侧四电极二维 PSD 结构的中心位于坐标系原点，相邻电极间距为 $2L$，由于电极位于光面的 4 个角，枕形的等效电路，除了原有的成对电极间电阻外，又多了 4 个相邻电极间电阻。入射光点的计算公式为

$$x=L\frac{I_4-I_3+I_1-I_2}{I_1+I_2+I_3+I_4};\quad y=L\frac{I_2-I_1+I_4-I_3}{I_1+I_2+I_3+I_4}\tag{5.6-6}$$

在掌握光电位置计算表达式的基础上，可以设计各种二维 PSD 光电的位置检测电路，与象限探测器的检测电路类似，电路需要用到放大电路、加法器、减法器、除法器等分支电流的加、减及除运算。

PSD 器件本质属于光生伏特效应制成的器件，在器件很多性能，如光谱特性，响应时间，温度等都与 PN 结或 PIN 结光电二极管或三极管类似，独特之处是具备位置检测功能，在性能参数上，额外需要关注的 3 个物理参数是位置检测误差、位置分辨率和线性度[7]。位置检测误差是光电实际位置与电流计算出的光电位置之间的差值，最大约为受光长度的 2%～3%。位置分辨率是 PSD 光敏面能检测到的最小位置变化，$\Delta x=\frac{I_2-I_1}{I_2+I_1}L$，可见位置分辨率取决于电流噪声。线性度是指 PSD 测量位置与实际位置之间的线性关系程度。在检测误差方面，光点距离器件中心越远误差越大，在使用中，为减少误差，应尽量使得光斑位于中心位置附近。

未来 PSD 的趋势是向高分辨率、高线性度、快响应速度及信号采集处理等多功能集成发展。二维材料的一些新颖特性在 PSD 领域的应用也引起了人们的广泛兴趣[8]，二维材料（如石墨烯、MoS_2等）的高迁移率可以保证大量光生载流子的高速输运，对 PDS 的快速响应特性非常重要，高吸收可有效增加光生载流子的数量提高 PSD 灵敏度，二维材料与其他半导体结合形成的 PSD 还可以充分利用内建电场自发分离光生载流子，目前二维材料的 PSD 主要用于可见光和红外光波段。

参考文献

[1] NEAMEN D A, BISWAS D. Semiconductor physics and devices [M]. New York: McGraw-Hill higher education, 2011.

[2] FU W, RICCIARDULLI A G, AKKERMAN Q A, et al. Stability of perovskite materials and devices [J]. Materials Today, 2022, 58: 275-296.

[3] PANDEY S, KO J, PARK B, et al. Single crystal perovskite-based solar cells: growth,

challenges, and potential strategies [J]. Chemical Engineering Journal, 2023: 143019.
[4] JENA A K, KULKARNI A, MIYASAKA T. Halide perovskite photovoltaics: background, status, and future prospects [J]. Chemical Reviews, 2019, 119 (5): 3036-3103.
[5] YARIV A, YEH P, YARIV A. Photonics: optical electronics in modern communications [M]. New York: Oxford University Press, 2007.
[6] ZHANG G X. The trend in development of coordinate measuring machines [J]. Chinese Mechanical Engineer, 2000, 11 (2): 222-227.
[7] 刘铁根. 光电检测技术与系统 [M]. 北京: 机械工业出版社, 2009.
[8] HU C, WANG X, SONG B. High-performance position-sensitive detector based on the lateral photoelectrical effect of two-dimensional materials [J]. Light: Science & Applications, 2020, 9 (1): 88.

第6章 图像传感器

图像传感器是利用材料的光电转换能力，将像素阵列上的光信号转换成电信号，实现面阵成像功能的器件。与光电二极管等单像素光电器件相比，图像传感器具有大面阵高分辨率的感光能力，更接近人类视觉的成像特性，具有体积小、重量轻、集成度高、分辨率高、价格便宜等优点，是目前应用最广泛的光学传感器件。

按照响应波段，图像传感器分为 X 射线、紫外线、可见光、红外光等类型，其中以可见光波段的图像传感器最为常用。人眼的感光能力集中在可见光波段，集成电路中最常用的硅基材料即可实现可见光波段的感光功能，因此借助于集成电路加工积累的丰富经验，硅基材料的可见光图像传感器的制造工艺最为成熟，已经大规模应用到光学相机、机器视觉、科学探测和电子产品之中。其他波段的图像传感器在特定领域也有重要应用，比如，X 射线的图像传感器常用于医疗仪器和脉冲星探测，红外光波段的图像传感器用于夜视遥感等。图像传感器的像素阵列有线阵和面阵两种排列方式，线阵的图像传感器要获得二维图像信号，需要沿像素垂直方向做扫描运动，然后将图像拼接。复印机、航拍相机中多使用线阵图像传感器，而面阵图像传感器一次曝光即可获得完整的图像。

本章以最常用的可见光面阵图像传感器为例，介绍图像传感器的工作原理、测试方法以及应用实例，最后展望图像传感器的未来发展。

6.1 图像传感器的产生

图像传感器的历史可以追溯到19世纪末发现的外光电效应，在光辐照作用下，材料内部的电子跃迁到自由能级，形成自由电子。早期的图像传感器使用大量真空电子管在平面内二维排列后成像，其体积、重量与功耗都很大，只能在实验室内使用。20世纪60年代出现的固态图像传感器是图像传感技术发展的里程碑，在材料表面制作感光像素阵列，提高了像素的集成度，图像传感器的体积、重量与功耗指标大幅优化，开始具有实用性。

当前的图像传感器主要有CCD（Charge Coupled Device，电荷耦合器件）与CMOS（Complementary Metal Oxide Semiconductor，互补氧化物半导体）两种类型，两者分别在不同时期占据市场的主流地位。其他类型图像传感器，比如BBD（Bucket Bridge Device，戽链器件）、CID（Charge Injection Device，电荷注入器件）等都在与CCD和CMOS的竞争中失败被淘汰。

CCD图像传感器在1969年由贝尔实验室的Boyle和Smith发明，于1970年发表[1]，CCD应用的一项关键技术——帧转移结构于1971年由贝尔实验室发表[2]。CCD图像传感器的电荷存储和转移方式具有低噪声的特点，在产生初期便能获得高信噪比的图像。之后出现的多项与CCD应用相关的技术进一步改善了CCD的图像质量：信号处理方面开发出了抑制像素噪声的相关双采样技术[3]（Correlated Double Sampling，CDS），像素结构开发出了低噪声的掩埋型光电二极管和小尺寸的垂直结构光电二极管[4]，光学制造开发出了片上微透镜技术[5]，解决了像素尺寸缩小时灵敏度下降的问题，上述各项技术至今仍在CCD和CMOS图像传感器中广泛使用。

CCD图像传感器产生之初主要用于远程播放中的图像光电信号转换，20世纪80年代开始应用于民用照相机与摄像机。1985年，25万像素的高分辨率CCD图像传感器问世。到了20世纪90年代，随着数字照相机的普及，图像传感器市场开始对分辨率有越来越高的需求，小尺寸像素的设计与加工制造成为一项关键技术。在21世纪初，CCD的像素尺寸达到3μm的水平，2010年已经可以制成小于1μm的像素，接近可见光波段光学分辨率的极限尺寸，CCD图像传感器像素的集成度基本上按照摩尔定律的速度提高[6]。

20世纪八九十年代的图像传感器市场是属于CCD的时代，与MOS（Metal Oxide Semiconductor，金属-氧化物场效应半导体管）型图像传感器相比，CCD 图像传感器具有灵敏度高、噪声小的优点，在图像传感器市场竞争中占据优势。直到 21 世纪初期，CCD 在灵敏度和噪声上的优势逐渐被 CMOS 图像传感器追赶并反超，目前仅应用于少数有特殊需求的光学成像系统。

CMOS 图像传感器的原型是 MOS 型图像传感器，产生于 20 世纪 60 年代。MOS 型图像传感器采用光敏晶体管按照面阵排列的方式构成像素阵列成像，读出电路通过 XY 寻址的方式取出电荷信号[7]。MOS 型图像传感器的读出噪声与半导体工艺的特征尺寸相关，早期受工艺水平限制，MOS 型图像传感器存在像素噪声大的缺点，与 CCD 的竞争中处于劣势。1990 年，CMOS 工艺开始应用于集成电路和图像传感器生产。1993 年，CMOS 图像传感器的一项关键技术有源像素（Active Pixel Sensor，APS）技术发表，显著降低了像素的噪声水平[8]。随着半导体工艺的特征尺寸不断缩小，CMOS 图像传感器的性能已经与 CCD 器件不相上下。由于具有成本低廉、使用方便、集成度高等优点，CMOS 图像传感器首先抢占了图像传感器的低端市场，然后不断蚕食 CCD 图像传感器在高端市场的地位。21 世纪是属于 CMOS 图像传感器的时代，智能手机、数码相机等消费电子产品的市场需求拉动了 CMOS 图像传感器技术的发展，如今 CMOS 图像传感器在光学成像系统中的应用占比已经超过 95%，无论在民用市场还是科学应用中都绝对占有统治地位。

6.2 图像传感器基本原理

为了方便图像数据的存储与处理，图像传感器需要输出数字图像信号。从光信号入射到输出数字信号，图像传感器的工作分为感光、电荷转移、电荷检测和模数转换 4 个过程，CCD 和 CMOS 两种图像传感器工作原理的差别主要在于电荷转移方式，其他 3 个过程的原理基本相同。

6.2.1 CCD 图像传感器工作原理

CCD 图像传感器的特点是以电荷作为信号载体，利用电荷的转移和存储实现信号传输功能。CCD 图像传感器在器件内部实现感光、电荷转移和电荷检测功能，模数转换功能在外部使用独立的模数转换芯片实现。

1. 感光

图像传感器通过像素内感光材料的外光电效应将入射光子转换成电子，再进行电荷转移和电荷检测。外光电效应指感光材料吸收光子后激发出自由电子的现象，非激发态的电子处于原子核外的能带中，受原子核束缚，无法在材料内自由流动。电子由能带跃迁成为自由电子所需的最少能量称为材料的禁带宽度，只有当入射光子的能量大于材料的禁带宽度时才能发生光电效应。

不同材料的禁带宽度存在差别，硅在室温下的禁带宽度约为1.12eV，相当于1.8×10^{-19}J，锗的禁带宽度约为0.66eV，砷化镓的禁带宽度约为1.42eV。光照强度决定光子的数量，而光子的能量只与波长有关，即

$$E=h\frac{C}{\lambda} \tag{6.2-1}$$

式中：普朗克常数$h=6.626\times10^{-34}$ Js；光速$c=2.998\times10^{8}$ m/s；λ为光子的波长。

根据式（6.2-1）可知，光子的能量与波长成反比，同时由于禁带宽度的限制，材料理论上可探测的波长存在上限。单晶硅可探测的最大波长约为1100nm，能够覆盖整个可见光波段。如果要探测波长更长的光谱，需要选择禁带宽度更低的感光材料。单晶硅是集成电路最主要的原材料，相比于其他材料，图像传感器制造厂商对于单晶硅有更多的工艺经验，能够制备出晶格缺陷更少的单晶硅材料，精确控制掺杂区域的浓度，因此硅基图像传感器的噪声水平和成品率要明显好于其他材料的图像传感器。

感光材料对不同波长的光子吸收能力并不相同，随着波长增加，光子的能量减小，更难被感光材料俘获。通常用感光材料吸收一半入射光子的厚度来描述材料俘获光子的难易程度，这一数值称为吸收深度。吸收深度越大，表明光子越不容易被材料俘获。单晶硅的吸收深度随光谱的变化情况如表6.2-1所列[9]，在可见光及近红外波段内，波长越长越不容易被吸收。图像传感器最终吸收入射光子的比例与像素内感光层的厚度有关。普通的可见光图像传感器更关注在400~760nm可见光波段内的感光能力，如果要提高1000nm以外光子的吸收比例，则需要在像素内采用特殊的工艺设计。

表6.2-1 波长与吸收深度

波长/nm	吸收一半光子的深度/μm
400	0.09
550	0.98
700	3
850	12.7
1000	45

像素内制作 MOS 型电容器可以形成势阱，用来存储光电效应产生的电荷。MOS 型电容器的结构如图 6.2-1 所示[10]，由衬底、氧化层、电极等部分组成，其中衬底由掺入了少量Ⅲ族元素的 P 型硅制成，氧化层是在衬底表面通过氧化工艺生成的绝缘材料，电极由金属材料制成。当外部电压 $V_g=0$ 时，衬底的电势为零，电荷在像素衬底内自由流动，无法存储；在金属电极端施加正向电压，衬底在接近金属层的耗尽区形成势阱，带负电的电子被正向电压吸引，存储在势阱内。当电荷需要转移时，取消正向电压并在电荷流向的区域建立新的势阱，原来势阱内的电荷便被挤到了新的势阱中。

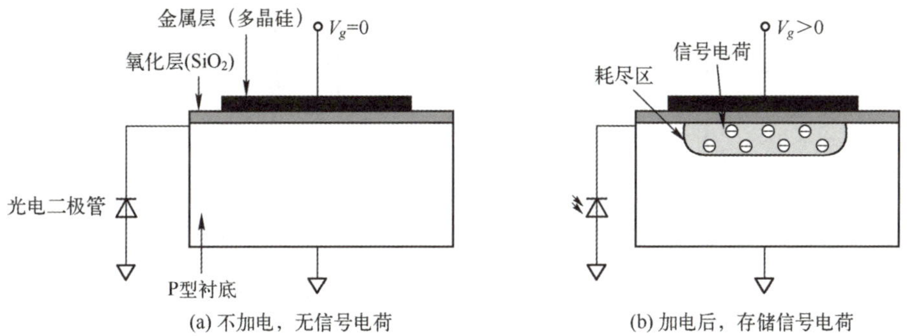

图 6.2-1 CCD 电荷存储结构

2. 电荷转移与电荷检测

CCD 图像传感器的命名正是根据它的电荷转移方式。CCD 原来是指通过电荷耦合方式传导电荷的器件，在其产生之后，由于高效的电荷转移效率以及出色的暗电流和噪声控制能力，成功地应用到图像传感器之中，现在已经习惯用 CCD 来指代具有电荷耦合结构的图像传感器。

CCD 电荷转移结构是在前面介绍的电荷存储结构上加以改进，在电极下制成高掺杂浓度的 N 型硅更有利于形成势阱和电荷转移，一个典型的四相 CCD 图像传感器结构如图 6.2-2 所示，$H_1 \sim H_4$ 是四相控制信号与电极相连，按照固定的时序重复，电极与衬底之间有绝缘的氧化层隔离。各电极下方的区域根据控制信号形成势阱，CCD 结构通过不同区域势阱的变化实现电荷转移。

CCD 电荷转移过程中的势阱变化如图 6.2-3 所示，图中描述了电荷从第二相转移到第三相的过程，对应的时序如图 6.2-4 所示。在 t_1 时刻，H_2 施加正向电压，H_1、H_3 为低电平，电荷处于 H_2 电极下方的势阱中；t_2 时刻向 H_3 施加正向电压后，第二相和第三相共同构成势阱，电荷开始向第三相转移；在 t_3 时刻，H_2 变成低电平信号，H_3 依然保持正向电压，电荷就完全转移到了

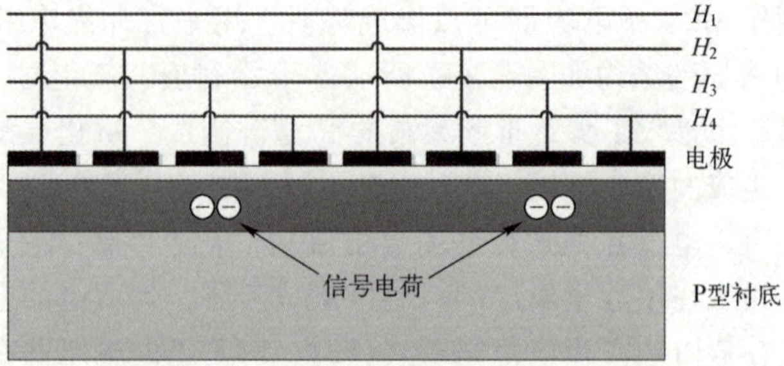

图 6.2-2　四相 CCD 图像传感器的结构图

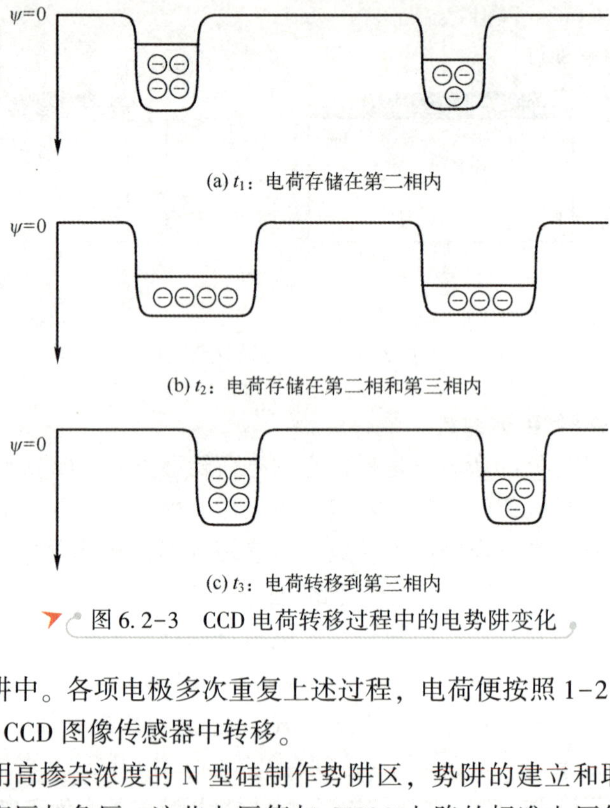

图 6.2-3　CCD 电荷转移过程中的电势阱变化

第三相的势阱中。各项电极多次重复上述过程，电荷便按照 1-2-3-4-1-2-3-4 的顺序在 CCD 图像传感器中转移。

由于使用高掺杂浓度的 N 型硅制作势阱区，势阱的建立和取消过程分别要用到正向高压与负压，这些电压值与 CMOS 电路的标准电压值不兼容，需要设计额外生成这些电压值的电路，然后通过 CCD 图像传感器的引脚连接至对应电极上。

CCD 的电荷转移过程受到诸多非理想因素的影响（图 6.2-1）。首先，电荷的转移效率与转移时间有关，按照量子力学理论，时间越长电荷转移的越充分，在有限时间内电荷无法全部转移；其次，衬底晶格结构的缺陷形成更

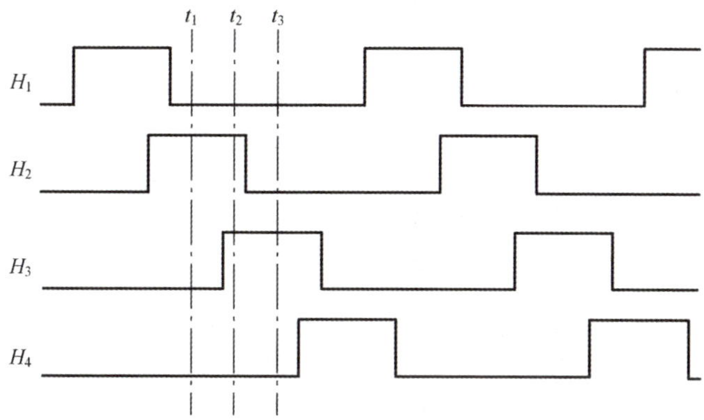

图 6.2-4 CCD 电荷转移过程中的时序图

深的势阱，导致电荷转移时间延长和电荷残留，从而表现为电荷转移效率下降；最后，在电荷转移过程中，衬底内的热噪声和暗电流影响信号质量。每个势阱内的电荷都对应于图像中的一个像素，电荷转移过程对图像质量有直接影响，电荷转移不充分不仅使对应像素的有效电荷数量减少，残留电荷还会影响下一个像素。图像传感器中的 CCD 结构一般有几千级，每一级的转移效率稍有下降，最终输出的有效电荷数量呈指数级减少，因此转移效率是决定 CCD 图像质量的关键指标。

CCD 图像传感器的一个缺陷是强光严重影响 CCD 成像，这个问题是由 CCD 图像传感器的电荷转移方式决定的。如果 CCD 光敏面的某个区域有强光信号产生大量电荷，那么这些电荷无法通过一次转移过程全部完成转移，需要多次转移才能将电荷转移完毕。在图像上表现为沿强光区域的水平 CCD 方向形成拖尾，这个问题无法通过器件设计解决，常见的解决方法是在光路上增加遮挡强光的活动机构。

CCD 图像传感器的完整结构如图 6.2-5[12] 所示，由光敏面、垂直 CCD、水平 CCD、电荷检测电路等部分组成，在输出端还有实现读出控制、复位和电荷泄放等功能信号。

CCD 图像传感器采用全局曝光方式，即所有像素曝光的起始时刻和结束时刻相同，曝光结束后，CCD 将像素中的电荷转移到相邻的垂直 CCD 之中。每列像素配有一个独立的垂直 CCD，实现电荷沿图像列方向转移。所有垂直 CCD 的控制时序相同，每次列转移将整个面阵所有像素的电荷向下转移一行，同时将最下方一行的电荷转移到水平 CCD 中。水平 CCD 的结构和工作原理与垂直 CCD 相同，每次水平转移将电荷转移到下一级，并将最后一级中的电荷

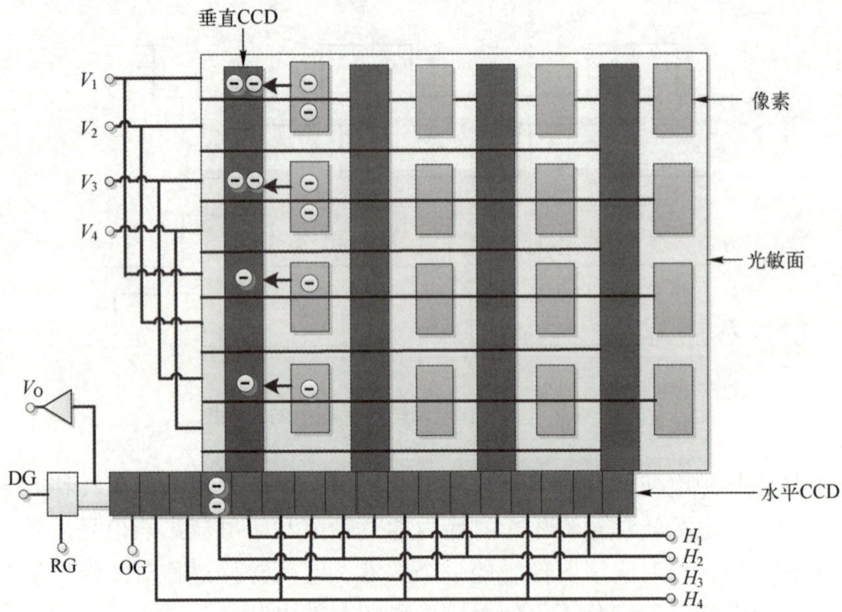

图 6.2-5 典型的 CCD 图像传感器结构

转移至电荷检测电路。多次重复水平转移过程，待水平 CCD 内的电荷全部转移完成后，垂直 CCD 再将下一行的电荷转移至水平 CCD 内。按此方式逐行将电荷转移读出，直至把所有像素全部转至电荷检测电路后再进行下一帧的操作。根据 CCD 的电荷转移方式，CCD 图像传感器只能按照像素的排列方式顺序处理图像信号，而无法通过 *XY* 选址的方式实现快速读出。

水平 CCD 的信号输出端有读出控制、复位和电荷泄放等信号，其中，读出控制信号用于确认像素信号的有效性，当读出控制信号置为无效时，该像素的电荷就不再进行电荷检测。复位信号的作用使每个像素的完成电荷检测后，将电荷检测电路中的电压还原为复位电压，外部电路采集复位电压和电荷检测电压，两者的差值就是由光生电荷引起的电压变化量，这种信号处理的方法称为相关双采样。相关双采样能够消除电荷读出过程的固定模式噪声，在各类传感器中广泛使用。电荷泄放信号用于将水平 CCD 各级中的电荷全部泄放，当某一行信号不需要处理时，使用电荷泄放功能可以跳过这一行信号的水平转移过程，开始读出下一行信号，这种方法在硬件上提高了信号读出效率。

电荷检测是指将电荷信号转换成电压信号的过程，最简单的方法是使用电容器实现（图 6.2-6）。电容器的一端接入衬底或其他固定电平信号，当电荷进入电容器的另外一端时，输出信号就由电荷转换成了电压信号。用于电荷检测的电容器通过浮置扩散结构实现，这一命名是因为电容器一端的 N 型区处于浮置状态，N 型区与衬底以及附近电极的寄生电容构成了浮置扩散电容 C_{FD}，输出电压为

$$\Delta V_{FD}=\frac{Q}{C_{FD}} \tag{6.2-2}$$

其中，C_{FD}的电容值决定了电荷信号与电压信号之间的转换效率，这一数值称为转换增益，单位为 μV/e$^-$，通过改变 C_{FD}的容值可以设置 CCD 的输出增益。

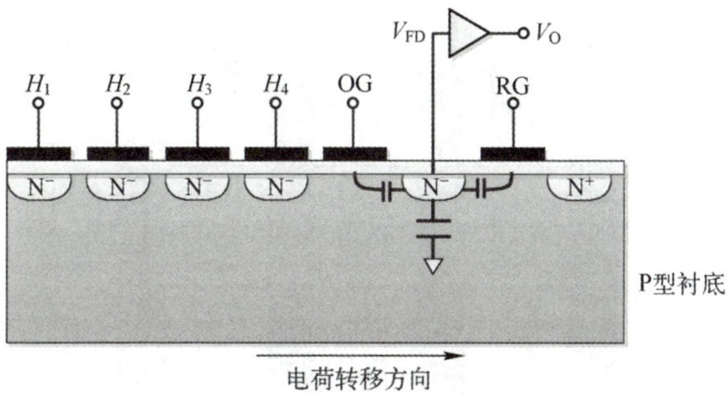

图 6.2-6　CCD 的电荷检测结构

电荷检测需要输出控制信号和复位信号的时序配合完成。当输出控制信号开启时，CCD 电荷检测过程各信号波形的如图 6.2-7 所示，在 t_1 时刻，复位信号对 C_{FD}复位，清空上一个像素的信号电荷。MOS 管关断时，沟道内的电荷进入到 MOS 管的源级和漏极，引起 V_{FD}产生 t_1 至 t_2 时刻的电压值变化，这些电荷并不是有效的图像信号，是由电荷检测电路复位引起的复位噪声。在 t_3 时刻 H_4 信号关闭后，信号电荷转移到浮置扩散电容中，t_2 与 t_3 时刻的电压差值

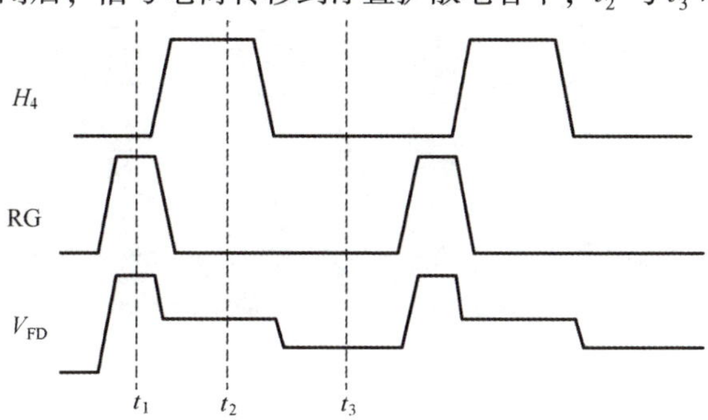

图 6.2-7　CCD 复位时序及输出波形

就是像素内光生电荷对应的电压信号。两个时刻的电压值均包含了复位噪声等固定模式噪声，因此相关双采样技术能够消除像素及读出电路中固定模式噪声的影响。

帧转移结构在CCD图像传感器中是一种常见的设计，其结构如图6.2-8[2]所示。与普通CCD相比，帧转移结构在光敏面的下方增加了与光敏面像素阵列相同大小的电荷存储区。电荷存储区由垂直CCD结构组成，在图像曝光结束后；首先将光敏面内的电荷垂直转移到电荷存储区内；然后再将存储区内的电荷按照前面介绍的CCD电荷转移方式逐行读出。帧转移结构的优点是减

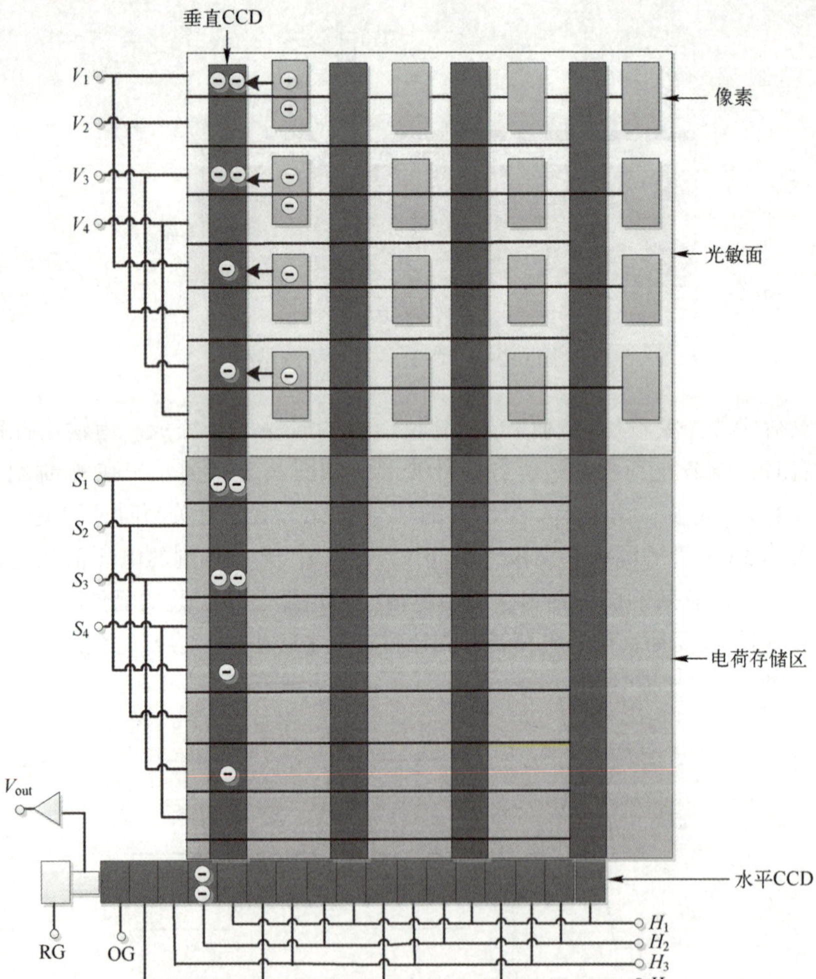

图6.2-8　帧转移结构的CCD图像传感器组成

小了漏光的影响，漏光是指光敏面内的垂直 CCD 在电荷转移期间发生曝光的现象。漏光电荷与有效图像信号混在一起影响图像质量，电荷在光敏面垂直 CCD 内存储和转移的时间越长，漏光的影响就越严重，普通的漏光在图像上表现为读出顺序靠后的像素平均灰度更大。如果相面内有强光，那么漏光有更严重的后果，在强光位置的列方向上会形成明显的亮线。帧转移结构的 CCD 在电荷存储区表面制作了保护层，光线无法透过，电荷在光敏面内连续进行列转移而无须行转移，大大缩短了在光敏面内的转移时间，最大程度减小漏光的影响。

CCD 工艺无法在片上实现时序数字电路，所有的控制信号都要由外部输入。产生势阱和 CCD 控制需要高压，CMOS 电平的时序信号无法直接使用，需要在器件外部进行电平转换。这些使用要求增加了 CCD 器件外围电路的规模与设计难度。带有帧转移结构的 CCD 图像传感器如图 6.2-9 所示。

图 6.2-9 带有帧转移结构的 CCD 图像传感器

3. 信号处理

CCD 图像传感器的信号处理在片外使用混合集成电路芯片实现，主要要完成信号的模数转换，但是在模数转换之前还有几项其他工作。完整的信号处理流程如图 6.2-10 所示，包含以下内容。

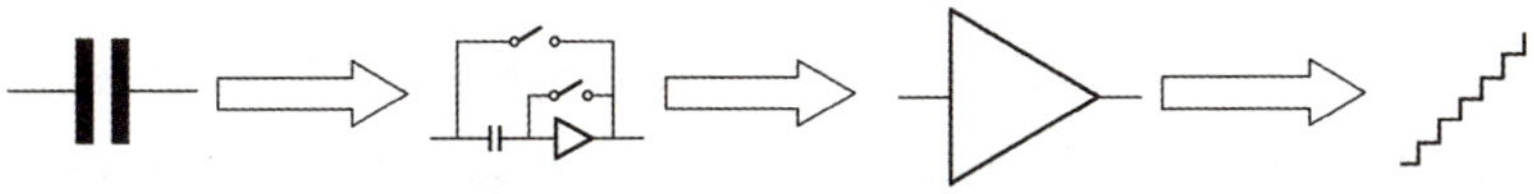

图 6.2-10 CCD 的输出信号处理流程

（1）直流电压隔离。CCD 的输出信号带有很高的直流偏置电压，电荷检测信号与复位信号作为交流小信号叠加在直流偏置上，无法直接接入CMOS器件的芯片处理，因此在处理前首先要隔离直流偏置电压，仅保留交流信号。

(2) 相关双采样。有效图像信号是复位电压与电荷检测电压的差值，CCD输出连续的模拟信号，外部处理电路的时序需要与CCD同步，在对应时刻采集复位电压与电荷检测电压后再进行求差运算。

(3) 信号放大。信号放大电路的作用是在相关双采样处理之后，将图像模拟信号的电压范围与模数转换器的输入电压范围相匹配，充分利用模数转换器的工作电压范围。

(4) 模数转换电路。最后由模数转换电路将图像信号从模拟量转换成数字量，高速模数转换芯片可以实现这一功能。

市场上有多种型号规格的CCD信号处理专用芯片可供选择，内部集成了低压直流偏置、相关双采样、模拟放大器和模数转换器功能，使用时将CCD的输出信号通过电容接入芯片，按照CCD的时序要求接入相关双采样信号和模数转换信号，即可得到数字图像。

CCD电荷转移结构的制造工艺与CMOS电路的工艺不兼容，无法在CCD上集成CMOS电路。CCD产生势阱和电荷转移需要的高压和负压信号，需要在片外生成再接入CCD。此外，CCD输出的模拟信号极易受电路板上其他信号的干扰，对电路板上的器件布局和走线设计有较高要求。这些问题增加了CCD图像传感器的外围电路规模与设计难度，为器件的使用带来不便。

6.2.2 CMOS图像传感器工作原理

CMOS图像传感器的感光、电荷检测与模数转换过程与CCD图像传感器相同，仅在电荷转移方式上存在差别。由于CMOS图像传感器与CMOS集成电路的制造工艺兼容，因此可以将时序生成、图像处理、参数设置等功能集成到器件内部，所以CMOS图像传感器的集成度更高，使用更加方便。

1. CMOS图像传感器的像素结构

CMOS图像传感器的组成结构与CCD图像传感器不同，CCD图像传感器的电荷转移过程更复杂，器件内只有一个电荷检测通道。像素是CMOS图像传感器最重要的结构单元，每个像素内都集成了感光、电荷转移和电荷检测功能，读出控制、电荷复位和曝光控制等功能也都在像素内完成。

早期的CMOS图像传感器采用无源像素（Positive Pixel Sensor，PPS），其结构如图6.2-11所示。无源像素结构简单，光电二极管产生电荷后直接读出，像素内没有电荷放大或驱动功能，因此无源像素的输出信号存在噪声大、驱动能力不足的缺点。1993 年发表的有源像素结构弥补了这一缺陷，有源像素在像素内包含更多的 MOS 管，通过 MOS 管的源级跟随结构实现电荷放大[13-14]。经过二十几年的发展，目前的 CMOS 图像传感器主要采用 4T 和 5T 两种有源像素结构，这两种像素结构在使用中各有优势。

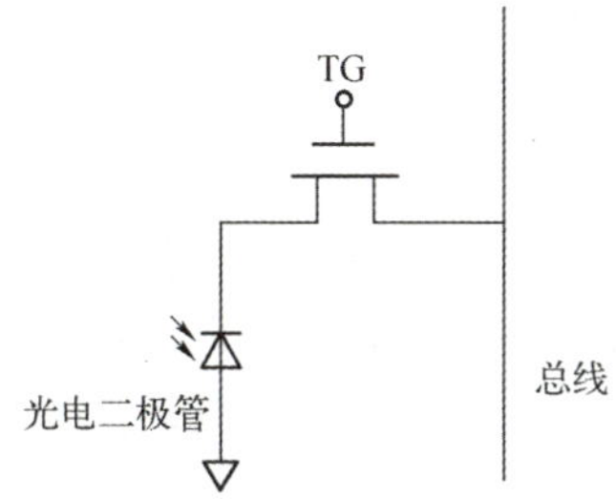

图 6.2-11　无源像素结构

4T 像素结构如图 6.2-12 所示[15]，因像素内有 4 个 MOS 管而得名。光电二极管曝光结束后，传输控制信号 TG 打开 MOS 管将电荷转移到浮置扩散电容之中，经电荷检测和放大后，输出模拟电压信号。复位信号 RESET 用于浮置扩散电容的复位操作，SEL 信号用于像素信号的读出选通控制。

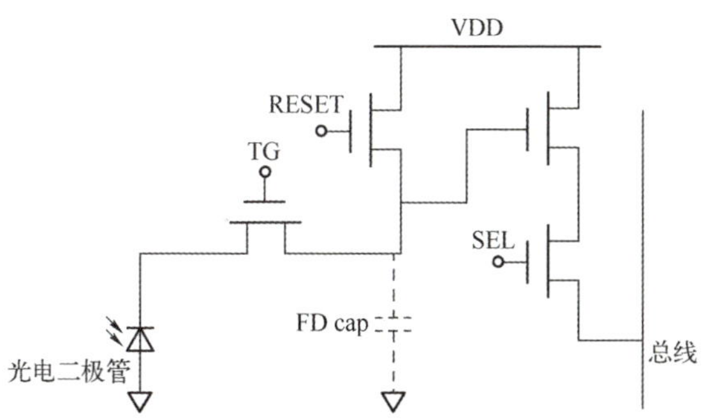

图 6.2-12　4T 像素结构

CMOS 图像传感器的信号读出过程同样采样相关双采样技术，分别采集浮置扩散电容的复位电压和电荷检测电压输出至读出总线，再由后端处理电路做求差运算。在 4T 像素结构中，TG 信号同时承担光电二极管复位和电荷信号转移的功能，在浮置扩散电容的电压信号读出前无法对光电二极管复位。4T 像素结构的图像传感器一般采用卷帘曝光的工作方式，即像素阵列逐行曝光，各行的曝光时刻按顺序延迟。在卷帘曝光方式下，不同行的像素在不同时刻曝光，因此对动态景物成像，图像传感器各行拍到的是不同时刻的图像，将图像拼接后存在失真现象。

为了解决各行像素不同时曝光的问题，需要为光电二极管增加独立的曝光控制信号，由此产生了5T像素结构。5T像素结构在4T像素结构基础上增加了一个MOS管和曝光控制信号PR，如图6.2-13所示[16]。曝光前控制PR信号对所有像素复位，曝光结束后TG信号将电荷转移到浮置扩散电容中，之后逐行读出，所有像素曝光的起始时刻和结束时刻相同，这种曝光方式称为全局曝光，对动态景物成像时不会出现4T像素的失真现象。但是，5T像素的光电二极管和浮置扩散电容由不同MOS管复位，相关双采样无法完全消除复位噪声，因此5T像素的噪声水平要高于4T像素。同时，增加的MOS管还会减小像素的感光面积，影响图像传感器的灵敏度，这些都是选用CMOS图像传感器时需要考虑的因素。

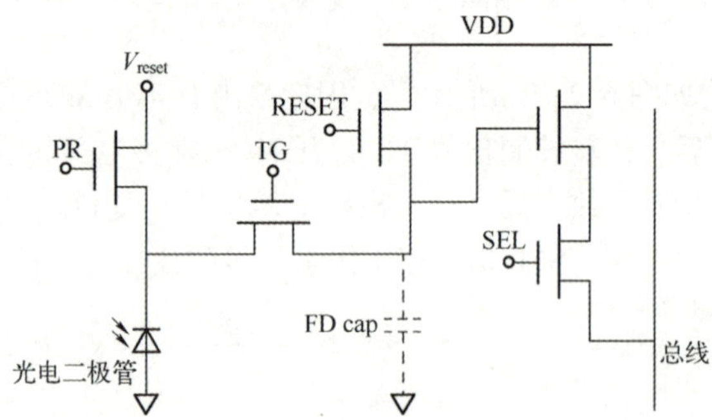

图6.2-13 5T像素结构

传统的CMOS像素制备工艺，像素内的MOS管位于光电二极管的上方，这种结构称为前照式像素结构。在前照式像素结构中，MOS管减小了像素内光电二极管的感光面积，影响图像传感器的灵敏度。2008年，索尼公司发布了背照式像素结构的CMOS图像传感器产品。与前照式像素结构相比，背照式像素结构调转像素内光电二极管的方向，将MOS管埋在光电二极管感光面的下方，像素的感光面积不受MOS管影响。背照式像素结构的灵敏度更高，对微光探测和低信噪比探测技术具有重要意义[17-20]。前照式像素结构与背照式像素结构如图6.2-14所示。

2. CMOS图像传感器的工作原理

CMOS图像传感器的完整结构如图6.2-15所示，由像素阵列、信号处理电路和时序控制电路等部分组成。像素的工作原理已在上面介绍，像素在水

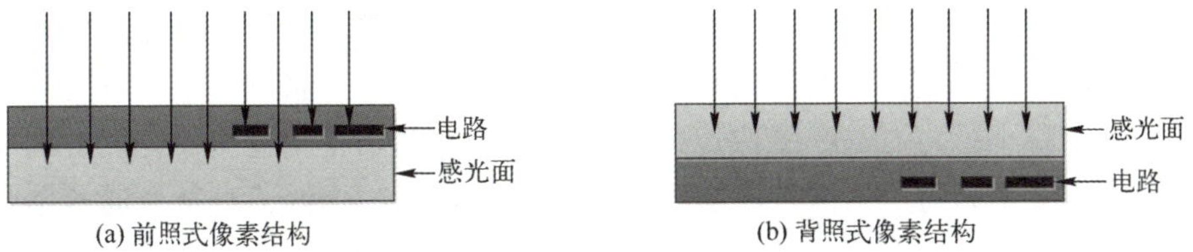

图 6.2-14 前照式像素结构与背照式像素结构

平和垂直方向上重复排列形成像素阵列，信号处理电路集成了实现相关双采样、模拟信号放大和模数转换功能的电路，最后输出数字图像信号；时序控制电路是集成在图像传感器内部的数字电路，生成像素时钟、相关双采样及模数转换的时序信号。

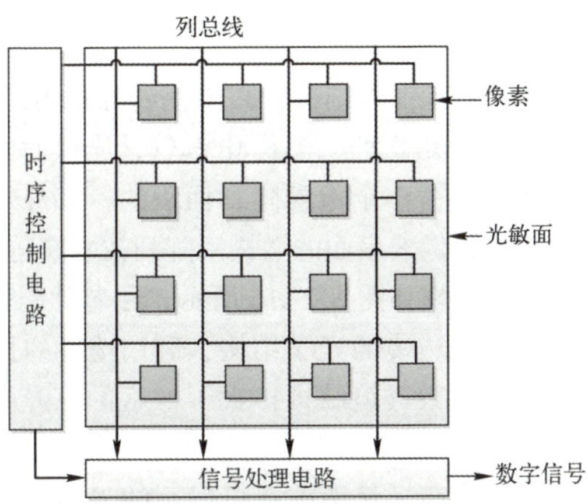

图 6.2-15 CMOS 图像传感器的组成结构

随着图像传感器像素阵列的规模越来越大，对于信号读出和处理速度的要求也在提高。大面阵的 CMOS 图像传感器为每一列像素配置了独立的处理电路，实现大像素面阵的高帧频成像。每行像素和处理电路的工作时序相同，各列之间独立工作并保持同步。大像素面阵的图像传感器有多路信号输出通道，提高信号的读出效率。

CMOS 图像传感器的信号处理过程与 CCD 图像传感器相同，但具体的处理电路设计存在差别，主要体现在模数转换器上。CCD 图像传感器只有一路或少数几路模拟信号输出接口，模数转换在片外使用独立的芯片完成，这种电路结构适合使用流水线式模数转换器。流水线式模数转换器的优点是速度快噪声低，但是结构复杂功耗大，适合制作成单片集成的模数转换芯片用来处理高速的模拟信号[21]。大面阵 CMOS 图像传感器更适合使用斜坡比较式模数转换器，这种模数转换器的特点是结构简单功耗小，制成 CMOS 电路后占用芯片面积小，与 CMOS 图像传感器的列处理电路结构相适应。在片上的信号处理电路中为每一列像素配有独立的模数转换器，降低了对每个通道信号处理速度的要求[22]。

CMOS 图像传感器的供电和控制信号采用 3.3V 的 CMOS 电压，接口电路简单，只有供电和少数时钟信号，可以直接与外部的存储器和处理器相连，在价格和器件性能上比 CCD 图像传感器更有优势，因此 CMOS 器件在图像传感器市场中占有更大份额，尤其适合轻小型化和低成本的成像系统设计。

6.2.3 图像传感器的光学技术

1. 微透镜技术

前面介绍了图像传感器的像素结构，其中提到像素内部的 MOS 管电路无法感光，影响图像传感器的灵敏度，除了 MOS 管，光敏面内像素之间的交界处也无法感光，感光区域只占整个像素阵列面积的一部分。为了改善图像传感器感光面积不足的缺点，像素表面的微透镜阵列技术应运而生。

微透镜阵列的结构和原理如图 6.2-16 所示，在芯片制造完成后，通过光刻工艺，在像素上方制作微透镜的光学结构，利用透镜的折射功能将入射光线汇聚到像素的感光区内。微透镜结构扩大了像素的感光面积，提高了像素的填充因子[23]。图像传感器的像素尺寸通常只有几微米，因此微透镜技术对于光刻加工的精度要求非常高，经微透镜折射后的光路需要与像素的感光区域严格对准。

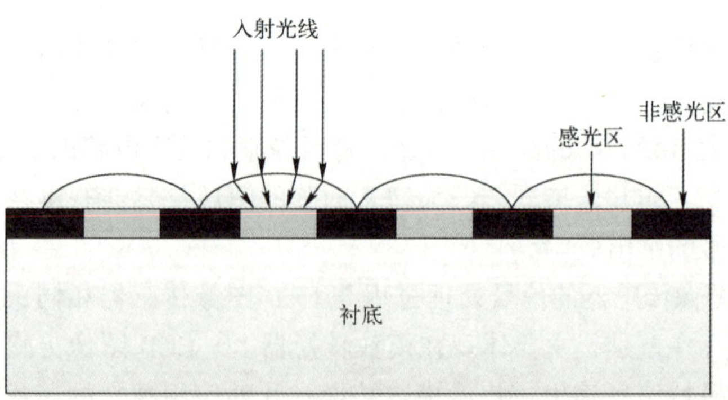

图 6.2-16 微透镜阵列的结构和原理

微透镜技术在图像传感器中是一项广泛使用的技术，在 CCD 和 CMOS 图像传感器上都有应用。将微透镜技术应用在高精度光学测量之中，并不会对测量精度产生明显的影响。

2. 彩色滤镜阵列

图像传感器的光电转换过程只响应亮度信息，输出结果是光强转化成的灰度图像，并不区分入射光线的光谱信息。如果要实现彩色成像，需要得到每个像素红绿蓝三种基色光的强度，这种图像称为真彩色图像。在图像传感器的像素表面覆盖彩色滤镜阵列是彩色成像的一种低成本实现方案，每个像素只接收一种波长的入射光，然后再通过插值算法，得到该像素其他两种基色光的强度。

彩色滤镜阵列由不同的颜色色板组合，高端相机使用青色、黄色和紫色色板的滤镜阵列，而红绿蓝三种基色的色板组合是最常用的。在红绿蓝三种基色的色板组合中，拜耳（Bayer）阵列的排列方式应用最为广泛。

图 6.2-17 是拜耳彩色滤镜阵列的排列方式，沿着行方向交替使用红绿滤镜和绿蓝滤镜的组合。绿色滤镜占像素总量的 1/2，红色和蓝色各占 1/4，人眼对绿色最敏感，因此提高绿色像素的数量有利于人眼直观地分辨图像细节[24]。

R	G	R	G	R	G
G	B	G	B	G	B
R	G	R	G	R	G
G	B	G	B	G	B
R	G	R	G	R	G
G	B	G	B	G	B

(a) Bayer阵列

R	G	B	R	G	B
G	B	R	G	B	R
R	G	B	R	G	B
G	B	R	G	B	R
R	G	B	R	G	B
G	B	R	G	B	R

(b) Mosaic阵列

R	G	B	R	G	B
R	G	B	R	G	B
R	G	B	R	G	B
R	G	B	R	G	B
R	G	B	R	G	B
R	G	B	R	G	B

(c) Stripe阵列

图 6.2-17 几种 RGB 彩色滤镜阵列的排列方式

插值算法决定了对彩色图像的还原程度，插值算法有很多种，有邻域差值、线性差值、3×3 差值等，拜耳阵列的红蓝与绿色像素需要采用不同的插值算法，关于彩色图像的插值还原算法这里不做详细地介绍，有兴趣的读者可以阅读图像处理的相关资料[25-27]。

6.3 图像传感器测试

6.3.1 图像传感器的参数指标

图像传感器的参数指标用来描述和评价不同规格型号图像传感器的性能。在过去的几十年里，随着半导体工艺水平的进步，图像传感器的性能有了很大的提升。成像系统的设计需要根据需求选择参数合适的图像传感器，本节主要介绍图像传感器的各项指标参数及影响因素，在选用图像传感器时可供参考。

1. 像素面阵

像素面阵是指图像传感器在行列方向排列的像素数量。大像素面阵能够实现更高的分辨率，因此从图像传感器产生之初，便致力于增加像素面阵的规模。目前，民用的电子产品可以轻松实现百万级甚至千万级的像素规模，在高分辨率成像的科学应用中，通过像素阵列的拼接工艺可以制成亿级像素规模的图像传感器，图像传感器的指标已不再是限制分辨率的因素。另外，大像素面阵的图像传感器价格更高，配套使用的光学系统尺寸重量也更大，这些因素需要在选用器件时综合考虑。

2. 像素尺寸

像素尺寸是指单个像素的大小。减小像素尺寸可以在单位面积上集成更多的像素来提高分辨率。但是，受到光学分辨率的限制，像素尺寸要大于探测光线的波长，智能手机上使用的图像传感器像素尺寸一般为1~1.2μm。增加像素尺寸能够提升图像传感器的满阱电荷、动态范围、噪声等指标，在安防监控、科学探测、光学测量等对图像传感器指标有更高要求的应用中，会选择像素尺寸更大的图像传感器。

3. 动态范围

动态范围指图像传感器的最大输出信号与最小可探测信号之间的比值，通常用20乘以科学对数的形式表示，如，80dB表示图像传感器最大输出是可探测最小信号的10000倍。

图像传感器的动态范围与满阱电荷和噪声有关，而满阱电荷受像素尺寸限制，在一定的像素尺寸下，满阱电荷存在上限，因此提高动态范围主要依靠降低噪声。低噪声图像传感器输出的数字图像有更多的有效位数，目的是减小模拟信号转换成数字信号时量化噪声的影响。

CMOS 图像传感器可以通过片上的处理算法将不同积分时间的图像进行组合提升动态范围，这项技术在高动态范围的 CMOS 图像传感器中已经广泛应用。

4. 满阱电荷

满阱电荷是指图像传感器单个像素能够存储的最大电荷数量，也称为饱和电荷。理想情况下，像素内的光生电荷数量与光照强度以及积分时间成正比，当像素接近饱和时，电荷数量的响应不再满足线性关系。在图像传感器测试中，满阱电荷通常指像素满足线性响应关系的最大电荷数量。在物理上，电荷存储在像素的势阱区内，因此满阱电荷与像素尺寸以及势阱区的深度有关。

5. 量子效率

量子效率是指在积分时间内，像素内通过光电效应产生的电子数量与接收光子数量之间的比值。图像传感器的量子效率与感光材料的表面反射率、透过率、吸收深度等因素有关。填充因子指整个光敏面内，感光面积与总面积的比值，通常用量子效率和填充因子的乘积来表征图像传感器的光电转换效率。前面介绍的微透镜技术能够提升像素的填充因子，有助于提高图像传感器的灵敏度。背照式图像传感器的量子效率更高，峰值可以超过 90%，已经接近光电转换效率的物理极限。

单晶硅对不同波长的光子吸收能力不同，因此量子效率与光谱有关，典型的量子效率曲线如图 6.3-1 所示。在 550nm 附近达到峰值，对应于人眼最敏感的绿光波段。光谱响应曲线因像素工艺的不同存在差别，通过特殊的工艺设计可以提升特定谱段的量子效率。

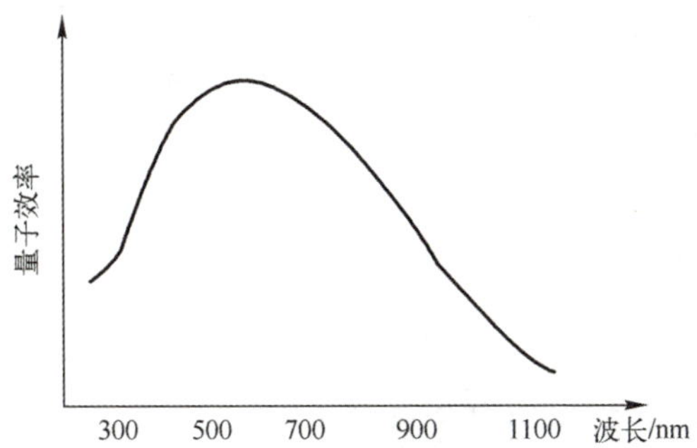

图 6.3-1　量子效率曲线

6. 暗电流

像素在曝光期间，衬底中的少量电荷跃迁到势阱内与光生电荷混在一起，这部分电荷称为暗电流。暗电流是像素在不感光状态下积累的电荷，影响图像质量。暗电流的大小与温度和工艺相关，根据经验器件温度每降低 10℃ 暗电流大约减少一半。普通相机的积分时间都在毫秒量级，暗电流的影响可以忽略不计。而天文观测需要对暗弱的恒星目标成像，积分时间达到秒级甚至小时级，这时暗电流是很严重的问题。CCD 图像传感器的暗电流水平要低于 CMOS 器件，再通过低温制冷技术可以将图像传感器的暗电流控制在很低的水平。

7. 图像噪声

图像噪声表现为图像灰度的波动变化，一般用图像灰度的标准差来表示。按照图像噪声可分为散粒噪声、暗电流噪声、固定模式噪声、读出噪声和量化噪声。散粒噪声指光子在像素间的分布差异引起的噪声，是由光的粒子性决定的，只与入射光子的数量有关，与图像传感器的设计无关。暗电流噪声是暗电流电荷在像素间的分布差异引起的，与暗电流的大小有关。固定模式噪声指图像灰度的固定偏差，相关双采样可以消除单个像素的固定模式噪声，但无法消除像素之间的固定模式噪声。读出噪声是指电荷在转移、检测、放大过程中产生的噪声，是用来评价图像传感器噪声水平的主要指标，低噪声图像传感器的读出噪声已经可以达到 1~2 个电子的水平。量化噪声是指模拟信号转换成数字信号带来的噪声，按照统计学计算，量化噪声是 1 个灰度对应电子数的 1/12。在频域内对图像噪声近期分类，其中固定模式噪声属于低频噪声，其他 4 种噪声都是白噪声。

8. 系统增益

系统增益指每个电子转换成数字信号后对应的灰度值，这一参数不会出现在器件手册里。在图像传感器测试中，系统增益是计算其他参数的基础，因此是首先要测试的参数。

9. 其他参数

图像传感器的其他参数，如功耗、供电、封装、机械尺寸等都会在器件手册里说明。

6.3.2 图像传感器测试的理论模型

关于图像传感器参数的测试方法，国际上有公开的标准，其中使用最多的是由欧洲机器视觉协会制定的“*EMVA Standard 1288—Standard for Charac-*

terization and Presentation of Specification Data for Image Sensors and Cameras”（以下简称 EMVA 1288 标准），该标准给出了图像传感器的理论模型和各参数测试方法。

根据 EMVA 1288 标准，入射光子产生数字信号的过程包括以下步骤，对应的数学模型如图 6.3-2[28] 所示。

（1）恒定功率密度的光子入射到图像传感器的光敏面上；

（2）一部分光子转换成电子；

（3）光电效应产生的电子与暗电流电子由电容器转换成电压信号；

（4）电压信号被放大；

（5）放大后电压信号经模数转换后产生数字信号。

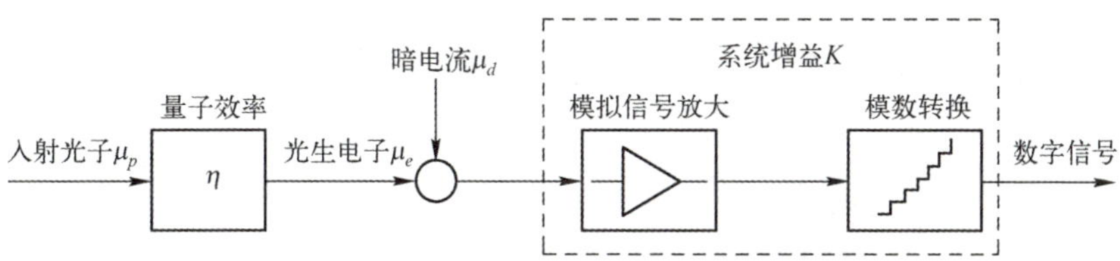

图 6.3-2　EMVA1288 图像传感器的数学模型

在 EMVA 1288 标准中，假定被测图像传感器满足以下条件[29]。

第一，图像传感器各个过程的输入和输出满足线性关系。

第二，图像噪声服从统计分布规律，其中固定模式噪声不随时间变化，散粒噪声与暗电流噪声的电子数服从泊松分布，读出噪声与量化噪声服从高斯分布。

第三，图像传感器在测试过程中各项测试参数不随时间变化。

上述假定与图像传感器的真实工作状态非常接近，近似过程简化了器件模型，测试结果仍能够表征图像传感器的性能。图像传感器的测试过程用到的变量符号定义如表 6.3-1 所列，6.3.3 节将对图像传感器各项参数的测试方法和计算过程进行介绍。

表 6.3-1　图像传感器测试中使用的符号

K	系统增益，每个电子转换成数字信号后对应的灰度值
T_{exp}	积分时间
E	入射光照强度
A	像素面积

续表

λ	波长
c	光速，2.998×108m/s
h	普朗克常数，6.626×10^{-34}J·s
μ_p	入射光子的数量
η	量子效率
μ_d	暗电流产生的电子数
μ_e	光照产生的电子数
μ_{sat}	满阱电荷均值
$\mu_{y.sat}$	满阱电荷对应的灰度
μ_y	图像灰度均值
$\mu_{y.dark}$	暗场图像灰度均值
σ_y^2	图像灰度方差
$\sigma_{y.dark}^2$	暗场图像灰度方差
σ_{dark}^2	暗场图像电子数方差
σ_e^2	散粒噪声的电子数方差

6.3.3 图像传感器的测试方法

图像传感器的测试在暗室内进行，需要用到光源、积分球、光功率计、滤光片、供电电源、图像采集及处理单元等测试设备，测试系统的组成如图 6.3-3 所示。其中，积分球是一个内壁涂有高反射率漫反射材料的空腔球体，光线进入积分球经内壁多次反射后，在出口处形成光照强度均匀分布的面光源，能够覆盖图像传感器的光敏面，如图 6.3-4 所示。光功率计用来测量图像传感器表面的入射光强，确定绝对曝光量，滤光片在积分球光线的出口处使用，用于产生单色光源[30]。

在图像传感器的测试中，基本的测试方法是采集图像，然后计算图像的灰度均值和方差，根据这些数据计算出图像传感器的待测参数，包括系统增益 K、满阱电荷 μ_{sat}、暗电流 μ_d、量子效率 η 等。EMVA 1288 标准规定了以下测试项目。

1. 光子响应测试

光子响应测试可以测得图像传感器系统增益 K 和满阱电荷 μ_{sat}，其他参数

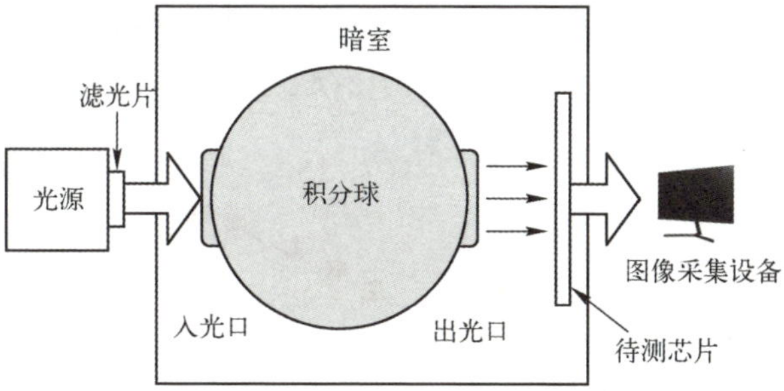

图 6.3-3 图像传感器测试系统

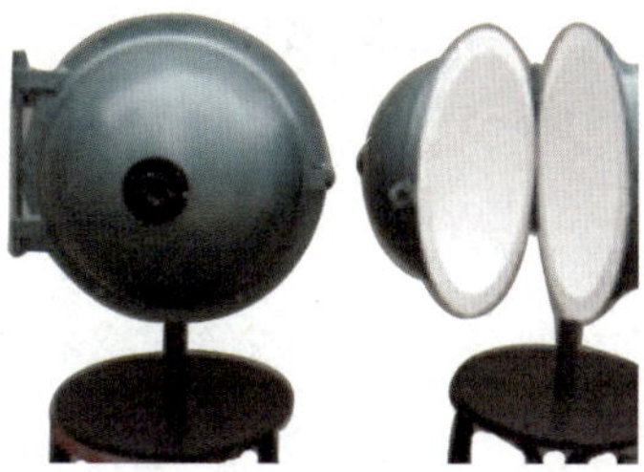

图 6.3-4 积分球实物

的测试要用到光子响应测试的测试结果，因此是首先要进行的测试项目。

光子响应测试的理论基础是入射到不同像素上的光子数量满足泊松分布，泊松分布的特点均值与方差相等，即

$$\sigma_e^2=\mu_e \tag{6.3-1}$$

在光子响应测试测试中，灰度响应和入射光子数量线性增加，满足如下关系：

$$\mu_y=\mu_{y.\,\mathrm{dark}}+K\times\mu_e \tag{6.3-2}$$

$$\sigma_y^2=\sigma_{y.\,\mathrm{dark}}^2+K^2\times\sigma_e^2 \tag{6.3-3}$$

根据式（6.3-1）~式（6.3-3）可得

$$\sigma_y^2-\sigma_{y.\,\mathrm{dark}}^2=K\cdot(\mu_y-\mu_{y.\,\mathrm{dark}}) \tag{6.3-4}$$

在图像传感器满足线性响应的假设下，系统增益 K 为常数。改变光源亮度，图像的方差和均值发生变化，将两者进行线性拟合，直线的斜率就是系统增益 K。在光子响应测试中，根据光源亮度的变化采集多组数据。当图像接近饱和时，图像的方差和均值不再满足线性关系，此时方差随均值的增加而减小并最终下降为 0，因此在处理数据时需要剔除图像接近饱和区的数据，只保留线性响应段的数据。图 6.3-5 为典型的光子响应曲线的测试结果。

测得系统增益后，根据式（6.3-5）计算出满阱电荷为

$$\mu_{sat}=\mu_{y.sat}/K \tag{6.3-5}$$

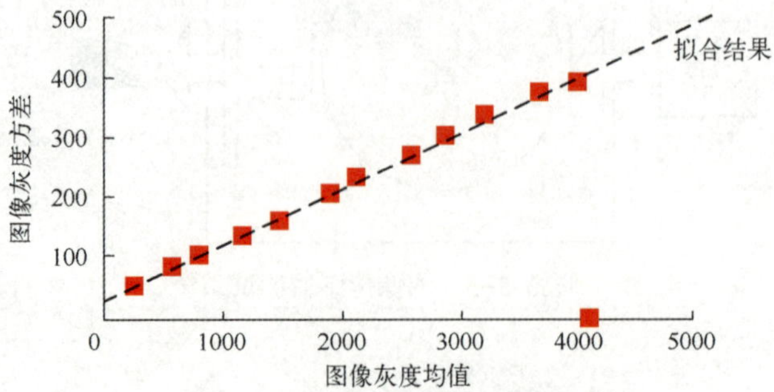

图 6.3-5　光子响应曲线测试结果

2. 暗电流测试

根据 EMVA 1288 标准的理论模型，图像传感器的暗电流与积分时间满足线性关系，在一定积分时间内测得图像的灰度增量，根据积分时间和系统增益就能计算出图像传感器所有像素的平均暗电流，即

$$\mu_d=\mu_{y.dark}/\mu/T_{exp} \tag{6.3-6}$$

在暗电流测试中要保持环境温度恒定，图像传感器工作中产生的热量也会使器件温度发生变化，因此在测试前要充分预热，待图像传感器达到热平衡状态，温度保持恒定后再进行测试，同时记录图像传感器的温度值。

3. 量子效率

量子效率是指在积分时间内，像素内通过光电效应产生的电子数量与接收光子数量之间的比值。由于量子效率随波长变化，因此首先要使用滤光片得到单色光源；然后对每个波长的量子效率逐一测试；最后得到图像传感器的整条光谱响应曲线。

量子效率测试要分别测得电子数量 μ_e 与入射光子数量 μ_p。根据光子响应测试的结果，电子数量 μ_e 由下式（6.3-7）计算得出

$$\mu_e=(\mu_y-\mu_{y.dark})/K \tag{6.3-7}$$

入射光子数量 μ_p 需要使用光功率计测得光照强度 E，然后根据下式（6.3-8）计算得出

$$\mu_p=\frac{EA\lambda}{hc} \tag{6.3-8}$$

两者的比值就是量子效率 η。

在量子效率的测试中，无法将填充因子的影响从量子效率中剥离出来，因此最终测得的结果是量子效率与填充因子的乘积。

6.4 图像传感器的应用

图像传感器最主要的应用是制成光学相机获得图像。光学相机扩展了人类视觉在时间、空间和光谱上可感知世界的范围，通过分析图像数据，可以获得丰富的信息。光学成像与数字图像处理技术相结合，产生了机器视觉、光学测量等新学科，进一步扩展了图像传感器的应用范围。

图像传感器的应用实例举不胜举，本节仅从光学成像、成像测量技术和机器视觉 3 个方向选择几个有代表性的例子进行介绍。

6.4.1 光学成像

1. 深空探测

在深空探测任务中，通过光学相机获得的图像是了解这些遥远天体的有效手段，也是重要的科学研究成果。在我国的月球和火星探测任务中，光学载荷数量在飞行器全部载荷中的占比超过 50%，图像数据在所有的传回数据中占有最大比例，这些图像数据帮助人们在近距离更加直观地了解天体地表的光谱特征。

图 6.4-1 是我国首个火星探测器“祝融”号在火星表面拍摄的图像[31]，“祝融”号火星车上装有地形导航相机，通过双目视觉获取火星表面的立体图像，躲避岩石和坑洼地形，规划火星车的前进路线。地形导航相机使用彩色的 CMOS 图像传感器，采用全局曝光方式，后端处理电路根据图像传感器和光学系统的光谱响应特性对图像进行了彩色校正，使图像色彩更接近人眼的观测效果。“祝融”号火星车上还装有可见光波段和近红外波段的多光谱相机对火星地表进行高分辨率多光谱成像，研究火星表面的形貌特征和物质组成分布。

2. 内窥镜成像系统

内窥镜成像系统按照应用领域，分为工业内窥镜、医用内窥镜等类型。工业产品的检验需要识别焊点、粘接等工艺的质量以及产品关键部位的缺陷。一些部位无法用人眼直接观测，使用内窥镜成像系统能够快速的进行检验，降低检验人员的劳动强度，提高检验的准确度。医用内窥镜用于观察人体内

图 6.4-1 “祝融”号在火星表面拍摄的图像

部组织的图像，有利于快速诊断病情。根据观察部位的不同，医用内窥镜分为胃镜、肠镜、肛门内窥镜等。

传统的内窥镜成像系统使用光纤传输照明光源与图像信号，图像传感器在光纤末端传输获得图像，图像经过光纤传输后质量不高。随着半导体工艺的进步，实现了图像传感器小型化高分辨率的设计。新型的电子内窥镜将小型图像传感器放置在内窥镜前端成像，使用导线传回数字图像信号，大大提高了图像质量。

内窥镜成像系统的组成如图 6.4-2 所示，在探头前端使用发光二极管或者光纤导光的方式实现照明功能，小型化的光学镜头和图像传感器都集成在探头前端，数字图像信号通过导线下传，经过进一步处理后，在内窥镜的外设部件显示和存储，探头端可根据需求选用黑白或者彩色的图像传感器芯片。内窥镜成像系统具有以下特点。

（1）小型化实现高分辨率。受到空间限制，内窥镜的探头需要小型化设计，同时还要实现尽可能高的分辨率对目标的细节进行观察。

（2）光学系统的景深更大。景深是指在像平面上能够获得清晰图像的焦距范围，采用大景深的光学镜头，可以节省焦距调节时间。当观测目标在物距方向上包括了较大范围时，大景深的光学系统可以在单帧图像上获得不同距离目标的细节信息。

（3）方便观察和处理。在外部显示器上观察图像更方便，可用于多人同时观察以及远程传输。外部设备软件可实现图像的放大、暂停、保存、显示灰度调节等功能，观察结果可记录可追溯，对于目标的特定检测特征，可以结合图像处理算法，提高检测效率。

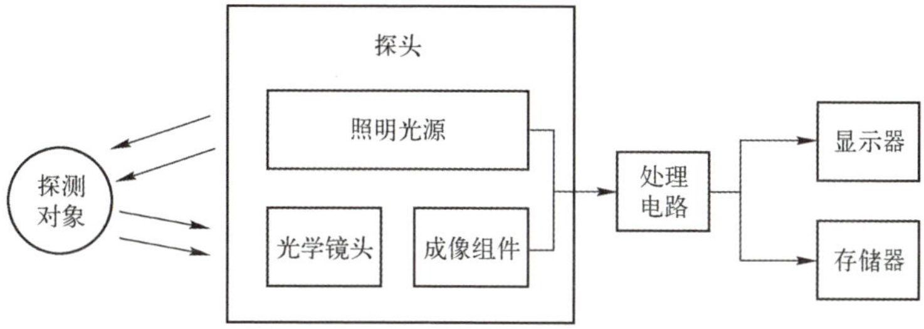

图 6.4-2　内窥镜成像系统组成

6.4.2　成像测量技术

成像测量技术对图像传感器拍摄的图像进行处理，获得角度、位置等测量结果，具有自动化程度高、非接触等优点。随着图像传感器性能的提升，成像测量技术的精度也越来越高。

1. 星敏感器

星敏感器是一种天文导航仪器，通过对局部天区成像提取其中的恒星目标，与导航星表比对，实现姿态测量功能。星敏感器具有精度高、漂移误差小等特点，是目前精度最高的姿态测量方案。精度最高的星敏感器可以实现亚角秒级的测量精度，为卫星、导弹等飞行器提供精确的姿态信息，也可用于车辆、船舶等平台[32]。

星敏感器的组成结构如图 6.4-3 所示，由光学镜头、成像电路、处理电路、遮光罩等部分组成。大视场星敏感器多采用自主姿态识别的工作方式，视场内的恒星光线经过光学系统后在图像传感器平面上成像，处理电路提取出图像中的星点，以恒星星点之间的几何特征作为观测结果，与导航星表进行比对，获得姿态信息。根据全天球恒星的分布情况，大视场星敏感器对任意天区指向进行测量均可获得姿态信息，除了太阳等强光源影响的天区。小视场星敏感器能够适应更恶劣的光学环境，需要结合惯性导航系统的数据，测量姿态信息。遮光罩的作用是遮挡太阳光以及地球的反射光，防止强光进入光学系统影响恒星观测。

星敏感器的发展过程几乎与图像传感器同步，作为光学测量仪器，图像

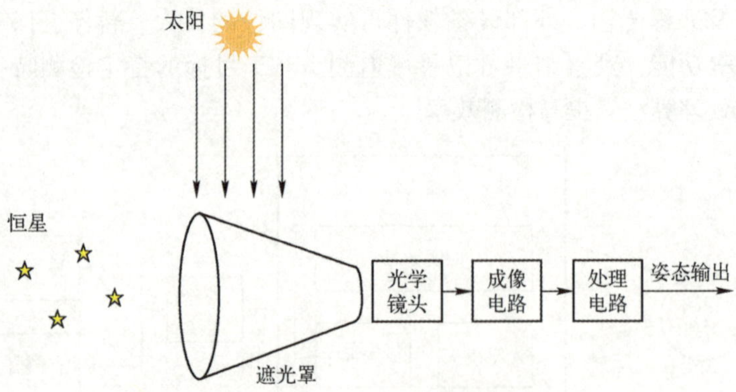

图 6.4-3　星敏感器组成结构

传感器的指标对星敏感器的测量精度有决定性的影响，有以下几个方面的原因。

1）大面阵的图像传感器提高星敏感器的分辨率，从而提高恒星观测精度。

2）由于恒星的光照强度很弱，星敏感器对图像传感器的灵敏度有很高要求。高灵敏度的图像传感器能够提高星敏感器的观测星数及信噪比，提高测量精度。

3）图像传感器的噪声是影响星敏感器精度的主要因素，低噪声图像传感器能够实现更高的测量精度。

星敏感器最早应用于卫星姿态控制系统，这是因为在大气层外有理想的光学观测条件。之后，星敏感器的应用范围扩展到观测条件更恶劣的环境，如大气层内的白昼环境、高速飞行器、海洋船舶等。随着图像传感器技术的进步，星敏感器正在向高精度、高动态、低成本、小型化、强光环境应用等方向发展，轻小型星敏感器如图 6.4-4 所示。

图 6.4-4　轻小型星敏感器

2. 光电编码器

高精度的活动部件控制需要测量几何或角度位移量，光电编码器是一种运用成像技术将运动轴上的几何位移量、角度位移量等物理量转换成脉冲或数字量的传感器。

根据光电编码器的刻度方法及信号输出形式，可分为增量式和绝对式两种类型[33]。增量式编码器采用莫尔条纹，在码盘上均匀刻画，在每一个分辨率区间内，都可以产生一个脉冲计数。以零位信号位置作为基准位置，计数器以输出脉冲相对于基准位置来计数，正方向转动增加计数，反方向转动减少计数。增量式编码器的特点是结构简单，响应时间短，但是在断电后数据丢失，出现累计误差。绝对式编码器采用二进制码盘，按照规律排列，每一个分辨率区间内都有唯一的二进制代码对应，绝对式编码器的优点是抗干扰能力强，可靠性高，即使断电数据也不会丢失。

绝对式光电编码器由光源、码盘、轴系、成像电路、处理电路等部分组成。图 6.4-5 给出了典型光电编码器的组成结构示意图，码盘是记录轴系绝对角度信息的元件，固定在轴系上旋转，码盘上刻画有同心的码道，各个码道由透光性不同的图案组成，代表角度代码变量。如图 6.4-5 所示，光电编码器工作时由光源照亮码盘，光通过码盘后成像，转为图像信号，再进行图像处理。码道分为精码和粗码，一般在内环的码道作为粗码，外环码道作为精码，这样能够实现更高的精度。精码和粗码组合后代表最终的角度信息。光电编码器通常使用发光二极管作为光源，具有体积小寿命长的优点。

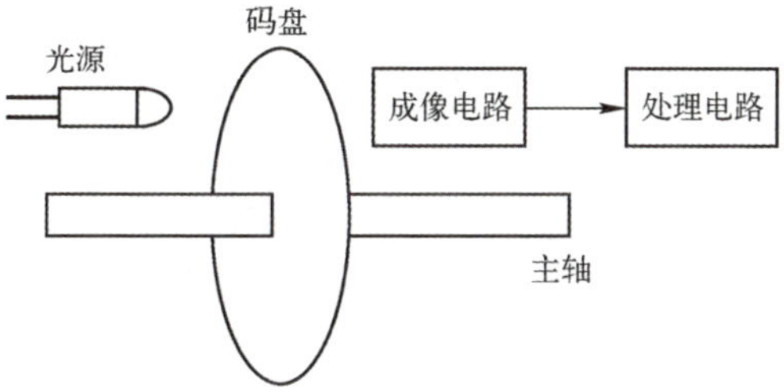

图 6.4-5 光电编码器的组成

光电编码器使用高性能的图像传感器能够实现更高的测量精度和数据更新率，同时光电编码器有小型化的需求，对于图像传感器的尺寸也有严格限制，图像传感器技术的发展使光电编码器成为角度位移量测量的主流方案之一。光电编码器的码盘如图 6.4-6 所示。

6.4.3 机器视觉

视觉系统是人类对周围世界进行感知和理解的主要方式。类似于人眼系统，机器视觉通过图像传感器来感知和理解周围的环境。机器视觉是人工智

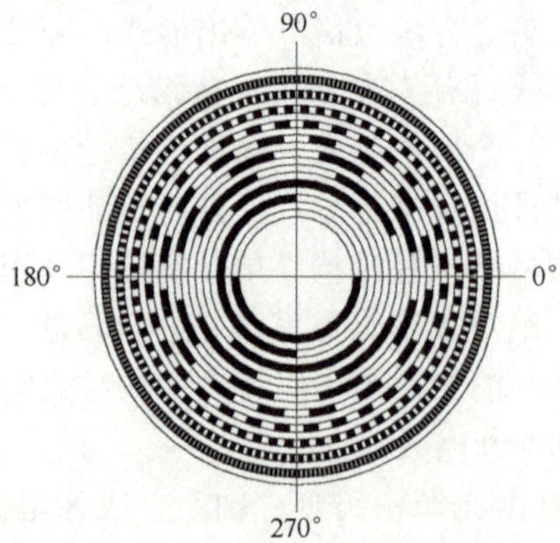

图 6.4-6　光电编码器的码盘

能的一个分支，通过模拟人类的视觉能力获得图像的灰度和颜色信息并转化成数字信号，再使用图像处理算法提取视觉特征代替大脑进行判断和识别，提高检测和操作的自动化程度。在最近 10 年的时间里，机器视觉发展迅速，主要表现在图像处理算法的理论创新，新技术新产品的市场化应用随之产生，改变了人们的生产生活方式[34]。

机器视觉是一项综合技术，包括图像处理、机械设计、光学成像技术、处理器处理技术等，其中光学成像技术是机器视觉的硬件基础。机器视觉进入实用化阶段后，早期由于图像质量不高和硬件设备价格昂贵，机器视觉的使用受限，很难在工业生产中推广。随着图像传感器技术的发展，硬件成本下降并且成像质量提升，机器视觉有了更多应用。得益于健全完整的工业体系和巨大的应用需求，中国已经成为目前世界上机器视觉技术发展最为迅速的地区之一。

一个典型的机器视觉系统包括光源、光学镜头、成像单元、图像处理单元、图像处理软件、操作执行机构等部分，如图 6.4-7 所示。近些年，以无人驾驶技术为代表的一批新的应用领域将机器视觉推向新的研究高度。

无人驾驶汽车因具有避免交通事故、减少交通拥堵、提高交通效率等诸多优点而备受瞩目。无人驾驶技术的原理是利用车载传感器感知周围环境，获得道路、车辆位置、障碍物等信息，控制车辆的转向和速度，保证车辆在道路上安全可靠行驶。目前，无人驾驶汽车按照自动化程度分为 L_1、L_2、L_3、L_4 和 L_5 共 5 级，分别对应辅助驾驶、部分自动化、有条件自动驾驶、高度自动驾驶和完全自动驾驶，相关技术覆盖了自动控制、计算机、信息通信、电子等多个学科，是当今世界的前沿研究方向，几乎所有的车辆厂商和著名研

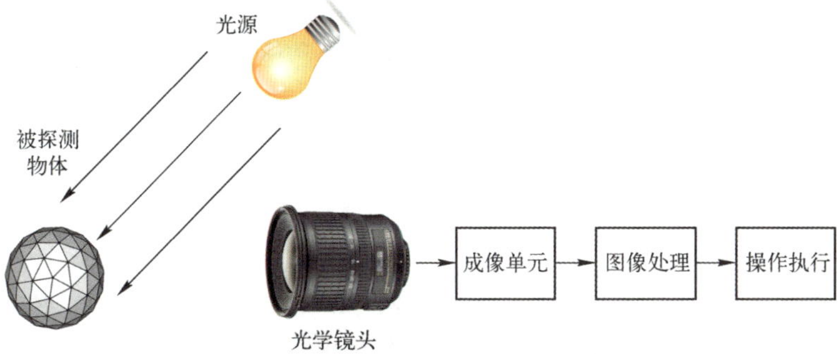

图 6.4-7 典型的机器视觉系统组成

究院所都参与到无人驾驶的研究工作之中[35]。

无人驾驶汽车配有激光雷达、视觉传感器、毫米波雷达、惯导、全球定位系统等各类传感器。激光雷达可获取周围环境的三维尺寸信息，通过向目标发射光线然后分析反射光束实现测距功能，是汽车辅助驾驶中最常用的传感器。视觉传感器由图像传感器制成的光学相机组成，是无人驾驶汽车获取环境信息的第二大来源，分为单目相机、双目相机和全景相机 3 种。单目相机只使用一套光学系统及成像器件采集图像数据，识别行人及车辆等障碍物，根据障碍物在图像中的大小变化，计算障碍物距离。双目相机是建立在人类视觉系统研究的基础上，通过双目立体视觉处理，获取环境的三维信息。相比单目相机，双目相机有更高的测距精度，但在获取三维信息方面不如激光雷达可靠。全景相机将多个相机的图像拼接，获得周围环境的全景图像，然后识别和处理环境中的目标信息。另外，使用鱼眼镜头的单目相机也能获得全景图像，虽然图像的畸变很大，但在图像处理运算量和成本上更有优势，在无人驾驶汽车上也有应用，如图 6.4-8 所示。除了障碍物，视觉传感器还需要检测车道线等辅助目标。

图 6.4-8 带有无人驾驶功能的汽车

目前，民用的无人驾驶技术已经进入实用化阶段，多传感器融合的决策优化以及在复杂环境中的应用是未来需要完善和解决的问题。随着无人驾驶技术日趋成熟，城市交通系统的建设将会迎来革命。

6.5 图像传感器的发展趋势

图像传感器自产生以来，已有半个多世纪的时间，期间经历了从无到有，指标不断提升的过程。特别是在最近的 20 年里，图像传感器的设计和加工水平取得了重要突破。作为应用最广泛的光电测量与传感器件，巨大的应用需求一直在牵引图像传感器技术的发展。从需求角度分析，图像传感器在未来有以下几个发展方向。

（1）定制化的指标需求。一些应用场景对图像传感器的某项指标有很高要求。例如，瞬态成像要求图像传感器具备每秒几千甚至上万帧的成像速度，大型天基光学望远镜需要实现亿级像素阵列以及极低暗电流水平的图像传感器。图像传感器的指标决定了这些应用最终实现的效果，用户通过定制器件来满足这些特殊的指标需求。

（2）电路集成技术。传统的图像传感器都是在水平方向上增加芯片面积来扩展功能，2015 年，索尼公司申请了利用 3 层垂直堆叠工艺实现图像传感器电路集成的专利，并将这项技术应用在移动终端产品上。在 3 层结构中，顶层用于制作像素感光，中间层实现时序逻辑和处理电路，底层用于缓存数字图像。此项技术最大限度地利用了芯片的体积，并且提高了成像质量和图像处理速度，其他图像传感器厂商也纷纷投入到该项技术的研究之中。随着半导体工艺中电路集成技术的发展，图像传感器的数据读写速度及片上图像处理能力将进一步提升。

（3）非硅基探测器。受材料探测波段的限制，红外探测器需要使用禁带宽度更小的铟镓砷、碲镉汞等材料制作感光像素，这些材料的工艺水平不如硅基材料成熟，因此制成的图像传感器在性能指标上与硅基探测器存在差距，并且制造成本昂贵。非硅基探测器在夜视遥感和军工国防领域存在应用需求，在工艺水平上还有很大的提升空间，是图像传感器未来的一个发展方向。

参考文献

[1] BOYLE W S, SMITH G E. Charge coupled semiconductor devices [J]. Bell System Tech-

nical Journal, 1970, 49 (4): 587-593.

[2] TOMPSETT M F, AMELIO G F, BERTRAM W J, et al. Charge-coupled imaging devices: experimental results [J]. IEEE Transactions on Electron Devices, 1971, 18 (11): 992-996.

[3] WHITE M H, LAMPE D R, BLAHA F C, et al. Characterization of surface channel CCD image arrays at low light levels [J]. IEEE Journal of Solid-State Circuits, 1974, 9 (1): 1-12.

[4] TERANISHI N, KOHONO A, ISHIHARA Y, et al. No image lag photodiode structure in the interline CCD image sensor [C]//1982 International Electron Devices Meeting, IEEE, 1982: 324-327.

[5] ISHIHARA Y, TANIGAKI K. A high photosensitive IL-CCD image sensor with monolithic resin lens array [C]//1983 International Electron Devices Meeting, IEEE, 1983: 497-500.

[6] MOORE G E. Cramming more components onto integrated circuits [J]. Proceedings of the IEEE, 1998, 86 (1): 82-85.

[7] WEIMER P K, SADASIV G, MEYER J E, et al. A self-scanned solid-state image sensor [J]. Proceedings of the IEEE, 1967, 55 (9): 1591-1602.

[8] MENDIS S K, KEMENY S E, FOSSUM E R. A 128/spl times/128 CMOS active pixel image sensor for highly integrated imaging systems [C]//Proceedings of IEEE International Electron Devices Meeting, IEEE, 1993: 583-586.

[9] JELLISON JR G E, MODINE F A. Optical absorption of silicon between 1. 6 and 4. 7 eV at elevated temperatures [J]. Applied Physics Letters, 1982, 41 (2): 180-182.

[10] TOMPSETT M F. Charge transfer devices [J]. Journal of Vacuum Science and Technology, 1972, 9 (4): 1166-1181.

[11] KOSONOCKY W F. Charge-coupled devices an overview [C]//Western Electronic Show and Convention, 1974: 2/1.

[12] KOBAYASHI A, NAITO Y, ISHIGAMI T, et al. A 1/2-in 380 k-pixel progressive scan CCD image sensor [C]//1993 IEEE International Solid-State Circuits Conference Digest of Technical Papers, IEEE, 1993: 192-193.

[13] FOSSUM E R. CMOS image sensors: Electronic camera-on-a-chip [J]. IEEE Transactions on Electron Devices, 1997, 44 (10): 1689-1698.

[14] LULÉ T, BENTHIEN S, KELLER H, et al. Sensitivity of CMOS based imagers and scaling perspectives [J]. IEEE Transactions on Electron Devices, 2000, 47 (11): 2110-2122.

[15] ZHOU Y G, CAO Z X, LI Q L, et al. Design of four-transistor pixel for high speed CMOS image [C]//2011 9th IEEE International Conference on ASIC, IEEE, 2011: 171-

174.

[16] FOWLER B, LIU C, MIMS S, et al. A 5.5 mpixel 100 frames/sec wide dynamic range low noise CMOS image sensor for scientific applications [C]//Sensors, Cameras, and Systems for Industrial/Scientific Applications XI: Vol. 7536, SPIE, 2010: 58-69.

[17] JORDEN P R. Secrets of E2V technologies CCDs [J]. Scientific Detectors for Astronomy, 2010: 115-122.

[18] BURKE B E, GREGORY J A, LOOMIS A H, et al. CCD soft-X-ray detectors with improved high-and low-energy performance [J]. IEEE Transactions on Nuclear Science, 2004, 51 (5): 2322-2327.

[19] HOENK M E, GRUNTHANER P J, GRUNTHANER F J, et al. Growth of a delta-doped silicon layer by molecular beam epitaxy on a charge-coupled device for reflection-limited ultraviolet quantum efficiency [J]. Applied Physics Letters, 1992, 61 (9): 1084-1086.

[20] ZANELLA G, ZANNONI R. The role of the quantum efficiency on the DQE of an imaging detector [J]. Nuclear Instruments and Methods in Physics Research Section A: Accelerators, Spectrometers, Detectors and Associated Equipment, 1996, 381 (1): 157-160.

[21] CHO T B. Low-power low-voltage analog-to-digital conversion techniques using pipelined architectures [M]. Berkeley: University of California, 1995.

[22] JOHNS D, MARTIN K. Analog integrated circuit design [M]. New York: Wiley, 1997.

[23] ZHAO Z, CHEN X, ZHANG F, et al. Imaging properties of the rotundity planar microlens array [C]//International Symposium on Photoelectronic Detection and Imaging 2011: Laser Sensing and Imaging; and Biological and Medical Applications of Photonics Sensing and Imaging, 2011, 8192: 1021-1027.

[24] 崔巍，汶德胜，马涛. Bayer 图像无损压缩算法及其 FPGA 实现 [J]. 科学技术与工程，2006，6 (9)：1208-1212.

[25] 尹勇，胡磊. 一种改进的 Bayer 图像彩色恢复差值算法 [J]. 计算机科学，2010，37 (4)：278-280.

[26] 罗潇，孙海江，陈秋萍，等. Bayer 格式图像的实时彩色复原 [J]. 中国光学与应用光学，2010，3 (2)：182-187.

[27] 陈春宁，王延杰. 利用信号相关对 BAYER 格式图像色彩复原 [J]. 电子器件，2007，30 (4)：1417-1419.

[28] 王杨. CCD 芯片关键性能参数的测量系统及其测量方法设计 [D]. 西安：西安电子科技大学，2013.

[29] 尚媛园，张伟功，宋宇，等. CMOS 成像器件性能测试方法的研究 [J]. Laser & Optoelectronics Progress，2010，47 (5)：51101.

[30] BROUK I, ALAMEH K, NEMIROVSKY Y. Design and characterization of CMOS/SOI image sensors [J]. IEEE Transactions on Electron Devices, 2007, 54 (3): 468-475.

[31] 张天翼，田鹤，南山．火星摄影师——祝融号火星车巡视探测拍摄纪实［J］. 国际太空，2021（7）：4.
[32] 刘智．CMOS 图像传感器在星敏感器中应用研究［J］. 中科院长春光机所知识产出，2004.
[33] 时魁，高云国，赵勇志，等．增量式光栅编码器与绝对式编码器性能比较和分析［J］. 机械设计与制造，2011（1）：2.
[34] 张海东．基于嵌入式的目标跟踪系统研究［D］. 哈尔滨：哈尔滨工业大学，2016.
[35] 叶阳阳．面向道路交通的环境感知关键技术研究［D］. 北京：北京交通大学，2020.

第7章

红外传感器

在绝对零度以上的物体，因内部带电粒子的运动，会以一定波长电磁波的形式向外辐射能量，辐射波长和能量与温度有关。自然界所有物体都是红外辐射热源，如37℃的人体向外辐射波长9~10μm，400~700℃的物体辐射红外辐射波长3~5μm。红外光谱区覆盖的光谱范围位于毫米波和可见光之间，在具体使用上，又划分了多个子光谱区。表7.1-1给出了红外光谱区的划分，并给出了工作在该红外光谱区探测器的典型材料。

表7.1-1　红外光谱划分和对应的典型红外探测材料[1]

光　谱　区	波长范围/μm	红外探测材料
近红外（Near Infrared，NIR）	0.78~1	Si，Ge（光子型），InSe，InSb
短波红外（Short Wavelength IR，SWIR）	1~3	HgCdTe，Ge（热探测器），PbS，GaInAs，PbSe
中波红外（Medium Wavelength IR，MWIR）	3~5	InSb，PtSi，HgCdTe，PbS，PbSe，QWIP，热释电材料
长波红外（Long Wavelength IR，LMIR）	6~15	HgCdTe，InSb，Ge
甚长波红外（Very Long Wavelength IR，VLMIR）	15~30	InSb，PbSe，Ge，HgCdTe QWIP，掺杂Si
远红外（FarIR，FIR）	30~100	InSb，HgCdTe
亚毫米波（Submillimeter，SubMM）	100~1000	InGaAs

红外探测器的任务就是测定红外辐射的存在、强弱，以便从中提取有用的信息。例如，利用物体辐射波长（光子能量）、辐射强度随温度的变化关系，人们制备出了非接触式温度传感器，在非典、新冠疫情期间，广泛用于车站、机场等人群密集场所体温度异常个体的筛查。红外测温传感器可对远距离、带电及不可接触物体测温，具有响应速度快，可对高速运动物体测温，灵敏度高，测温范围广等特点。功能完整的红外探测器包括红外敏感元件、入射窗口、外壳、电极以及其他可能需要的光学部件，如光阑、场镜、光锥、浸没透镜、滤光片等。低温工作的红外探测器还需低温装置如杜瓦瓶等制冷装置，输出电流低的器件还需要包括前置放大器。

红外辐射在传播过程中，由于受到散射、吸收作用，传输过程幅度或能量逐渐衰减，但在2~2.6μm、3~5μm和8~14μm 3个波段的辐射能较好地穿透大气层，因此这3个波段称为“大气窗口”，一般红外传感器（探测器）都工作在这3个波段。

7.1　红外传感器分类

红外传感器按工作原理可以分为两类：第一类利用红外辐射光的光子能量激发光电子，改变材料中电子的状态，导致电导率改变或产生电动势的光子型红外探测器；第二类基于对黑体辐射红外能量的吸收而产生温度变化以及温度变化的伴随效应制成的加热型传感器，又称热敏探测器，如图7.1-1所示。

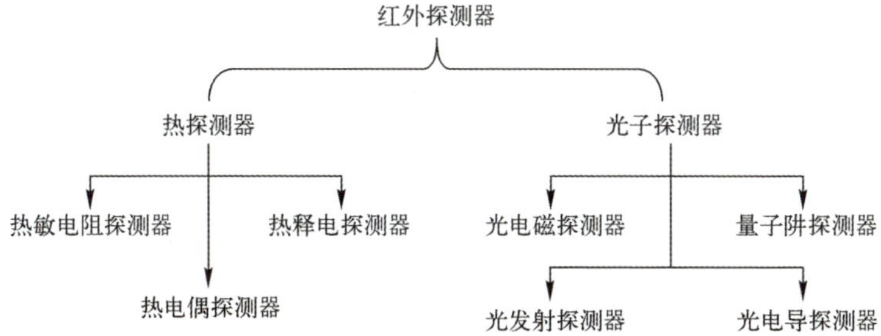

图7.1-1　红外探测器的类型

热敏探测器与光子型探测器相比有如下特点。

(1) 热敏探测器对各种波长（覆盖深紫外到远红外）均能响应，属于无

（波长）选择探测器，但灵敏度低；光子探测器，需要借助光电效应，灵敏度高，响应速度快，但灵敏度会受波长的响应限制。

（2）热敏探测器不需要冷却，可在室温下工作，使用方便；光子探测器，通常需要冷却，以降低热噪声。

（3）热敏探测器需要首先吸收红外辐射，将辐射能转化为热能，然后热效应引起其他物理量的变化并用于测量，热探测器对吸收的光能量响应，而不是对吸收的光子响应，利用的是材料的热特性，由于受到热时间常数的制约，需要较长时间才能到达稳定状态，因此响应速度慢；光子型探测器主要利用材料的光电效应，可快速捕获信号变化，响应速度快。

（4）相比于热敏探测器，光子型探测器容易实现规格化。

（5）热敏探测器的探测率比光子探测器的峰值探测率低。

（6）在应用领域上，热探测器主要用于温度测量、热成像、安防、火灾探测等领域，光子型探测器主要用于光信号处理、光电转换、光谱分析以及照度测量。

7.1.1 热探测器

红外热探测器是将红外辐射照射所产生的光能转化为热能，并利用热效应进行辐照测量的传感器。基本原理是入射辐射与探测物质相互作用，晶格吸收光能增加晶格振动能量，引起探测物质温度上升，进而导致与温度有关的物理性质发生变化，这与将光子能量直接转移给一个电子而产生光电子的光电效应存在本质区别。光热效应与入射光子的性质无关，因此，热探测器的工作机理上与光波长没有关系，探测输出主要与输入光谱的功率有关，与入射光谱关系不大。探测器的敏感元件为热敏元件，它吸收辐射后引起温度升高，进而导致与温度相关的关物理参数发生相应变化，如体积变化、形状变化、压强变化、电阻率变化、温差电效应、自发极化强度变化等效应，利用这些效应可间接获得辐射能量和对应物理量的信息。典型的热探测器包括热敏电阻、热释电型探测器、气体探测器、热电偶、热电堆等。图 7.1-2 给出了 Thorlabs 产品中 3 种典型的热敏功率探头的光吸收谱曲线[2]，该类型探头利用热敏电阻检测探头温度。

1. 热探测器的工作原理

热探测器的简化模型如 7.1-3（a）所示，相关的物理量分别包括热敏元件的热容 C_{th}（J/K），热敏元件固定温度为 T 的散热器耦合，热导率为 G_{th}（W/K）。在无热辐射时，探测器在平均温度 T 附近扰动。在有热辐射的情况下，探测

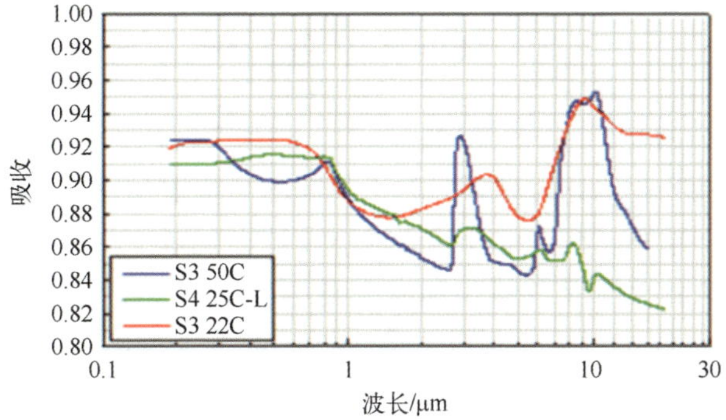

图 7.1-2　3 种典型热敏功率探头的光吸收谱曲线

器的温度可以通过热平衡方程确定，即

$$C_{th}\frac{d\Delta T}{dt}+G_{th}\Delta T=\varepsilon\phi \tag{7.1-1}$$

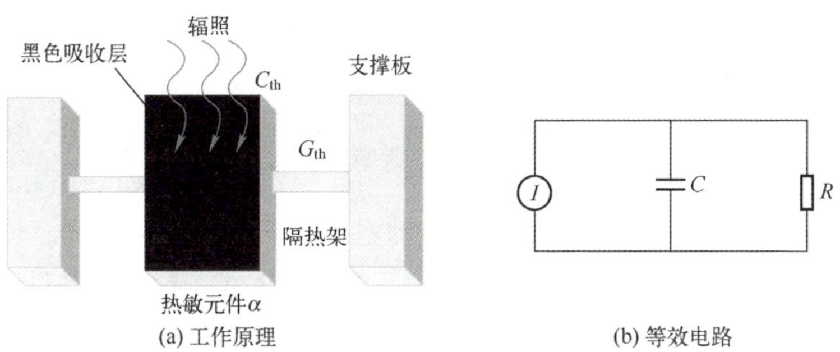

图 7.1-3　热探测器工作原理等效电路示意图

式（7.1-1）左侧第一项表示温度变化导致探测器的热能增量，第二项表示耦合到散热片的热能，耦合方式为热传导；式（7.1-1）右侧表示热辐射吸收的能量，ε 为探测器吸收率（发射率），ϕ 为热辐射功率。

假定热辐射为周期调制信号，表示为 $\phi=\phi_0\exp(i\omega t)$，其中，$\phi_0$ 为入射光信号功率幅度，ω 为调制角频率。假定初始时刻 $\Delta T(0)=0$，易得不同热辐射下，$\Delta T(t)$ 的解为

$$\Delta T=\Delta T_0\exp[-(G_{th}/C_{th})t]+\frac{\varepsilon\phi_0\exp(i\omega t)}{G_{th}+i\omega C_{th}} \tag{7.1-2}$$

式（7.1-2）右侧第一项为指数衰减项，会很快衰减为零，故不予考虑；第二项代表温度变化的输出，其幅值表示为

$$\Delta T=\frac{\varepsilon\phi_0}{\sqrt{G_{th}^2+\omega^2 C_{th}^2}} \tag{7.1-3}$$

从式（7.1-3）可以得出热探测器的一些基本特性。①设计原则：无论哪种热探测器，温度变化越大越好，对于相同的热辐射功率，吸收率越大越好，热容和热导越小越好。减少电导，要求在设计上要减少与周围环境的热接触，减少热容，意味着探测元件体积和密度要尽可能小。②热时间常数：随着调制频率的增加，式（7.1-3）中分母第二项会逐渐大于第一项，最终探测器温度变化的幅值会受到 ω 的制约，可见热探测器不适用于调制频率的光信号探测。将式（7.1-3）改写为 $\Delta T=\frac{\varepsilon\phi_0 R_{th}}{(1+\omega^2\tau_{th}^2)^{1/2}}$，其中，$\tau_{th}=C_{th}/G_{th}$ 为热探测器的热时间常数，$R_{th}=1/G_{th}$ 为热阻抗（K/W）。热响应时间常数的典型值为毫秒量级，远大于光子类型的探测器。由于探测灵敏度与温度变化成正比，因此在设计和选择热探测器时需要将探测灵敏度和频率响应折中考虑。③电压响应的频率特性：假定热探测器将温度变化转化为电压输出，且电压输出与温度变化成正比关系 $\Delta V=K\Delta T$，其中，K 为比例常数，易得温度变化导致的电压均方根信号为 $\Delta V=\frac{K\varepsilon\phi_0 R_{th}}{(1+\omega^2\tau_{th}^2)^{1/2}}$，则电压响应为 $R_V=\frac{\Delta V}{\phi_0}=\frac{K\varepsilon R_{th}}{(1+\omega^2\tau_{th}^2)^{1/2}}$。进一步分析可知，低频信号($\omega\tau_{th}\ll 1$)的电压响应正比于热阻抗，与热容无关，对于高频信号($\omega\tau_{th}\gg 1$)，电压响应与热阻抗无关，反比于热容。④最小热导及最小可探测功率：当探测器与外界处于真空隔绝时，探测器与外界的热导率最小，仅存在探测器和散热片的辐射热交换，即只有辐射热导分量。热平衡时的辐射的总光通量为 $A\varepsilon\sigma T^4$，其中，A 为受辐照面积，σ 为斯忒藩-玻耳兹曼常数。当探测器温度变化 ΔT 时，辐射光通量增大为 $4A\varepsilon\sigma T^3\Delta T$，热导率的辐射热导分量 $G_R=4A\varepsilon\sigma T^3$，该热导率导致的探测器功率扰动 $\Delta P_{th}=\sqrt{4k_B T^2 G_R}$。当温度扰动是唯一噪声源时，该值也是最小可探测功率，将辐射热导率带入可得最小可探测功率为，若吸收系数不等于1，最小可探测功率表示为 $\mathrm{NEP}=\Delta P_{th}/\varepsilon$。

2. 热探测器噪声

（1）热噪声。由热运动引起的电子噪声，与其他探测器类似，电阻 R 在带宽 Δf 范围内引起的噪声电压可表示为 $V_J^2=4k_B TR\Delta f$，其中，k_B 为玻耳兹曼常数。热噪声属于白噪声，是热探测器中最主要的噪声来源。在热探测器中，通过调节电路中电阻的大小和结构，可以尽可能地降低热噪声的影响，提高探测器的灵敏度。

（2）温度噪声。探测器的温度变化引起的噪声。其中温度变化的方均值可表示为$\overline{\Delta T^2}=\frac{4k_B T\Delta f}{1+\omega^2\tau_{th}^2}R_{th}$，其中，$R_{th}$为热探测器的热阻抗，是影响温度扰动的关键参数，且温度扰动随着频率增加而衰减。温度扰动引起的噪声电压可表示为$V_{\Delta T}^2=K^2\ \overline{\Delta T^2}=\frac{4k_B T^2\Delta f}{1+\omega^2\tau_{th}^2}K^2R_{th}$。

（3）辐射背景噪声。探测器温度T_d和环境背景温度T_b辐射热交换所产生的背景噪声。在2π视场下，背景噪声电压表示为$V_b^2=\frac{8k_B\varepsilon\sigma A(T_d^2+T_b^2)}{1+\omega^2\tau_{th}^2}K^2R_{th}^2$。

（4）低频噪声。热探测器工作频率较低，低频噪声需要考虑，低频噪声电压表示为$V_{1/f}^2=k_{1/f}\frac{I^\delta}{f^\beta}\Delta f$，其中，$k_{1/f}$为比例系数，幂指数$\delta$和$\beta$均约为1，上述参数与探测器结构以及表面材料和工艺技术相关。

总的探测器噪声电压表示为

$$V_{total}^2=V_J^2+V_{th}^2+V_b^2+V_{1/f}^2$$

3. 热探测器的特点

热探测器的工作机理，决定了热探测器具有以下特点：①光谱无关性，可实现宽波段覆盖；②通常不需要制冷，设备制造和维护成本低，使用方便；③热效应的需要时间积累，响应时间慢，通常在毫秒和微秒量级；④受热噪声影响；⑤高的温度分辨率，可用于检测物体表面微小温度变化；⑥耐用性强，结构简单，可靠性高，寿命长，耐恶劣工作环境。

7.1.2 光子型探测器

红外光电探测器又称为光子探测器，属于量子探测器，是利用入射红外辐射的光子与探测器材料中电子的互相作用（光电效应），改变电子的能量状态，引起各种电学现象（又称光子效应），并以这些现象制成的探测器。电子能量状态的改变与光子的能量有关，因此光子型探测器的响应是波长的函数，存在长波限。常见光子效应有光电效应、光生伏特效应、光电磁效应和光电导效应等，通过测量材料电学性质的变化，进而得到红外辐射的强弱和目标体的温度信息。光子型探测器的波段覆盖范围处于近紫外和近红外之间，不如热探测器波段覆盖范围广。在前面介绍的光二极管、光电倍增管、P-I-N探测器、APD探测器等都为光子型探测器，除工作波段外，基本原理与红外光子探测器相差不大。

具有高内增益的光子型探测器可以实现单光子技术测量，因而具有极高的灵敏度、极高的能量分辨率（单光子能量）和极高的时间分辨率（可测量光子到达时间）。此外，光子探测器还具有高信噪比，易于集成等优点。光子型探测器在光信息处理、生物医学、环境监测、天体物理等领域应用广泛。

7.1.3 红外探测器的工作条件

红外探测器的最佳探测工作性能需要响应匹配的工作条件与之相适应。商用红外探测器在给出性能参数时，必须要注明对辐射源的光谱响应率，工作频率、工作带宽、工作温度、光敏面积、形状参数、直流偏压范围以及需要特别指明的工作条件（如受背景光子噪声限值的探测器应注明探测器的视场立体角和背景温度、非线性探测器需注明入射辐射功率）等。只有指明了探测器的工作条件，光电探测器才能互换使用。

（1）待探测辐射源的光谱特性。光电探测器（特别是光子型探测器）的响应率是波长的函数，仅对一定波长范围内的辐射有信号输出，要求在指明探测器的性能时，必须首先明确辐射源的光谱分布，并给出相应的辐射源参量，如单色光源的波长、黑体辐射的黑体温度、入射探测器的最大光功率、入射光的调制情况（频率和幅值等）、探测器的探测率等。

（2）工作环境噪声、温度控制。对于红外探测器，特别是半导体红外探测器，无论信号还是噪声，都与环境温度紧密相关，很多器件（工作波长大于3μm）需要工作在低温条件下，长波限越长，工作温度越低，只有在特定温度条件下工作，红外探测器测量的准确性和稳定性才能得到保障。对于采用杜瓦瓶获得低温条件，需要将特定物质注入杜瓦瓶，常见的有 CO_2（升华温度 194.6K）、液氮（沸点 77K）、液氦（沸点 4.2K）、液氧（沸点 90K）、液氖（沸点 27.2K）、液氢（沸点 20.4K）。另外，红外探测器获得低温条件也可以用基于帕尔贴效应的半导体制冷实现，优点是体积小。

红外探测器在工作过程中，会受到环境噪声的影响，如电磁辐射、气体发射、太阳辐射等。为避免对探测带来影响，需对探测器进行必要的屏蔽和噪声抑制。

（3）探测器光敏面尺寸和形状。探测器光敏面的尺寸和形状会影响到探测器的性能，不同光敏面尺寸和形状的同一类探测器的探测率存在差异，大部分探测器的信噪比与光敏面积的平方根成正比关系。在给出探测器的性能参数如探测率、响应时间等参数时应将光敏面尺寸和形状参数一并给出。

(4) 探测器偏压（偏流）。大多数红外探测器的响应率和噪声参数仅在一定直流偏压范围内与偏压呈线性关系，前者随偏压缓慢增加，在超过一定的偏执条件后，则随偏压增加而呈非线性关系迅速增加，在应用中应让探测器工作性能具有最佳状态的偏压条件（包括零偏压条件）。

(5) 电子电路控制。红外探测器需要使用特定的电子电路对信号放大和处理，这些电路需要精心设计和控制，以提高红外探测器的性能和响应速度。

(6) 工作频率和放大器噪声等效带宽。噪声限制了探测器的极限性能，噪声电压或电流均正比于带宽的平方根，有些噪声是频率的函数，在描述探测器性能时，必须明确其通频带和带宽。

7.2 光子型红外探测器

光子型红外探测器包括光伏型探测器和光电导型探测器，这些探测器的基本结构和原理与第 4 章和第 5 章中基本相同，这里不做进一步介绍，下面仅介绍基于肖特基势垒的红外探测器，本质属于光电导型探测器，具有低功耗、大电流、超高速和宽光谱等优点。

7.2.1 肖特基势垒光电探测器工作原理

肖特基势垒光电二极管是由金属和半导体接触形成的异质结，基本结构是利用透明或半透明的金属薄膜替代 PN 结中的 P 区或 N 区。为了减少界面缺陷，通常金属薄膜需要在真空条件下原子蒸发方式沉积在半导体晶体表面。

图 7.2-1 所示为金属和半导体（N 型）接触前和接触后的平衡能带图，图 7.2-1 中金属和半导体材料的功函数分别用 W_m 和 W_s 表示，定义为真空能级与相应材料的费米能级之差，半导体电子亲和能用 χ_s 表示，定义为真空能级与导带能级之差。假定金属功函数大于半导体功函数，接触后，半导体中大量位于高能级的电子，隧穿到金属表面，直至半导体和金属具有统一的费米能级。这时金属一侧积累了大量电子，半导体一侧由于电子的减少，形成空间电荷区，接触区形成接触势垒，在空间形成非均匀的内建电场，电场方向从半导体指向金属表面，电场的最大值位于界面处，最终各种载流子的漂移和扩散电流分别到达平衡。从图 7.2-1 中容易看出，金属一侧，接触势垒大小为金属功函数与 N 型半导体的电子亲和能之差。在半导体一侧，存在宽

度 w 为带正电的空间电荷区，内建电势为 V_{bi}。在热平衡状态，在金属中激发的光电子，只有能量大于功函数之差，才能越过势垒并通过内建电场的作用漂移到N区。形成肖特基势垒的二极管很多，包括Au和N型硅半导体（工作在可见光波段）、PtSi和P型硅（工作在紫外到近红外）。

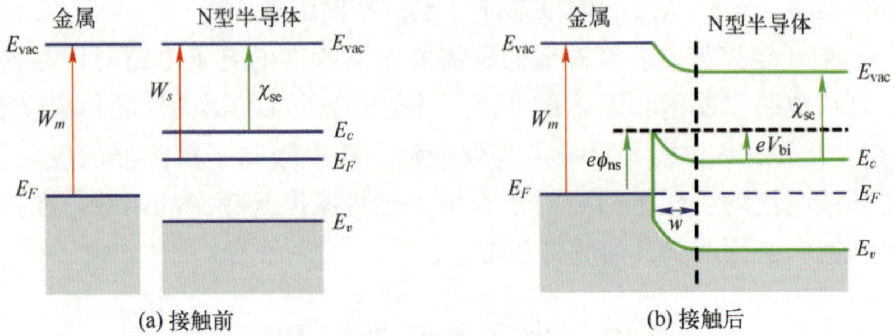

图7.2-1　金属和半导体（N型）接触前和接触后的平衡能带图

肖特基结的电流电压特性与PN结类似，以N型半导体肖特基结为例，由于导电机制为多子，因此需要重点分析电子从金属一侧注入和电子从半导体一侧注入的情况。电子从金属一侧注入需要克服势垒 $W_m-\chi_{se}=q\phi_{ns}$，这一势垒由材料决定，与外加电压的极性和大小无关。电子从半导体一侧注入，也要克服空间电荷区引起的耗尽区势垒，在平衡条件下势垒大小为 V_{bi}，在外加电压下，需要克服的势垒为 $V_{bi}-V$，其中，V 为施加在势垒区的电压，以金属一端接正极为正向偏压，否则为反向偏压。在无外加电压情况下，肖特基二极管处于平衡状态，左侧注入电流等于右侧注入电流，无净电流注入。

当在正向偏压情况下，金属一侧势垒不变，因此注入不变，但半导体一侧的注入由于多玻耳兹曼因子 $\exp[qV/k_BT]$，其中，V 为外加正向电压，玻耳兹曼因子的引入使得半导体一侧注入电子远大于金属一侧注入的电子。因此，正向偏压下，肖特基二极管处于导通状态，电流与外加电压呈指数变化，如图7.2-2所示。

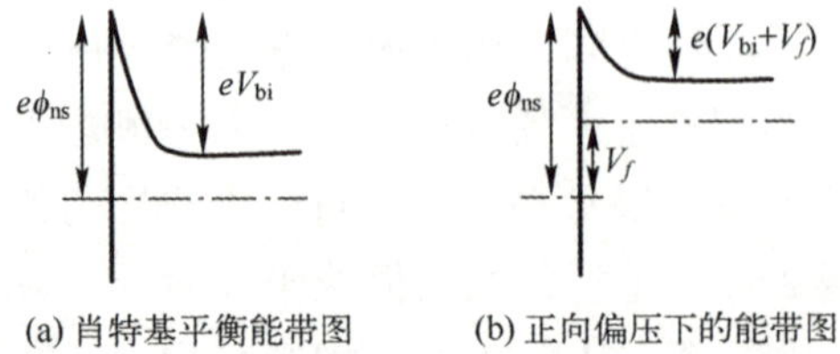

图7.2-2　肖特基平衡能带图和正向偏压下的能带图

在反向偏压下，半导体一侧的电子的势垒升高，导致半导体一侧的电子注入呈指数下降，左侧的一侧电子注入保持不变，因此在反向偏压下，出现从金属一侧到半导体一侧的净电子注入，但由于金属一侧势垒较高，注入大小取决于 $\exp[-q\phi_{ns}/k_B T]$，因此反向电流很小，由于无光照，称此时的反向电流为暗电流，暗电流的大小取决于结面积以及金属和半导体的结接触特性，对于宽带隙半导体，暗电流很小。

在反向偏压下，如图 7.2-3 所示，肖特基二极管半导体一侧的耗尽层内具有很强的内部电场，光子能够量大于半导体带隙的光照射在耗尽层产生的电子空穴对，在强电场下，将快速从相应的高能位置漂移到对应的低能位置一侧，从而为外部电路提供电流，如图 7.2-3（b）所示。如果光子的能量小于带隙但大于金属一侧的势垒能，也可以通过光电效应，激发电子从金属一侧的电子越过势垒 $q\phi_{ns}$ 进入半导体导带，形成注入漂移电流，如图 7.2-3（a）所示。

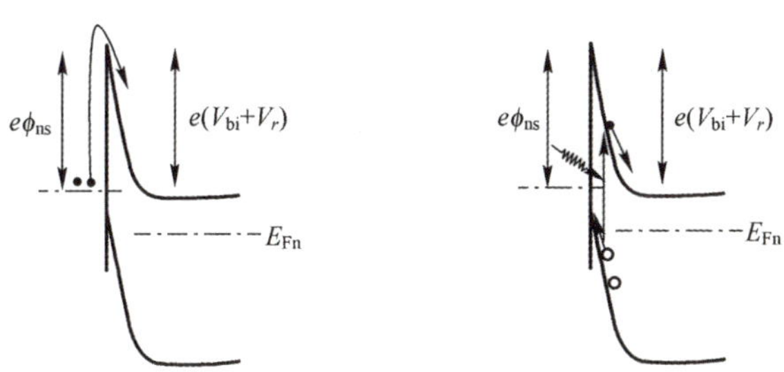

(a) 金属侧激发 (b) 半导体侧激发

图 7.2-3 反向偏压肖特基二极管金属测激发电子注入和从半导体测激发电子-空穴对时的载流子漂移示意图

实际的肖特基二极管的结构通常在半导体表面做叉指电极结构，如图 7.2-4（a）所示，这样形成成对的肖特基二极管，吸收区位于叉指电极中间的半导体区域，在零偏压时，能带图如 7.2-4（b）所示，耗尽层并未占据叉指电极中间的全部区域，而是仅位于电极附近的有限区域内，其余部分则为中性区。施加反向偏压时，相对的两个电极之间由于极性相反，使得相邻的两个肖特基二极管之间总能保持一个在正向偏压，一个在反向偏压，这样可以确保器件的暗电流很小。当逐渐增加电极间电压时，呈反向偏压的肖特基管，内建电场逐渐增强，同时空间电荷区逐渐向中性区扩展，呈正向电压的肖特基管，内建电场逐渐减弱，空间电荷区逐渐收缩，直到最后整个电极之间的区域全部由反向偏压肖特基管的空间耗尽层占据，这时正向偏压的肖特基二极管的金属和半导体边界的带边被拉平，此时施加的电压称为平带电压。这种金属-半导体-金属（MSM）结构的优点是：耗尽层较宽，且内部电场较强，产生的电荷和空穴会被迅速从耗尽层漂移至两侧电极，响应时间极快，可用于高速工作的器件。

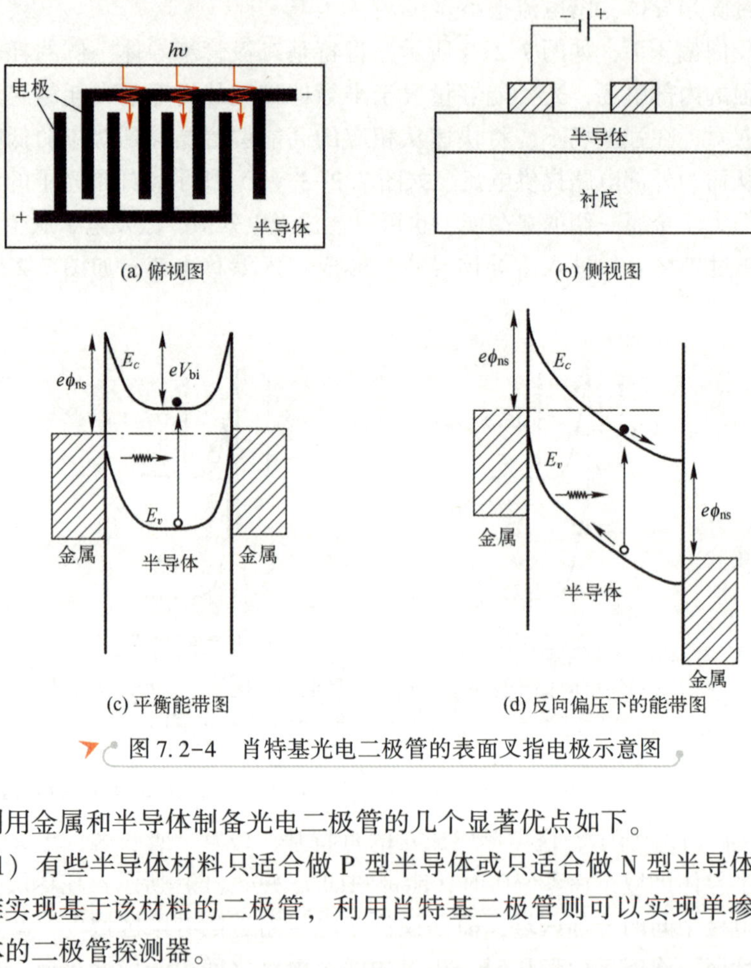

图 7.2-4 肖特基光电二极管的表面叉指电极示意图

利用金属和半导体制备光电二极管的几个显著优点如下。

（1）有些半导体材料只适合做 P 型半导体或只适合做 N 型半导体，这样就很难实现基于该材料的二极管，利用肖特基二极管则可以实现单掺杂类型半导体的二极管探测器。

（2）光子能量大于带隙的可见光和紫外部分有较大的吸收系数，在 PN 结或 PIN 结构中，会被中性区吸收，大量电子空穴对向表面扩散并被复合掉。由于肖特基光电二极管的空间电荷区紧邻金属电极，因此短波的光会被靠近金属电极的空间电荷区吸收。因此，很多肖特基光电二极管有很宽的频谱响应。

(3) PN 结或 PIN 结光电二极管的响应速度受限于在空间电荷区中性区中光生少子的扩散电流较慢。解决办法之一是减少 PN 结中一侧的厚度，但前提是不能因为厚度减薄导致串联电阻明显增加，从而影响器件的时间常数 $\tau_{RC}=RC$。肖特基光电二极管由于金属电阻很低，且导电机制为多子（N 型半导体），因此不受少子复合时间的限制，具有固有的快速响应和大工作带宽。容易获得皮秒量级的响应时间和 100GHz 的带宽。

肖特基探测器的缺点是存在量子效率和暗电流的折中，通过减少肖特基势垒可以增加量子效率，但同时也会导致暗电流增加，暗电流的增加会进一步导致噪声等价功率的增加，降低了该结构器件探测低功率的能力，为此为获得可接受的暗电流，上述器件需要在低温条件下工作[3]。

7.2.2 量子阱红外探测器

随着制备技术水平的提高，人们可以利用分子束外延（Molecular Beam Epitaxy, MBE）技术或金属有机化学气象沉积（Metal-organic Chemical Vapor Deposition, MOCVD）技术制备亚原子层厚度的半导体薄膜，使得基于量子效应的半导体光电子器件获得了较快发展。借助异质结构外延量子阱结构，人们可以相对自由地裁剪量子异质结构的带内能级，使得光学跃迁不再局限于能带间跃迁，也可以基于能带（主要是导带）的子能带之间的跃迁。大大拓展了能带工程的应用范围。量子阱红外探测器（Quantum Well Infrared Photodetector, QWIP）就是基于导带子能带之间的跃迁实现载流子的光激发，由于子能带之间的带隙较小，可以实现长波长探测。QWIP 绝大部分基于 GaAs 基的 GaAs/AlGaAs 以及 GaAs/InGaAs/AlGaAs 材料制成。前者可以实现晶格匹配，有利于制备高质量的材料结构；后者需要考虑材料的生长晶格失配带来的应力问题，但设计自由度更为灵活。下面简单介绍 GaAs/AlGaAs 材料的 QWIP。

将 GaAS 和 $Al_xGa_{1-x}As$ 材料交替外延制备成多个量子阱结构，两种材料形成的异质结属于典型的 I 型异质结构，窄带隙 GaAs 嵌入到宽带隙 AlGaAs 带隙中，GaAs 为阱区，AlGaAs 为垒区。垒区的材料组分决定了导带势垒的高度，通过求解一维有效质量近似下的薛定谔方程，可以计算由阱区的宽度与势垒的高度共同决定的量子阱子能级个数和能级大小。图 7.2-5 给出了外加电场影响下的导带边和子能级位置示意图。从图中可以看出，量子阱中有两个束缚能级，应在适当的光照条件下，光子的能量大于激发态和基态束缚能级之差时，处于基态的束缚态能级会被激发到能级较高的激发态能级，高激发态的电子可以从势阱顶部通过隧穿的方式逸出，变为自由电子，在电场的作用下，形成光电流，被电极收集。世界第一台 QWIP 就是在上述机制下工作的。由于在上述过程中，激发态的电子要在偏置电场的作用下隧穿出量子阱，为了有效隧穿，需隧穿势垒较小，势垒厚度较小，因此需要较大的偏置电压。这种隧穿模式的缺点是基态电子也有一定的概率会伴随隧穿，导致暗电流较大[4]。为减少暗电流，可在 GaAs 和 AlGaAs 之间外延一层宽带隙组分的 AlGaAs 薄层，形成薄的势垒区。除束缚态-束缚态跃迁模式外，还存在束缚态-连续态，束缚态-准连续态、束缚态-超晶格微带等光跃迁模式。

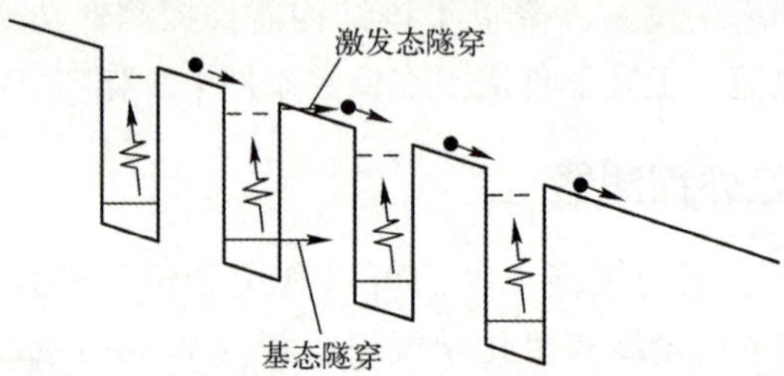

图 7.2-5　多量子阱外加电场的导带带边分布、量子阱子能级和量子隧穿示意图

GaAs 基 QWIP 的优点是材料制备技术成熟，可获得大面积、均匀性好、低成本、高性能的红外焦平面；可定制化谱段，峰值波长和截止波长可灵活、连续裁剪，可在一块芯片制备双色、多色成像面阵；可大范围调控子能带带隙，实现对 3~25μm 的红外辐射响应；QWIP 制备的倍增管，由于只有一种载流子参与碰撞电离，将雪崩电离过程的随机统计特性降到最低；GaAs 基具有较强的抗辐射效应，适用于天基探测器。QWIP 价格昂贵，主要用在军事领域，如导弹防御、空间状况监测、战场监控等。常温、低成本、高分辨率和多色是 QWIP 未来的发展方向。

7.3 热探测器

热探测器主要有四类：热敏电阻型、热电阻型、气体型和热释电型。基本工作过程分为两步：第一步是热探测器吸收红外辐射引起温升，这一步对各种热探测器都一样；第二步是利用温度效应把温升转变成电量的变化。利用这种原理制成了温度计、高莱探测器、热敏电阻、热电偶和热释电探测器。

人体、坦克、飞机、军舰等都是辐射热源，利用热探测器可以探测人体、坦克、飞机、军舰等各部分辐射温度的分布，并据此分辨和识别这些物体。

热探测器可广泛应用于探测人体、火源、热源、各种军事目标，在工农业以及国防上有重要的应用和发展。

热探测器的发展比光子探测器早，但如今一些光子探测器的探测率已接近背景噪声限，而热探测器的探测率离背景噪声限尚有很大差距。

7.3.1 热敏电阻

热敏电阻（Thermistor）材料首先贝尔实验室研发，商业化的热敏电阻已广泛应用于火灾探测报警系统、温度测量和辐射计等领域。热敏电阻的材料有金属和半导体两种，前者具有正电阻温度系数（Positive Temperature Coefficient，PTC），后者具有负电阻温度系数（Negative Temperature Coefficient，NTC）。由于半导体的温阻系数较大，热敏电阻探测器多用半导体材料。热敏电阻广泛应用于各种温度检测和控制系统，如冰箱、空调、热水器等家电产品。

典型的热敏电阻材料是用氧化物半导体制成很小的薄片，表面涂黑以提高辐射吸收性能，当薄片吸收红外辐射而温度升高时，电阻发生变化，用电阻的改变量度量红外辐射的强弱。尽管与光电导探测器类似的地方都是由于辐射使得材料电导发生了变化，但热敏电阻对光的吸收包括本征吸收、杂志吸收、晶格吸收、自由电子吸收等方面，这些吸收的光子都不同程度地对热能有贡献，导致晶格振动加剧而升温并引起电阻变化。热敏电阻的温度取决于吸收辐射、工作时所加电流产生的焦耳热、环境温度和散热情况。热敏电阻的典型金属材料包括镍（0.7%/K）、铂（0.37%/K）、锑钛合金（薄膜0.004%/K）等，通常这些材料要做成10~50nm的薄膜（蒸镀或溅射方法制备），表面涂黑用于增强吸收能力。半导体热敏电阻包括Si、Ge、InSb等。好的热敏电阻材料要具有高的温阻系数、低的热导率和低的低频噪声。

热敏电阻通常为两端器件，但也有制成三端和四端的。两端器件或三端器件属于直接加热型，四端器件属于间接加热型。热敏电阻通常都比较小，外形有珠状、环状和薄片状。

用负温度系数的氧化物半导体（一般是锰、镍和钴的氧化物的混合物）制成的热敏电阻测辐射热器常包括两个元件：一个为主元件，正对窗口，接收红外辐射；另一个为补偿元件，性能与主元件相同，彼此独立，封装于同一个管壳内，不接收红外辐射，只起温度补偿作用。图7.3-1给出了典型的热敏电阻结构示意图。薄片状热敏电阻胶合在绝缘衬底上，衬底粘贴在金属座上以增加导热，大热导可以降低时间常数，但会影响器件响应率。

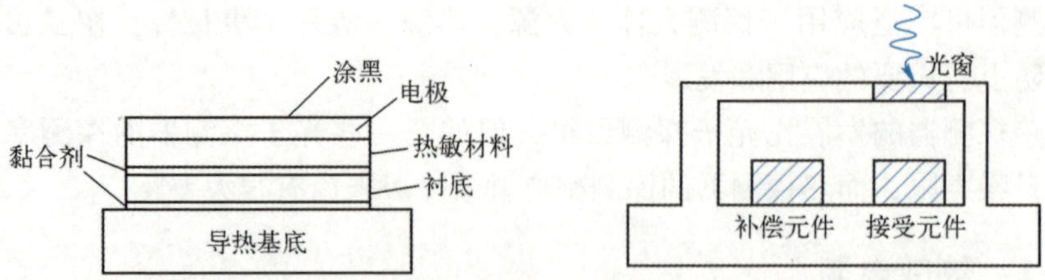

图 7.3-1 热敏电阻元件和热敏电阻传感器结构示意图

热敏探测器作为温度传感器，具有如下优点：①灵敏度高；②稳定性好，可长期稳定工作在高温、低温、高湿环境，无须校准或维护，节约人力时间成本；③精度较高，典型值为 0.1~1℃，高精度探测可达 0.01℃，可满足一些高精度应用场合；④成本低，热敏电阻的主要材料为半导体或金属材料薄膜，材料便宜，制作难度低，易于规模化制备，内部无移动部件，电路简单，具有较低成本，适合大规模使用。主要缺点包括：①响应速度慢，不适合在快速响应的领域应用；②线性度（输出信号与温度变化之间的比例关系）和分辨率存在折中关系；③可测温度范围有限，通常为 0~150℃；④安装位置受限，在使用时需要与热源接触，需考虑安装位置的限制。

7.3.2 热电偶和热电堆

热电偶是最早发展的热探测器之一，至今仍具有广泛的应用，可直接测量温度。其原理是利用温差电效应（Seedbeck）将温度信号转化为热电动势信号，最后通过电气仪表转化为被测物体的温度。制作热电偶的主要有半导体和金属热两大类，虽然半导体的 Seebeck 效应比金属的强得多，但是在较高温度下使用的热电偶则往往是金属热电偶。由于热电偶的结构简单、制造方便、测量范围广、精度高、惯性小、无源等使得热电偶常用于工业生产、生活中管道内气体、液体温度及固体表面的温度测量。

单个热电偶提供的温差电动势比较小，满足不了某些应用场景要求，可采用把几个或几十个热电偶串接起来组成热电堆。热电堆可获得比热电偶提供更大的温差电动势，新型的热电堆采用薄膜技术制成，因此称为薄膜型热电堆。

1. 热电偶的基本结构和工作原理

热电偶的形状根据应用条件通常差别较大，但基本结构大致相同：由热电极、绝缘保护管（保证热电极与有害介质充分隔离）、接线盒等主要部分组成，通常和显示仪表、记录仪表、电子调节器配套使用。如图 7.3-2 所示，把材料 1 和材料 2 的两个端头焊接起来，即构成一个热电偶的热电极，热电极必须焊接可靠。当一个端头较热、另一个端头较冷时，由于 Seebeck 即将在热电偶的开路端产生出温差电动势（在闭路条件下，热电偶中产生出温差电流）；因为产生的温差电动势与两个端头之间的温度差（温度梯度）成正比（比例系数为 Seebeck 系数）。因此，如果固定一个端头（参考极）的温度不变，那么由热电偶的温差电动势大小即可得知另一个端头（传感器）的温度，从而可把热电偶作为温度传感器使用。

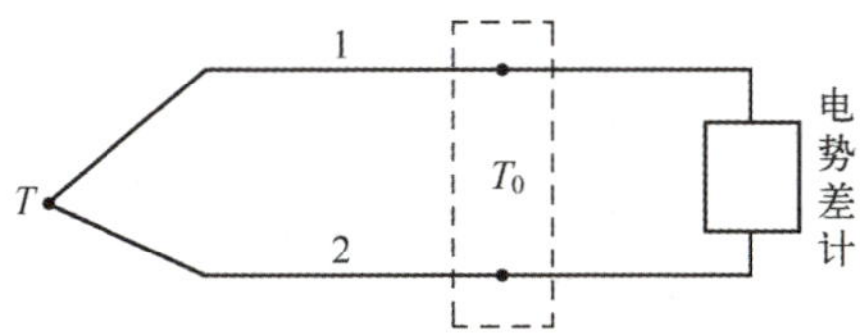

图 7.3-2　热电偶接触测温电路示意图

接触式测温法是将传感器置于与物体相同的热平衡状态中，使传感器与物体保持同一温度的测温方法。图 7.3-2 中触点的温度为 T，基准触点的参考温度为 T_0（环境温度为 0℃），温差电动势为 $\varepsilon_{12}=\alpha_{12}(T-T_0)$，其中，$\alpha_{12}$ 为温差电动势率，大小与材料 1 和材料 2 的费米能级有关。根据热电动势与温度的函数关系，制成热电偶分度表，分度表是参考端温度在 0℃时的条件下得到的，不同的热电偶具有不同的分度表。从基准触点到电势差计的导线须性能应相同，以避免引起附加电势差。

接触式测温仪表具有简单、可靠，测量精度较高等优点，但因测温元件与被测介质需要进行充分的热交换，需要一定的时间才能达到热平衡，所以存在测温的延迟现象。同时，受限于材料的耐高温程度，通常不能应用于很高的温度测量。

如果辐射传递的热量使热电偶温度高于介质，热电偶可以通过向介质散热来降低温度。只有当辐射传热传递给热电偶热量大于热传导散发的热量时，热电偶反映的温度才会偏离介质温度。辐射热电偶可以用于测量处于热辐射状态下热电偶所在位置的温度，并反推辐照功率。为有效地吸收热辐射，辐射热电偶的电极结点需要做涂黑处理，或装有涂黑的金属箔，在辐射作用下的温差电动势可直接用仪器测量。图 7.3-3 为辐射热电偶的工作电路示意图。假定热电偶内阻为 r，负载电阻为 R_L，A 端为热端，在吸收热辐射的作用下温度达到平衡时比环境温度升高 ΔT，B 段为冷端，温度为环境温度。根据简单的电路计算可以得出负载 R_L 的电压可为

$$V_s=\frac{\alpha_{12}\Delta T}{r+R_L}R_L \tag{7.3-1}$$

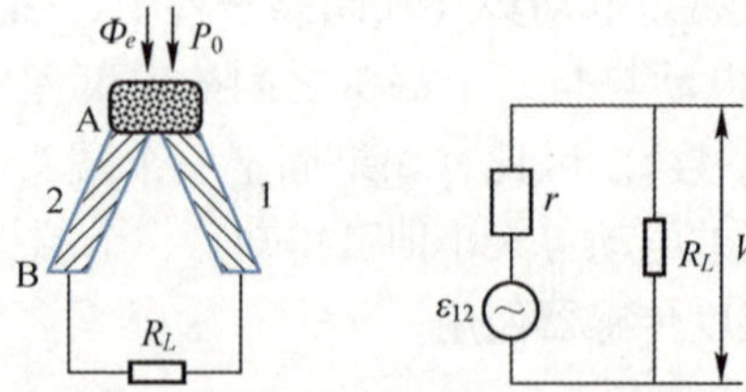

图 7.3-3　辐射热电偶的结构和等效电路示意图

式（7.3-1）中分式部分表示回路中的电流，分式的分子表示温差电势。对于交变热辐射，辐射功率表示为：$P=P_0\exp[\mathrm{i}\omega t]$，$\omega$ 为交变热辐射的调制频率，τ_T 为热时间常数（又称为热电偶惰性时间，是热电偶的动态指标，定义为热电偶在特定条件下达到温度阶跃变化的 63.2% 所需的时间），电极吸收辐射引起的温升为

$$|\Delta T|=\frac{\alpha P_0}{G_c\sqrt{1+\omega^2\tau_T^2}} \tag{7.3-2}$$

式中：α 表示材料的温升系数；$\tau_T=C/G_c$；$G_c=G+\dfrac{\alpha_{12}^2T}{r+R_L}$；$G_c$ 为材料热导率；C 为材料自身热容。

将上述参数带入温差和输出电压表达式，可得输出电压为

$$|V_s|=\frac{\alpha_{12}R_L\alpha P_0}{(r+R_L)G_c\sqrt{1+\omega^2\tau_T^2}} \tag{7.3-3}$$

电压响应率定义为负载输出电压与输入辐射功率的比值，可表示为

$$S_v=\frac{|V_s|}{P_0}=\frac{\alpha_{12}R_L\alpha}{(r+R_L)G_c\sqrt{1+\omega^2\tau_T^2}} \tag{7.3-4}$$

对于非调制热辐照，辐照功率恒定，如果内阻远远小于负载电阻，电压响应率可进一步简化为

$$R_v=\frac{|V_s|}{P_0}=\frac{\alpha_{12}\alpha}{G_c}$$

由此可见，要提高热电偶的电压响应率，要首选温差电动势率 α_{12} 大的材料，其次要增加热辐射的吸收系数 α，最后器件的内阻和材料热导率要尽可能小。热导率与材料、环境均相关，为尽可能减少热导率，将热电偶封装在真

空环境下是常用的办法。对于交变热辐射，降低调制频率和时间热时间常数积是常用方法。

S 热电偶工作时无须外加电压，电流噪声很小可忽略不计，主要噪声来源于温度噪声和热电偶电阻的热噪声，最小可探测功率一般为 10^{-12} W，响应时间一般为几个毫秒到几十毫秒。

2. 热电偶的优缺点

优点：①因直接与被测对象接触，不受中间介质的影响；②构造简单，使用方便，结实耐用、价格低廉，热电偶通常是由两种不同的金属丝组成，而且不受大小和开头的限制，外有保护套管，用起来非常方便；③覆盖温度范围广，常用的热电偶从-50℃到1600℃均可连续测量，特殊热电偶最低可测到-269℃（如金铁镍铬），最高可达2800℃（如钨、铼），故广泛地作为温度传感器；④无须电源，无自发热，安全系数高；⑤坚固耐用，抗冲击，可用于危险环境，寿命长。

缺点：①测量时间较长；②测量精度低；③对抗电磁干扰能力差；④需要复杂的信号调理；⑤不同金属接触，容易发生腐蚀，需抗腐蚀保护和维护。

3. 热电偶的材料

从理论上讲，任何两种不同导体（或半导体）都可以配制成热电偶，但是作为实用的测温元件，对它的要求是多方面的。为了保证工程技术中的可靠性，以及足够的测量精度，并不是所有材料都能制成热电偶，一般对热电偶的电极材料，基本要求：①在测温范围内，热电性质稳定，不随时间而变化，有足够的物理化学稳定性，不易氧化或腐蚀；②电阻温度系数小，导电率高，比热容小；③测温中产生热电势较大，并且热电势与温度之间呈线性或接近线性的单值函数关系；④材料复制性好，机械强度高，制造工艺简单，价格便宜。

热电偶有不同的金属组合或校准组合。最常见的是“基础金属”热电偶，称为 J、K、T、E 和 N 型，还有高温校准热电偶，也称为贵金属热电偶，分为 R、S、C 和 GB 型（表 7.3-1）。每次校准都有不同的温度范围和环境，尽管最高温度随热电偶中使用的导线直径而变化。虽然热电偶校准决定了温度范围，但最大范围也受热电偶导线直径的限制。也就是说，非常薄的热电偶可能无法达到整个温度范围。K 型热电偶因其低成本和温度范围广（-200~1300℃）而称为通用热电偶。

表 7.3-1 常用的热电偶材料和特性[4]

热电偶分度号	热电极材料		测温范围/℃	备注
	正极	负极		
K	镍铬	镍硅	-200~1300	抗氧化，精度高，稳定性好，价格低
J	纯铁	铜镍（55：45）	-40~750	测温范围广，高精度，响应快，价格便宜
T	纯铜	铜镍（55：45）	-200~400	抗氧化，响应快，精度高，价格适中
E	镍铬（9：1）	铜镍	-200~900	灵敏度高，响应快，高性价比
R	铂铑（87：13）	铂	0~1600	高精度，抗腐蚀，响应快，易维护
S	铂铑（9：1）	铂	0~1600	高精度，抗氧化，耐腐蚀，稳定性
B	铂铑（7：3）	铂铑（94：6）	0~1800	定期校准，高抗腐蚀，价格贵，线性响应优
N	镍铬硅	镍硅	-200~1300	须严格校准，特定场合使用

4. 热电偶的选择

在选择热电偶之前，需要考虑以下几点：①确定将使用热电偶的应用温度范围，高温工作的热电偶对校准要求高；②测量精度，要根据实际需求选择合适精度的热电偶；③热电偶的工作环境，是否需抗腐蚀，环境湿度，是否强磁场以及振动等；④价格因素，不同热电偶之间的价格差异较大；⑤安装及限制要求，以及维护难度。

5. 热电堆

热电堆探测器具有很长的历史，结构上是将多个热电偶串联起来，用以实现较高温度探测灵敏度的器件。典型的薄膜型热电堆结构如图 7.3-4 所示，辐射接收面（是一种热容量小、温度容易上升的薄膜），分为若干块，每块接一个热电偶，把它们串联起来，就构成热电堆。在紧靠衬板中央的下部为一空洞结构，这种结构的设计确保了冷端和测温端的温度差。当各个热电偶测温端温度上升时，热电偶之间就会产生热电动势 ε_i，因此在输出端可以获得它们的电压之和。它在耳式体温计、放射温度计、电烤炉、食品温度检测等领域中，作为温度检测器件获得了广泛的应用。

按用途不同，实用的热电堆除薄膜型外，可以制成细丝型，也可制成多通道型和阵列型器件。热电堆的内阻：等于所有串联热电偶的内阻之和，可

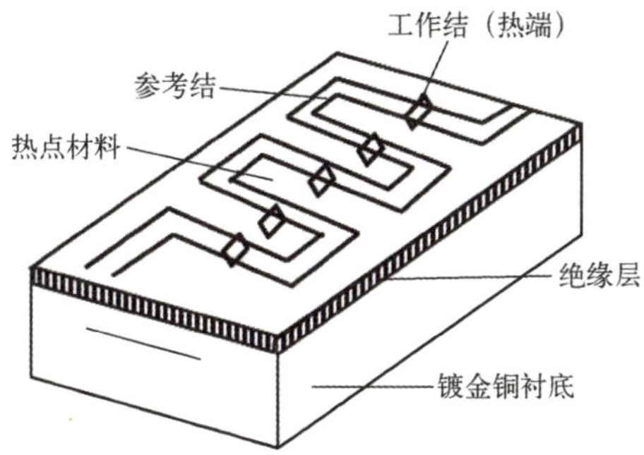

图 7.3-4　热电堆的结构示意图

达几万欧，易与放大器的阻抗匹配，可利用普通的运算放大器。热电堆的温差电动势：在相同的温差时，热电堆的开路输出电压是所有串联热电偶的温差电动势之和，即 $\varepsilon = \sum_{i=1}^{N} \varepsilon_i$。在相同的电信号检测条件下，热电堆能检测到的最小温差是单个热电偶的 $1/N$，其中，N 为热电堆中串联的热电偶个数。

热电堆探测器的噪声主要有热噪声、背景辐射噪声以及放大电路的增益噪声，其中热噪声是热电堆探测器的主要噪声来源。热电堆热电转化效率很低，信号强度很弱，要求放大器噪声要低于热噪声热。

热电堆探测技术在近年来得到了广泛的应用和研究，一些典型的进展包括以下几点。①纳米热电技术：利用纳米技术将热电材料制成纳米级别的尺寸，提高其热电效应，从而提高热电堆的能力。研究人员开发了许多新型的纳米热电材料，如硒化铋、石墨烯等。②多效应识别热电堆探测技术：将热电效应与其他物理效应相结合，利用多种物理效应共同识别物质的特性和状态，以克服传统热电探测技术的局限性和不足，可广泛应用于化学和生物检测、安全检查、矿产资源勘探等领域。③热电堆矩阵成像技术：将多个小热电堆组成一个热电堆阵列，对目标物体进行全面捕捉与测量，该技术可广泛应用于安全检查、工业检测及医学成像领域。④自供电热电技术：结合太阳能电池实现热电堆的自供电，不仅可以减小仪器体积和重量，还可以提高热电堆的可靠性和生存能力。⑤热电堆在人体健康领域的应用：热电堆可以应用于测量人体生理参数和监测健康状态。

7.3.3　热释电探测器

热释电探测器是利用热释电材料的自发极化随温度的变化效应制成的热

敏型探测器。在热探测器中，热释电型探测器的探测率最高，频谱响应最宽，也最受重视，取得了较大进展，如今，不仅单元热释电探测器已成熟，其多元列阵元件也成功地获得应用。热释电探测器的探测率比光子探测器的探测率低，但它的光谱响应宽，在室温下工作，已经在红外热成像、红外摄像管、非接触测温、入侵报警、红外光谱仪、激光测量和亚毫米波测量等方面获得了应用，所以它已经成为一种重要的红外探测器。

顾名思义，热释电探测器的工作原理就是基于铁电体或热释电晶体的热释电效应。假定晶体的极轴沿 z 方向，垂直于极轴的表面内存在自发极化而导致的面束缚电荷，假定面密度为 P_z，这些面束缚电荷会被外部注入晶体内部的自由电荷中和，平均中和时间可表示为 $\tau=\varepsilon/\sigma$，其中，ε 和 σ 分别为热释电晶体的介电常数和电导率，平均中和时间的量级为 1~1000s。当用调制周期 T 的红外辐射照射热释电晶体时，会导致晶体的温度和自发极化发生变化，如果周期较大，$T>\tau$，面束缚电荷将始终被体内自由电荷所中和，面束缚电荷变化无法体现；如果周期较小，$T<\tau$，则体内自由电荷来不及和面电荷中和，从而在垂直于 z 轴的表面体现出束缚电荷密度的变化。在开路情况下，两端存在交流电压，若形成回路，施加负载电阻 R_L，在负载两侧会产生交流电压信号，以上就是红外热释电探测器的工作原理。

热释电晶体的极化强度对时间的变化率即为回路中的电流密度，可表示为

$$\frac{\mathrm{d}P_z}{\mathrm{d}t}=\frac{\mathrm{d}P_z}{\mathrm{d}T}\frac{\mathrm{d}T}{\mathrm{d}t} \tag{7.3-5}$$

式（7.3-5）右侧第一项 $\mathrm{d}P_z/\mathrm{d}T$ 称为热释电系数 P，热释电系数是反映由于温度变化而引起电介质的极化强度变化的响应关系的比例系数。假定电极面积为 A，则施加在负载上的信号电压表示为

$$\Delta U=AR_LP\mathrm{d}T/\mathrm{d}t \tag{7.3-6}$$

当温度较小时，热释电系数近似为常数。可见信号电压大小取决于温度变化的快慢，与体系是否到达热平衡无关，这一特点使得热释电探测器的响应时间（10^{-5}~10^{-4}s）通常低于一般热探测器（0.01~1s），因而具有较宽的频率响应，工作频率接近 MHz。

具有热释电效应的材料主要包括铁电体、压电体、磁电体和铝酸盐，其中热释电系数最大的是铁电晶体（铁电体），它与其他热释电材料的区别在于铁电晶体的自发极化能在外加电场作用发生极化反转，且当温度达到居里温度时，极化完全消失，晶体发生从极化到非极化的相变。由于铁电晶体的热

电系数远大于其他热释电材料，制作热释电探测器很少用到铁电体以外的其他热释电材料[5]。在100多种已经开展研究的热释电材料中，真正能满足器件要求的只有十几种，且均为铁电体，最主要的有硫酸三甘肽（TGS）、铌酸锶钡（SBN）、钽酸锂（$LiTaO_3$）、硫酸锂（LSH）和铅锆酸钛（PZT）等。

热释电材料制作的单元热释电探测器在国内外均已形成相当规模的产业。这些室温红外探测器在防火、防盗、医疗、遥测以及军事等方面具有广泛的应用。热释电材料器件应用的最新发展是用于红外成像系统，即“夜视”装置，这种装置基于各种物体在黑暗的环境中随其温度的变化而发射具有不同强度和波长红外线的原理，使红外摄像机能够接收到来自物体不同部位的、不同强度和波长的红外线，从而产生不同强度的电信号，最后被还原成可视图像。

7.3.4 高莱管

高莱管属于气动型红外探测器，其原理是将气体密闭在柔软的室内，红外辐射通过红外窗口照射到室壁涂黑的吸收膜上，吸收膜吸收红外辐射，将热量传给气室内的气体，最后充气容器受热辐射后气体温度升高体积膨胀，通过测量容器壁的位移变化来确定红外辐射强度，因此属于热探测器。经高莱于1947年改进后，采用光电管测量容器壁的微小变化，将微小的体积膨胀转变成电导的变化，使得器件灵敏度大大提高。具体将一光源投射到柔镜背面的反射膜上，在正常情况下，气室内气压处于稳定状态，柔镜反射光由于光栅遮挡不能照射到光电管上。在红外辐照气压升高时，由于器壁柔镜变形，引起反射光线移动，导致由光栅到达光电管的光强发生变化，从而检测红外辐射强弱。

从以上工作原理不难推断，该类型探测器结构复杂，体积笨重，响应速度慢。但该探测器探测率很高，D^* 高达 $1.7\times10^9\,\mathrm{cm\cdot Hz^{1/2}\cdot W^{-1}}$[5]，应用光谱范围从可见光到毫米波均可。除采用柔性反射镜，另一种常用方式是采用可变电容输出信号，在柔性膜片附近放置一块固定的导体，同膜片形成电容，气体受热膨胀导致柔镜变形引起电容变化，使得输出信号发生变化，该装置在探测辐射和气体分析中已获得应用。

参考文献

[1] ANTONI R. Infrared detectors [M]. Florida: CRC Press, 2013.

[2] Thorlabs-S425C-L thermal power sensor head, surface absorber, 0.19－20μm, 2mW－50W, Ø25.4mm [EB/OL]. [2024-04-19]. https://www.thorlabs.com.

[3] MANASREH O. Heterojunctions and nanostructures [M]. New York: McGraw－Hill, Inc., 2005.

[4] 国家标准-全国标准信息公共服务平台 [EB/OL]. [2024－04－19]. https://std.samr.gov.cn/gb/search/gbDetailed?id=71F772D7A7B5D3A7E05397BE0A0AB82A.

[5] MURALT P. Micromachined infrared detectors based on pyroelectric thin films [J]. Reports on Progress in Physics, 2001, 64 (10): 1339.

[6] 郝晓剑, 刘吉, 赵辉. 光电传感器见与应用技术 [M]. 北京: 电子工业出版社, 2014.

第8章 光纤传感基础

8.1 光纤传感技术概述

光纤传感器是一种以光纤作为信息感知或信息传送媒介的传感器，其工作原理如图 8.1-1 所示，将光源入射的光束输入光纤，光束通过光纤与外界被测物理量发生相互作用，光的光学性质如光的强度、波长、频率、相位、偏振态等发生变化，成为被调制的出射光信号，调制光信号（反射光信号或透射光信号）经由光纤送入光电探测器件、经解调器后获得被测参数。整个过程中，光束经由光纤导入，通过调制后再射出，其中光纤的作用首先是传输光束，其次是起到光调制的作用。

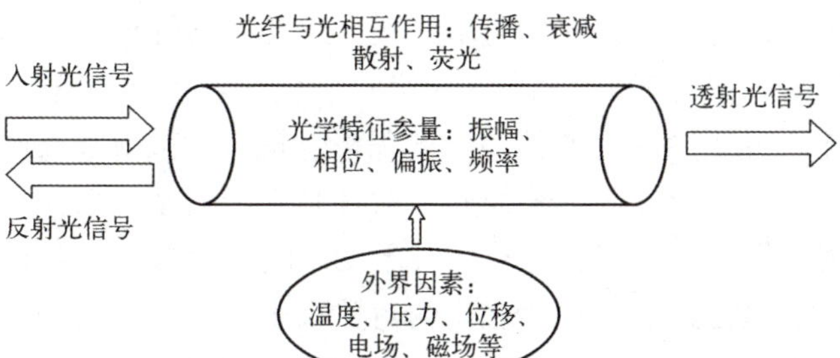

图 8.1-1　光纤传感器型传感原理示意图

由于光纤具有体积小、重量轻、成本低（光纤及光纤器件技术十分成熟）、方便制作、无须调节光路（全光纤化）、敏感元件无须通电、抗电磁干扰、灵敏度高、可应用于高温（光纤熔点高）、高辐射、高腐蚀等恶劣危险的环境、极低的传输损耗可支持远距离测量、信息调制和信息传输合二为一等优点[1]。光纤传感器一经推出就吸引了广泛的研究兴趣，发展十分迅速，并在多个领域获得广泛应用，包括但不限于建筑[2]、化工[3]、电力[4]、海洋[5]、环境[6]、健康[7]、航天[8]等领域。

8.1.1 光纤传感系统

(1) 系统结构。一个完整功能的光纤传感系统包括光源、光纤、光纤器件、传感元件、光电探测器和信号处理单元等。

(2) 光源。光源的基本参数包括中心工作波长、功率谱分布、光功率、工作温度、偏压特性等，用于光纤传感器的典型光源包括发光二极管、超辐射二极管、半导体激光器、固体激光器、光纤激光器以及白光光源等。

(3) 光纤。光纤是光纤传感器中不可或缺的组成部分，起光信号传输和光信号调制媒介的作用。根据实际应用需求，除传统的标准单模光纤外，经常需要的还有多模光纤、塑料光纤以及专门应用于某种传感器的特种光纤，如多芯光纤、无芯光纤、光子晶体光纤等。为了增强光纤对物理量的敏感性，很多还需要对传感部分的光纤采用特殊材质和结构，以及对特定外界信息的增敏和脱敏处理[9-10]。

(4) 光纤器件。光纤器件是构筑光纤传感器系统的基础，它们包括但不限于放大器、耦合器、偏振器、滤波器、光纤连接器、衰减器、隔离器、环形器、复用/解复用器等。光纤器件有两个基本参数，即插入损耗和隔离度(Isolation)。光纤传输系统要求插入损耗小、隔离度大。插入损耗是指光纤器件插入光纤传输系统所引起的光功率损失，通常用器件输出功率与输入功率之比的对数值来表示，对于多端输出的器件，输出功率是各输出端功率求和。产生插入损耗的主要原因是器件中光的漏泄、辐射、散射和吸收等。隔离度表征器件抗干扰能力的强弱。光纤元件插入光纤传输系统后，引起光从一个光路泄漏到邻近另一个光路，导致信号干扰。隔离度参数通常用漏泄到另一个光路的功率与主光路输入功率之比的对数来表示，单位为分贝。泄露的主要原因是器件中光纤端面的反射、各光路之间的包层厚度不匹配以及对漏泄模和辐射模的吸收性能不佳等，实际当中要求器件的隔离度大于40dB。

(5) 敏感元件。敏感元件是指将外部信息（如温度、应变、位移、电场、磁场等）施加到光信号上，并实现相关物理量对光的参量（如强度、频率、相位、波长、偏振等）进行调制功能的器件。通常，这些敏感元件不一定是光纤本身，在这种情况下，光纤仅起到信号传播通道的作用，敏感元件则由对被测信息敏感的材料依据一定结构制成，并与光纤连接。这样的传感器称为传光型（或称非功能型）光纤传感器。传光型传感器多用多模光纤，以传输更多的能量，如图 8.1-2 所示。它的光纤与光敏元件连接处是中断的，因此光纤并不连续，并非完全光纤化。这种传感器的优点在于可以充分利用已有的成熟敏感元件，且光纤传输的信号不受电磁干扰的影响，同时光纤传输可用于电绝缘和远距离数据传输。在复杂电磁环境下的电量测量中，非功能型光纤传感器具有独特的优势和较高的经济效益，因此备受重视。

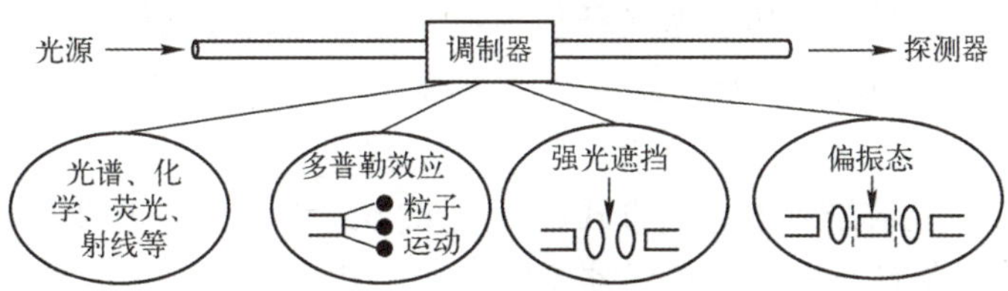

图 8.1-2　传光型光纤传感器

光纤也可以被用作对外界信息具有敏感性和检测能力的敏感元件，这样的传感器称为传感型（功能型）光纤传感器，如图 8.1-3 所示。传感型光纤传感器中光纤既起传光作用又起对外部物理参量的感知作用，这种传感器中的光纤是连续的，内部的信号光的参量受到外部物理量的调制，光纤多采用单模光纤。传感型光纤传感器的优点是结构紧凑、灵敏度高。缺点是须用特殊光纤以增加和实现光纤对外界信号的感知能力，成本高。典型例子如光纤陀螺、光纤水听器等。

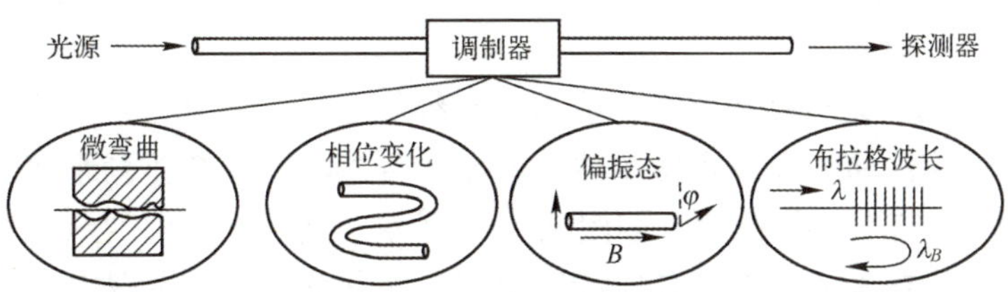

图 8.1-3　传感型光纤传感器

（6）光电探测器。目前，光电探测器只能检测光的强度，因此，必须将光的各种性能特征线性的转化为光的强度特征。常见的光电探测器有光电二极管、光电三极管、光敏电阻、光电雪崩二极管、光电倍增管等。

检测光路与光的调制方式有关，分为强度检测、频率检测、波长检测、相位检测和偏振检测等。信号检测中的信号处理单元用于将光电探测器微弱光电信号进行放大、降噪、滤波等处理，并为信号显示输出和传感系统反馈控制等功能提供电路接口。

8.1.2 光纤传感器的分类

光纤传感器家族越来越丰富，有多种标准对其进行分类，同一种传感器可以分属不同类别。

（1）根据光纤在光纤传感系统中起的作用可以将光纤传感器分为两大类：一类为传光型，又称非功能型光纤传感器，光纤只起导光作用；另一类为传感型，又称功能型光纤传感器，光纤将光信号“传”和“感”功能合二为一。

（2）根据光波采集信息的方式分为无源方式和有源方式两类。无源方式是指被采集对象自身发光，传感器不需光源。典型的为一定温度的物体会向外辐射光谱，辐射光谱特性与物体温度有关，利用物体对外辐射的特点，可用于测量物体的温度，这就是光测高温方法。有源方式指被测对象本身不发光，光电传感系统需要外界输入光信号，并在光纤通过被测对象时，将被测对象的物理量调制到光波参量上。大多数光纤传感器光波采集信息的方式为有源方式。

（3）根据光波被待测对象的调制方式将光纤传感器分为强度型光纤传感器、相位型光纤传感器、频率型光纤传感器、偏振型光纤传感器和波长调制型光纤传感器。

（4）根据光是否发生干涉可分为干涉型光纤传感器和非干涉型光纤传感器。

（5）根据连续检测和测量的能力，光纤传感器可分为点式光纤感器、分布式光纤传感器和准分布式传感器。分布式传感器能连续监测距离，准分布式传感器也能部分连续监测，如图 8.1-4 所示，展示了它们的示意图。分布式光纤传感器覆盖范围更广且连续性更好，而准分布式传感器仅能在某些区域进行连续监测。

（6）根据传感器光源、探测器以及传感点之间的位置关系，可将传感器分为透射式、反射式和积分式传感器，如图 8.1-5 所示。

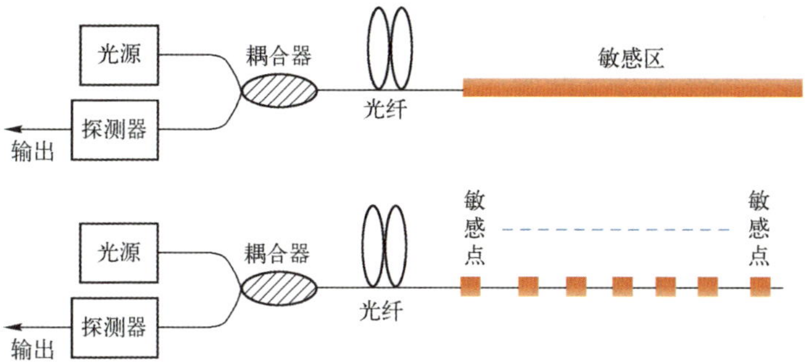

图 8. 1-4 光纤分布式传感器（上图）和准分布式传感器（下图）

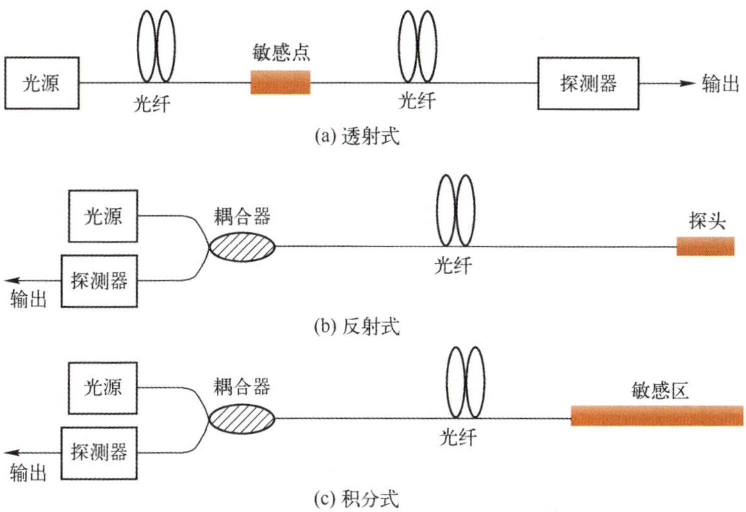

图 8. 1-5 点式传感器的 3 种工作方式

8. 1. 3 光纤传感器的特点

光纤传感器主要有以下几个特点。

（1）抗电磁干扰、耐腐蚀、耐高温、抗辐射和本质安全。以上特点是光纤传感的固有性质决定的，光纤传感的光信号经由光纤传光和感知环境变化，光波频率远比电磁辐射频率高，光在光纤传播中不会受到电磁噪声干扰。石英光纤具有优良的电绝缘性、耐腐蚀性、耐高温（熔点在 1700℃）等特点。可用于高温、高压、高电流、高腐蚀、高辐射、高电磁干扰的复杂电磁环境以及危险恶劣环境。以上特点使得光纤传感器在电力、石油化工、冶金、易燃易爆等领域中可以安全有效的使用。此外，由于光纤传感部分为电无源敏感元件，在应用于测量中，不存在漏电和点击等安全隐患，具有本质安全。

(2) 高灵敏度。利用光纤干涉原理制成的大量光纤传感器的灵敏度已经优于对应的非光纤传感器。

(3) 体积小、重量轻、形状适应性强、布设（埋设）方便。光纤材质轻，体积小（直径为几十微米）具有较好的柔韧性，传感器可以灵活布设在各种形体、尺寸的待测对象表面或内部。可以在航空、航天、复杂建筑等复杂空间中使用。

(4) 测量对象广泛。目前光纤光栅传感器已经覆盖了6个信号域的信号测量：电磁信号中的电磁谱，如辐射剂量；机械信号中的压力、速度、位移、加速度、流量、液位、振动、水声、超声等；电信号中的电流、电压、电场；磁场信号中的磁场；化学信号中物质成分（浓度）、湿度、pH值；热信号中的温度等。

(5) 生物兼容性。玻璃光纤与生物组织具有较好的生物兼容性，对生物组织的影响很小，使得光纤传感器在医药、医疗领域获得应用具有十分重要的意义。

(6) 传输容量大、易于网络化。光纤带宽宽，可容纳较多传感节点感知信息的传送。光纤传感技术伴随着光通信技术的发展而发展，通信网络中的复杂组网技术很容易推广并应用到光纤传感，基于光纤传感组成的组成光纤传感网络，可形成跨域的遥测网和监测网。

(7) 低成本、寿命长。随着光纤技术的发展和成熟，光纤价格显著下降，部分光器件的光纤化和集成度不断提高，大大降低了光纤传感系统的使用成本。在许多应用领域，光纤传感器成本已经明显优于同类的其他传感器。

8.1.4 光纤传感器的应用领域

目前已经发展出了几百种光纤传感器，覆盖了多种调制类型，如强度、相位、波长、偏振等。这些光纤传感技术在各领域发挥着重要作用。在航空航天领域，光纤传感器应用于导航和飞行控制、发动机测控、机内环境测控、机壳测控系统等4个方面。在石油化工领域，光纤传感器用于温度、压力、振动、流量等。在冶金电力领域应用于电流、电压等传感。在械电子、国防领域应用于水听器、高温温度传感等。建筑结构检测领域应用于位移、应变、形变等传感测量。在生物医疗领域应用于血流、血氧饱和度、pH值、体温、体压、电解质、超声传感测量。在环境检测领域应用于CO_2、NH_3、NO_2、CH_4等气体传感检测。在海洋监测领域应用于温度、盐度、压力、深度、密度等物理参数的传感。

8.2　光纤及基本特性

光纤的色散、损耗、偏振、非线性对于光纤通信、光纤传感器件与系统非常重要。光纤损耗决定了在放大器之前，信息传送的无中继最大距离。色散效应会导致传输光脉冲展宽。光的偏振态在光纤中传输过程中会受到扰动，引起偏振模色散，对通信速率和距离有影响，必要时需要用保偏光纤。本节将简要介绍几种重点的光纤类型及其物理特性。

8.2.1　光纤的结构

图 8.2-1 给出了光纤的截面结构，可以看出光纤主要由纤芯、包层和涂覆层构成。纤芯由高折射率且对传输波段高度透明的材料制成，包层材料的折射率略小于纤芯，从而形成折射率导引型波导，将光场束缚在纤芯内部传输，以石英材料制成的阶跃折射率光纤为例，纤芯和包层材料均为 SiO_2，纤芯部分掺有少量 P_2O_5 和 GeO_2，以提高纤芯折射率。涂覆层材料的作用是保护光纤不受外部侵蚀和机械损伤，同时增加光纤的柔韧性。涂覆层外还会加一层塑料护套，一方面起保护作用，另外不同颜色护套还可以用于区别各种光纤。有的光纤外面需要一层金属铠甲，可提高抗拉、抗压能力，防鼠咬，以及具备可抵抗不当的扭转弯曲损坏的能力。

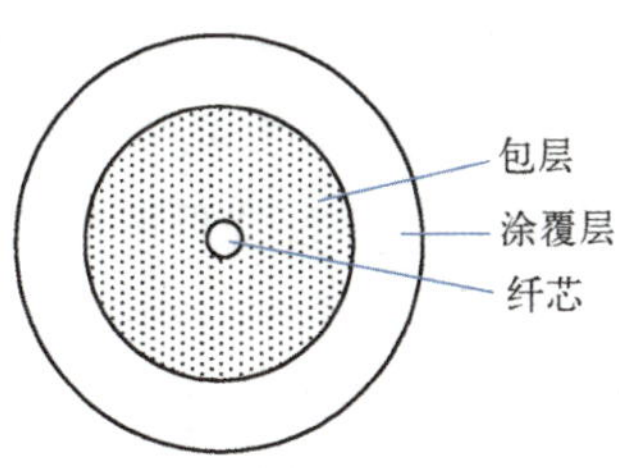

图 8.2-1　光纤的横截面结构

8.2.2　光纤的分类

1）按照光纤材料的不同，光纤可以分为以下几类

（1）石英玻璃光纤。石英玻璃光纤的纤芯和包层均为石英玻璃，并根据设计需要在不同材料区域掺杂特定的杂质，或根据设计需求调整纤芯和包层

的微结构，以微调材料的折射率、光纤色散、非线性以及对外界物理参数的敏感性等。

（2）塑料光纤。光纤的纤芯和包层均为塑料。具有质量轻、韧性强、抗拉伸等优点。缺点是损耗大[11]。

（3）塑料包层光纤。塑料包层光纤是指纤芯为石英玻璃，包层为各种塑料材料制成的光纤，兼具石英和塑料光纤的部分优点，参考文献［12］对塑料包层石英光纤在弯曲和扭曲情况下的模耦合特性进行了分析和研究。

（4）组分复合玻璃光纤。如硫化物、磷化物、氟化物玻璃光纤，氟化物玻璃材料的反常热光系数，可用于传感系统中的温度漂移测量[13]。硫化物光纤由高纯度的硫化物玻璃拉制而成，硫化物玻璃光纤主要包含一种或多种硫族元素如 S、Se、Te 等与少量其他元素如 Ge、As、Sb 等。可传输 1.5～6.5μm 的光信号，其非线性可为传统石英光纤的 100 倍。硫化物光纤在中红外光波段具有独特优势，用于设计和实现基于中红外光谱的光纤传感器[14]。As-Se 光纤具有大得多的折射率（>2.3）和很高的非线性系数。以 S 元素或 Se 元素为主的光纤可以分别实现在 0.8～7μm 和 1～10μm 范围内的低损耗传输。

（5）单晶光纤。单晶光纤是一维功能晶体材料，具有优异的光学、物理和化学性能，同时具备传统光纤材料的大长径比的结构优势。单晶光纤与石英和聚合物光纤相比具有更高的高化学和热稳定性等特点。因此，单晶光纤可在高温环境下可保持稳定光传输特性，在高温传感和辐射探测方面具有独特应用，已经获得广泛应用的单晶光纤包括但不限于蓝宝石光纤[15]（熔点 2050℃，光纤接触测量温度不超过 1900℃）、氧化锆单晶光纤[16]（2300℃以下温度传感）、Er^{3+} 和 Yb^{3+} 共掺 YAG 单晶光纤[17]（298～723K 范围的高密度热计）和单晶红宝石光纤[18]。

2）按照光纤截面上折射率分布情况，光纤可以分为 3 类

（1）阶跃折射率光纤。对于阶跃折射率光纤，纤芯和包层的折射率不同，但在各自区域内折射率均匀分布，折射率在纤芯和包层界面发生突变。

（2）渐变折射率光纤。渐变折射率光纤的纤芯折射率不是常数，而是从中心到纤芯边缘以抛物线形似逐渐变小。根据射线光学理论，这样的光纤中光线的行进轨迹并非锯齿形而是类正弦曲线。图 8.2-2 所示为阶跃和渐变折射率型光纤的截面折射率分布示意图，基于渐变折射率多模光纤的光纤干涉传感器具有非常高的折射率灵敏度[19]。

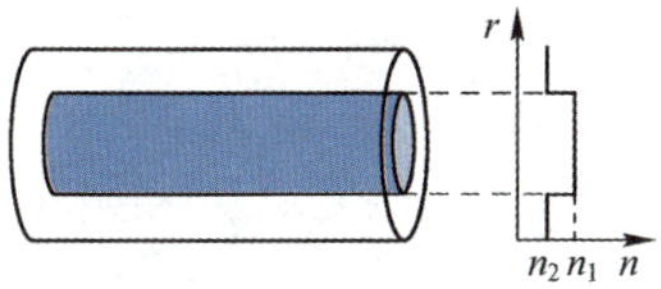

图 8.2-2 阶跃折射率

(3) 微结构光纤：微结构光纤的折射率依据空间结构变化。典型的有布拉格光纤、实芯光子晶体光纤（Photonic Crystal Fiber，PCF）和空芯光子带隙光纤、多芯光纤、多包层光纤等。

布拉格光纤的截面结构和折射率分布如图 8.2-3 所示，纤芯区域可以为实芯或空芯，包层由高低不同折射率的材料沿径向相互交替，周期性排列而成。由于在径向方向构成了类似于布拉格光栅的介质镜，这种结构的光纤称为布拉格光纤。布拉格光纤沿径向方向形成了截止光子能带，即形成一维光子晶体带隙，导致特定波段的光场不能沿径向方向传播。空芯光子带隙的布拉格光纤在工业传感领域有广泛应用，理论和实验表明，通过交替层厚度的优化可以显著提高折射率传感器的灵敏度 μ（高达 1850nm/RIU）[20]。

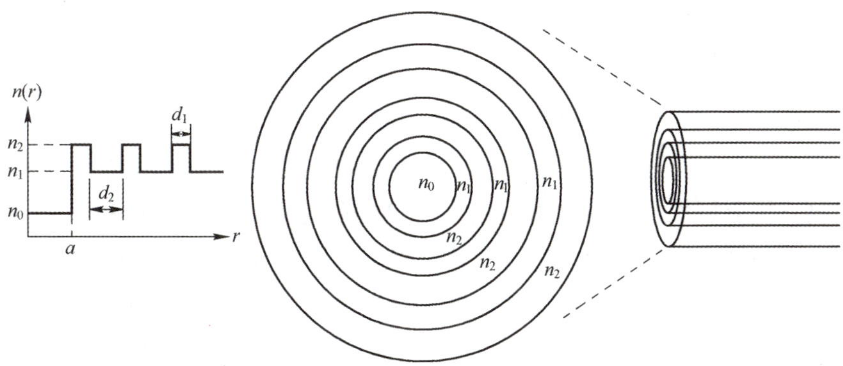

图 8.2-3 布拉格光纤折射率和横截面结构分布示意图

光子晶体光纤的包层由二维周期排列的空气孔构成，如图 8.2-4 所示，孔的直径为 d，孔间距为 Λ。周期排列可以是方格子或三角格子排列，实际中常用三角格子。与布拉格光纤类似，纤芯部分可以设计为实芯或空芯。光子晶体光纤设计具有极大灵活性，典型的包括无截止单模特性、超高双折射、超高非线性、超色散平坦性等方面。

光子晶体光纤为传感领域开辟了新机遇。典型的应用领域是化学领域的

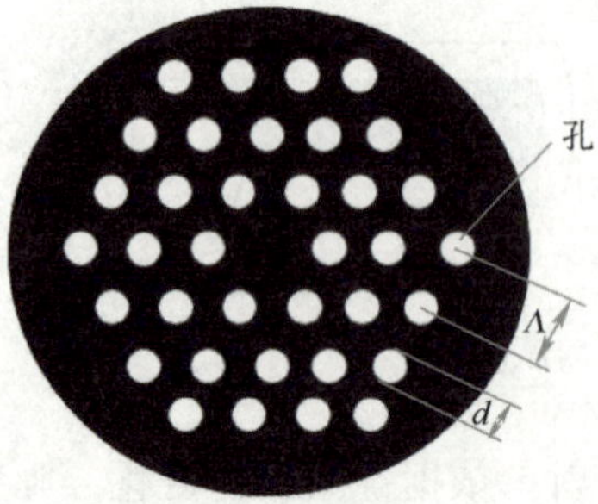

(a) 折射率导引型

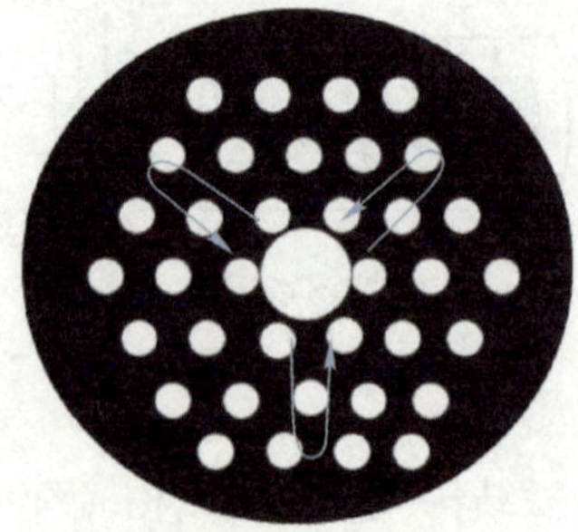
(b) 光子带隙型

图 8.2-4 光子晶体光纤结构示意图

气体或液体传感器，折射率导引型光子晶体光纤纤芯中的光可用于对包含在孔中的液体或气体样品进行采样。通过设计，可以使纤芯周围孔中传播的光场显著增强，致力于解决孔内待测样品感知灵敏性的工作表明，使用 PCF 可以改善倏逝场传感器的性能。参考文献［21］在空芯光纤中首次计算了与空气孔重叠的基础模式。重叠因子定义为位于空孔中的基础模功率分配数。数值计算表明，对于 $d=0.6$，孔间距为 2~3.5μm，波长范围为 0.5~2μm，重叠因子实际上与 D 形光纤相同。为了提高重叠系数，PFholes 提出 $d=0.8$，孔间距为 0.75μm 的结构，在波长大于 1.5μm 时，这种结构的重叠因子大于 30%。高模式重叠、小填充体积、长的光与物质相互作用距离，使得此类 PCF 可用作多种气体传感器。在干涉型传感器中通常需要光传输模式及偏振态一致，因此需使用具有高双折射的单模光纤。通过结构设计可使 PCF 获得无截止单模及高双折射特性，因此 PCF 适用于干涉型传感[22]。而在光子带隙导引型光纤中，多达 99% 的光场位于空芯中，使得光与包含在空芯中的待测样品可以进行极其有效的相互作用，实现基于吸收的机理的液体、气体传感[23-24]。除了结构上的特点外，光子晶体光纤的传播特性对多孔区域几何形状具有强烈依赖性，而多孔区几何形状对外部因素（温度、应变、弯曲、静水压力等）具有固有的敏感性，因此可以通过设计包层的几何形状，以实现比标准光纤传感器更好的响应。

3）按照光纤中的传输模式数，光纤可以分为单模光纤、多模光纤、少模光纤

（1）单模光纤。在传感器中，单模光纤（Single-Mode-Fiber，SMF）多用于相位调制光纤传感器。对于单模光纤，在一定波长下，光纤只能传输基模。单模光纤多采用阶跃折射率型分布。在光纤模式理论中，常定义归一化频率，

来判断光纤在特定波长下是否单模光纤，归一化频率为

$$V=\frac{2\pi a}{\lambda}\sqrt{(n_1^2-n_2^2)}=\frac{2\pi a}{\lambda}\sqrt{2n_1 n\Delta n} \tag{8.2-1}$$

式中：n_1 和 n_2 分别为纤芯和包层的折射率；$\Delta n=\dfrac{n_1-n_2}{n_1}$为归一化折射率差；$n$ 为包层和纤芯的平均折射率 $n=(n_1+n_2)/2$；a 为纤芯半径。

当归一化频率 $V<2.405$ 时，纤芯只支持基模传输，在波长不变的情况下，进一步减少纤芯尺寸，尽管仍能支持单模传输，但光场进入包层部分会增加，导致光纤损耗增加。典型的单模光纤具有小的归一化折射率差和纤芯直径（4~12μm）。在光纤结构参数不变的情况下，减少波长，将会使得归一化频率 $V>2.405$，这时光纤将支持多个模式传播，通过式（8.2-1）可以直接计算出光纤保持单模传输的截止波长，即

$$\lambda_c=2.613a\sqrt{n_1^2-n_2^2} \tag{8.2-2}$$

在光学传感领域，基于 SMF 支持单个空间模式的传播，因此基于 SMF 的传感器的操作特性不容易调整。此外，沿着 SMF 的感测段通常无法区分多个感测参数。例如，基于 SMF 的布里渊光时域反射仪（BOTDR）通常沿着光纤解析应变或温度[25]。

（2）多模光纤。多模光纤（Multitude-Mode Fiber，MMF）在传感器中，多用于强度调制传感器，强度调制器的处理电路要简单。对于多模光纤，在一定波长下，多模光纤传输的模式数大于 1。对于阶跃折射率多模光纤，光纤支持的模式数目随着归一化参数增加快速增加。模式数与归一化参数的近似关系可表示为

$$M\approx V^2/2 \tag{8.2-3}$$

典型的多模光纤支持几百个传播模式。根据式（8.2-1）可知，增加纤芯直径或增加纤芯的折射率可增加光纤的模式数。减少波长和增加包层折射率将减少光纤支持的模式数，多模光纤的模场将穿透纤芯进入包层，并沿包层边界传播。在包层厚度有限的情况下，模场会到达包层外边界，导致光传输损耗。多模光纤在结构上也可以采用渐变折射率分布，渐变多模光纤的数值孔径较大，能使光纤更好地汇聚，并且信号的畸变较小，但价格比阶跃折射率多模光纤要高。

多模光纤的模间干涉可用于制备模间干涉测量仪，具有结构紧凑、易于制作、损耗小、制作容差性好、偏振相关性小等优点[26]。已应用于测量温度、折射率、曲率、位移、应变、湿度、pH 值和其他参数。典型的结构是采

用所谓的 SMS（Single Mode-Multimode-Single Mode）结构，可将一小段多模光纤熔接在单模光纤之间，通过在多模光纤段内激发的倏逝场与周围环境相互作用。除此之外，与单模光纤相比，多模光纤提供了一种制备多参量传感的解决方案。缺点是模间干扰通常不可控，除非采用复杂的控制技术，否则模间干扰对多模光纤传感器会形成不可避免的噪声，影响器件性能[27]，这对于模相关的吸收传感器影响极大。

（3）少模光纤。少模光纤（Few Mode Fiber，FMF）是一种介于单模光纤和多模光纤之间的解决方案，典型少模光纤可以支持的模式数从几个到最多几十个。一方面支持的模式数目减少，模间耦合对相关传感器的影响降低；另一方面，最有效的控制模间耦合的手段是提高模间的折射率差，对于少模光纤，更容易通过设计增加模间折射率差。少模光纤在传感领域具有的吸引力的原因之一是，受外部参数（如温度、压力、气体等）影响时，FMF 内的各种线性极化模（LP 模）会表现出不同的响应。因此，监测这些模式的各种响应可以实现同时测量多个参数，并推动开发新的传感技术[28-29]。另外一个吸引人之处在于，与传统的标准 SMF 和 MMF 设计的传统光纤传感器相比，FMF 可以提供更高的信噪比水平。这是因为 FMF 可以减轻典型 MMF 中出现的模间耦合和模式色散现象，相对于标准 SMF，FMF 具有更高的非线性功率阈值[30]。

4）按照功能分类，光纤还可以分为保偏光纤、色散补偿光纤、高非线性光纤、大有效面积光纤等专门应用领域的特种光纤

按照制造工艺和结构，保偏光纤可分为几何型保偏光纤和应力型保偏光纤等。几何型保偏光纤主要依赖于特殊的纤芯结构和材料制备工艺来实现保偏效果，而应力型保偏光纤则是通过在光纤中引入应力来实现保偏效果。保偏光纤可以产生强双折射效应，保持某一方向线偏振的入射光束的偏振态。在以光学相干检测为基础的干涉型光纤传感器中，使用保偏光纤能够保证线偏振方向不变，提高相干信噪比，以实现对物理量的高精度测量，典型的应用包括光纤陀螺和光纤水听器。

通常情况下，色散补偿光纤并不常用于传感器的制备，但对于波长调制型传感器（如光纤布拉格光栅），色散补偿光纤提供了一种快速解调方法，可以将传感器的波长漂移通过色散补偿光纤的传播转化为时间延迟的变化[31]，从而实现波长解调。

具有低损耗特性的大模式面积光纤，在分布式拉曼温度传感器中具有优势，通过增加模式面积，可以大大提高传感器输入功率，与对应的单模光纤

相比，理论上信噪比可提高 3.4 倍[32]。

基于高非线性光纤的传感器应用相对较少，高非线性光纤主要用于光纤激光器，如超连续谱的产生。

8.2.3　光纤传输损耗

传输损耗是光纤很重要的一个光学性能，很大程度上决定了无中继传输的最大距离。然而，除非远距离传感中应用，光纤损耗不是限制光纤传感性能的关键指标。衰减系数是表征光纤传输损耗的参数，损耗与传输波长有关，单位为 dB/km，可表示为

$$\alpha(\lambda)=-\frac{10\log\dfrac{P_{out}}{P_{in}}}{L} \tag{8.2-4}$$

式中：P_{out}和 P_{in}分别为光纤输出端和输入端的光功率；L 为光纤的长度。

图 8.2-5 给出了石英玻璃光纤损耗的主要物理机理，主要包含两大类，分别为吸收损耗和散射损耗。

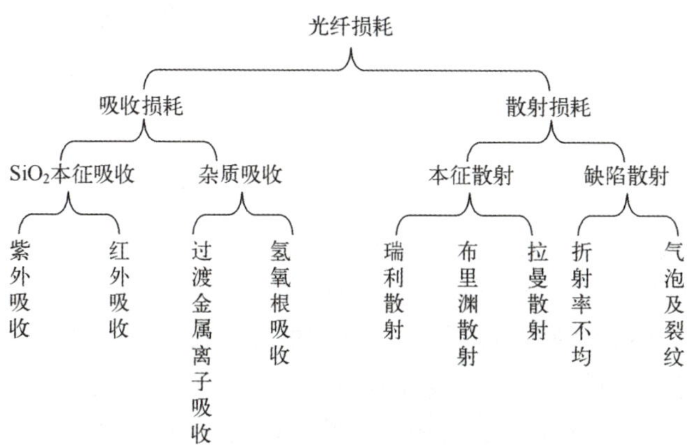

图 8.2-5　光纤损耗的物理机理

1. 吸收损耗

吸收损耗包含两大类分别为杂质吸收和本征吸收。

(1) 本征吸收。本征吸收是光纤材料本身对特定波长范围内光的吸收现象，例如，SiO_2对可见光是透明的，但在红外和紫外波段会发生本征吸收。紫外吸收是电子在紫外区的能级跃迁引起的，并延伸到近红外区域，导致在1300~1500nm 的光通信区域形成 0.05dB/km 的损耗。红外吸收是分子振动吸

收引的损耗，主要在 9. 5μm、12. 5μm 及 21μm。红外吸收向短波区域延伸到 1300~1700nm。当波长大于 1600nm 时，光纤红外吸收逐渐明显，并逐渐导致无法实现低损耗传输。

（2）杂质吸收。杂质损耗主要是指光纤中各种过渡金属离子导致的吸收，因此必须将这些杂质离子限制在特定浓度以下，对近红外有影响的有三价铁离子（1. 1μm）和二价铜离子（0. 8μm），其他离子吸收区位于可见光区。OH^{-1}离子是一种重要的吸收来源，共振峰位于 2730nm，倍频和 3 倍频位于 1390nm 和 950nm，且在 1240nm 波段形成了 1 个组合共振吸收峰。OH^{-1}离子的吸收谷导致，在 850nm，1310nm 和 1550nm 波段形成了 3 个光通信窗口。杂质吸收损耗和 OH^{-1}吸收损耗属于光纤的非本征损耗，可以通过材料和制造工艺的持续改进，减少甚至消除其影响，目前，光纤脱水工艺已经大大降低了光纤的传输损耗，OH^{-1}导致的损耗可忽略不计。

2. 散射损耗

散射损耗包括本征散射损耗和非本征散射损耗。

（1）本征散射。瑞利散射是一种重要的本征散射损耗，是媒质材料散射损耗的下限，来源于光纤中浓度的微小波动，当浓度微小波动的尺寸（散射体的尺寸）小于波长时，瑞利散射总存在，其特点是散射损耗与波长的四次方成反比关系，可表示为 $\alpha=\dfrac{A}{\lambda^4}$，分母波长 λ 的单位为 μm。对于石英玻璃光纤通常用 $A=0.9\text{dB}\mu\text{m}^4/\text{km}$ 来评估瑞利散射损耗，随着石英纯度降低，系数 A 的值也会下降，对于纯 SiO_2，$A=0.63\text{dB}\mu\text{m}^4/\text{km}$。瑞利散射损耗是石英玻璃光纤在波长 1. 3μm 和 1. 55μm 的基础损耗。

拉曼散射和布里渊散射是仅当光纤中的光强度功率大于一定阈值才会显著出现的一种本征散射，由非线性效应引起，属于非弹性散射，损耗系数近似可表达为 $\alpha=A\lambda^{-4}(1+\beta\Delta)$，其中的系数与石英和掺杂材料有关。

（2）非本征散射。例如，微小裂纹和气泡通常是在光纤拉直过程以及光纤预制棒熔融过程中工艺不完善造成的，会形成局部散射中心，增加光纤的损耗。

除上述两大类损耗外，光纤作为光波导，传输特定的模式，因此存在着波导损耗，如弯曲光纤传输过程中，波导模转化为辐射模，并逸出光纤形成损耗，增加光纤截止波长和减少模场直径是减少模式损耗的主要措施。

3. 附加损耗

附加损耗是光纤外来损耗。在光纤制备、安装和使用过程中导致的光纤扭曲、侧压等导致光纤宏弯曲和微弯曲形成的损耗。微弯曲是光纤成缆时随机弯曲产生的，引起的附件损耗较小，宏弯损耗是附加损耗的主要来源。

当弯曲的曲率半径到一定程度时会产生宏观弯曲引起的辐射损耗，简称宏弯损耗，可表示为

$$\alpha = C_1 \exp(-C_2 R) \tag{8.2-5}$$

式中：R 为宏弯曲率半径；C_1、C_2 为与曲率半径 R 无关的常数。

若宏弯较轻，损耗较小，但随着曲率半径的减小，损耗呈指数上升。当宏弯曲半径小到某个临界值 R_c 时，再进一步减少弯曲半径，径导致损耗变得非常大，甚至终端信号传输，对于阶跃折射率 R_c 的临界半径为

$$R_c \approx \frac{3n_1^2\lambda}{4\pi(n_1^2-n_2^2)^{3/2}}$$

微弯损耗是由于在成缆制备过程中，产生不均匀侧向压力，引起的光纤轴线曲率半径的不断变化。尽管弯曲曲率半径大于临界半径，但周期性变化的曲率可引起导模和辐射模之间的反复耦合使得导模能量因转化为辐射模能量而产生损耗。

在实践中，人们利用光纤微弯损耗的原理制成光纤微弯传感器，原理如图 8.2-5 所示。将多模光纤（光纤高阶模式越多，越容易将导模转化为包层模，因而灵敏度越高）置入变形器中，通过变形器作用，导致光纤产生微弯损耗，微弯损耗的变化可通过输出端的探测器测量。理论分析和试验测试表明，当变形器的波数等于光纤导模和辐射模的传播常数差时，光纤损耗最大，即

$$\beta - \beta' = \pm\frac{2\pi}{\Lambda} \tag{8.2-6}$$

式中：Λ 是变形器的机械波长；β 和 β' 分别为光纤导模和辐射模的传播常数。

相邻模间传播常数之差可表示为

$$\delta\beta = \beta_{m+1} - \beta_m = \frac{2\alpha}{a}\sqrt{\frac{\alpha\Delta n}{\alpha+2}}\left[\frac{m}{M}\right]^{\left(\frac{\alpha-2}{\alpha+2}\right)} \tag{8.2-7}$$

式中：m 为模序号；M 为总模式数；α 为常数；Δn 为纤芯和包层折射率之差；a 为纤芯半径。

对于梯度折射率多模光纤，参数 $\alpha=2$，传播常数与模序号 m 无关，相邻模间传播常数差 $\delta\beta=\sqrt{2\Delta n}/a$，故可得变形器最佳机械波长可表示为

$$\Lambda_0 = \frac{2\pi}{\sqrt{2\Delta n}}a \tag{8.2-8}$$

对于阶跃折射率多模光纤，易得相邻模间传播常数差为 $\delta\beta=\frac{2\sqrt{\Delta n}}{a}\frac{m}{M}$，可见，相邻的高阶模之间的传播常数差要比相邻的低阶模之间的传播常数之差要大。由于高阶模更容易耦合到辐射模，因此变形器的最佳机械波长比 Λ_0 要小。

Cheng 等提出了一个简化的光纤弯曲损耗公式，包含了弯曲半径、弯曲角度、波长等参数。理论和试验数据具有很好的吻合度，可用于弯曲损耗型传感器[33]。

光纤微弯传感器传感部分结构示意图如图 8.2-6 所示。

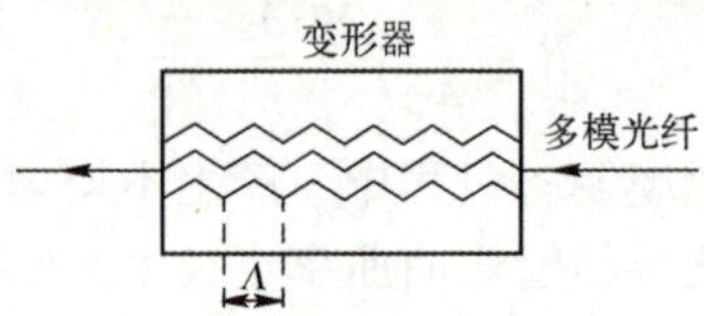

图 8.2-6　光纤微弯传感器传感部分结构示意图

8.2.4　光纤色散

光纤中的色散是指光纤中信号由于不同频率成分或不同模式，在光纤传输中由于速度不同使得传播时间不同，造成不同频率或模式的信号在到达探测器时，导致的脉冲展宽和波形畸变现象，这极大限制了光纤的传输带宽。根据色散形成的原因，光纤中的色散包括：材料色散、波导色散、模式色散、偏振模色散。

1. 材料色散

材料色散是由于构成纤芯、包层的材料折射率为波长的函数，材料随光波长变化引起的。即使是激光光源发出频谱极窄，其谱宽也不为零，光脉冲的不同频谱成分在光纤中的传输速度不同，导致传输后光脉冲的展宽。材料色散用材料色散系数 D_m 表示，D_m 是材料折射率对波长的二阶偏导数，可表示为

$$D_m=-\frac{\lambda}{c}\left(\frac{\mathrm{d}^2 n}{\mathrm{d}\lambda^2}\right) \tag{8.2-9}$$

由于材料色散系数可正（正色散）可负（负色散），因此材料色散引起的时延可表示为 $\Delta\tau=|D_m|\Delta\lambda L$，其中，$\Delta\lambda$ 为光源谱宽，L 为光纤传播距离。对于掺 GeO_2的石英玻璃，其材料的零色散波长位于 1.27μm。当波长大于零

色散补偿时，材料色散为正常色散。

2. 波导色散

光纤纤芯和包层的折射率差很小，导致在界面发生全反射时，部分光进入包层内传输，在经过一定距离后，又可能返回纤芯传播，进入包层部分的光强大小与波长有关，这意味着光传输的路径长度随波长变化，导致不同频谱成分的光到达光纤终端经历的时间不同，导致脉冲展宽。波导色散的与材料色散的大小处于同一个数量级。波导色散系数用 D_w 表示。

3. 色度色散

波导色散和材料色散引起的脉冲展宽都与光源的谱宽有关，将这些与波长光源频谱宽度有关的色散统称为色度色散，波导色散和材料色散均有正负，因此在表示色度色散时要用波导色散和材料色散之和的绝对值：$\Delta\tau = |D_w+D_m|\Delta\lambda L$，色度色散用 D_{ch}表示，$D_{ch}=D_w+D_m$。当色度色散为零时，并不意味着色散为零，这时必须考虑高阶色散，这时的时延通常表示为 $\Delta\tau=\frac{L}{2}s_0\Delta\lambda^2$，其中，$s_0$ 与二阶色散有关，表示色度色散的斜率，$s_0=dD_{ch}/d\lambda$。对于标准单模光纤，色散斜率数值约为 0.9ps $nm^{-2}\cdot km^{-1}$。

4. 模式色散

模式色散仅发生在多模光纤中，不同模式在同一频率下传输，各种模场沿不同路径传播到光纤终端，由于路径不同，导致脉冲信号的展宽。在阶跃多模光纤中，模式色散是引起脉冲展宽的主要原因，其影响比波导色散和材料色散高出 1、2 个数量级。

5. 偏振模色散

光纤制作过程中的组分、几何、应变等效应，导致纤芯和包层的折射率不再是各向同性的，这就导致给定模式的材料折射率取决于其电场的方向。假定在电场分别沿光纤横截面的 x 轴和 y 轴时，对应的折射率分别为 n_{ix} 和 n_{iy}，其中，$i=1,2$ 分别表示纤芯和包层，那么传播常数分别为 β_x 和 β_y，即便是在单模条件下也会存在两个不兼并的模式，这两个模式与偏振方向有关，称为偏振模色散（Polarization Mode Dispersion，PMD），用系数 D_{PMD} 表示。偏振模色散引起的时延与传播距离不呈线性关系，而大致与距离的方根成正比。大多商业单模光纤的偏振模色散量级在 0.1ps/$km^{1/2}$。PMD 引起的时延表示为 $\Delta\tau=D_{PMD}\sqrt{L}$，与光源的谱宽无关，这一点与色度色散不同。

8.2.5 光纤数值孔径

光纤的数值孔径是描述光纤收集光能力的参数。以阶跃折射率为例，根据射线光学理论，光线按直线传播，将通过光纤纵向剖面的光线称为子午光线，由于纤芯的折射率大于包层的折射率，子午光线在纤芯和包层界面处存在临界角 θ_c，当入射角度大于临界角时，子午光纤将在界面产生全反射现象，反之，光线将会在截面发生折射和反射，这样经过界面多次反射和折射，光线能量将很快衰减，如图 8.2-7 所示。只有发生全反射的子午光线，才能在光纤中传播，这就是光纤导光的射线光学解释。

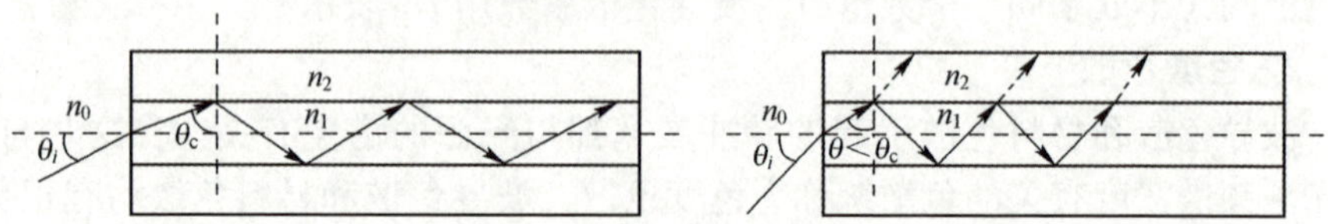

图 8.2-7　子午线在阶跃光纤内发生全反射和非全反射过程示意图

光纤发生全反射的条件时界面入射角 $\theta \geqslant \theta_c = \arcsin\frac{n_2}{n_1}$，根据折射定律，易得光纤端面的入射满足 $n_0\sin\theta_i = n_1\cos\theta$。因此，发生光纤界面全反射的入射条件为 $\arccos\frac{n_0\sin\theta_i}{n_1} \geqslant \arcsin\frac{n_2}{n_1}$，化简可得

$$n_0\sin\theta_i \leqslant \sqrt{n_1^2-n_2^2} \tag{8.2-10}$$

非子午光线发生全反射的入射角上限要大于根据子午光纤给出的式（8.2-10）。

由此可见，从空气与光纤的端面入射的子午光线，只要满足 $\sin\theta_i \leqslant \sqrt{n_1^2-n_2^2}$，就可以实现在光纤中的长距离传输，定义光纤的数值孔径为

$$\mathrm{NA} = \sqrt{n_1^2-n_2^2} \tag{8.2-11}$$

在阶跃折射率光纤中，不同入射角的光线在光纤中的传播路径不同，导致它们到达光纤探测端的时间不同，从而引起脉冲展宽，这对于光纤传输容量不利。此外，在多模光纤中，除子午光线外，非子午光线在光纤中发生全发射时，全反射路径围绕光纤中心轴呈螺旋状折射路径。

8.2.6　特种光纤

1. 塑料光纤

塑料光纤（Polymer Optical Fiber，POF）是指纤芯和包层都由聚合物构成的光纤。其中用于纤芯的为高透明聚合物，如聚苯乙烯（PS）、聚甲基丙烯酸甲酯（PMMA）、聚碳酸酯（PC）和全氟化聚合物。用于包层材料有 PMMA、

氟塑料等。表 8.2-1 给出了几种不同材料制备的塑料光纤的典型参数对比。典型塑料光纤的损耗谱如图 8.2-8 所示。

表 8.2-1 不同聚合物材料光纤性能对比

纤芯材料	折射率	损耗/(dB/km)	玻璃化转变温度/℃
聚苯乙烯（PS）	1.59	90（580nm）； 70（765nm）	105
聚甲基丙烯酸甲酯（PMMA）	1.58	70~100（570nm）； 125~150（650nm）	105
聚碳酸酯（PC）	1.49	700（580nm）； 600（765nm）	150
全氟树脂（CYTOP）	1.3~1.55	20（1310nm）	105~160

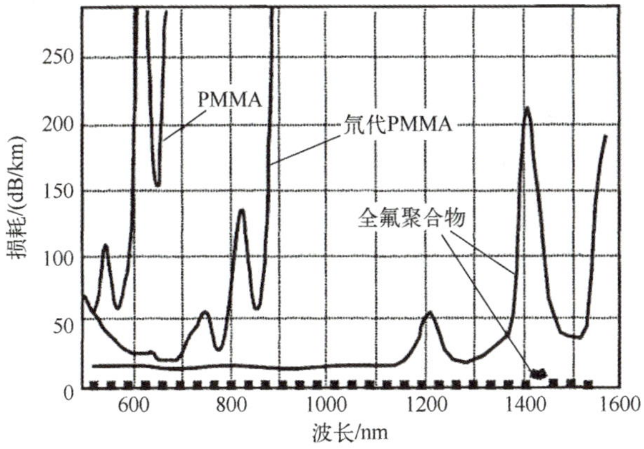

图 8.2-8 典型塑料光纤的损耗谱：PMMA、氘代 PMMA 和全氟聚合物[35-36]

从聚合物光纤的特性参数可以看出，聚苯乙烯材料折射率最高，因此，制作的光纤数值孔径大，缺点是易脆性，光学稳定性和耐辐射性能差。聚碳酸酯具有优异的耐高温性、柔韧性、化学稳定性，适合在较高的工作温度下工作，但存在较大损耗。聚甲基丙烯酸甲酯是最常用的高性能聚合物光纤材料之一，其密度小，易于机械加工，并且具有优异的机械强度和透光性。在可见光波段的透光率高达 92%，且低损耗传输窗口位于 650nm。

塑料光纤的优点是价格较低，聚合物拉制工艺简单成熟，成本极低；重量更轻，密度通常为玻璃光纤的 1/3~1/2；韧性更好，直径 2mm 情况下仍可自由弯曲；普遍芯径较大，对焊接的对准要求较低。缺点包括：损耗较大（高达 100dB/km，不适合用于长距离传感应用），工作温度上限较低；在恶劣湿度、温度和紫外光辐射下，光学、机械性能稳定性差，长期可靠性不足。

表 8.2-2 给出了玻璃光纤与聚合物光纤的关键参数对比。可以看出，石英光纤的弹性模量是聚合物光纤的 30 倍左右，在应用于温度、应变传感方面，后者的理论灵敏度要高许多（通常对温度的灵敏度是石英光纤的 2 倍，且总体上对应变灵敏度增加[34]），因此，塑料光纤在水声光纤传感、压力传感中比二氧化硅光纤传感器具有高灵敏度优势。聚合物光纤具有的极高的拉伸强度，意味着在应力、应变、压力传感方面具有更大的工作动态范围。此外，由聚合物材料制作的光纤在用于在汽油、松节油等一些有机溶剂液体环境中工作时具有较好的耐腐蚀性，因此在液体传感方面，聚合物光纤具有固有优势。聚合物光纤与大量有机物分子（如激光染料分子、有机光电分子等）相容性高，这使得聚合物更容易具备某些特殊物理性能，也扩展了聚合物光纤传感器的使用范围。

表 8.2-2　聚合物光纤与石英光纤的参量对比

参　量	石英光纤	聚合物光纤
损耗/(dB/km)	0.2~3	10~100
弹性模量/GPa	~100	~3
拉伸强度/%	1~2	5~10
热光系数/($\times10^{-5}$/℃)	~1	~−10
热膨胀系数/($\times10^{-5}$/℃)	~0.05	~5
纤芯直径/μm	单模：8~12	300~3000
	多模：50~200	
数值孔径	0.18~0.23	0.5

2. 抗弯曲损耗光纤

该光纤弯曲损耗低、机械强度高，适合小尺寸振动环的绕制，在光纤水听器上有重要应用。光纤水听器基于光纤迈克耳孙干涉仪的传感原理，即外界声信号引起光纤形变，改变光信号经传感光纤传输的光相移，并经干涉仪调制成为光强度交变信号。利用配套的光相位解调仪，可以提取光纤水听器捕获的声信号，并通过相关软件展示波形、电压等参数。单个水听器很难获得目标的详细信息，需要布放成百上千探测单元组成大的探测阵列，来实现对水下目标的定位与指向。对于大规模的布放，要求探测阵列及传输光缆体积小、重量轻、易于收放。因此，要求作为水听器用的传感光纤的几何尺寸小型化，能耐受更小的弯曲半径，且具有更低的弯曲损耗。抗弯光纤也经历了几何尺寸逐步减小、宏弯损耗逐步降低、弯曲机械可靠性逐步提高的发展历程，其极限弯曲半径已经达到了 5mm，最大宏观弯曲损耗小于 0.01dB/rad。

3. 抗辐射光纤

抗辐射光纤主要用于太空或核电等辐照环境的通信及温度传感，辐射条件下的光纤会导致辐射致衰减效应（RIA），光纤中掺杂的稀土元素在受到高能粒子的辐照时，引起辐致暗化效应，造成光纤损耗的急剧增加[37]，因此需要研制适用于辐照环境的特种光纤。通过材料和波导的优化设计，抗辐射光纤可减小材料辐致衰减，满足辐照环境下的传感需求。已经证明纯 SiO_2 核心光学纤维或氟掺杂核心纤维（均具有氟掺杂包层）是在室温下在红外波长范围内和在 MGy 剂量水平上表现出有限的 RIA[38]。通常抗辐射光纤应用于核电站附近的分布式光纤测温系统。现阶段的抗辐射光纤主要以掺杂材料优化、光纤预处理和后处理工艺等措施不断地降低辐致衰减指标。

4. 旋转光纤

旋转光纤具有圆偏振保持能力、抗环境干扰能力，在温度波动和振动条件下都能够确保极高的工作精度，显现出比低双折射光纤更大的优势，主要应用于基于法拉第磁光效应的光纤电流互感器。旋转光纤采用高双折射光纤预制棒，在拉丝的过程中，通过对预制棒旋转速率的优化设计，可以制备出性能优良的旋转光纤。通过特殊工艺制造的旋转光纤的两个本征模式是椭圆偏振的，其内部固有的双折射能够有效地抵抗外界条件（如温度、弯曲、振动等）导致的线性双折射，从而有效地保持圆偏振光特性。旋转光纤的机械强度高，工艺一致性稳定，已应用于电力、冶金等领域的传感中。

5. 瑞利散射增强光纤

瑞利散射增强光纤通过掺杂及浓度控制提高光纤的瑞利散射，主要用于基于瑞利散射的分布式传感系统中。例如，对于 Φ-OTDR 传感系统，光脉冲传播到受外界振动信号作用的光纤段时，以瑞利散射方式回到探测器的光信号也会产生变化，通过检测散射光信号的变化就可以检测出测量区域的振动情况。同时，通过模式识别算法可以准确判断出多种不同的入侵和破坏方式，并能同时实现多点入侵监测和精确定位，如油气管道地埋光缆定位、铁路直埋光缆定位、运营商光缆筛查定位等。

6. 耐高温光纤

普通的单模光纤或多模光纤多使用丙烯酸环氧树脂作为涂覆层，在长期处于 85℃以上的环境中时涂覆材料老化失效会导致光纤失去保护，进而引起损耗增加，甚至通信中断等问题。高温光纤可以通过改变涂层材料，解决上述问题。高温光纤主要用于分布式光纤测温系统，该系统基于后向拉曼（Raman）散射原理和光时域反射（OTDR）定位原理，并利用了光纤拉曼散射强度随温度变化的特性。这些分布式温度传感器主要应用于火灾监测、管道泄漏检测等特殊环境，因而对光纤的耐温性能有较高要求。目前西安某公司提供的两类标准产品。一类是特殊紫外固化丙烯酸酯涂覆的耐高温光纤，工作温度：长期工作温度为-65~150℃，短期工作温度为200℃。在尺寸上有3个种类：①细径耐高温光纤，玻璃包层直径80μm，涂层直径165±10μm；②标准尺寸耐高温光纤，玻璃包层直径125μm，涂层直径245±15μm；③大芯径耐高温光纤，玻璃包层直径200~1000μm。另一类是聚酰亚胺涂覆光纤，长期工作温度-65~300℃，短期工作温度350℃。同样有3个尺寸型号：①细径耐高温光纤，玻璃包层直径80μm，涂层直径100±3μm；②标准尺寸耐高温光纤，玻璃包层直径125μm，涂层直径155±5μm；③大芯径耐高温光纤，玻璃包层直径200~660μm。

8.3 光无源器件

光纤通信（传感）系统中，除了光源、光纤、探测器，还需要许多其他光器件来实现系统互联、功能增强等，主要包括光纤连接器、耦合器、隔离器、环形器、衰减器等。

8.3.1 光纤连接器

光纤连接器是光纤传输链路中，不同模块、设备和系统之间可实现灵活连接和拆卸的器件。光纤连接器是光纤通信和光纤传感系统中使用量最大的光无源器件。基本功能是把光纤的两个端面精密对接起来，关键是要使两根光纤的轴心对准，使发射光纤输出的光最大限度地耦合到接收光纤中。

光连接器的性能指标主要包括以下几个方面：①插入损耗：插入损耗，越小越好，一般不应大于0.5dB。②回波损耗（Return Loss）：回波损耗是指连接器对链路光功率反射的抑制能力，其典型值应大于25dB。实际应用的连接器，插针表面经过了专门的抛光处理，可以使回波损耗超过45dB。③互换性、重复性：光纤连接器是通用的无源器件，对于同一类型的光纤连接器，一般都可以任意组合使用、并可以重复多次使用，由此而导致的附加损耗一般都应在小于0.2dB的范围内。④良好的机械特性。⑤振动性能，在振动频率范围为10~55Hz，稳定振幅为0.75mm条件下试验，最大附加损耗不应超过0.2dB。⑥温度特性，光纤连接器必须在-40~70℃的温度下能够正常使用。⑦插拔次数，使用的光纤连接器一般都可以插拔1000次以上，附加损耗不超过0.2dB。

8.3.2　光纤耦合器

光纤耦合器是用于光纤光信号的耦合、分配、合并的器件。通常，光纤耦合器的性能指标包括以下几个方面：①插入损耗：指光纤耦合器将输入光纤信号通过耦合和分配，最终输出到多条输出光纤时引起的信号，通常要求插入损耗要求低于0.5dB。②反射损耗：在光纤耦合器的输出光纤中反射回输入端的光信号造成的损耗。要求反射损耗高于50dB。③3dB带宽：光纤耦合器的带宽指其能够传输的最大光信号频率范围，通常用3dB带宽表示。④耦合比：定义为光纤耦合器的输出与输入之间的信号强度比。

光纤耦合器具有灵敏度高的优点，能够对微小信号进行识别和测量，可用于光学传感器和光纤陀螺仪等应用中。

8.3.3　光纤环路器

光纤环路器是一种光学元件，通常由两个光纤耦合器和一段光纤构成环路。主要功能是将光信号从输入端引入环路，然后在环路内多次反射，最终从输出端输出。在反射的过程中，光纤环路器可以实现滤波、增强、压缩、相移等信号处理功能。光纤环路器是光纤布拉格光栅传感系统中的重要元件，能够实现光学信号的分配、合并、网络等功能。

光纤环路器具有以下特点：①宽带滤波特性；②高灵敏度；③稳定性好；④可调性；⑤光学互联。光纤环路器在传感器具有广泛的应用，光纤环路器的高灵敏度和宽带滤波能够用于光学传感器的信号处理和识别，如温度、应变、压力、流量等物理量的测量。

8.3.4　光纤衰减器

光纤衰减器用于调整光纤链路中的光强度，实现强度调节，主要包含了两种类型：硅基光纤衰减器和V型腔光纤衰减器。

硅基光纤衰减器采用掺铝的单模光纤作为衰减器基体，铝离子作为等离子体损耗体，利用等离子体散射、吸收和反射来实现衰减。V型腔光纤衰减器采用三棱镜和光栅组成的反射结构实现衰减，通过旋转衰减度来调整衰减。

V 型腔光纤衰减器的衰减系数保持恒定，而且具有宽带衰减的特点。

光衰减器的主要性能包括：①衰减可调范围：光纤衰减器要具有可调性，可实现大的衰减范围和调节精度，硅基光纤衰减器的范围一般在 0~30dB，V 型腔光纤衰减器的范围可以达到 60dB 以上。②宽带宽：光纤衰减器在通常在整个通信频段内都具有较稳定的衰减度。③稳定性好：光纤衰减器在整个通信频段内都具有很高的稳定性，特别是 V 型腔光纤衰减器，能够实现高精度的衰减值。④插入损耗低：插入损耗一般小于 1dB，硅基光纤衰减器甚至可达 0.2dB。⑤高反射损耗：反射损耗可够达到 50dB 以上。

8.3.5 光纤隔离器

光纤隔离器用于分离光纤输入和输出。通常，光纤隔离器由入光纤口（IN）、导光纤、隔离器件和出光纤口（OUT）组成。其中，入光纤口和出光纤口引导光进出防振架。防振架的作用是确保在运输中不会发生机械振动，以避免对光学性能产生负面影响。导光纤起到将射入 IN 口的光从隔离器件的输出端传输到输出光口的作用。隔离器件用于隔离输入端和输出端之间的光路。

光纤隔离器具有以下特点：①噪声抑制：光纤隔离器能够有效抑制光学噪声的发生，从而保证系统的稳定性和可靠性。②隔离度：一般情况下，隔离度可达 40dB 以上。③低插入损耗：光纤隔离器的插损一般不超过 0.5dB。④稳定性：光纤隔离器能够在较长时间内保持良好的光学性能。⑤温度稳定性：温度对光纤隔离器的性能的影响尽可能小，可在宽温和窄温范围内保持稳定。

在光学传感器领域，光纤隔离器的高隔离度可以防止信号的双向传输，实现精确的光学测量和光学调制，保证光学传感器的精度、稳定性和可靠性。

8.4 光调制及传感应用

8.4.1 强度调制

利用外界因素引起光纤中强度变化来探测物理量的光纤传感器称为强度（振幅）调制传感器。强度调制型光纤传感器形式多样，广泛应用于测量温度、压力、位移、流体、磁场强度以及化学试剂等。改变光纤中光强的常见方法包括：光纤微弯状态改变、光纤耦合条件改变、光纤吸收特性的改变、光纤折射率分布改变等。调制光强的工作模式主要包括：调制透射式、调制反射式和调制全内反射。常用的类型包括：差分吸收/差分衰减、黑体辐射、荧光测量。

1. 差分吸收温度光纤传感器

图 8.4-1 给出了差分吸收光纤温度传感器的结构原理示意图。该结构为传光型、反射模式、幅度调制的光纤传感器，敏感元件为与光纤端面相接触的差分吸收物质，差分吸收物质外面有一反射镜。差分吸收物质在波长区域 $\lambda_l \sim \lambda_u$ 存在吸收，对波段之外的光保持透明。在吸收区域，光吸收能力随温度增加而增加，如图 8.4-2 给出的差分物质吸收光谱示意图，在传感应用中，应选择吸收强度随温度变化线性度好、斜率大（灵敏度高）区域的波长作为工作波长。这样可以通过测量光通过差分吸收物质后，光吸收的多少来判断差分吸收物质的温度。

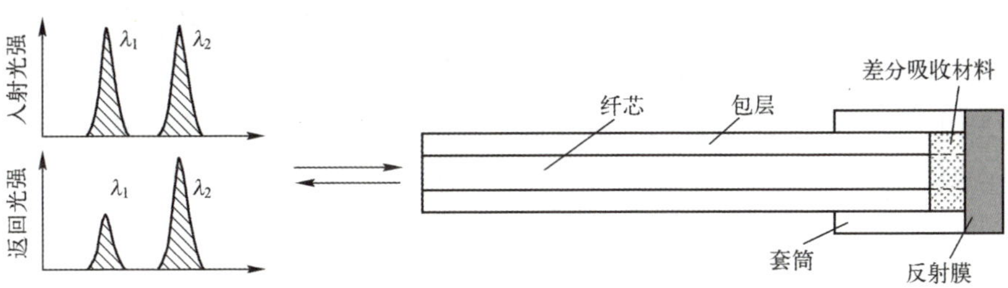

图 8.4-1　差分吸收光纤温度传感器原理示意图

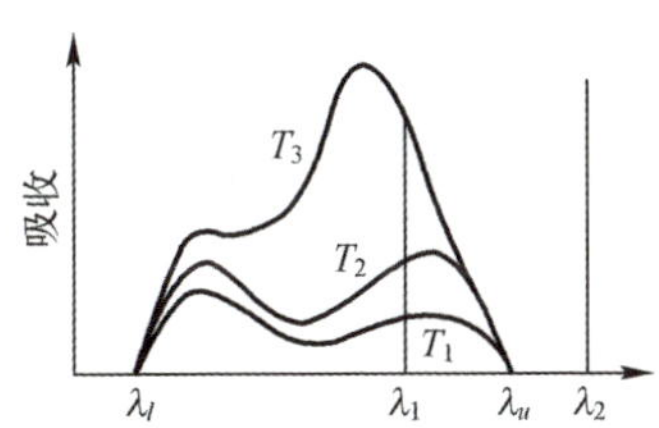

图 8.4-2　差分物质吸收光谱示意图

为了消除光源、光纤、连接器件和探测器等对工作信号强度的干扰引起误差，提高长期稳定性，可采用补偿技术，常见的方法有引进参考信号的办法，如 8.4-1 左图所示，入射光中心波长分别为 λ_1 和 λ_2，其中，中心波长 λ_1 的光信号为工作信号，中心波长 λ_2 的光信号为参考光。两种中心波长的光入射强度相等。两路光信号经过差分吸收材料后，被反射镜返回被探测器探测，通过比较两路信号的光强，就可以得知中心波长为 λ_1 的光信号被吸收的大小。进而根据吸收与温度的关系得到差分吸收材料的温度，依据以上方法测得的温度分辨率可在±1℃范围。

2. 光纤辐射剂量传感器

辐射剂量传感器的应用领域非常广泛，主要应用于癌症患者辐射治疗前和治疗中对患者进行辐射剂量的监测、核电站和核能研究试验中的辐射剂量监测、核废料的加工和运输过程中的辐射剂量检测等场景。

光纤中掺有重金属，会导致光纤的衰减随着辐射剂量的增加而增加，并且该过程是不可逆的。为了制备抗辐射光纤，必须尽可能降低光纤中金属离子的浓度。然而，对于要持续检测累积的辐射剂量的需求，掺有重金属的光纤则具有重要意义。在肿瘤患者的放疗过程中，精确检测肿瘤和周围组织的辐射剂量对于控制治疗效果和减轻患者痛苦方面至关重要。一种方法是将辐射敏感的重金属掺杂光纤和抗辐射光纤拼接，并将辐射敏感光纤埋入导管中，引入患者放疗区。通过持续测量反射信号的衰减特性，并与等长度的抗辐射光纤反射数据对比，可以间接获取辐射剂量信息。以体内侵入式辐射剂量传感为例[39]，出射光的衰减与入射波长、辐射剂量和温度均相关。在相同温度和入射波长下，随辐射剂量增加，衰减在很大范围内近似线性增加。同时，在相同温度和辐射剂量条件下，短波长的光衰减更为显著。在相同工作波长和辐射剂量，随着温度提高，衰减减小。

通过改变光纤的成分，可以使得光纤对不同的辐射（X 射线、γ 射线等）敏感。图 8.4-3（a）给出了透射式光纤辐射传感器的测量原理图。图 8.4-3（b）为生物体内侵入式辐射测量传感器结构示意图，为减少尺寸增加灵敏度，传感器采用了反射式工作方式，这样光路可以两次经过辐射敏感光纤。

8.4.2 相位调制

1. 相位调制传感器特点

利用外界因素引起光纤中光场相位变化来探测传感量的传感器称为相位调制型光纤传感器。相位无法由光电探测器直接探测，要检测相位变化，首先要将待检测的相位变化转化为探测光强的变化，实现这种相位探测的装置就是各种形式的干涉仪。因此，相位调制型传感器就是基于光的干涉原理制成的干涉仪，又称为干涉型传感器。

光纤干涉传感器具有的特点包括：①灵敏度高，应用广泛，在很多情况

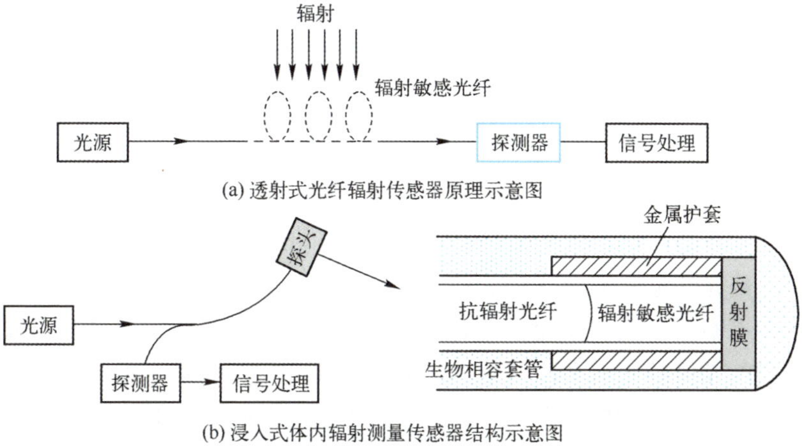

图 8.4-3 透射式光纤辐射传感器测量原理图和浸入式体内辐射测量传感器结构示意图

下干涉法测量是灵敏度最高的探测技术之一；②干涉仪中光纤的结构和形状灵活多样，可以适应多种探测需求；③探测范围广，只要能够影响干涉臂光程的各种物理量都可以用于传感测量；④对相位影响较大的光纤传播常数，受包层影响极大。为了获得最佳干涉条件和传感性能，通常需要采用单模保偏光纤作为干涉仪的传感臂，并针对待测物理量，对光纤进行必要的增敏和去敏处理。

传统的光学干涉仪包括马赫-曾德尔干涉仪（Mach-Zehnder Interferometer, MZI）、迈克尔逊（Michelson）干涉仪、萨格纳克（Sagnac）干涉仪和法布里-珀罗干涉仪（Fabry-Perot Interferometer, FPI）等都已经实现了光纤化，并应用于光纤传感，下面分别进行介绍。

2. 光纤马赫-曾德尔干涉仪

马赫-曾德尔干涉仪和迈克尔逊干涉仪均是双光束干涉仪。由于结构简单，易于构造，也是在光纤干涉传感器中最为常用的干涉仪。图 8.4-4 给出了马赫-曾德尔光纤干涉仪的结构图。光源发出的相干光，经光纤定向耦合器分成两束，分别送入两根长度基本相同的单模光纤，其中一根光纤作为干涉仪的参考臂，另一根作为探测臂，最后两根光纤到达第二个光纤定向耦合器。两路光信号在第二个光纤定向耦合器的输出端耦合，发生干涉，并由探测器检测。马赫-曾德尔干涉仪的工作方式是透射方式。

3. 光纤迈克尔逊干涉仪

光纤迈克尔逊干涉仪（MI）结构简单，只需要一个光纤定向耦合器，但

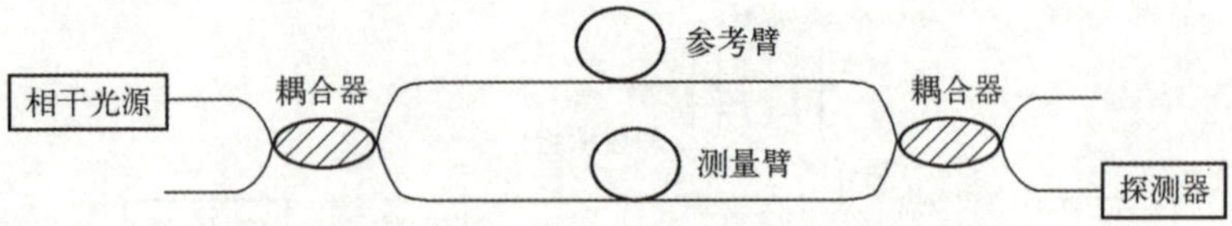

图 8.4-4　马赫-曾德尔光纤干涉仪结构

光纤端面需要两个反射镜。如图 8.4-5 所示，相干光源发出的光沿单模光纤输出后，经光纤定向耦合器分为两路，每路各接一根单模光纤，两根单模光纤长度相差不大，分别作为参考臂和测量臂，光纤的端面镀有高反射膜，从端面反射的光信号分别沿原路返回，并在光纤定向耦合器合波，输出后被探测器探测。与马赫-曾德尔干涉仪不同之处是，迈克尔逊干涉仪以反射方式工作。

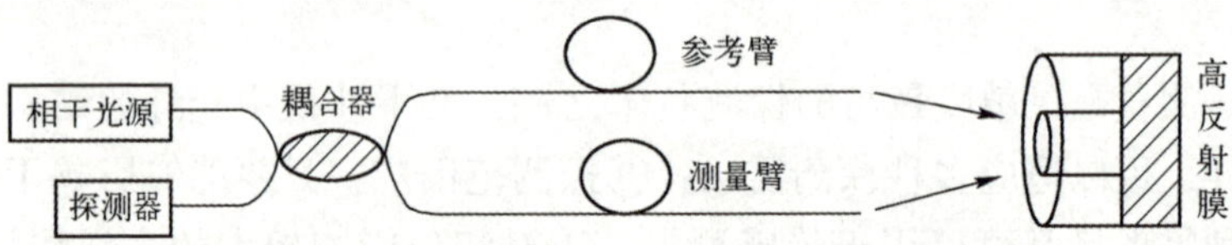

图 8.4-5　迈克尔逊干涉仪的结构示意图

根据双光束干涉原理，在等强度干涉情况下，迈克尔逊干涉仪和马赫-曾德尔干涉仪探测的干涉强度 $I=I_0(1+\cos\delta)$，其中，δ 为光场在参考臂和测量臂之间的相位差。当相位差为 $\delta=2m\pi$（m 为整数）时，出现干涉极大值，m 为干涉级次。当外界因素引起测量臂的光程、传播常数、光频率等发生变化时，都可使干涉级次 m 发生变化，引起干涉条纹移动，并转化为对待测量（温度、压力）的感知。

4. 光纤萨格纳克干涉仪

萨格纳克效应是 1913 年萨格纳克发明的一种可以旋转的环形干涉仪。将同一光源发出的一束光分解为两束，让它们在同一个环路内沿相反方向循行一周后会合，会产生干涉，当在环路平面内有旋转角速度时，屏幕上的干涉条纹将会发生移动，这就是萨格纳克效应。基于萨格纳克干涉效应制作的光纤陀螺仪已经广泛应用于卫星、船舶等导航领域。图 8.4-6 给出了萨格纳克光纤干涉仪（SI）的结构示意图，可见萨格纳克光纤干涉仪也是双光束干涉。相干光源发出的光经耦合器后分成两束，分别接入半径为 R 的光纤环的两端，经由顺时针和逆时针的两路光信号光纤环内传播一周后，再次在光纤定向耦合器合波，并耦合输出到光电探测器。输出强度取决于顺时针和逆时针传播光路之间的相位差。

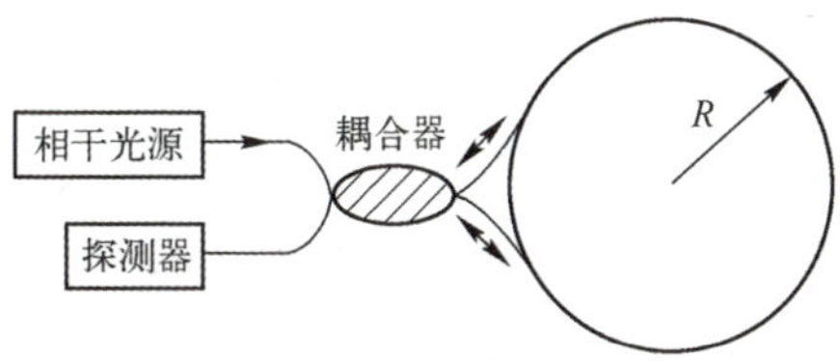

图 8.4-6 光纤萨格纳克干涉仪结构示意图

光纤环中顺时针和逆时针两路信号的光程差与光纤环的旋转角速度有关，光纤环角度旋转可以引起非互易光程差，原理如图 8.4-7 所示。在初始时刻 $t=0$ 时，光纤环的耦合输入点位于惯性参考系的 p 点，当光线换以角速度 Ω 顺时针旋转时，当时间位于 t'时，顺时针光路和逆时针光路再次在耦合点合波，当光纤仅环绕一圈时，经历的时间为 $t'=2\pi R/c$，其中，c 为真空中的光速。在 t'时刻，由于光纤环的旋转，在惯性参考系中耦合点的位置已经由 p 位置旋转至 p'位置。因此，顺时针光路信号经过的光程为 $L_a=2\pi R+R\Omega t$，逆时针光路经过的光程为 $L_c=2\pi R-R\Omega t$，两路光信号的光程差为 $\Delta L=L_a-L_c=2\Omega Rt$，进一步可得两路信号的相位差为

$$\Delta\varphi=\frac{2\pi\Delta L}{\lambda}=\frac{2\pi 2\Omega R2\pi R}{\lambda c}=\frac{8\pi A\Omega}{\lambda c} \tag{8.4-1}$$

式中：λ 为真空光波长；$A=\pi R^2$ 为环路面积。

当光纤环路由 N 圈构成时，相位差表达式为 $\Delta\varphi=\frac{8\pi A\Omega N}{\lambda c}$。可见，通过干涉测量出相位差的变化，就可以感知光纤环在参考系中的旋转角速度。

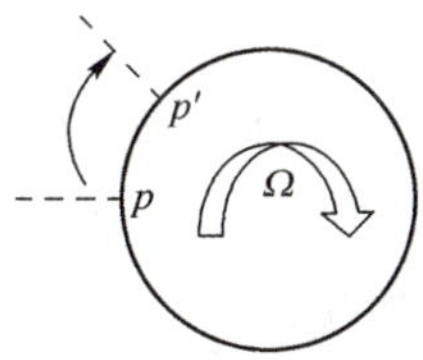

图 8.4-7 萨格纳克效应示意图

光纤陀螺仪与一般陀螺仪相比具有的优点可以从式（8.4-1）中理解，通过增加线圈面接和线圈长度增加相位的灵敏度，但对陀螺仪的尺寸和重量影响较小；在应用中，可将陀螺仪固定在转动部件上，即可进行工作，陀螺仪本身不需要机械转动部分；在光纤陀螺仪中，相比于光纤本身产生的相移，

由萨格纳克产生的相移极小，因而可以检测极低的角速度。

5. 光纤法布里-珀罗干涉仪

光纤法布里-珀罗干涉仪是指用光纤构建的 F-P 干涉仪，是由两个反射镜构成的谐振腔。FPI 的结构主要由 3 种方式：①用光纤构成 F-P 腔，光纤两端面镀有高反射膜做反射镜，这种方式称为本征型；②两端光纤端面镀膜作为反射镜，之间由空气隙构成 F-P 腔，称为非本征型；③两端光纤端面镀膜作为反射镜，之间接透明导管，称为复合型。3 种结构方式的结构示意图如图 8.4-8 所示。

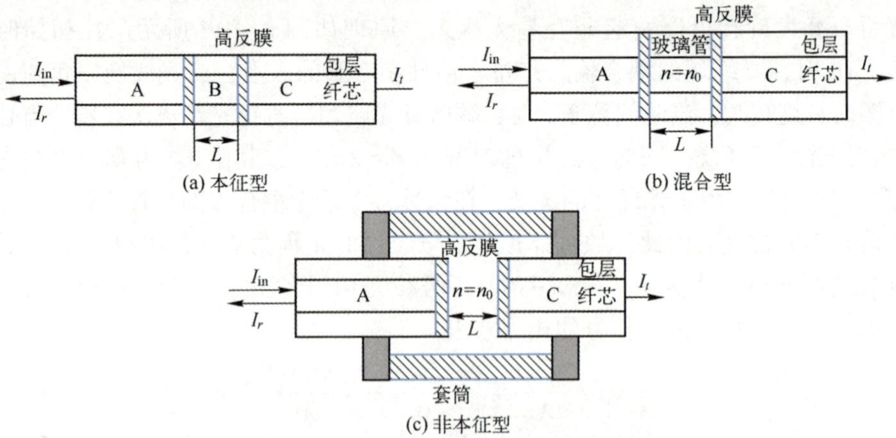

图 8.4-8　光纤 FPI 的 3 种结构方式示意图

本征型的优点是 F-P 腔中的光被限制在光纤中传输，对端面反射镜的平行要求不严格。但在制作如图 8.4-8 所示的本征型和混合型 FPI 时；首先需要在光纤的 A、C 段的端面镀一层高反膜；然后通过熔接方式接入 B 段光纤（本征型）或玻璃导管。由于光纤 FPI 干涉仪的腔的长度在微米到几十个微米的量级，因此玻璃管和 B 段光纤的加工、焊接带来较大工艺难度。此外，作为敏感区域的 F-P 腔的折射率和腔长两个参数往往同时受到外部因素的影响，并引起相位差，在实际应用中面临区分难题。另外 F-P 腔容易受到光纤本身弯折因素影响而产生偏振效应，影响测量精度。实际工程应用中光纤 FPI 多用非本征型结构。在非本征结构中，A 段和 C 段光纤端面镀有高层反射膜，并被密封在套筒中，同时保证反射镜面的严格平行。

非本征型 FPI 的优点之一是 F-P 腔的介质可以为空气，空气的折射率对环境变化不敏感，消除了外部因素对光腔的腔长和折射率的双参数影响，即

F-P 腔只受腔长 L 的扰动。其次，光纤 F-P 腔的长度可以通过外部精密机械装置精确调控。当非本征 FPI 套筒的热膨胀系数如果和光纤热膨胀系数一致时，就可以消除温度对干涉仪腔长的影响，这也是非本征光纤 FPI 的一个优点。此外，因为有保护套，F-P 腔中光的偏振特性，不受光纤弯折的影响。最后，通过控制敏感区长度还可以调节灵敏度。非本征光纤 F-P 传感器的主要缺点是：对 F-P 腔两侧光纤端面的平行度要求严格，如果端面平行度差，就会导致光束不能在两端面之间发生多次反射，从而导致传感器失效。

F-P 腔干涉属于多光束干涉，透射率随波长的变化是由于量平行反射镜面之间多重反射光的干涉。多重反射光之间的相位差，取决于入射光的波长、光线在腔内的折射角、F-P 腔的厚度及腔内材料的折射率。在垂直入射的情况下，两束相邻的反射光之间的光程差为 $\Delta L=2nL$，相位差 $\delta=4\pi nL/\lambda$。假定腔内侧两界面的反射率均为 R，根据多光束干涉原理，FP 腔的输出光强可表示为

$$I_t=\frac{(1-R)^2}{1+R^2-2R\cos(\delta)}I_{\text{in}}=\frac{1}{1+F\sin^2(\delta/2)} \tag{8.4-2}$$

式中：λ、I_t、I_{in}分别为光波长、入射强度和透射强度；$F=\dfrac{4R}{(1-R)^2}$。

在不考虑损耗的情况下，反射光强为

$$I_r=1-I_t=\frac{2R(1-\cos\delta)}{1+R^2-2R\cos\delta}I_{\text{in}} \tag{8.4-3}$$

由式（8.4-3）可得，当相位差满足 $2m\pi$（m 为整数）时，透射得到最大值，将相邻最大透射谱的波长间隔定义为自由频谱范围（Free Spectrum Range，FSR），易得中心波长为 λ_0 时的自由频谱范围为

$$\text{FSR}=\frac{\lambda_0^2}{2nl\pm\lambda_0}\approx\frac{\lambda_0^2}{2nl} \tag{8.4-4}$$

式（8.4-3）和式（8.4-4）没有考虑 F-P 腔的损耗。实践中，对于本征型 FPI，由于光在 FP 腔内反射时始终限制在单模光纤内部，忽略材料本身损耗，式（8.4-3）和式（8.4-4）是成立的。对于非本征型 FPI，由于从光纤端面出射（反射）的光并非平行光，出射端面存在较大的发散角，且由于在光纤外部传输，会引起很大损耗，必须要考虑。损耗与光纤芯径 $2a$，发散角为 θ_s 和腔长 L 有关，如图 8.4-9 所示。根据波动光学理论，波长为 λ 的光在 F-P 腔引起的损耗为

$$\alpha(L)=\left(\frac{a}{a+L\tan\theta_s}\right)^2 \tag{8.4-5}$$

对应的反射光强会修正为

$$I_r=\frac{R(1+\alpha^2-2\alpha\cos\delta)}{1+R^2\alpha^2-2R\alpha\cos\delta}I_{\text{in}} \tag{8.4-6}$$

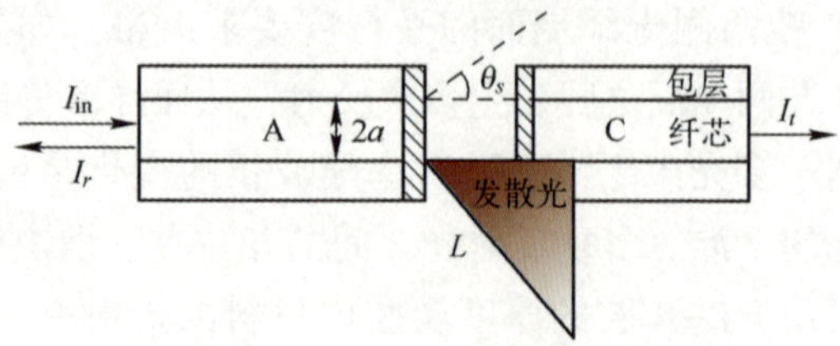

图 8.4-9 光纤外反射光散射

当入射光为宽带光谱光源时，如图 8.4-10 所示，基于 FPI 的干涉条件，在输出强度谱上不同波长处会出现干涉相长和干涉相消引起的强度分布，峰值波长对应干涉相长条件下波长，峰谷对应干涉相消条件下的波长。当外界因素引起等效的腔长增加时，峰值波长的干涉相长被破坏峰值下降，峰值附近长波长位置将达到干涉相长条件形成新的干涉峰，输出谱强度分布表现为向长波长方向移动，移动的波长与腔长的增量具有如下关系

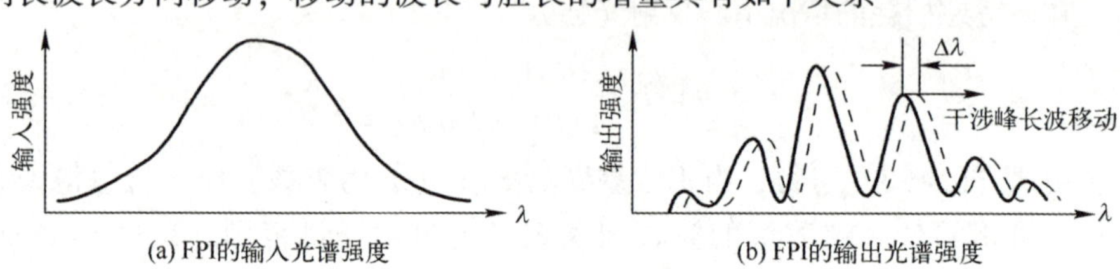

图 8.4-10 宽光谱光源 FPI 的输入光谱和输出光谱强度示意图

$$\Delta\lambda=\frac{\Delta d}{d}\lambda_0 \tag{8.4-7}$$

式中：λ_0 为初始峰值的波长，可见通过测量波长的移动量就可以探测 F-P 腔的腔长变化量。进一步采用简单的双光谱测量技术，就可以探测波长的移动和 F-P 腔的腔长变化量，并转化为对微位移、应力、温度变化的传感。

6. 白光双光束光纤干涉仪

相位调制光纤传感器的最大优点之一是具有极高的灵敏度。缺点是只能测量相对相位差，不能测量绝对相位差。用低相干的宽带白色光源发展起来的白光干涉仪，由于可以进行绝对测量，逐渐受到重视，并应用于许多物理参量的绝对测量，如图 8.4-11 所示。

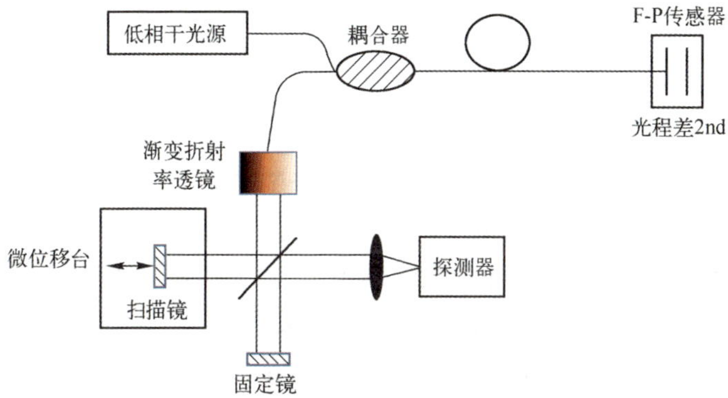

图 8.4-11 白光干涉仪的结构示意图

图 8.4-12 给出了由光纤 FPI 和马赫-曾德尔干涉仪搭建的白光干涉仪结构示意图。其中 FPI 干涉仪的传感头用于探测，置于被探测位置，同时从传感头反射回的两路反射光作为马赫-曾德尔干涉仪的入射光路。马赫-曾德尔干涉仪可置于远离探测区位置的控制台，便于操控。两个干涉仪的组合使得到达探测器的光路共有 4 路：光路 1 从 FP 腔前端镜面反射后，依次经分束镜、扫描镜、分束镜最后到达探测器；光路 2 从 FP 腔前端镜面反射后，依次经过分束镜、固定镜、分束镜最后到达探测器；光路 3 从 FP 腔后端镜面反射后，依次经分束镜、扫描镜、分束镜最后到达探测器；光路 4 从 FP 腔后端镜面反射后，依次经过分束镜、固定镜、分束镜，最后到达探测器，下面分析 3 种情况。

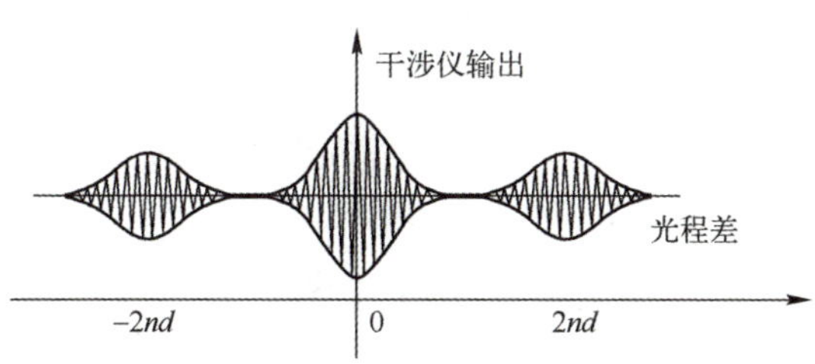

图 8.4-12 白光干涉仪输出与马赫-曾德尔光程差的关系示意图

（1）通过调控扫描镜使得马赫-曾德尔干涉仪两臂的光程差为零时，来光路 1 和光路 2 的光场，均来自 FP 腔的前端反射镜，故相位差为零，两路光发生干涉相长，同理，来自光路 3 和光路 4 的光场，均来自 FP 腔后端反射镜，故相位差也为零，两路光同样发生干涉相长，此时输出的干涉条纹强度最大，对应白光零阶干涉。

（2）调控扫描镜位置，当马赫-曾德尔干涉仪的反射臂与透射臂的光程差为 $2nd$ 时，光路 1 与光路 4 之间的光程差为零，发生白光干涉相长，光路 2 与光路 3 的光程差为 $-4nd$，不能发生白光干涉。由于只有两路光输出干涉条纹，干涉条纹强度比第一种情况要低，对应白光干涉仪的 1 阶干涉。

（3）调整扫描镜位置，当马赫-曾德尔干涉仪的反射臂与透射臂的光程差为 $-2nd$ 时，光路 3 和光路 2 的光程差为零，发生白光干涉相长，光路 1 和光路 4 之间的光程差为 $-4nd$，不能发生白光干涉。此时，对应白光干涉仪的负 1 阶干涉。扫描电镜光程差与输出强度之间的关系如图 8.4-11 所示。通过比较马赫-曾德尔干涉仪零阶与±1 阶白光干涉发生前后位移台移动的距离，就可以测得 FPI 干涉仪的光程差并求得 F-P 腔的腔长。

在使用中，可将传感干涉仪 FPI 置于远端，将参考干涉仪 MI 和光源分束器等置于操作台，进行远程测量。对 FPI 腔长 d 的绝对测量可以延伸出对位移变化测量、温度变化测量和力的变化测量，从而制备出对位移、温度、应力的绝对测量。

7. 影响光纤相位的物理因素

干涉仪传感器最重要的传感机理是外界因素对相位的调制，在众多外界因素中，温度、应力和应变可以直接引起光纤中光场的相位变化，这也是光纤干涉仪传感器在温度、压力、应变传感中开发较早和广泛应用的重要原因。另外一些外界因素，如磁场、电压等则可以通过对光纤增敏，引起对光纤应力、温度的变化，间接引起光场的相位变化，从而研制相应的传感器。下面将重点介绍温度和应变对相位的影响

1）压力

外界因素引起的相位变化可以由 $\varphi=\beta L$ 推导，其中，β 为光纤传播常数，L 为臂长。利用全微分可得相位变化可表示为

$$\Delta\varphi=\beta\Delta L+L\mathrm{d}\beta=\beta\Delta L+L\frac{\mathrm{d}\beta}{\mathrm{d}n}\Delta n+L\frac{\mathrm{d}\beta}{\mathrm{d}D}\Delta D \tag{8.4-8}$$

式中：D 为光纤直径；n 为光纤折射率；$\mathrm{d}\beta/\mathrm{d}n$ 和 $\mathrm{d}\beta/\mathrm{d}D$ 分别表示外界因素引起折射率、光纤直径变化对传播常数的影响，由于后者比前者少 2、3 个数量级，可略去其影响。现在考虑压力对相位的影响，已知 $\beta\approx nk_0$，故 $\mathrm{d}\beta/\mathrm{d}n=k_0$，只需求出压力引起的 ΔL 和折射率变化即可，光纤长度的变化取决于轴向应变 ε_{33}，$\Delta L=L\varepsilon_{33}$。图 8.4-13 给出了光纤所在的坐标系，轴向方向沿 x_3 轴。

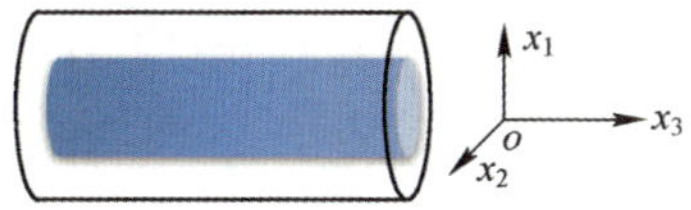

图 8.4-13 光纤所在的坐标系示意图

对于横向压力引起的轴向应变和折射率变化，假定光纤受到横向压力，光纤材料为各向同性材料，材料折射率变化与应变的关系为

$$\begin{bmatrix}\Delta\eta_{11}\\ \Delta\eta_{22}\\ \Delta\eta_{33}\\ \Delta\eta_{23}\\ \Delta\eta_{31}\\ \Delta\eta_{12}\end{bmatrix}=\begin{bmatrix}P_{11}&P_{12}&P_{12}&0&0&0\\ P_{12}&P_{11}&P_{12}&0&0&0\\ P_{12}&P_{12}&P_{11}&0&0&0\\ 0&0&0&P_{44}&0&0\\ 0&0&0&0&P_{44}&0\\ 0&0&0&0&0&P_{44}\end{bmatrix}\times\begin{bmatrix}\varepsilon_{11}\\ \varepsilon_{22}\\ \varepsilon_{33}\\ 0\\ 0\\ 0\end{bmatrix} \tag{8.4-9}$$

式中：P_{ij}为应变光张量的分量；$P_{44}=(P_{11}-P_{12})/2$；$\Delta\eta_{ij}$为光的不可渗透性张量的变化。

在外加应变场时，折射率椭球方程式为

$$\left(\frac{1}{n^2}+P_{11}\varepsilon_{11}+P_{12}\varepsilon_{22}+P_{12}\varepsilon_{33}\right)x^2+\left(\frac{1}{n^2}+P_{12}\varepsilon_{11}+P_{11}\varepsilon_{22}+P_{12}\varepsilon_{33}\right)y^2+\left(\frac{1}{n^2}+P_{12}\varepsilon_{11}+P_{12}\varepsilon_{22}+P_{11}\varepsilon_{33}\right)y^2=1 \tag{8.4-10}$$

由于没有混合项，主轴不变，新的主折射率为

$$\begin{cases}n_1'=n_1-\dfrac{1}{2}n_1^3(P_{11}\varepsilon_{11}+P_{12}\varepsilon_{22}+P_{12}\varepsilon_{33})\\ n_2'=n_2-\dfrac{1}{2}n_2^3(P_{12}\varepsilon_{11}+P_{11}\varepsilon_{22}+P_{12}\varepsilon_{33})\\ n_3'=n_3-\dfrac{1}{2}n_3^3(P_{12}\varepsilon_{11}+P_{12}\varepsilon_{22}+P_{11}\varepsilon_{33})\end{cases} \tag{8.4-11}$$

由于折射率的各向同性，$n_1=n_2=n_3=n$，故主轴方向的折射率变化为

$$\Delta n_i=\Delta n_i'=-\frac{1}{2}n^3\sum_{j=1}^{3}P_{ij}\varepsilon_{jj} \tag{8.4-12}$$

假定光纤材料由弹性各向同性材料构成，由弹性力学可知，弹性各向同性材料的应变和应力关系满足：

$$\begin{bmatrix}\varepsilon_{11}\\ \varepsilon_{22}\\ \varepsilon_{33}\\ \varepsilon_{23}\\ \varepsilon_{31}\\ \varepsilon_{12}\end{bmatrix}=\begin{bmatrix}1/E & -\mu/E & -\mu/E & 0 & 0 & 0\\ -\mu/E & 1/E & -\mu/E & 0 & 0 & 0\\ -\mu/E & -\mu/E & 1/E & 0 & 0 & 0\\ 0 & 0 & 0 & 1/G & 0 & 0\\ 0 & 0 & 0 & 0 & 1/G & 0\\ 0 & 0 & 0 & 0 & 0 & 1/G\end{bmatrix}\times\begin{bmatrix}\sigma_{11}\\ \sigma_{22}\\ \sigma_{33}\\ \sigma_{23}\\ \sigma_{31}\\ \sigma_{12}\end{bmatrix} \quad (8.4-13)$$

式中：σ_{ij}为应力张量的分量；μ 为拉美系数；E 为杨氏模量；G 为剪切模量；对于光纤仅受横向应力的情况下，应力张量表示为 $\boldsymbol{\sigma}=\begin{bmatrix}-P & 0 & 0\\ 0 & -P & 0\\ 0 & 0 & 0\end{bmatrix}$，由式（8.4-13）易得应变分量为 $\boldsymbol{\varepsilon}=\begin{bmatrix}-P(1-\mu)/E & 0 & 0\\ 0 & -P(1-\mu)/E & 0\\ 0 & 0 & 2\mu P/E\end{bmatrix}$。将折射率变化（横向折射率变化 Δn_x 或 Δn_y）、应变分量代入式（8.4-8）可得相位变化为

$$\Delta\varphi=nk_0L\frac{2\mu P}{E}+\frac{k_0n^3}{E}LP[P_{11}(1-\mu)+P_{12}(1-3\mu)] \quad (8.4-14)$$

同理可以求出光纤在纵向应力和静水应力下的应变和相位，表 8.4-1 给出了三种应力情况下的应变相位。为表征相位变化与材料性质的关系，用 $\Delta\varphi/PL$ 表示可消除相位与长度和压力的影响。

表 8.4-1　外界压力对相位变化的影响

	横向压力	纵向压力	静水压力
$\boldsymbol{\sigma}$	$\boldsymbol{\sigma}=\begin{bmatrix}-P & 0 & 0\\ 0 & -P & 0\\ 0 & 0 & 0\end{bmatrix}$	$\boldsymbol{\sigma}=\begin{bmatrix}0 & 0 & 0\\ 0 & 0 & 0\\ 0 & 0 & -P\end{bmatrix}$	$\boldsymbol{\sigma}=\begin{bmatrix}-P & 0 & 0\\ 0 & -P & 0\\ 0 & 0 & -P\end{bmatrix}$
$\boldsymbol{\varepsilon}$	$\boldsymbol{\varepsilon}=\begin{bmatrix}\frac{-P(1-\mu)}{E} & 0 & 0\\ 0 & \frac{-P(1-\mu)}{E} & 0\\ 0 & 0 & \frac{2\mu P}{E}\end{bmatrix}$	$\boldsymbol{\varepsilon}=\begin{bmatrix}\frac{\mu P}{E} & 0 & 0\\ 0 & \frac{\mu P}{E} & 0\\ 0 & 0 & -\frac{\mu P}{E}\end{bmatrix}$	$\boldsymbol{\varepsilon}=\begin{bmatrix}\frac{-P(1-2\mu)}{E} & 0 & 0\\ 0 & \frac{-P(1-2\mu)}{E} & 0\\ 0 & 0 & \frac{-P(1-2\mu)}{E}\end{bmatrix}$
$\Delta\varphi/PL$	$\frac{2nk_0\mu}{E}+\frac{k_0n^3}{E}[P_{11}(1-\mu)+P_{12}(1-3\mu)]$	$\frac{-nk_0}{E}+\frac{k_0n^3}{2E}[-\mu P_{11}+P_{12}(1-\mu)]$	$\frac{-nk_0(1-2\mu)}{E}+\frac{k_0n^3}{2E}(P_{11}+P_{12})(1-2\mu)$

对于石英光纤，取折射率和弹性参数代入即可求得 $\Delta\varphi/PL$ 的值，容易发现，对于石英光纤，光纤长度对相位变化的影响要大于弹光效应对相位变化的影响，且三种压力情况下，两种效应对相位变化的符号相反。石英材料与传感相关的物理参数见表 8.4-2。

表 8.4-2　石英的物理参数[40]

参　数	单　位	取　值	参　数	单　位	取　值
热容（C_{th}）	$J\cdot kg^{-1}\cdot K^{-1}$	703	泊松比 υ	无	0.165
热导（C_G）	$W\cdot m^{-1}\cdot K^{-1}$	1.38	杨氏模量 E	GPa	73
最大连续工作温度	℃	950	弹光系数 P_{11}	无	0.121
最大瞬时工作温度	℃	1200	光弹系数 P_{12}	无	0.27
热膨胀系数 α	℃$^{-1}$	5.5×10^{-7}	密度 ρ	$kg\cdot m^{-3}$	2.2×10^{6}

注：不加说明相关物理量的值为室温测得。

2）温度

与应力对相位的变化关系类似，将式（8.4-8）中对应力的微分改为对温度的微分即可给出温度变化对相位的影响，即

$$\Delta\varphi=\beta\Delta L+L\Delta\beta=nk_0\frac{\mathrm{d}L}{\mathrm{d}T}\Delta T+Lk_0\frac{\mathrm{d}n}{\mathrm{d}T}\Delta T \tag{8.4-15}$$

对上式左右两侧同除 $\varphi=k_0nL$，得

$$\frac{\Delta\varphi}{\varphi}=\frac{1}{L}\frac{\mathrm{d}L}{\mathrm{d}T}\Delta T+\frac{1}{n}\frac{\mathrm{d}n}{\mathrm{d}T}\Delta T \tag{8.4-16}$$

式中：$\frac{1}{L}\frac{\mathrm{d}L}{\mathrm{d}T}$对应光纤的热膨胀系数 α，令系数 $C_T=\frac{1}{n}\frac{\mathrm{d}n}{\mathrm{d}T}$，式（8.4-16）改写为

$$\frac{\Delta\varphi}{\varphi}=(\alpha+C_T)\Delta T \tag{8.4-17}$$

式（8.4-17）在仅有温度变化的条件下成立。

3）间接因素

光纤中的温度、压力等可以直接作用在光纤上，通过光弹效应、热光效应引起光纤中传播相位的变化。由此制成的传感器有声学传感、振动传感、温度传感、压力传感、转动传感等。其他物理量可以通过中间媒介间接对光纤产生光弹效应和热光效应，因而对待传感量进行检测。例如，通过电致伸缩材料、磁致伸缩材料涂敷在光纤上，在外场的作用下，涂敷材

料拉伸引起光纤的应力作用，导致光纤传播相位变化，通过相位检测，间接感知磁场和电场，形成电压、磁场传感器等。常用的光纤氢传感器，就是通过氢气与涂敷在光纤包层表面一薄层金属钯或其合金反应，反应导致薄膜的拉伸应变来引起光纤中光场传播的相位变化，来检测气体中氢气的浓度。

8.4.3 偏振态调制

光纤偏振态调制型传感器是利用外界因素调控光纤中光场的偏振态，并通过检测偏振态的改变测量待测量的传感器。影响光纤中偏振态改变的因素主要有双折射效应和旋光现象。

这里主要介绍法拉第效应。处于磁场中的光纤会使光纤中传播的偏振光发生偏振旋转，旋转角度 Ω 与磁场强度 H 和光纤长度 L 成正比[41]，即

$$\Omega = VHL \tag{8.4-18}$$

式中：V 为菲尔德系数，由光纤材料组分和光波长，与温度具有弱相关性，对于石英光纤 $V=4.6\times10^{-6}\mathrm{rad/m}$（$\lambda=0.63\mu\mathrm{m}$）；$H$ 为沿偏振光传播方向的磁场强度；L 为磁场沿偏振光束传播方向的距离。当磁场强度方向与光场传播方向一致时，偏振沿顺时针方向旋转，V 取负值，反之偏振沿逆时针方向旋转，V 取正值，可见法拉第效应具有非互易性，这种互易性，被用于制作光和微波波段的隔离器。但是，在传感应用中，互易性带来的是麻烦，通常设计中需要消除各种非互易性来源（萨格纳克效应除外）。

若导线的半径为 R，根据安培定律，电流为 I 的长直导线产生的磁场强度为 $H=I/2\pi R$，将其带入式（8.4-8），易得

$$\Omega = VNI \tag{8.4-19}$$

式中：N 为缠绕在导线的光纤线圈的总匝数，$N=L/2\pi R$。可见偏振转角与光纤缠绕半径无关。

8.4.4 波长调制

波长调制型光纤传感器是指利用外界因素对光波波长的影响来检测被传感量的传感器，这类传感器与前几类传感器的不同点主要是：波长调制检测的是波长的位移量 $\Delta\lambda$，而不是光强度的变化。因此大大降低了传感器（光源、探测器、外界因素对光强的影响）的抗干扰能力。因此，微小波长变化（波峰、波谷的精确定位）的检测是波长调制型传感器的关键技术。

光纤布拉格光栅是最为典型的波长调制型器件，通过温度、应变等因素可以调制光纤光栅的透射、反射波长，从而形成温度、应变、振动等一系列传感器，且天然具有光纤化的特点。同时，多个光纤布拉格光栅还可以在同一根光纤上制成，形成准分布式传感器。鉴于光纤光栅在光纤传感器中的重要性，光纤光栅后续将在第 10 章单独讨论。

其他利用光波长调制研制的传感器包括：以多普勒效应（运动粒子对散射光的频移，与粒子的运动速度有关）制成的多普勒光纤速度（流速）传感器；利用高温辐射体的温度和波长的对应关系制成的高温测量技术。利用物质自身特征光谱形成的光谱分析法，如吸收光谱分析法和荧光光谱分析法，后者已经成为生物光学的重要检测手段之一。还有利用拉曼散射效应（拉曼散射光谱与介质温度有关）制成的温度传感器，以及利用布里渊散射光谱制成的温度、应力、应变等传感器，这些基于光纤非线性效应而制成的传感器，已经形成了分布式传感家族的重要组成部分。

1. 多普勒速度计

光纤多普勒流量计系统框图如图 8.4-14 所示，光源采用氦氖激光器，发出光束通过半波片后，经偏振分束器，透射光束（垂直极化）经透镜汇聚后注入石英多模光纤（折射率渐变型，直径为 125μm，NA = 0.21），该光束在光纤末端由与光纤一体化的透镜聚焦。经过优化设计的光纤顶端透镜，可以实现聚焦区内较高的光强（大约为光纤内部光强的 160 倍）。被光束照射的散射粒子，由于多普勒效应，散射光的频率将发生改变，散射光经过同一根光纤

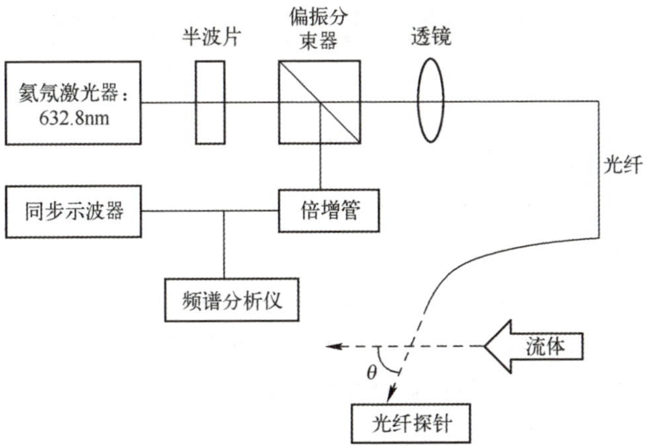

图 8.4-14　光纤流量系统框图

收集，散射光和光纤末端的部分反射光（作为本振信号）经外差干涉测量，探测器用光电倍增管。外差干涉法检测到的多普勒信号由商用频谱分析仪（SA）处理，并由记录器记录。每个频谱中的峰值视为多普勒频率。当光谱中未观察到清晰的峰值时，速度要么未测量，要么设置为零。传感器探头以一定角度倾斜插入流体中纤维轴与流动方向之间的角度 θ。多普勒频率与血流的关系速度由下式给出

$$\nu=\frac{f_{\mathrm{D}}\lambda}{2n\cos\theta} \tag{8.4-20}$$

式中：f_{D}为多普勒频率；θ 为光纤探针与液流速度的夹角；n 为液体的折射率。

光纤探针尖端的凸透镜状是通过化学蚀刻方案制备的。在氟化氢和氟化铵水溶液中蚀刻具有梯度折射率的多模石英纤维。控制溶液浓度、蚀刻时间和蚀刻温度，以获得光纤尖端透镜状表面所需的曲率半径，光纤流速计探针注入系统结构图见图 8.4-15[42]。

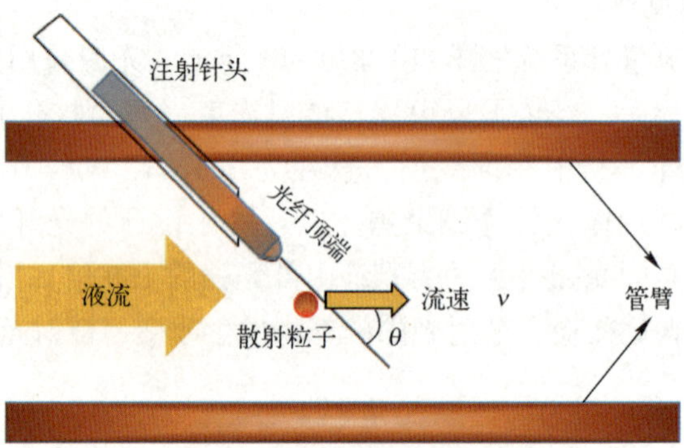

图 8.4-15 流速计探针注入结构示意图

2. 荧光寿命测温

光纤荧光温度传感器测量温度主要利用荧光材料的温度特性。荧光材料的荧光寿命和荧光强度比都与温度有关。荧光测温的优点是温度的测量结果与激发光源的强度起伏不敏感，且结构简单，经济耐用。荧光材料的激发光由荧光材料的吸收谱决定，在不发生多光子吸收的情况下，泵浦光子的能量要大于荧光光子的能量。荧光强度比技术是一种常见的荧光光谱学测量技术，其基本原理是比较两种不同波长或不同能量激发态荧光的光强。荧光强度比技术与光学纤维结合，可以用于温度传感。应变强度比技术的测温范围大致在-50~600℃之间，分辨率为1℃左右。

荧光强度比定义为从两个热耦合能级发出的荧光强度比，可表示为

$$\mathrm{FIR}=\frac{N_2}{N_1}=\frac{I_{2j}}{I_{1j}}=\frac{g_2\sigma_{2j}\omega_{2j}}{g_2\sigma_{2j}\omega_{2j}}\exp\left(-\frac{\Delta E}{k_\mathrm{B}T}\right)=B\exp\left(-\frac{\Delta E}{k_\mathrm{B}T}\right) \tag{8.4-21}$$

式中：N_i、I_{Ij}、g_i、σ_{ij}、ω_{ij}分别为荧光离子数、荧光强度、简并度、发射截面和角频率。$i=1,2$ 分别对应两个高能级，j 对应向下跃迁的最终能级，ΔE 为对应的高能级的能极差。k_B 为玻尔兹曼常数，以上参数在能级图中的位置如图 8.4-16 所示。

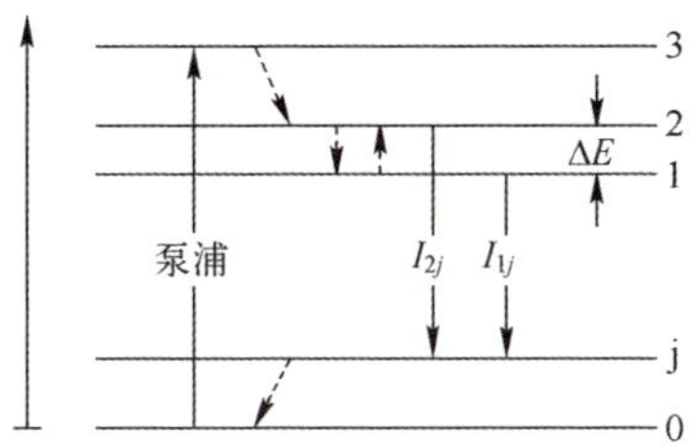

图 8.4-16　荧光离子能级跃迁简化示意图

使用热耦合能级作为荧光强度比法测温相比使用两个非耦合能级具有几个优点。首先，从热耦合能级产生的荧光强度的相对变化的理论比较完善，因此其行为更容易预测；其次，各个热耦合能级的离子数直接与总粒子数量成比例。因此，由于激发功率的变化导致总粒子数量的任何变化将同等程度地影响各个能级，这有助于减少测量技术对激发功率的依赖，这对传感器的稳定性非常重要。最后，使用能级相对接近的能级意味着荧光波长将比较接近。这有助于减少由于光纤弯曲导致的测量中的任何波长依赖性影响[43]。

荧光寿命测量温度的原理如图 8.4-17 所示，在测温探头中，光纤的端面与荧光材料接触并封装。用于泵浦的激发光为脉冲调制的激光脉冲，脉冲激光经由光纤耦合器进入光纤并传播至传感探头，并在激发探头的荧光材料发出荧光，荧光经光纤端面反射回耦合器，并经由光电探测器探测，最后探测信号经信号处理，提取出荧光寿命信息。利用荧光寿命与荧光材料的温度的关系，即可测量探头所在区域的环境温度。

如果被选择用于测温的荧光材料有较长荧光寿命，可以降低探测系统中对探测器的高速响应特性的要求，降低测温系统成本，此外，荧光材料的选择还要考虑到测温范围、灵敏性、长期稳定性以及材料的易于制备和获得等方面。

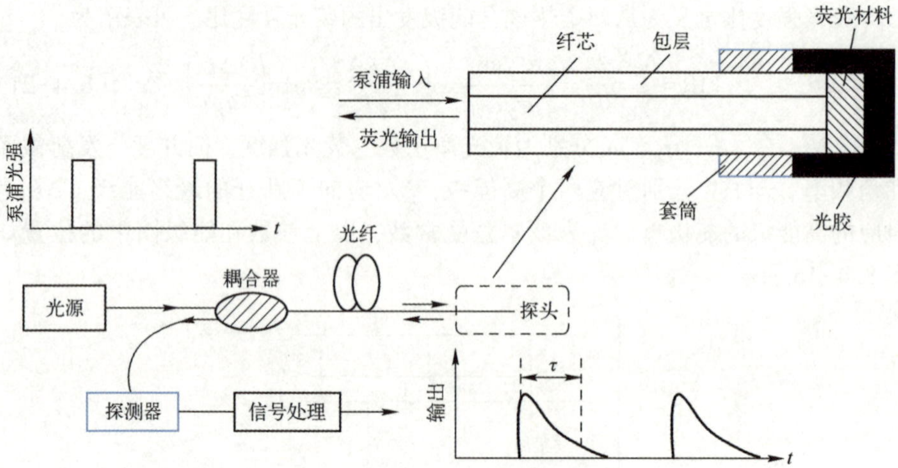

图 8.4-17　荧光测温系统

以下是一些常见的荧光测温材料：①稀土离子（如 Eu、Tb、Sm、Er 等）及与它们相关的化合物，这些离子通常被激发到高能级，然后通过辐射衰减到达低能级，这个过程的荧光谱可用于温度测量；②有机荧光染料，这些染料通常具有较高的荧光量子效率，可以用作温度传感器的荧光材料，其中一些有机荧光染料包括罗丹明 B、甲基蓝、荧光素等；③半导体量子点，这些纳米材料具有较高的荧光量子效率，且稳定性好，可以用作温度传感器的荧光材料，其中一些常见的半导体量子点包括 CdSe、CdTe、ZnO 等；④过渡金属配合物，这些配合物通常具有较高的荧光量子效率，可用作温度传感器的荧光材料。

除荧光材料外，合适的基质材料也很重要，常见的包括 ZVLANP，硅酸盐和石英晶体。这些材料具有良好的光学特性、热稳定性和化学稳定性。

参考文献

[1] KIRKENDALL C K, DANDRIDGE A. Overview of high performance fiber-optic sensing [J]. Journal of Physics D: Applied Physics, 2004, 37: R197-R216.

[2] TANG F, ZHOU G, LI H, et al. A review on fiber optic sensors for rebar corrosion monitoring in RC structures [J]. Construction and Building Materials, 2021, 313: 125578.

[3] BALDWIN C S. Brief history of fiber optic sensing in the oil field industry [C]//Fiber Optic Sensors and Applications XI: Vol. 9098. SPIE, 2014: 03.

[4] CHAI Q, LUO Y, REN J, et al. Review on fiber-optic sensing in health monitoring of power grids [J]. Optical Engineering, 2019, 58 (7): 072007.

[5] LIANG H, WANG J, ZHANG L, et al. Review of optical fiber sensors for temperature salinity and pressure sensing and measurement in seawater [J]. Sensors, 2022, 22: 5363.

[6] SINGH S K, PAUL M C. Study and realization of environmental health diagnosis by using nanomaterial based fiber optic sensor: a review [J]. IEEE Sensors Journal, 2023, 23 (1): 53.

[7] MASSARONI C, ZALTIERI M, PRESTI D L, et al. Fiber Bragg grating sensors for cardiorespiratory monitoring: a review [J]. IEEE Sensors Journal, 2021, 21 (13): 14069.

[8] BEDNARSK K, SOBOTKA P, WOINSKI T R, et al. Hybrid fiber optic sensor systems in structural health monitoring in aircraft structures [J]. Materials, 2020, 132249.

[9] KIHM H, KIM S W. Fiber-diffraction interferometer for vibration desensitization [J]. Optics Letters, 2005, 30 (16): 2059.

[10] RUAN J, ZHU J, GE X. High sensitivity strain sensor based enhanced polarized mode coupling and FBG sensitization [J]. Optics Communications, 2021, 488: 126815.

[11] TAM H Y, PUN C F J, ZHOU G Y, et al. Special structure polymer fibers for sensing applications [J]. Optical Fiber Technology, 2010, 16 (6): 357-366.

[12] SAVOIC S, DJRDJEVICH A. Mode coupling in bent and twisted step-index plastic-clad silica fibers [J]. Laser Physics Letters, 2020, 17 (3): 035104.

[13] FRIEBELE E J, PUTNAM M A, PATRICK H J, et al. Ultrahigh-sensitivity fiber-optic strain and temperature sensor [J]. Optics Letters, 1999, 23 (2): 222.

[14] GOYA K, KOYAMA Y, NISHIJIMA Y, et al. A fluoride fiber optics in-line sensor for mid-IR spectroscopy based on a side-polished structure [J]. Sensors and Actuators B-Chemical, 2022, 351: 130904.

[15] XIAO H, DENG J D, PICKRELL G, et al. Single-crystal sapphire fiber-based strain sensor for high-temperature applications [J]. Journal of Lightwave Technology, 2003, 21 (10): 2276.

[16] TONG L M, SHEN Y H, YE L H, et al. A Zirconia single-crystal fiber-optic sensor for contact measurement of temperatures above 2000℃ [J]. Measurement Science and Technology, 1999, 10 (7): 607-611.

[17] BAO R J, YU L, YE L H, et al. Compact and sensitive Er3+/Yb3+ co-doped YAG single crystal optical fiber thermometry based on up-conversion luminescence [J]. Sensors and Actuators A-Physical, 2018, 269: 182-187.

[18] SEAT H C, SHAP J H, ZHANG Z Y, et al. Single-crystal ruby fiber temperature sensor [J]. Sensors and Actuators A-Physical, 2002, 101 (1-2): 24.

[19] LIU L, GONG Y, WU Y, et al. Spatial frequency multiplexing of fiber-optic interferometric

refractive index sensors based on graded-index multimode fibers [J]. Sensors, 2012, 12 (9): 12377.

[20] LI J W, NALLAPPAN K. Optimization of hollow-core photonic Bragg fibers towards practical sensing implementations [J]. Optical Materials Express, 2019, 9 (4): 1640.

[21] MONRO T M, RICHARDSON D J, BENNETT P J. Developing holey fibers for evanescent field devices [J]. Electronics Letters, 1999, 35: 1188-1189.

[22] FU H Y, TAM H Y, SHAO L Y, et al. Pressure sensor realized with polarization-maintaining photonic crystal fiber-based Sagnac interferometer [J]. Applied Optics, 2008, 47: 2835-2839.

[23] CUBILLAS A M, SILVA-LOPEZ M, LAZARO J M, et al. Methane detection at 1670-nm band using a hollow-core photonic bandgap fiber and a multiline algorithm [J]. Optics Express, 2007, 15: 17570-17576.

[24] CUBILLAS A M, LAZARO J M, SILVA-LOPEZ M, et al. Methane sensing at 1300 nm band with hollow-core photonic bandgap fiber as gas cell [J]. Electronics Letters, 2008, 44: 403-405.

[25] BAO X, CHEN L. Recent progress in distributed fiber optic sensors [J]. Sensors, 2012, 12 (7): 8601-8639.

[26] WANG K, DONG X, KOHLER M H, et al. Advances in optical fiber sensors based on multimode interference (MMI): a review [J]. IEEE Sensors Journal, 2021, 21 (1): 132.

[27] QIU T, ASHRY I, WANG A, et al. Adaptive mode control in 4- and 17- mode fibers [J]. IEEE Photonics Technology Letters, 2018, 30 (11): 1036-1039.

[28] ZHAN X, LIU Y, TANG M, et al. Few-mode multicore fiber enabled integrated MachZehnder interferometers for temperature and strain discrimination [J]. Optics Express, 2018, 26 (12): 15332-15342.

[29] ASHRY I, WANG A, XU Y. Mode-based reconstruction of chemical distributions in optical fibers [J]. IEEE Journal of Selected Topics in Quantum Electronics, 2017, 23 (2): 229-237.

[30] WANG M, WU H, TANG M, et al. Few-mode fiber-based Raman distributed temperature sensing [J]. Optics Express, 2017, 25 (5): 4907-4916.

[31] FU H Y, LIU H L, DONG X, et al. Hight-speed fiber Bragg grating sensor interrogation using dispersion compensation fiber [J]. Electronics Letters, 2008, 44 (10): 618-619.

[32] WANG Z Q, YE J J, ZHAO C L, et al. Design of large-mode-area single-mode optical fiber with lowing bending loss for Raman distributed temperature sensor [J]. Optical Fiber Technology, 2013, 19 (6): 671-676.

[33] TSAO S L, CHEN W M. Simplified formula of bending loss for optical fibers sensors [J].

Fiber and Integrated Optics, 2002, 21 (5): 333-334.

[34] PENG G D. Prospects of POF and grating for sensing [J]. Proc. SPIE, 2002, 4929: 63-70.

[35] PENG G D, CHU P L. Polymer optical fiber sensing [J]. Proc. SPIE, 2002, 4929: 303-311.

[36] GIRARD S, OUERDANE Y, ROBIN T, et al. Recent advances in radiation hardened fiber-based technologies [J]. Frontiers in Optics, 2016: FW2F, 1.

[37] GIRARD S. Recent advances in radiation-hardened fiber-based technologies for space applications [J]. Journal of Optics, 2018, 20 (9): 093001.

[38] TOMASHUK A L, DIANOV E M, GOLANT K M, et al. Performance of special radiation-hardened optical fibers intended for use in the telecom spectral windows at a megagray level [J]. IEEE Transaction on Nuclear Science, 1998, 45 (3): 1566-1569.

[39] BUEKER H, HAESING F W, GERHARD E. Physical properties and concepts for applications of attenuation based fiber optic dosimeters for medical instrumentation [J]. Proc. SPIE, 1992: 63-70.

[40] DEL M V. Sciner. com [EB/OL]. (2008-04-19) [2024-04-19]. http://www. sciner. com.

[41] CHEN G Y, NEWSON T P. Detection bandwidth of fiber-optic current sensors based on Faraday magnetooptic effect [J]. Electronics Letters, 2014, 50 (8): 626-627.

[42] TAJIKAWA T, ISHIHARA W, KOHRI S, et al. Development of miniaturized fiber-optic laser doppler velocimetry sensor for measuring local blood velocity: measurement of whole blood velocity in model blood vessel using a fiber-optic sensor with a convex lens-like tip [J]. Journals of Sensors, 2012: 426476.

[43] WADE S A, COLLINS S F, BAXTER G W. Fluorescence intensity ratio technique for optical fiber point temperature sensing [J]. Journal of Applied Physics, 2003, 94 (8): 4743.

第9章 光纤传感器的调制和检测

光纤传感器通过向光纤输入光信号，检测返回光信号的强度、频率、相位或偏振状态的变化来间接测量环境变量，对于不同的传感系统，采用不同的调制技术，调制激光信号的目的包括产生光脉冲、频移、相移、扰偏等。由于半导体激光器体积小、能量转换效率高，在光通信和光纤传感领域得到广泛采用，本章以半导体激光器作为光源进行调制技术的介绍。

9.1 电光载波调制

激光器输出的直流光信号可以当成正弦信号，描述正弦信号的参数包括幅度、频率和相位。将携带信息的电信号调制到光信号的某一个或几个参数，电信号就调制到光载波上，光信号就携带了调制信号的信息。强度调制通过电脉冲驱动将激光器输出的直流光信号转化为脉冲信号，或者施加正弦波驱动通过强度变化间接产生双边带移频光信号。强度调制有直接调制和外调制两大类，直接调制通过改变激光器驱动电流，实现对输出功率的改变，这种方式会改变激光器的激射状态，同时会产生复杂的频率和相位调制现象，在光纤传感系统中较少采用；外调制是将激光器输出的直流光信号输入可改变光强度的器件，在电信号的驱动下，按照强度要求输出光信号。载波中的频率和相位相互关联，改变了一个量，另一个量随之改变，频率和相位调制也可通过直接调制和外调制实现。本章主要介绍用于载波调制的外调制器件及技术。

9.1.1　铌酸锂电光调制器

铌酸锂是一种无色或淡黄色透明的单轴人工晶体，分子式为 $LiNbO_3$ 或者简写为 LN。$LiNbO_3$ 具有压电、热电、铁电、电光、声光、非线性及激光活性等多种效应，绝大部分高速电光开关及矩阵均采用铌酸锂晶体来实现，已广泛应用于高度光通信和光纤传感领域。

基于铌酸锂晶体的外调制器主要利用了铌酸锂晶体的线性电光效应，铌酸锂晶体具有很大的电光系数（$\gamma_{33}=30.8\times10^{-12}\mathrm{V/m}$），且具有较低的开关电压或调制电压，电光响应速度快，做成光开关速度可以达到纳秒（10^{-9}s）级甚至皮秒（10^{-12}s）级。缺点是铌酸锂开关和调制器的制作工艺与半导体工艺兼容性低，并且无源光器件的可集成性也较差，难以与半导体光电器件实现集成。

铌酸锂电光强度调制器是通过相位调制和干涉结构实现的，下面先介绍基于铌酸锂的相位调制技术。

典型的相位调制如图 9.1-1 所示，铌酸锂波导两边电极施加调制电压时，会改变波导折射率，施加电场产生的折射率变化引起的光相位变化可表示为

$$\Delta\varphi=k\cdot\Delta n\cdot L=\frac{\pi}{\lambda}n_e^3\gamma_{33}\frac{V}{d}L \tag{9.1-1}$$

式中：n_e 为波导中非常光（e 光）折射率；γ_{33} 为电光系数；V 为施加的电压；d 为电极间距；L 为电极长度。若输入光波 $e_{in}=A\cos\omega t$，晶体上的外加电压 $V=V_m\sin\omega_m t$，则通过晶体后的输出光波为

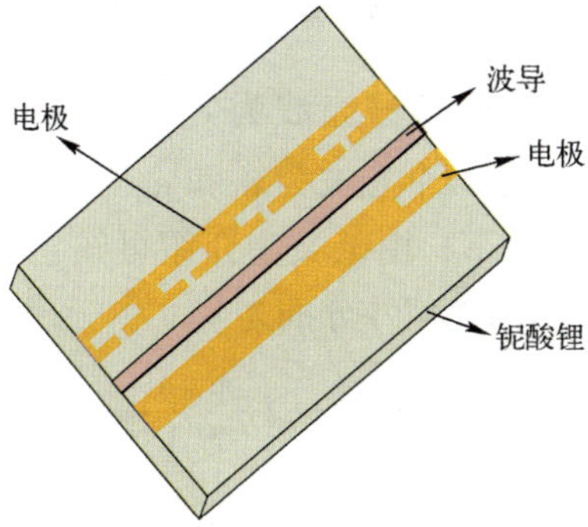

图 9.1-1　$LiNbO_3$ 晶体相位调制

$$e_{out}=A\cos[\omega t-kn_eL+\Delta\varphi]=A\cos[\omega t+\delta\sin\omega_m t+\phi_0] \quad (9.1-2)$$

式中：$\delta=\frac{\pi L}{\lambda d}n_e^3\gamma_{33}V_m$，为相位调制指数；$\varphi_0=\frac{2\pi}{\lambda}n_eL$ 为常数，相当于固定的相角偏移，通常定义 $V_\pi=\frac{\lambda d}{2n_e^3\gamma_{33}L}$为半波电压。

铌酸锂电光强度调制器最常见的结构由相位调制器和马赫-泽德干涉仪(Mach-Zehnder Interferometer，MZI）构成，如图 9.1-2 所示。图 9.1-2（b）是波导的横截面结构，光波导是在铌酸锂基片材料上利用钛离子扩散等技术实现，Ti 离子含量越多的部分折射率越大，从而可以得到具有不同折射率的光波导。图 9.1-2（a）中 DC1 和 DC2 为 3dB 的定向耦合器，从 1 端口入射的光信号功率在波导 1 中平均分配到上下两个波导中，在两个波导的电极上分别施加电压 V 和 $-V$，产生相应电场 E_1 和 E_2，分别对波导中传输的光进行相位调制。经过相位调制的 2 束光经过 3dB 定向耦合器 DC2 合成后分别从端口 3 和端口 4 输出。这种结构中通过设定铌酸锂晶体的切割方式，使其光轴（z 轴）和光波传播方向 y 平行于基片表面，x 轴垂直于基片表面，这种切割方式通常被称为 x 切（x-Cut）y 轴。由图 9.1-2（b）可知，波导 1、2 上的电场大小相等，但方向相反。

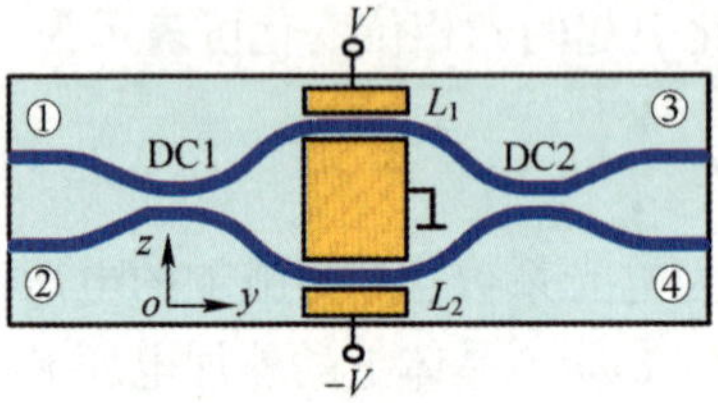

(a) MZI结构的电光开关

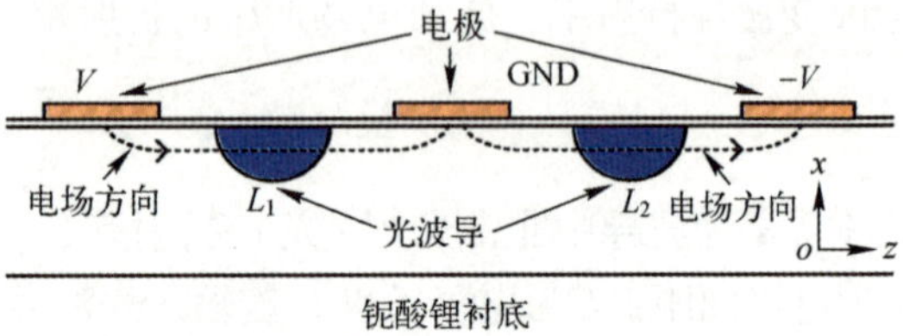

(b) 波导横截面结构

图 9.1-2 x-Cut 铌酸锂强度调制器

令从端口 1 入射、z 方向偏振光波为 $e_{in}=A\exp(-j\omega t)$，输入光强 $I_{in}=|A|^2$，则耦合到波导 1、2 中两个光波为 e_1 和 e_2，均对应于铌酸锂晶体中的 e 光。因此在外加电场的作用下，由上文中介绍可知，对于理想的 50:50 耦合器，相位调制器 1、2 输出的光信号分别为

$$e_{out1}=\frac{A}{\sqrt{2}}\exp\left[j\left(-\omega t+\frac{\pi}{2}\frac{V}{V_\pi}+\phi_1\right)\right] \quad (9.1-3)$$

$$e_{out2}=\frac{A}{\sqrt{2}}\exp\left[j\left(-\omega t-\frac{\pi}{2}\frac{V}{V_\pi}+\phi_2\right)\right] \quad (9.1-4)$$

根据马赫-泽德干涉仪原理，3 端口和 4 端口输出反相信号，其中 3 端口输出的光强度为

$$I_3 = A^2 + A^2 \sin^2\left(\pi \frac{V}{V_\pi} + \Delta\phi_{12}\right) \tag{9.1-5}$$

式中：$\Delta\phi_{12}$为波导 1 和波导 2 的固有相位差，与温度有关，为了保证铌酸锂调制器始终处于最佳偏压状态，需要实时控制固有相位差。采用马赫-泽德干涉仪构成的铌酸锂强度调制器消光比一般约为 20dB，有些性能好的可达 40dB[1]，有些光纤传感系统要求消光比较高时需要采用其他类型的调制器。

9.1.2　声光调制器

声光效应通常是指光波在介质中受声波（或超声波）作用，发生衍射的现象。声波作用于声光介质，产生内部应力场分布或表面形变分布，通过光弹效应，声波作用产生的应力场分布会转化为介质的折射率分布，从而形成光栅结构，使光波发生衍射。声波按其在介质中的分布情况可分为体声波和表面声波两类，体声波可按平面波处理，在介质中形成位相光栅。声表面波不是平面波，其等相面上的相位值随着距离表面的深度呈指数衰减，只存在于介质表面大约声波波长的深度内，也会在介质表面层内形成位相光栅。当平面光波射向声光光栅时，可能会出现两种衍射情况，一种是只存在一级衍射波的情况，称为布拉格衍射，另一种是存在多级衍射的情况，称为拉曼-纳特（Raman-Nath）衍射，声光调制器一般为布拉格衍射型。

图 9.1-3 是典型的布拉格衍射型光纤耦合声光调制器结构，主要由电声转换介质、声光介质、声阻匹配吸声介质和光纤准直镜构成。电声转换介质在外加电场作用下产生机械振动而形成超声波，将调制的微波信号换成声波信号。常用的电声转换介质为压电晶体（如石英、$LiNbO_3$等）或压电半导体（如 CdS、ZnO 等）。声光介质是指声波和光波相互作用的区域，电声转换介质产生的声波通过声光介质时通过光弹效应产生光栅，当一束光通过变化的声场形成光栅时，产生布拉格衍射。声阻匹配器放置在超声源的对面，用以吸收已通过声光介质的声波，使之工作于行波状态，避免返回介质产生干扰。为了提高入射光和出射光的耦合效率，通常采用光纤准直镜进行耦合。

声光调制器通过调制微波信号的强度进行，其频率响应取决于介质材料和结构，载波频率通常在几十兆赫兹至几百兆赫兹，消光比可达 50dB，明显优于铌酸锂调制器。出射光是由入射光和微波驱动形成的动态光栅所产生的

信号，由于多普勒效应，运动光栅导致光信号发生频移，频率偏移大小与微波频率相同，所以声光调制器可以用作单边带移频器[2]。

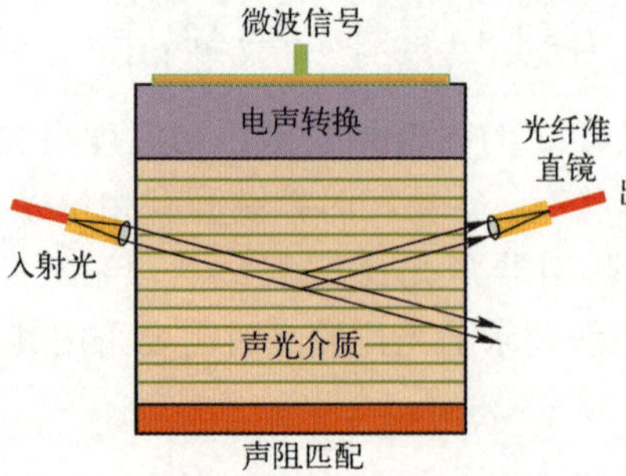

图 9.1-3　声光调制器结构

9.1.3　半导体光放大器调制器

半导体光放大器（Semiconductor Optical Amplifier，SOA）是一种光电器件，在合适的工作条件下可以放大输入的光信号，其基本结构图 9.1-4 所示，包括 P 型区、N 型区和有源区，有源区提供信号增益，和普通的半导体激光器结构相同。有源区嵌入到具有低折射率的材料中形成嵌入式波导。光信号限制在有源区传播，但由于限制作用很弱，一些信号会泄漏到周围包层区域。通过在输入、输出端面镀增透膜形成行波 SOA（TW-SOA）。半导体光放大器的应用不仅限于光信号的放大，它还可作为电光开关、全光交换开关、光信号再生和波长转换器件。SOA 作为光开关的优势包括快速切换时间、高消光比、大增益带宽和小尺寸，但由于 SOA 本身的放大自发辐射（ASE）会带来较大的噪声，造成光信号的信噪比恶化。

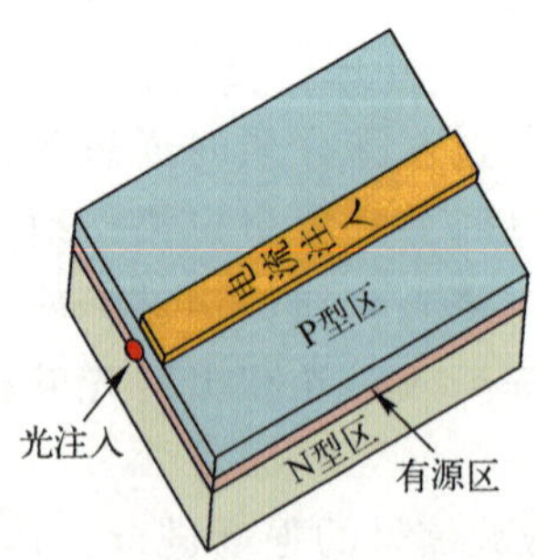

图 9.1-4　基于 SOA 结构的调制器

光信号经过 SOA 会产生增益，即

$$G=e^{(\Gamma g_m-\alpha_{int})L} \tag{9.1-6}$$

式中：Γ 为波导对光信号传输的限制因子；g_m 为与材料有关的增益，该增益与注入载流子密度和入射光波长相关；α_{int} 为损耗系数；L 为有源波导长度。SOA 作为放大器和其他电域放大器一样，当输入信号比较大时，出现增益饱和现象，根据 SOA 速率方程可以得到 SOA 输入、输出功率与增益的关系为

$$\frac{P_{in}}{P_s}=\frac{P_{out}}{GP_s}=(1-G)\ln\frac{G}{G_0} \tag{9.1-7}$$

式中：P_s 为有源区增益介质的饱和功率；G_0 为 SOA 小信号增益，与注入电流有关。图 9.1-5 给出了小信号增益为 10dB 和 20dB 时 SOA 归一化增益 G/G_0 随归一化输入功率 P_{in}/P_s 的变化，随着输入功率增加，SOA 增益会急剧减小。

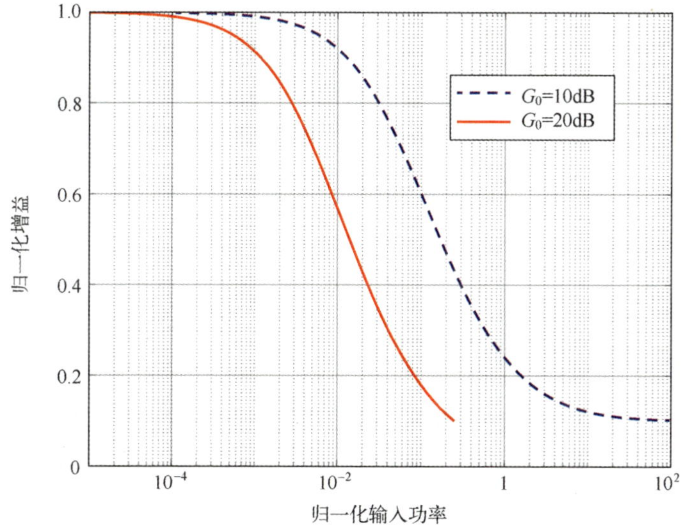

图 9.1-5　SOA 增益随输入功率的变化

把 SOA 作为电光强度调制开关使用时，利用了 SOA 的快速响应、注入偏置电流时具有较大增益和无偏置电流时对输入光信号的强烈吸收特性，SOA 的阶跃响应时间小于 1ns，开关消光比可达 70dB，是高速、高性能光纤传感系统的不二选择[3]。

9.2 偏振调制

9.2.1 光纤双折射现象及光纤偏振衰落噪声

光纤中双折射是指两个垂直偏振方向的折射率不同，产生双折射现象的原因主要是无法满足折射率绝对圆对称的条件，主要包括几何双折射和应力双折射两种，几何双折射通常是由光纤截面不是理想的圆造成的，应力双折射由光纤内部不平衡压力或掺杂缺陷造成。由于光纤中存在双折射现象，HE11 模在不同的偏振方向传播速度不同。在保偏光纤中人为引入了较强的双折射，两个偏振方向具有不同的传播特性，同时有效地防止了两种偏振模式在传播过程中的能量耦合。大多数光纤传感系统采用常规的单模光纤，这种光纤由于制造工艺无法保证完全圆对称，同时光纤在不同位置所受压力、形变和温度的不同，导致双折射呈现出随机性。

如果传感系统要求两束光相互作用或采用相干接收，双折射的随机性会引入很大的偏振衰落噪声。光相互作用和相干接收产生偏振衰落噪声的机制类似，下面以相干接收为例分析偏振噪声。假设接收到的有用信号为 $\boldsymbol{E}_S(\boldsymbol{r},w_S)$、本地相干参考信号为 $\boldsymbol{E}_L(\boldsymbol{r},w_L)$，探测器输出的光电流信号可描述为

$$
\begin{aligned}
I &\propto |\boldsymbol{E}_S(\boldsymbol{r},w_S)+\boldsymbol{E}_L(\boldsymbol{r},w_L)|^2 \\
&= |\boldsymbol{E}_S(\boldsymbol{r},w_S)|^2+|\boldsymbol{E}_L(\boldsymbol{r},w_L)|^2+2\boldsymbol{E}_S(\boldsymbol{r})\cdot\boldsymbol{E}_L(\boldsymbol{r})\cos(\Delta w_{SL}t+\Delta\phi_{SL}) \\
&= |\boldsymbol{E}_S(\boldsymbol{r},w_S)|^2+|\boldsymbol{E}_L(\boldsymbol{r},w_L)|^2+2|\boldsymbol{E}_S(\boldsymbol{r})||\boldsymbol{E}_L(\boldsymbol{r})|\cos(\Delta w_{SL}t+\Delta\varphi_{SL}+\Delta\phi_{\mathrm{POL}})
\end{aligned}
\tag{9.2-1}
$$

式中：$\Delta\phi_{\mathrm{POL}}$为信号光和本地参考光相对偏振夹角，由于光纤双折射的随机性，偏振夹角变成随机信号，但由于光纤中双折射状态在各位置变化相对缓慢且不可预测，因此 $\Delta\phi_{\mathrm{POL}}$并非平均值为 0 的随机数，严重影响传感信号的信噪比。因此在光纤传感系统中为了尽量减小偏振衰落噪声，通常采用偏振调制器对光信号进行偏振调制，偏振夹角引起的噪声平均值趋近于零。

9.2.2 光纤偏振调制器

消除偏振噪声有两种方法，一种是将激光信号偏振态调制成相互垂直的两种偏振态分别测量，将 2 次测量结果累加；另一种是对激光信号进行高速扰偏调制，遍历所有可能的偏振态，这样接收到的光信号是所有偏振态的累

加，可以认为式（9.2-1）中的偏振夹角为平均值为0的随机数，从而消除偏振噪声。通用的偏振调制器如图9.2-1所示，由3个夹角为45°的光纤挤压器串联构成，能将输入偏振态调制到任意一种输出偏振态，如果采用保偏光纤，挤压器可以相互平行，挤压器之间的光纤采用45°熔接。图9.2-1表示的调制器是基本模型，挤压器的目的是在2个偏振方向上产生相位差，因此任何能够在2个垂直偏振方向上产生相位差的器件都可以代替挤压器，如压电陶瓷、电磁挤压器、法拉第旋转器、铌酸锂、保偏光纤热效应等，其中采用铌酸锂相位调制构成的偏振调制器调制带宽可达百兆赫兹甚至更高，常用在高速扰偏器中[4]。

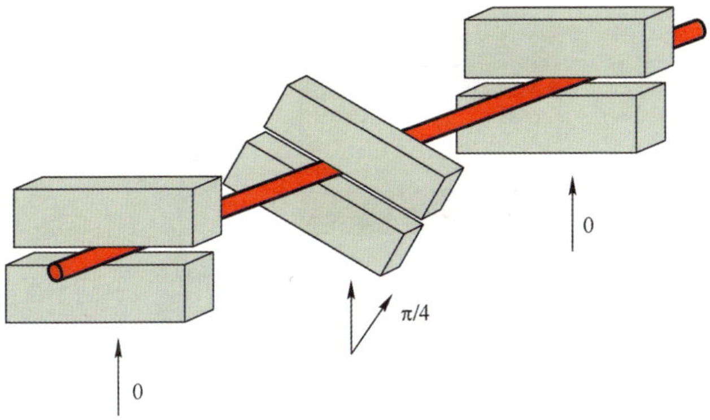

图9.2-1　光纤偏振调制器

9.3　光纤传感器检测方法及其性能

光纤传感系统接收的信号需要通过接收机转换为电信号进行分析，接收机采用的检测方法有相干接收和直接探测两种方式，无论使用哪种方法，最终都需要通过光电探测器将信号转化为电信号。光电探测器是一种强度检测器件，将光矢量信息中的幅度部分转换为电信号，用于光纤传感器的光电转换器主要有PIN光电二极管和雪崩光电二极管（APD）两种。光电接收机输出信号的信噪比有光域信噪比和电域信噪比两种表示方式，由于光功率P_o和探测器输出电流I_p呈线性关系，而电域功率P_e与I_p^2呈线性关系，因此$SNR_o^2=SNR_e$。由于在传感领域衡量系统性能或探测器性能时，采用光域的信噪比便于理解系统中器件对信噪比的影响，不做特殊声明的情况下，下文讨论的信噪比指光域信噪比。

9.3.1 PIN 光电二极管

如图 9.3-1 所示，PIN 由 P、I、N 三层组成，基本结构和普通的二极管类似，只是在 P 型和 N 型半导体之间加了一层轻掺杂的 N 型材料，称为本征层 I。在 PN 结上加反向电压，会使本征层形成很宽的耗尽层，当有光入射时，将产生许多电子空穴对，这在电场作用下会产生位移电流，这种电流称为光电流，光电流经过电阻或跨阻放大器转换为电压信号，光信号就转变成电信号。

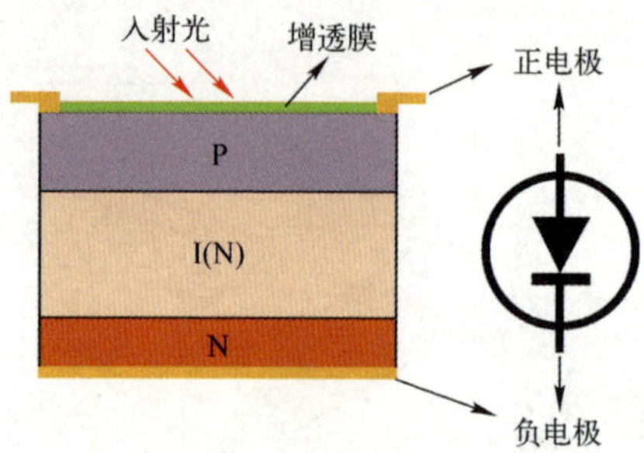

图 9.3-1　PIN 的结构

响应度和响应速度（或带宽）是衡量 PIN 管特性的两项主要性能指标，响应度与 PIN 管的量子效率有关。探测器的量子效率定义为一个光子照射在探测器上产生的电子数，量子效率与器件材料、光波长有关[5]。在入射光功率为 P 时，光子数为$\frac{P}{h\upsilon}$，h 为普朗克常数，υ 为光信号频率，输出电流为 I 时电子数为$\frac{I}{q}$，q 为电子电量，量子效率描述为

$$\eta=\frac{Ih\upsilon}{qP} \tag{9.3-1}$$

PIN 管的响应度 R 定义为输出光电流 I 与入射的光功率 P 之比，由式（9.3-1）即可得出响应度为

$$R=\frac{\eta q}{h\upsilon}(\mathrm{A/W}) \tag{9.3-2}$$

响应速度是指光电检测器对入射微弱调制光信号产生光电流的响应快慢，通常用响应时间（上升时间和下降时间）来描述，从频域角度，时域响应速度与器件的响应宽度直接关联。PIN 管为得到较快的响应速度，需要设计较

窄的耗尽层，以便缩短载流子在电场中的漂移时间，但为了提高量子效率应有较宽耗尽层，因此两者必须进行折中。用于光纤通信和传感的砷化镓 PIN 管在 1550nm 波长处的响应度一般大于 0.85A/W。

将光电流转换为电压信号最简单的方法是让电流流过电阻，但由于 PIN 管本身的寄生电容和电路寄生电容的综合电容与电阻形成充放电路，这种简单接收机的响应带宽为 $f_{3dB}=\sqrt{1/(2\pi RC)}$，对带宽有较高要求的系统中需要采用跨阻放大器将光电流转换为电压信号。图 9.3-2 是典型的跨阻放大接收机设计，图 9.3-2 中寄生电容指 PIN 管和电路引入的总电容。

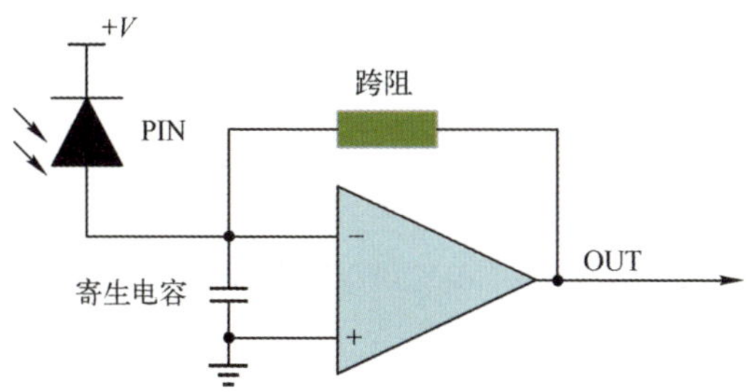

图 9.3-2　PIN 跨阻放大器

如果图 9.3-2 中跨阻放大器的增益带宽积为 GBP、跨阻为 R、寄生电容为 C，则 3dB 带宽处的增益为 $G=\dfrac{R}{Z_c}=2\pi f_{3dB}CR$，而放大器 BGP $=f_{3dB}G$，因此接收机带宽可以表示为

$$f_{3dB}=\sqrt{\frac{\text{GBP}}{2\pi RC}} \tag{9.3-3}$$

式（9.3-3）表明，采用跨阻放大将电流转换为电压与采用简单的电阻转换相比，可极大地提升接收机响应带宽。在光纤通信和传感系统中，接收机带宽通常是有限的，一般情况下，接收机可以探测到大于 80% 的矩形脉冲能量时，脉冲的眼图就清晰可辨，上升下降沿即可满足系统要求，图 9.3-3 是 10ns、20ns 和 100ns 的矩形脉冲的频谱，由图 9.3-3 可见，对应的接收机带宽约为 8MHz、37.5MHz 和 67.5MHz。

在光纤传感系统中，接收机输出信号的信噪比是系统最关键的指标，最终输出信号中包含的噪声包括光噪声、光电转换噪声和电噪声三大类。光噪声包括输入光信号在光纤传输产生的非线性信号、随机偏振衰落噪声、光放大器产生的自发辐射噪声、经过其他光器件时产生的各种非线性噪声以及这些噪声与有用信号拍频产生的噪声；光电转换噪声包括入射光子在耗尽层产生的载流子数量的波动以及暗电流经过耗尽层产生的载流子波动，这部分噪声称为散粒噪声；电噪声包括跨阻放大器本身的电流噪声、电压噪声和跨阻产生的热噪声。接收光信号的方式分为相干探测和直接探测两种方式，下面用一个统一的公式来描述这两种探测方式下光噪声对输出信号的影响，假设接收到的有用信号为$\boldsymbol{E}_s(\boldsymbol{r},w_s)$、本地相干参考信号为$\boldsymbol{E}_L(\boldsymbol{r},w_L)$、光噪声信号为$\boldsymbol{E}_N(\boldsymbol{r},w_N)$，通常光噪声信号为宽带信号，直接探测系统中本地相干参考信号为0。探测器输出的光电流信号可描述为

$$\begin{aligned}I\propto&|\boldsymbol{E}_S(\boldsymbol{r},w_S)+\boldsymbol{E}_L(\boldsymbol{r},w_L)+\boldsymbol{E}_N(\boldsymbol{r},w_N)|^2=\\&|\boldsymbol{E}_S(\boldsymbol{r},w_S)|^2+|\boldsymbol{E}_L(\boldsymbol{r},w_L)|^2+\\&2\boldsymbol{E}_S(\boldsymbol{r})\cdot\boldsymbol{E}_L(\boldsymbol{r})\cos(\Delta w_{SL}t+\Delta\phi_{SL})+\\&|\boldsymbol{E}_N(\boldsymbol{r},w_N)|^2+2\boldsymbol{E}_S(\boldsymbol{r})\cdot\boldsymbol{E}_N(\boldsymbol{r})\cos(\Delta w_{SN}t+\Delta\phi_{SN})+2\boldsymbol{E}_L(\boldsymbol{r})\cdot\boldsymbol{E}_N(\boldsymbol{r})\cos(\Delta w_{LN}t+\Delta\phi_{LN})\end{aligned}\tag{9.3-4}$$

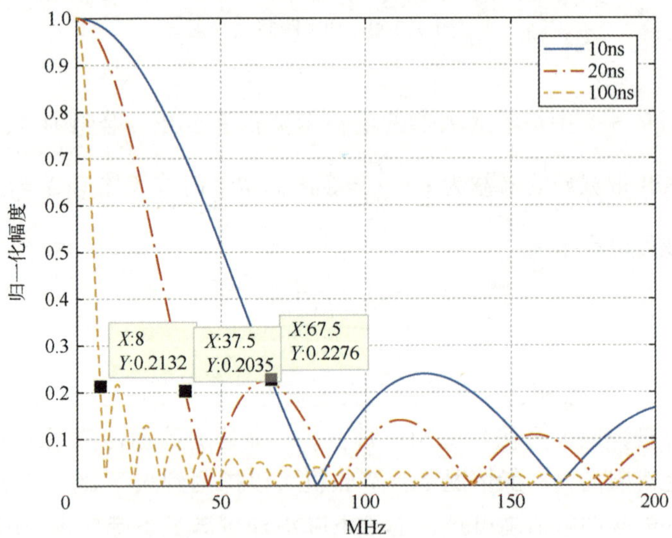

图 9.3-3　不同脉冲宽度占用的带宽

式（9.3-4）中第一行为信号和本振的直流或低频信号，第二行为信号被本振放大的信号，最后一行为噪声项。由式（9.3-4）可知，直接探测时，光噪声会直接受到有用信号放大的影响。在相干探测系统中，本地参考信号放

大了有用信号，同时也放大了光噪声，因此有用信号和本地参考信号对光噪声都进行了放大。为了消除光噪声，必须在光信号接入探测器前使用光滤波器对有用信号之外的信号进行滤除，光滤波器无法滤除带内的光噪声，进入探测器后与有用信号差拍将会恶化接收机输出信号的信噪比。由光电流和暗电流产生的散粒噪声可描述为

$$\langle i_{\mathrm{sh}}^2 \rangle = 2q(I_p+I_d)B \tag{9.3-5}$$

式中：<·>表示均方值；I_p和I_d分别为光电流和暗电流；B为接收机带宽，一般可用一般 PIN 管的暗电流小于 0.5nA，其产生的散粒噪声可忽略。跨阻放大器产生的总电噪声功率可等效为光电流噪声均方值并表示为

$$\langle i_{\mathrm{TIA}}^2 \rangle = i_N^2+\frac{4kT}{R}+\left(\frac{e_N}{R}\right)^2+\frac{(e_N 2\pi BC)^2}{3} \tag{9.3-6}$$

式中：i_N为放大器反相输入电流噪声；$4KT$ 为热噪声系数；R_F为放大器跨阻值；e_N为放大器同相端输入电压噪声；C_S为反相端输入总电容。

忽略光噪声情况下，假设设计的接收机总寄生电容为 2pF，跨阻放大器增益带宽积为 5.5GHz，放大器电流噪声密度为 $7\mathrm{pA}/\sqrt{\mathrm{Hz}}$，电压噪声密度为 $2\mathrm{nV}/\sqrt{\mathrm{Hz}}$，输入光功率为-20dBm，探测器响应度为 0.9A/W，根据式（9.3-3）、式（9.3-5）和式（9.3-6）计算出的带宽、散粒噪声和跨阻放大器噪声的等效电流噪声随跨阻变化情况如图 9.3-4 所示，放大器本身的噪声占主导，随着跨阻的增大，带宽逐渐减小，同时总的噪声也会随之降低。

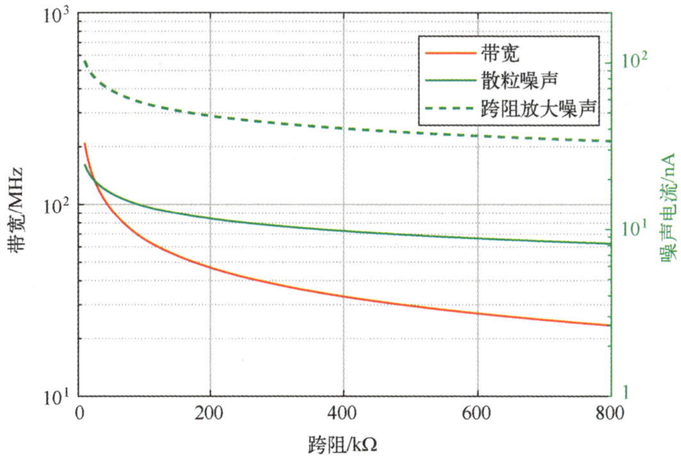

图 9.3-4 不同跨阻时 PIN 接收机性能

9.3.2 雪崩光电二极管

雪崩光电二极管（APD）结构与PIN光电二极管基本相同，仍是PN结，不同之处是在P层和N层中的掺杂量增大，在外加反向电压（几十伏）作用下，PN结区形成强电场区，在耗尽层内运动的载流子在电场作用下获得足够的能量而加速，通过高速碰撞产生新的电子-空穴对，新产生的电子-空穴对在高电场作用下产生新的碰撞电离，该过程反复多次后使载流子雪崩式倍增，形成大的光电流。

在不同温度下典型砷化镓APD的倍增因子电压曲线如9.3-5（a）所示，随着偏置电压的增大，增益呈指数增长，电压增大到一定程度时，PN结被击穿，光电流无穷大，对应的电压称为击穿电压 V_B，但实际的APD光电流不会无穷大，如图9.3-5（a）所示，随着偏压的增加，增益达到峰值，出现增益饱和效应，再增加电压增益反而降低，此峰值增益对应的电压可以作为击穿电压。根据图9.3-5（a），在保持偏置电压不变的情况下，APD的倍增因子随温度变化，在光纤传感系统中，通常要求接收机保持恒定的增益，因此APD正常工作时要求使用温度反馈控制系统来实现恒温工作，但恒温系统带来了系统的复杂性，并且功耗较大。根据图9.3-5（a）的特性，选取倍增因子为40时不同温度对应的偏置电压，如图9.3-5（b）所示，如果预先测定该曲线，就可以通过测量APD温度进行偏压控制，实现恒增益探测。图9.3-5（c）是光功率为-30dBm入射时APD输出光电流和暗电流随偏置电压的变化，在上节讨论PIN特性时，由于暗电流比较小，计算噪声时通常被忽略，而图9.3-5（c）展示了完全不同的暗电流特性，随着偏置电压的增加，暗电流急剧增加，甚至可以达到光电流的水平。

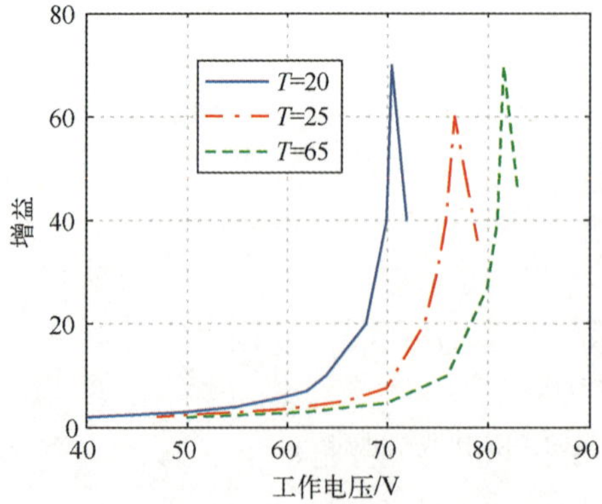

(a) 不同温度下倍增因子随偏置电压的变化

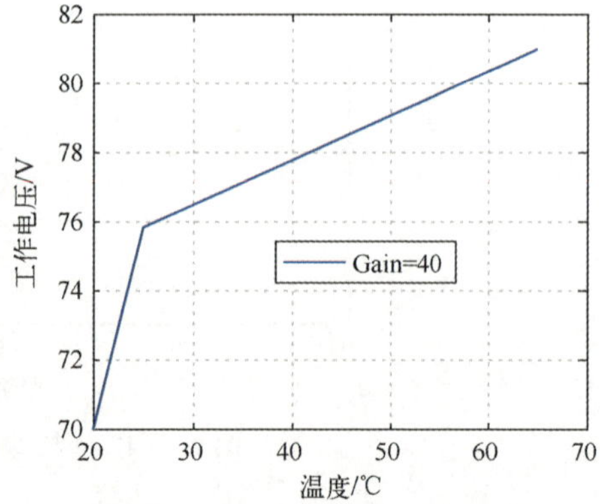

(b) 保持倍增因子为40时偏压随温度的变化

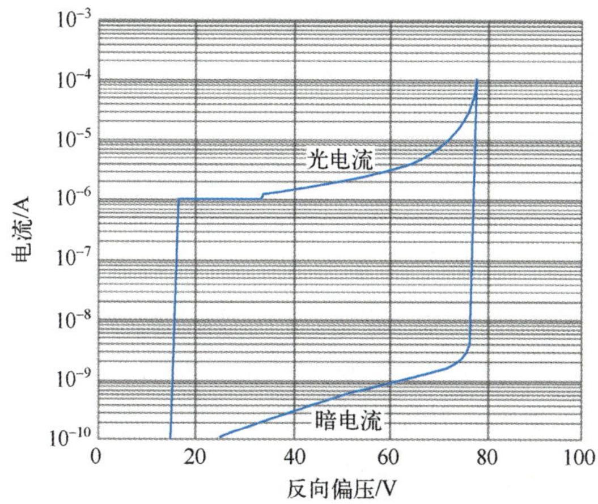

(c) 光电流和暗电流随偏置电压的变化

图 9.3-5　APD 的工作特性曲线

基于 APD 探测器的跨阻放大器设计如图 9.3-6 所示，基本结构与基于 PIN 的放大器相同，只是多了高压发生器和温度控制电路。对 APD 接收机进行噪声分析时，过程也与 PIN 相似，只是散粒噪声模型需要重新定义为

$$\langle i_{sh}^2 \rangle = 2qB[I_{ds}+(I_p+I_d)M^2F] \tag{9.3-7}$$

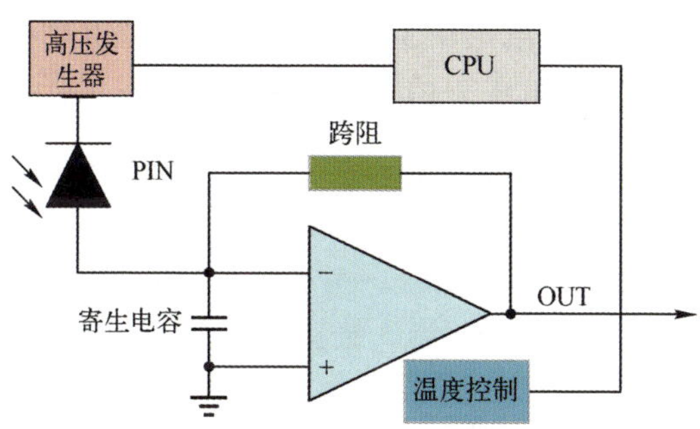

图 9.3-6　APD 跨阻放大器

式中：I_{ds}为表面泄漏电流；M 为倍增因子；I_p 和 I_d 分别为 $M=1$ 时的光电流和暗电流，通常在一定偏压下测到的光电流和暗电流是经过雪崩放大后的电流，这种情况下使用式（9.3-6）时 M 不需要平方，噪声系数 $F=M^x$，x 为剩余噪声因子。通常表面泄漏电流相对较小，可以忽略。采用典型的参数 $M=10$，$x=0.7$，暗电流采用图 9.3-5（c）的数据（雪崩放大后约 2nA），接收光功率分别为-40dBm 和-20dBm，其他条件与图 9.3-4 相同，接收机带宽、散粒噪声和跨阻放大器噪声的等效电流噪声随跨阻变化情况如图 9.3-7 所示，可知

在探测-40dBm 光信号时，接收机噪声以放大器本身的噪声为主，当光信号为-20dBm 时，散粒噪声远远超过了放大器自身的电噪声，与 PIN 接收机表现完全不同[6]。由于 APD 具有信号放大作用，噪声大小不是衡量接收机性能的主要指标，输出信号质量最终以信噪比为准。对于 3dB 带宽为 100MHz 的接收机，根据图 9.3-7 的数据，跨阻约为 43kΩ。图 9.3-8（a）是当输入光功率为-40dBm 和-35dBm 时，根据图 9.3-5（c）的数据以及前文相关数据计算的输出信号信噪比随偏压变化的曲线，可知接收机存在最佳偏置电压点使输出信噪比最高，高于此电压，散粒噪声将急剧增加，导致信噪比下降，不同输入功率时实现最佳信噪比对应的偏置电压不同。图 9.3-8（b）给出了同等条件下 APD 和 PIN 探测器在不同输入功率时最佳信噪比随输入功率的变化，该图同时给出了最佳信噪比对应的偏置电压和倍增系数，但未考虑跨阻放大器输出饱和问题。由图 9.3-8 可知，虽然功率增大时 APD 散粒噪声随之增大，但 SNR 仍然比 PIN 高，当接收功率大于-10dBm 时，APD 最佳信噪比对应的倍增系数接近 1，此时等效于 PIN 探测器。当接收光信号以直流光占主导时，我们可以调节偏置电压，使信噪比达到最优，但在大部分光纤传感系统中，交流信号占主导，这种情况下不能通过调节偏置电压实现最佳信噪比，图 9.3-8（b）给出了倍增系数为 10 时信噪比随光功率的变化，这种情况是大部分接收机的工作状态，由图 9.3-8（b）可知，当光功率大于-15dBm 时，基于 APD 的接收机性能不如基于 PIN 的接收机。

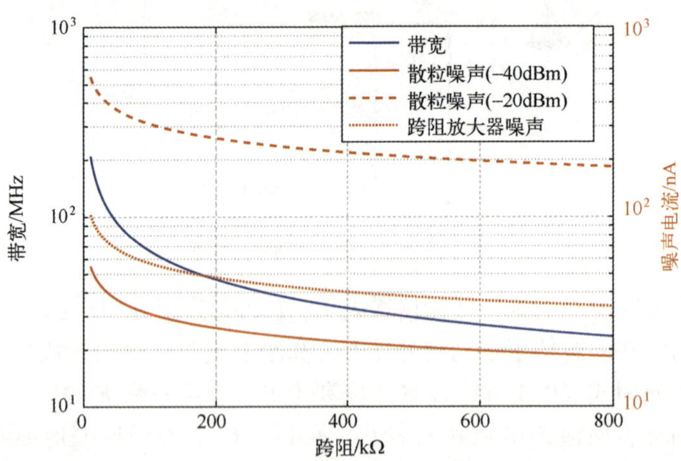

图 9.3-7 不同跨阻时 APD 接收机性能

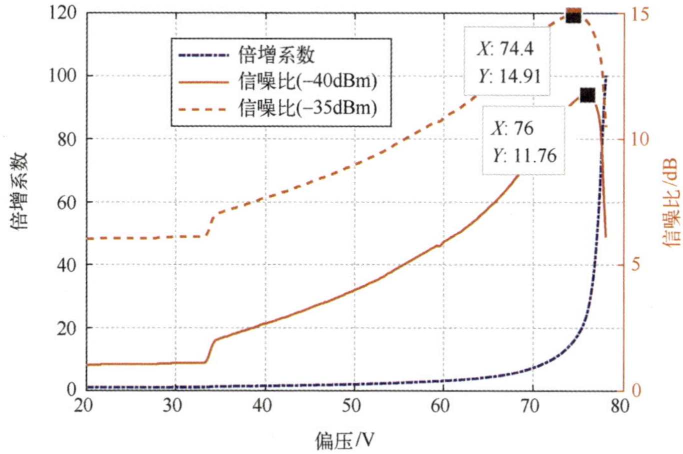

(a) 不同偏压下倍增系数和信噪比的变化

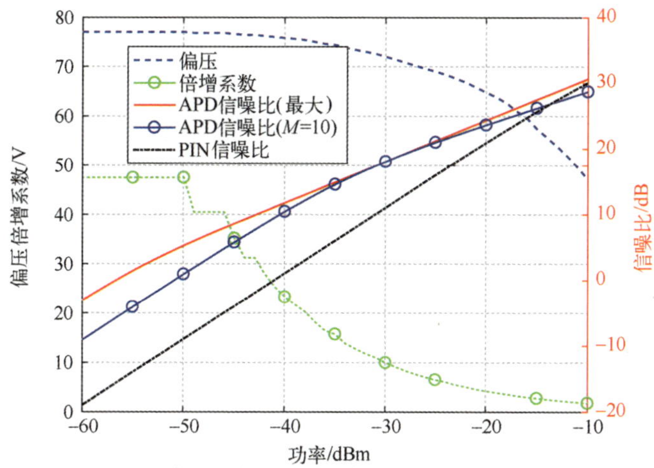

(b) 不同输入功率条件下对应的偏压倍增系数和信噪比

图 9.3-8 APD 信噪比与工作条件的关系曲线

参 考 文 献

[1] LEE H, LEE G, KIM S K, et al. Cost-effective 10-Gb/s optical duobinary transmission systems using a nonbuffered X-cut $LiNbO_3$ Mach-Zehnder modulator [J]. IEEE Photonics Technology Letters, 2004, 16 (4): 1188.

[2] EPIKHIN V M, BARYSHEV V N, SLYUSAREV S N, et al. Acousto-optic modulators for a controlled frequency shift of light beams in optical and microwave cold-atom frequency stand-

ards [J]. Quantum Electronics, 2019, 49 (9): 857.

[3] CHEN R, TAO C Y, JIANG X H, et al. Detection of dynamic signals from multiplexed SOA based fiber-ring laser sensors [J]. Applied Optics, 2018, 57 (35): 10159.

[4] SHIMOTSU S, SAITOH T, OIKAWA S, et al. Stabilized 20GHz $LiNbO_3$ polarization scrambler [J]. Applied Optics, 1997, 36 (34): 9091.

[5] SALEH B E, TEICH M C. Fundamentals of photonics [J]. 2nd edition. Journal of Biomedical Optics, 2008, 13 (4).

[6] HAYAT M M, KWON O H, WANG S, et al. Boundary effects on multiplication noise in thin heterostructure avalanche photodiodes: theory and experiment [J]. IEEE Transactions on Electron Devices, 2002, 49: 2114-2123.

第10章

点式光纤传感器

10.1 光纤电磁量传感器

光纤电场、磁场和电流传感器主要分为两大类，即利用法拉第效应的传感器和利用磁致伸缩效应的传感器。传统的电磁量传感器存在绝缘结构复杂、对电磁源敏感、成本高、功耗大、易爆炸、难以数字化、不易复用和难以远程监视等缺点。光纤电磁量传感器是克服这些缺点的替代方案，因为光纤本身具有绝缘、重量轻、可数字化的特点[1]。

10.1.1 电流传感器

基于光纤的法拉第效应和安培定律，光束在缠绕导体的光纤线圈传播时，其偏振光会发生法拉第旋转，该旋转角度可以表示为 $\varphi = VNI$，其中，N 为线圈密度，I 为电流，V 为维尔德常数。通过测量线偏振光在光纤线圈中的旋转角度，可以间接获得导体内的电流值，这就是法拉第光纤电流传感器的基本原理。但偏振旋转角的测量不能由光电探测器直接测量，根据旋转角度的测量方法，光纤电流传感器可分为两类[2]：偏振电流传感器和干涉电流传感器。

1. 偏振电流传感器

偏振电流传感器是一种将偏振旋转角度信号转换为光学强度信号来测量

电流的方法。需结合适当的检偏光路来测量线偏振光的旋转角度，如图 10.1-1 所示的装置，激光光束通过偏振片（起偏器）将光束转化为沿特定方向偏振的线偏振光，线偏振光经光纤准直透镜聚焦注入单模光纤，这束线偏振光沿着缠绕电流导体的光纤传感线圈传播，线偏振光受电流产生磁场的法拉第效应作用下受到调制，调制后的光束经光纤环输出，并由准直透镜准直后进入检偏器。为获得旋转角度与两个偏振片相对方位角的最大灵敏度，需要将检偏器方位角与起偏器方位的夹角设置为45°，根据马吕斯定律，检偏器输出的光功率（可由探测器探测），可表示为

$$P=\frac{P_0}{2}(1\pm\sin 2\theta) \tag{10.1-1}$$

式中：$P_0/2$ 为探测器的平均光功率，由于光纤的菲尔德系数很小（在 1310nm 波长和 1550nm 波长下分别近似为 1μrad/A 和 0.7μrad/A），在小电流情况下，近似满足 $\sin 2\varphi\approx 2\varphi=2VNI$，探测器输出功率表示为 $P=\frac{P_0}{2}(1\pm 2VNI)$，可见探测功率为电流的线性函数。

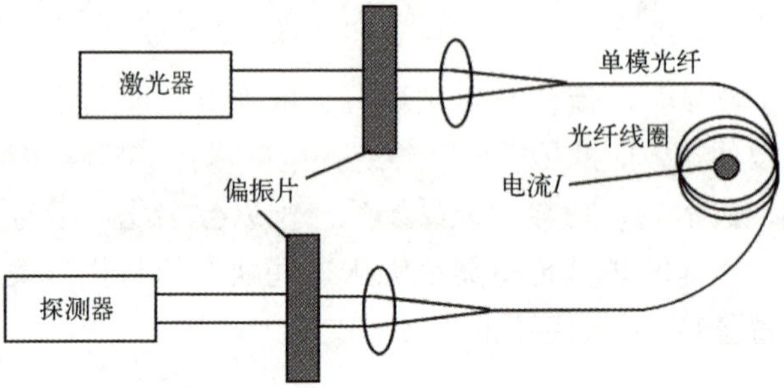

图 10.1-1　光纤偏振电流传感器（单路检测）

进一步利用除法器，将 $P=\frac{P_0}{2}(1\pm 2VNI)$ 中的直流分量和交流分量相除，可得 $2VNI$ 的值，经除法器相除后，结果与激光功率无关，消除了入射光功率以及空间准直耦合损耗等因素对测量功率的影响。由于该传感器只用了一个探测器，故称为单路检测法。

双光路检测法与单光路法的差别在于检测部分，如图 10.1-2 所示，经光纤输出的光经准直透镜后准直，线偏振光被偏振分束器（采用渥拉斯顿棱镜）分为两束偏振方向相互垂直的线偏振光，两偏振光光束具有一定夹角，每一路光束分别被光电探测器探测，在起偏器方位与棱镜输出偏振方向为45°夹角

时，偏振旋转角可以表示为[3]

$$\sin 2\varphi \approx 2VNI = \frac{I_1 - I_2}{I_1 + I_2} \tag{10.1-2}$$

式中：I_1和I_2分别为两个探测器的输出光电流。双光路检测法具有光能利用率高，抗干扰能力强，直流、交流（电流、磁场）均可应用等优点。

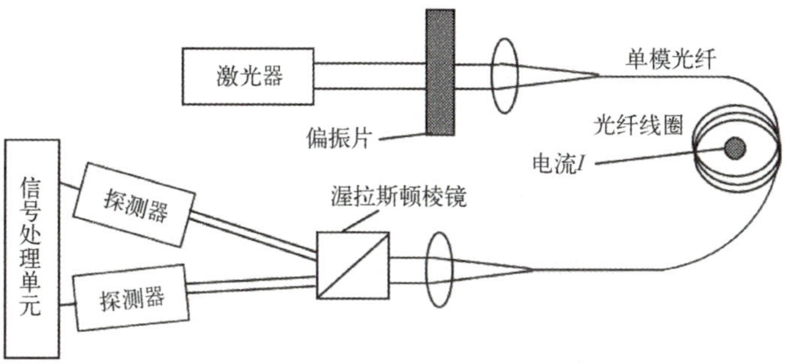

图 10.1-2 光纤偏振电流传感器（双路检测）

偏振电流传感器的优点是：光路容易搭建，使用光学元器件较少，此外，测量性能不受光源强度波动的影响。但若要获得高灵敏度的传感特性需要采用特殊的光纤或者专门的偏振测量方法，以减少光纤传感线圈线性双折射对法拉第效应的干扰。偏振电流传感器除用于高功率电网外，还在避雷塔的雷电测量、核聚变托马克反应装置中的等离子体电流测量、飞机飞行中的雷电电流测量、地下埋藏线缆的电流故障定位等方面具有应用。

2. 干涉电流传感器

干涉电流传感器是一种将偏振旋转信号转化为光相移信号并用于电流测量的方法，在该方法中，通过光纤传感线圈中传播的右旋和左旋偏振光在磁场作用下产生不同的相移，根据两种圆偏振的相差，可间接测得电流信号。

根据传感结构的不同，干涉电流传感器的结构分为两种情况，分别为反射式干涉光纤线圈和萨格纳克干涉光纤环线圈，其主要差别位于传感头部分。反射式偏振干涉电流传感器的基本结构如图 10.1-3 所示，光源输出的光经耦合器的一路输出，利用光纤起偏器将光束转化为与沿 45°（实验室坐标）方位角的线偏振光，经相位调制器调制后，输入保偏光纤，线偏振光与保偏光纤主轴夹角为 45°，线偏振光转化为两束正交的线偏振光，两束正交的线偏振光通过 1/4 光纤波片转化为两束正交的左旋和右旋圆偏振光后进入电流传感光纤线圈。在法拉第效应的作用下，两圆偏振光产生不同的相移，当经线圈末端的反射端面反射后，返回传感光纤线圈时，偏振状态发生交换，左旋变为右旋，右旋变为左旋。由于法拉第效应的非互易性，最终产生的偏振方位旋转角度为 $\varphi=4NVI$，最后经 1/4 波片后重新转化为线偏振光，并发生干涉。传感器的响应与相位差的余弦函数成正比，由于法拉第旋转引起的相位差很小，响应处于函数最不敏感的区域，通过光路中引入一个相位调制器，让两次相位调制的附加相移接近 π/2，引入的偏置相位可使系统响应处于较高的线性区，可以提高测量准确度。

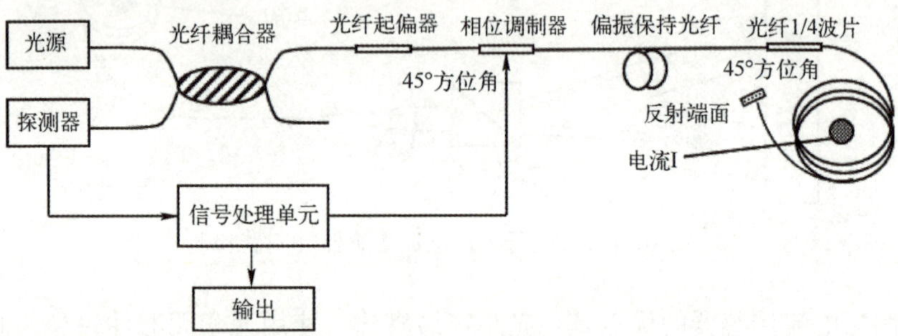

图 10. 1-3　反射式偏振干涉电流传感器

由于偏振旋转角度翻倍，在灵敏度上，反射式光纤电流传感器更有优势。尽管在波片和光纤中同样也发生偏振态的交换，但由于不具有非互易性，偏振态交换后对偏振旋转角的贡献为零。两线偏振光经偏振片后发生干涉，探测器的输出表示为

$$P=\frac{P_0}{2}(1+4NVI) \tag{10. 1-3}$$

进一步经信号处理单元即可间接获得传感电流信息。

萨格纳克光纤环传感结构的传感头与图 10. 1-3 类似，不同之处是光纤环路另一端的反射端面由另一个 1/4 波片取代，并经耦合器与光纤环路另一端的 1/4 波片的输出相耦合，最后耦合光路经过起偏器发生干涉。由于没有偏振态的交换，产生的方位旋转角仍为 $\varphi=2NVI$，另外，两路光路传播方向相反，在容易受到角振动干扰的环境中，容易发生萨格纳克效应，导致非互易相位误差，影响测量结果。由于反射式传感线圈中消除了光路的闭合结构，在抑制角振动干扰方面更具有优势。

3. 线性双折射及其抑制

偏振电流传感器和干涉电流传感器的测量精确性都在 1% 以下，能够满足

电力系统的测量需求。偏振电流传感器，对于大偏转角度，式（10.1-1）不能按近似处理，从而导致输出信号与输入信号具有正弦函数关系，影响测量系统的线性响应。考虑正弦函数的周期性和结果的唯一性，可测的动态范围较窄。干涉型传感器在线性度、动态范围、稳定性方面要优于偏振电流传感器。但测量精度易受偏振误差影响，偏振误差影响主要来自波片以及偏振保持光纤之间的熔接方位角。

以上两种电流传感器都会受到光纤固有线性双折射的影响，固有双折射通常来源于工艺不完善、杂质和缺陷、轴对称性不理想以及使用中不可避免的光纤弯曲等因素。普通光纤较小的维尔德常数易使得固有双折射引起的偏振态改变掩盖法拉第旋转角，而增加传感线圈圈数同样会导致固有双折射和弯曲引起的线性双折射增加，从而使得传感器的灵敏度难以有效提高。弯曲引起的线性双折射的影响主要表现在以下几个方面。

（1）法拉第磁光效应。

线性双折射可以在两个正交偏振分量之间产生相位差，从而将输出光转换为椭圆偏振光。测量椭圆偏振光法拉第旋转角的灵敏度要比对应的线偏振光低，最坏情况，椭圆偏振光为圆偏振光时，传感器灵敏度降低为零。

这里对线性双折射的影响进行简单理论分析[4]，假定弯曲光纤会导致光纤中存在应力，引入的双折射 β_b 表示为

$$\beta_b = K_\lambda \left(\frac{r}{\rho}\right)^2 \tag{10.1-4}$$

式中：r 为光纤半径；ρ 为光纤线圈半径；K_λ 为材料参数，在波长 0.63μm 时，对于石英光纤取值约为 1.3×10^6 rad/m。在存在线性双折射的情况下，式（10.1-1）须修正为[5]

$$P = \frac{P_0}{2}\left(1+\frac{\alpha_F}{\gamma}\sin\gamma L\right) \tag{10.1-5}$$

式中：$\alpha_F = 2\varphi/L$ 为法拉第效应引起的圆形双折射；传感光纤长度 $L = 2\pi\rho N\gamma^2 = \beta^2+\alpha_F^2$，光纤的线性双折射包含固有线性双折射和弯曲应力引起的线性双折射 $\beta=\beta_i+\beta_b$，当线性双折射远大于圆形双折射时，式（10.1-5）近似为

$$P = \frac{P_0}{2}(1+2V_{\text{eff}}NI) \tag{10.1-6}$$

式中：$V_{\text{eff}} = \dfrac{V}{\beta L}\sin\beta L$，当 βL 取较大值时，有效菲尔德系数远小于菲尔德系数。这时法拉第效应将极大减弱。特别是当 $\sin\beta L = 0$ 时，探测器输出将与法拉第

效应无关。实际上法拉第效应引起的偏转角通常较小，仅需较小的线性双折射就可极大抑制法拉第效应。

（2）破坏传感器的线性度。

光纤中的线性双折射将会使传感器输入和输出之间为负载的非线性关系。

（3）降低测量精度。

线性双折射来源于多种因素，如光纤变形，光纤内部应力、光纤弯曲、振动以及环境温度等，并进一步降低测量精确性和稳定性。

抑制光纤电流传感器中的线性双折射可以采取两种措施，第一种措施是消除光纤中的线性双折射，第二种措施是设计特殊的传感头结构。其中，消除光纤线性双折射主要有三种方法。

（1）退火技术：首先将在陶瓷芯轴上将光纤线圈缠绕好，然后将组件加热到800~1200℃，在退火温度保持一段时间之后，将组件缓慢冷却至室温，这样处理后，光纤线圈弯曲导致的线性双折射几乎可以完全消除，同时其他因素导致线圈中光纤残余应力引起的双折射也可以消除[6]。不足之处是退火后的光纤变脆，不易封装和保护，其次光纤的透射率降低，降低了传感灵敏度。

（2）扭曲光纤：扭曲光纤是通过机械扭矩将单模光纤绕其中心轴扭曲多圈而制成的[7]。通过这种方式，在光纤中产生了固有的圆形双折射，当每米光纤施加 ζ 弧度的扭曲，则产生的圆形双折射为 $\alpha_\tau = g\zeta$，对于石英光纤，在波长0.63μm，g 约为0.13~0.16。如果光纤扭曲足够大，远超出光纤总的线性双折射，则探测器输出表达式（10.1-5）可改写为

$$P = \frac{P_0}{2}[1 + q\sin(\alpha_\tau + 2VNI)] \tag{10.1-7}$$

式中：$q = 1 - (\beta^2/2\alpha_\tau^2)$。在引入大的圆形双折射后，当 $2VNI \ll 1$ 时，表达式近似可恢复为式（10.1-5）的形式。这种扭曲带来的固有圆式双折射与法拉第旋转圆式双折射效果可以叠加，并有效地抑制传感光纤中的线性双折射，同时增加传感灵敏度。但扭曲的程度以及因此产生的圆形双折射大小受限于光纤的机械强度，且从长期来看，扭曲引起的圆形双折射会随时间逐渐降低，此外，扭曲引起的圆形双折射具有温度相关性，在实际工作中需要考虑温度补偿措施。

（3）纺丝高双折射光纤：纺丝高双光纤是通过在拉伸过程中围绕其中心轴旋转高线性双折射光纤预制棒来制造的，从而可以产生固有的圆形双折射，以抑制线性双折射。纺丝高双折射光纤在熔融状态下制备，克服了机械强度

限制和圆形双折射的长期衰减效应，制备时旋转速率越大，圆形双折射越明显，对应制成的光电流传感器灵敏度也越高。其有效性可通过耦合模理论得到证明[8]，2013 年的实验中，Peng 等提出了一套椭圆芯旋转高双折射光纤的制备工艺。通过该制备工艺研制的旋转光纤被用于光电流控制传感器，其工作温度为-40~70℃，其低温漂移为 0.008%/℃，精度为 0.5%[9]。这种方法抑制线性双折射的缺点是制造成本高，抗干扰能力差。

新型传感头结构的核心是特种缠绕传感光纤线圈，缠绕通常有两个基本方法。①产生足够大的圆形双折射来抑制线性双折射；利用几何旋转效应可以在传感光纤中产生圆形双折射。当线性偏振光束在空间路径中的单模光纤中传播时，其偏振面会旋转；当光束通过光纤末端的反射镜沿着初始光路反射回来时，其偏振面将返回到初始位置。这种效应可以产生具有互易性的圆形双折射，并可以抑制线性双折射。②直接补偿传感光纤线圈中的线性双折射。利用传感光纤线圈的特殊空间结构，可以直接补偿线性双折射。通过在缠绕传感光纤线圈时不断改变缠绕方向，可以在一定程度上补偿传感光纤线圈中的线性双折射，在绕制光纤圈时不断改变缠绕方向，可以使光纤固有双折射在一定程度上得到抵消，而法拉第效应只与磁场方向有关而与光传播方向无关，因而不会受到影响。以上两种方法都在实验中证实了其有效性和可重复性[10-12]。但由于传感头的光纤线圈结构变得十分复杂，加大了封装难度。

相较于电磁式传感器，光纤电流传感器因其重量轻（无铁芯，比电磁线圈轻）、体积小、电隔离（光纤介质，不会有爆炸风险）、抗电磁干扰、大动态范围（电磁式存在磁饱和）、高灵敏度、高测量精度、低成本（不随升级电网而增加成本）等优点，在现代电力系统测量中获得了广泛应用，当前研究趋势主要集中在新的传感头结构（光纤环绕制方法）、改进传感器系统结构和新型特殊光纤等方面，用于克服光纤电流传感器的不足。

10.1.2　磁场传感器

磁场传感器的基本原理是将磁场信息转化为电信号，传统的磁场传感器如基于霍尔效应和饱和电流效应等设计，技术已经十分成熟，并广泛应用。随着科学技术的发展，人们对磁场测量提出了许多新的要求，如高灵敏度、抗干扰、温度稳定性、智能化、集成化等。光纤磁场传感器在很多方面符合以上诸多需求特点，已经进行了较深入研究，在稳定性和灵敏度方面取得了长足进步，在电力、国防和军事方面获得了较多应用。

光纤磁场传感器需要借助与磁场有相互作用的材料，并转化为对光相位和偏振的调制，在接收端通过解调相位和偏振信息，间接获得磁场强度信息。目前应用于磁场测量的材料有三种：磁光材料、磁流体材料和磁致伸缩材料。磁光材料的类型主要包括玻璃、晶体和陶瓷材料。磁光玻璃存在高吸收、低热导率等缺点。磁光陶瓷材料制备工艺简单，但性能较差。相比之下，磁光晶体具有大的法拉第磁光效应、低吸收系数和大的维尔德常数。逐渐受到更高的关注。根据掺杂的不同，磁光晶体主要有三种类型：掺杂钇（YIG）的石榴石晶体、镓酸盐石榴石晶体和稀土掺杂石榴石晶体。利用体磁光晶体的磁光效应制备电流传感器在原理上可作为磁场传感器，已有参考文献中，利用磁光材料测量磁场的光纤传感器比较少[13]。磁流体是一种稳定的胶体，通常由带有表面活性剂的磁性纳米粒子构成，高度分散在液体载体中，通常液体载体为有机溶剂或水溶液。磁流体具有许多有趣的光学性质，如可调折射率、透射率、双折射和法拉第效应等[14]。当没有外部磁场时，磁流体中的纳米粒子是随机分散的。当暴露于外部磁场时，磁流体中结构模态从随机均匀分布的纳米粒子变为依赖于磁场的结构模式。纳米粒子聚集并沿着磁场方向形成纳米链或纳米柱，导致磁流体的折射率发生变化。当所有纳米粒子在磁链中聚集并对齐时，在磁场的饱和磁化条件下，磁流体的折射率将保持不变。磁流体在磁场作用下的折射率变化，常用于与光纤光栅（布拉格光纤光栅、长周期光纤光栅以及倾斜光纤光栅）结合，通过折射率变化对光谱的影响（反射或透射峰的变化）间接测量磁场[15-17]。磁致伸缩材料是一类具有电磁能/机械能相互转换的功能材料。在交变磁场的作用下，物体产生与交变磁场频率相同的机械振动。参考文献中用于磁场传感的磁致伸缩材料有镍合金、Terfenol-D，Fe-Ga、Te-Al合金以及铁磁聚合物等。基于磁致伸缩材料光纤磁场传感器，根据磁致伸缩材料在磁场中的机械量变化，通过光纤与磁致伸缩材料的结合影响传感单元的长度、应变变化，并进一步利用光纤对光波参量的调制来间接测量磁场。下面仅介绍基于磁致伸缩效应的光纤磁场传感器。

1. 光纤磁场传感器的原理

将磁致伸缩材料与光纤绑定，在外加磁场的作用下，磁致伸缩材料变形，并将应变传导到光纤，引起的光纤应变，光纤应变的拉伸效果，引起干涉仪中干涉臂的相位变化，通过干涉仪精确测定相位的变化量，从而间接得出外加磁场的信息，其典型结构示意图如图 10.1-4 所示。

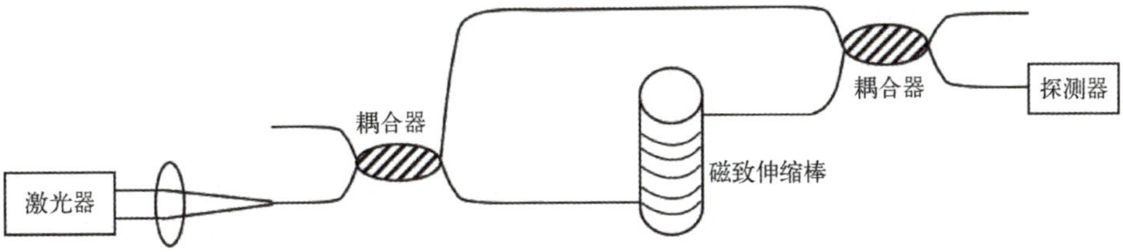

图 10.1-4 基于马赫-曾德尔干涉仪的光纤磁场传感器结构示意图

磁致伸缩材料引起的应变可以表示为

$$\varepsilon = CH^2 \tag{10.1-8}$$

当磁场强度幅度超过材料各向异性场 H_A 时，磁致伸缩引起的应变渐近饱和值 λ_s。式（10.1-8）中的系数 $C=3\lambda_s/2H_A^2$。可见，对于好的磁致伸缩材料要有大的 λ_s 和小的 H_A。若光纤直接沿轴向方向绑定在磁致伸缩材料表面，则磁场致伸缩导致的干涉臂相移表示为

$$\varphi(H)=\frac{2\pi n_{\mathrm{eff}}\xi}{\lambda_0}L\eta CH^2 \tag{10.1-9}$$

式中：$\eta=\varepsilon_{\mathrm{fiber}}/\varepsilon_{\mathrm{ms}}$ 为应变转换效率；L 为光纤长度；$\varepsilon_{\mathrm{fiber}}$ 和 $\varepsilon_{\mathrm{ms}}$ 分别为光纤和磁致伸缩材料的应变，应变转换效率与光纤绑定黏合剂材料、厚度、光纤护套材料和抖动频率等有关。ξ 为与应变引起的折射率变化有关的项，表示为 $\xi=1-\frac{n_{\mathrm{eff}}^2}{2}[(1-\upsilon)P_{12}-\upsilon P_{11}]$，其中，$P_{ij}$ 为应变光学张量的分量。

磁场表示为如式（10.1-10）所示的直流分量、慢变交流分量以及高频交流分量之和的形式，即

$$H=H_0+H_s\cos(\omega_s t)+H_f\cos(\omega_f t) \tag{10.1-10}$$

将磁场的平方 H^2 直流分量的幅度为 H_0^2，频率为慢变交流分量 ω_s 的幅度为 $2H_0H_s$，频率为 $\omega_f\pm\omega_s$ 的幅度为 H_0H_s，将结果代入式（10.1-9）可得其对应的相移幅度分别为

$$\begin{cases}\varphi_{\omega_s}=2\,\dfrac{2\pi n_{\mathrm{neff}}\xi}{\lambda}CLH_fH_0\\[2ex]\varphi_{\omega_f\pm\omega_s}=\dfrac{2\pi n_{\mathrm{neff}}\xi}{\lambda}CLH_fH_s\end{cases} \tag{10.1-11}$$

可见，对于给定的高频磁场幅度分量 H_f，对应的相移幅度与磁场直流分量成正比。高频的边带频率分量 $\omega_f\pm\omega_s$ 对应的相移幅度与低频（ω_s）分量的磁场幅度 H_s 成正比。

2. 磁致伸缩转换器

实际中有两种基本的光纤磁致伸缩转换器结构：第一种为光纤化的形式，在光纤上涂敷或沉积有磁致伸缩材料制作的护套；另外一种，用黏合剂将光纤绑定在磁致伸缩元件表面，光纤可以是裸光纤或覆有非磁致伸缩聚合物护套。磁致伸缩元件，在几何形状上通常可以为条带形、圆柱形、三明治形和溅射涂敷保护套，如图 10.1-5 所示[18]。

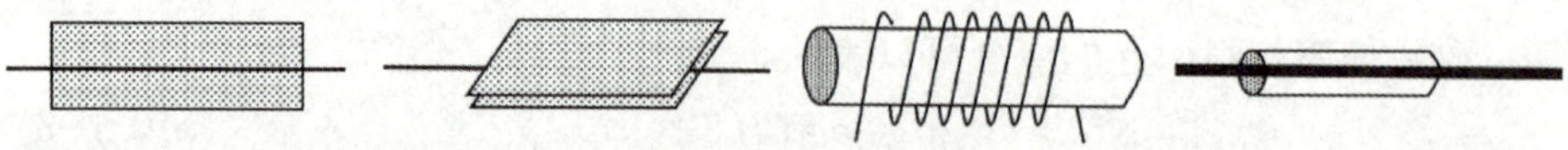

图 10.1-5　磁致伸缩元件与光纤绑定的结构方式

磁致伸缩材料在使用过程易受到磁化强度的影响，影响其性能，可采用去磁化处理的方法消除影响，通过施加反向磁场或应力场方法可以实现磁致伸缩材料中剩余磁化的消除和降低，有效减少磁致伸缩材料在外界磁场作用下的磁化效应。去磁化处理的方法主要包括：①断电去磁法：将磁致伸缩材料加热到铁磁相变温度以上，然后迅速冷却到室温；②振荡去磁法：将磁致伸缩材料放置在特定频率的交变磁场中振动，使其消除剩余磁化；③脉冲去磁法：利用特殊的磁场脉冲，使磁致伸缩材料中的剩余磁化在极短时间内被削弱或消除。经过去磁化处理，磁致伸缩材料的磁化强度将变得非常微弱，从而有效减小其受到外界磁场作用的影响，提高磁致伸缩材料的性能和精度。

在磁致伸缩元件表面绑定光纤等同于施加了负载，假定在外加磁场的作用下，磁致伸缩方向上施加的等效力为 F_{eff}，无载荷下磁致伸缩导致的应变可以表示为

$$\varepsilon_{\mathrm{free}}=CH^2=\frac{F_{\mathrm{m}}}{A_{\mathrm{m}}E_{\mathrm{m}}} \tag{10.1-12}$$

式中：A_{m}为磁致伸缩材料拉伸方向的横截面面积；E_{m}为磁致伸缩材料的杨氏模量；当绑定有光纤时（假定理想情况，应变转移效率 $\eta=1$），作为一个整体，光纤承受的磁致伸缩应变为

$$\varepsilon_{\mathrm{load}}=\frac{F_{\mathrm{m}}}{A_{\mathrm{f}}E_{\mathrm{f}}+A_{\mathrm{m}}E_{\mathrm{m}}}=\frac{\varepsilon_{\mathrm{free}}}{1+A_{\mathrm{f}}E_{\mathrm{f}}/A_{\mathrm{m}}E_{\mathrm{m}}} \tag{10.1-13}$$

磁致伸缩转换器的频率响应取决于由磁致伸缩材料、黏合剂以及绑定光纤构成整体的机械共振特性。机械共振频率由几何形状、尺寸、边界条件和材料参数（弹性模量）等共同决定。

3. 偏振磁场传感器结构

图 10. 1-4 所示的磁场传感结构，通过马赫-曾德尔干涉仪或其他干涉仪装置，可获得光纤外加磁场引起的相移，并依据相位和磁场关系，间接得出外加磁场强度。

绑定在磁致伸缩材料的光纤，受到应变的影响，除了光纤中传输的光程变化外，应变还会引起光纤中光的偏振态改变。光程导致相位的变化可由马赫-曾德尔干涉仪测量。偏振态的变化可通过检测光路实现，在光路设计上与基于法拉第效应的偏振电流传感器类似。偏振磁场传感器结构如图 10. 1-6 所示，缠绕磁致伸缩棒的光纤为高双折射偏振保持光纤。

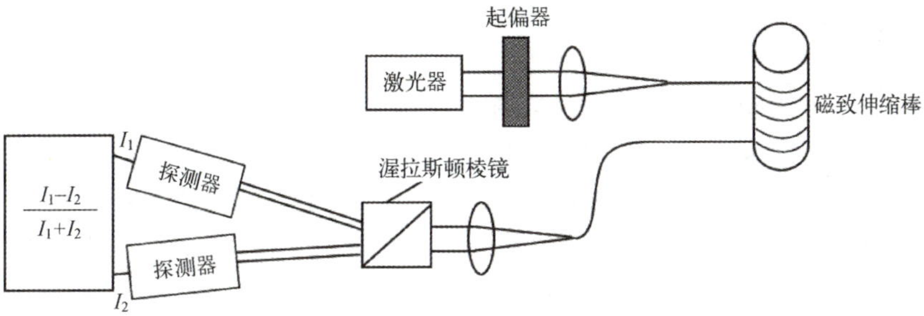

图 10. 1-6 基于磁致伸缩效应的偏振磁场传感器结构示意图

图 10. 1-7 所示的马赫-曾德尔干涉磁场传感器，只在一路干涉臂引入了磁致伸缩导致的相移。如果在两路干涉臂中均引入磁致伸缩元件引起相移，通过干涉仪可以测量两路干涉臂的光程差，假定两个干涉臂平行放置，磁场方向与干涉臂平行，磁场大小沿垂直干涉臂方向线性变化，满足 $H_2=H_1+\frac{\partial H}{\partial z}z_d$。通过如图 10. 1-7 所示的马赫-曾德尔干涉仪结构可以测量两干涉臂之间的相位差，并推导出磁场梯度。

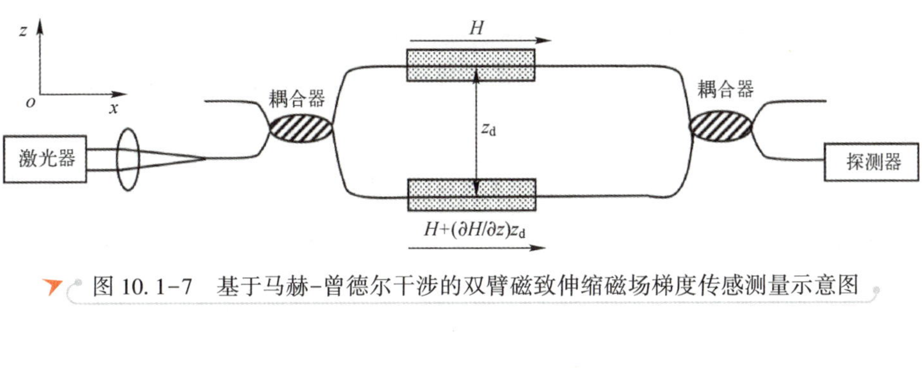

图 10. 1-7 基于马赫-曾德尔干涉的双臂磁致伸缩磁场梯度传感测量示意图

基于图 10.1-6 所示的类似装置[19]，S. C. Rashleigh 测得在 100Hz 下基于镍棒的磁场传感器的灵敏度为 2.2×10^2 rad·m/A，最小可探测磁场为 3.5×10^{-4} A/m，探测光纤长度为 1m。之后的研究主要集中在基于马赫-曾德尔干涉仪传感装置，新的研究进展不断伴随着新的磁致伸缩材料的应用而推进，如 MetglasTM（由铁、钴、镍、硅元素组成的非静态合金）、MetglasTm-Ni 复合材料、磁致伸缩-压电复合材料、铁磁聚合物（WSC-NGI）、Terfenol-D 薄膜等。传感机理方面新的传感单元除利用磁致伸缩材料光纤中光传播的相位调制外，还较多地采用了磁致伸缩材料对光纤布拉格光栅的波长调制作用[20]，磁场探测分辨率可达 0.023mT。

10.1.3 电场传感器

传统的电场测量基于各种天线探头，由于金属结构和同轴电缆的使用对被测电场造成极大影响。其次天线的带宽、天线尺寸都对待测的空间和待测量具有较多限制。根据电光调制的原理，其在实现电场的测量器件集成方面具有极大的优势，目前已经有成熟的商业产品问世。图 10.1-8 为电光调制型电场测量传感器的基本结构示意图。

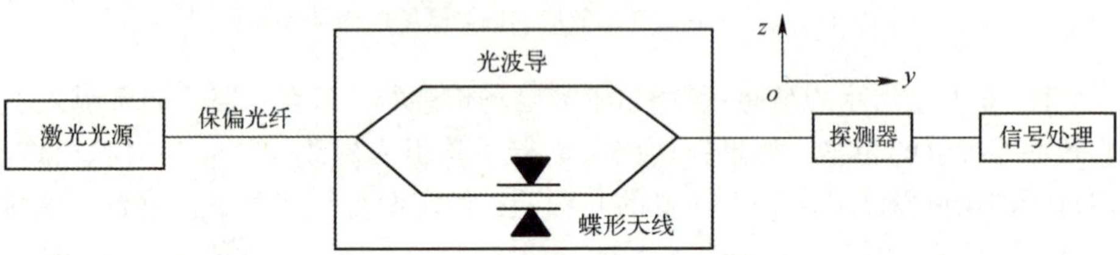

图 10.1-8　基于铌酸锂波导的非本征光纤电场传感器结构示意图

集成电场传感器的核心部件为基于铌酸锂波导的马赫-曾德尔干涉仪，当电场施加在蝶形天线时，天线电极间的感应的电场将会改变马赫-曾德尔干涉仪中干涉臂的相位。相位改变基于铌酸锂晶体的电光效应。对于如图 10.1-8 所示的 x 切 y 传光波导，电场施加在铌酸锂晶体的 z 方向，干涉臂产生的附加相位为

$$\Delta\varphi=-\frac{\pi}{\lambda}n_0^3\gamma_{13}E_zL \tag{10.1-14}$$

式中：γ_{13} 为线性电光系数；E_z 为电极施加在波导的电场；L 为电极长度。干涉仪输出表示为 $\frac{I_0}{2}[1+\cos(\Delta\varphi+\Delta\varphi_s)]$，其中，$\Delta\varphi_s$ 为结构原因导致的静态相位

差。由铌酸锂晶体波导引起的相位差比较小，为使干涉仪工作在最优位置，通常要将马赫-曾德尔干涉仪的干涉臂设为非对称结构，这样会在无电场情况下使产生的静态光学相位差为 $\Delta\phi_s=2\pi n_{eff}\Delta L/\lambda$，其中：$\lambda$ 为入射光波长，n_{eff} 为光波导的有效折射率，ΔL 为两个波导干涉臂的长度差。在合适的设置下，使得静态光相移为 $\pi/2$，这时输出光强为 $I_0/2$，器件偏置达到最优工作点[21-22]。相位变化信息由干涉仪转化为可被光电探测器探测的强度信息。最后通过信息处理单元获得待测点的电场。为提高电场传感的频率响应，在结构上电场传感干涉臂部分的天线可由单个天线设计为阵列天线。除了图 10.1-8 所示的透射式马赫-曾德尔干涉方式外，为了测量方便，可将铌酸锂衬底右侧端面镀上高反射膜，此时天线电场引起的干涉臂相位差翻倍，为了将输入和输出分开，需在入射侧接入光纤环路器。为进一步测量空间的电场矢量大小，可将 3 个分别沿 x、y 和 z 轴的电场传感器集成在一起，每个传感器独立的测量沿垂直于轴方向的电场，最简单的方式就是 3 个芯片沿笛卡儿坐标系的轴放置，这会导致一个相对较大的尺寸。为实现尽可能小尺寸的三维传感，可将 3 个集成传感器芯片置于三角棱镜的镜面上，为实现正交性，天线阵方向要与水平轴呈 54.7°的倾角[23]。

基于铌酸锂晶体的电场传感器，通常采用横向电光效应实现电场对相位的调制，在 x 轴施加电场情况下，铌酸锂晶体的两个正交偏振方向的折射率分别为

$$\begin{cases} n'_x = n_0 + \dfrac{1}{2} n_0^3 \gamma_{22} E_x \\ n'_y = n_0 - \dfrac{1}{2} n_0^3 \gamma_{22} E_x \end{cases} \tag{10.1-15}$$

当通光方向沿 z 轴时，传播 L（晶体长度）后，两个正交方向的相位差为

$$\varphi = \frac{2\pi}{\lambda}(n'_x - n'_y)L = \frac{2\pi}{\lambda} n_0^3 \gamma_{22} E_x L \tag{10.1-16}$$

图 10.1-9 给出了铌酸锂晶体电场传感示意图，采用的是反射式工作方式，光路两次经过铌酸锂晶体，同样的电场引起的相位变化增加一倍，有利于提高传感灵敏度。激光经光纤进入准直透镜，将光变为准直的平行光，经起偏器后，光转化为线偏振光，在电场的作用下，在铌酸锂晶体内传播的光会产生相移 $\Delta\varphi$，最后，光路依次经过波片和反射镜，将光路返回，并再次通过波片和铌酸锂晶体，由于两次经过波片，波片共引起 $\pi/2$ 的相移，最后返回尾纤的光束总相移为 $2\Delta\varphi+\pi/2$。插入波片的目的是使器件电场与光强的关

系工作在线性区域。假定偏振片通光轴与波片的快轴夹角以及偏振片通光轴与外加电场下铌酸锂晶体快轴 n_γ' 之间的夹角均为45°，根据偏振光学的传输矩阵，易得输出光强表示为

$$I=\frac{1}{4}(1-\sin 2\Delta\varphi)I_0 \tag{10.1-17}$$

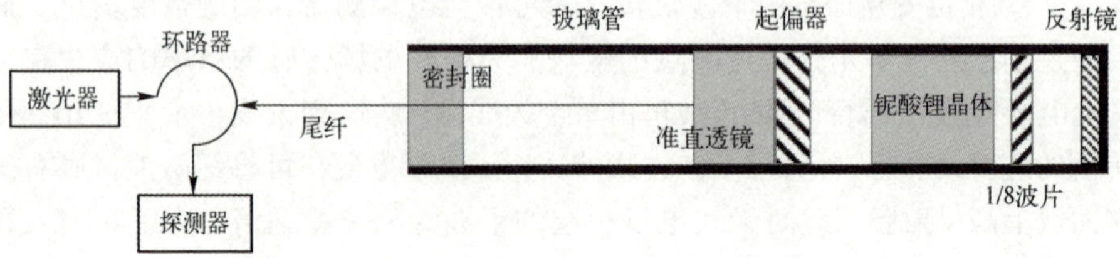

图 10.1-9 基于铌酸锂晶体的非本征光纤电场传感器

对于非常小的变化相位，$2\Delta\varphi \ll 1$，输出光强可近似表示为 $I=0.25I_0(1-2\Delta\varphi)$，可见输出光强是相位变化的线性函数。

晶体中单程传播的相位差可表示为 $\Delta\varphi=\frac{\pi V}{V_\pi}$ 的形式，其中，V_π 为半波电压，对于横向电光效应，斑驳电压表示为 $V_\pi=\frac{\lambda}{2n_0^3\gamma_{22}}\frac{d}{L}$，其中，$L$ 为晶体 z 轴方向的长度，d 为电场方向的长度。若外加电场表示为正选信号 $E=E_m d\sin(\omega t)$，易得输出光强近似表示为

$$I=0.25I_0\left(1-2\frac{\pi E_m d}{V_\pi}\sin(\omega t)\right) \tag{10.1-18}$$

在实验方面，上海电力大学2019年报道了用于测量高压输电线附近电场的铌酸锂晶体光波导电场传感器，可以实现30～160kV/m范围内的电场大小[24]。已报道的实测输入输出线性度最高可达0.9997[24]。国内的昆明大学、重庆大学、浙江大学和电子科技大学等较多研究单位对基于铌酸锂波导的电场传感器进行了深入的理论和实验研究，最近的实验工作表明基于MZI结构和锥形偶极子天线阵列的芯片级薄膜铌酸锂电场传感器，已经实现宽带和高灵敏度的电场传感，器件工作带宽超过26.5GHz，对于0.1GHz的电场，在40mV/m～6kV/m的振幅范围内实现了动态范围的测量，理论动态范围大于117dB[25]。

10.2　光纤机械传感器

10.2.1　应力传感器

光纤 F-P 压力传感器是基于干涉原理的光纤传感器，通过将压力信号转化为与光程相关的光强度信号，实现实时压力检测。光纤 F-P 压力传感器主要由光纤、反射镜、结构件、光源、光电探测器等部分构成。其中关键的部件为光纤 F-P 探头，大多非本征 F-P 光纤传感器采用如图 10.2-1（a）所示的膜片式结构。当受到外部压力作用时，压力敏感膜片会产生弯曲形变，从而引起 F-P 腔长度的变化。对于特定压力敏感膜片的材料，其尺寸直接决定了传感器的量程和灵敏度，因此，对压力传感器敏感膜片的尺寸设计至关重要。通常压力敏感膜片有圆形和方形两种，方形膜片比圆形膜片具有更好的压力灵敏度，然而，圆形膜片在耐压性能方面优于方形膜片。在耐高压检测领域（如电厂、航空航天、石油勘探、化工等领域），制备圆形膜片的光纤 F-P 传感器通常需要成熟的集成电路工艺。

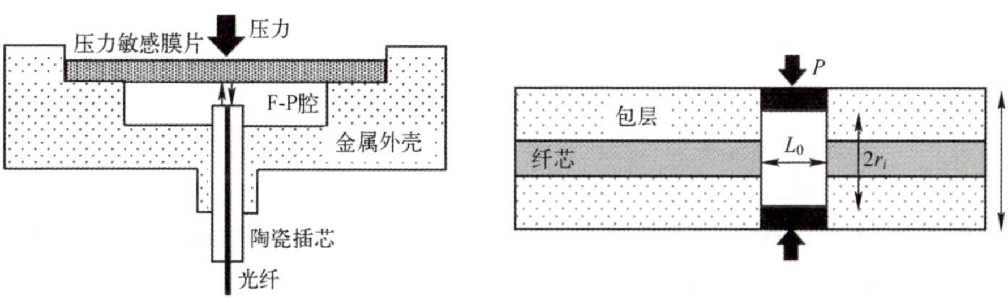

(a) 膜片式光纤F-P压力传感探头结构示意图　　(b) 侧壁式F-P腔压力传感头结构示意图

图 10.2-1　典型非本征光纤 F-P 腔结构示意图

以圆形膜片为例，假定膜片材料近似为弹性各向同性材料，其杨氏模量为 E，泊松比为 υ，有效半径为 r，厚度为 d，在外界压强为 P 的压力作用下，膜片径向受到的应力最大，表示为 $T=\dfrac{3r^2P}{4d^2}$。膜片中心的最大挠度为[26]

$$Y=\frac{3r^4P}{16Ed^3}(1-\upsilon^2) \tag{10.2-1}$$

故压力灵敏度为

$$S=\frac{Y}{P}=\frac{3r^4}{16Ed^3}(1-v^2) \tag{10.2-2}$$

最大挠度可以反映在F-P腔长变化上，并引起干涉光强的变化。反射回尾纤的光强度表达式可表示为

$$I(k)=I_0(k)[1+\cos(2kL+\varphi_0)] \tag{10.2-3}$$

式中：k 腔中的光波数；$I_0(k)$ 为宽带光源的背景光谱；L 为F-P腔的腔长；φ_0为与结构有关的常相位。

膜片式压力传感器的优点是可以通过结构参数设计，呈幂次关系大幅度提升器件灵敏度。缺点是膜片制作工艺复杂，难以保证质量进行批量化生产，导致制成的器件成本较高。

图10.2-1（b）为侧壁式应力F-P传感器的结构，F-P腔侧壁承受 P 的压强后，引起F-P轴向形变，导致腔长 L_0发生改变，腔长的轴向长度变化为

$$\Delta L=\frac{(1-2v)L_0r_0^2}{E(r_o^2-r_i^2)}(P-P_0) \tag{10.2-4}$$

式中：P 为光F-P腔受到的四周施加的均匀压力；P_0为F-P腔内部压强；r_i 和 r_o 分别为F-P腔的内径和外径；E 为F-P腔侧壁材料的弹性模量；v 为腔体材料的泊松比。从式（10.2-3）可以看出，沿轴向腔长的变化与外部压力成正比，侧壁式压力传感器的灵敏度与初始F-P腔的腔长成正比。若侧壁厚度为 $d=r_o-r_i$较薄，易得$\frac{r_o^2}{r_o^2-r_i^2}\approx\frac{r_0}{2d}$，可见灵敏度与外径近似成正比，与侧壁厚度近似成反比。侧壁式光纤F-P压力传感器的优点是制造结构简单，工艺难度小。缺点是受限于光纤化的特点，通过结构参数，难以提升灵敏度。

2011年，Yi Jihaeng等[27]采用电感耦合等离子体刻蚀法在一块蓝宝石晶片上刻蚀出深度为4.8μm的圆柱形空腔，然后以另一块平整的蓝宝石晶片作为膜片，将两个晶片贴合在一起，在200℃下烘烤50min，后续在1200℃下烘烤50h，形成强键合，最后将该结构在自由状态下置于1200℃高温退火，以弛豫蓝宝石晶片键合过程中的剩余应力，最后制备的应力传感器结构如图10.2-2（a）所示。测试结果表明，该传感器在0.04~1.38MPa的压力范围内有较好的线性响应，分辨力为0.004MPa。由于采用全蓝宝石结构，该压力传感器可应用于高温环境下的压力测量。2020年，Wang等[28]采用了与图10.2-2（a）类似的蓝宝石F-P压力传感器结构，该结构由三层蓝宝石晶片熔接键合而成，其中中间一层晶片有孔，用作F-P腔的空气腔。在温度为

-50~1200℃之间的压力测试表明，该结构的器件具有良好的重复性。该传感器可以用于1200 ℃环境下的压力测量，对应的压力灵敏度为1.2nm/MPa，工作的压力范围在0.4~4MPa。

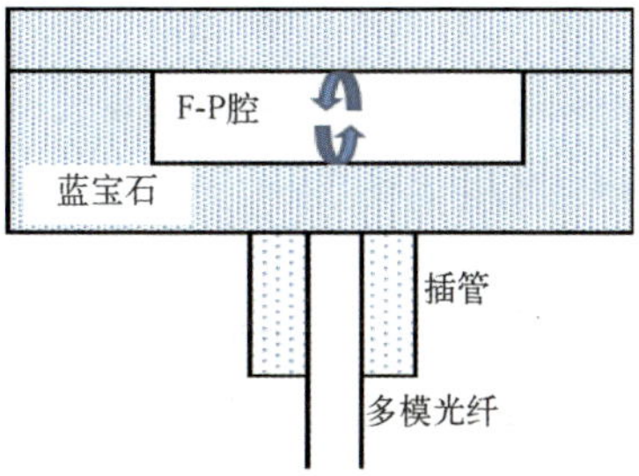

(a) 全蓝宝石光纤F-P应力传感器结构示意图

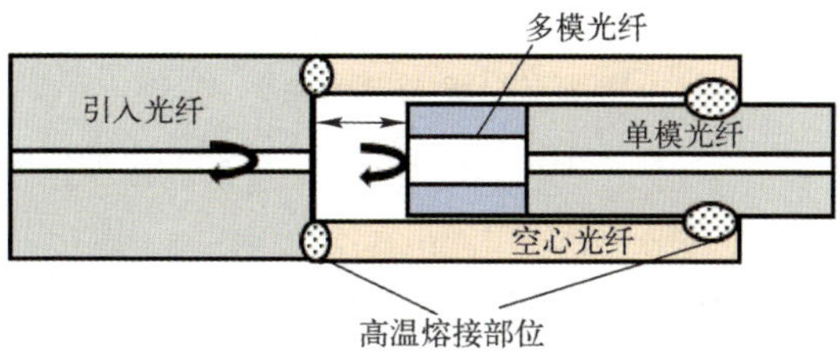

(b) 全光纤F-P压力传感器结构示意图

图 10.2-2　多模光纤 F-P 腔结构示意图

2006年，Xu Juncheng等[29]设计了一种直径为125μm的光纤F-P压力传感器，如图10.2-2（b）所示，将单模光纤（SM-28）熔接一长3.3mm，内径75μm的空芯光纤，同时将外径研磨至60~65μm的单模光纤与一段同样外径的多模光纤熔接在一起，并置于空芯光纤中，调整好位置后进行熔接，从而形成由单模纤的端面与多模光纤的端面构成F-P腔。引入光纤外接白光源，由于传感器为全石英光纤结构，未使用黏合剂，因此能够在高温环境中使用。该传感器在室温下的压力灵敏度为0.316nm/50mmHg，测量误差为1.35mmHg/℃，静态压力下的线性响应范围为0~10000mmHg。

10.2.2　应变传感器

光纤F-P腔应变传感器与应力传感器原理类似，当外力作用在F-P腔时，导致腔长发生拉伸和压缩，腔长变化量为ΔL，从而引起相位和干涉强度的变化，通过测量干涉条纹漂移，即可确定腔长变化量，传感器应变量即为$\Delta L/L_0$，其中，L_0为初始腔长。

2003年，Xiao Hai等[30]将两段蓝宝石光纤的端面高精细度研磨抛光后，使用耐高温陶瓷黏合剂粘贴于陶瓷板上，构成如图10.2-3（a）所示的非本征型应变传感器，光源采用LED光源。报道的测试数据表明，该传感器的测量分辨率为0.2με①，在1004℃的实验条件下保持良好的线性关系。

① με为微应变单位，1με对应的形变为1μm/m。

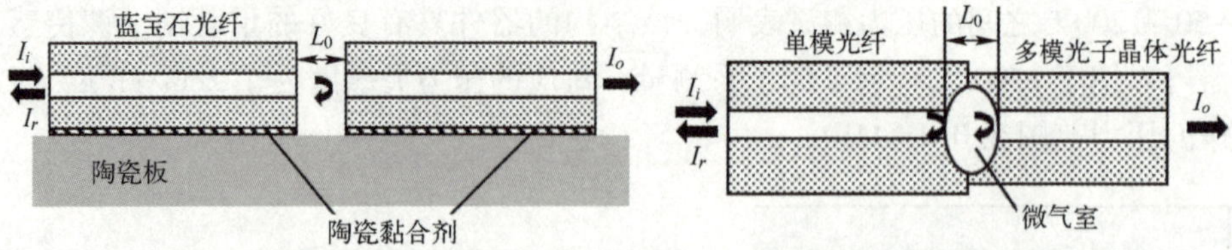

(a) 蓝宝石光纤F-P应变传感器 (b) 微气泡光纤F-P腔应变传感器

图 10.2-3 光纤 F-P 腔应变传感器结构示意图

2011 年，Deng Ming 等[31]将多模光子晶体光纤（MPCF）与单模光纤熔接，在熔接处将一部分气体截留形成内表面光滑直径约 44.9μm 的球形微气室用作 F-P 腔，如图 10.2-3（b）所示，与纤芯同轴心的一段距离即为腔长，光束经过玻璃-空气与空气-玻璃界面会发生干涉。实验表明，该传感器温度灵敏度较低，仅约为 0.6pm/℃，应变灵敏度约为 2.3pm/με，在承受 750℃的高温情况下，应变测量范围为 0~1850με。为了提高传感器的耐温性能和稳定性，2019 年，Zhang Penghao 等[32]改进了上述结构，将 MPCF 换成一段长约 279.8μm 的蓝宝石光纤，形成微气泡的腔长为 13μm，高度约为 27.1μm。通过采用高温（700~1000℃）热退火工艺，释放了传感器制作过程中的残余应力，提高了传感器在高温下的稳定性。由于在单模光纤纤芯掺入铝以及形成的耐火氧化铝在包层的扩散，提高了单模光纤的耐温特性。可在 950℃高温条件下工作 100min，其加载和卸载应力过程的应变灵敏度分别为 1.19pm/με 和 1.06pm/με。

10.2.3 振动传感器

当外界有振动信号发生时，弹性膜片受迫振动，同时影响 F-P 的长度，并影响 F-P 腔的相位和输出干涉强度。与压力传感器不同，振动传感的性能不仅与膜片的灵敏度有关，还受到膜片结构的频率响应特性的影响。膜片的固有频率为

$$f_{mn}=\frac{\sigma_{mn}^2}{4\pi}\sqrt{\frac{E}{3\rho(1-\upsilon^2)}}\frac{d}{r^2} \tag{10.2-5}$$

式中：d、r、ρ、υ、E、σ_{mn}分别为敏感膜片的厚度、有效半径、密度，泊松比、杨氏模量和振动模式常量。从式（10.2-5）中可以看出，除材料特性外，在几何结构参数方面，固有频率主要由厚度和有效半径决定，正比于膜片厚度，但与膜片有效半径呈平方反比关系，这与应力零密度的结论相反。为保

证幅频响应的线性度（谐振干扰）和传感器工作带宽，振动传感器的工作频率需低于最低固有频率。

2007 年，Onur Kilic 等将硅晶片与单模光纤端面平行放置构造了一种结构最为简单的 F-P 声学传感器[33]，当声波入射到硅晶板上时，晶片会发生振动并改变 F-P 腔的腔长。该传感器具有均匀的频率响应，最高可达 50kHz，最小可以检测 $18\mu Pa/\sqrt{Hz}$ 的压力。2015 年，Hu Pan 等[34]设计并制备了带有温控装置的光纤 F-P 声学传感器，传感头由石英晶片端面和光纤端面形成的 F-P 腔构成，并与喇叭形扩音器集成，温控系统用于保持 F-P 腔体的温度始终处于稳定状态，该传感器在 1～5kHz 范围内具有良好的频率响应。

另一类 F-P 振动传感器为加速度计，2010 年，Tao Ke 等[35]提出了一种基于空心光子晶体光纤（HCPCF）的悬臂梁式 F-P 加速度传感器，其核心的 F-P 腔由两端单模光纤熔接的 HCPCF 构成，空心光子晶体光纤的优点是对温度变化不敏感，将熔接后的光纤粘贴于带有质量块的悬臂梁表面，质量块的上下振动会引起 F-P 腔长的变化，以此测量加速度。该加速度传感器的测量精度约为 $8.42\times10^{-7}g$，灵敏度约为 $0.3386\mathrm{V}/g$。

10.2.4　温度传感器

对于光纤温度传感器，其测温原理是基于敏感材料热效应所引起的光程差与温度之间的变化关系，光程差来源于两个方面：一方面为材料热光效应引起的折射率变化，另一方面为热膨胀效应引起的光传播路径的长度变化。设温度敏感材料的热膨胀系数为 α，热光系数为 ξ，初始折射率为 n_0，初始腔长为 L_0，则光程差变化与温度变化量之间的关系可表示为

$$\Delta_{\mathrm{OPD}}=2\alpha\xi n_0L_0\Delta T^2+2(\alpha+\xi)n_0L_0\Delta T \tag{10.2-6}$$

可以看出光程差随温度变化呈二次曲线关系，与材料的热光系数、热膨胀系数、初始折射率及初始腔长 L_0 都有关，对于特定的材料，可以通过调整 F-P 腔的初始腔长来调整 F-P 腔的温度灵敏度，初始腔长越大则光程差随温度的变化速率就越明显，因此，增大初始腔长可以显著提高温度灵敏度。

对于工作在高温环境的 F-P 传感器，常规的石英材料已经不再适合，通常需要选择更耐高温的材料，如蓝宝石、硅、碳化硅等作为构建 F-P 腔的材料。此外，用于黏合的材料也需要具备高温性能。在形成 F-P 腔的制备过程中，通常需要使用 MEMS 加工工艺、晶片键合技术以及激光熔覆技术等。

图 10.2-4（a）给出了一种基于蓝宝石晶片的 F-P 传感头结构[36]，为保持高温工作，蓝宝石光纤远端与普通单模光纤熔接，在探测端，蓝宝石光纤端面切成45°角，并做抛光，利用氧化铝高温黏合剂将蓝宝石光纤与蓝宝石晶片绑定，蓝宝石的光经抛光的45°端面反射，垂直射入蓝宝石晶片。蓝宝石晶片的上下表面可作为 F-P 腔的反射镜。晶片在高温膨胀下引起光程差改变，该器件可工作在1100℃以上，分辨率达 0.4℃。随着飞秒激光加工技术的进步，Tao Wei 团队[37]利用飞秒激光切割技术在单模光纤上切出一个长约 30μm、深度约 72μm 的凹形槽，从而制备出如图 10.2-4（b）所示的微型 F-P 腔，该结构具有全光纤结构，无胶粘、无焊接，可用于高温环境测量。用于温度传感器时，可短时间内工作在高达 1100 ℃的温度，温度灵敏度约为 0.074pm/℃。

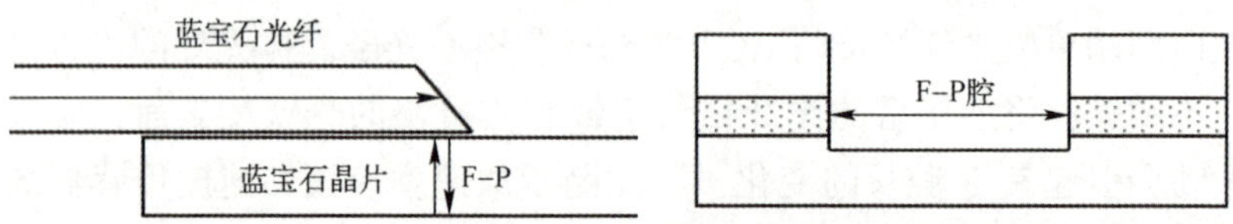

(a) 晶片F-P腔温度传感头　(b) 飞秒激光加工直线切割出凹槽形成F-P腔

图 10.2-4　几种高温 F-P 温度传感器材料和结构

10.2.5　多参量传感器

单个光纤传感头大多用于测量单一物理参量，若需要同时测量两个或更多的物理参数，常需要将传感头集成多个干涉仪传感元件。这些干涉仪可以分为三类：①F-P 腔干涉仪，F-P 腔可直接测量的物理参量较多，尺寸紧凑，特别适合用于制备多参量光纤传感器的级联；②光纤马赫-曾德尔干涉仪、迈克尔逊干涉仪、萨格纳克干涉仪自身级联，以及这三种干涉仪之间的级联；③各种干涉仪与长周期光纤光栅和光纤布拉格光栅之间的级联。

（1）F-P 腔多参量测量。

从级联 F-P 腔干涉仪中获得测量的光谱后，最常见的方法之一是利用矩阵法提取单个干涉仪光程长度的变化，假定光谱预选的峰或谷所在的位置与测量的参数具有线性相关性，依据特征对特定参数的灵敏度的特异性，可建立一组线性方程，每个方程对应一个 F-P 干涉仪，建立单个被测量的变化、灵敏度和光程的关系。以温度和压力双参量同时测量为例，从测量光谱观察两个干涉峰值位置的变化分别表示为[38]

$$\begin{cases}\Delta\lambda_1 = K_{p,1}\Delta P + K_{T,1}\Delta T \\ \Delta\lambda_2 = K_{p,2}\Delta P + K_{T,2}\Delta T\end{cases} \tag{10.2-7}$$

式中：$K_{p,i}$表示峰值（谷值）波长λ_i对压力的灵敏系数，$i=1,2$表示所选择的峰（谷），同理，$K_{T,i}$表示峰值（谷值）波长λ_j对温度的灵敏系数。以上关系可以转化为数学等价形式，即

$$\begin{bmatrix}\Delta P \\ \Delta T\end{bmatrix} = \frac{1}{\det K}\begin{bmatrix}K_{T1} & -K_{T2} \\ -K_{P1} & K_{P2}\end{bmatrix}\begin{bmatrix}\Delta\lambda_1 \\ \Delta\lambda_2\end{bmatrix} \tag{10.2-8}$$

利用式（10.2-8）就可以通过特征波长移动量和灵敏度系数的逆矩阵计算待测量温度和压力的变化量。只要矩阵的行列式不为零（要求每个观测特征量对不同的待测参量具有不同的灵敏度系数）即可。上述矩阵法还可以扩展到多参量的测量（压力、温度、折射率、应变）。

图10.2-5给出了几种压力和温度同时测量的F-P级联结构。在级联时要考虑两个分别对压力和温度敏感的F-P腔，通常方式是在光纤一端级联两个F-P腔，靠近光纤引线的为温度敏感F-P腔，紧邻的第二个F-P腔通常采用微机电工艺刻蚀或加工的空腔外接一弹性膜片，膜片的材料、制备技术对压力传感影响较大。图10.2-5（a）给出的温度敏感腔由半反射镜面与空气腔的左侧端面构成，用于温度传感。空气腔为压力敏感腔，压力敏感元件为薄的SiO_2膜片。空气微腔可以通过刻蚀工艺或飞秒激光加工方式制备。图10.2-5（b）和图10.2-5（c）除结构不同，封装和加工工艺有差别外，基本原理一致。

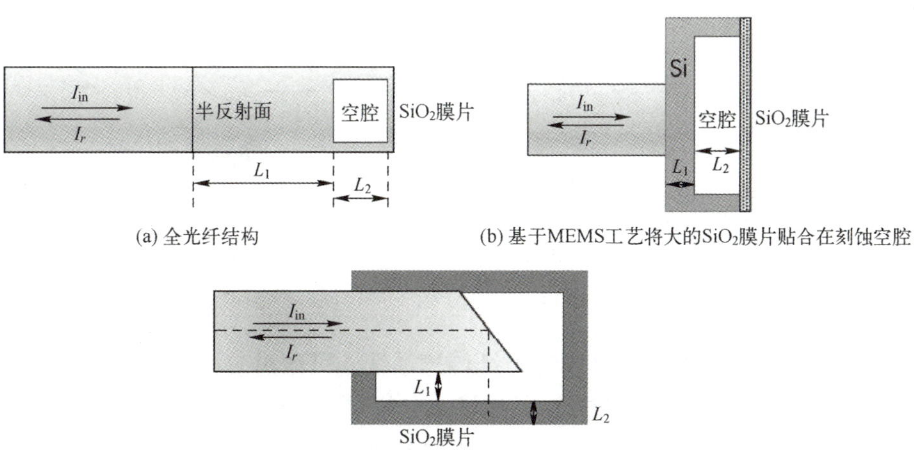

(a) 全光纤结构

(b) 基于MEMS工艺将大的SiO_2膜片贴合在刻蚀空腔

(c) 基于MEMS技术的SiO_2膜片制备以及光纤端面的45°角抛光

图10.2-5　F-P腔级联结构实现压力和温度同时测量的传感器结构示意图

（2）其他光纤干涉仪级联。

三种常见的光纤干涉仪包括：马赫-曾德尔干涉仪、迈克尔逊干涉仪和萨格纳克干涉仪，由于马赫-曾德尔干涉仪可以直接在单根光纤实现多种干涉仪的级联方式，因此，大多使用马赫-曾德尔干涉仪级联实现多参量传感。单根光纤实现马赫-曾德尔干涉仪通常的干涉结构有三种，一种是在单模光纤实现基模和包层模之间的干涉，单模光纤在熔接时通常需要纤芯横向有一定程度的偏移，这有助于产生所需要的干涉效果，该结构如图 10.2-6（a）所示，这种结构在熔接的单模光纤中可激发纤芯传输基模和光纤包层模，适于折射率传感。第二种是在多模光纤（无芯光纤）或少模光纤中利用基模和高阶模之间的干涉，如图 10.2-6（b）和图 10.2-6（c）所示。

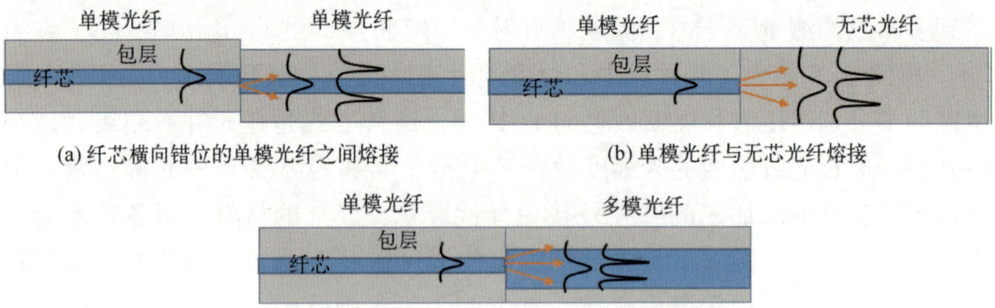

(a) 纤芯横向错位的单模光纤之间熔接　(b) 单模光纤与无芯光纤熔接

(c) 单模光纤与多模（少模）光纤熔接

图 10.2-6　构成光纤马赫-曾德尔干涉仪的几种光纤熔接结构单元

第三种是光纤的折射率局部扰动导致的导模和包层模耦合。典型的有锥形光纤（10.2-7（a））或在光纤中引入气泡或微球（图 10.2-7（b））。

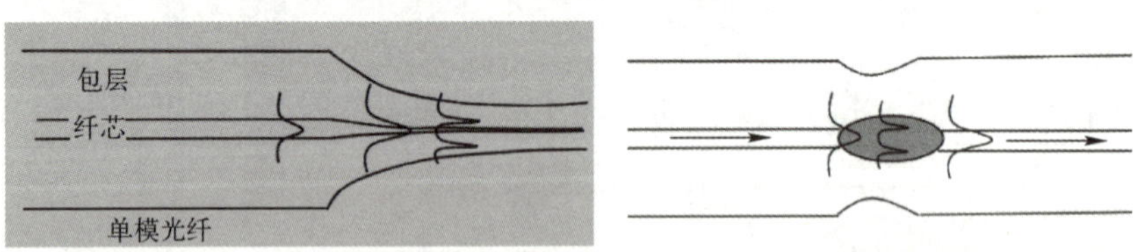

(a) 锥形光纤结构引起的导模和耦合模　(b) 微气泡折射率扰动引起的导模和包层模

图 10.2-7　导模和包层模构成的光纤马赫-曾德尔干涉仪

基于两个级联干涉仪组成的光纤传感系统，可通过游标效应在不改变光纤固有特性的情况下实现较高的灵敏度和分辨率，其中一个干涉仪作为主尺，另一个干涉仪作为参考尺。在问询时跟踪光谱的包络而不是单个干涉仪的光谱峰。由于外部场发生变化时光谱包络的偏移量要远大于单个干涉峰，因此已经成为提高灵敏度的有效方法[39]。采用两个萨格纳克干涉仪级联的应变、温度双参量传感器的实验报道结果表明[40]，对于应变参量，灵敏度由单个萨格纳克干涉仪的 32.91 增加为 336pm/με，温度灵敏度的绝对值由单个干涉仪的 1.38/℃增加到 14.8/℃，其中级联萨格纳克干涉仪的两个环中分别插入一段长的和短的高双折射保偏光纤，用于对温度和应变的敏感源。两个环的自由频谱范围相差不大，在游标效应下，级联后的干涉仪自由频谱范围的包络为原来的 10 倍以上。

10.3　光纤化学传感器

光纤传感器在化学传感领域也获得了广泛应用，常见的包括气体传感器、湿度传感器、pH 值传感器等。其中典型的化学气体传感器包括氢气、甲烷、一氧化碳（CO）等，其基本原理是光纤包覆一层对特异气体敏感的材料，通过该材料与气体发生化学反应，引起光纤传播光场的相位、振幅、偏振等参量发生改变，并通过探测器间接测量这些物理量的改变量，进而间接测量气体的种类、浓度等，这里只介绍氢气传感器。

氢气在电子、化工、食品、石油、生产领域是大型发电机冷却系统不可或缺的原料。在能源方面，尽管氢能与其他能源相比具有许多优势（高燃烧热，清洁），但依然未能得到广泛应用的重要原因之一是氢气在制造、运输和储存等方面都面临着技术挑战。氢气作为一种易燃气体，具有很强的扩散性和渗透性，无色无味，在存储生产和运输等环节都是火灾和爆炸的潜在危险源。为了防止氢爆炸事故的发生，开发一种安全、可靠、高灵敏度和远程监控的氢传感系统具有重要意义。基于电化学特性的氢传感器已经广泛应用于各个领域。但依然存在明显的致命缺陷[41]：①探头的带电性使其通常不具备本质安全特性，因而某些特定领域的应用受到限制；②对其他还原性气体（NH_3、CO、C_2H_4）存在交叉敏感的问题。③电化学传感器易受到环境温度湿度的影响。电化学氢传感器在本质安全性和气体选择唯一性的不足，可以利用光纤氢气传感器弥补，光纤氢气传感器具有体积小、重量轻、免电磁干扰、本质安全、气体选择特异性和远程监控等优点。

光纤氢气传感器的基本原理是将氢气灵敏性的材料覆盖在光纤表面，氢气灵敏性材料与氢气发生反应，导致光纤传输的光信号发生变化，通过对光信号变化（相位、强度、波长、偏振等）的测量，得到氢气的浓度。

目前最常见的两类氢敏感材料分别为钯（Pd）合金以及 WO_3。两者传感原理并不相同。金属 Pd 对氢分子具有很高的解离率，即使在较低浓度下，氢分子在与钯薄膜表面接触时，也有很大概率被分解为两个氢原子。由于氢原子易于从钯合金表面向内扩散，形成 PdH_x（$0 \leqslant x \leqslant 1$），这个过程吸收氢分子。然而，这一过程容易受到环境温度和湿度干扰，影响测量精确度。另外，纯 Pd 具有较大的晶格常数变化，影响传感器的稳定性。科研人员已经对 Pd 及其合金（Pd/Au、Pd/Ag、Pd/Ni、Pd/Y、Pd/Mg 等）作为氢敏感材料进行了广泛的研究，但基于此制成的氢气传感器其分辨率和检测限（LOD）在空气中很难达到百万分之一水平[42]。

钯的水合作用导致与晶格参数增加相关的晶体变形，Pd 薄膜因此膨胀，自由电子的体积密度因此降低，这导致 Pd 复合体折射率的实部和虚部都降低[43]。基于 Pd 的光纤器件是在光纤结构涂敷或沉积 Pd 薄膜或 Pd 合金，厚度范围从几纳米到几十微米，当器件暴露于氢气中时，Pd 薄膜的膨胀会在光纤中引起机械应力，因此会发生两种响应：① 薄膜折射率的实部发生变，根据弹光效应，波导中的传播的相位发生变化，可根据干涉仪传感器探测相位，进而检测氢气浓度；②薄膜折射率的虚部的变化，这会导致波导中的反射或透射光强因吸收而衰减，并用于氢气浓度的检测。基于 Pd 及其合金的光纤氢气传感器通常需要用到以上一种或两种效应[44]。

WO_3作为一种典型的宽带隙半导体金属氧化物，具有氢致变色特性，同时，当 WO_3与贵金属形成欧姆接触时，它与氢反应时具有放热效应，温度的升高会导致材料与氢气之间更高的化学反应率。不同温度下 WO_3/Pt 薄膜的氢致变色研究表明，WO_3/Pt 薄膜在较高温度下的响应幅度和时间都显著提高，调节 WO_3材料氢传感器的工作温度可以提高传感器的灵敏度和稳定性。

根据光纤探头的结构和传感原理，通常将光纤氢气传感器分为四大类：基于干涉仪的传感器、基于强度调制的传感器、基于表面等离激元共振的传感器以及光纤光栅传感器。下面只介绍前两种。

（1）基于光纤干涉仪的氢气传感器。

干涉仪光纤氢传感器，理论上具有灵敏度高、精度高、重复性好和误差小的优点。尽管具有高灵敏度，这类传感器易受到外部环境因素（尤其是温度）的严重影响。在干涉仪光纤氢传感器中，温度补偿是一个挑战，限制了它们仅能在稳定的环境中应用，需要热隔离和高稳定性以确保优良性能。此外，器件结构较为复杂，这使得基于干涉仪的传感器在实际应用缺乏吸引力。

光纤干涉仪氢气传感器的核心部分是一段表面涂敷有氢敏感材料的光纤，如图10.3-1（a）所示。将该段光纤置于干涉仪（马赫-曾德尔、迈克尔逊）的某一干涉臂或萨格纳克干涉仪的环路中。通过检测氢气与氢敏材料发生反应产生的机械应力引起干涉臂光学相位的改变即可测得气体中氢气浓度。作为干涉仪的还可以是光纤 F-P 腔，这时要将氢敏材料涂敷在 F-P 干涉仪的玻璃管表面，如图10.3-1（b）所示的非本征光纤 F-P 腔（右侧光纤为多模光纤，左侧引线为单模光纤）传感器，通过 Pd 薄膜与氢反应后的产生的机械应力调节 F-P 腔的腔长，并改变光程差。

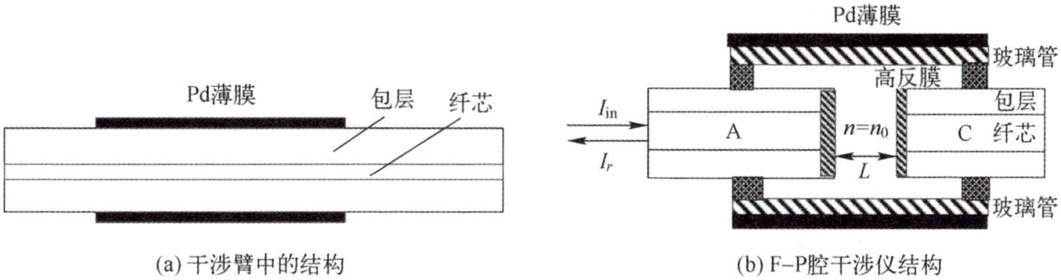

图10.3-1 干涉仪光纤氢气传感器结构示意图

在制备如图10.3-1（a）所示的传感器结构时，为增加黏附程度，通常在光纤包层和 Pd 层（厚度 1~10μm）之间先沉积一层 10nm 左右的 Ti 薄膜。将10.3-1（a）所示的传感头置于干涉仪的光路内，传感性能与薄膜涂敷的长度、Pd 薄膜厚度等因素有关。Butler 等最早采用上述结构实现了氢气光纤传感[45]，已报道的结果中，探测氢气在氮气中的灵敏度为 2μg/L，响应时间最小为 30s。基于 F-P 腔的结构的传感头[46]，如图10.3-1（b），在空气 F-P 腔长 50μm，Pd 薄膜 2μm 的情况下，通过薄膜膨胀改变 F-P 腔长，器件具有最大灵敏度为 35mg/L，在 0.5% 的氢气（氮气气氛中）条件下的响应时间小于 5s。F-P 腔传感特性受到传感头结构参数的影响较大，主要包括 Pd 层厚度，玻璃管的厚度，以及空气腔的长度等。

在基于萨格纳克干涉仪的氢传感器中，典型的结构是在光纤环路中插入一保偏光纤，保偏光纤表面涂敷氢敏感材料，已报道的材料包括 $Pt/WO_3/SiO_2$[47]、Pd/WO_3[48]。Pt/WO_3薄膜暴露在氢气中时，放热反应升高了保偏光纤层的温度导致干涉仪共振波长的移动，共振波长具有消光比大和窄线宽（2.5nm）等特点。当氢气在空气中的浓度为 0~1% 范围内，传感器的灵敏度高达-7.877nm/%。基于 Pd/WO_3的氢传感器，Pd 薄膜的作用在于吸收和分解氢气，起催化剂作用，促进氢气与 WO_3的反应，与纯 Pd 相比，薄膜与光纤的结合力得以提高，反应引起的热膨胀引起双折射和光纤长度的变化，因而导致透射谷的偏移，并用于检测氢气的浓度。实验结果表明，当氢气浓度（在氮气氛中）达到1%时，共振波长蓝移达2.18nm。

（2）基于强度的光纤氢气传感器。

基于Pd薄膜微镜的光纤氢传感器是通过对吸收反射光进行调制的器件，这种器件结构相对简单，只需在平坦的光纤（多模光纤）端面上制备敏感膜，其结构如图10.3-2（a）所示。与其他类型的光纤氢传感器相比，大多数微镜光纤氢传感器成本低且方便使用。不过，它也有不足之处，如反射式强度调制传感器，受系统光路的影响较大。另外，反射式传感器仅适用于单点测量，这极大限制了传感器的复用能力。最后，这类传感器的灵敏度和响应时间通常不可调和，且传感器重复性较差，这是由于与氢反应导致的晶格常数的频繁变化，容易使Pd薄膜变脆、断裂甚至失效。改进方式可采用Pd/Au作为反射膜，以提高其可重复性，但这样就降低了其在高湿环境下的灵敏度。其他的一些镜面材料，如Pd/WO_3，Pd/Mg-Ti等在器件可重复性、响应时间和探测极限方面都有整体提高。如基于偏振调制的Pd/WO_3反射式强度调制传感器[49]，在一段保偏光纤的端面镀有金反射层，Pd/WO_3薄膜沉积在双折射光纤侧面，氢气与WO_3的化学反应释放热量，提高了温度，导致保偏光纤两个偏振态返回的相位差变化，从而引起反射光强度受到调制，测试结构表明，可实现响应时间小于5s，以及灵敏度18.04nm/%（氢气浓度范围为0~4%），且该传感器不受湿度影响。

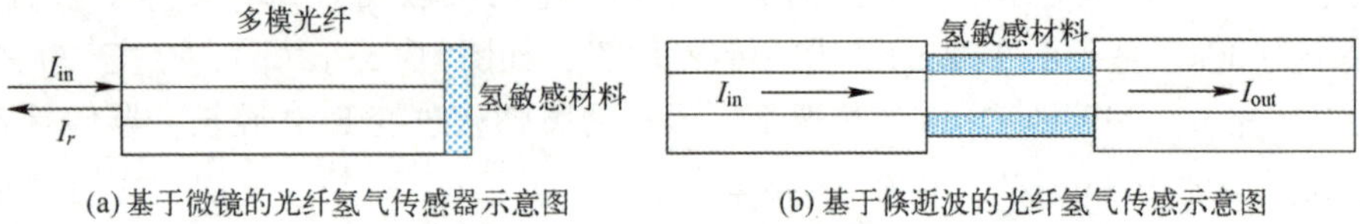

(a) 基于微镜的光纤氢气传感器示意图　(b) 基于倏逝波的光纤氢气传感示意图

图10.3-2　强度调制氢气传感器示意图

基于倏逝波吸收的氢光纤强度调制传感器如图10.3-2（b）所示，传感头是多模光纤，具有蚀刻的核心区域，有效长度为厘米级，核心区涂敷有纳米级厚度的氢气敏感材料，当氢气与氢敏材料发生化学反应时，导致倏逝波吸收。已报道的结果表明[50]，对于有效长度为1.5cm，10nm厚的Pd薄膜，该传感器能够在室温下检测到氢气浓度（氮气气氛）低至0.2~0.6%，响应时间分别达到20s和30s。后续传感器的一些改进措施，主要体现在：①涂敷材料采用了Pd合金或WO_3等氢敏感材料；②光纤结构上做了调整，以增加倏逝波与薄膜相互作用。如核心区做成锥形，光纤做成尖端形状等。

参考文献

[1] ALBERTO N, DOMINGUES M F, MARQUES C, et al. Optical fiber magnetic filed sensors based on magnetic fluid: a review [J]. Sensors, 2018 (18): 4325.

[2] WANG R, XU S, LI W, et al. Optical fiber current sensor research: review and outlook [J]. Optical Quantum Electrons, 2016, 48: 442.

[3] HUANG D, SRINIVASAN S, BOWERS J E. Compact Tb doped fiber optic current sensor with high sensitivity [J]. Optics Express, 2015, 23 (23): 29993-29999.

[4] UDD E, SPILLMAN W B. Fiber optic sensors an introduction for engineers and scientists [M]. 2nd edition. Singapore: Wiley, 2011.

[5] RASHLEIGH S C, ULRICH R. Magneto-optic current sensing with birefringent fibers [J]. Applied Physics Letters, 1979, 34 (11): 786-770.

[6] ROSE A H, REN Z B, DAY G W. Twisting and annealing optical fiber for current sensors [J]. Journal of Lightwave Technology, 1996, 14 (11): 2492-2498.

[7] DONG X P, CHU B C B, et al. Phase drift compensation for electric current sensor employing a twisted fiber or a spun highly birefringent fiber [J]. IEEE Journal of Selected Topics in Quantum Electronics, 2000, 6 (5): 803-809.

[8] CLARKE I G. Measurement of electric current using birefringent optical fibers [D]. NSW, Australia: University of Sydney, 1993.

[9] PENG N, HUANG Y, et al. Fiber optic current sensor based on special spun highly birefringence fiber [J]. IEEE Photonics Technology Letters, 2013, 25 (17): 1668-1671.

[10] KISH A B, TUR M. Geometrical separation between the birefringence components in Faraday-rotation fiber-optic current sensors [J]. Journal of Optical Society of America, 1991, 16 (9): 683-687.

[11] PERCIANTE C D, APARICIO S, et al. Nonplanar fiber-optic sensing head for the compensation of bending induced birefringence in Faraday current sensors [J]. Applied Optics, 2015, 54 (18): 5708-5714.

[12] ZHANG C, LI C, WANG X, et al. Design principle for sensing coil of fiber-optic current sensor based on geometric rotation effect [J]. Applied Optics, 2012, 51 (18): 3977.

[13] LIU C, SHEN T, WU H B, et al. Applications of magneto-strictive, magneto-optical, magnetic fluid materials in optical fiber current sensors and optical fiber magnetic field sensors: A review [J]. Optical Fiber Technology, 2021, 65: 102634.

[14] YANG S, CHEN Y, HORNG H, et al. Magnetically-modulated refractive index of magnetic

fluid films [J]. Applied Physics Letters, 2002, 81: 4931-4933.

[15] DAI J, YANG M, LI X, et al. Magnetic field sensor based on magnetic fluid clad etched fiber Bragg grating [J]. Optical Fiber Technology, 2011, 17: 210-213.

[16] TIAN Q, FENG Z, RONG Q, et al. A temperature-independent fiber-optic magnetic-field sensor using thin-core fiber tailored fiber Bragg grating [J]. Optics Communications, 2017, 393: 169-172.

[17] ZHENG J, DONG X, ZU P, et al. Magnetic field sensor using tilted fiber grating interacting with magnetic fluid [J]. Optics Express, 2013, 21: 17863-17868.

[18] PICON L, BRIGHT V M, KOLESAR E S. Detecting low-intensity magnetic fields with a magnetostrictive fiber optic sensor [C] //Proceedings of the IEEE 1994 National Aerospace and Electronics Conference, Naecon, 1994: 1034-1039.

[19] RASHLEIGH S C. Magnetic-field sensing with a single-mode fiber [J]. Optics Letters, 1981, 6 (1): 19-21.

[20] SHAO Z, QIAO X, SUN Q. Fiber-optic magnetic field sensor using a phase-shifted fiber Bragg grating assisted by a TbDyFe bar [J]. Sensors and Actuators A: Physical, 2017, 261: 49-55.

[21] ZHANG J, LUO C, ZHAO Z. Design and application of integrated optics sensor for measurement of intense pulsed electric field [J]. Journal of Lightwave Technology, 2019, 37 (4): 1440-1448.

[22] ZHANG J, CHEN F. An electro-optic sensor for measurement of Intensive DC electric field [J]. IEEE Photonics Journal, 2022, 14 (2): 5817407.

[23] ZHANG J, CHEN F, SUN B, et al. 3D Integrated optical e-field sensor for lightning electromagnetic impulse measurement [J]. IEEE Photonics Technology Letters, 2014, 26 (23): 2353-2356.

[24] 黄世龙, 刘建峰, 周健. 基于铌酸锂晶体的电场测量仪设计 [J]. 电力电子技术, 2019, 53 (11): 111.

[25] 刘钊. 铌酸锂集成光学电场传感器关键技术研究 [D]. 成都: 电子科技大学, 2023.

[26] WANG L, LIANG T, JIA P, et al. Fiber-optic Fabry-Perot pressure sensor based on sapphire direct bonding for hightemperature applications [J]. Applied Optics, 2019, 58 (7): 1662.

[27] YI J, LALLY E, WANG A, et al. Demonstration of an all-sapphire Fabry-Perot cavity for pressure sensing [J]. IEEE Photonics Technology Letters, 2011, 23 (1): 9-11.

[28] WANG Z, CHEN J, WEI H, et al. Sapphire Fabry-Perot interferometer for high temperature pressure sensing [J]. Applied Optics, 2020, 59 (17): 5189-5196.

[29] XU J, WANG X, COOPER K L, et al. Miniature temperature-insensitive Fabry-Perot fiber-optic pressure sensor [J]. IEEE Photonics Technology Letters, 2006, 18 (10): 1134-

1136.

[30] XIAO H, DENG J D, PICKRELL G, et al. Single-crystal sapphire fiber-based strain sensor for high-temperature applications [J]. Journal of Lightwave Technology, 2003, 21 (10): 2276.

[31] DENG M, TANG C P, ZHU T, et al. PCF-based Fabry-Perot interferometric sensor for strain measurement at high temperatures [J]. IEEE Photonics Technology Letters, 2011, 23 (11): 700.

[32] ZHANG P, ZHANG L, WANG Z, et al. Sapphire derived fiber based Fabry-Perot interferometer with an etched micro air cavity for strain measurement at high temperatures [J]. Optics Express, 2019, 27 (19): 27112-27123.

[33] KILIC O, DIGONNET M, KINO G, et al. External fibre Fabry-Perot acoustic sensor based on a photonic-crystal mirror [J]. Measurement Science and Technology, 2007, 18 (10): 3049.

[34] HU P, TONG X, ZHAO M, et al. Study on high temperature Fabry-Perot fiber acoustic sensor with temperature self-compensation [J]. Optical Engineering, 2015, 54 (9): 097104.

[35] TAO K, ZHU T, RAO Y, et al. Accelerometer based on all-fiber Fabry-Perot interferometer formed by hollow-core photonic crystal fiber [J]. Microwave and Optical Technology Letters, 2010, 52 (11): 2531.

[36] KE T, ZHU T, RAO Y, et al. Accelerometer based on all-fiber Fabry-Perot interferometer formed by hollow-core photonic crystal fiber [J]. Microwave and Optical Technology Letters, 2010, 52 (11): 2531-2535.

[37] LIU X, JIANG J, WANG S, et al. A compact fiber optic Fabry-Perot sensor for simultaneous measurement of acoustic and temperature [J]. IEEE Photonics Journal, 2019, 11 (6): 7104710.

[38] XU B, LIU Y M, WANG D N, et al. Fiber Fabry-Perot interferometer for measurement of gas pressure and temperature [J]. Journal of Lightwave Technology, 2016, 34 (21): 4920-4925.

[39] LIU G, SHENG Q, HOU W, et al. High-resolution, large dynamic range fiber-optic thermometer with cascaded Fabry-Perot cavities [J]. Optics Letters, 2016, 41 (21): 5134-5137.

[40] LIU Y, CHEN H, CHEN Q, et al. Experimental study on dual-parameter sensing based on cascaded sagnac interferometers with two panda fibers [J]. Journal of Lightwave Technology, 2022, 40 (9): 3039.

[41] BUTTNER W J, POST M B, BURGESS R, et al. An overview of hydrogen safety sensors and requirements [J]. International Journal of Hydrogen Energy, 2011, 36 (3): 2462-

2470.

[42] WANG G, DAI J, YANG M. Fiber-optic hydrogen sensors: a review [J]. IEEE Sensors Journal, 2021, 21 (11): 12706.

[43] AVILA J I, MATELON R J, TRABOL R, et al. Optical properties of Pd thin films exposed to hydrogen studied by transmittance and reflectance spectroscopy [J]. Journal of Applied Physics, 2010, 107 (2): 023504.

[44] SILVA S F, COELHO L, FRAZAO O, et al. A review of palladium-based fiber-optic sensors for molecular hydrogen detection [J]. IEEE Sensors Journal, 2012, 12 (1): 93.

[45] BUTLER M A, GINLEY D S. Hydrogen sensing with palladium coated optical fibers [J]. Journal of Applied Physics, 1988, 64 (7): 3706.

[46] ZEAKES J S, MURPHY K A, ELSHABINI-RAID A, et al. Modified extrinsic Fabry-Perot interferometric hydrogen gas sensor [C]//IEEE LEOS' 94: Vol. 2. Boston Ma, USA, 1994: 235-236.

[47] XU B, ZHAO C L, YANG F, et al. Sagnac interferometer hydrogen sensor based on panda fiber with Pt-loaded WO_3/SiO_2 coating [J]. Optics Letters, 2016, 41 (7): 1594-1597.

[48] ZHANG Y N, PENG H, ZHOU T, et al. Hydrogen sensor based on high-birefringence fiber loop mirror with sol-gel Pd/WO_3 coating [J]. Sensors and Actuators B: Chemical, 2017, 248: 71-76.

[49] XU B, CHANG R, LI P, et al. Reflective optical fiber sensor based on light polarization modulation for hydrogen sensing [J]. Journal of Optical Society of America B, 2019, 36 (12): 3471-3478.

[50] TABIB-AZAR M, LECLAIR S R. Applications of evanescent microwave probes in gas and chemical sensors [J]. Sensors Actuators B: Chemical, 2000, 67 (1): 112-121.

第11章 光纤光栅传感器

基于光纤布拉格光栅的传感器利用外界环境对布拉格中心波长的调制来实现外界环境信息的获取，因此，光纤光栅传感器是一种典型的波长调制型光纤传感器。除具有光纤传感器的优点外，还具有其他独特的优点[1]：①抗传输干扰能力强，光信号在光纤传输过程中（非线性效应除外）对信号的波长不会产生调制效应；②消除其他干扰，对波长的监测从本质上排除了光源功率波动、散射、材料吸收、泄露（微弯损耗）等引起的探测器强度波动带来的干扰；③易于复用，充分利用成熟的波分复用（WDM）技术，构成准分布式传感测量网络；④技术成熟，光纤光栅制备技术已经十分成熟，目前，已经发展了多种光纤光栅制备技术。

目前，基于光纤光栅的传感器在光纤传感器中具有较大的比例，几乎全面渗透入机械、电磁、化学生物等各类光纤传感器应用中。应用领域覆盖海洋、电力、建筑、国防安全、健康监测等众多领域。

11.1 光纤格光栅的物理特性

11.1.1 光纤光栅的分类

1. 按周期分类

（1）光纤布拉格（Bragg）光栅。

光纤光栅按照折射率调制周期 Λ 的长短分为长周期和短周期光纤光栅，

通常将光栅周期小于 1μm 的光栅称为短周期光纤光栅，又叫光纤布拉格光栅（Fiber Bragg Grating，FBG）。光纤布拉格光栅的工作机理是利用前向和后向传播的纤芯模式之间发生的模式耦合，将前向传播模式的能量转化为后向传播模式的能量。FBG 一般工作在反射模式下，也可采用透射模式，是典型的光纤型光学带通滤波器。光纤布拉格光栅的结构和基本功能如图 11.1-1 所示。

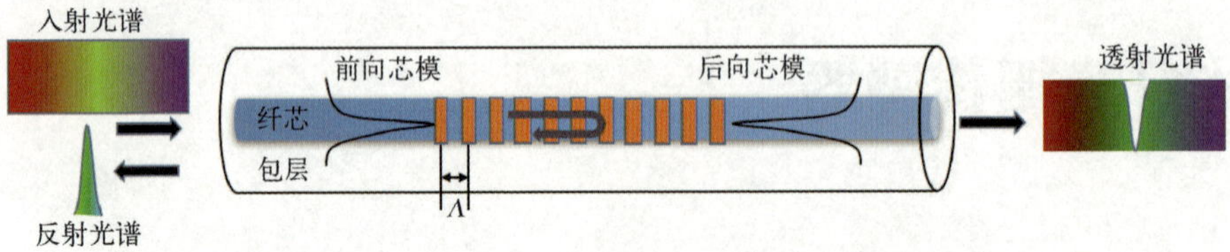

图 11.1-1　光纤布拉格光栅结构和工作原理示意图

（2）长周期光纤光栅。

通常将光栅周期在几十微米到数百微米的光纤光栅称为长周期光纤光栅（Long Period Grating，LPG）。典型的 LPG 光纤光栅长度为 1~3cm，折射率调制深度为 1×10^{-4}。长周期光纤光栅发生耦合的模式为特定波长下，前向传播的纤芯基模和前向传播的包层模，由于模式耦合，纤芯基模的能量会转化向前传播的一个或多个包层模，包层膜中的包层模由于空气和包层界面的损耗导致快速衰减，最终纤芯透射光谱中出现一系列损耗峰，因此，LPG 是典型的光纤型光学带阻滤波器，长周期光纤光栅只能工作在透射模式下。长周期光纤光栅的结构和工作原理示意图如图 11.2-2 所示。

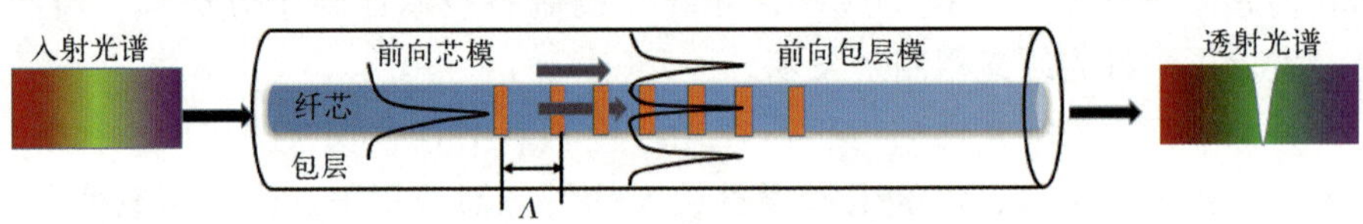

图 11.1-2　长周期光纤光栅的结构和工作原理示意图

LPG 起初应用于带阻滤波器，并在掺铒光纤放大器（Erbium Doped Fiber Amplifiers，EDFA）的增益平坦化中获得应用。在光纤传感器中，LPG 也有其独特的优势：LPG 的共振峰取决于包层模和纤芯模的有效折射率之差，因此应变、温度或包层外折射率变化，都可能导致谐振峰的大幅度偏移。通过监测 LPG 共振波长的偏移量，即可感知外部物理参量的改变量。

（3）闪耀光纤光栅。

闪耀光纤布拉格光栅又称倾斜光纤光栅（Tilted Fiber Grating，TFG），倾斜光栅的光栅折射率调制的条纹与光纤轴之间存在夹角（倾斜角）。倾斜光栅可引起反向导模耦合，且可以耦合到包层模中。在透射曲线上，布拉格波长的短波方向会出现一系列损耗带，强度随倾斜角变化，对应基模和反向传输的其他导模之间的耦合。一般光纤光栅的折射率调制幅度远小于纤芯折射率，对于45°倾斜角的闪耀光栅，可类比于光以45°角入射到多层反射膜上，由于反射膜和衬底的折射率相差不大，布儒斯特角 $\mathrm{actan}\left(\frac{n_{\mathrm{eff}}+\Delta n}{n_{\mathrm{eff}}}\right)\approx 45°$，可见45°倾斜角的倾斜光纤光栅可在光的起偏中具有独特作用，其起偏原理示意图如图11.1-3所示。在传感应用方面，经过各种新颖的结构设计，物理组合及生物化学材料修饰，倾斜光纤光栅可实现多种物理、机械、电磁、生物、医学、化学传感量的高精度检测。

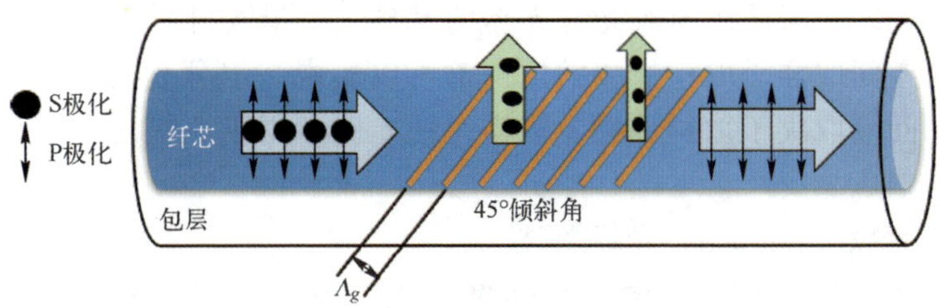

图 11.1-3 45°倾斜光栅的起偏原理示意图

2. 按折射率调制结构分类

几种常见FBG周期和折射率调制包络示意图如图11.1-4所示。

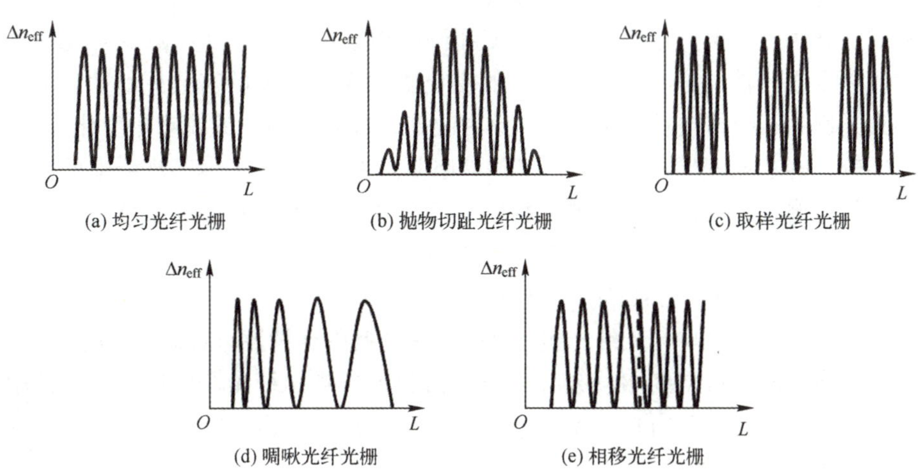

图 11.1-4 几种常见FBG周期和折射率调制包络示意图

（1）均匀光纤光栅。

对于均匀光纤光栅，折射率调制深度和光栅周期沿光纤长度的分布函数均为常数，其反射谱以布拉格波长为中心对称分布，中心有反射率较高的窄带反射谱，两侧有反射旁瓣。

（2）切趾（Apodised）光纤光栅。

切趾光纤光栅是对光纤光栅的折射率调制深度进行调制，调制深度沿光栅长度方向可以呈不同的函数形式，常见的切趾函数有高斯函数、双曲正切、余弦函数（升余弦函数）Sinc 函数和柯西函数等。切趾后的光栅可以弱化突变的强折射率调制引起的 F-P 效应，实现对反射谱旁瓣的抑制，平滑反射谱。此外，切趾对 FBG 的色散特性也会产生影响。

（3）取样（Sampling）光纤光栅。

取样光纤光栅是在原有光纤光栅的基础上，沿光纤长度方向按照一定规模进行空间取样。取样光栅的反射谱可以实现一组分立的反射峰。分离峰之间的间隔取决于取样周期。取样光纤光栅多用于梳状滤波器和多波长激光器。

（4）啁啾（Chirped）光纤光栅。

啁啾光纤光栅是在均匀光纤光栅的基础上，对光栅的周期进行空间调制，根据光栅周期的变化，可以分为线性啁啾和非线性啁啾光纤光栅。不同周期意味着不同的布拉格反射波长，因此啁啾光纤光栅可以产生较宽反射谱。由于不同的中心布拉格波长在光栅中的引起反射点的位置不同，导致反射谱具有不同的时延。因此啁啾光纤光栅在色散补偿系统中广泛使用。另一种引入啁啾的方法为，保持折射率调制深度和调制周期不变，改变（减少）光纤的芯径沿光栅的轴向分布，光纤芯径的变化影响光纤导模的有效折射率，进而导致光栅的布拉格波长发生变化，这种改变光栅芯径引起的啁啾量变化较小，需要较大的芯径变化才能产生中等的啁啾量（3nm）[2]，其他实现啁啾的方法包括将光栅绑定在具有线性或非线性应变分布的变形材料如悬梁臂，通过悬梁臂的应变分布协同 FBG 改变其不同位置的布拉格波长。

（5）相移（Phase shifted）光纤光栅。

通过破坏一段均匀光纤光栅某处折射率调制的连续性，且该段长度小于 1 个布拉格周期，可得到相移光纤光栅。相移布拉格光纤光栅可以在反射谱中引入一个极窄的透射窗口，实现窄带滤波功能，透射窗口的位置取决于相移的大小和在 FBG 中位置。

3. 按形成机制分类

根据光纤布拉格光栅折射率调制机制和刻写条件（激光类型，光纤类型，光敏条件等），将光纤光栅为两类：Ⅰ型和Ⅱ型[3]，其中每一类又分别包含各自的A型。在传感应用方面，上述光栅都具有类似的应变灵敏度和不同的温度灵敏度（载氢光纤光栅灵敏度低，非载氢灵敏度高）[4]。光纤布拉格光栅类型与光纤、辐射剂量和工作范围的关系如表11.1-1所列。

表11.1-1 光纤布拉格光栅类型与光纤、辐射剂量和工作范围的关系

	类型Ⅰ	类型ⅠA	类型Ⅱ	类型ⅡA
光纤载氢	光敏强度中等，可载氢（强反射FBG）	√	√	×
掺锗	√	√	√	√
高辐射剂量	×（单光子吸收）	长时间曝光（典型30min）	√，大折射率调制超光纤坏阈值的光强，发生多光子吸收	长时间（典型30min）
温度系数	低（载氢）/高（不载氢）	低	低	高
耐高温性	300℃以下	可达500℃	高温工作	

（1）Ⅰ型光纤光栅。

Ⅰ型光栅又称标准光纤光栅，应用也最为广泛，主要是硅酸盐光纤（含光子晶体光纤）可以载氢或不载氢。但为了获得高反射率，制作光栅的光纤应具有较高的光敏性，这可以通过在二氧化硅光纤中掺杂光敏材料（如锗、硼），并通过在高压和低温条件下加载氢来实现，这种光纤的光致折射率比未载氢光纤高一个数量级。通过单个紫外光子吸收或访问相同能级的多个光子吸收过程形成折射率调制，在该过程中激发了纤芯中的氧缺陷中心的吸收带（位于244nn和320nm）[5]。刻写激光器的紫外波长可以是244nm、248nm、193nm、355nm、320nm等，以上波长都有商业化激光器相对应，但不同波长激发的光栅，在热稳定性方面会有差别。在高温工作条件下，由于激发态的原子可以吸收能量并返回基态，因此在光栅形成过程中产生的俘获激发态数量减少，会导致Ⅰ型光栅退化，另外刻写光栅导致的局部应力也会导致折射率在高温下弛豫，引起光栅退化。因此，Ⅰ型光栅通常在超过320℃以上的温度会快速退化、在600℃以上的温度下几乎完全退化。

Ⅰ型A光纤光栅制作过程与类型Ⅰ类似，但要使用高强度紫外照射用载氢的掺锗二氧化硅光敏光纤，折射率调制深度变化不人，但这种情况会导致

纤芯体积折射率发生较大变化，因而会导致光栅呈现布拉格波长红移，大小是类型Ⅰ光栅的六倍。类型ⅠA 光栅表现出较低的温度系数，可用于温度补偿传感器。工作温度可高达500℃。

（2） Ⅱ型光纤光栅。

Ⅱ型光栅制作过程中使用高功率（0.5J/cm^2）脉冲激光源聚焦照射载氢硅酸盐光纤芯，当紫外激光或红外激光的照射强度超过玻璃破坏阈值，会导致形成微爆炸、空气隙和成丝现象，并伴随着折射率调制，折射率调制具有不可逆性，飞秒刻写光栅属于此类[6]。熔融石英光纤中的Ⅱ型光栅已用于高于1000℃的温度测量。因此，制造技术对光栅的工作温度范围有重大影响，例如，在选择用于监控火灾应用的FBG传感器时必须考虑采用Ⅱ型光纤光栅。

Ⅱ型A光纤光栅与Ⅰ型A类似，区别在于前者采用的光敏光纤不载氢，两者都需要长时间（30min）的曝光过程。

11.1.2 光纤布拉格光栅的制作

光纤光栅的制作大体可分为两类：内部法和外部法。内部法已经很少使用，大多写入方法，如全息法、相位掩模版法、直接法（驻点写、逐行写、逐面写）等都属于外部法。

1. 驻波法

驻波法又称内部写入法，1978年，由加拿大通信研究中心的Ken O. Hill等[7]发明，基于该装置实现了历史上第一根FBG的制作。将波长488nm（氩离子激光）的单模激光从一个光纤端面耦合到锗掺杂光纤中，激光经过光纤另一端面的反射镜反射，使光纤中的入射和反射激光相干涉形成驻波。光敏性的光纤在驻波光场的作用下折射率发生相应的周期性变化，形成折射率周期调制的FBG，实验测到的反射率较低，反射带宽很窄。尽管发明最早，但上述方法只能够制作布拉格波长与写入波长相同的光纤光栅，由于条件苛刻和成品率低，这种方法已很少被采用。

2. 全息法（干涉法）

在图11.1-5所示的干涉法制备光纤光栅装置中，光源采用来自准分子激光器的紫外光束，使用棱镜或分束器将其分成两个单独的光束。两个反射镜用于将分离的两个光束，以相同的入射角对称地反射到光纤上，在光纤上产生干涉图案用于执行折射率调制的写入操作。对应的布拉格波长可表示为$\lambda_{\rm Bragg}=n_{\rm eff}\lambda/[n(\lambda)\sin(\varphi)]$。可见干涉图案的周期可通过紫外光波长以及干涉

光束之间的半角 φ 改变，因此与驻波法相比，全息法在改变光栅常数方面具有较高灵活性。

这种方法在制作过程中易受机械振动和温度变化的影响，需要精确调节和控制光路，在保持激光束的对准以获得更好的相干性方面要求较高，干涉法难以获得准确预期布拉格波长的光纤光栅。

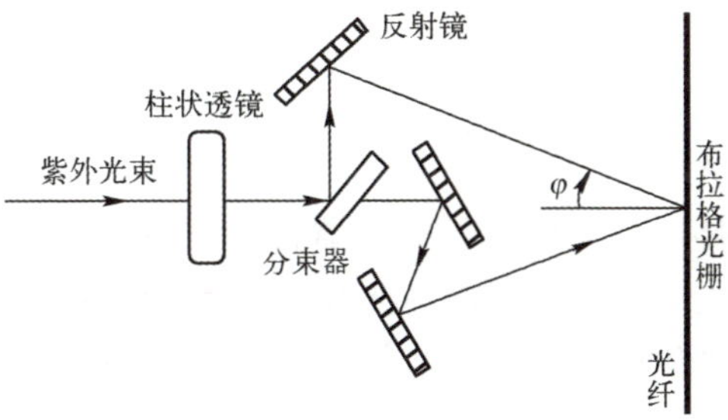

图 11.1-5 干涉法制备光纤光栅的光路装置示意图[8]

3. 相位掩模版

为克服干涉法制备光纤光栅的缺点，提出了相位掩模版技术制备光纤光栅的方法，如图 11.1-6 所示。紫外激光光束（如 248nm 的 KrF 准分子激光器）通过相位掩模版在光纤中写入光栅。相位掩膜版是衍射光学元件，具有抑制零级衍射，增强一级衍射的功能。在垂直入射情况下，光栅掩模版周期和一级衍射角之间满足 $\Lambda_{pm}=\lambda_{uv}/\sin(\theta/2)$，其中，$\lambda_{uv}$ 为紫外波长，θ 为正负 1 阶衍射角的一半。紫外光经过相位掩模版后，衍射到光纤上形成干涉条纹，干涉条纹的周期表示为 $\Lambda_g=\lambda_{uv}/[2\sin(\theta/2)]$，写入的光栅周期为掩膜版周期一半。

相位掩模版制栅方法不依赖于入射光的波长，只与相位光栅的周期有关，因此，对光源的相干性要求不高，简化了光纤光栅的制造难度[8]。采用低相干光源和相位掩膜版来制作光纤光栅的方法非常重要，并且相位掩模与扫描曝光技术相结合还可以实现光栅耦合截面的控制，来制作特殊结构的光栅。该方法大大简化了光纤光栅的制作过程，是国际上主流的且唯一商用化的大批量光纤光栅制备方法。

相位掩模版法的缺点：制作掩模版复杂，且价格高昂（采用全息技术或电子束曝光（EBL）法制备）。不同布拉格波长的光栅制作，需要定制的掩模版，并且无法制作紫外波段的光纤光栅。

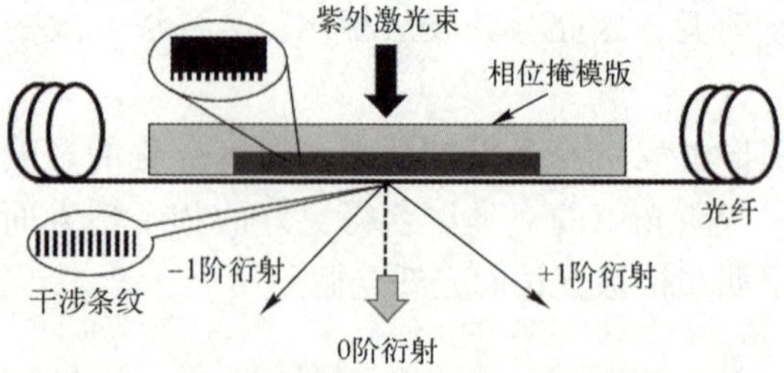

图 11.1-6　相位掩模版制作光纤光栅装置示意图

4. 飞秒激光直写技术

飞秒激光直写技术是使用飞秒激光器作为光源，然后通过精密位移台控制光纤的位移，逐点、逐线或逐面写入光纤光栅的方法，如图 11.1-7 所示。逐点写入需要将激光焦斑精确聚焦到光纤纤芯，制作的光栅通常具有一定插入损耗和偏振相关性，逐线写入可以缓解精确对准问题，同时具有较少的损耗和偏振相关性，逐面写入要在装置中引入柱状透镜，通常用于复杂光栅的刻写。通过控制光纤的移动可写入任意周期的光栅。这种方法在原理上具有最大的灵活性，对制作光栅可以进行任意设计。对于一阶 FBG，使用 244nm 的紫外光源原则可以在光敏光纤刻写周期在 0.5μm 左右的光栅，对应的布拉格波长满足 1.5μm 左右，但周期在 0.5μm 的情况下对位移台的精度要求较高。在实践中通常采用高价光栅，这种情况下对激光光源波长的要求也会降低，可以使用近红外波长，通常可采用的高功率飞秒激光器波长可为 532nm、800nm、1030nm 等，由于折射率调制机理不同，所采用的光纤无须线性掺杂形成光敏性，也无须载氢，可以是任何介质或塑料光纤。由于折射率不会在高温下漂白，此方法主要用于刻写一些需要在高温、高辐射等特殊条件下使用的光纤光栅。

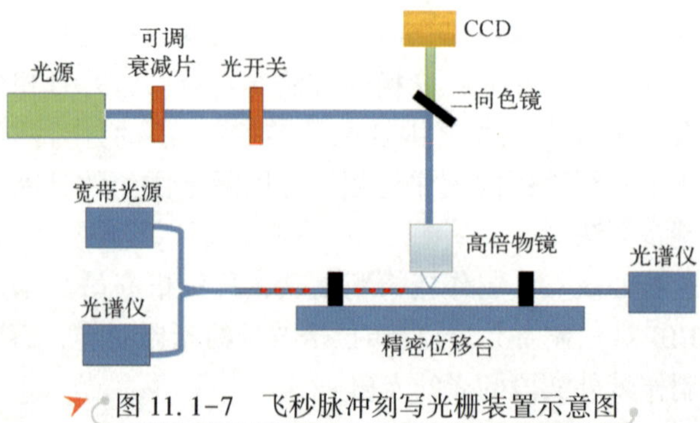

图 11.1-7　飞秒脉冲刻写光栅装置示意图

11.1.3　长周期光纤光栅的制作

长周期光纤光栅由于周期较长，大大减少了工艺对空间分辨率的要求，因此制作方法较多，典型的包括金属掩模版法、电弧生成法、飞秒激光逐点写入法、机械感生法等。

1. 金属掩模法

金属掩模法是制作长周期光纤光栅最常用的一种方法。金属掩模版属于振幅掩模，而不是在刻写 FBG 中使用的相位掩模版，相位掩模版属于光学衍射元件。在 LPG 制作过程中，只需将紫外光投射到金属掩模版即可，为稳定光学特性通常需对刻写的 LPG 进行退火。由于 LPG 的周期 60μm～1mm 范围内变化，掩模版的制作精度和技术要求都很容易得到保障，且对紫外光源的空间相干性没有要求。掩模版法制作 LPG 是较为常用的方法，缺点是所需光纤要具有光敏性。离子注入+金属掩模版是一种可以在普通光纤中制备 LPG 的方法，其原理是通过 He 离子注入改变玻璃结构的致密性来改变折射率。

2. 飞秒激光逐点写入法

此方法是利用精密机械控制光纤运动位移，每隔一个周期曝光一次，通过控制光纤移动速度可写入任意周期的光栅。这种方法在原理上具有最大的灵活性，对光栅的耦合截面可以任意进行设计制作。用于刻写 LPG 的激光可以是 CO_2脉冲激光器，也可以是各种固体或光纤高功率飞秒脉冲激光器，占空比是影响 LPG 特性的重要指标。驻点写入法的缺点是需要复杂的聚焦光学系统和精确的位移移动技术。由于各种精密移动平台的发展已经成熟，这种长周期光纤光栅写入方法正在越来越多地被采用。

11.1.4　光纤光栅的理论

1. 光纤布拉格光栅

FBG 的光学性质是由入射波和反向散射波的耦合导致的，定量描述光纤光栅的性质，需要借助于耦合模理论。为了与光栅相关的参考文献一致，根据 Turan Erdogan 等推导的耦合模理论的形式[9]。下面直接给出光纤布拉格光栅的耦合模方程，假定光纤布拉格光栅的折射率受到周期性调制，其折射率分布可以表示为准余弦函数。

$$n(z)=n_0+\Delta n(z)\cos(2\pi z/\Lambda+\theta(z)) \tag{11.1-1}$$

式中：$\Delta n(z)$和$\theta(z)$与光栅周期Λ相比为缓变函数，在单模光纤的情况下光栅支持两个方向相反的耦合模传播，耦合模方程表示为

$$\begin{cases}\dfrac{\mathrm{d}A}{\mathrm{d}z}=-\mathrm{i}kB-\mathrm{i}\delta A\\[2ex]\dfrac{\mathrm{d}B}{\mathrm{d}z}=\mathrm{i}k^{*}A+\mathrm{i}\delta B\end{cases}\tag{11.1-2}$$

式中：A和B分别为正向和反向传播的光纤导模的振幅；k为耦合系数，表示两模之间的耦合强度；δ表示失谐量，可以表示为

$$\delta=\frac{\pi\Delta n}{\lambda}-\frac{\pi}{\Lambda}\tag{11.1-3}$$

对于均匀光纤布拉格光栅，式（11.1-2）可以得到严格的解析解，反射系数和透射系数分别表示为

$$r(\delta)=\frac{B(0,\delta)}{A(0,\delta)}=\frac{-K^{*}\sinh(\Omega L)}{\Omega\cosh(\Omega L)-\mathrm{i}\delta\sinh(\Omega L)}\tag{11.1-4}$$

$$t(\delta)=\frac{A(L)}{A(0)}=\frac{\Omega}{\Omega\cosh(\Omega L)-\mathrm{i}\delta\sinh(\Omega L)}\tag{11.1-5}$$

式中：$\Omega=\sqrt{k^2-\delta^2}$。对于切趾或啁啾光栅等非均匀光栅，式（11.1-2）不能得到严格的解析解。为了研究非均匀光栅的传输特性，必须引入数值解，通常可以利用龙格库塔法、矩阵传输法、多层薄膜法以及中心差分和前向差分法。其中以传输矩阵法在计算速度和精度上综合效果较好，故实践中多采用矩阵传输法，其基本原理是将光栅分成N小段，每段长度为dz（dz长度要不低于几个光栅周期），每一段按均匀光栅处理，光栅的传输特性可以由总的传输矩阵决定

$$T=T_m\cdots T_{m-1}T_kT_1\tag{11.1-6}$$

式中：$\boldsymbol{T}_i$为每一小段的传输矩阵，很容易由式（11.1-4）和式（11.1-5）得出每段的传输矩阵，可以表示为

$$\boldsymbol{T}_i=\begin{bmatrix}\cosh(\Omega_i\mathrm{d}z)-\mathrm{i}\dfrac{\delta_i}{\Omega_i}\sinh(\Omega_i\mathrm{d}z) & -\mathrm{i}\dfrac{k}{\Omega_i}\sin(\Omega_i\mathrm{d}z)\\[2ex] \mathrm{i}\dfrac{k}{\Omega_i}\sin(\Omega_i\mathrm{d}z) & \cosh(\Omega_i\mathrm{d}z)+\mathrm{i}\dfrac{\delta_i}{\Omega_i}\sinh(\Omega_i\mathrm{d}z)\end{bmatrix}\tag{11.1-7}$$

$$\Omega_i=\sqrt{k_i^2-\delta_i^2}\tag{11.1-8}$$

式中：k_i和δ_i分别表示第 i 短光栅的耦合系数和失谐量，最终的传输矩阵 $\boldsymbol{T}$ 可表示为一个 2×2 的传输矩阵，光栅的反射和透射复振幅可以表示为

$$r=\frac{T_{21}}{T_{11}} \tag{11.1-9}$$

$$t=\frac{1}{T_{11}} \tag{11.1-10}$$

色散特性对于光栅具有重要的意义，光纤光栅广泛地应用于色散补偿，脉冲整形等。光栅的群时延和色散特性取决于光栅反射系数的相位特性。假定相位用 ψ_p 表示，将 ψ_p 按中心频率 ω_0 展开，其第一项表示为 $\mathrm{d}\psi_p/\mathrm{d}\omega$，与频率成正比，因此该项与时间项的意义等价。从光栅返回信号的时延表示为

$$\tau=\frac{\mathrm{d}\psi_p}{\mathrm{d}w}=\left(-\frac{\lambda^2}{2\pi c}\right)\left(\frac{\mathrm{d}\psi_p}{\mathrm{d}\lambda}\right) \tag{11.1-11}$$

色散单位为 ps/nm，表示时延随波长的变化量为

$$D=\frac{\mathrm{d}\tau}{\mathrm{d}\omega}=-\frac{2\pi c}{\lambda^2}\left(\frac{\mathrm{d}\psi_p^2}{\mathrm{d}\omega^2}\right) \tag{11.1-12}$$

2. 长周期光纤光栅

长周期光纤光栅又称为透射光栅，模之间的耦合发生在同向传播的模式之间，对于单模光纤，发生耦合的模是纤芯模和辐射模。能够与纤芯模式进行耦合的辐射模个数与光纤的参数有很大关系。这里假定只与其中的一个辐射模发生耦合，耦合模方程可以表示为[10]

$$\begin{aligned}\frac{\mathrm{d}A}{\mathrm{d}z}&=\mathrm{i}\delta A(z)+\mathrm{i}\kappa B(z)\\ \frac{\mathrm{d}B}{\mathrm{d}z}&=-\mathrm{i}\delta B(z)+\mathrm{i}\kappa^* A(z)\end{aligned} \tag{11.1-13}$$

式中：$\delta=0.5(\beta_1-\beta_2)-\pi/\Lambda$ 表示失谐量。如果将失谐写成等效折射率的形式，可以表示为

$$\delta=\pi\Delta n_{\mathrm{eff}}\left(\frac{1}{\lambda}-\frac{1}{\lambda_d}\right) \tag{11.1-14}$$

对于均匀长周期光纤光栅，式（11.1-13）存在严格的解析解。对于非均匀光栅，仍采用矩阵传输法求解，将光栅分为等间隔的 N 段，每段内看作均匀光栅处理，总的传输矩阵为 $T=\prod_{i=1}^{N}T_i$，$\boldsymbol{T}_i$为第 i 段的传输矩阵，即

$$\boldsymbol{T}_i=\begin{bmatrix}\cos(\Omega_i\mathrm{d}z)+\mathrm{i}\dfrac{\delta_i}{\Omega_i}\sin(\Omega_i\mathrm{d}z) & \mathrm{i}\dfrac{k}{\Omega_i}\sin(\Omega_i\mathrm{d}z)\\ \mathrm{i}\dfrac{k}{\Omega_i}\sin(\Omega_i\mathrm{d}z) & \cos(\Omega_i\mathrm{d}z)-\mathrm{i}\dfrac{\delta_i}{\Omega_i}\sin(\Omega_i\mathrm{d}z)\end{bmatrix} \tag{11.1-15}$$

式中：$\Omega_i=\sqrt{k_i^2+\delta_i^2}$。整个传输谱和损耗谱可以表示为

$$t=\frac{T_{22}}{(T_{22}T_{11}-T_{12}T_{21})} \tag{11.1-16}$$

$$S=\frac{T_{21}}{T_{12}T_{21}-T_{11}T_{22}} \tag{11.1-17}$$

11.2 光纤布拉格光栅的传感器

11.2.1 光纤布拉格光栅的传感机理

光纤光栅的反射波长随外界环境的变化而产生漂移，根据波长漂移量与环境变化量的对应关系可以确定外部的环境变化，典型的外部环境变化包括应力、应变、振动、温度等参量。假定外部参量 X，根据中心波长公式 $\lambda_B=2n_{\mathrm{eff}}\Lambda$，光栅中心波长的变化量可表示为[11]

$$\frac{\mathrm{d}\lambda_B}{\mathrm{d}X}=2\Lambda\frac{\mathrm{d}n_{\mathrm{eff}}}{\mathrm{d}X}+2n_{\mathrm{eff}}\frac{\mathrm{d}\Lambda}{\mathrm{d}X}=\lambda_B\left(\frac{\mathrm{d}n_{\mathrm{eff}}}{n_{\mathrm{eff}}\mathrm{d}X}\right)+\lambda_B\frac{\mathrm{d}\Lambda}{\Lambda\mathrm{d}X} \tag{11.2-1}$$

定义归一化波长变化量为$\dfrac{1}{\lambda_B}\dfrac{\mathrm{d}\lambda_B}{\mathrm{d}X}=\left(\dfrac{\delta n_{\mathrm{eff}}}{n_{\mathrm{eff}}}\right)+\dfrac{\mathrm{d}\Lambda}{\Lambda\mathrm{d}X}$，易得在外界影响参量 X 影响下的波长变化为

$$\Delta\lambda_B=\lambda_B[(\delta n_{\mathrm{eff}}/n_{\mathrm{eff}})+\alpha]\Delta X \tag{11.2-2}$$

式中：$\delta n_{\mathrm{eff}}/n_{\mathrm{eff}}$为归一化模折射率变化量，$\alpha=\mathrm{d}\Lambda/(\Lambda\mathrm{d}X)$为与参量 X 相关的光纤长度变化。FBG 传感器作为波长调制型传感器，其原理如图 11.2-1 所示，光纤忽略损耗，入射光谱和透射光谱的变化，反映了 FBG 的反射效果，当工作在反射模式下，可以测得 FBG 的反射谱，在外界物理量对 FBG 的作用下，导致光栅共振波长的偏移，通过测量反射谱共振峰的偏移量 $\Delta\lambda_B$，进一步利用式（11.2-2）即可测得 δ_{neff}，进一步可根据影响折射率变化的因素，确定传感量 X 的大小。

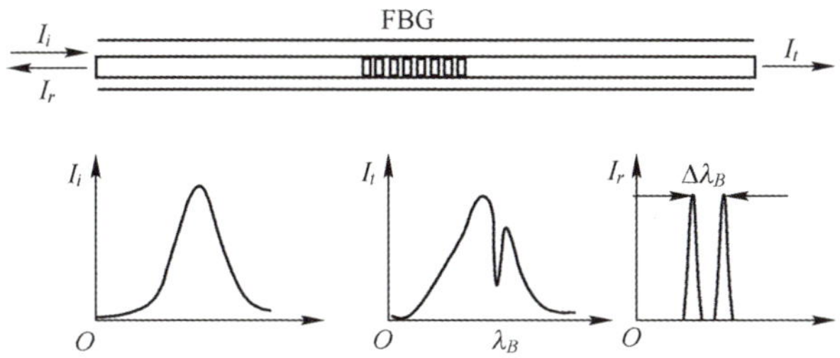

图 11.2-1 光纤布拉格光栅波长调制的传感机理

（1）温度传感分析。

若环境变化参量为温度，式（11.2-2）可改写为 $\Delta\lambda_B=\lambda_B\xi\Delta T$，称 ξ 为光纤的热光系数，热光系数包含两部分的贡献，一部分为归一化有效折射率的变化，又称热光效应，即 $\varepsilon=\mathrm{d}n_{\mathrm{eff}}/(n_{\mathrm{eff}}\mathrm{d}T)$，其中，$\varepsilon$ 成为热光系数，另一部分 $\alpha=\mathrm{d}\Lambda/(\Lambda\mathrm{d}T)$ 为热膨胀系数。石英材料的折射率变化约为 $\mathrm{d}n/\mathrm{d}T\approx5.5\times10^{-7}/℃$，在通信波长附近，转化为热光系数的变化范围在 $(5\sim10)\times10^{-6}/℃$，其热膨胀系数约为 $5.2\times10^{-7}/℃$。可见温度变化对光纤光栅中心波长的影响以热光效应为主[12]。对于标准单模光纤，在 1550nm 附近，温度的灵敏度量级在 10pm/℃左右[13]。

（2）应变传感分析。

与温度变化情况类似，光纤承受应力（应变）时，光纤布拉格波长的变化同样可由式（11.2-2）改写为

$$\Delta\lambda_B=\lambda_B(1-\rho_a)\varepsilon \tag{11.2-3}$$

式中：ρ_a为应力光学系数，可表示为 $\rho_a=\frac{n_{\mathrm{eff}}^2}{2}[P_{11}-\upsilon(P_{11}-P_{12})]$；$P_{ij}$为应力光学系数张量的分量；$\upsilon$ 为泊松比。对于掺锗的石英光纤 $\rho_a=0.22$，式（11.2-3）可改写为[12]

$$\Delta\lambda_B=0.78\varepsilon\lambda_B \tag{11.2-4}$$

可见，应变对中心波长的影响也包含两部分：光栅长度的变化和光栅有效折射率变化对中心波长漂移的影响。

（3）光纤 V 参数对有效折射率变化的灵敏分析。

从式（11.2-1）右侧可以看出，中心波长的变化有两部分贡献，光纤有效折射率对参数 X 的变化和光栅长度对 X 的变化。其中光纤有效折射率受外部参数 X 的影响与光纤参数密切相关。阶跃光纤有效折射率可以表示为[14]

$$n_{\mathrm{eff}}=n_2+\left(1.1428-\frac{0.996}{V}\right)^2\Delta n \tag{11.2-5}$$

式中：$\Delta n=n_1-n_2$，n_1和n_2分别为纤芯和包层的折射率；$V=\sqrt{n_1^2-n_2^2}\,2\pi a/\lambda$ 为光纤的V参数。可见，对于特定的包层-芯层折射率差，有效折射率的变化体现在光纤V参数的变化。对式（11.2-5）取微分$\frac{n_{\mathrm{eff}}}{\mathrm{d}V}=\left(\frac{2.275}{V^2}-\frac{1.98}{V^3}\right)\Delta n$，易得，当$V\approx1.3$时，有效折射率对$V$参数的变化有最大的灵敏度，此时对应的光纤为单模光纤。以温度测量为例，当环境温度变化时，包层和纤芯的折射率都发生变化，即使两者变化量相等，均为δn，即$\Delta n=(n_1+\delta n)-(n_2+\delta n)=n_1-n_2$不变，根据式（11.2-5），有效折射率也会因$V$参数的变化而变化。

由于光纤光栅的耦合发生在前向传播的芯模和后向传播的芯模之间，因此，有效的功率耦合系数要求光纤传输中，模场在芯径中的分布要远大于包层中的分布。同样以V值作为外界对光纤影响的集中反映，根据光纤的特征方程，数值计算结果表明，$\mathrm{d}P_{\mathrm{core}}/\mathrm{d}V$的值在$V\approx1.1$时，具有最大值，说明此时光纤纤芯的功率（$P_{\mathrm{core}}$）对$V$参数的灵敏度最大，也就是对外界环境（温度、应变）的灵敏度最大，因此被测量对光纤光栅反射功率的影响也最大。上述分析对于特制光纤失效，如对于包层模抑制光纤，在大V值范围内，纤芯的模场功率都足够大，外部环境的影响不会降低反射功率，这种光纤制成的光栅适用于高灵敏度测量。

对于空芯光纤，折射率在包层中制备，作为传感器，纤芯内部通常填充液体或气体，这种情况下，反射功率要依靠从纤芯倏逝到包层的模场与光栅发生耦合相互作用。因此，包层模功率随光纤V值的变化情况与实芯光纤相反，因此$\left.\frac{\mathrm{d}P_{\mathrm{core}}}{\mathrm{d}V}\right|_{\text{空芯}}=-\left.\frac{\mathrm{d}P_{\mathrm{core}}}{\mathrm{d}V}\right|_{\text{实芯}}$。由于液体的温度系数可大于石英温度系数一、两个数量级，因此，空芯光纤的V值可随温度发生较大的变化，从而实现温度极为灵敏的光传感。此外，液芯光纤的另一特点是在外部应变状态下，芯部折射率不变，但包层的应变光学系数为正，布拉格波长的移动为正方向。

11.2.2 光纤光栅传感器的解调

FBG 的解调包括两个方面：①FBG 传感器的解调；②如何克服外界环境的影响。FBG 解调技术已成为一个重要的研究领域，也是制约 FBG 传感器应用的主要因素。FBG 的解调就是从传感器头（FBG）返回的光谱信号中提取被测量的信息。由于被测量信息对 FBG 的调制通常体现在布拉格波长的偏移、反射功率以及谱宽的变化等方面，但最常用的还是布拉格波长的移动。因此，解调器实际功能大多是读出波长偏移并据此提供被测量的数据。目前，已经提出了较多种类的波长解调方法，通常可分为以下几类，包括参考解调、可调谐滤波器解调、可调激光解调等、干涉解调和除此之外的其他解调技术[15]，其中最常用的解调方法为滤波器解调和干涉解调。

（1）利用光谱仪测量布拉格波长的偏移量。

将布拉格光栅的反射信号通过耦合器或环路器与商用光谱仪连接，通过光谱仪和计算机处理技术获取布拉格波长的移动量，结构示意图如图 11.2-2 所示。商业化的光谱仪的分辨率在 0.01~0.02nm，对于 1550nm 工作的典型光纤布拉格光栅，应力灵敏度为 1.2pm/με，温度灵敏度为 13pm/℃。0.02nm 布拉格波长移动量对应的应变变化幅度为 16.67με，对应的温度变化为 1.54℃，可见光谱分辨率的下限，决定并限制了 FBG 传感参量对应变或温度传感的分辨率。为了提高分辨率，需要用到一些寻峰算法[16]来缓解光谱分辨率的问题。

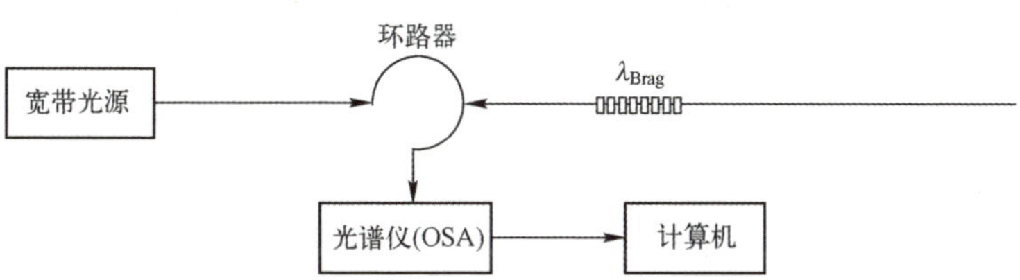

图 11.2-2 基于光谱仪的 FBG 传感解调装置

基于光谱仪的传感测量，优点是结构简单，测量直接。缺点：光谱仪昂贵、体积大、重量重、扫面速度慢，不适用动态测量、波长分辨率低，一般只在实验室条件下应用。

（2）无源边缘滤波器解调布拉格波长的偏移量。

在滤波解调技术中，FBG 传感器信号的读取要通过将 FBG 波长的移动转化为电信号。解调装置如图 11.2-3 所示，光栅返回的光信号并不与光谱仪连接，而是经耦合器分成两路，一路接探测器，其输出电流作为参考电流 I_R，另一路先经无源的边缘探测器滤波后接探测器，输出电流记为信号电流 I_s。边缘滤波器的特点是，在一段波长范围内，滤波器的透过率与光谱的中心波长呈线性关系。将布拉格波长位于边缘探测器线性工作区的中心附近，则通过将边缘滤波器透过信号的强弱（光电转换后的 I_s）与参考臂输出的强弱进行对比，就可以判断布拉格波长漂移的位置，该部分功能由信号处理单元完成。信号电流强度与参考电流强度之比表示为

$$\frac{I_s}{I_R}=A(\lambda_B-\lambda_b+B) \tag{11.2-6}$$

式中：常数 A 取决于边缘滤波器的斜率；B 为常数，表示 FBG 传感器的非零反射带宽。

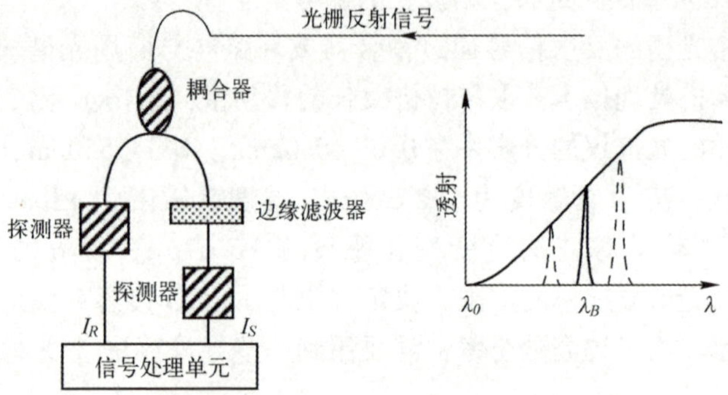

图 11.2-3　无源边缘滤波器检测布拉格波长漂移装置示意图

另一种与边缘滤波等价的方法是充分利用宽带光源的特点，ASE 宽谱光源的功率谱具有随波长线性减少的特点[17]，这样经光栅反射回的光谱移动可通过光探测器直接转化为接受光功率的改变。这样的解调装置可以简化，只需将 FBG 反射光谱与光探测器连接即可，同时需要布拉格波长位于光源功率谱的线性区。

将密集型光波复用（DWDM）器用作边沿滤波器，具有解调灵敏度较高的特点。FBG 反射光与 DWDM 的输入端连接，同时每一路信道都需连接一个光探测器，由于每一路探测器接收的功率和总功率与布拉格波长的变化相关。商用 DWDM 器件解调技术的不足之处是线性区域较窄，解调范围受局限。采用光栅也可制作用于解调用的边缘滤波器，基于倾斜光栅的边缘滤波[18]，可消除温度对应变的影响，缺点是线性区变化较平坦，影响精度。长周期光纤光栅也可用于制作解调用的边缘滤波器，刘强等报道了利用二氧化碳激光写制法制备调制深度为 25dB 长周期光纤光栅[19]，并采用该光栅搭建了对 FBG 的解调，报道结果表明，该方法具有制作简单、成本低、线性动态范围好以及良好的动态响应特性（65Hz）等优点。

使用上述方案时，要注意，光路各部分的连接损耗、不稳定等因素均不能导致额外的光信号损失，且两个探测器性能要高度一致。总之要避免探测器性能差异和额外光损失（偏振、损耗）导致的测量误差，如式（12.2-5）。

上述方案的优点是：结构简单，价格便宜，使用方便。但缺点也很明显，首先，只能对单个光纤光栅传感器进行解调；此外，将峰值波长移动量转化为光能量的变化量的精准程度受边缘滤波器线性度影响。最后，滤波器的带宽和分辨率的矛盾直接影响了探测系统的工作范围和分辨率。在应变传感器中，应变分辨率在几十 με，工作范围约为几 mε。

（3）可调谐带通滤波器解调布拉格波长偏移量。

基于波长可调谐滤波器的波长检测是应用最广也是最有吸引力的方案之一，用于波长检测的滤波器包括，可调 F-P 滤波器，声光滤波器和布拉格光栅滤波器。典型的装置示意图如图 11.2-4 所示，光栅返回信号经耦合器输出至可调谐 F-P 滤波器。滤波器的输出为光栅与滤波器频谱的卷积。通过扫描滤波器，当滤波器频率与光栅反射谱匹配时，得到滤波器最大输出，此时对应的滤波器中心波长即为光栅的布拉格波长。该方法中，探测的分辨率受滤波器带宽和光栅带宽的限制。对于单个光纤光栅传感，可以采用波长跟踪的方法，而无须扫描。

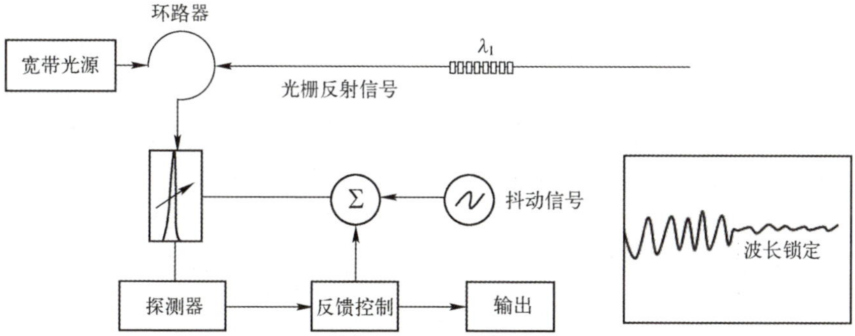

图 11.2-4　单个 FBG 传感器有源滤波解调装置示意图

F-P 滤波器的透射谱为洛伦兹线型，典型的带宽为 $\Delta\lambda_f=0.3\text{nm}$，精细度 $F=\dfrac{\text{FSR}}{\Delta\lambda_f}=120$ 左右，通过压电模块，调谐 F-P 腔反射镜之间的腔长，扫描频率可达千赫兹，F-P 滤波器的带宽与光栅带宽可比拟，但自由频谱范围要大于光栅反射谱的传感范围。

当工作在跟踪模式时，抖动信号以频率 f_m 调制 F-P 滤波器带宽的一小部分，这导致从 F-P 腔输出的光信号为受频率 f_m 调制的信号及其谐波分量，当 F-P 透射峰与 FBG 反射峰严格匹配时，输出的调制幅度的基频分量消失，只留下噪声信号，通过分析施加的调谐信号可以恢复布拉格波长的偏移量，并改进系统灵敏度。通过这种方式可以使 F-P 滤波器的带通波长锁定在光栅布拉格波长，如图 11.2-4 中的内嵌图所示。

工作在扫描模式下，有源滤波器解调可以同时检测准分布式传感器的多个 FBG 传感单元。这时要考虑滤波器 FSR 以及光源带宽要覆盖串联的多个布拉格波长的覆盖范围。例如，根据检测量的范围，以及光栅的波长灵敏度，首先确定每个 FBG 的工作频谱范围，另外，每个布拉格波长覆盖范围之间要留有 0.5nm 左右的隔离带宽。以应变传感为例，假定应变量的测量范围为 ±1500με，若工作在 1550nm 附近 FBG 的应变灵敏度为 1pm/με，则临近光栅的工作波长间隔应设为 3.5nm。对于 40nm 的光源，每一路传感线路中允许的 FBG 个数最大为 12 个。调谐滤波器的扫描电压加载压电陶瓷上，用于调节 F-P 腔的腔长，只有满足特定波长的反射波才可以通过 F-P 腔，电压扫描一个完整的周期，就可以实现对每个布拉格光纤光栅对应的反射布拉格波长以及对应的扫描电压。通过记录峰值波长对应的滤波器电压可以得到对应的 FBG 中心波长。利用可调谐滤波器解调波长，测量应变的典型分辨率约 1με，测量温度的分辨率约 0.2℃。

可调谐滤波器检测波长具有的优点包括：①高精度，由于可调谐滤波器技术具有高分辨率、高精度的优势，因此能够更精确地测量中心波长；②高速度，相比于其他传感器解调技术，使用可调谐滤波器技术的输出速度更快，可以实现高速数据采集；③高可靠性，由于采样信号只需要分析频域，使得可调谐滤波器技术具有较高的抗噪声性能以及稳定性；④适用范围广，由于可调谐滤波器可以根据传感器的采集频率对信号进行精确过滤和解析，因此适用于各种传感器类型及测量场景。

可调谐滤波监测波长的缺点如下：①仪器成本高，可调谐滤波器技术相对其他解调方案来说更为复杂，需要专业的光学技术知识和经验，以及相应的仪器和设备支持，因此成本较高；②易受干扰，外界噪声对可调谐滤波器技术会产生干扰，对测量结果产生一定影响。

（4）干涉仪解调布拉格波长偏移量。

对于高分辨的波长移动检测，可采用干涉波长分辨技术，这种方法是由 Kersey 于 1992 年首次提出的[20]。如图 11.2-5 所示，该技术利用了一个压电可调的非平衡马赫-曾德尔干涉仪，来自宽带光源（BBS）的光通过耦合器入射到 FBG 上，反射光进入由级联两个 3dB 耦合器形成的非平衡马赫-曾德尔干涉仪的两个干涉臂。由于干涉仪的两个干涉臂不对称，携带被测信息的 FBG 的布拉格波长偏移将导致 M-Z 的相位变化，波长变化引起的相对相移 $\Delta\varphi$ 可表示为

$$\Delta\varphi=\frac{2\pi nd}{\lambda_B^2}\Delta\lambda \tag{11.2-7}$$

式中：d 为干涉臂的物理长度差；n 为光纤有效折射率；λ_B为光纤光栅的布拉格波长。干涉仪的输出与相位有关，可表示为

$$I(\lambda_B)=A[1+k\cos(\Delta\varphi+\varphi_0)] \tag{11.2-8}$$

式中：参数 A 与入射光强度和系统损耗相关；k 为干涉条纹可见度；φ_0为初始相位，受环境对光程 nd 的扰动影响，具有慢变特征。

干涉仪解调方法具有结构简单、价格便宜、响应快速和高分辨率等优点，这使得它适合于动态测量。不足之处是只能对单个布拉格光栅解调，容易受到温度和振动等外部参数的影响。

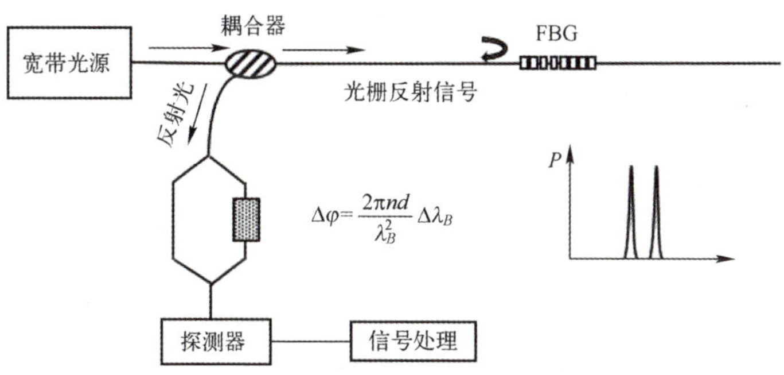

图 11.2-5　基于马赫-曾德尔干涉仪的波长解调示意图

（5）基于可调谐光源的解调技术。

为获取更高的分辨率、信噪比（SNR），人们提出基于可调谐光源（特别是可调谐光纤激光器）的波长检测方法。这种检测方法采用可连续调谐激光器来扫描 FBG 反射波长。随着可调谐激光器扫描传感 FBG 的反射波长，可以通过监测反射光谱的最大峰值强度来实现波长检测。利用激光器的高亮度和窄带宽，从而产生更高的分辨率和 SNR。实现方式有两种：第一种利用整个激光器作为复合传感器，第二种利用 FBG 作为反射镜控制激光器的操作。比如参考文献［21］中利用绑定在悬梁臂上的 FBG 作为可调激光器的反射镜之

一，测量应变。测量得到的应变灵敏度为 1.2pm/$\mu\varepsilon$。

该方法的缺点是：过窄的可调谐带宽和激光器不稳定，这严重限制了它的应用。随着可连续调谐激光器的发展，基于可调谐激光的 FBG 波长检测逐渐受到重视。

11.2.3 光纤光栅解调的寻峰算法

理想均匀 FBG 具有窄反射光谱、高反射、谱边缘陡峭等特点。实验测得的 FBG 传感器反射光谱则由于 FBG 折射率调制具有不理想、噪声、温度、应力及其他物理参量的扰动等原因，可能远远偏离标准的高斯线型。此外光路连接器的多次反射和探测器等设备的噪声等也会影响光谱的形状。为了科学准确判断布拉格波长的偏移量，需要针对光谱形状采用合适的算法确定光谱的峰值位置，这就需要用到寻峰算法，单峰检测寻峰算法有直接寻峰算法、曲线拟合、关联法、过采样、变换法优化算法等[22-24]。下面就这些算法原理和特点分别进行阐述。

（1）直接法。

直接法是计算最快的方法，仅对反射光谱 $R(\lambda)$ 进行最简单的操作，不对光谱的形状做任何改变和处理。具体包括最大值反射率法、XdB 带宽法以及质心法等算法。最大反射率法令观测的反射率最大值对应的波长为峰值波长 λ_{Pe}，数学表达式为：$\lambda_{Pe}=\lambda \mid R(\lambda)=R_{max}$。$X$dB 带宽法常用在密集取样光谱（$\delta\lambda$ 约为 1~5pm）中。首先根据 XdB 计算反射率阈值，定义为比最大反射波长下降 XdB 处的反射率，数学表达式为：$R_{th}=R_{max}/(10\log_{10}^{X})$[25]。根据光谱的反射率阈值确定对应的波长阈值，$\lambda_{th}=\lambda \mid R(\lambda)\geqslant R_{th}$。由于反射光谱在峰值两侧的衰落特性，故存在最小和最大两个波长阈值，峰值波长定义为最大反射波长阈值和最小反射波长阈值的中心，即 $\lambda_{Pe}=[\min(\lambda_{th})+\max(\lambda_{th})]/2$，在实际应用中，通常采用 3dB 带宽。质心法就是用波长位置对相应光谱的反射率进行加权平均[26]，峰值波长可表示为 $\lambda_{Pe}=\sum_{i=1}^{N}\lambda_i R(\lambda_i)\Big/\sum_{i=1}^{N}R(\lambda_i)$，其中，$i$ 光谱索引，假定整个光谱共有 N 个采样点。用质心估算布拉格波长可能会依赖于分析中包含或选择的谱，并由此导致估算波长与布拉格峰值波长之间的偏差。但在传感分析中，主要关注参考位置的波长偏移，因此这种峰值评估引起偏差不会改变布拉格波长偏移量 $\Delta\lambda$ 的估计值。质心法对采集数据的准确性要求很高，抗噪性能较差。若峰值点没有被采集到，波长分辨率低，则会导致较大的峰值中心偏移。

（2）曲线拟合。

在曲线拟合法[27]中，FBG 谱线被插值为与其线型近似的函数。尽管耦合模理论提供了 FBG 谱线的数学表达式，但在具体操作中，使用简单的线型函数更方便，这些函数利用多项式回归，依赖的参数更少。由于拟合过程需要均方差达到最小，曲线拟合法对光谱仪采集到峰值点的要求降低，具有好的抗噪声性能，对波长分辨率、采集窗口和信噪比的要求容忍度高，可靠性强等优点。二阶多项式拟合利用回归法拟合测量反射光谱为二阶多项式：

$$R(\lambda)=a\lambda^2+b\lambda+c \tag{11.2-9}$$

其极值所在位置即为评估的布拉格波长 $\lambda_{\mathrm{Pe}}=-\dfrac{b}{2a}$。通常要首先取 3dB 反射阈值之间的反射谱进行曲线拟合，其次，对这部分反射谱利用最小二乘法确定二阶多项式的 3 个系数。由于抛物线开口向下，拟合函数只有一个最大值，最大值对应的波长即为评估的布拉格波长 λ_B。其他拟合还包括高斯多项式拟合，高斯函数表达为

$$R(\lambda)=A\exp\left(-\frac{(\lambda-\lambda_0)^2}{2\sigma^2}\right) \tag{11.2-10}$$

高斯拟合直接对高斯公式进行非线性回归分析拟合，并评估中心偏移参数。其包含 3 个参数：幅度参数、中心偏移以及方差。

若在曲线拟合中采用高阶多项式拟合，拟合的表达式会出现多个极值。具体取决于多项式的阶数。样条法采用分段多项式函数拟合布拉格光栅的反射谱，为确保分段光谱之间的平滑过渡，通常采用三次样条插值。评估的布拉格波长为样条插值后的最大值，或者采用直接法中的 XdB 带宽评估样条插值后的光谱，进而得到中心布拉格波长。

（3）相关法。

相关法基于测量光谱和参考光谱之间的互相关计算，该方法不测量布拉格波长，而是测量布拉格波长的偏移。具体包括：互关联、交叉关联和关联多项式拟合。顾名思义，互关联就是计算参考反射谱和实测反射谱在一定频谱偏移量下的关联函数，表达式为

$$P_m=\sum_{\lambda}R_{\mathrm{ref}}(\lambda)\cdot R(\lambda-m\delta\lambda) \tag{11.2-11}$$

其中，m 为整数，要遍历谱峰附近的所有频谱分量。频谱偏移量为互相关函数 P_m 取得最大值时的 $m\delta\lambda$，即 $\Delta\lambda_e=m\delta\lambda\,|\,P_m=P_{\max}$。

交叉关联只计算 $P_0=\sum_{\lambda}R_{\mathrm{ref}}(\lambda)\cdot R(\lambda)$，对应的布拉格波长偏移为 $\Delta\lambda_e=\underset{\Delta\lambda}{\mathrm{argmax}}P_0(\lambda-\Delta\lambda)$。在无噪声情况下，交叉关联和互关联得到的结果相同。关联多项式拟合，就是在计算得到互相关函数后，用多项式拟合的方法得到互关联函数最大值和对应的波长偏移量。

（4）过采样法。

过采样法包括上采样法和重采样法，过采样并非寻峰方法，而是对寻峰算法的一种补充完善方法。

上采样法通常用于声音和无线信号处理。上采样法主要应用于 FBG 传感器中，原理为通过人为扩增频谱仪分辨率，分辨率由原来的 $\delta\lambda$ 变为更小的 $\delta\lambda_R$，过抽样率为 $Q=\delta\lambda/\delta\lambda_R$。首先对每个测量的 N 个光谱采样点进行过采样率为 Q 的采样扩充，原有光谱记为 $R(\lambda_N)$，过抽样光谱在每个样光谱采样点右侧补 $Q-1$ 个零，组合的补零过抽样光谱记为 $R_s(n)$，两者关系表示为

$$R_s(n)=[R(\lambda_1),\underbrace{0,0,\cdots,0}_{Q\text{个元素}},R(\lambda_2),\underbrace{0,0,\cdots,0}_{Q\text{个元素}},\cdots,R(\lambda_N),\underbrace{0,0,\cdots,0}_{Q\text{个元素}}]$$

其次，对补零的过抽样光谱 $R_s(n)$ 进行平滑滤波操作，以得到逼近样本光谱的过抽样光谱，记 $R_R(n)$，可通过有限冲击响应滤波器 $h(n)$ 实现平滑滤波。滤波器的截止频率为 π/Q，增益为 Q。过采样频谱为冲击响应与滤波器的卷积 $R_R(n)=h(n)*R_s(n)=\sum_{k=1}^{T}h(n)R_s(n-k)$。其中，$T$ 为滤波器的抽头数。

显然上采样法中重采样率为整数。重采样法允许重采样率 $Q=Q_1/Q_2$ 为分数。该过程类似于过采样，但需要级联使用两个滤波器和一个抽取器。第一滤波器是低通滤波器，具有增益 Q_1 和截止频率 π/Q_1；第二个滤波器具有酉增益和截止频率 π/Q_2，最后是 Q_2 大小的抽取器，该抽取器选择一个样本并丢弃随后的 Q_2-1 个样本。最流行的重采样实现方式采用的是多相正交滤波器，广泛集成在常见的信号处理工具箱中。

（5）变换法。

变换法主要用到的技术包括快速傅里叶变换、Z 变换、K-L 变换、Capon-KL 变换和离散小波变换去噪等。

快速傅里叶变换法又称快速相位关联法，需要用到测量光谱 $R(\lambda_l)$ 和参考光谱 $R_{\mathrm{ref}}(\lambda_l)$，其中 $l=1,2,\cdots,N$，为波长索引。首先要分别计算两个光谱的快速傅里叶变换，分别表示为 $F(k)=\sum_{l=1}^{N}R(\lambda_l)\exp\left(-\mathrm{i}\frac{2\pi lk}{N}\right)$ 和 $F_{\mathrm{ref}}(k)=\sum_{l=0}^{N-1}R_{\mathrm{ref}}(\lambda_l)\exp\left(-\mathrm{i}\frac{2\pi l(k-1)}{N}\right)$。对于每个大于 2 的 k，可以给出对应的布

拉格波长移动，可表示为 $\Delta\lambda_{e,k-1}=(\arg[F(k)]-\arg[F_{\text{ref}}(k)])\dfrac{Nk}{2\pi}\delta\lambda$。布拉格波长移动表示为上述与 k 有关布拉格波长偏移的中值 $\Delta\lambda_e=\dfrac{1}{k-1}\sum\limits_{k=1}^{k-1}\Delta\lambda_{e,k}$。

线性相位算符法需要用到Z变换和线性插值，有限冲击响应的Z变换表示为 $Z\{h(n)\}=H(z)=\sum\limits_{i=1}^{N}h_iz^{-i}$，其中，$h_i$ 为z变换的系数，对于4阶相位滤波器，对应的系数分别为1，1，0，-1，-1，即 $H(z)1+z^{-1}-z^{-3}-z^{-4}$。用滤波器处理后的谱表示为 $y(n)$，$y(n)$ 为测量谱与滤波器反射谱的卷积 $y(n)=h(n)*R_s(n)=\sum\limits_{k=1}^{5}h(k)R_s(n-k)$。滤波后的峰值波长附近存在两个峰值，一个峰值大于零，一个峰值小于零，最简单的峰值评估就是令过零点位置的波长为峰值波长。

对于KL变换，首先要计算反射谱的傅里叶变换，并将变换的分量，组合成托普利兹矩阵，将一维问题转化为二维问题，其次计算该矩阵的本征值（本征值为实数，且大于零），将本征值按大小顺序排序，取最大的本征作为寻峰的度量。

离散小波变化主要对于测量谱进行降噪处理，处理后的测量谱可继续用前述提到的寻峰算法找到峰值波长的位置。

（6）优化算法。

对于神经网络的应用主要还是借助高斯拟合的概念，将频谱表示为多个高斯函数的叠加，然后续利用神经网络，借助一定的罚函数优化计算每一个高斯函数的系数，最后利用最大权重系数对应的项评估布拉格中心波长。

Layer-Peeling算法最早提出是为了解决如何根据应用中需要的光栅谱设计特定的光栅结构[28]。逆向应用Layer-Peeling算法则反过来，通过光栅结构匹配测量的光栅光谱。其中光栅结构，除折射率调制深度、光栅长度外，还包括中心波长。这一逆向过程可以利用包括遗传算法在内的多种优化算法实现。当优化光谱与实测光谱达到最佳匹配时，对应光栅结构的中心波长，即为评估的布拉格中心波长。

11.2.4 光纤光栅进行温度测量

温度传感几乎是涉及所有应用领域的最常见的物理参数之一。传统的温度传感器，如恒温器、热电偶和热电阻等温度检测器，具有体积庞大，工作范围小，不能免受电磁干扰，而且不适合分布式传感等缺点。基于光纤布拉格光栅的传感器非常可靠，具有低热导，光纤化、电磁免疫、适用于分布传感的优点。只是在测量方面较传统温度传感器复杂。

由于光纤的小半径（几百微米）和布拉格光纤光栅较短（通常低于厘米量级）的长度，使得光纤布拉格光栅是一种典型的点传感器。直径 125μm 的无包层光纤的密度约为 26.8μg/m。1mm 的光纤质量为 26.8ng，热容量为 18.8nJ/K。因此，利用光纤布拉格光栅作为热传感头，仅需要相对较小热量即可升高 1℃，是同长度铂金热电偶的一半，因此对于大多数应用，光纤布拉格光栅温度传感器可视为非侵入式测量传感器。另外，作为一种波长参量调控器件，在同一根光纤上串联多个不同布拉格波长的光栅，并分布在不同位置，可用于实现准分布式的点传感测量，如图 11.2-6 所示。

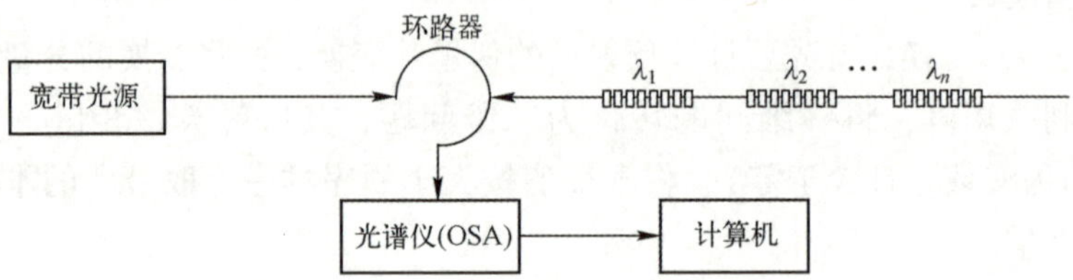

图 11.2-6　分布式点测量温度传感器示意图

光谱仪典型的精度为 10pm，石英光纤光栅的温度灵敏度约为十几个 pm/K，这表明光谱仪的分辨率限制了温度传感的分辨率。对于监测 50℃的温度范围，则每个传感器的波长移动量为 0.8nm，若光源的光谱带宽为 50nm，则可以允许安装的布拉格光栅个数最多为 62 个，考虑到布拉格波长移动范围之间不发生频谱重叠，实际个数要在 40 个左右，这些布拉格光栅可分布式传感监测数公里的范围。

在测量过程中光纤布拉格光栅需要与样品紧密接触，但同时要确保不会产生影响测量结果的应变产生，即光栅为应力自由状态，如果有应变产生，则必须考虑在测量范围内对应变进行补偿。通常用软聚合物胶水（如 PDMS）将光栅两端粘贴在样品表面，确保 FBG 仍为自由状态，不受样品和软胶热膨胀影响，如图 11.2-7（a）所示[29]。图 11.2-7（b）中将光栅用环氧树脂封装在金属微管内[30]，并将微管用环氧树脂固定在样品表面，由于光栅在微管的另一端为自由端，这样在测试时可确保光栅波长移动不受应变的影响，需要注意的是微管的使用破坏了光栅测量温度的非侵入性。

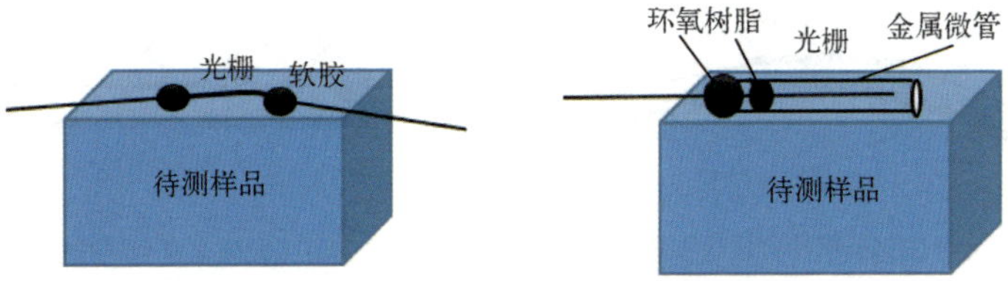

(a) FBG由软胶固定 (b) FBG由微型套管固定

图 11.2-7 温度传感 FBG 测量装置示意图

11.2.5 光纤光栅温度补偿技术

根据式（11.2-2），通过热补偿消除温度对布拉格波长的影响，只需式（11.2-2）右侧为零，即满足

$$\frac{\mathrm{d}n_{\mathrm{eff}}}{\mathrm{d}T}=-n_{\mathrm{eff}}\alpha \tag{11.2-12}$$

式中：α 应视为 FBG 及黏贴结构的等效热膨胀系数。对于石英光纤，热膨胀系数导致的波长敏感性与折射率对温度的敏感性之比大约在 1∶10，因此，通过消除热膨胀可降低约 10% 的温度灵敏性，如果对 FBG 施加压缩应变，则可以实现温度的完全补偿。采用无源补偿方案在减少维护方面十分具有吸引力，常采用有负热膨胀系数的材料来达到目的，液晶聚合物具有负热膨胀系数，将其用于光栅的包层，可在温度升高时在光纤轴向引入压缩应变，基于这一原理的补偿方案已经有实验实现[31-32]，难点是要确保施加在光栅的离轴应变为零，这是因为在大的压缩应变作用下，任何变形都会对光纤产生切应变。该方案可实现应变的重复测量，最大的调谐范围为 45nm，最大调谐速度为 21nm/ms。缺点是重复循环测量会导致 FBG 失效，影响寿命。

其他无源补偿方案多采用复合结构材料，将低热膨胀系数材料与高热膨胀材料根据力学特性制成特定的结构，将光纤布拉格光栅固定在结构表面或仅固定光栅两端。在低温状态下，光纤预先承受张应变，在升温状态中，机械结构在杠杆原理的作用下，使得光栅内部应变得到释放，这样就可以补偿光栅材料因升温而产生的热膨胀。在材料选择上，通常一种材料的热膨胀系数非常小（典型的为殷钢），而另一种材料（不锈钢）的热膨胀系数很大，通常为殷钢的 10 倍左右，这样两种材料按一定的结构组合在一起，在温度变化时由于热膨胀失配而产生较大的热膨胀变形，通过热力学分析和结构优化可以实现对特定热光系数光纤布拉格光栅的完全热补偿[33]。图 11.2-8 给出了常见几种机械结构的热补偿装置。

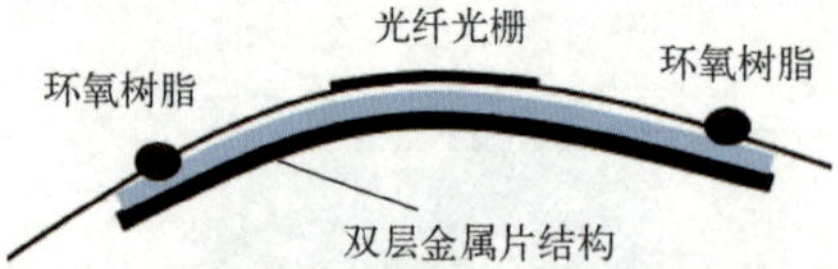

(a) 低温区光栅在双金属片结构呈张应变结构

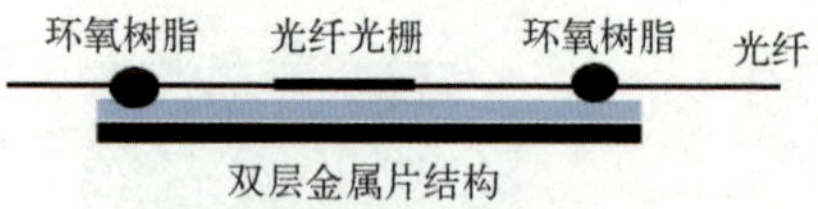

(b) 高温区光栅在双金属片结构中应变弛豫

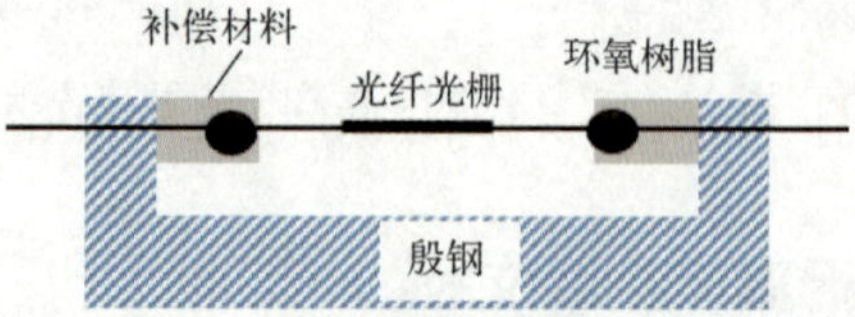

(c) 焊接补偿结构

图 11.2-8　典型的应变补偿结构

在参考文献［34］中，Liang Mingfu 等提出使用平面膜片设计了基于 FBG 的温度补偿压力传感器。在该传感器设计中，使用两个 FBG 分别测量温度和压力的波长偏移。其中温度传感器处于无应力状态，仅受温度的影响，压力传感器受应力和温度的双重影响。两个传感器用耦合器相连，并输出到探测器。在结构上，两个 FBG 传感器放置得非常靠近，因此近似认为受相同的温度扰动。对于温度传感器布拉格波长归一化偏移量表示为$\frac{\Delta\lambda_T}{\lambda_T}=\xi_T\Delta T$，其中，$\xi_T$ 为温度传感器的温度系数。同样，对于压力传感器满足$\frac{\Delta\lambda_P}{\lambda_P}=(1-\rho_a)\Delta\varepsilon+\xi_{T,P}\Delta T$，其中，$\xi_{T,P}$为压力传感器的温度系数。由于两个传感器温度变化量相等，对于压力传感器满足：$\frac{\Delta\lambda_P}{\lambda_P}=(1-\rho_a)\Delta\varepsilon+\xi_{T,P}\frac{\Delta\lambda_T}{\lambda_T\xi_T}$，根据两个光栅的布拉格波长移动量可以确定压力传感器施加在光栅的轴向应变，实现应变、应力测量的温度补偿。

在参考文献［35］中，讨论了用于温度补偿的不同封装方法。在第一种方法中，将两个类似的 FBG 粘贴在弹性体的相对侧，这将导致两个光栅分别承受由于压缩应变和拉伸应变而引起的正应变和负应变，波长偏移均包括与温度的偏移。

$$\begin{cases}\dfrac{\Delta\lambda_{P,1}}{\lambda_{P,1}}=-(1-\rho_{a,1})\Delta\varepsilon+\xi_{T,1}\Delta T\\[2ex]\dfrac{\Delta\lambda_{P,2}}{\lambda_{P,2}}=(1-\rho_{a,1})\Delta\varepsilon+\xi_{T,2}\Delta T\end{cases}\tag{11.2-13}$$

两个波长偏移的相减将导致温度的偏移，从而可以去除温度偏移的影响。另一种方法是对第一种方法进行改进，其中，两个 FBG 在粘贴在弹性体的两侧之前被预拉伸，预拉伸有助于消除光纤光栅应变分布轴向的不均匀而引起的啁啾现象，因此，第二种方法显示出更好补偿效果。

在参考文献［36］中，提出了一种基于算法的补偿模型，该算法采用卡尔曼滤波器补偿 FBG 压力传感器中的温度影响。同样，在结构上需要使用两个 FBG，一个仅用于温度，另一个用于压力传感。该算法通过自回归模型拟合来自不同 FBG 的两个信号之间的差异来补偿温度，并使用卡尔曼滤波器测量相应的系数。自回归模型需要根据测量的压力信号和差值信号来估计温度。

11.2.6 光纤光栅压力传感

光纤光栅应变传感器的原理是把横向应力转化为轴向应变，在横向压力 ΔP 作用下，光栅轴向的应变可表示为

$$\varepsilon_z = -\frac{(1-2v_{\text{FBG}})}{E_{\text{FBG}}}\Delta P \tag{11.2-14}$$

将式（11.2-14）代入式（11.2-3）可得布拉格波长移动量为

$$\Delta\lambda_B = \lambda_B\left[\frac{n_{\text{eff}}^2}{2}(2P_{12}-P_{11})-1\right]\frac{(1-2v_{\text{FBG}})}{E_{\text{FBG}}}\Delta P \tag{11.2-15}$$

在 1550nm 附近，石英光纤的应力灵敏度很低，约为 3pm/MPa，为此，增加应力灵敏度十分必要，这就需要增加一个能量转换器，将横向应力大幅度转化为轴向应变。通常做法是在光栅外涂敷包层材料，如聚合物包层，聚合物包层扩展了表面积，极大地增加了承受的横向静水压力，且聚合物材料的杨氏模量远低于石英光纤。在有包层的情况下，轴向应变公式修正为

$$\varepsilon_z = -\frac{v_p A_p}{A_{\text{FBG}}E_{\text{FBG}}+\dfrac{L_{\text{FBG}}}{L_p}(A_p-A_{\text{FBG}})E_p}\Delta P \tag{11.2-16}$$

式中：下角标 p 和 FBG 分别指代光栅和聚合物包层。光栅的长度和聚合物包层长度近似相等，在包层面积 A_p 远大于光栅的面积情况下，有包层和无包层情况下，布拉格波长位移量之比表示为轴向应变之比为

$$E_{\text{factor}} = \frac{v_p}{1-2v_{\text{FBG}}}\,\frac{E_{\text{FBG}}}{E_p} \tag{11.2-17}$$

式（11.2-17）中与材料泊松比有关的部分，不同材料相差不大，但对于不同

材料其杨氏模量可以相差几个数量级，因此，对于应力增敏起主要作用的为包层材料的杨氏模量，石英光纤的杨氏模量为 $E_{\text{FBG}}=70\text{GPa}$，若聚合物的杨氏模量为 $E_P=0.0018\text{GPa}$，此项使得布拉格波长移动增加约 39000 倍。因此理论上可实现几十纳米每兆帕的灵敏度。实验实现的灵敏度可达 33.8nm/MPa[37]。

在 FBG 应力传感器中，材料的选择和结构设计对于提高应力灵敏度十分重要。对于在恶劣条件下工作的 FBG 压力传感器，需要保持相当高的灵敏度和相关材料的不失效，以在热电发电厂的 FBG 压力传感器为例，需要 FBG 压力传感器能够在 300℃ 的温度和 200bar 的压力下测量燃烧室内的压力。环氧树脂等黏合剂在 200bar 及以上的压力已经失效，参考文献［38］采用了镍对镍进行固定的方法，由于采用单一材料避免热膨胀系数不匹配的影响。常用于压力传感器封装的还包括采用柔性膜片封装、聚合物封装和伯顿管封装等。

在医疗健康领域，FBG 可用于监测血压等重要生命体征，塑料光纤的生物兼容性及良好的伸缩性，使得基于塑料光纤的布拉格光栅与石英光纤布拉格光栅相比，检测到动脉脉搏波信号的信噪比高达 8 倍[39]。参考文献［40］回顾了基于各种光学传感器的压力传感器在生物医学应用中的类似研究。在参考文献［41］中，提出了一种基于薄膜的光纤布拉格光栅压力传感器，用于动态响应测量水箱中的水压，FBG 可简单粘贴在圆形衬底的薄膜上以检测压力的线性变化，无须托管材料增强灵敏度。对工业或市政中广泛使用的混凝土管道进行连续监测，可以使用 FBG 进行监测，参考文献［42］研究了基于伯顿管的 FBG 压力传感器，该结构主要是将两个 FBG 分别黏结在伯顿管的内外表面上，将两个 FBG 的波长漂移差值作为压力传感信号，增强了压力灵敏度，补偿了温度交叉灵敏度。实验结果表明，在 0~1MPa 范围内，其压力灵敏度为 1.414pm/kPa。

11.2.7 光纤光栅加速度传感

加速度是一个在许多应用中非常重要性的物理参数，例如，在车辆控制以及大型基础设施监测等领域，通常需要限制其对结构的影响，并保持运行在其中的物体位于安全极限内。基于 FBG 的加速度计也适合于倾斜角度测量，这是航空和土木工程领域中一个持续关注的应用。FBG 加速度计同时具有固有的自参考和多路复用、无电操作、免疫电磁干扰和结构紧凑体积小等光纤布拉格光栅传感器都具有的优势。FBG 加速度计的柔性和多点测量的能力，在建筑和基础设施监测中具有较大吸引力。基于 FBG 加速度计的众多优点和多年的发展，FBG 加速度计在当前较多领域获得了广泛应用。

在 1996 年，Kersey 等报道了一种简单的 FBG 加速度计，其传感头示意图如图 11.2-6 所示[43]，其中，FBG 被嵌入在由协变材料制成的弹性结构体上，弹性体位于刚性基板之上，质量块黏附在协变材料的顶部。当质量块位移在 Δy 时受到加速为 $a=k\Delta y/m$，其中，k 为协变材料的弹性常数，惯性力会挤压协变材料，并通过力学耦合对 FBG 施加横向的压缩或拉伸力，假定耦合常数为 Γ，则 FBG 承受应变使 FBG 的布拉格反射波长产生的偏移可表示为 $\Delta\lambda=\xi\Gamma\rho\Delta y$，其中，$\xi$ 为单位横向应变下，布拉格波长的偏移量。传感器通过非对称马赫-曾德尔干涉仪进行波长解调。这种单自由度允许在图 11.2-9 所示的方向测量加速度。加速度计实现了灵敏度为 $1\text{mg}/\sqrt{\text{Hz}}$，带宽为 3Hz。由于传感器的频率响应受限于装置的共振频率 $f=\dfrac{1}{2\pi}\sqrt{\dfrac{m}{k}}$，为提高响应带宽，可通过减少质量块实现，质量减少又会影响灵敏，可见光纤光栅加速度计同样存在带宽灵敏度低的问题。虽然该传感器灵敏度和带宽相对较低，且性能容易受到环境的影响，但其优点在于结构简单、成本低和多点测量能力。

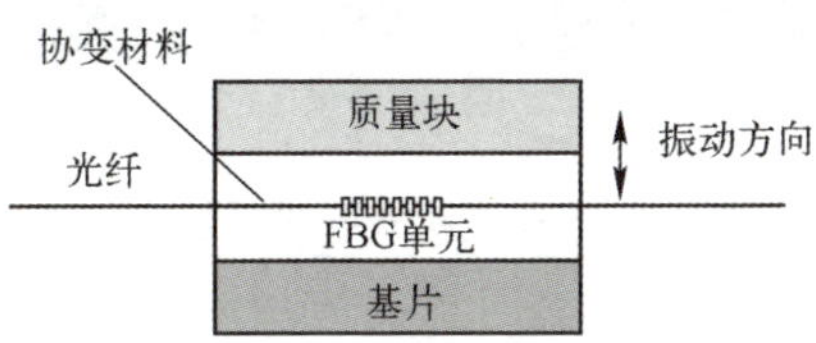

图 11.2-9 FBG 加速度计测量头

Linze 等提出了一种多点 FBG 加速度计[44]，当受到外部加速度时，机械换能器诱导光纤内双折射变化，从而改变偏振状态，表现为反射功率变化。FBG 可反射来自光纤不同位置的光，从而实现波长复用。这种装置能够在多点测量的功能下提供亚微米位移分辨率和优秀的灵敏度[45]。Mita 等于 2001 年提出了一种 FBG 加速度计[46]，该加速度计由一个 L 形刚性悬臂梁、一个惯性质量块、一个弹簧和一个布拉格光栅元件组成。布拉格光栅元件不直接黏附在悬臂梁上，而是放置在悬臂梁上以避免不均匀应变。这种设计的优点是交叉灵敏度很小，机械设计确保了 FBG 的均匀应变分布，从而在大振幅范围内保持良好的灵敏度。然而，与其他同类型方案相比，这种设计牺牲了寿命。

11.3 折射率传感

11.3.1 基于光纤光栅的折射率传感

折射率传感器在生物、化学医药等领域具有重要作用，用于快速检测特定的材料。尽管基于光学的化学传感器如拉曼传感也可以实现上述功能，但光纤布拉格光栅的传感器在灵敏度、小尺寸、低成本等方面仍具有优势。根据布拉格条件 $\lambda_B = 2n_{eff}\Lambda$，光纤光栅的布拉格波长与有效折射率具有直接相关性，因此，在没有其他物理量扰动的情况下，折射率传感器需依靠改变导模有效折射率 n_{eff} 来实现布拉格波长的移动，进而实现折射率的传感，如图 11.3-1 所示。有效折射率主要取决于芯层和包层的折射率，对外界的折射率扰动具有不敏感性。

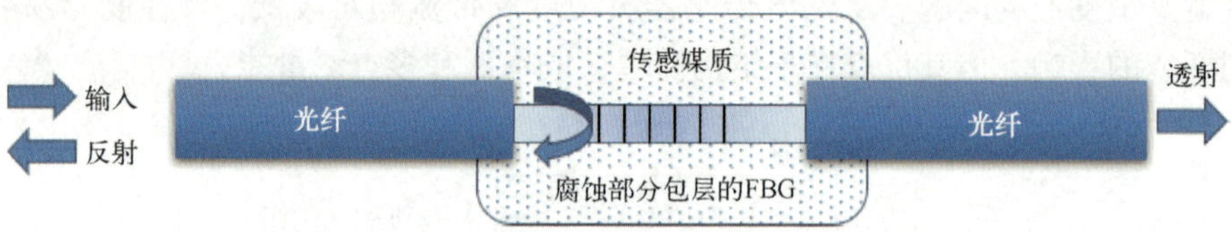

图 11.3-1　基于 FBG 倏逝场的折射率传感器示意图

为增加有效折射率对包层的敏感性，通常采用化学腐蚀（氢氟酸）的方法将光栅的包层部分或全部去除，导模倏逝场可以到达传感区域，使得有效折射率发生变化，缺点是由于结构问题降低了器件的强度和耐用性。

布拉格波长的变化随传感媒质折射率具有非线性关系，随着折射率差的增加，变化单位布拉格波长需要的折射率变化量也相应增加，导致灵敏度降低。另外随着倏逝场进入到传感媒质，传感材料的吸收将导致 FBG 反射信号的衰减。在折射率变化量为 0.01 附近，典型的 FBG 折射率传感灵敏度为 200nm/RIU①。在实践中，去包层后，只剩直径几个微米的传感器变得不再可行，且已有的实验报道中，已经在单模光纤上实现了刻蚀后直径分别为 11μm 和 8.5μm，大多数实验测得的灵敏度较低，报道的数据的较好结果分别为 0.1nm/RIU，10nm/RIU，进一步减少刻蚀直径，意味着纤芯将被刻蚀，当直

① RIU（Refractive Index Unit）表示折射率单位，1RIU 表示 1 折射率单位。

径为 3μm 时，灵敏度达到 237nm/RIU，但反射谱已经变得很宽。近年来，随着其他类型的高灵敏度折射率传感器不断提出，基于 FGB 的折射率传感器受到的关注逐渐减少。

11.3.2　基于长周期光纤的传感器

长周期光纤光栅的工作机制是少量前向传播的包层模与前向传播的导模之间的耦合，共振波长对包层模和导模的有效折射率差具有敏感性，且与每个包层模发生共振的波长不同。尽管导模的有效折射率受传感媒质影响很小，但包层模有效折射率对外部媒质折射率具有天然的灵敏性。因此 LPG 在用于折射率传感器时，与布拉格光栅相比具有固有的高灵敏度。

共振耦合现象发生在导模和特定的包层模之间时，具有不同的共振波长，不同的包层模对同一物理量的扰动（温度、应变、折射率）也可能具有符号相反的灵敏度。特别是对于某种包层模式，可能存在对特定的物理参量灵敏度极低的情况，这对于温度和应变等交叉灵敏的测量有重要意义。图 11.3-2（a）给出了多个包层模的共振波长移动与应变（单位为 με）的关系[47]，可以看出，对于有些模（B，C，D）出现了与应变不敏感。对于有些模，如模 A 则应变的灵敏度要大于基于同样光纤制备的 FBG 的应变灵敏度。图 11.3-2（b）为一种基于康宁 Flexcore 光纤制备的周期为 40μm 的长周期光纤光栅，可以看出，大约在 100℃的变化范围内，对于共振为 1141.5nm 的包层模耦合，温度对共振波长偏移的影响很小，仅为 0.18nm。该共振模可很好地用于与温度无关的应变测量[48]。

在折射率传感方面，基于 LPFG 的折射率传感器首次发表于 1996 年[49]，在折射率范围 1.4~1.45 内，灵敏度可达 1200nm/RIU。后续的理论[50]和实验研究工作[51]都表明，当被测物的折射率超过光纤折射率时，也可以实现折射率的传感测量，但包层模式将变成辐射模式，并且波长偏移量要下降很多，导致灵敏度大幅降低，且共振峰衰减的深度受很大影响。后续详细的理论和实验研究工作的一般性结论表明，基于 LPG 的折射率传感器，灵敏度要远大于对应的 FBG，但由于 LPG 共振峰的品质因子很低，导致最终两者的优质因子（FOM）相差不大。由于 LPG 不需要对光栅进行腐蚀性刻蚀，光纤直径保持不变，工艺大大简化，同时耐用性大大提高。

最近几十年，提高 LPG 折射率灵敏度的工作主要围绕三方面进行：色散调谐点、模式跃变和包层模减薄。

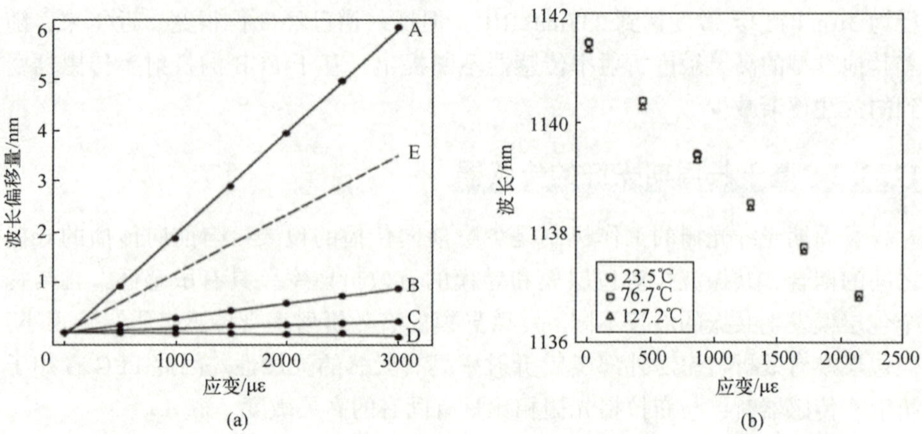

图 11.3-2 为四个包层模与纤芯模耦合的共振峰波长偏移量随温度的变化关系曲线（a），其中 ABCD 为包层模，及作为对比 E 为相同光纤制备的 FBG 布拉格波长偏移量与温度的关系曲线（b），LPG 某包层与导模耦合的共振峰在不同温度下得到的共振波长随应变的变化关系

利用包层减薄的长周期光纤光栅，在折射率 1.447~1.457RIU 内，实现了不同耦合强度下灵敏度分别为 6812nm/RIU 和 7366nm/RIU 的折射率传感[52]，在结构上，包层减薄的长周期光纤光栅需熔接在标准单模光纤之间。

在参考文献［53］中首次提出了色散转角（DTP）的概念，它导致水折射率（1.33）范围的器件灵敏度增加到约 1000nm/RIU。根据 LPG 的共振波长方程 $\lambda=\pi[n_{\text{eff}}^{\text{core}}(\lambda)-n_{\text{eff}}^{i}(\lambda)]\Lambda$，其中，$n_{\text{eff}}^{\text{core}}$ 和 n_{eff}^{i} 分别为芯模和包层模的有效折射率，Λ 为 LPG 的周期，对于不同的包层模式耦合，可以看出共振波长是光栅周期的函数。对于高阶模式，当针对特定的周期耦合到同一包层模式时，会同时获得两个共振，且每个共振峰都具有较高的灵敏度，并且随着折射率的变化以不同的方向偏移。通过使用两个共振之间的反向分离效应作为灵敏度参数，可获得大约单个共振峰两倍的灵敏度。进一步蚀刻共振结构，可使器件灵敏度提高到 3166nm/RIU（8734nm/RIU，包含分离效应）[54]，但存在包层减薄导致的器件脆性问题。

模式跃变的理论基础在于当光纤包层表面沉积一定厚度的薄膜，且薄膜折射率大于包层时，其中的包层模可跃变为导模，在参考文献［55］中，模式跃变被实验证明是纳米涂层厚度的函数。当发生模式跃变时，其他包层模的有效折射率会明显增加，根据共振波长与包层模的依赖关系，这些共振模的灵敏度也会增加[56]。在参考文献［57］中，模式跃变现象被应用于基于

LPG 的折射率传感测量，所达到的灵敏度为 2000nm/RIU，与未涂层的 LPG 相比，在最佳情况下的改进可高达 70 倍。在另一项工作中通过将模式跃变与色散调谐点结合进行 LPG 的传感，灵敏度达可达到创纪录的 5924nm/RIU[58]。在模式跃变的其他工作中还包括使用不同的材料取代聚合物薄膜，以改进传感器的性能。在 2015 年，研究人员理论上提出了将 DTP、模式转换以及蚀刻相结合，以实现超灵敏度器件的想法，这种器件在水折射率区域中的灵敏度应超过 50000nm/RIU，并可追踪两个带之间的分离，分离灵敏度超过 143000nm/RIU[59]。

基于 LPG 传感器的其他改进方面包括提高 Q 值和优质因子，其中一个有效的方法是采用两个相同的 LPG 制成马赫-曾德尔干涉仪，两个 LPG 的间距为厘米量级，其基本原理是第一个 LPG 将包层模和芯模通过耦合分离，并在传播厘米量级的长度后，产生相位差，最后在第二个 LPG 重新耦合，每个 LPG 共振谱的深度在 50%时，可以发生有效干涉[60]。在透射光谱中获得干涉条纹，可大幅度增加 Q 值，获得的优质因子可高达 128[61]。

近年来，科研人员提出了基于无芯光纤的长周期光纤光栅用于折射率传感，无芯光纤直径为 125μm，远大于标准的单模光纤纤芯直径，增加了器件强度和耐用性，文献报道表明，折射率范围在 1.33~1.4RIU 内，平均灵敏度达到了 141.387nm/RIU[62]。

11.3.3 光纤光栅氢气传感器

FBG 氢气传感器采用 FBG 无源光学器件制造而成，其传感原理是在光纤的布拉格光栅部分涂敷氢敏感材料，这些氢敏材料与氢反应后会产生热量或膨胀，从而使布拉格光栅的中心波长发生漂移。通过分析 FBG 波长的变化，可以对氢气浓度变化进行测量。

Sutapun 等报道了第一个基于光纤光栅的氢传感器[63]，它的传感头是一段 2~3cm 长的光纤布拉格光栅，光栅表面涂有 560nm 厚的 Pd 膜。如图 11.3-3（a）所示。当氢气浓度范围在 0.3%~1.8%（V/V）时，该传感器表现出线性波长漂移。当氢气浓度超过 1.8%时，氢气传感器性能变差并且不可逆。这一现象的主要原因在于纯 Pd 膜的稳定性较差。尽管性能指标比较不理想，但基于 FBG 的氢传感器的一个独特之处在于，使用具有不同布拉格波长的 FBG 可以在单根光纤上实现多路复用。此外，该工作开启了科研工作人员对基于 FBG 的氢传感器研究，很快一系列基于 FBG 和 LPG 的传感头设计被陆续提出[64]，如图 11.3-3 所示，基于两类物理机理的氢敏感材料也陆续被提出，并进行了深入研究和应用[65]。

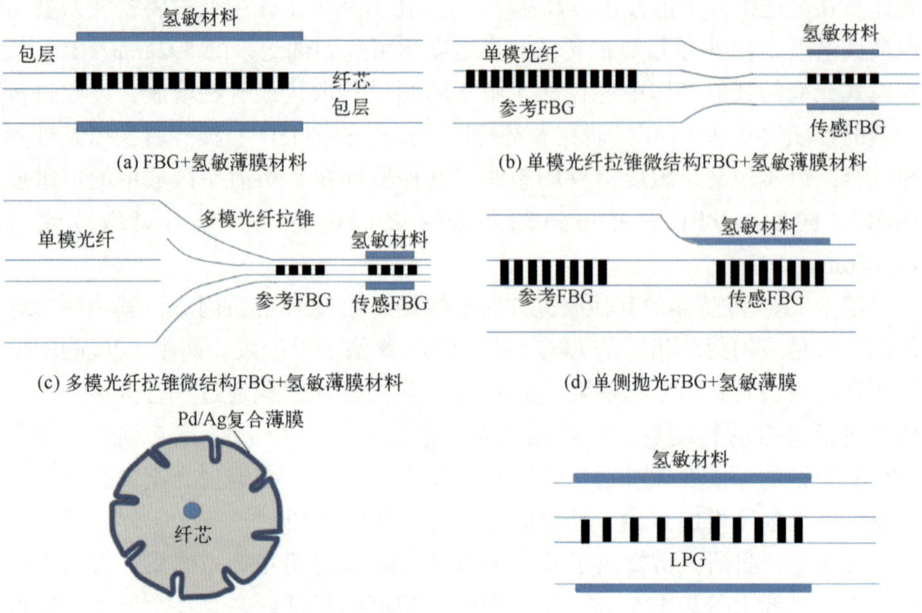

(a) FBG+氢敏薄膜材料　(b) 单模光纤拉锥微结构FBG+氢敏薄膜材料

(c) 多模光纤拉锥微结构FBG+氢敏薄膜材料　(d) 单侧抛光FBG+氢敏薄膜

(e) 单模光纤FBG包层刻蚀螺旋微结构+氢敏薄膜材料　(f) LPG+氢敏薄膜材料

图 11.3-3　基于 FBG 的氢传感器常见结构

以图 11.3-3（a）为基本原型，后续许多工作对其做了改进研究，主要围绕氢敏材料的厚度调控，用以改变器件的响应时间、减少 FBG 部分光纤的直径以提高灵敏度等，其中 Pd 层的厚度范围覆盖从 5nm 到几百纳米。减少 FBG 部分的光纤直径除了采用刻蚀，还包括采用将单模光纤或多模光纤进行高温拉锥的工艺，器件结构如图 11.3-3（b）和图 11.3-3（c）。其中单模光纤 FBG 部分拉至直径 25μm。图 11.3-3（d）为单侧减薄抛光的 FBG 结构，剩余光纤包层厚度为 20μm。以上结构的氢传感器与第一支基于 FBG 传感器相比，在灵敏度、响应时间、探测范围和探测下限等方面都有相当程度的提高。

周等人报道了用 Pt/WO_3薄膜制备的螺旋微结构 FBG 氢气传感器的传感特性[66]，其结构如图 11.3-3（e）所示。螺旋微结构 FBG 的表面由飞秒激光加工而成。双螺旋微结构 FBG 氢气传感器在室温 20℃，相对湿度为 27%时，对 0.02%、0.04%、1%和 4%（体积分数）的氢气/空气混合物产生的波长漂移分别为 11pm、25pm、530pm 和 2210pm。与标准 FBG 氢气传感器相比，这种传感器的灵敏度大约高出 2~4 倍。此外，响应时间从几分钟缩短到 10~30s。

这种传感器具有响应速度快、稳定性好、检测范围大的优点。不足之处是这种飞秒加工的传感器结构相对脆弱，易损坏。

与单侧刻蚀抛光结构的 FBG 相比，LPG 对外部折射率变化具有天然灵敏性，因此在覆盖氢灵敏薄膜材料之前无须做任何处理，基于 LPG 的典型氢气传感结构如图 11.3-3（f）所示，TRuillet 等对同样涂有 50nmPd 薄膜的 LPG 和 FBG 氢气传感器进行了对比研究[67]，对于 4% 的氢浓度，两者的波长移动分别对应 7nm 和 14pm。前者大约是后者的 500 倍。后续科研人员报道了对于涂有 70nmPd 薄膜的 LPG 氢传感，在温度分别为 30℃、100℃、150℃、200℃ 的条件下，对 He 气氛中 0~16% 的氢进行测量，发现对应的 LPG 共振波长明显减小，在所有测量温度下，传感器的响应时间均小于 70s。由于 Pd 随着温度的升高对氢气的吸收能力明显降低，故在 30℃ 的工作温度下，传感器呈现出优秀的灵敏度，当氢气浓度增加到 4% 时，对应的共振波长偏移为 4nm。

由于 Pd 薄膜对的氢气吸收受温度的影响，并会影响传感器的灵敏度，对氢气传感器进行温度补偿是十分必要的，图 11.3-4 给出了含温度补偿的氢传感装置[68]。

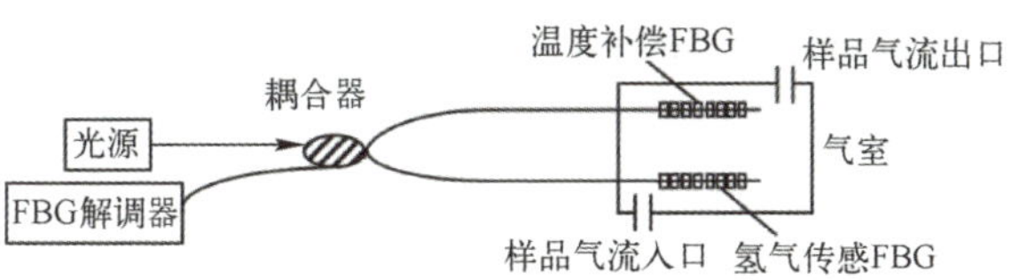

(a) 传感装置

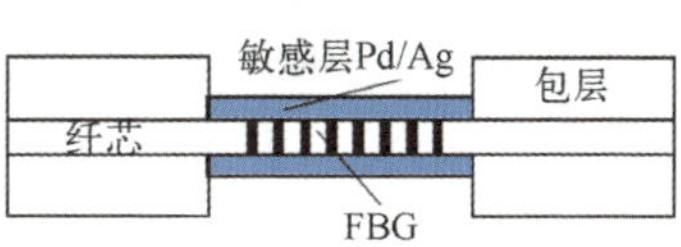

(b) 传感头结构

图 11.3-4　含温度补偿的氢气传感器

WO_3 在 Pt 的催化作用下与氢气发生反应，并释放热量，释放热量导致的温度变化可以驱动 FBG 波长的漂移，可以用于测量氢气浓度。WO_3 与氢气反应的产物在空气中与氧气相互作用，发生氧化反应，重新生成 WO_3，从而实现氢气的重复性测量。因此，基于 WO_3 的传感器适用于在空气环境使用，可广泛开发用于监测空气中泄漏氢气的浓度。而 Pd 基氢气传感器中的 Pd 金属长时间在空气中暴露会产生一层表面氧化层，影响传感器性能，因此非常适合在无氧环境中应用，常见的有变压器油中。

2007 年，Caucheteur 实现了第一支基于 WO_3 放热反应的 FBG 氢气传感器，次年由 FBG 和 LPG 共同构成的 WO_3 基氢气传感器相继被提出。尽管所展示的氢传感器具有更好的灵敏度和响应率，但在探测最低浓度的响应方面有待提高。在低温下，氢气探测灵敏度会降低，对于温度的补偿也可采用图 11.3-4

所示的装置进行。WO_3基氢传感器由于适合在空气中进行探测，故不需要图 11.3-4 所示的气体混合装置，此类传感器特别适合用于分布式探测空气中氢气的泄漏。

氢气传感器在材料方面还存在以下几方面的挑战[63]。①温度的影响，对于 Pd 基氢气传感器，温度降低会影响材料对氢气的吸收能力、氢分子活性等，会对器件的灵敏度、响应率、探测阈值产生影响，在正常温度下工作的传感器在低温下可能会性能劣化甚至不能工作。对于 WO_3基氢气传感器，温度降低也会影响放热反应的速率，导致较高的探测阈值和较低的灵敏度。两种传感机理都可以通过采用激光加热的方法大幅度提高在低温工作条件下的灵敏度和响应率，并降低响应阈值。②湿度的影响，在高湿度情况下，WO_3基氢气传感器不能探测浓度低于 0.6% 的氢气，但在高浓度的氢气中，传感器性能几乎不受影响，这一现象可归于该探测中的放热反应。加热可以恢复高湿度条件下传感器的性能，另外，研究表明通过紫外照射都可以增强材料的稳定性，克服湿度的影响。对于 Pd 及其合金的传感器，空气湿度的影响更为严重，Pd 或 Pd 合金具有致密均匀的表面，在高湿度环境下容易形成一层水膜严重影响性能。引入具有疏水性的聚合物保护层可缓解高湿度的干扰。③Pd的表面氧化，对于长时间暴露在空气环境中 Pd 基氢气传感器会形成一层几纳米厚的表面氧化层，减少了 Pd 表面与氢气反应的活性点，使器件传感性能劣化，目前可采用沉积 Pt 保护层阻断氧化，并增加氢的扩散。

11.4 光纤传感系统的复用和解复用技术

在许多工程应用中，须将多个传感器或传感器阵列对结构中多个位置的同一参数或不同位置的多个参数进行测量。这些传感器或者表面布设（如桥梁健康监测、铁路轨道监测等应用需要在桥面或铁路轨道上铺设多个 FBG 传感器），或者嵌入在材料结构中（如在航天飞行器关键部件的监测，建筑物健康监测等），这些应用需要布设大量传感单元，且需要一定的空间分辨率。采用多种复用技术来实现基于 FBG 的准分布式的大容量传感网络是很好的解决方案。许多研究中已经报道了包括时分复用（TDM）、波分复用（WDM）、空分复用（SDM）、偏分复用（PDM）和调频连续波（FMCW）等在内的复用技术以及许多混合复用技术。但主流的复用方式还是以 TDM、WDM 以及 TDM 和 WDM 的混合复用为主[70-71]。

11.4.1　时分复用

图 11.4-1 为时分复用的传感系统示意图。传感器包括多个 FBG，这些 FBG 的中心波长不限（可以具有相同的布拉格波长），来自每个 FBG 的返回信号之间存在时间延迟 $\Delta t=T$，时间延迟可通过在两个传感单元之间插入一段空白光纤实现。为达到时分复用目的，采用的光源通常为宽带脉冲激光源，调制光脉冲信号经耦合器依次通过一系列的传感单元，从每个 FBG 反射回的脉冲用两个相隔距离等于光栅之间的往返时间的脉冲来恢复。为满足每个 FBG 可工作在不同波长区域的需求。脉冲宽度必须比紧邻两个传感电源之间的往返时间短，反射的脉冲串（信号）通过耦合器被引导到光电探测器。然后使用开关电子器件将各个 FBG 光电转换后的电流信号，并进行时间解调。TDM 方法能够多路复用大量传感元件，而不需要波长选择器件。传感元件也可是其他传感调制方式的光纤传感器，图 11.4-2 为基于相位调制方式的马赫-曾德尔干涉仪作为时分复用的传感元件。

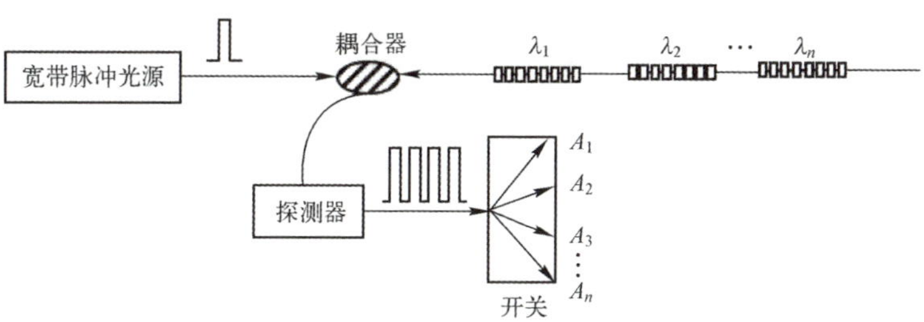

图 11.4-1　时分复用传感系统示意图

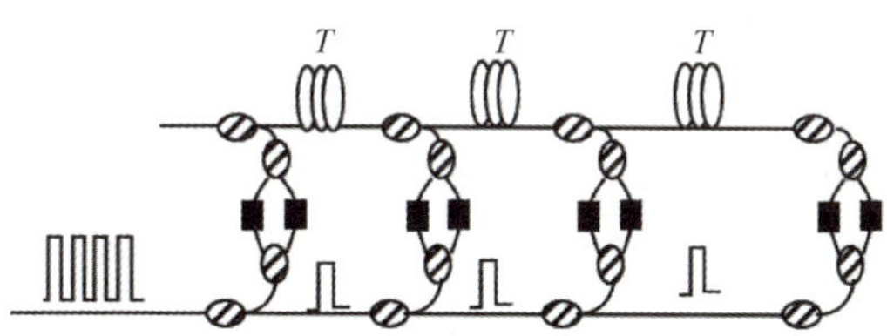

图 11.4-2　多路马赫-曾德尔干涉仪时分复用传感系统示意图（传感部分）

11.4.2　波分复用

波分复用可以充分利用光通信中成熟的波分复用技术，典型结构如图 11.4-3 所示。以 FBG 为传感单元为例，波分复用中的每个 FBG 均编码成与其他 FBG 不同的布拉格反射波长。为覆盖所有的光栅频谱，波分复用采用的光源多为宽带光源。解调可采用基于可调谐 F-P 滤波器的扫描模式进行，以区分不同 FBG 的布拉格波长[72]。其他解调方法，如 WDM 波长解复用器、马赫-曾德尔干涉仪、迈克尔逊干涉仪等也常用于基于 FBG 的 WDM 传感网络，波分复用通常用在 FBGs 探测点的位置分布在空间分布不均匀时使用。当传感阵列中传感单元的位置呈均匀布置时，通常优先采用 TDM 技术。TDM 技术可以使传感链路中 FBG 传感单元的个数成倍增加，而 WDM 中每个光纤传感链路包含 FBG 传感单元的个数受限于每个传感器的量程和光源的带宽，现有技术下，单链路复用数要小于 100，通常为十几个。

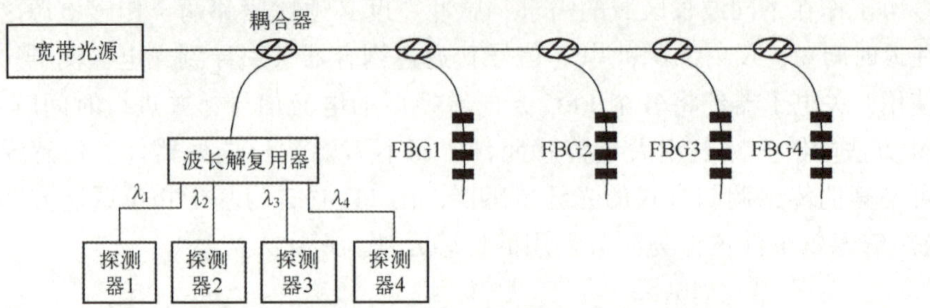

图 11.4-3　光纤布拉格光栅传感器波分复用结构示意图

11.4.3　混合复用

基于 FBG 的 WDM 和 TDM 复用技术都存在各自的限制，在现有技术条件下很难突破复用上限，解决办法是采用 TDM 和 WDM 的混合复用技术。例如，为避免光栅间距受到脉冲宽度限制，将 TDM、WDM、SDM 等复用技术的组合在 FBG 阵列中，可实现高空间分辨率的阵列传感网络[73]。在大型工程监测的实践中，构建一个混合复用的大容量 FBG 传感阵列是常用做法，如在许多热电厂的大型空气冷却岛中。在健康护理领域，心肺监测也需要大量的 FBG 传感器，用于监测胸壁位移、吸气和呼气的温、湿度差异、呼吸的气流、血压、心率以及心脏诱发的运动等。对两种 WDM 和 TDM 的混合复用技术（宽谱光源技术和激光扫描技术）的介绍可参考综述文献［74］。

参 考 文 献

［1］KERSEY A D, DAVIS M A, PATRICK H J, et al. Fiber grating sensors［J］. Journal of Lightwave Technology, 1997, 15(8): 1442.

[2] BYRON K C, SUGDEN K, BRICHENO T, et al. Fabrication of chirped bragg gratings in photosensitive fiber [J]. Electronics Letters, 1993, 29(18): 1659.

[3] SAHOTA J K, GOUPTA N, DHAWAN D. Fiber bragg grating sensors for monitoring of physical parameters: a comprehensive review [J]. Optical Engineering, 2020, 59(6): 060901.

[4] SHU X, LIU Y, ZHAO D, et al. Dependence of temperature and strain coefficients on fiber grating type and its application to simultaneous temperature and strain measurement [J]. Optics Letters, 2002, 27(9): 701-703.

[5] CANNING J. Fibre gratings and devices for sensors and lasers [J]. Laser & Photonics Review, 2008, 2(4): 275-289.

[6] SMELSER C W, MIHAILOV S J, GROBNIC D. Formation of type I-IR and type II-IR gratings with an ultrafast IR laser and a phase mask [J]. Optics Express, 2015, 13(14): 5377.

[7] HILL K O, JOHNSON D C, KAWASAKI B S. Photosensitivity in optical fiber waveguides: application to reflection filter fabrication [J]. Applied Physics Letters, 1978, 32(10): 647-649.

[8] KASHYAP R. Fiber bragg gratings [M]. USA: Academic Press, 2010.

[9] ERDOGAN T. Fiber grating spectra [J]. Journal of Lightwave Technology, 1997, 15(8): 1277.

[10] 杨蕊竹. 长周期光纤光栅的特性及传感应用的研究 [D]. 长春: 吉林大学, 2012.

[11] KASHYAP R. Principles of optical fiber gratings sensors [M]. Canada: Academic Press, 2010.

[12] HILL K O, MELTZ G. Fiber bragg grating technology fundamentals and overview [J]. Journal of Lightwave Technology, 1997, 15(8): 1263-1276.

[13] WU W, LIU X. The investigation on high temperature characteristics of FBG sensors [J]. Optik, 2015, 126(20): 2411-2413.

[14] JEUNHOMME L B. Single-mode fiber optics [M]. New York: Marcel Dekker, 1990.

[15] ALBERT A C J. Fiber bragg grating sensors: recent advancements, industrial applications and market exploitation [M]. Emirate of Sharjah, UAE: Bentham Science Publishers, 2013.

[16] LAMBERTI A, VANLANDUIT S, PAUW B D, et al. A novel fast phase correlation algorithm for peak wavelength detection of fiber bragg grating sensors [J]. Optics Express, 2014, 22(6): 7099.

[17] KANG S C. Real-time measurement for static and dynamic strain using a fiber bragg grating and the ASE profile of EDFA [C]//Proceedings of the 13th International Conference on Optical Fiber Sensors. Kyongju, Korea, 1999: 12-16.

[18] ZHANG W, TONG Z, MIAO Y, et al. Sensing and demodulation technique based on tilted fiber bragg grating [J]. Nanotechnology and Precision Engineering, 2008, 6(4): 284-287.

[19] LIU Q, LI B, SUN Y, et al. FBG demodulation method based on long-period fiber gratings [J]. Journal of Applied Optics, 2022, 43(1): 160-166.

[20] KOO K P, KERSEY A D. Bragg grating based laser sensor system with interferometric interrogation and wavelength division multiplexing [J]. Journal of Lightwave Technology, 1995, 13(7): 1243-1249.

[21] MELLE S M, ALAVIE A T, KARR S, et al. A bragg grating tuned fiber laser strain sensor system [J]. IEEE Photonics Technology Letters, 1993, 5(2): 263-266.

[22] TOSI D. Review and analysis of peak tracking techniques for fiber Bragg grating sensors [J]. Sensors, 2017, 17: 2368.

[23] 韩超, 胡宾鑫, 朱峰, 等. 光纤光栅高精度解调算法研究进展综述 [J]. 激光与光电子学进展, 2022, 59(13): 1300005.

[24] HUANG C, JING W, LIU K, et al. Demodulation of fiber bragg grating sensor using cross-correlation algorithm [J]. IEEE Photonics Technology Letters, 2007, 19(9): 707.

[25] LIU Q, QIAO X, JIA Z, et al. Spectra power and bandwidth of fiber bragg grating under influence of gradient strain [J]. Photonic Sensor, 2016, 6(4): 333-338.

[26] EZBIRI A, KANELLOPOULOS S E, HANDEREK V A. High resolution instrumentation system for fiber-bragg grating aerospace sensors [J]. Optics Communications, 1998, 150: 43-48.

[27] PRESS W H, VETTERLING W T, TEUKOLSKY S A, et al. Numerical recipes [M]. Citeseer, 1988.

[28] SKAAR J, WANG L, ERDOGAN T. On the synthesis of fiber bragg gratings by layer peeling [J]. IEEE Journal of Quantum Electronics, 2001, 37(2): 165.

[29] KASHYAP R, HRNUNG S, REEVE M J, et al. Temperature de-sensitisation of delay in optical fibers for sensor applications [J]. Electronics Letters, 1983, 19(24): 1039-1040.

[30] IWASHIMA T, INOUE A, SHIGEMATSU M, et al. Temperature compensation technique for fibre Bragg gratings using liquid crystalline polymer tubes [J]. Electronics Letters, 1997, 33(5): 417-419.

[31] KASHYAP R, HORNUNG S, REEVE M H, et al. Temperature de-sensitization of delay in optical fibers for sensor applications [J]. Electronics Letters, 1983, 19(24): 1039-1040.

[32] IWASHIMA T, INOUE A, SHIGEMATSU M, et al. Temperature compensation technique for fiber bragg gratings using liquid crystalline polymer tubes [J]. Electronics Letters, 1997, 33(5): 417.

[33] TIAN K, LIU Y, WANG Q. Temperature-independent fiber bragg grating strain sensor

using bimetal cantilever [J]. Optical Fiber Technology, 2005, 11: 370-377.

[34] LIANG M, FANG X, NING Y. Temperature compensation fiber bragg grating pressure sensor based on plane diaphragm [J]. Photonic Sensors, 2018, 8(2): 157-167.

[35] LI X, GUOZHANG J, YONGXIN G, et al. Investigation of the temperature compensation of FBGs encapsulated with different methods and subjected to different temperature change rates [J]. Journal of Lightwave Technology, 2019, 37(3): 917-926.

[36] AL-ZABEN A, AL BATAINEH M, AL-REFAIE S. Temperature compensation of fiber bragg gratings manometry catheter using Kalman filter [J]. International Journal of Pharma Medicine and Biological Science, 2016, 5(1): 12-16.

[37] SHENG H J, FU M Y, CHEN T C, et al. A lateral pressure sensor using a fiber bragg grating [J]. Photonics Technology Letters, 2004, 16(4): 1146.

[38] ROSOLEM J B. Electroless nickel-plating sealing in FBG pressure sensor for thermoelectric power plant engines applications [J]. Journal of Lightwave Technology, 2019, 37(18): 4791-4798.

[39] YUKI H, BONEFACINO J, TAM H Y, et al. Measurement of pulse wave signals and blood pressure by a plastic optical fiber FBG sensor [J]. Sensors, 2019, 19: 5088.

[40] RORIZ P, FRAZAO O, LOBO-RIBEIRO A B, et al. Review of fiber-optic pressure sensors for biomedical and biomechanical applications [J]. Journal of Biomedical Optics, 2013, 18(5): 050903.

[41] KO P L, CHUANG K C, MA C C. A fiber bragg grating-based thin-film sensor for measuring dynamic water pressure [J]. IEEE Sensors Journal, 2018, 18(18): 7383-7391.

[42] HUANG J, ZHOU Z, ZHANG D, et al. A fiber bragg grating pressure sensor and its application to pipeline leakage detection [J]. Advances in Mechanical Engineering, 2013, 2013: 590451.

[43] BERKOFF T A, KERSEY A D. Experimental demonstration of a fiber bragg grating accelerometer [J]. IEEE Photonics Technology Letters, 1996, 8(12): 1677.

[44] LINZE N, VERLINDEN T P, MEGRET P, et al. Development of a multi-point polarization-based vibration sensor [J]. Optics Express, 2013, 21: 5606-5624.

[45] LI T, SHI C, REN H. A novel fiber bragg grating displacement sensor with sub-micrometer resolution [J]. IEEE Photonics Technology Letters, 2017, 29: 1199-1202.

[46] MITA A, YOKOI I. Fiber bragg grating accelerometer for buildings and civil infrastructures [C]//Smart Structures and Materials 2001: Smart Systems for Bridges, Structures, and Highways. SPIE, 2001: 479-486.

[47] BHATIA V. Applications of long-period gratings to single and multi-parameter sensing [J]. Optics Express, 1999, 4(11): 457.

[48] BHATIA V, CAMPBELL D K, SHERR D, et al. Temperature-insensitive and strain-in-

sensitive long-period grating sensors for smart structures [J]. Optics Engineering, 1997, 36: 1872.

[49] BHATIA V, VENGSARKAR A M. Optical fiber long-period grating sensors [J]. Optics Letters, 1996, 21(9): 692.

[50] HOU R, GHASSEMLOOY Z, HASSAN A, et al. Modelling of long-period fiber grating response to refractive index higher than that of cladding [J]. Measurement Science and Technology, 2001, 12(10): 1709-1713.

[51] JAMES S W, TATAM R P. Optical fiber long-period grating sensors: characteristics and application [J]. Measurement Science and Technology, 2003, 14(5): R49-R61.

[52] ZHAO Y, LIU Y, ZHOU C, et al. Sensing characteristics of long-period fiber gratings written in thinned cladding fiber [J]. IEEE Sensors Journal, 2016, 16(5): 1217-1223.

[53] SHU X, ZHU X, JIANG S, et al. High sensitivity of dual resonant peaks of long-period fiber grating to surrounding refractive index changes [J]. Electronics Letters, 1999, 35(18): 1580.

[54] DEL VILLAR I, CRUZ J L, SOCORRO A B, et al. Sensitivity optimization with cladding-etched long period fiber gratings at the dispersion tuning point [J]. Optics Express, 2016, 24(16): 17680.

[55] DEL VILLAR I, ACHAERANDIO M, MATIAS I R, et al. Deposition of overlays by electrostatic self-assembly in long-period fiber gratings [J]. Optics Letters, 2005, 30(7): 720.

[56] DEL VILLAR I, MATIAS I R, ARREGUI F J, et al. Optimization of sensitivity in long period fiber gratings with overlay deposition [J]. Optics Express, 2005, 13(1): 56.

[57] CUSANO A, IADICICCO A, PILLA P, et al. Coated long-period fiber gratings as high-sensitivity optochemical sensors [J]. Journal of Lightwave Technology, 2006, 24(4): 1776.

[58] PILLA P, TRONO C, BALDINI F, et al. Giant sensitivity of long period gratings in transition mode near the dispersion turning point: an integrated design approach [J]. Optics Letters, 2012, 37(19): 4152.

[59] DEL VILLAR I. Ultrahigh-sensitivity sensors based on thin-film coated long period gratings with reduced diameter, in transition mode and near the dispersion turning point [J]. Opt. Express, 2015, 23(7): 8389.

[60] LIU Y, YU Z, YANG H, et al. Numerical optimization and simulation to wavelength-division multiplexing isolation filter consisted of two identical long period fiber grating [J]. Optics Communications, 2005, 246: 367.

[61] DING J, ZHANG A P, SHAO L, et al. Fiber-taper seeded long-period grating pair as a highly sensitive refractive-index sensor [J]. IEEE Photonics Technology Letters, 2005, 17(6): 1247.

[62] GENG T, SHUO Z, FENG P, et al. A temperature-insensitive refractive index sensor based on no-core fiber embedded long period grating [J]. Journal of Lightwave Technology, 2017, 35(24): 5391-5396.

[63] SUTAPUN B, TABIB-AZAR M, KAZEMI A. Pd-coated elastooptic fiber optic bragg grating sensors for multiplexed hydrogen sensing [J]. Sensors and Actuators B: Chemical, 1999, 60: 27-34.

[64] DAI J, ZHU L, WANG G, et al. Optical fiber grating hydrogen sensors: a review [J]. Sensors, 2017, 17: 577.

[65] SILVA S F, COELHO L, FRAZÃO O, et al. A review of palladium-based fiber-optic sensors for molecular hydrogen detection [J]. IEEE Sensors Journal, 2011, 12(1): 93-102.

[66] KARANJA J M, DAI Y T, ZHOU X, et al. Micro-structured femtosecond laser assisted FBG hydrogen sensor [J]. Opt. Express, 2015, 23: 31034-31042.

[67] TROUILLET A, MARIN E, VEILLAS C. Fibre gratings for hydrogen sensing [J]. Measurement Science and Technology, 2006, 17(5): 1124.

[68] CORDERO S R, BESHAY M, LOW A, et al. A distributed fiber optic chemical sensor for hydrogen cyanide detection [C]//Advanced Environmental, Chemical, and Biological Sensing Technologies III. SPIE, 2005: 599302.

[69] KIRKENDALL C K, DANDRIDGE A. Overview of high performance fiber-optic sensing [J]. Journal of Physics D: Applied Physics, 2004, 37: R197-R216.

[70] CULSHAW B, KERSEY A. Fiber-optics sensing: a historical perspective [J]. Journal of Lightwave Technology, 2008, 26(9): 1064.

[71] GUI X, LI Z, FU X, et al. Distributed optical fiber sensing and applications based on large-scale fiber Bragg grating array: a review [J]. Journal of Lightwave Technology, 2023, 41(13): 4187.

[72] KERSEY A D, BERKOFF T A, MOREY W W. Multiplexed fiber bragg grating strain-sensor system with a fiber Fabry-Perot wavelength filter [J]. Optics Letters, 1993, 18(16): 1370.

[73] RAO Y J, LOBO RIBEIRO A B, JACKSON D A, et al. Simultaneous spatial, time and wavelength division multiplexed in-fiber grating sensing network [J]. Optics Communications, 1996, 125: 53-58.

[74] MASSARONI C, ZALTIERI M, PRESTI D L, et al. Fiber bragg grating sensors for cardiorespiratory monitoring: a review [J]. IEEE Sensors Journal, 2021, 21(13): 14069.

第12章 分布式光纤传感器

12.1 分布式光纤传感器的工作原理

光纤分布式传感器可分为准分布式光纤传感器和基于光散射效应的分布式光纤传感器，其中，使用光纤布拉格光栅（FBG）构成的准分布式光纤传感器由 FBG 单元串联组成，由于每个传感单元的长度（光栅长度）在厘米左右量级，相对于长距离测量而言，它仍然是“点”式传感器。基于光散射的全分布式传感器是通过探测入射光脉冲在光纤内传输时产生的散射光，并根据光传输时间和距离的对应关系获得光纤各位置处的衰减、温度和应变、光相位变化等信息，可真正地实现连续测量。图 12.1-1 给出了光纤中三种散射效应对应的频谱，包括瑞利散射、拉曼散射和布里渊散射。

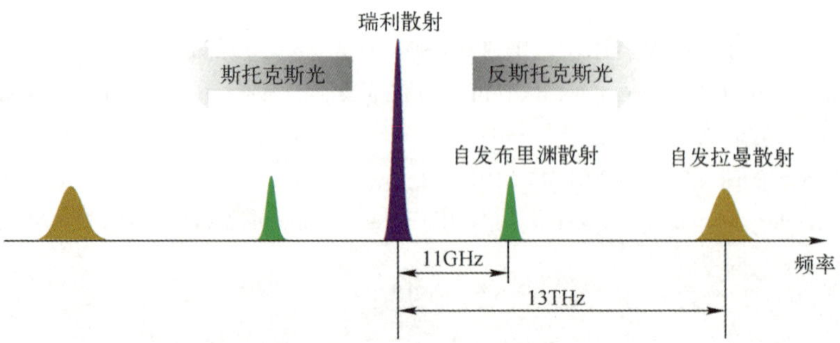

图 12.1-1　光纤中的三种散射效应

12.1.1 光时域反射技术

英国物理学家瑞利发现散射介质的直径远小于光波长时（粒子尺寸小于波长 1/10），散射强度与入射光波数的四次方成正比，称为瑞利散射[1]。瑞利散射光会随机向各个方向传播，在入射方向的前向和后向强度最大，垂直于入射方向的强度最小。瑞利散射对应图 12.1-1 中的中心频谱，散射光和入射光之间没有频移，因此属于弹性散射。瑞利散射的原因是光纤在拉制过程中存在极小尺度的折射率随机涨落的现象，这是光在光纤中传播时产生瑞利散射的决定性因素，普通单模光纤的瑞利散射系数在 10ns 的脉冲激励下约为 -70dB。在散射过程中，前向瑞利散射沿泵浦光传播，后向瑞利散射光向光源入射方向传播，后向散射光形成了光时域反射（Optical Time Domain Reflectometry，OTDR）和光频域反射技术（Optical Frequency Domain Reflectometry，OFDR）的基础。1977 年，Barnoski 和 Jensen 等首次提出了基于瑞利散射的光时域反射计技术用于监测光通信链路的健康状况[2]，其原理结构如图 12.1-2（a）所示，高功率短脉冲激光通过环形器或光纤耦合器耦合到待测光纤，后向瑞利散射信号在输入端被探测器探测，并通过数据采集和信号处理，通过探测返回时间可以获得光纤反射点的位置。为了满足线性时不变系统的条件，瑞利散射信号互相叠加时应该为非相干叠加，因此 OTDR 系统要求激光器线宽比较宽，一般采用 FP 激光作为光源。根据检测的信号和脉冲之间的相对时间关系和信号在光纤中的传输速度即可得到光纤每个位置的损耗情况。测试曲线如图 12.1-2（b）所示，实线是测量得到的信号相对光强度随位置的分布，虚线是采用滑动平均得到的局部光纤衰减系数。该技术已广泛用于测量光纤长度、确定光纤各处的损耗以及识别光纤链路中的连接点或熔接点质量等。

OTDR 技术根据光纤中后向瑞利散射强度与光功率呈线性关系，最初主要用于测量光纤损耗分布，该技术由于具有分布式测量特性，已成为分布式光纤传感系统的主要技术，应用于温度、应变、振动等物理量的分布式测量。OTDR 技术利用线性时不变系统的冲击响应特性，当向系统中注入单位冲击信号即可得到系统响应 $h(t)$，系统响应可表示为式（12.1-1），即

$$h(t)=\int_{-\infty}^{\infty} h(\tau)\delta(t-\tau)\mathrm{d}\tau \tag{12.1-1}$$

单位冲击信号是数学上描述的时域上无限窄、频域上无限宽的理想信号，在光纤传感系统中无法实现，通常用有限宽度的光脉冲来代替，此时式（12.1-1）变为

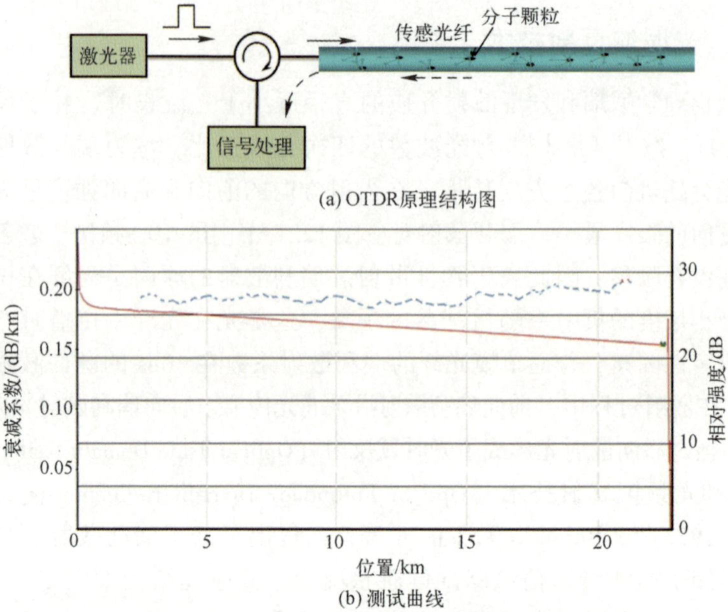

图 12.1-2　OTDR 的结构和实测反射强度曲线

$$h'(t) = \int_{-\infty}^{\infty} h(\tau)\mathrm{rect}(t-\tau, T)\,\mathrm{d}\tau \tag{12.1-2}$$

式中：$\mathrm{rect}(t,T)$ 为脉宽为 T 的矩形脉冲，式（12.1-2）的傅里叶变换为

$$H'(f) = H(f) \times T \times \mathrm{sinc}(\pi f T) \tag{12.1-3}$$

得到的频域响应 $H'(f)$ 相当于理想系统响应经低通滤波后的响应（sinc 函数相当于低通滤波器），脉冲宽度 T 越小，低通滤波带宽越宽，空间分辨率越高，空间分辨率表示为

$$\Delta z = \frac{Tc}{2n} \tag{12.1-4}$$

式中：n 为光纤的模折射率。

在 OTDR 系统中，光脉冲宽度、光功率等对系统的灵敏度和信噪比存在以下制约关系：功率越高，脉冲宽度越宽，探测器灵敏度越高，信噪比也越高，但随着脉冲宽度增加，空间分辨率越低，另外输入脉冲功率必须低于非线性阈值，以免引发非线性光学效应导致信噪比降低。若采用短的调制光脉冲，尽管可以提高空间分辨率，但会降低灵敏度，同时需要高速数据采集设备以及宽带二极管光探测器件[3]。

12.1.2　光频域反射技术

传统光频域反射（OTDR）技术可以获得长的测量距离，但米级的空间分辨率仍然不能满足很多分布式传感应用的需求。OFDR 因其较高的空间分辨率和较大的动态范围而引起了广泛的研究兴趣。OFDR 技术使用连续光源，光源频率受到随时间变化的线性扫描，如图 12.1-3 所示，耦合器 1 将线性扫描光源分为两部分，一部分（探测信号）通过环形器输入待测光纤作为激励源，产生瑞利散射信号，另一路（参考信号）作为本地光与返回的瑞利散射信号通过耦合器 2 合路，可以产生恒定拍频，拍频信号经过探测器光电转换后由采集卡采集解调出各位置的信号。假设光信号的频率随时间变化符合式（12.1-5），则光场可以表示为式（12.1-6）。

$$f(t)=f_0+at \tag{12.1-5}$$

$$E(t)=E_0\mathrm{e}^{[(2\pi f_0t+\pi at^2)\mathrm{j}]} \tag{12.1-6}$$

式中：a 为频率扫描速率，定义为 $a=\Delta F/T$，其中，ΔF 为频率扫描范围，T 为频率扫描时间。

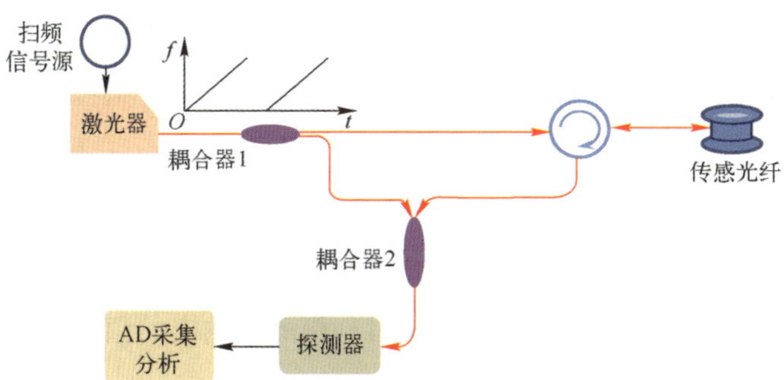

图 12.1-3　OFDR 原理结构图

定义 $t=0$ 时刻频率为 f_0 的光信号进入光纤 $z=0$ 的位置，频率 f 的信号在位置 z 处产生瑞利散射并传输到接收端的往返光纤功率损耗系数设为 $r(z,f)$，根据图 12.1-3，假设信号到达 z 处的时间为 $\tau/2$（$z=\dfrac{\tau c}{2n}$，c 为光速，n 为光纤模折射率），该点发生瑞利散射，散射信号回到探测器的时间为 τ。则在耦合器 2 前环形器输出的瑞利散射信号的光场可以描述为

$$E^R(t,\tau)=E(t-\tau)\sqrt{r(z_{\tau/2},f_{\tau/2})} \tag{12.1-7}$$

经过拍频后的探测器探测到的光强为

$$I(t,\tau)=[E^R(t)+E(t)][E^R(t)+E(t)]^*$$
$$=I_0[1+r(z_{\tau/2},f_{\tau/2})+2\sqrt{r(z_{\tau/2},f_{\tau/2})}\cos(2\pi a\tau t+2\pi\tau f_0-\pi a\tau^2)] \tag{12.1-8}$$

式（12.1-8）中星号表示复共轭。舍弃直流项，只考虑交流项时，式（12.1-8）可写为

$$I_{AC}(t,\tau)=2\sqrt{r(z_{\tau/2},f_{\tau/2})}I_0\cos[2\pi a\tau t+2\pi\tau f_0-\pi a\tau^2] \tag{12.1-9}$$

根据式（12.1-9），光纤位置 z 处（假设 z 和 τ 为常数）的散射信号对探测信号的贡献是频率为 $a\tau=\dfrac{2nza}{c}$ 的余弦波，光纤不同位置对应不同的余弦频率。式（12.1-9）是单个反射点的贡献，考虑光纤中所有点的贡献为

$$I_{AC}(t,f)=\int_0^T 2\sqrt{r(z_{\frac{\tau}{2}},f_{\frac{\tau}{2}})}I_0\cos[2\pi a\tau t+2\pi\tau f_0-\pi a\tau^2]\mathrm{d}\tau \tag{12.1-10}$$

式（12.1-10）中 T 为扫频时间，扫频时间窗口用 $g(t)$ 表示，式（12.1-10）可改写为

$$I_{AC}(t,f)=\int_{-\infty}^{\infty} 2\sqrt{r(z_{\tau/2},f_{\tau/2})}I_0\cos[2\pi a\tau t+2\pi\tau f_0-\pi a\tau^2]g(\tau)\mathrm{d}\tau$$
$$=\int_{-\infty}^{\infty}[h(z,\tau)g(\tau)\mathrm{e}^{-2\pi f t \mathrm{j}}-h^*(z,\tau)g(\tau)\mathrm{e}^{2\pi f t \mathrm{j}}]\mathrm{d}\tau \tag{12.1-11}$$

式中：$h(z,\tau)=2\sqrt{r(z_{\tau/2},f_{\tau/2})}\,\mathrm{e}^{(2\pi\tau f_0-\pi a\tau^2)\mathrm{j}}$ 为光纤位置 z 处频率为 $f_{\tau/2}$ 时的冲击响应。式（12.1-11）可以理解为 t 时刻接收到的信号 $I_{AC}(t,f)$ 是 $h(z,\tau)g(\tau)$ 的频谱，如果只考虑正频率部分，式（12.1-11）可以写为

$$I_{AC}(t,f)=H(z,f)\otimes G(f) \tag{12.1-12}$$

式中：$z=\dfrac{ct}{2n}$。式（12.1-12）表明在 t 时刻探测器输出的频谱是 z 处的冲激响应频谱和扫频窗口频谱的卷积，扫频窗口频谱是固定不变的，因此只要解调出每次扫描 t 时刻探测到的频谱变化，即可得到 z 位置影响散射信号频谱的时间。由 $h(z,\tau)$ 的表达式可知，影响频谱的因素包括幅度和相位，其中，幅度与 z 处的损耗或反射有关，相位与 z 处的应变、折射率变化有关，引起相位变化的环境因素主要有振动、温度和形变等，因此 OFDR 技术可用于分布式振动、温度和形变测量。式（12.1-12）中窗口函数可表示为

$$G(f)=T\mathrm{sinc}(\pi fT)\mathrm{e}^{-\pi fT\mathrm{j}} \tag{12.1-13}$$

$G(f)$ 谱的半高全宽 $\Delta f=\dfrac{1}{T}$，式（12.1-12）中 H 与 G 卷积后 I_{AC} 的频谱分辨率即为 Δf，其时域的分辨率即对应系统的空间分辨率，根据傅里叶变换特

性，时域分辨率 $\Delta T=\frac{1}{f_{\max}-f_{\min}}=\frac{1}{\Delta F}$，$\Delta F$ 为扫频范围。

$$\Delta z=\frac{c}{2n\Delta F} \tag{12.1-14}$$

因此 OFDR 系统的空间分辨率和扫频时长 T 无关，只与扫频范围有关。探测器探测的信号是经过拍频后的信号，最大的拍频频率为 aT，由扫频速率和光纤长度共同决定，因此只要选取合适的扫频参数，接收机带宽的可以远远小于扫频范围。扫频时间与探测信号的信噪比有关，扫频范围与空间分辨率有关，因此 OFDR 同时拥有高信噪比和高空间分辨率[4]。

12.2 基于布里渊散射的温度应变传感器

基于布里渊散射的温度应变传感器利用了光纤中的布里渊散射效应和 OTDR 技术，并根据布里渊频谱中心频率与光纤温度、应变相关的特点，实现温度和应变的分布式测量，采用比较弱的自发布里渊散射信号可实现几十千米的检测，称为布里渊光时域反射（Brillouin Optical Time Domain Reflectometry，BOTDR）仪，利用受激布里渊散射技术可实现接近两百千米的长距离检测，称为布里渊光时域分析（Brillouin Optical Time Domain Analysis，BOTDA）仪，这里重点讨论这两类技术。

12.2.1 布里渊时域反射技术

图 12.1-1 中紧邻中心瑞利散射峰的为布里渊散射分量。组成介质的粒子在连续不断地进行无规则热运动，因此介质内始终存在着不同程度上的弹性力学振动。介质的这种宏观弹性力学振动，意味着介质密度（即折射率）随时间和空间的周期性起伏，从而在介质内部产生一个自发的声波场。该声波场使介质的折射率被周期性地调制并以声速在介质内传播，这种作用类似光栅。光波入射到介质中受折射率光栅作用而发生散射，其散射光因多普勒效应而产生与声速 V_a 有关的频率偏移为 $\upsilon_B=2nV_a/\lambda$。当声波场与入射光运动方向相反时，散射光频率上移，产生反斯托克斯光；当声波场与入射光运动方向相同时，散射光频率下移，产生斯托克斯光。用量子力学的观点，布里渊散射分量来源于入射光子与传播的声学声子的相互作用。布里渊散射过程声子和光子组成的系统需同时满足动量守恒和能量守恒，量子的动量取决于光子和声子的波矢，光子和声子的能量分别取决于光子和声子的频率。能量守恒要求散射光和入射光的频率具有频移，对应的布里渊散射称为非弹性散射。

自发布里渊散射光功率和频移的变化量与温度和应变变化呈线性关系，以此可以实现对环境温度和应变的传感系统。通常，在低入射光强度水平下，发生的非弹性散射称为自发散射，是由介质中的量子力学、热和光密度波动引起。当介质的光学性质因与入射光的相互作用而改变时，光学散射被认为是受激散射，因此，在更高的入射光强度下，通常发生受激光散射，其中材料性质的波动是由入射光本身引起的。

基于自发布里渊散射（Spontaneous Brillouin Scattering，SpBS）的特性并结合 OTDR 技术，Kurashima 和 Horiguchi 等于 1993 年提出了布里渊光时域反射（BOTDR）技术[5]，其基本结构如图 12.2-1（a）所示，其构成与 OTDR

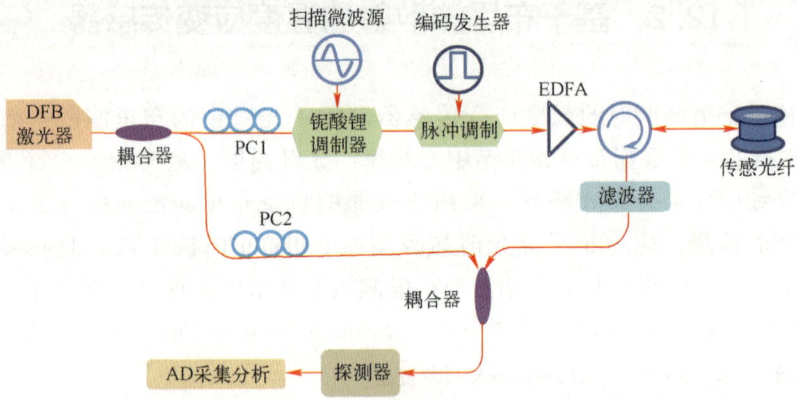

(a) 光扫描

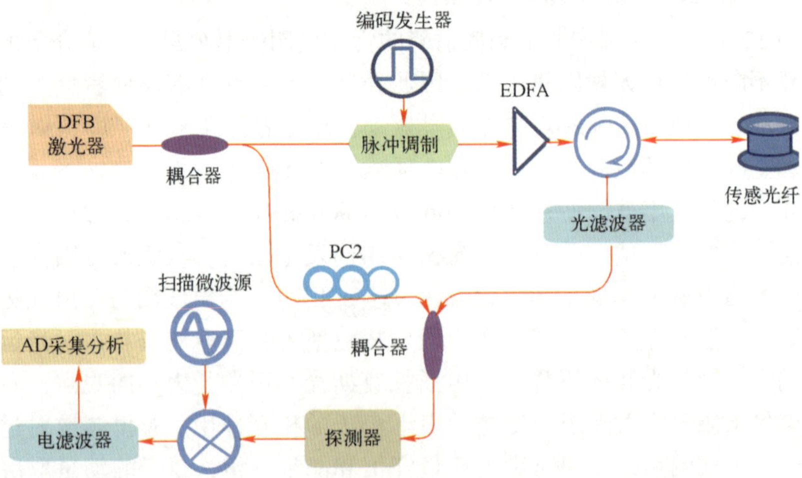

(b) 电扫描

图 12.2-1　BOTDR 结构图

基本相同。不同点在于，光纤中产生的后向散射光在接收端先经过窄带滤波器（玻璃光纤中的布里渊频移很小，在 11GHz 左右）分离斯托克斯或反斯托克斯光，再进行信号的检测和处理，解调出布里渊散射信号的功率和频移量。根据它们与温度和应变的对应关系，即可恢复光纤沿光纤各点的温度或应变信息。

获取布里渊频谱的方法有光扫描（图 12.2-1（a））和电扫描（图 12.2-1（b））两种方式，两种方式性能相似，电扫描方式实现成本较低。BOTDR 技术的优势是可同时分布式地获得温度和应变的信息，但也存在着散射光比较微弱导致接收信号 SNR 不足，传感距离受限的问题。由于自发布里渊散射只能通过光纤内固有的热运动声子与入射光的作用产生，散射效率低，散射光光强很弱（比瑞利散射光低 30dB），限制了传感距离，通常 BOTDR 需要相干检测等手段来进行信号检测。

12.2.2　布里渊时域分析技术

针对 BOTDR 技术难以实现长距离检测的缺点，1989 年，Horiguchi 等提出的基于受激布里渊散射的布里渊光时域分析（BOTDA）技术，引入反向传输的连续探测光与正向传输的脉冲进行受激布里渊作用（Stimulated Brillouin Scattering，SBS）使得布里渊散射效率大大增强，其基本结构如图 12.2-2 所示[6]。

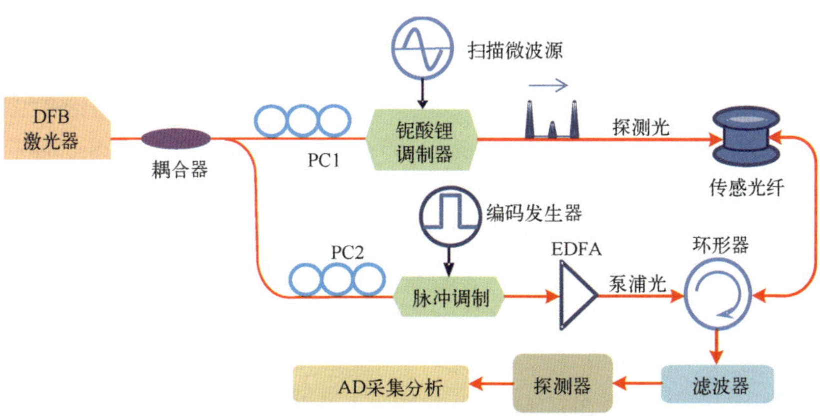

图 12.2-2　BOTDA 结构图

由图 12.2-2 可知，在 BOTDA 技术中，传感光纤一端入射泵浦脉冲光，而另一端入射与脉冲光有约 11GHz 频率差的连续探测光，其在光纤中与脉冲相遇时与脉冲发生SBS作用，获得布里渊增益。当两束光频率差正好等于光纤布里渊频率时，连续光获得最大增益，其过程如图12.2-3所示。

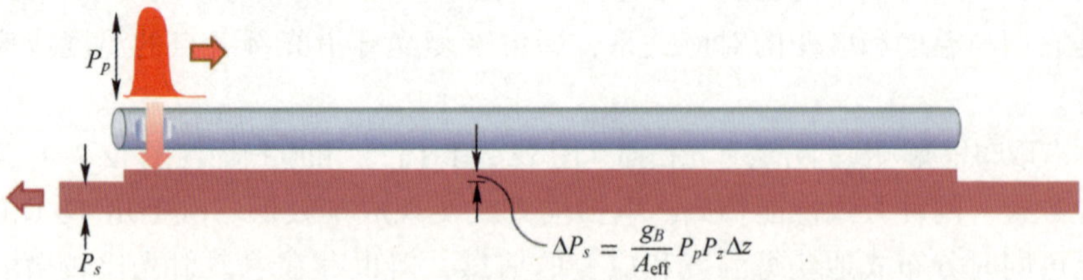

图12.2-3 连续探测光获得最大SBS增益过程示意图

图12.2-3中P_p和P_s分别为泵浦脉冲光和连续探测光的初始功率，ΔP_s为连续探测光与脉冲进行SBS作用获得的功率，Δz为脉冲与连续光进行SBS作用的长度，g_B和A_{eff}分别为布里渊增益系数和光纤有效截面积，二者的比值通常取0.2。连续光在光纤z位置处获得的峰值SBS增益可表示为

$$\mathrm{Gain}_{\mathrm{peak}} = \frac{\Delta P_s(z)}{P_s(z)} = \frac{g_B}{A_{\mathrm{eff}}} P_p(z)\Delta z = 0.2 \times P_p(z)\Delta z \tag{12.2-1}$$

式(12.2-1)表明，连续光获得的峰值SBS增益仅取决于z处的脉冲功率以及两束光的作用长度(脉冲宽度的一半)。考虑到脉冲在光纤中经历的普通单模光纤固有衰减一般为0.2dB/km，布里渊增益信号的衰减系数也是0.2dB/km。因此，BOTDA相比于其他基于OTDR技术的分布式传感系统具有传感距离更长的显著优势。

通过对连续光的频率扫描，可以获得光纤位置z处所对应的洛伦兹型的布里渊增益谱(Brillouin Gain Spectrum，BGS)或布里渊损耗谱(Brillouin Loss Spectrum，BLS)。BGS的峰值对应的频率即为光纤位置z的布里渊频移(Brillouin Frequency Shift，BFS)，根据温度或应变变化与BFS变化的线性关系，可推断出温度或应变变化的大小，上述扫描过程频谱关系如图12.2-4(a)所示，绿色箭头表示不同扫描频率时对应的不同布里渊增益，红色箭头表示泵浦光。

图12.2-4(b)为BOTDA技术获得的光纤各位置BGS的三维图，三个轴分别表示光纤位置、扫描频率差和布里渊增益，图中清晰地显示了光纤中间部分出现的温度或应变的变化。

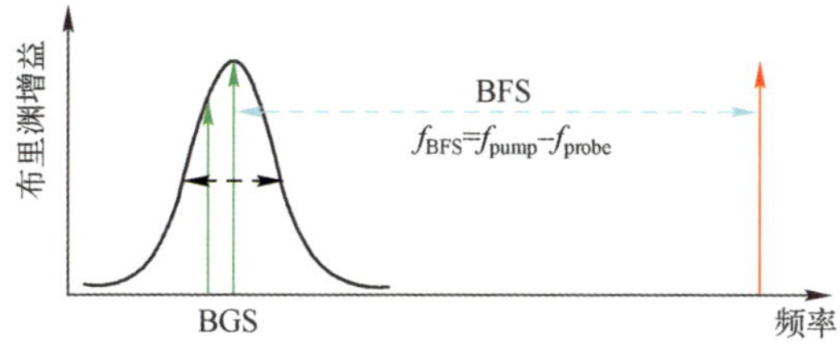

(a) 实测BGS

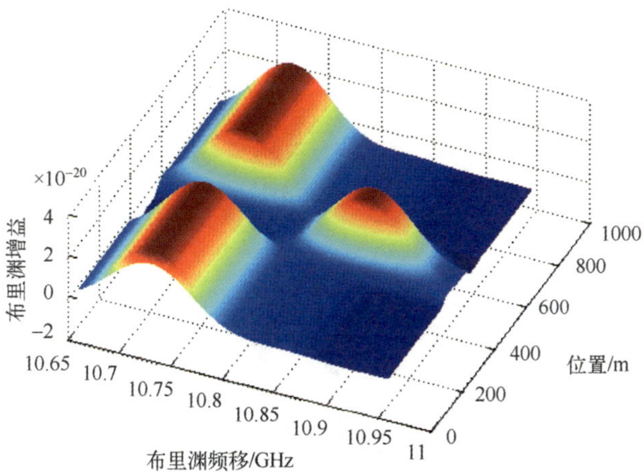

(b) BGS与位置和频移的关系

图 12.2-4 BGS 及 BGS 与位置和频移的关系

12.2.3 光纤布里渊传感器的 4 个性能指标

分布式光纤传感器的四大重要指标分别是空间分辨率、频率精度、传感距离和测量时间。在 BOTDR 和 BOTDA 技术中，这四项指标都各自存在着固有的限制，下面以 BOTDA 为例分析这些指标之间的关联性。

1. 空间分辨率

空间分辨率定义为沿光纤长度上系统所能分辨温度或应变的最小长度单元。空间分辨率的大小取决于脉冲宽度 T，根据时空关系空间分辨率可表示为 $\Delta z=T\times v/2$，v 为光信号在光纤中的传播速度。例如，20ns 的脉宽对应约 2m 的空间分辨率。脉冲宽度越窄，空间分辨精度就越高，从而提高了空间分辨率。

然而，在 BOTDA 传感器中 SBS 效应的本质是泵浦脉冲光、连续探测光和声子的三波耦合作用，声子是慢变的，具有约为 10ns 的弛豫时间，即只有二波持续作用 10ns（对应空间分辨率 1m）以上才会形成稳定且足够强的布里渊增益。从频域上看，用于温度或应变测量的 BGS 实际上是布里渊本征增益谱和脉冲频谱的卷积。因此，脉冲宽度越窄，则布里渊增益谱越宽。

图 12.2-5 是当泵浦脉宽分别为 5ns、10ns、20ns、30ns 以及 50ns 时对应的 BGS，可以看出随着脉宽的变窄，BGS 出现大幅展宽和峰值增益的大幅下降，导致 SNR 降低，同时由于谱宽增加降低了判断 BGS 峰值频率的准确度，从而限制了系统的频率精度和传感距离，传统 BOTDA 传感器的空间分辨率难以小于 1m。

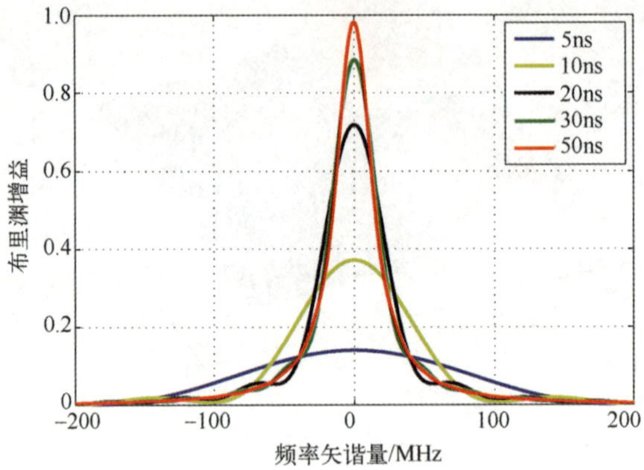

图 12.2-5　不同泵浦脉宽对应的布里渊增益谱

2. 频率精度

光纤位置 z 处温度和应变的变化与 z 处的 BGS 峰值处频率（布里渊频率 BFS）的变化线性相关（BFS 与温度对应关系约 1.1MHz/℃）。因此，对温度或应变的测量精度可以用频率测量精度衡量。BOTDA 系统中存在的光和电噪声会叠加在 BGS 上，影响 BFS 的判断精度，如图 12.2-6 所示，因此通常需要对 BGS 进行曲线拟合（洛伦兹拟合或抛物线拟合）来找出 BFS。影响 BFS 拟合精度的因素包括 BGS 的半高全宽 Δv_B（Full Width at Half Maximam，FWHM）、连续探测光的扫频间隔 δ（BGS 相邻两点之间的横坐标间隔）以及叠加在 BGS 上的噪声的标准差 σ（Standard Deviation，STD），如图 12.2-6 所示。沿传感光纤各位置 z 处拟合后 BFS 的精度，即 BFS 的标准差 $\sigma_v(z)$，可表示为

$$\sigma_v(z)=\sigma(z)\sqrt{\frac{3}{4}\delta\times\Delta v_B}=\frac{1}{\mathrm{SNR}(z)}\sqrt{\frac{3}{4}\delta\times\Delta v_B} \tag{12.2-2}$$

式（12.2-2）表明，信号 SNR 越低、扫频间隔越大、Δv_B 越宽（即空间分辨率越高，如亚米级空间分辨率），则 BFS 精度就越差。

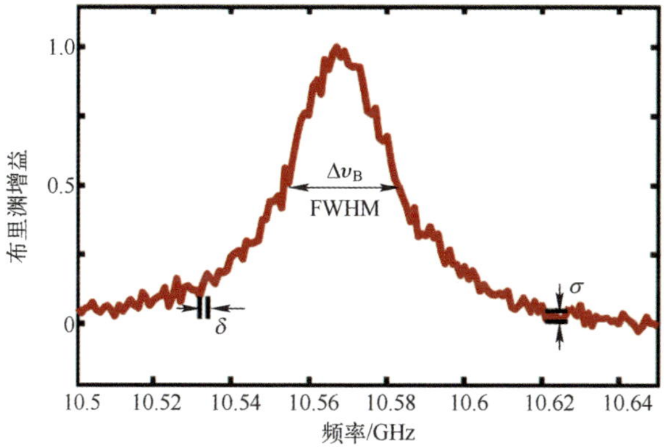

图 12.2-6　叠加噪声的 BGS 以及影响 BGS 拟合的因素

3. 传感距离

由于普通单模光纤具有约 0.2dB/km 的固有衰减，长距离传输后的影响主要有两方面：①泵浦脉冲长距离传输后功率过低，根据式（12.2-1），将导致布里渊增益的降低；②连续探测光长距离传输后功率过低，导致输入探测器的光信号湮没于噪声中无法被正确探测。

在不改变空间分辨率、BFS 精度以及测量时间的前提下，通过增加泵浦脉冲和探测光的输入功率能够提升 SNR，即延长传感距离。然而，过高的泵浦脉冲入射功率（大于 20dBm）会导致光纤中调制不稳定性（Modulation Instability，MI）的产生，使得脉冲在传输过程中功率急剧下降，传感距离反而减少；而过高的探测光初始功率（大于-6dBm）也会导致 BGS 畸变，影响 BFS 的判断。

4. 测量时间

BOTDA 系统的测量时间主要受限于扫频时间和信号处理时间。主要包括以下。

（1）为了得到布里渊频谱，BOTDA 系统通常以大约 2MHz 的频率间隔进行约 200MHz 频率范围的扫频，所花费的时间称为扫频时间。由式（12.2-2）可知，扫频间隔与拟合后的 BFS 精度相关。

（2）为了得到尽量高的 SNR，需要进行多次测量累加平均。

（3）为了克服布里渊效应的偏振相关噪声，通常用正交的连续探测光分别进行测量，把两次测得的结果求和，从而去除随机偏振噪声，导致增加了一倍的探测时间。

综上所述，BOTDA 4 个性能指标分别有各自的物理限制，指标之间也存在着固有的约束和矛盾。例如，在系统参数不变的情况下，提升空间分辨率（减小脉宽）会降低 SNR 和展宽布里渊频谱宽度，从而导致测量距离和频率精度的恶化；减少平均次数会降低 SNR，导致传感距离减少或 BFS 的精度降低；增加扫频间隔虽然减少了测量时间，却降低了 BFS 的精度。

12.3 基于拉曼散射的温度传感器

自发拉曼散射（Spontaneous Raman Scattering，SpRS）是激光在光纤中传播时由于石英分子的热运动（光学声子）和光子之间的能量交换而产生的。激光注入传感光纤后，光子和石英分子发生非弹性碰撞，从而产生拉曼散射光。从量子力学的角度出发，可以将拉曼散射看成入射光和介质分子相互作用时，光子吸收或发射一个光学声子的过程。入射光子吸收一个光学声子成为频率上移的反斯托克斯拉曼散射光子，放出一个光学声子成为频率下移的斯托克斯拉曼散射光子，分子完成了相应两个振动态之间的跃迁。拉曼散射光强度与分子振动能级的粒子数分布有关，而分子振动能级的粒子数分布符合著名的玻尔兹曼统计 $\exp(-h\Delta v/kT)$，与温度高度相关，因此自发拉曼散射光的强度与光纤所处环境温度有关，特别是反斯托克斯拉曼散射有明显的温度效应。基于以上原理并结合 OTDR 技术，Dakin 等在 1985 年提出了拉曼光时域反射计 ROTDR，其基本结构如图 12.3-1 所示[7]。

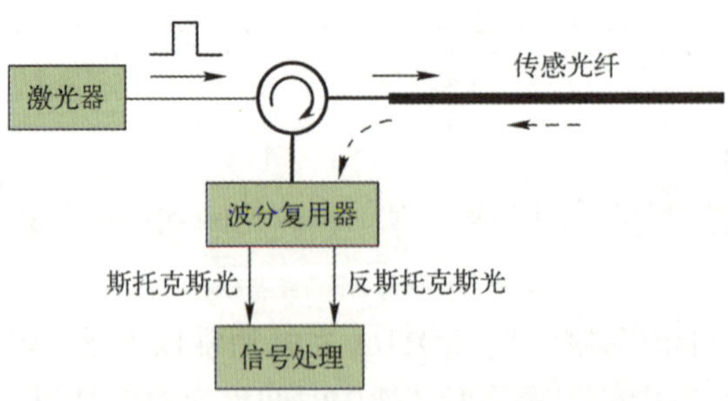

图 12.3-1 ROTDR 结构图

ROTDR 的结构与 OTDR 结构基本相同，散射的斯托克斯光和反斯托克斯光分别经波分复用器分离，然后分别被光电探测器接收并转换为电信号，再经过放大，经由信号处理系统处理，最后转化为温度信号。作为一种双通道测量方法，这种技术可以有效消除泵浦光的波动、光纤的固有损耗和不均匀性变化，以及电路参数变化等引起的共模噪声的影响。

石英光纤中拉曼频移约为13THz，反斯托克斯拉曼散射光功率与斯托克斯拉曼散射光功率的比值随温度的升高呈指数规律增长，且该比值与入射光功率无关。光脉冲 z 注入光纤时，其后向拉曼散射光返回到光纤前端，探测到的斯托克斯与反斯托克斯拉曼散射光的功率可以表示为

$$P_S(T)=k_S P_0\left[1-e^{-\frac{h\Delta v}{kT}}\right]^{-1}e^{-(\alpha+\alpha_S)z} \tag{12.3-1}$$

$$P_{AS}(T)=k_{AS}P_0\left[e^{\frac{h\Delta v}{kT}}-1\right]^{-1}e^{-(\alpha+\alpha_{AS})z} \tag{12.3-2}$$

式中：k_S和k_{AS}表示拉曼散射系数；P_0是入射光功率；h是普朗克常量；Δv是拉曼散射光相对于入射光的频移；k是玻耳兹曼常量；T是热力学温度；α、α_S、α_{AS}分别是光纤中入射光、斯托克斯拉曼光、反斯托克斯拉曼光的损耗系数。常温25℃时，$h\Delta v/kT=2.1$，$P_{AS}(T)/P_S(T)$随温度变化的斜率为144.7，因此反斯托克斯光的温度效应更明显。而反斯托克斯光强度还与光纤的局部损耗有关，因此需要对探测到的反斯托克斯光进行解调提取温度。根据不同的应用场合，有三种不同的温度解调方法。

1. 利用反斯托克斯光和斯托克斯光的比值进行解调

斯托克斯与反斯托克斯拉曼散射光强度之比只与温度有关，即

$$\frac{P_{AS}(T)}{P_S(T)}=\frac{k_{AS}}{k_S}e^{-\frac{h\Delta v}{kT}}e^{-(\alpha_{AS}+\alpha_S)z} \tag{12.3-3}$$

为了解出T，需要先进行温度标定：在光纤前端设置一段定标光纤，将定标光纤置于温度为T_0的恒温环境中。由此得出拉曼散射光强度与温度的关系式为

$$\frac{1}{T}=\frac{1}{T_0}-\frac{k}{h\Delta v}\ln\left(\frac{P_{AS}(T)/P_S(T)}{P_{AS}(T_0)/P_S(T_0)}\right) \tag{12.3-4}$$

在实际测量中，只需要测出$P_{AS}(T)$、$P_S(T)$、$P_{AS}(T_0)$、$P_S(T_0)$以及定标光纤的温度T_0，即可解出沿光纤的温度分布T。以反斯托克斯光作为信号通道，斯托克斯光作为参考通道，检测两者光强之比，可以解调温度信息，同时还可以消除光源不稳定以及光传输过程中的耦合损耗、光纤弯曲损耗等影响。但这种方法要求接收端有两套探测和数据采集系统对两束光同时进行探测。

2. 利用反斯托克斯光自解调

用常温下光纤的反斯托克斯拉曼散射信号来解调温度，检测温度和参考

温度的反斯托克斯功率之比为

$$\frac{P_{AS}(T)}{P_{AS}(T_0)}=\frac{e^{\frac{h\Delta v}{kT_0}}-1}{e^{\frac{h\Delta v}{kT}}-1} \tag{12.3-5}$$

在实际测量中，只需要测出 $P_{AS}(T)$ 和参考温度 T_0 下的 $P_{AS}(T_0)$，即可解出沿光纤的温度分布 T。以反斯托克斯光作为参考通道的自解调方式在硬件成本上可以省去一个通道的探测和数据采集的硬件成本。但这种解调方法要求每次入射光功率都一样，对光源的稳定性要求较高。另外，还要求预先知道光纤每个点的初始温度作为各点的参考温度，这在实际应用中是很困难的。

3. 利用反斯托克斯光和瑞利散射光的比值进行解调

瑞利散射光强度与温度无关，即 $P_R(T)=P_R(T_0)$，可以利用瑞利散射光作为参考通道解调温度，即

$$\frac{P_{AS}(T)/P_R(T)}{P_{AS}(T_0)/P_R(T_0)}=\frac{e^{\frac{h\Delta v}{kT_0}}-1}{e^{\frac{h\Delta v}{kT}}-1} \tag{12.3-6}$$

通过瑞利散射光作为参考信号进行校正，T_0 可以通过测量处于恒温环境的定标光纤温度获取，不必预先知道光纤每个点的初始温度。由于瑞利散射信号强度要比拉曼散射高 30dB，因此利用瑞利散射光的解调方案的相对灵敏度在三种解调方案中是最优的。

12.4 基于相位检测的振动传感器

12.4.1 Φ-OTDR 工作原理

相敏光时域反射仪（Φ-OTDR）技术是在传统 OTDR 的基础上提出的，用于测量传感光纤上各位置的温度、静态应变、振动等动、静态参量。最基础的 Φ-OTDR 原理结构与图 12.1-2（a）所示的相同，但与传统 OTDR 不同的是 Φ-OTDR 系统要求采用窄线宽和高稳频的激光光源，相干长度要远大于被测光纤，利用的是光脉冲内不同散射中心的瑞利散射光信号的相干叠加产生的相关尖峰，由于应变、温度等环境参量的变化影响的是散射信号的相位，因此相干叠加后探测器接收的强度信息包含了相位信息，通过相位解调可以得到相位变化或与相位有关的其他物理量的变化，从而实现对应变、温度等物理参量的解调。图 12.1-2（a）所示的 Φ-OTDR 结构只能定性地检测相位

变化，无法得到相位的变化量。由于瑞利后向散射在光纤中的光强水平较低，使用相干检测可以通过在到达光电检测器之前对后向散射光和参考光进行光学混合，大大提高信噪比和检测信号的灵敏度。图 12.4-1 采用通信原理中标准的相干相位解调方法，将本振光信号和瑞利散射信号送入 90°光学混频器，产生 IQ 信号，经过光电检测后可解调出相位信号。在位置 z 处的相位变化在 t 时刻被探测器检测到，$z=ct/2n$，光学混频器输出的 IQ 信号表示为

$$I(t)=A_{\mathrm{LO}}^2+A_R^2+2A_{\mathrm{LO}}A_R\cos[\theta(t)+\Delta\phi(t)] \tag{12.4-1}$$

$$Q(t)=A_{\mathrm{LO}}^2+A_R^2+2A_{\mathrm{LO}}A_R\sin[\theta(t)+\Delta\phi(t)] \tag{12.4-2}$$

式中：A_{LO}和 A_R分别为本振和瑞利散射信号幅度；$\theta(t)$和 $\Delta\phi(t)$为 z 处无扰动相位和扰动后的相位变化量。式（12.4-2）中第一项为直流量，可以通过滤波器滤除，第二项信号很小，可以忽略，第三项即为解调使用的交流项。利用式（12.4-1）和式（12.4-2）可以解调出相位变化 $\theta(t)+\Delta\phi(t)$，$\theta(t)$可以通过初始测定，也可以采用 2 次测量的结果进行差分消除 $\theta(t)$，算出相位变化量 $\Delta\phi(t)$。

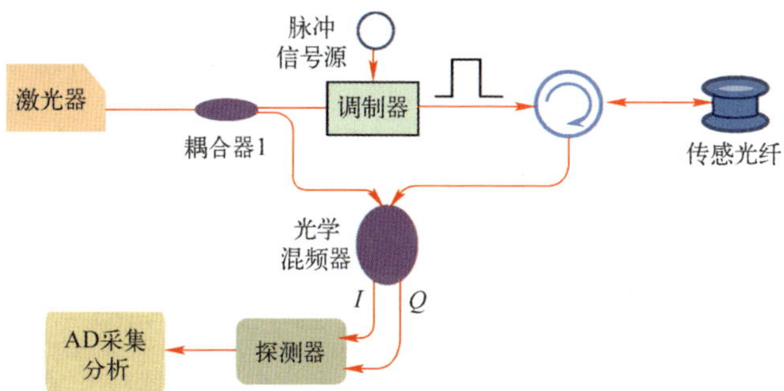

图 12.4-1　相干探测 Φ-OTDR 原理结构图

Φ-OTDR 在分布式声波传感器（DAS）中已得到了广泛的应用，DAS 系统测量光纤上的振动，定量解出振动波形，可以实现数十公里的探测距离、米级别空间分辨率和千赫兹测量带宽。由式（12.4-1）和式（12.4-2）可知，计算 $\Delta\phi(t)$时无法分辨大于 2π 的相位变化，量程有限，难以用于大动态范围的静态参量测量。

12.4.2　Φ-OTDR 性能指标

作为一个基于 OTDR 技术的干涉式分布式传感系统，Φ-OTDR 具有与

OTDR类似的性能参数以及干涉系统的偏振特性，主要性能参数包括空间分辨率、传感带宽、抗干涉衰落性能、传感长度等，这些参数相互关联，对任意一项指标的调整都会引起其他指标的变化。其中空间分辨率与OTDR相同，传感带宽受尾端信号的往返延时和奈奎斯特采样定理约束，可响应的信号带宽为

$$B=\frac{c}{4nL} \tag{12.4-3}$$

式中：n 为光纤折射率；L 为光纤长度。

Φ-OTDR作为相干系统，存在相干衰落问题，也就是在一定条件下，参与相干的瑞利信号相互抵消，因而灵敏度较低。通常相干衰落与频率有关，可通过多个频率扫描缓解。Φ-OTDR系统的最终性能可以用特定空间分辨率下光纤尾端的信噪比来衡量，因此系统的噪声是决定性因素。作为相位检测的系统，噪声包含强度噪声和相位噪声两部分，强度噪声主要由偏振噪声和探测器散粒噪声构成，而相位噪声主要是光源的相位噪声引起的。光纤的应变和温度变化都会产生检测相位的变化，在1550nm波长普通单模光纤的变化系数分别为9.17rad/με·m和81.35rad/K·m。使用循环脉冲编码可以将光纤沿途单个往返时间内后向散射信号的信噪比提高9dB[8]。

12.5 分布式光纤传感器的应用

在布里渊、拉曼和瑞利散射传分布式光纤感器中，基于布里渊散射的分布式光纤传感系统的应用最为广泛，这是由于它们可以实现长距离的监测。随着技术的成熟和巨大的经济价值，分布式光纤传感器已经在很多方面获得了广泛应用。

（1）油气管道监测：通过布里渊散射震动传感器监测管道油、气的泄漏，确保管道沿线环境的安全性和完整性，此外，通过沿油气管道沿线布置传感器可监测管道附近的异常振动，并利用人工智能算法对异常振动进行精确分类，以判断是否对振动来源采取必要的保护措施，避免因施工、自然灾害、盗窃等原因导致管道线路被破坏的潜在风险。

（2）建筑物健康监测，航天器健康监测：在桥梁、隧道、大型建筑施工期间将光纤埋入钢筋混凝土，可以从长期监测获得的应变数据获得钢筋混凝土长期结构演变行为，并根据监测情况，对可能发生的灾害做出维修、预防，提高寿命，并避免重大灾害性事件发生的概率。在飞机、火箭、航天器中，

利用分布式光纤传感可以实现高附加值设备的全生命周期结构整体监测，提高设备的安全性和可靠性。铁路轨道光纤分布式传感器的布设可实现铁轨在运行期间的实时监测。

（3）铁路轨道监测：在我国，铁路基础设施在满足客货运输方面发挥了重要作用，然而铁路轨道的极端应变和温度变化情况下会导致轨道弯曲、变形甚至脱轨。另外我国的铁路网地域跨度很大，很多需要保证在环境极端苛刻的条件下安全运行，这容易导致设施老化和失效。通过布设电磁免疫和嵌入的光纤分布传感器可实时长期地对设施运行情况进行性能评估，对老化、失效等行为早发现早修复，预防灾难性故障。

（4）火警监测：建筑结构在高温下的强度和稳定性受材料变形和性能劣化的影响，因此，火灾导致的结构性破坏引起的后果是灾难性的，以混凝土为例，温度超过 350°时，混凝土的强度优势开始显著失去，当超过 550°时，将不再具有结构性用途。而对于钢结构，超过 540°时，会失去一般的屈服强度。当超过 700°时，将失去结构性用途，这也是闻名的“9·11”事件中双子塔轰然倒塌的重要原因之一。因此在火灾可能发生的重要区域如化学品仓库、隧道等需要布置温度和应变传感以监测和评估火灾发生期间以及发生后的热力学条件。基于瑞利散射的分布式传感器可监测温度达 850°，基于拉曼的 ORDR 可以探测的温度可达 1000°。

参考文献

[1] BORN M, WOLF E. Principles of optics [M]. 7th ed. Cambridge: Cambridge University Press, 2019.

[2] BARNOSKI M, JENSEN S. Fiber waveguides: a novel technique for investigating attenuation characteristics [J]. Applied Optics, 1976, 15(9): 2112.

[3] LU P, LALAM N, BADAR M, et al. Distributed optical fiber sensing: review and perspective [J]. Applied Physics Review, 2019, 6(10): 041302.

[4] YANJIE M, CAILING F, LIN C, et al. Submillimeter-spatial-resolution cp-OFDR strain sensor using femtosecond laser induced permanent scatters [J]. Optics Letters, 2022, 47(23): 6289.

[5] KURASHIMA T, HORIGUCHI T, IZUMITA H, et al. Brillouin optical-fiber time domain reflectometry [J]. IEICE Transactions on Communications, 1993, E76-B: 382-390.

[6] HORIGUCHI T, TATEDA M. BOTDA-nondestructive measurement of single-mode optical fiber attenuation characteristics using Brillouin interaction: theory [J]. Journal of Lightwave

Technology, 1989, 7(8): 1170.

[7] ZHU W, WU H, CHEN W, et al. Submetric spatial resolution ROTDR temperature sensor assisted by Wiener deconvolution [J]. Sensors, 2022, 22(24): 9942.

[8] MUANENDA Y, OTON C J, FARALLI S. A cost-effective distributed acoustic sensor using a commercial off-the-shelf DFB laser and direct detection phase OTDR [J]. IEEE Photonics Journal, 2015, 8(1): 1.

第13章

表面等离激元传感器

在金属和介质界面可以激发一种特殊的界面电磁模式：表面等离激元共振（Surface Plasmon Polariton，SPP），这种电磁模式与介电环境具有敏感性，此外该电磁模式具有表面电场增强特性可以应用于设计和制备高灵敏度、小尺寸的生物化学传感器[1]。根据激发结构，主要分为两类：一类是基于表面传播的等离激元，即表面等离子体共振；另一类是基于局域表面等离激元共振（Localized Surface Plasmon Resonance，LSPR）。表面等离基元的表面电场增强效应导致的表面增强拉曼散射（Surface Enhanced Raman Scattering，SERS）现象，可以应用于拉曼传感器，制作生物和化学传感器。

13.1　表面等离激元共振传感器

13.1.1　表面等离激元共振传感的基本结构与原理

表面等离子体共振是发生在金属与电解质界面的界面电磁波传输现象，它束缚于金属与介质界面附近，其场强在垂直于界面方向随指数衰减。金属表面电子的集体振荡同入射光的电场相互作用形成了 SPP 独特的特性。

图 13.1-1 给出了金属-介质界面上的表面等离子体激元电场分布示意图。在两个半无限大、各向同性介质与金属构成的分界面，在接近界面处金属中的自由电荷呈周期性分布引发了自由电荷的集体振荡，同时电场在界面的法

向方向衰逝，磁场与电荷密度的振动呈相同频率的时谐振动。在图 13.1-1 中，金属和介质的分界面在 $z=0$ 处，ε_d 是介质的介电常数，ε_m 是金属的介电常数。SPP 沿 X 方向传播及电荷沿 X 方向振荡，因此电场方向垂直于纸面的横电波（Transverse Electric，TE）不能在界面上传播，只有电场方向处于纸面平面内、磁场方向垂直于纸面的横磁波（Transverse Magnetic，TM）才能在界面上传播。

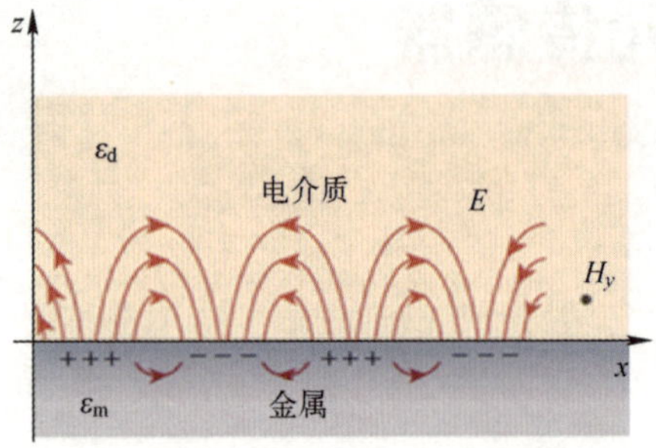

图 13.1-1 金属-介质界面上表面等离子体激元的电场分布示意图

首先从理论上分析 TE 波，在 $z>0$ 的半无限大区域有

$$E_1=(0,A,0)\exp(\mathrm{i}kx-k_z^{\mathrm{d}}z-\mathrm{i}\omega t) \tag{13.1-1}$$

$$H_1=A\frac{c}{\mathrm{i}\omega}(k_z^{\mathrm{d}},0,\mathrm{i}k)\exp(\mathrm{i}kx-k_z^{\mathrm{d}}z-\mathrm{i}\omega t) \tag{13.1-2}$$

在 $z<0$ 的半无限大区域有

$$E_2=(0,B,0)\exp(\mathrm{i}kx+k_z^{\mathrm{m}}z-\mathrm{i}\omega t) \tag{13.1-3}$$

$$H_2=B\frac{c}{\mathrm{i}\omega}(-k_z^{\mathrm{m}},0,\mathrm{i}k)\exp(\mathrm{i}kx+k_z^{\mathrm{m}}z-\mathrm{i}\omega t) \tag{13.1-4}$$

式中：A、B 表示场强的振幅；k 表示 x 方向的波矢；c 表示真空中的光速；k_z^{d} 和 k_z^{m} 分别表示介质中和金属中沿 z 方向的波矢，它们和介电常数具有以下关系

$$k_z^{\mathrm{d}}=\sqrt{k^2-\varepsilon_{\mathrm{d}}\left(\frac{\omega}{c}\right)^2} \quad 和 \quad k_z^{\mathrm{m}}=\sqrt{k^2-\varepsilon_{\mathrm{m}}\left(\frac{\omega}{c}\right)^2} \tag{13.1-5}$$

根据界面处切向电场分量和磁场分量相等的边界条件，可以得到

$$A=B \quad 及 \quad A\frac{c}{\mathrm{i}\omega}k_z^{\mathrm{d}}=-B\frac{c}{\mathrm{i}\omega}k_z^{\mathrm{m}} \tag{13.1-6}$$

当 k_z^{d}、k_z^{m} 的实部都取正时，可以得到 $A=B=0$。所以在介质-金属平面结构的界面处不能传输 TE 波。

对 TM 波，在 $z>0$ 的区域有

$$H_1=(0,A,0)\exp(\mathrm{i}kx-k_z^{\mathrm{d}}z-\mathrm{i}\omega t) \tag{13.1-7}$$

$$E_1=-A\frac{c}{\mathrm{i}\omega\varepsilon_{\mathrm{d}}}(k_z^{\mathrm{d}},0,\mathrm{i}k)\exp(\mathrm{i}kx-k_z^{\mathrm{d}}z-\mathrm{i}\omega t) \tag{13.1-8}$$

在 $z<0$ 的半无限大区域有

$$H_2=(0,B,0)\exp(\mathrm{i}kx+k_z^{\mathrm{m}}z-\mathrm{i}\omega t) \tag{13.1-9}$$

$$E_2=-B\frac{c}{\mathrm{i}\omega\varepsilon_{\mathrm{m}}}(-k_z^{\mathrm{m}},0,\mathrm{i}k)\exp(\mathrm{i}kx+k_z^{\mathrm{d}}z-\mathrm{i}\omega t) \tag{13.1-10}$$

有连续条件：

$$\frac{k_z^{\mathrm{m}}}{k_z^{\mathrm{d}}}+\frac{\varepsilon_{\mathrm{m}}}{\varepsilon_{\mathrm{d}}}=0 \tag{13.1-11}$$

以及

$$k_0=\omega/c=2\pi/\lambda \tag{13.1-12}$$

可以得到 SPP 的色散关系为

$$k_{\mathrm{SPP}}=k_0\sqrt{\frac{\varepsilon_{\mathrm{d}}\varepsilon_{\mathrm{m}}}{\varepsilon_{\mathrm{d}}+\varepsilon_{\mathrm{m}}}} \tag{13.1-13}$$

由于介质的介电常数 ε_{d} 随频率的变化不大，所以与 SPP 色散相关的一些奇特现象主要来自于金属薄膜材料。以空气介质为例，空气和银界面上的 SPP 色散关系如图 13.1-2 所示。

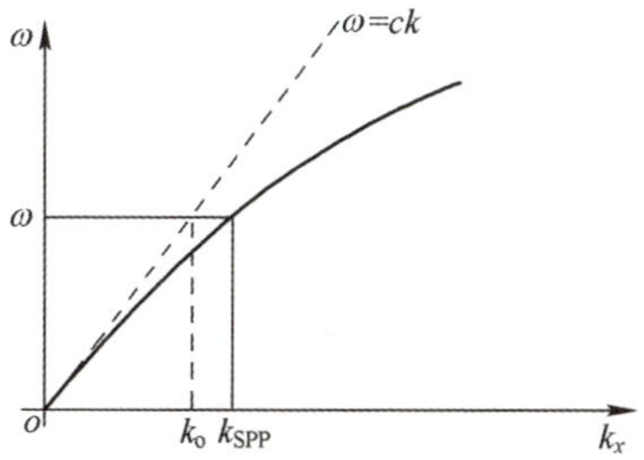

图 13.1-2 SPP 色散关系

根据 SPP 的色散关系即式（13.1-13），在同一频率下，SPP 的波矢比光在真空中的波矢要大，这就决定了用平面波直接照射金属平板表面无法激发 SPP。要在金属/介电界面激发表 SPP 需要满足波矢匹配（波矢补偿）条件。由于金属的介电常数在可见光到近红外波段为复数，因此 SPP 的传播常数亦为复数，传播常数虚部的存在意味着 SPP 传播是衰减的，可以用传播常数的虚部来表示 SPP 的衰减强度，当传播常数的模的强度（或功率）降低到初始值的 1/e 时，SPP 沿表面传播的距离定义为 SPP 的传播距离，SPP 沿表面的传播长度可表示为

$$L_{\mathrm{SPP}}=\frac{1}{2\mathrm{Im}(k_{\mathrm{SPP}})} \tag{13.1-14}$$

由 SPP 的波矢也可以计算出 SPP 的波长，即

$$\lambda_{\mathrm{SPP}}=\frac{2\pi}{\mathrm{Re}(k_{\mathrm{SPP}})}=\lambda_0\sqrt{\frac{\varepsilon_{\mathrm{d}}\varepsilon'_{\mathrm{m}}}{\varepsilon_{\mathrm{d}}+\varepsilon'_{\mathrm{m}}}} \tag{13.1-15}$$

在同频率下，SPP 的波长小于其在介质中的入射波长。此外，SPP 在垂直于界面方向呈指数衰减，因此可以定义电场振幅衰减为原有的 1/e 时对应的深度为穿透深度，在金属内的穿透深度 δ_{m} 和在介质内的穿透深度 δ_{d} 分别为

$$\delta_{\mathrm{m}}=\frac{1}{|k_z^{\mathrm{m}}|}=\frac{1}{k_0\varepsilon_{\mathrm{m}}}\sqrt{\varepsilon_{\mathrm{d}}+\varepsilon_{\mathrm{m}}} \tag{13.1-16}$$

$$\delta_{\mathrm{d}}=\frac{1}{|k_z^{\mathrm{d}}|}=\frac{1}{k_0\varepsilon_{\mathrm{d}}}\sqrt{\varepsilon_{\mathrm{d}}+\varepsilon_{\mathrm{m}}} \tag{13.1-17}$$

图 13.1-3 表示 SPP 在介质中和金属内的两个穿透深度，可以看出，电场分布在介质一侧穿透深度比较大，而在金属一侧扩展比较小，因此电磁场能量被高度局域在界面附件一定范围（几十纳米）。一般来说，SPP 主要具有以下几个基本性质。

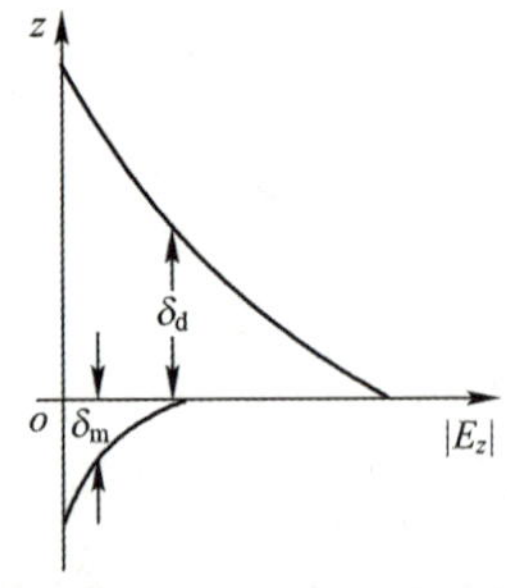

图 13.1-3　SPP 在 z 方向的指数衰减

（1）沿界面方向高度局域，同时，沿垂直于界面的方向场强呈指数衰减，是一种倏逝波；

（2）SPP 波长较短，能够突破衍射极限，但是由于金属本身的损耗，其传播距离非常有限；

（3）在界面具有很强的局域增强效应；

（4）只能在金属和介质的界面两侧激发，同频率条件下，其波矢比光波波矢要大。

由于表面等离激元激发的波矢主要依赖于周围介质的折射率，这一特点广泛用于制备表面等离基元传感器。在用于传感器设计时，通常通过分析表面等离激元激发装置在激发表面等离激元时对应的反射光强度信息或入射光的角度信息，即可获得介质折射率的变化。例如，随着金属/介电界面处介电材料折射率的变化，激发 SPP 的波矢也会发生变化，在入射角度不变的情况下，表面等离激元共振峰波长的位置必然会发生偏移，通过测量共振峰的偏移量可间接获得介质折射率的变化。通过物理、化学原理，进一步分析引起折射率变化的外部因素，如温度、湿度、分子浓度、酸碱度等，从而建立峰值波长的移动与温度、湿度、酸碱度物理量的换算关系，实现多种物理量的传感测量。

相同频率时，SPP 波矢比对应介质中的光波矢量要大，使得 SPP 的动量与入射光的动量不匹配，因而不能直接利用介质中的平面波在金属平面激发出 SPP。要激发 SPP，就需要引入一些特殊的结构来满足波矢匹配，常用的方式有以下几种。

（1）采用棱镜耦合结构。

棱镜耦合也称衰减全反射耦合，包括 Kretschmannt 结构[2]和 Otto 结构[3]。

在图 13.1-4（a）所示的 Kretschmannt 结构中，金属薄膜是直接镀在棱镜面（折射率为 n_p）上的，当入射光（波矢量为 k_0）的入射角度 θ 大于临界角时，会在棱镜和金属界面处发生全反射，并产生一个波矢量为 $\kappa_{//}=n_p\kappa_0\sin(\theta)$ 的倏逝波，当满足波矢匹配条件 $\kappa_{//}=\kappa_{SPP}$ 时，只要金属的厚度比较薄就可以在金属-空气界面激发出 SPP。图 13.1-4（b）中所示的为 Otto 结构，与 Kretschmannt 结构的不同点是，在 Otto 结构中，三角棱镜的表面和金属之间存在很窄的空气缝隙，狭缝大约几十到几百纳米，利用棱镜和空气界面处全反射的倏逝波来满足波矢匹配条件，激发金属-空气分界面上的 SPP，调节方式要靠空气缝隙的宽度，由于空气缝隙为亚波长量级，实验操控难度大，实际中较少采用。在 Kretschmannt 结构中，金属薄膜直接镀在棱镜表面，结构简单、稳定、重复性高，因而在实际应用较为广泛。无论哪种结构，在激发效率方面，都要求金属薄膜厚度或空气隙厚度适中，太大或太小都不利于激发效率的提高。

最简单的 SPP 传感器装置如图 13.1-5 所示的结构，为 Krestchmannt 装置，当入射光波长固定时，反射光强度是入射角度的函数，当金属与样品界

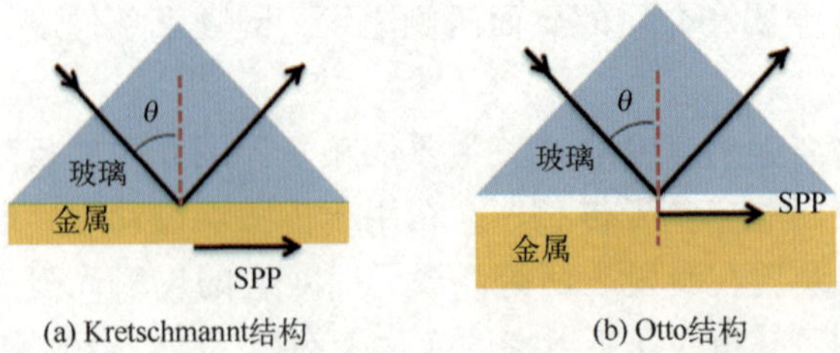

图 13.1–4 棱镜耦合激发 SPP 示意图

面发生表面等离激元共振时，光能沿界面传播，此时反射光强度最低时，对应的入射角度为共振角，金属表面受到样品分子附着物的影响，导致介电常数发生变化，进而影响共振角，共振角随时间的变化，也能够反应金属膜表面附着物的状态。将这种固定波长，通过调制角度测量反射强度变化的传感方式称为角度调制。在发生共振时的角度 θ_{res} 满足

$$\frac{w}{c}\sqrt{\varepsilon_{\mathrm{p}}}\sin\theta_{\mathrm{res}}=\frac{w}{c}\left(\frac{\varepsilon_{\mathrm{m}}\varepsilon_{\mathrm{s}}}{\varepsilon_{\mathrm{m}}+\varepsilon_{\mathrm{s}}}\right)^{1/2} \tag{13.1-18}$$

式中：ε_{p} 为棱镜材料的折射率；ε_{m} 和 ε_{s} 分别为金属薄膜和传感介质的折射率。当在合适的入射角入射时，金属–介电表面激发表面等离激元共振时，导致入射光的能量沿界面传播，反射能量降低。由于归一化反射强度为入射角度的函数，当入射角满足 $\theta_i=\theta_{\mathrm{res}}$ 时，反射具有尖锐的低谷。当金属表面的传感介质折射率发生变化量为 δn_{s} 时，发生共振的入射角度也随着变化，变化量为 $\delta\theta_{\mathrm{res}}$，对应的灵敏度表示为 $S_n=\delta\theta_{\mathrm{res}}/\delta n_{\mathrm{s}}$。常用于评估探测精确性的参数为 $S_L=\delta R/\delta\theta_{\mathrm{res}}$，另外一个常用参数 $\mathrm{SNR}=\delta\theta_{\mathrm{res}}/\theta_{0.5}$，其中，$\theta_{0.5}$ 为反射曲线的角半高全宽[4]。

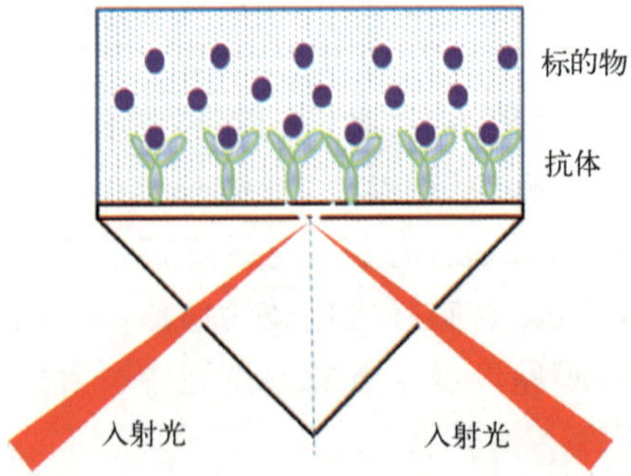

图 13.1–5 Krestchmannt 棱镜耦合方式 SPP 生物传感示意图

除角度调制外，另一种常用的调制方式为波长调制，在这种方式下，固定入射角度，通过调整入射光的波长，只有在满足波矢匹配条件的入射光才能发生表面等离激元共振，对应的波长反射强度最低，被测物折射率的改变会导致共振波长位置发生变化，通过扫描波长确定反射峰低谷的位置，可以确定被测物的折射率。

最后一种调制方式为强度调制，该方式下，固定入射光的波长和角度，采用较宽光束照射样品表面，采用电耦合探测器（CCD）对反射光进行成像。由于不同反射点的强度反映了样品表面被测物的折射率信息，故将强度调制称为表面等离激元共振成像。该技术用于生物化学传感器可并行地探测多种分子相互作用情况，并记录随时间的演化过程，适用于高通量分析。

在实际应用中，金属膜通常采用化学稳定性较高的Au膜和Ag膜，膜厚度控制在50~100nm，Au膜具有较宽的频谱特性，使探测精确性受到一定影响，传感器的品质因子相对较低，Al膜通常具有较窄的谱线、波长覆盖紫外到可见光，以及低成本等优点，但缺点是容易被氧化，在使用中通常需要覆盖一层保护层（石墨烯[5]、MoS_2[6]等）以防止氧化。

棱镜通常由光学玻璃、石英玻璃、硫系玻璃制成，前者适用于可见光，石英玻璃可用于紫外光，硫系玻璃具有较宽的工作窗口，波长可以覆盖可见光到红外区域，其另一个优点是折射率较高，易激发SPR[6]。

图13.1-6给出了基于MoS_2薄膜的SPR传感器结构示意图[6]，传感器采用Krestchmannt耦合结构，棱镜采用硫系玻璃（2S2G）。棱镜表面镀有一层铝膜，铝膜覆盖有一层薄的过渡金属硫化物：MoS_2，过渡金属硫化物的能带具有可调非零带隙的特点，十分适用于传感器应用，此外其疏水特性使得其在生物传感中可用作识别层，对生物分子吸附具有较好的亲和力。

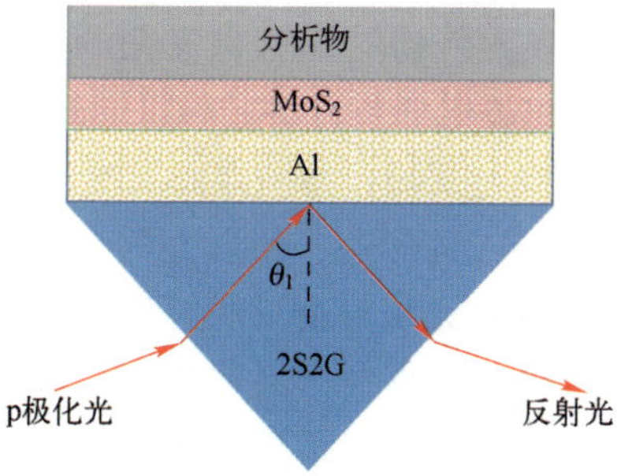

图13.1-6　基于MoS_2的Krestchmann结构SPR传感器结构示意图[6]

在测量过程中，入射波长不变，通过反射强度和入射角度的关系来表征传感器性能。传感器成像灵敏度定义为反射强度 R 的变化率与标的物折射率变化的比值，单位为1/RIU，表示为

$$S_{\mathrm{im}}=\frac{\mathrm{d}R}{\mathrm{d}n_s} \tag{13.1-19}$$

式中：n_s 为传感介质的折射率，对于成像灵敏度，在共振入射角度附近存在正、负两个灵敏度峰值，由于反射曲线关于共振角度的非对称性，正的成像灵敏度峰值要大于负的成像灵敏度峰值。除成像灵敏度外，另一重要的传感性能参数为反射曲线的半高全宽，低的半高全宽对应高的探测精确性。实验表明，对该结构传感器在3个共振波长分别为633nm、785nm和904nm激发表面等离基元共振，在可见光（633nm）成像灵敏度为124.8/RIU，在近红外的灵敏度均超过400/RIU。随着 MoS_2 厚度（层数）的增加，各共振峰对应的入射角度变大，峰值变浅，反射曲线的角宽度变宽，成像灵敏度降低。对于可见光共振波长，角度变化和角谱宽度受 MoS_2 厚度影响较大。长波长激发SPR，共振条件下的角度变化和角谱宽度变化较小。

（2）光栅耦合。

利用光栅引入一个额外的波矢量的增量实现波矢匹配，常用的有一维光栅、二维光栅以及孔阵列结构和颗粒阵列。图13.1-7所示为一维光栅结构，通过在金属-介质的界面引入一个周期性（周期为 Λ）的表面起伏，当 $\beta=k\sin\theta\pm mG=\pm\frac{w}{c}\left(\frac{\varepsilon_{\mathrm{m}}\varepsilon_{\mathrm{s}}}{\varepsilon_{\mathrm{m}}+\varepsilon_{\mathrm{s}}}\right)^{1/2}$ 时满足相位匹配条件，其中，$G=2\pi/\Lambda$ 是光栅的倒易矢量，常数 $m=(\pm1,\pm2,\pm3,\cdots)$ 取整数。在棱镜耦合中，SPP的激发可以通过反射光的最小值检测出来的，当介质的折射率变化时，反射光的最小检测值及对应的入射角度是变化的，利用这一规律可以做传感。光栅激发SPP可以发生可逆的过程：沿着表面传播的SPP被光栅调制后可以与光发生耦合并且辐射出去。光栅还可以包裹电介质材料，可以通过设计光栅的周期与占比，实现对SPP的传播方向控制与聚焦；另一方面二维光栅结构中能够引入能带，从而使得SPP的特性受到能带的影响，使器件的参数更加可控。与棱镜耦合结构相比，光栅辅助激发SPP无须对金属膜厚度施加约束，如果用于传感器的设计，由于入射光和出射光均需在样品一侧，故仅适用于分析物和溶液均较为透明的情况，同时会影响传感灵敏度。通常认为，基于光栅的表面等离基元传感器不如基于棱镜耦合的传感器灵敏度高[7]，参考文献报道的基于光栅激发SPP，并用于传感器的研究工作相对较少。Dai Yanqiu等的理论研究表

明只有当前向表面等离子体波通过光栅的正衍射激发时，基于光栅的 SPR 传感器的灵敏度才较低，而如果后向表面等离子体波通过光栅的负衍射激发，灵敏度可以很高，后续该课题组实验报道了基于银光栅结构的表面等离基元传感器，其中后向激发 SPP 的模式，器件灵敏度可高达 254°/RIU[8-9]。Lü Jiangtao[10]等报道的棱镜+光栅+石墨烯结构构成的传感器灵敏度可达到 192°/RIU。Long Siqi 等[11]制备了周期为 314nm、1470nm 和 6733nm 的三个光栅，基于这些光栅的传感器在固定 55°角入射情况下，测量得到的器件灵敏度分别为 319.96nm/RIU、1477.74nm/RIU 和 2077.26nm/RIU。

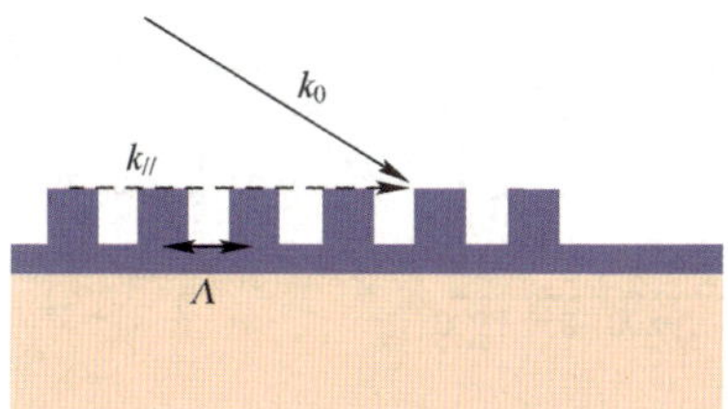

图 13.1-7 一维光栅激发 SPP 示意图

(3) 波导结构。

由于波导的两侧存在消逝波，可以利用波导边界处的消逝波来激发 SPP，使波导中的光波耦合到 SPP 波中。例如，当在波导激发消逝波位置镀上金属薄膜，光波通过该区域时就能够将波导中的消逝光场能量耦合到 SPP 波中，从而在金属-介质界面激发 SPP 的目的。由于激发 SPP，波导输出强度将会降低。如图 13.1-8 所示，在实际研究中，通常采用光纤做波导，把光纤上的一小段包层部分剥掉，再镀上金属薄膜，这样就实现了一种激发 SPP 的波导结构。当金属膜周围接触的液体或气体折射率发生变化时，会影响激发表面等离激元的共振波长，进而影响光纤输出端的透射率。在发生表面等离激元共振的波长位置附近，结构的透射率将会随着 SPP 导致的损耗变化而变化，通过测量结构的透射率，可以反推环境折射率。利用该方法设计的传感器，具有制作简单、成本低、与光纤传感融合等优点。图 13.1-9 为 WU T 等基于光子晶体光纤设计的 D 字形截面镀金膜结构实现的表面等离激元传感器的传输峰频谱曲线以及共振波长与折射率的对应关系曲线。从图中可以看出，随着折射率的增加，共振峰波长发生红移，对应的归一化传输率也越来越低。尽管共振峰的半高全宽较大，但器件的灵敏度可高达惊人的 21700nm/RIU，对应的传感器结构如图 13.1-10 所示[12]。

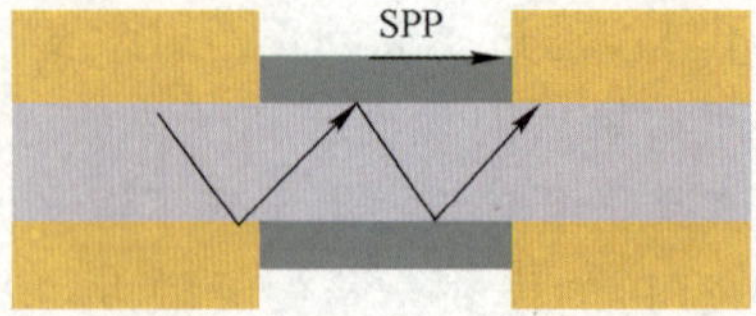

图 13.1-8 利用波导（光纤）激发 SPP 示意图

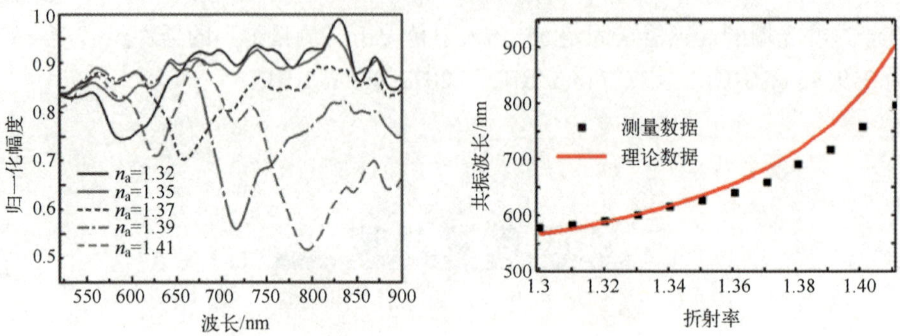

(a) 折射率与归一化透射谱的关系曲线 (b) 共振波长与折射率关系曲线[12]

图 13.1-9 D 型光子晶体光纤表面等离激元传感器的传感性能

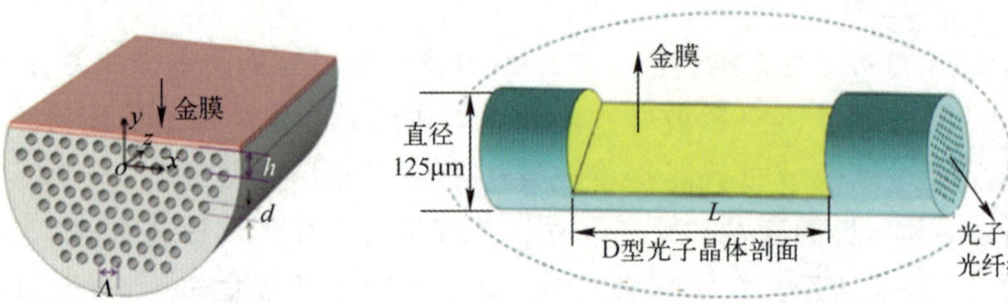

(a) 光子晶体结构 (b) 传感头结构

图 13.1-10 光子晶体光纤-表面等离基元传感器

（4）近场耦合。

对于在粗糙的金属表面激发表面等离基元共振，不需要采用任何额外的结构设计，利用表面粗糙的衍射效应就可以激发 SPP，图 13.1-11 给出了一个典型的近场激发 SPP 的方法。当用一个尺寸很小的探针尖（如光纤拉锥）在近场范围内照射粗糙金属表面，由于探针尖的尺寸远小于波长，因此离开探针尖的出射光可包含波矢量大于 SPP 波矢量的分量，这样就能够实现波矢匹配而在局部激发出 SPP。近场激发的优点在于可以在金属薄膜表面的任何一点激发表面等离子体激元，但是激发效率不高，且可操控性较差。

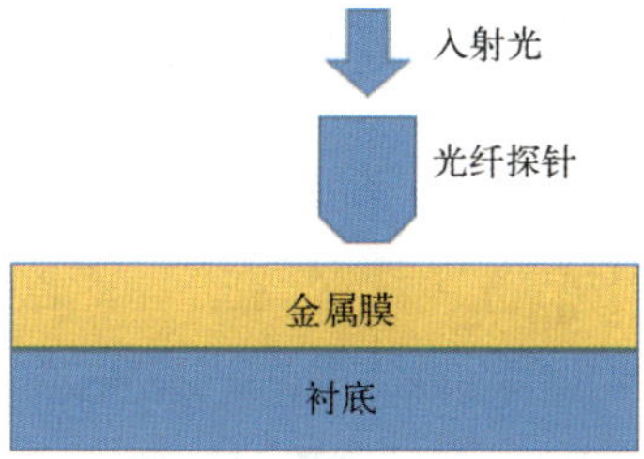

图 13.1-11 利用一个光学探针尖端在近场范围内照射粗糙金属表面激发表面等离基元示意图

13.1.2 表面等离激元共振传感器的灵敏度与品质因子

(1) 灵敏度。

以波长调制的折射率传感器为例，折射率灵敏度（Sensitivity，S）定义为单位折射率变化引起的透射峰共振波长的偏移量 $S=\Delta\lambda/\Delta n$（单位 nm/RIU）。对于波长调制的表面等离激元温度、湿度、酸碱度等传感器，相应物理量灵敏度定义可以此类推，定义为单位物理量（温度、湿度、pH 值）变化引起的透射峰共振波长的偏移量。对于固定波长的角度调制表面等离激元传感器，上述灵敏度定义中的分子需要转换为 $\Delta\theta$。对于强度调制，则将分子转化为 ΔR，即反射强度变化的量。尽管对于等离基元共振波长随传感介质折射率的变化并非严格线性关系，但在一定的折射率变化范围内，两者可近似满足线性关系。

(2) 品质因子。

品质因子（Figure of Merit，FOM）是评估传感器的核心指标之一，在说明之前，需要先定义透射峰（反射峰）的半高全宽（Full-Width at Half-Maximum，FWHM），单位为 nm，作为波长分辨率的指标，透射峰的半高全宽越窄，波长分辨率越高，测量的准确性也越高。品质因子定义为波长灵敏度与频谱半高全宽的比值，即 FOM = S/FWHM。由此可知，FOM 值越高表示结构的传感性能越好。

(3) FOM*。

由于在实际应用中，SPP 的共振峰可能是很宽、很复杂的光谱线型，这种情况下很难对峰值半宽度给出一致性的定义，对于复杂结构纳米粒子的局域表面等离激元共振情况尤其如此。因此，人们提出了一种品质因子的替代形式，称为 FOM*，单位为 1/RIU。在 FOM* 中不再引入半高线宽的概念，而

是利用在特定波长 λ_0 处光强相对变化 $\mathrm{d}I/I$ 与周围环境折射率变化 Δn 的比值定义为

$$\mathrm{FOM}^* = \left(\frac{\mathrm{d}I/I}{\mathrm{d}n}\right)_{\max} = \left(\frac{\dfrac{\mathrm{d}I}{\mathrm{d}\lambda}\cdot\dfrac{\mathrm{d}\lambda}{\mathrm{d}n}}{I}\right)_{\max} = \left(\frac{S\dfrac{\mathrm{d}I}{\mathrm{d}\lambda}}{I}\right)_{\max} \tag{13.1-20}$$

13.1.3 表面等离激元共振传感器的特点和应用

20 世纪 80 年代，瑞典科学家 Liedberg 等研制了检测气体变化的 SPR 传感器，可以检测气体变化引起低至 10^{-5} 折射率变化，达到与传统椭偏法一个量级。目前基于 SPR 技术已经发展出多种传感器，在物理、化学、生物、医学等领域发挥重要作用，与其他传感技术相比，SPR 传感技术优势明显。

1. 灵敏度高

高灵敏度的传感器对于有毒有害气体、食品安全、生态环境、生命科学、农药残留等检测具有重要意义。

2. 无须标记（Free-Label）

待测物无须标记是 SPR 传感技术的重要特点和优势，由于避免了标记方法中酶、荧光分子、放射性同位素等在标记分子的过程中对分子结构及分子活性造成可能的破坏，SPR 传感在检测过程中（对所测分子的结构和状态不施加影响）可确保获取检测信息的准确性。

3. 实时监测

由于 SPR 传感器的检测是光学检测，通常不发生光化学反应，在生物、化学传感中，具有检测速度快，可实时、连续监测，对于研究和跟踪分子间的结合等动态反应过程（如生物特异性相互作用分析（BLA））提供了较好的解决方案。

4. 痕量检测

较高的检测灵敏度使得 SPR 传感器在检测中可以实现少量样品和极低浓度下的物质从而获得精确结果。对于贵重样品或剧毒危害样品的检测具有重要意义。然而，SPR 传感器存在以下缺点，在化学检测中，难以区分非特异性吸附，另外，对于温度、样品组分等干扰因素比较敏感。

SPR 传感器未来的发展方向是向微流控方向发展，面向可量产的低价 SPR 传感芯片，大幅度降低使用中的经济门槛。

13.2　基于 MIM 波导-谐振耦合结构的 SPR 传感器

13.2.1　MIM 波导及其模式特征

图 13.2-1 展示了 MIM（Metal-Insulator-Metal）型 SPP 凹槽状波导的结构及支持的基模和高阶模，以及波导的等效模式指数（Effective Mode Index，n_{eff}）随凹槽宽度的变化。可以看到，高阶模随着凹槽宽度的减小而逐渐截止，SPP 波导中最终仅支持具有最大 n_{eff} 的基模（由两侧金属/介质界面具有同等相位的金属/介质界面上的 SPP 耦合形成）。考虑到 SPP 波导具有相对简单的结构、易集成生产、深亚波长尺度的模式体积、可接受的传输损耗，因此 MIM 波导和谐振腔的耦合结构常用于 SPR 传感器。

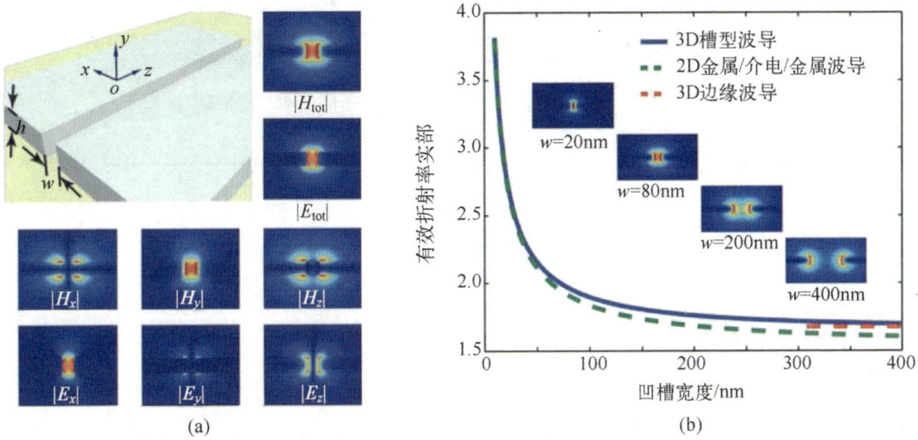

图 13.2-1　MIM 型凹槽状 SPP 波导的结构及模式特征

13.2.2　传感特性

图 13.2-2 给出了 SPR 传感器的结构及数值仿真示意图[13]。在特定入射波长下，左侧 MIM 波导 WG1 中的 TE 基模能量共振耦合至圆角环形腔中，再通过右侧 MIM 波导 WG2 共振耦合出去。由于 TE 基模的电场分布仅限于 xy 平面内，在二维数值仿真中假定认为该结构在 z 方向上是无限延伸的。相比于其他金属，Ag 在近红外波段具有相对最低的吸收损耗，其色散特性采用第 1 章中推导的 Drude 模型来描述：$\varepsilon_{\text{Drude}}(\omega)=\varepsilon_{\infty}-\omega_p^2/(\omega^2+\mathrm{i}\Gamma\omega)$，其中，参数为

$\varepsilon_\infty=3.7$，$\omega_p=9.1$［eV］，$\Gamma=0.018$［eV］。环形腔的尺寸为 $a=b=350\text{nm}$，其与输入（输出）波导 WG1（WG2）的耦合间距为 d。两条波导与环形腔的宽度均为 $w=50\text{nm}$，以确保只有 TE 基模在其中传输/共振。此外，需定义两条“监测边界” S_1 和 S_2（黑色虚线），用于计算 SPP 波导的输入功率 P_{in} 和输出功率 P_{out} 的数值。在图 13.2-3（a）中，展示了该结构在三种不同的工作波长下波导模式的 n_{eff} 与 n_0 之间的线性关系。在图 13.2-3（b）中，展示了 Ag/Si/Ag 波导的 n_{eff} 实部和虚部分别与入射波长 λ_0 之间的关系。

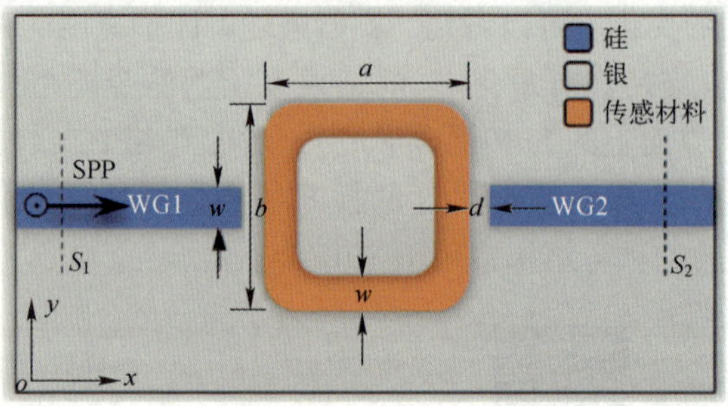

图 13.2-2　MIM 型 SPP 波导-圆角环形腔耦合结构[13]

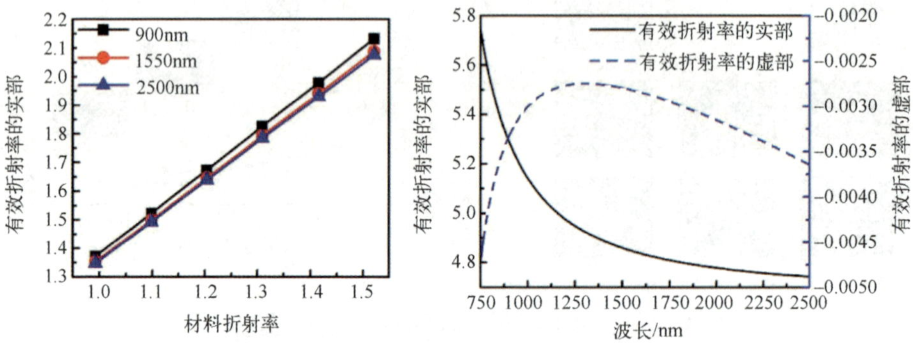

图 13.2-3　MIM 型 SPP 波导的模式特征

在开始研究该结构的折射率传感特性前，需简单讨论一下：①不同的波导介质的折射率 n_{wg}；②波导-腔耦合间距 d 对该系统传输效率 T 的影响。这里假定传感物质同时填充两条 SPP 波导和环形腔的介质区域中。如图 13.2-4（a）所示，波导-腔耦合间距 d 对 T 的影响较明显：随着 d 从 10nm 增加至 30nm，T 从 0.95 快速降低至 0.78。可以看到，d 越小波导-腔的相互作用越强，即耦合效率越高（T 越大）。值得一提的是，通过增强相互作用确实可以明显提升传输效率，但同时也引入了更多的吸收损耗，这在图 13.2-4（a）中体现为共振透射峰的 FWHM 峰宽的增加。如图 13.2-4（b）所示，在保持波导宽度 w 不变的情况下，随着波导介质折射率 n_{wg} 从 3.48 减小至 1，传输效率 T 从 0.78 降低至 0.41。传输效率的降低源于 n_{wg} 的减少而导致两 M/I 分界面处折射率差的减少，进而导致波导对 SPP 的束缚能力减弱。在图 13.2-4 中的 3 个共振透射峰均处于 $\lambda_{SPP}=1498$nm，相互错开是为了更清楚地展示峰值和峰宽。

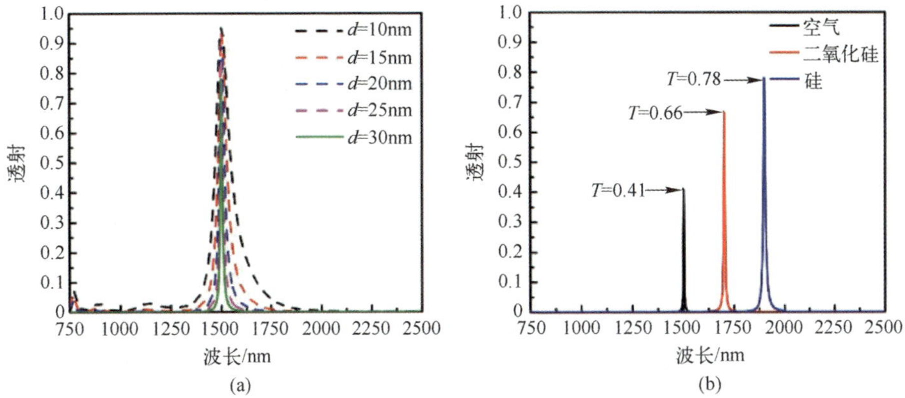

图 13.2-4　共振峰的透射效率 T 和波导-腔耦合间距 d（a），波导介质折射率 n_{wg} 的关系（b）

13.2.3　性能优化

为保证该耦合结构具有良好的透射效率，计算模型使用 Ag/Si/Ag 波导，其与环形腔的耦合间距确定为 $d=30$nm，以保证共振透射峰具有 FWHM = 12nm 的波长分辨率。如图 13.2-5（a）所示，一阶 SPR 模式对应波长 1498nm，二阶 SPR 模式对应波长 716nm，分别对应图 13.2-5（c）和图 13.2-5（d）中的电场分布（E_{norm} 值），其中，共振透射峰 mode 1 具有相对较高的透射效率 T。图 13.2-5（b）表明非共振波长在该系统中的透射几乎为零。综上，在波导传输系统中引入谐振腔可以实现滤波器作用，通过监测具有窄带输出特性的频谱漂移，可以灵敏地捕捉到结构周围介质折射率的微小变化。

如图 13.2-6（a）所示，随着传感物质折射率 n_0 从 1 增加至 1.5，mode1 峰发生明显的波长红移，但峰宽保持为 12nm 不变。此时的仿真参数为 $n_{wg}=3.48$，传感介质折射率 n_0 的变化仅限于环形腔内（图 13.2-2 中橙色区域）。可以看到，透射效率 T 是随着 n_0 的增加而不断降低的，这是因为增加的 n_0 会

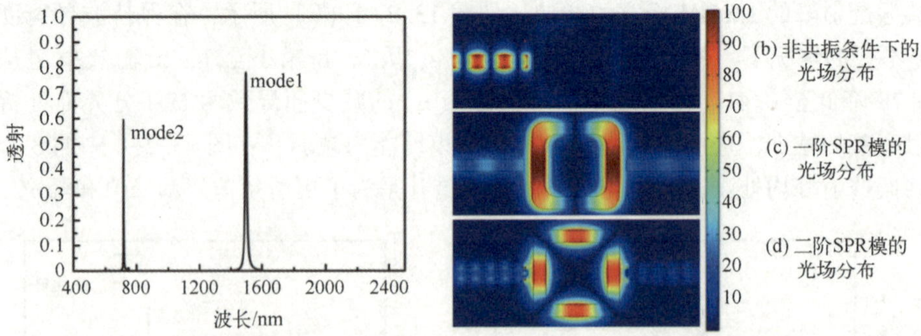

(a) 共振透射谱

图 13.2-5　MIM 型 SPP 波导-圆角环形腔耦合结构的光学特性和场分布

引起 SPP 基模 n_{eff} 的增加，从而导致 SPP 在金属中穿透深度的减小，SPP 被进一步压缩，同时增大的 n_{eff} 虚部也对其自身造成更多的吸收损耗，其中后者为主要原因。图 13.2-6（b）展示了 mode 1 峰和 mode 2 峰的共振波长随 n_0 的变化趋势。根据定义 $S=\Delta\lambda/\Delta n$，这两条 $\lambda_{SPP}-n_0$ 关系曲线的斜率即为灵敏度的数值：斜率越大对应灵敏度越高。经计算，mode1 峰的灵敏度高达 $S=$ 1496nm/RIU。λ_{SPP} 和 n_0 的关系曲线的斜率也能说明传感器具有良好的线性度。

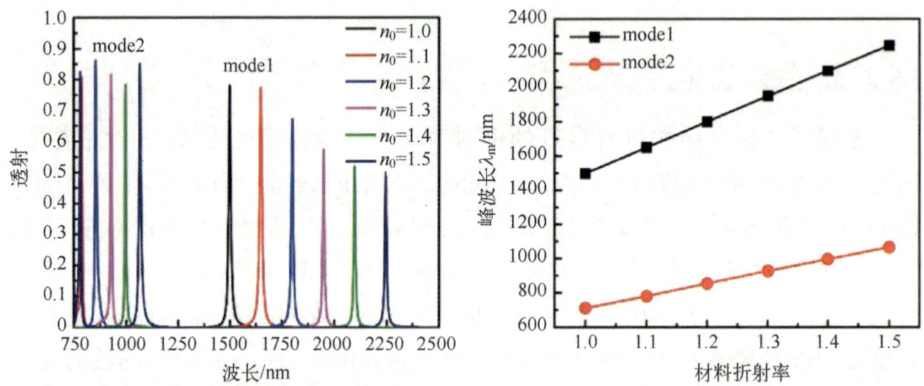

(a) 透射峰波长与传感介质折射率 n_0 的关系曲线　　(b) 峰值波长 λ_{SPP} 与 n_0 的关系曲线

图 13.2-6　两种共振模式下的传感特性曲线

为了进一步提升传感灵敏度，对环形腔的结构作了微调（微调的区域用淡黄色虚线圈出，如图 13.2-7 所示）。通过将圆角环形腔的内侧边界改为直角边界，得到一个半圆角环形腔，其他参数不变（$d=30$nm，$a=b=350$nm），如图 13.2-7 所示。同样地，可以得到 mode1 峰的漂移频谱和 $\lambda_{SPP}-n_0$ 关系曲线，如图 13.2-8 所示。MIM 波导-半圆角腔耦合结构的 mode 1 峰和 mode 2

峰的灵敏度均高于初始耦合结构。如图 13.2-9（a）所示，mode1 峰的灵敏度提升至 $S=1560$nm/RIU，FWHM 峰宽增加至 15nm。尽管可以认为 12nm 和 15nm 都仍能保证 SPR 传感器具有良好的分辨率水平，但是品质因子从 124.6 降至 104。在图 13.2-9（b）中，给出了进一步提升灵敏度的办法。这是通过增加圆角腔的尺寸来实现的。数值仿真结果显示，当圆角腔的边长从 350nm 增加至 700nm，灵敏度可从 1560nm/RIU 提升至 3476nm/RIU。但同时 mode 1 峰的波长也在不断红移。

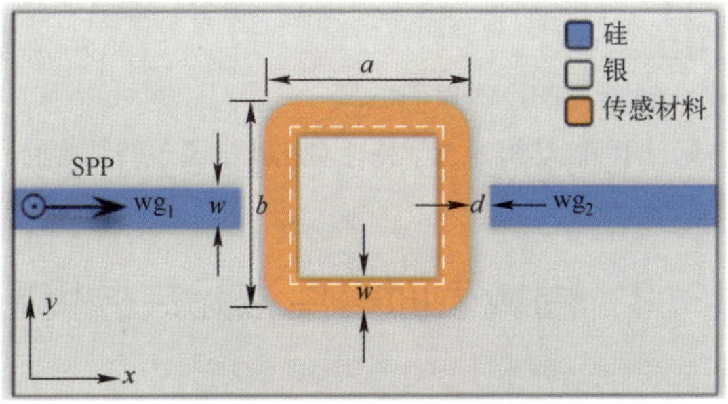

图 13.2-7　针对图 13.2-2 中的圆角环形腔作微调，将原始腔的内侧边界改为直角边界

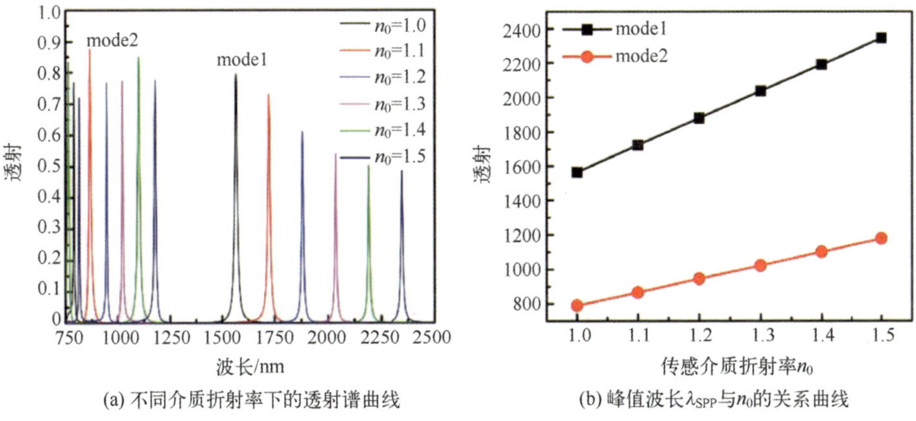

图 13.2-8　MIM 波导-半圆角腔耦合结构的传感特性曲线

近年来文献报道指出，通过在纳米腔内填充球形金属颗粒，可使得 MIM 波导腔传感器可具有更高的灵敏度，较高的腔品质因子和品质因子的显著提升。理论分析表明这是由于金属纳米粒子的窄带共振谱和 MIM 波导的宽带谱相互作用产生的 Fano 共振峰[14-15]。

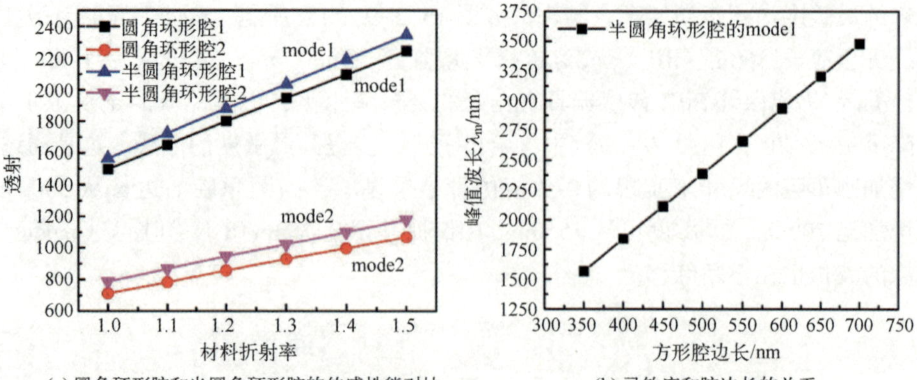

(a) 圆角环形腔和半圆角环形腔的传感性能对比　(b) 灵敏度和腔边长的关系

图 13.2-9　两种腔结构的光学特性对比及半圆角腔结构的灵敏度曲线

13.3　局域表面等离激元共振传感

13.3.1　金属纳米颗粒的局域表面等离激元共振

在金属纳米结构尺寸远小于入射电磁波波长时，入射电磁波电场分量会引发金属纳米结构上的电荷的集体振荡现象，称为局域表面等离激元共振（LSPR），如图 13.3-1 所示[16]，金属球和三角形金属纳米粒子在外加电场的作用下，激发了相应的电偶极子，偶极子方向与电场振荡方向平行，电子和金属阳离子的具体分布情况与纳米粒子形状相关。

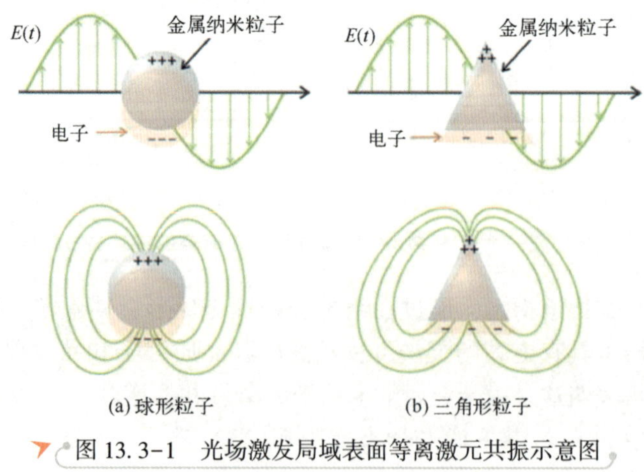

(a) 球形粒子　(b) 三角形粒子

图 13.3-1　光场激发局域表面等离激元共振示意图

值得注意的是，LSPR 的激发条件不同于 SPP，LSPR 可直接通过入射电磁波的照射激发，无须额外的光学结构来实现波矢匹配。图 13.3-2（a）展示了一个直径为 25nm 的 Ag 纳米球颗粒表面的 LSPR 电场分布[16]。通过将两个 Ag 纳米球近距离放置在外加电场的偏振方向上，构成一个二聚体，两个纳米球之间的缝隙可以形成“热点”，热点区域的电场强度得到进一步增加，如图 13.3-2（b）所示。图 13.3-2（c）给出了单个 Ag 球和双银球二聚体的消光谱。

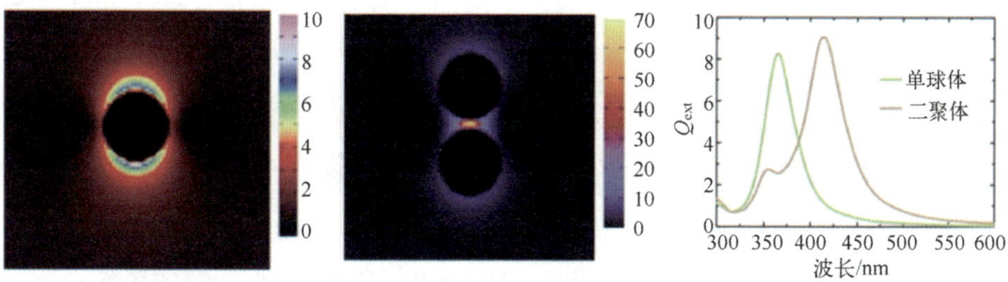

(a) 单个Ag纳米球的LSPR电场分布　(b) 两个金属纳米银球的LSPR电场分布　(c) 消光谱

图 13.3-2　LSPR 的光场和消光谱

通常，电磁场静态近似被用来分析金属纳米颗粒的光学特性。当这些颗粒的尺寸远小于入射电磁波的波长时，可以认为金属纳米颗粒几乎没有引起电磁波的相位变化，金属表面的集体振荡保持相同相位。由此，在外部电场 E_0 的驱动下，金属纳米颗粒的等效电偶极矩为 $\mu=\varepsilon_2\alpha(\omega)E_0$ 的点电偶极子，极化率为 $\alpha(\omega)=4\pi\varepsilon_0\alpha^3(\varepsilon_1(\omega)-\varepsilon_2)/(\varepsilon_1(\omega)+2\varepsilon_2)$，$\varepsilon_1(\omega)$ 和 ε_2 分别为金属和介质的相对介电常数，球形金属纳米颗粒的半径为 a。金属纳米颗粒的 LSPR 效应对入射电磁波造成的光学损耗包括散射损耗和吸收损耗，可分别由散射截面 σ_{scatt} 和吸收截面 σ_{abs} 来计算，即

$$\sigma_{scatt}=\frac{k^4}{6\pi\varepsilon_0^2}|\alpha(\omega)|^2 \tag{13.3-1}$$

$$\sigma_{abs}=\frac{k^4}{\varepsilon_0}\text{Im}|\alpha(\omega)| \tag{13.3-2}$$

二者之和为消光截面。由此可知，金属纳米颗粒引起的损耗都和其自身的极化率 $\alpha(\omega)$ 有关，其中，当 $\alpha(\omega)$ 表达式中分母为零时满足共振条件，即有 $\text{Re}\{\varepsilon_1(\omega)\}=-2\varepsilon_2$。根据消光截面的计算表达式可知，LSPR 的光学特性受到金属颗粒几何尺寸、周围环境折射率等因素的影响。当金属纳米粒子的尺寸与电磁波入射波长相比拟时，静电场近似条件不再成立，此时需要考虑振荡

的相位滞后效应，对结构不规则的纳米结构，消光谱和吸收谱的计算需要采用数值计算完成（常用商业软件包括 COMSOL、FDTD Solution、CST Microwave Studio 等）。

将特定几何尺寸的金属纳米结构置于被测物质（液体、气体）中，归一化消光谱的峰值波长将发生变化，波长变化可用于反推物质特性的信息，例如，浓度、折射率变化、温度等，这就是基于局域表面等离激元传感器的基本工作原理。Yang Jianyi 等给出了局域等离激元共振峰值频移的简单解析表达式[17]，该表达式可精确预测相当范围内的金属纳米粒子形状和尺寸（含准静态近似不成立情况下）的消光谱。局域表面等离激元传感器具有类似于表面等离激元传感器的特点。

13.3.2 纳米颗粒消光系数与材料、尺寸和形状的关系

精确计算纳米粒子的消光谱需采用严格的米氏散射理论，根据米氏散射理论，在小尺寸准静态近似情况下（只取偶极子项），球形金属的消光系数可以表示为

$$\sigma_{\text{ext}}=\frac{18\pi\varepsilon_{\text{d}}^{3/2}V}{\lambda}\frac{\varepsilon_{\text{Im}}(\lambda)}{(\varepsilon_{\text{Re}}+2\varepsilon_{\text{d}})^2+\varepsilon_{\text{Im}}(\lambda)^2} \tag{13.3-3}$$

式中：ε_{Re} 和 ε_{Im} 为金属介电常数的实部和虚部；ε_{d} 为金属球周围材料的介电常数。式（13.3-3）中分母取最小值时，消光截面取得最大值，此时满足 $\varepsilon_{\text{Re}}=-2\varepsilon_{\text{d}}$。这就是消光峰与金属和电解质的介电常数依赖关系，例如，金球粒子置于介电常数为 1.7 左右的液体中，根据上述条件，其共振波长为 520nm。尽管在上述推导过程中用到了准静态近似条件，但该依赖关系对于大尺寸的粒子依然成立。在消光峰的表达式中，分母中金属介电常数的虚部的平方对共振峰的位置不起作用，但介电常数虚部决定了金属球的损耗，与消光峰的谱宽有关，谱宽越大，实际测量中峰值位置的准确度越低，影响传感的品质因子。比较材料参数可知相同外部条件下银的损耗较低，消光峰较窄，但金具有化学更稳定和更强的抗氧化能力，故实验中用得更多。

为方便进一步讨论周围环境折射率与峰值波长的依赖关系，假定金属材料的介电常数与频率的依赖关系满足 Drude 模型，其介电常数的实部表示为

$$\varepsilon_{\text{Re}}=1-\frac{\omega_{\text{p}}^2}{\omega^2+\gamma^2} \tag{13.3-4}$$

式中：ω_{p} 和 γ 分别为体材料金属的等离子体频率和耗散参数，对于可见光和近红外频率，满足 $\omega_{\text{p}}\gg\gamma$，金属介电常数可简化为 $\varepsilon_{\text{Re}}=1-\omega_{\text{p}}^2/\omega^2$。根据消光峰

满足的条件，易得

$$\lambda_{max}=\lambda_p\sqrt{2n_d^2+1} \tag{13.3-5}$$

式中：λ_{max}为局域表面等离激元共振峰的波长；λ_p 为体材料金属等离子体频率对应的波长；n_d 为介质折射率。由式（13.3-5）可以看出，在可见光和近红外波段，LSPR 共振峰波长近似与周围介质的折射率呈线性关系，如图 13.3-3 所示[1]。

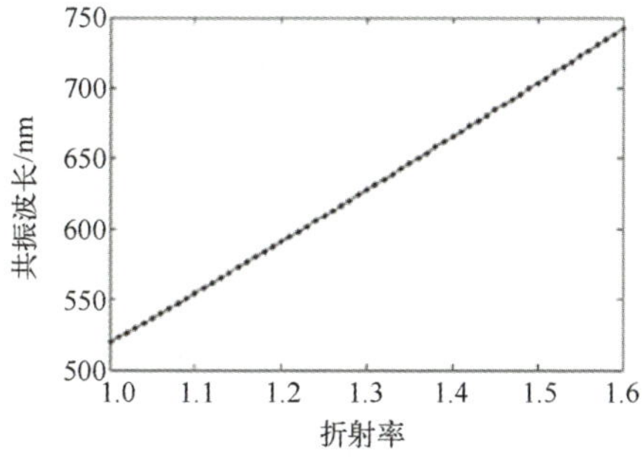

图 13.3-3 共振峰值波长与 Drude 金属球纳米粒子周围折射率的关系

表示共振峰位置的另一种常用物理量为共振峰的光子能量，单位为电子伏。根据简单的变换，用能量表示的表达式为：$E=hc/(\lambda_p\sqrt{2n_d^2+1})$。

13.3.3 局域表面等离激元折射率传感器

与传播表面等离激元传感器类似，金属纳米粒子激发 LSPR 用于传感的原理是通过 LSPR 峰值波长的移动监测金属纳米粒子周围环境的折射率变化。原则上可以测量单个纳米粒子的消光谱或致密纳米粒子薄膜系综的消光谱，但对于尺寸较小的纳米粒子，单个粒子消光谱太弱不易测量，因此，实际中多采用致密纳米粒子系综形成薄膜，作为 LSPR 折射率传感的衬底。金属纳米粒子系综的消光谱与组成纳米粒子的形状、尺寸和材料关系密切[18-21]。由于 LSPR 传感基于简单的消光测量，因此对温度不敏感，对实验设备要求比 SPR 传感要求相对较低。另外，纳米粒子具有高度局域的传感体积，缓解了 SPR 传感中为捕获特定相互作用下分子对聚合物材料的需求。

对于球形纳米粒子，当粒子尺寸在入射光波长的 1%～2%时，准静态近似有效，LSPR 只有一个偶极子共振模式，散射和消光谱可由式（13.3-1）和式（13.3-2）决定，考虑到消光谱与粒子半径具有幂次关系，小尺寸粒子的消光主要来源于粒子的光吸收，随着粒子半径增加，散射对消光的相对贡献逐渐增加，并逐渐占据主导地位，同时伴随消光峰的红移和频谱展宽（多级共振的贡献）。进一步增加粒子尺寸（粒子尺寸在波长的5%左右），粒子散射和吸收必须用严格的米氏理论计算，LSPR对应更多的多极子共振发生，如100nm左右的Ag纳米球。对于金纳米球，散射贡献大于吸收贡献的转变尺寸发生在粒子直径80nm。图13.3-4给出了不同纳米粒子银球的散射、消光和吸收谱曲线[16]。对于金纳米球粒子，当直径在10~100nm变化时，LSPR波长峰值调谐范围为60nm。

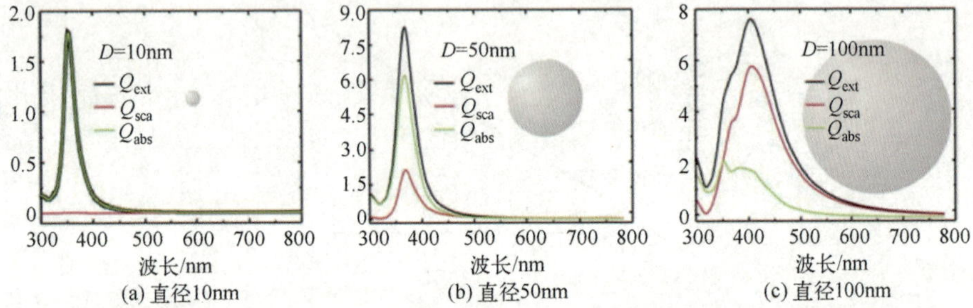

图13.3-4 不同直径银纳米球粒子的归一化散射、吸收和消光谱

其他形状的金属纳米粒子由于形状的非对称性，如纳米棒通常包含两个LSPR共振峰：横向LSPR和纵向LSPR，如图13.3-5（a）所示。图13.3-5中所有样品中金纳米粒子系综均位于玻璃衬底上，当金纳米棒的直径为10nm，且高宽比为1~3.4时，纳米棒的灵敏度从157nm/RIU增加到497nm/RIU，同样保持高宽比不变，纳米棒体积增加时，灵敏度也相应增加。纳米星系综对应的两个宽吸收峰来源于多个不同形状纳米星吸收峰的叠加，该结构的优势是尖锐的表面结构可产生更高的灵敏度。以银材料为例，对于单粒子灵敏度，在相同体积下，银纳米三角粒子比银球的灵敏度增加了一倍以上，同样，空心金纳米壳比金纳米球具有更高的灵敏度。对于双金字塔形状的纳米粒子系综，其归一化吸收谱如图13.3-5（c）所示，同样具有两个不同的吸收峰，其中之一来源于双金字塔粒子，另一个来源于样品中混杂的其他形状的粒子，系综灵敏度随尺寸和形状变化与球形金纳米粒子趋势一致。

分析LSPR的灵敏度的变化，不仅要考虑材料特性，还要考虑与金属粒子尺寸有关的固有效应。对于特定材料制备的LSPR传感器，长波长的LSPR共振对应更高的折射率灵敏度。Miller等的理论工作表明[18]，金属纳米粒子的折射率灵敏度与LSPR共振波长呈线性关系。不同形状粒子的折射率灵敏度实验结果表明，LSPR折射率灵敏度与共振波长的相关性要远大于与粒子形状的

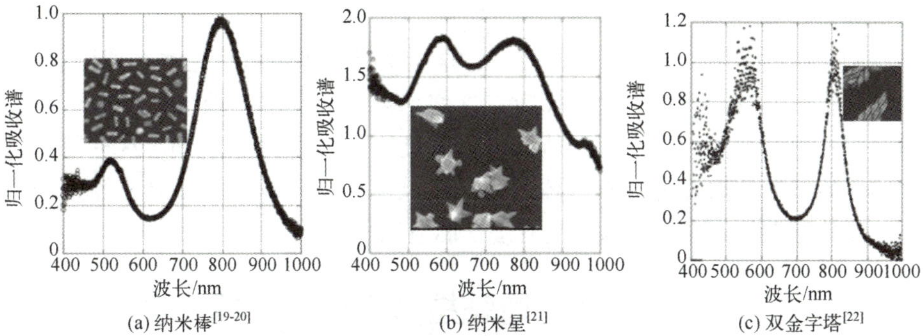

图 13.3-5　不同形状金纳米粒子系综的吸收谱

相关性。对于相同形状相同大小的粒子，灵敏度和共振波长取决于材料特性。在可见光区，对于相同尺寸的纳米金球和银球，银球 LSPR 峰值波长要小，但灵敏度约为金球的 2~3 倍。这是由于球形纳米粒子的共振波长取决于金属介电函数的实部和环境折射率，银的折射率实部在可见光区的变化比金要快。但在近红外波段，折射率随波长的变化率，两种材料趋于一致。另外，在可见光区，金属银的虚部比金的要低，因此其热损耗较低，散射效率较高，相应的峰值宽度要低，在共振波长相同的情况下，银粒子制备的传感器，由于具有更尖锐和更窄的消光峰，其测量精度更高。

Mayer 等通过测量金纳米棒薄膜在空气、水、乙醇以及甲酰胺等几种溶剂的消光谱峰值的偏移量，绘制波长与折射率的对应曲线，得到对应传感器的灵敏度为 170nm/RIU[20]。近年来，LSPR 传感器不再仅仅局限于纳米粒子，由刻蚀工艺制备的复杂超表面材料在光波操控方面呈现出更大的灵活性，可更好地用于设计消光更强、频谱更窄和灵敏度更高的传感器。如基于 MIM 结构的等离激元 GAP 模，缺点是 GAP 模由于高的等离基元损耗，使得共振谱较宽。Chen[23] 等基于 MIM 结构，提出将顶层金属薄膜制成周期金属天线方块阵列可实现高性能的折射率传感器，其消光谱由于瑞利异常而呈现极窄的线宽和几乎 100% 的消光效果，对应的灵敏度和半高全宽分别为 1470nm/RIU 和 0.23nm，对应的共振波长为 1.4771μm。对于 SPP 模，半高全宽为 12nm，灵敏度为 1410nm/RIU，对应的共振波长为 1.54μm。

LSPR 传感器也可以基于消光谱中的 Fano 共振现象实现探测功能。Fano 共振来源于纳米结构单元的非对称性，当与光耦合的亮等离子体模式和不能与光耦合的暗等离子体模式发生干涉时，将会产生尖锐的非对称消光谱，理论和实验表明基于 Fano 共振的 LSPR 传感器具有极高的折射率灵敏度和品质因子[24-25]。

当金属纳米粒子周期有序排列时，这些纳米粒子可以将光散射到衍射波，如果这些衍射波沿阵列表面传播时，这些衍射波会与单个纳米粒子的局域表面等离共振耦合，导致等离子体共振谱宽度剧烈窄化到 1~2nm，这种衍射耦合的等离子体共振称为等离子体表面晶格共振，由于较高的品质，等离子体表面晶格共振模式在传感领域具有潜在的应用价值[26]。

13.4 表面增强拉曼散射传感器

13.4.1 表面增强拉曼散射传感器的概念和机理

1. 表面增强拉曼散射的概念

光与物质相互作用过程中，会发生散射现象，如图 13.4-1 除瑞利（弹性）散射外，还存在非弹性散射现象。非弹性散射是由于光子与物质中的光学声子和声学声子相互作用引起的，其中光与声学声子相互作用发生的非弹性散射为布里渊散射，与光学声子相互作用的非弹性散射称为拉曼散射。拉曼散射中包含斯托克斯和反斯托克斯谱线。在光与化学分子相互作用的拉曼效应来源于分子的振动、转动动能，散射光的频率、偏振、强度等信息是分子成分、结构、手性等信息的内在反映。拉曼光谱被称为分子指纹，可实现分子快速、可重复、无损伤的检测，在考古、食品卫生、环境检测、电化学、催化、生物医药、护理等领域具有重要应用价值。

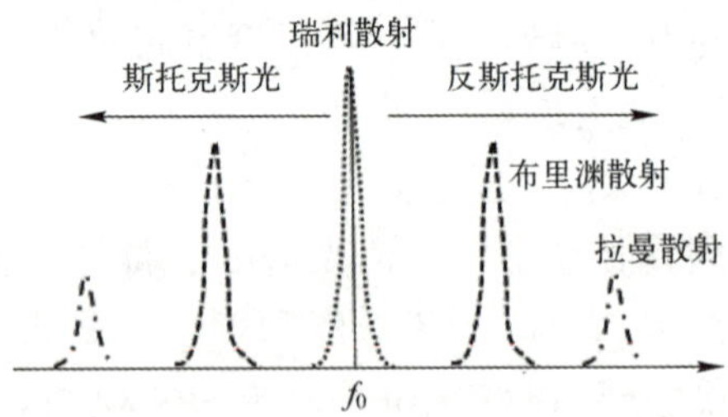

图 13.4-1 光与物质相互作用过程中发生的光散射现象

然而大多数分子的拉曼散射截面非常低，即便在激光器发明以后，仍存在检测灵敏度较低，对分子浓度要求高，测量时间长等问题。这种情况直到表面增强拉曼散射技术出现后才彻底改变。表面增强拉曼散射（Surface

Enhanced Raman Scattering，SERS）是一种通用的传感技术，可以使位于粗糙金属（金、银等）纳米粒子表面分子的拉曼散射效应获得极大增强（增强因子超过 10^8），从而使得单分子水平的分子检测成为可能。另外通过与原子力显微镜或扫描隧道显微镜技术的金属探针进行耦合，基于探针增强的表面拉曼散射已经演化为强有力的拉曼成像工具。

表面增强拉曼散射技术发展有近 50 年左右的历史，最早在 1974 年由英国南安普敦大学 Fleischmann 等在测量吸附于银电极吡啶的拉曼散射时偶然发现，并将增强现象归于银表面的接触面积增加导致吸附分子增多[27]。1977 年，西北大学 Van Duyne 等独立发现了表面拉曼增强效应，并进一步确定吸附于表面的单个吡啶分子的拉曼信号比相应溶液中的单个吡啶分子增强了 10^6 倍[28]，从而推翻了吸附分子数目增加导致拉曼增强的假设。Albrecht 和 Creighton 则认为表面增强拉曼散射是一种与等离子体激发有关的共振拉曼效应[29]。随后，Moskovits 注意到表面增强拉曼散射的强度与纳米结构金属中局域表面等离子体激元产生的电场增强之间的联系[30]，在此后的 40 多年中，表面增强拉曼散射效应的物理机理和应用研究吸引了众多科学家和工程师的兴趣。人们设计了材料和结构多样的表面拉曼增强传感衬底，并在具体实验中获得应用，目前 SERS 已经成为最敏感的分子分析技术之一。

2. 表面增强拉曼散射机理

拉曼散射强度正比于分子在电磁场作用下激发电偶极矩 μ 的平方，其中 $\mu=\alpha E$，α 为分子电极化率张量，E 为分子所在位置光场的电矢量，表面拉曼散射增强主要依靠增强电偶极矩中 α 和 E 的大小。将表面拉曼散射的增强机理包含物理机理和化学机理两个方面，前者来源于表面电场 E 的增强效应，众所周知，金属纳米粒子表面由于局域表面等离激元共振，具有很强的表面电场增强效应，化学增强机理则来源于分子极化率的变化。

（1）电磁场增强机理。

电磁场增强机理中主要作用来源于表面等离子体共振导致的表面电场增强，如图 13.4-2 所示吸附在纳米金属粒子小球附近的待测分子受到由入射光场 E_0 和金属球感应电偶极子产生的场强 E_{sp} 的叠加作用，以小尺寸下满足准静态近似下的金属球为例，金属球感应的电场表示为

$$E=r^3\frac{\varepsilon_m-\varepsilon_d}{\varepsilon_m+2\varepsilon_d}\frac{E_0}{(r+d)^3} \tag{13.4-1}$$

式中：ε_m 和 ε_d 分别为金属和周围介质的介电常数；r 和 d 分别为金属小球的半径和金属球表面到被测分子的表面距离。SERS 的增强因子近似表示为

$|E(\omega)|^4/|E_0|^4$，考虑到斯托克斯频移的因素，表达式应写为 $|E(\omega)|^2|E(\omega')|^2/|E_0|^4$，其中，$\omega'$为拉曼发射频率，当频移较小时，增强因子可近似表示为[31]

$$\mathrm{EF}=\left(\frac{\varepsilon_{\mathrm{m}}-\varepsilon_{\mathrm{d}}}{\varepsilon_{\mathrm{m}}+2\varepsilon_{\mathrm{d}}}\right)^4\frac{r^{12}}{(r+d)^{12}} \tag{13.4-2}$$

与简单的球形纳米粒子附近的表面电场增强相比，精心设计的复杂结构往往具有更大优点，如将分子置于两个金属纳米粒子中间的纳米尺寸的缝隙，增强因子可达到 $10^5\sim10^6$，金属粒子或金属结构间的纳米缝隙被称为热点，典型的热点范围距离金属表面 2～10nm 范围。对于非球形和非平面等结构的电场增强，通常需要采用经典电磁理论分析。对于更小的等离子结构或等离子体间隙，求解电磁场时必须要考虑非局域效应的影响[32]。

电场增强的诸物理机制中，除局域表面等离激元共振外，还有避雷针效应和镜面效应。与局域表面等离激元共振效应一样，上述效应引起的表面电场增强都可以通过严格求解电磁场问题得到。在机理上，避雷针效应来源于粗糙金属表面的尖端等曲率半径极小的区域，由于电荷局部密度较高引起局域表面电场增强。镜面效应对应较为理想的金属表面，电场激发待测分子形成电偶极子，电偶极子在金属内部形成镜像电偶极子，在金属表面引起的镜像光场同样会增强拉曼散射强度，如图 13.4-2 所示。

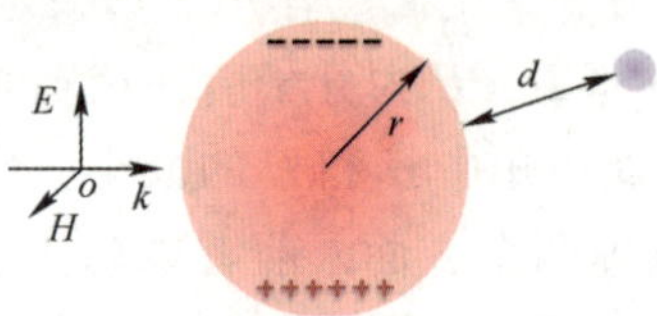

图 13.4-2　表面增强拉曼散射示意图

图 13.4-3 给出了不同形状纳米粒子形成的薄膜作为表面增强拉曼散射基底时，拉曼增强因子与纳米粒子覆盖度的关系曲线，可见，伴随着金属纳米粒子覆盖度的增加，可预见纳米粒子的间隙越小，形成的热点越多，相应的增强因子也越大[33]。

（2）电荷转移机理。

分子受激发的电极化率越大，拉曼散射越强，电极化率与分子的电荷再分布有关，在外加光场的作用下，分子中处于最高占据轨道（HOMO）的电荷与最低占据轨道（LOMO）的电荷要发生转移，才能引起电极化。表面拉曼散射增强的化学机理是指拉曼增强的贡献不仅依赖于电场增强效应，而且和

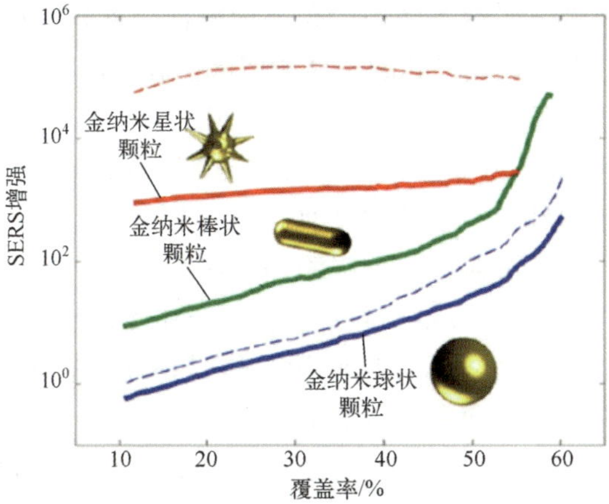

图 13.4-3 具有不同形状的金纳米粒子单层的 SERS 增强与表面覆盖率的关系，实线分别为在 785nm 光波长下激发（65×21nm 纳米棒共振），633nm 波长（51nm 纳米球共振）和 900nm 波长（纳米星共振：20nm 核心，10nm 凸起）获得的虚线曲线[33]

吸附分子和金属纳米粒子之间的电荷转移有关。在这一过程中，金属起了很好的桥梁作用，金属提供了电子从 HOMO 状态受激跃迁到 LOMO 状态的中间能级，使得吸附分子的电子跃迁概率大大增加，进而增大了分子的极化率，这一过程，金属表面的粗糙度对电荷转移起重要作用，电荷转移增强作用只发生在与金属吸附的第一层分子和金属表面之间。

13.4.2 表面增强拉曼生物、化学传感器

1. 重金属离子传感器

重金属离子是在水体和土壤中对人类健康和环境影响十分严重的污染物。典型的重金属包括铅、汞、镉、铜等。上述重金属离子不可生物降解，会在土壤和水体中积累，对生态系统可造成长期损害。以铅离子为例，铅离子通过多种方式，如食物、呼吸或皮肤进入人体后，很难从体内排出，二价铅离子在体内的积累可对中枢神经和外围神经系统都有危害，导致肌肉麻痹、记忆力丧失，同时对肝、肺等脏器也有损伤。美国环境保护局（EPA）规定，饮用水中 Pb2+的浓度不得超过 50μg/L。

重金属离子传感器的基本原理是通过巯基乙酸（MSA）等分子修饰银或金等金属纳米结构（如金球），这些分子与重金属离子有强烈的相互作用。然后，将待测的重金属离了与修饰后的金属纳米结构接触，使之发生相互作用。

这种相互作用会导致金属纳米结构的拉曼散射信号增强，从而可以更准确地检测到这些信号。通过对比已知的拉曼散射光谱和待测物质的拉曼散射光谱，可以确定待测物质的具体成分。

Zhou 等报道了基于 Si 纳米线表面沉积球形金纳米粒子作为 SERS 衬底实现对铅离子浓度的测量[34]。在探测中使用结晶紫对衬底进行修饰，结晶紫分子作为拉曼信号物质，可通过静电吸附作用吸附在金纳米粒子表面。在有铅离子的环境中，铅离子与 Au 纳米粒子的强烈亲和性导致表面拉曼增强区域的结晶紫分子吸附点位减少，从而影响拉曼信号强度，进而得到铅离子浓度。实验结果表明其探测的最低铅粒子浓度为 10^{-13} mol/L。该实验的其他优点包括：由于其具有三维纳米结构，可为吸附分析物分子提供高密度“热点”和大比表面积，因此具有高灵敏度，当存在其他金属离子时没有显著的干扰，表明该方法具有优秀的选择性。

2. 生物传感器

表面增强拉曼生物传感器是一种利用拉曼散射技术来检测生物分子相互作用的传感器。它通过在金属表面或纳米结构上吸附目标分子（如蛋白质、DNA 或小分子），然后测量拉曼散射信号的增强，从而实现对目标分子的检测和定量分析。这种传感器具有高灵敏度、高选择性、非侵入性和无标记等优点，广泛应用于生物分析、化学分析、生物传感、医学诊断等领域，可以用于检测生物分子相互作用、分析生物小分子、检测疾病标志物、检测病毒和细菌等微生物。

表面增强拉曼生物传感器的实现通常包括两个主要步骤：首先，在金属表面或修饰后的金属纳米结构复合材料上吸附目标分子；其次，利用拉曼光谱技术测量吸附后的分子拉曼散射信号的增强。其中，金属表面或金属纳米结构复合材料的选择和制备是关键步骤，因为它们能够通过物理或化学方法增强拉曼散射信号，从而提高检测的灵敏度和选择性。

以胆固醇为例，胆固醇对生物至关重要，因为它是细胞膜的重要组成部分，也是大脑和神经细胞的基本组成部分之一。人体内胆固醇须处于最佳水平，如果它低于或高于这个水平，将会成为许多疾病的标志，因此，胆固醇含量的检测非常重要。Gokhan 等通过合成多壁碳纳米管，并在其表面生长了银纳米粒子，从而获得银纳米粒子/多壁碳纳米管的纳米复合材料，使用该复合材料可作为表面增强拉曼散射（SERS）基底来量化胆固醇分子[35]。增强因子（EF）确定为 6.21×10^{9}，检测限为 3.24×10^{-11} mol/L。利用该复合材料作为 SERS 衬底制备的传感器可以以优异的准确性、精密度和灵敏度测定胆固醇分子，在临床诊断和健康管理方面具有很大的潜力。

3. 化学传感器

国土安全中有效的对早期威胁检测是当前越来越受关注并具有重大影响的课题，恐怖袭击和战争中主要使用的两种威胁手段分别是爆炸物（如三硝基甲苯）和化学战剂（如沙林、维埃克斯、塔崩、芥子气、路易斯气等）。报道表明，大量基于表面增强拉曼散射研究已实现了对 TNT 和 DNT 的阿托摩尔灵敏度，这在现实中使用其他技术是无法达到的。

有机磷化合物因其高度的神经性和糜烂性毒剂而受到广泛关注，二甲基磷酸甲酯（DMMP）是沙林模拟物和化学战剂的模拟物，同时也是较差的拉曼散射体分子，在复杂的检测环境使得在极低浓度下检测有机磷化合物变得非常困难。Li 和 Zhang 等提出了一种基于核壳结构 Au@ ZrO2 的新型表面增强拉曼散射（SERS）基底[36]，该基底的重复性和稳定性在实验中表现出优异的性能，20 次测试的拉曼信号强度的相对标准偏差（RSD）为 6.38%，Au@ ZrO2 的增强能力在 30 天内保持稳定。通过使用上述 SERS 基底，在检测极低浓度的有机磷化合物时，获得了优异的检测结果。DMMP 其检测限可达 100mg/kg，甲基对硫磷和三唑磷的检测限可达 0.01mg/kg。在实际系统（橙皮）下，甲基对硫磷和三唑磷的检测限也可分别达到 0.5 和 0.1mg/kg。

2，4，6-三硝基甲苯（TNT）是使用最广泛的硝基芳烃炸药，对其快速、选择性检测是国土安全和环境修复的首要任务。边境、机场和检查站等地的家园卫士急需一种便携式系统，用于在超低浓度下快速、选择性检测爆炸物。许多复合基底材料已经将磁性功能与 SERS 结合用于在复杂介质中检测痕量爆炸物，Mahmoud 等报道了一种新的包含由高度堆积的 PSA/Si/Fe3O4/AuNP 构成的复合基底材料[37]，用作高效 SERS 衬底以检测超痕量的 TNT。SERS 结合木质素对 TNT 的优异亲和力和四氧化三铁/金纳米粒子的快速磁性分离，促进了 TNT 的预浓缩和敏感的表面增强拉曼散射检测。实验结果可以检测到浓度下限为 2pmol/L 的 TNT 并从污染的土壤中回收。这些复合微球的简便合成和低成本使它们在检测爆炸物和最终修复污染场所方面非常有用。

参考文献

[1] MAYER K M, HAFNER J H. Localized surface plasmon resonance sensors [J]. Chemical Reviews, 2011, 111: 3828-3857.

[2] KRETSCHMANN E, RAETHER H. Radiative decay of nonradiative surface plasmons excited

by light [J]. Zeitschrift fur Naturforschung A, 1968, 23(12): 2135-2136.

[3] OTTO A. Excitation of nonradiative surface plasma waves in silver by the method of frustrated total reflection [J]. Zeitschrift Fur Physik A Hadrons and Nuclei, 1968, 216(4): 398-410.

[4] SHARMA A K, JHA R, GUPTA B D. Fiber-optic sensors based on surface plasmon resonance: a comprehensive review [J]. IEEE Sensors Journal, 2007, 7(8).

[5] MAHARANA P K, SRIVASTAVA T, JHA R. Ultrasensitive plasmonic imaging sensor based on graphene and silicon [J]. IEEE Photon. Technol. Lett., 2013, 25(2): 122-125.

[6] XU Y, WU L, ANG L K. MoS2-based highly sensitive near-infrared surface plasmon resonance refractive index sensor [J]. IEEE Journal of Selected Topics in Quantum Electronics, 2019, 25(2).

[7] HOMOLA J, KOUDELA I, YEE S S. Surface plasmon resonance sensors based on diffraction gratings and prism couplers: sensitivity comparison [J]. Sensors Actuators B, 1999, 54: 16-24.

[8] LIN K, LU Y, CHEN J, et al. Surface plasmon resonance hydrogen sensor based on metallic grating with high sensitivity [J]. Opt. Express, 2008, 16: 18599-18604.

[9] DAI Y, XU H, LU Y, et al. Experimental demonstration of high sensitivity for silver rectangular grating-coupled Surface Plasmon Resonance (SPR) sensing [J]. Opt Commun, 2018, 416: 66-70.

[10] KONG L, LÜ J, GU Q, et al. Sensitivity-enhanced SPR sensor based on graphene and subwavelength silver gratings [J]. Nanomaterials, 2020, 10(11): 2125.

[11] LONG S, CAO J, WANG Y, et al. Grating coupled SPR sensors using off the shelf compact discs and sensitivity dependence on grating period [J]. Sensors and Actuators Reports, 2020, 2(1): 100016.

[12] WU T, SHAO Y, WANG Y, et al. Surface plasmon resonance biosensor based on gold-coated side-polished hexagonal structure photonic crystal fiber [J]. Optics Express, 2017, 25(17).

[13] CHEN L, LIU Y, YU Z, et al. Numerical analysis of a near-infrared plasmonic refractive index sensor with high figure of merit based on a fillet cavity [J]. Optics Express, 2016, 24(9).

[14] CHEN L, LIU Y, YU Z, et al. Numerical investigations of a near-infrared plasmonic refractive index sensor with extremely high figure of merit and low loss base on the hybrid plasmonic waveguide nanocavity system [J]. Optics Express, 2016, 24(20).

[15] YANG X, HUA E, WANG M, et al. Fano resonance in a MIM waveguide with two triangle stubs coupled with a split-ring nanocavity for sensing application [J]. Sensors, 2019, 19(22): 4972.

[16] CORONADO E A, ENCINA E R, STEFANI F D. Optical properties of metallic nanoparticles: manipulating light, heat and forces at the nanoscale [J]. Nanoscale, 2011, 3(10): 4042.

[17] YANG J, GIESSEN H, LALANNE P. Simple analytical expression for the peak-frequency shifts of plasmonic resonances for sensing [J]. Nano Letters, 2015, 15: 3439-3444.

[18] MILLER M M, LAZARIDES A A. Sensitivity of metal nanoparticle surface plasmon resonance to the dielectric environment [J]. Journal of Physical Chemistry B, 2005, 109(47): 21556.

[19] NUSZ G J, MARINAKOS S M, CURRY A C, et al. Label-free plasmonic detection of biomolecular binding by a single gold nanorod [J]. Anal. Chem, 2008, 80: 984.

[20] MAYER K M, LEE S, LIAO H, et al. A label-free immunoassay based upon localized surface plasmon resonance of gold nanorods [J]. ACS Nano, 2008, 2: 687.

[21] NEHL C L, LIAO H, HAFNER J H. Optical properties of star-shaped gold nanoparticles [J]. Nano Letters, 2006, 6(4): 683-688.

[22] LEE S, MAYER K M, HAFNER J H. Improved localized surface plasmon resonance immunoassay with gold bipyramid substrates [J]. Analytical Chemistry, 2009, 81(11): 4450-4455.

[23] CHEN C, WANG G, ZHANG Z, et al. Dual narrow-band absorber based on metal-insulator-metal configuration [J]. Optics Letters, 2018, 43(15).

[24] FENG H, SONNEFRAUD Y, VAN DORPE P, et al. Symmetry breaking in plasmonic nanocavities: subradiant LSPR sensing and tunable Fano resonance [J]. Nano Letters, 2008, 8(11): 3983.

[25] MESCH M, WEISS T, SCHÄFERLING M, et al. Highly sensitive refractive index sensors with plasmonic nanoantennas-utilization of optimal spectral detuning of Fano resonances [J]. ACS Sensors, 2018, 3(5): 960.

[26] KRAVETS V G, KABASHIN A V, BARNES W L, et al. Plasmonic surface lattice resonances: a review of properties and applications [J]. Chemical Reviews, 2018, 118(12): 5912.

[27] FLEISCHMANN M, HENDRA P J, MCQUILLAN A J. Raman spectra of pyridine adsorbed at a silver electrode [J]. Chemical Physics Letters, 1974, 26: 163-166.

[28] JEANMAIRE D L, VAN DUYNE R P. Surface raman spectroelectrochemistry part I. heterocyclic, aromatic and aliphatic amines adsorbed on the anodized ailver electrode [J]. Journal of Electroanalytical Chemistry and Interfacial Electrochemistry, 1977, 84: 1-20.

[29] ALBRECHT M G, CREIGHTON J A. Anomalously intenseraman spectra of pyridine at a silver electrode [J]. Journal of the American Chemical Society, 1977, 99: 5215-5217.

[30] MOSKOVITS M. Surface roughness and the enhanced intensity of raman scattering by mole

cules adsorbed on metals [J]. The Journal of Chemical Physics, 1978, 69: 4159.

[31] AUSMAN L K, SCHATZ G C. On the importance of incorporating dipole reradiation in the modeling of surface enhanced raman scattering from spheres [J]. The Journal of Chemical Physics, 2009, 131(084708).

[32] LUO Y, FERNANDEZ-DOMINGUEZ A I, WIENER A, et al. Surface plasmons and nonlocality: a simple model [J]. Physical Review B, 2013, 111: 093901.

[33] SOLIS D M, TABOADA J M, OBELLEIRO F, et al. Optimization of nanoparticle-based SERS substrates through large-scale realistic simulations [J]. ACS Photonics, 2017, 4(2): 329-337.

[34] ZHOU R, WEN C, LÜ J, et al. Surface-enhanced raman scattering sensor for quantitative detection of trace Pb2+ in water [J]. Chemical Physics Letters, 2023, 813: 140324.

[35] DIKMEN G. Surface enhanced raman spectroscopy sensor based on silver nanoparticles/multi wall carbon nanotubes for ultrasensitive detection of cholesterol [J]. Spectrochimica Acta Part A: Molecular and Biomolecular Spectroscopy, 2023, 303(15): 123235.

[36] LI T J, WEN B Y, ZHANG Y J, et al. Au@ ZrO_2 core-shell nanoparticles as a surface-enhanced raman scattering substrate for organophosphorus compounds detection [J]. Journal of Raman spectroscopy, 2022, 53(8): 6373.

[37] MAHMOUD K A, ZOUROB M. Fe_3O_4/Au nanoparticles/lignin modified microspheres as effectual Surface Enhanced Raman Scattering (SERS) substrates for highly selective and sensitive detection of 2, 4, 6-trinitrotoluene (TNT) [J]. Analyst, 2013, 138: 2712.

第14章 MOEMS集成传感器

14.1 MOEMS 概述

微光机电系统（Micro Optic Electro Mechanical System，MOEMS）是由机械、电子、光学及其他一些功能元件集成在单片或多片芯片上构成的微型智能系统。最初，微光机电系统技术是为了满足数字成像设备小型化的需求所诞生的，基于微机电系统（Micro Electro Mechanical System，MEMS）技术生产的基于可偏转微型反射镜面阵列的扫描器极大减少了传统光学镜片的使用数量，有效地缩小了数字成像设备的体积。利用 MEMS 工艺生产的从微米到毫米级尺度的微光结构与 MEMS 驱动器的组合，使 MOEMS 器件能够通过调整倏逝波耦合、干涉和衍射等方式控制和引导光的传播。结合了微机械加工技术和微光学的 MOEMS 器件在纤维光学、光学扫描系统、显示和成像系统，以及自适应光学中都有广泛的应用。经过几十年的蓬勃发展，MOEMS 的研究已经覆盖了数字显示和成像，光学信号处理，物理传感，以及微型光谱分析仪等几大领域，MOEMS 传感器拥有较高的分辨率和精度，具有尺寸小，抗电磁干扰能力强等突出优点，是近年传感器研究中的一个热门课题，其传感器的种类包括惯性传感器、压力传感器、微型光谱仪等。

14.1.1 MOEMS 的发展

为满足小型的光学显示和成像需求，MOEMS 扫描器应运而生。自

Petersen 发表了用于数字成像的硅扫描器之后[1]，MOEMS 空间光调制器在过去30 年间经历了爆炸式的增长[2]。在20 世纪80 年代到90 年代早期，便携式数字显示的需求推动了微镜面阵列的发展。其中代表性的技术是数字微反射镜装置（Digital Micromirror Device，DMD）和视网膜扫描显示（Retinal Scanning Display，RSD）[3-4]。之后，以各种扫描器为基础的 MOEMS 空间光调制器还应用在各种成像技术上，尤其是使体内诊断所需的内窥镜成像获得了更低的成本和更高的速度，其应用包括共聚焦显微（Confocal Microscopy）、光学相干层析成像（Optical Coherence Tomography，OCT）。其他还包括激光雷达（Light Detection and Ranging，LiDAR）、近场光学显微中的扫描探针显微镜（Scanning Probe Microscope，SPM）等[5-6]。发展到今天，MOEMS 扫描器依然活跃在光声内窥镜和多光子显微的研究中[6]。

20 世纪 90 年代至今，互联网的连续快速增长极大地推动了光纤通信和大容量网络的发展，为了更好地用有限的网络资源满足网络各部分对容量不同的需求，供应商需要可以灵活配置的网络。在这样的需求下，MOEMS 准直器，可调微透镜和可调反射阵列相结合，催生出了基于光纤的可调光衰减器（Variable Optical Attenuator）、光开关（Optical Switch）、可调谐激光（Tunable Laser）等新型光通信组件，这些组件能够满足传统光纤通信元件不能完成的灵活组网，组成配置可调的致密波分复用（Dense Wavelength Division Multiplexing，DWDM）系统[7]。由 MOEMS 技术实现的小体积可调元件是可能实现大矩阵互联的关键技术之一，因此光纤通信是 MOEMS 最重要的应用领域之一。

20 世纪 90 年代后期开始，随着生产制造技术的进步，MOEMS 为光学和光电子学传感和物质检测的发展带来了更多的可能，各种 MOEMS 传感器和微型光谱仪出现了爆发式的发展。通过基于各种可动的光学结构的干涉和衍射，以及各种光机械腔体输出信号的变化，MOEMS 传感器已经包含了位移传感器、惯性传感器和压力传感器等种类[7]。基于不同干涉和衍射原理的 MOEMS 的可调的频率选择能力实现了小型化的频谱扫描，衍生出了 MOEMS 微型光谱仪。如今，建立在 MOEMS 频谱扫描阵列上的微型光谱仪发展出了基于色散光学、窄带滤波、傅里叶变换，以及频谱重建四大种类[8]。微光学和微流体相结合还催生出了微光流体系统以应用于生化物质的检测[9]。随着各学科的交叉融合以及集成工艺的发展，MOEMS 物理传感及频谱分析技术获得了前所未有的发展机遇。

14.1.2 MOEMS 集成传感的特点

MOEMS 集成传感器的传感机理是使传感器内光路受到外界扰动，继而通过分析光信号的变化来反推扰动而成立的。MOEMS 物理传感器通常以位移和形变传感作为基础，将加速度、角速度、压力等类型的物理量转变为机械位移和形变，从而完成相关物理量的探测。位移的测量则一般通过能够使输出信号受位移改变的空间光调制器或者光机械谐振腔来完成机械位移和形变的探测。这类结构通常包括衍射光栅、几何调制波导/光纤、法布里-珀罗干涉仪、迈克尔逊或者马赫-曾德尔干涉仪以及纤维光学反射腔。其通过调整基础单元部件之间的机械位移、光程差，反射角，相位差等方式对物质的透射谱进行分析，再由集成复数的传感单元阵列结合实现宽波段的频谱物质检测。相比使用大量的分立器件，MOEMS 传感具有较高的分辨率和精度、尺寸小、抗电磁干扰能力强等突出的优点。

14.2　MOEMS 加速度计

MOEMS（微光学（机电））加速度计将光学测量方法和 MEMS 技术相融合。传统的 MEMS 加速度计受到测量原理本身的限制，在测量精度和环境脱敏性等指标上做不到很好，存在着分辨率不够高的缺陷，不能满足高精度惯性导航领域的要求，因此基于光学检测和 MEMS 工艺的 MOEMS 加速度计逐渐成为研究热点。MOEMS 加速度计作为 MEMS 加速度计的下一代产品，融合了微机械系统和光学测量的优点，符合高精度、小型化、芯片式的未来发展趋势。相比于传统的 MEMS 加速度计，MOEMS 加速度计具有很大的优势：采用光学检测的方法能够满足高灵敏度和高分辨率的检测需求；光学传感天然具备抗电磁干扰能力，能适应强电磁干扰等复杂环境。

14.2.1　MOEMS 加速度计的分类

以光学测量原理为分类依据，MOEMS 加速度计可分为三类，分别为：基于几何光学的 MOEMS 加速度计、基于波动光学的 MOEMS 和新型光力学加速度计[10]。

1. 基于几何光学的 MOEMS 加速度计

基于几何光学的 MOEMS 加速度计是通过直接调制光强来感知位移或加速度的加速度计。加速度计中的质量块会因加速度的影响产生惯性位移，从而改变输出光强度。这种加速度计具有结构简单、成本低等优点，但由于对入射光源和外界环境波动影响较大，难以满足高精度的需求。

光强差分检测加速度的原理如图 14.2-1 所示。MOEMS 加速度计主要由惯性微机械结构（质量块和弹性梁）、光传输通道（光纤与 V 型镜）和外部光电检测器件组成。4 根弹性梁支撑起悬空质量块。质量块上均匀排布半径 50μm 圆孔，用于释放悬空活动的质量块。V 型镜被对称地设计于质量块两端，与晶圆片上光纤槽对应位置相契合。V 型镜对引入的光源信号进行垂直反射，当不受惯性力时，将 V 型镜尖端对准输入光纤中心，将输入光均匀分到两路输出光纤中；当收到惯性力时，V 型镜位置发生偏移，两路输出光纤不再被均分，通过检测两端输出光强的差值，得到加速度值。

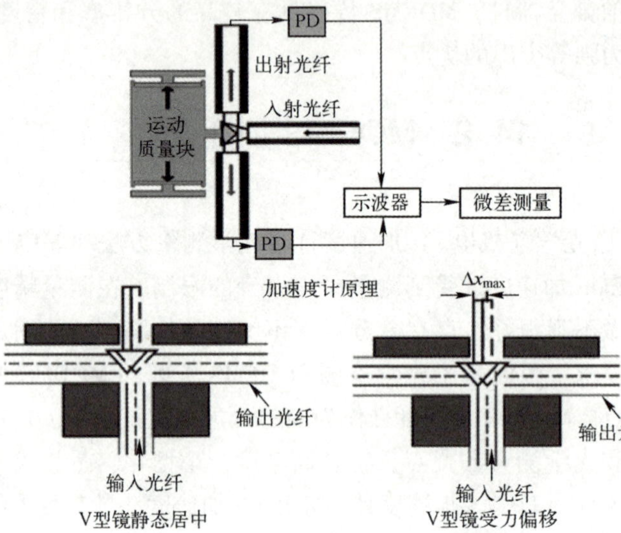

图 14.2-1 光强差分检测原理图[11]

V 型反射镜的两端输出光强 I_1 和 I_2 的差值 I_{out} 和微位移 x 的关系在一定范围内呈线性。关系式为

$$I_{out}=k\rho x \tag{14.2-1}$$

式中：ρ 为单位面积输出光强；k 是函数曲线的线性相关系数。

当加速度作用于质量块上时，梁端部的最大挠度 y_{max} 与微型镜的微位移 x 相等，理论推导得

$$y_{max}=\frac{F}{K}=\frac{wml^3}{4Ehw^3}a=x \tag{14.2-2}$$

式中：$K=4\dfrac{Ehw^3}{l^3}$为结构刚度；F 为惯性力；E 为材料的杨氏模量；w、h、l 分别

为梁的宽度、高度和长度；m 为质量块的质量；a 为加速度。联合式（14.2-1）、式（14.2-2）可得

$$a=\frac{4I_{\text{out}}Ehw^3}{k\rho ml^3} \tag{14.2-3}$$

2. 基于波动光学的 MOEMS 加速度计

基于波动光学的 MOEMS 加速度计当受到惯性力时，质量块产生位移，从而引起波长改变。它可以打破光强调制型 MOEMS 加速度计受光强起伏干扰的局限性，具有很高的稳定性和可靠性，主要包括光栅式和谐振腔式 MOEMS 加速度计。

光栅式波长调制型 MOEMS 加速度计主要是基于布拉格光栅对光波长的调制原理。布拉格光栅元件是一种陷波滤波器。它反射一个窄波段光谱并透射所有其他光谱成分，反射波长称为布拉格波长。该波长对应变和温度变化很敏感。图 14.2-2（a）是一种光纤布拉格光栅 MOEMS 加速度计的设计方案[12]。该加速度计由 L 形刚性悬臂梁、质量块、弹簧和布拉格光栅元件组成。将布拉格光栅元件放置在点 A 和 B 的中心。通过检测布拉格光栅元件中的应变变化来反映加速度的变化。

法布里-珀罗谐振腔（Fabry-Pérot Cavity，F-P 腔）是 MOEMS 加速度计另一种比较有代表性的光学位移测量单元。图 14.2-2（b）是一种 F-P 腔 MOEMS 加速度计的设计方案[13]。该加速度计由 F-P 腔、质量块、两个 G 型梁和底座组成。F-P 腔是由距离为 L 的两个平面镜构成。该装置通过检测 G 型梁支撑下质量块的运动来感知加速度，当加速度计中的质量块-弹簧系统受到垂直方向上的加速度时，质量块震动导致 F-P 腔长度 L 的变化。

反射干涉光光强的表达式为

$$I=2R\left[1-\cos\left(\frac{4\pi n}{\lambda_0}L\right)\right]I_0 \tag{14.2-4}$$

式中：R 为平面镜的反射率；λ_0是入射光在真空中的波长；n 是腔体之间介质的折射率；L 是腔体的长度；I_0 是入射光光强。

该加速度计沿传感方向的运动方程为

$$m\frac{\mathrm{d}^2\Delta L(t)}{\mathrm{d}t^2}+c\frac{\mathrm{d}\Delta L(t)}{\mathrm{d}t}+k\Delta L(t)=ma(t) \tag{14.2-5}$$

式中：m 是质量块的质量；c 是阻尼系数；k 是弹性系数。当加速度趋向于稳定时，F-P 腔长度的表达式为

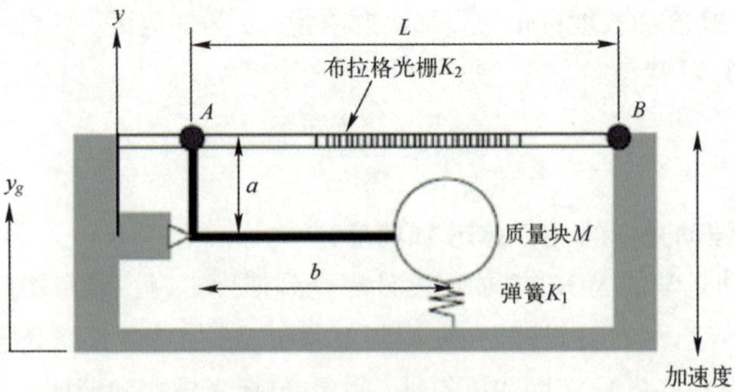

(a) 光纤布拉格光栅MOEMS

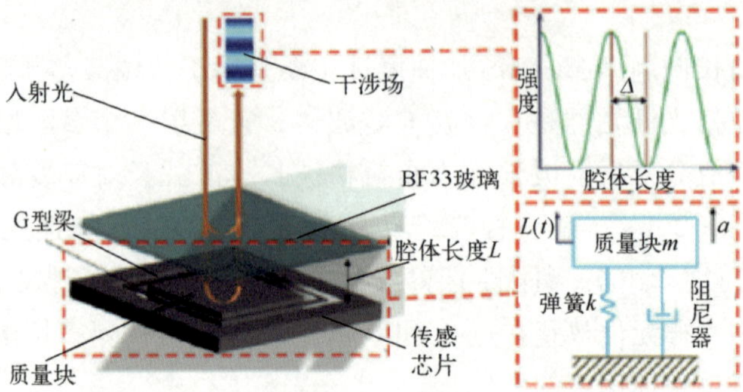

(b) F-P腔MOEMS

图 14.2-2　两种 MOEMS 加速度计的结构示意图

$$L(t)=L_0+\Delta L(t)=L_0+\frac{ma(t)}{k} \tag{14.2-6}$$

联立等式（14.2-4）和式（14.2-6），在加速度作用下的干涉反射光强为

$$I=2R\left[1-\cos\left(\frac{4\pi n}{\lambda_0}\left(L_0+\frac{ma(t)}{k}\right)\right)\right]I_0 \tag{14.2-7}$$

与基于几何光学的加速度计相比，基于波动光学原理的 MOEMS 加速度计通常可以提高灵敏度。基于光纤布拉格光栅的加速度计是研究和使用最广泛的加速度计，但其灵敏度表现平庸，基于 F-P 腔的加速度计具有更高的灵敏度。它们对微加工精度有更高的要求，其成熟度仍有待提高。

3. 新型光力学加速度计

光力学加速度计具有高极限精度、微型化、可集成的优势，通过高品质因数光学微腔和微机械振子耦合满足对系统灵敏度的要求。以工作原理为划分依据，光力学加速度计可被分为光阱悬浮式和光学微腔式两类。

光阱悬浮光力学加速度计利用激光光束悬浮微粒介质形成光阱，通过调节激光光功率反馈控制悬浮体使其处于平衡位置，从而实现加速度闭环测量。根据束缚微粒光束的数目，可以分为单光束光阱、双光束光阱和多光束光阱。一种运用双光束光阱测量加速度方案的基本结构如图 14. 2-3（a）所示，两束相向传播的高斯光束形成双光束光阱，在横向上（光束横截面方向）光阱系统对微纳介质实现捕获与束缚，在纵向上（光束传播方向）一定范围内光力正比于微纳介质偏离平衡位置的位移。把轴向作为敏感轴方向，则存在轴向加速度时，传感质量满足以下方程，即

$$F = ma = kx \tag{14. 2-8}$$

式中：m 为质量；a 为载体加速度；k 为光阱刚度；x 为传感质量相对于光阱中心的位移。位移与载体加速度成正比，从而实现对加速度的测量。

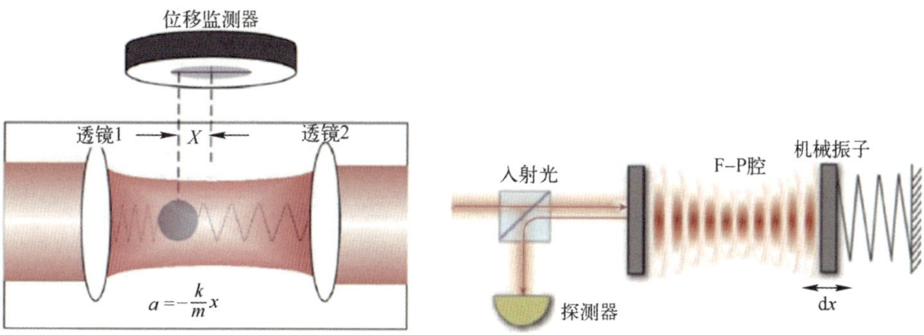

(a) 双光束光阱加速度测量[14]　(b) F-P腔光力相互作用加速度测量[15]

图 14. 2-3　两种新型加速度测量原理示意图

该类加速度计噪声最低为 400ng/Hz$^{1/2}$。光阱悬浮加速度计的振子频率大多处于几赫兹到几十赫兹之间，具有良好的低频响应特性，其应用趋于两个方向：一是超高精度、大系统，可用于空间加速度测量、重力测量和微震等低频领域；二是小型化、高精度，可用于长航时惯性导航。

腔光力学在传感领域具有独特的优势：其一是腔内光子能量非常高，其热效应可以忽略不计；其二是目前的激光器噪声比较低，接近量子噪声极限。腔光力学加速度计的原理为光场与机械振子之间动量传递导致机械振子的位移与光场的谐振频率相互耦合。典型的腔光力学系统如图 14. 2-3（b）所示，F-P 腔包含一个固定的腔镜和一个可移动的腔镜。可移动的腔镜等效为经典力学中的弹簧谐振子。当系统中存在水平加速度时，等效于施加在腔镜上的弱力。腔镜在它的驱动下移动而改变腔长，从而导致输出光场的相位移动和强度改变。通过测量相关的光学参数，就可以实现对加速度的传感。腔光力

学加速度计精度有望远高于传统加速度计，可与原子加速度计媲美，且其采用微纳加工工艺使系统微型化，系统体积有望远小于原子加速度计。

14.2.2 基于微环谐振腔的MOEMS悬梁臂加速度计工作原理

1. 加速度传感中的光学效应

（1）应力双折射效应。

众所周知，当某固定媒质在受到外力作用下，其本身的折射率会发生变化。假如该媒质在光学方面表现为各向同性，那么在外力的作用下会呈现各向异性而产生双折射。假如该媒质在光学方面表现为各向异性，那么在外力作用下会产生一个附加的双折射，这一现象称为应力双折射，也称为光弹效应。这种效应通常体现为不同方向光的偏振状态。因此，可以通过该效应来研究材料内部的应力情况，如图14.2-4所示。

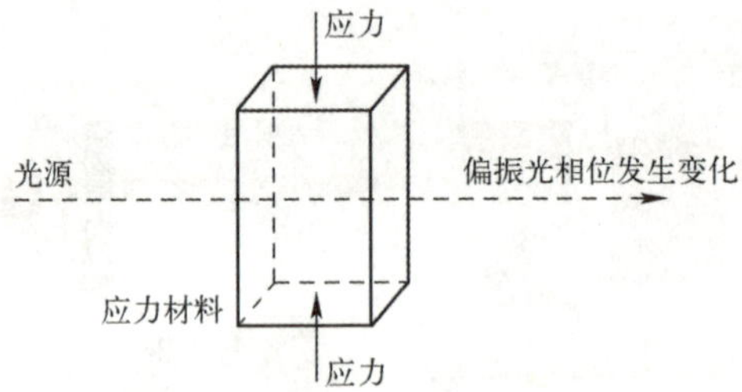

图14.2-4 应力双折射原理示意图

（2）倏逝波近场耦合原理。

当光在波导中传输时，由于波导折射率（n_1）大于包覆层（空气）的折射率（n_2），当入射角度满足$\theta \geqslant \arcsin(n_2/n_1)$时，将会在界面处发生全反射。但是根据菲涅尔公式可知，透射光的透射比并不为零，因此一部分光将会因为入射光和反射光相互作用渗入到光疏介质中，并以驻波形式在波导表面进行传输，其中投射高度为ξ，如图14.2-5所示。由于这种传输波具有有限的电场幅度，因此在低折射率介质中呈指数衰减。此时光波会进入倏逝场内的微环谐振腔从而形成近场耦合，并最终通过光波导输出。

（3）力光耦合效应。

在微腔结构中，光通过和微腔结构的倏逝波耦合，可以对微腔产生一定的应力，使其发生形变或者振动。当光在谐振腔中传输时，光辐射压力产生的微小力导致微腔腔壁发生微小移动，从而将光学谐振腔的机械本征模耦合到光学本征模，并且改变了谐振腔的光学共振模式。当功率足够大时，该相互作用力导致腔壁再生振荡，再次改变了光学共振模式，从而使得透射谱发生明显变化，并对输出光功率起到调制作用。通过对透射谱变化的研究，可以得到微腔腔壁的受力情况。

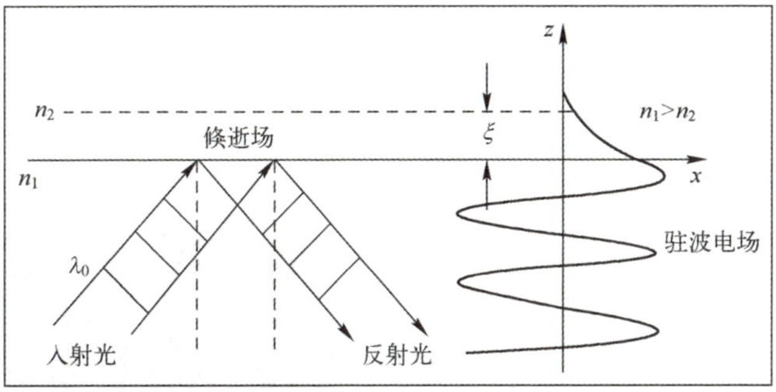

图 14.2-5 倏逝场示意图

2. MEMS 微环谐振腔加速度计工作原理

利用上述效应设计出了新型超高灵敏度加速度传感器，其原理框图如图 14.2-6 所示，其核心思想为将微小的力的变化转变为易于检测的光谱变化。当有加速度时，质量块在惯性力的作用下，引起微悬臂梁的微小形变，从两方面改变微腔的光学特性。一方面，悬臂梁的形变使得位于其根部的微腔发生形变，使其周长等结构参数发生变化，进而改变了腔内的光学共振模式；另一方面，由于加速度使微腔表面应力发生变化，导致了微腔的有效折射率产生变化。如图 14.2-7（a）、图 14.2-7（b）和图 14.2-7（c）所示，以上两点共同决定使微腔透射谱的共振峰发生变化。通过检测共振峰值的变化可以得知腔壁的微小形变量，进而可测得微悬臂梁上质量块的受力情况，反推可得加速度的大小。

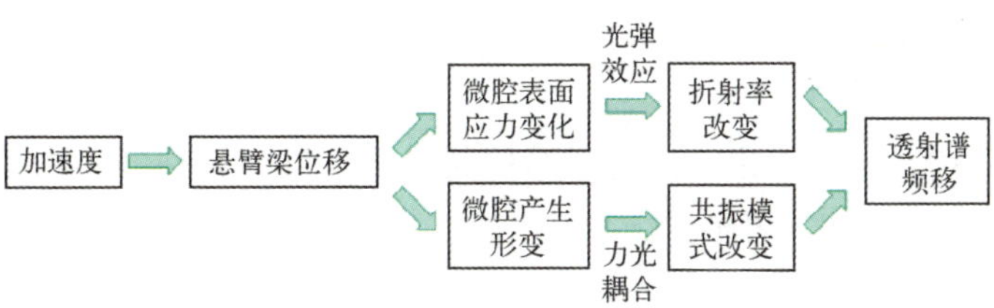

图 14.2-6 原理框图

当光在波导中传播时，由于全反射的作用会在波导表面形成倏逝波。这种倏逝波会形成一定的光场，当微环谐振腔和光波导满足一定条件时，两者会形成以倏逝场为媒介的近场耦合。当进入微环谐振腔中的光波频率与谐振腔的本征频率相等时，微环谐振腔便会产生谐振现象，如图 14.2-7（d）所示。

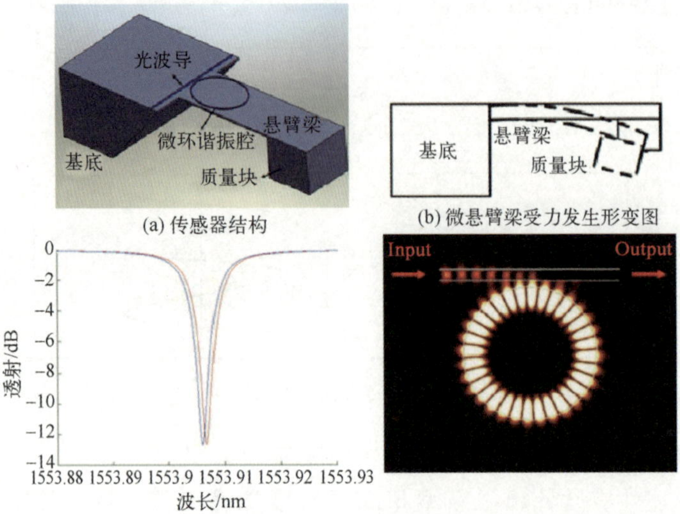

(a) 传感器结构　(b) 微悬臂梁受力发生形变图

(c) 谐振波长的漂移图　(d) 光波导与微环谐振腔的耦合示意图

图 14.2-7　加速度计工作原理示意图

3. 加速度计的灵敏度和动态范围

（1）灵敏度。

灵敏度是传感器性能的一个重要指标，高灵敏度是 MOEMS 传感器的最终目标。由于 MOEMS 加速度计的原理是通过谐振峰的漂移量来检测加速度大小的，因此该加速度计的传感灵敏度可以被认为当受加速度作用时，微环谐振腔透射谱的频移变化量与所受加速度大小的比值，那么传感灵敏度的表达式可表示为

$$\text{Sensitivity}=\frac{\Delta\lambda}{a}=\frac{3m(l-x)\lambda}{Ebt^2}\{1-\upsilon-n^2[C_{12}-\upsilon(C_{11}+C_{12})]\} \quad (14.2\text{-}9)$$

从式（14.2-9）可以看出，该传感结构灵敏度不仅与器件的结构参数有关同时还与传感结构材料属性有关。

（2）动态范围。

为了计算该传感结构的动态范围，假设传感结构受到加速度作用时，悬臂梁在加速度方向上的最大位移 Δs 为其长度的 10%。那么此时在忽略悬臂梁质量的情况下，由悬臂梁上的质量块受力情况与悬臂梁位移量之间的关系式，以及当悬臂梁有最大位移时，该器件所能承受的最大加速度，可以推知该传感结构的动态范围，如式（14.2-10）所示：

$$F_{\max}=ma_{\max}\rightarrow a_{\max}=\frac{3Ebt^3}{12mL^3}\cdot 0.1L=\frac{0.3Ebt^3}{12mL^2} \tag{14.2-10}$$

从式（14.2-10）可以看出，该器件的动态范围同样取决于该传感结构参数和材料属性，如质量轻，杨氏模量高的材料具有较大的动态范围。同时也可以设计不同的尺寸参数，来满足不同的动态范围要求。

14.2.3 MOEMS 加速度计的结构设计及仿真

1. MEMS 微环谐振腔耦合系统的结构设计及仿真

（1）传感结构的材料选择。

由式（14.2-9）可以看出，一方面灵敏度的高低不仅与传感结构的尺寸参数极为相关，同时要求传感结构的材料既拥有良好的光学特性又有优异的力学性能。另一方面从工艺角度考虑，为了实现作为敏感单元的微环谐振腔和微悬臂梁的一体化集成，首先要考虑是否能够与 MEMS 工艺具有良好的兼容性，其次还要考虑该材料在 MEMS 工艺中发展的成熟度。因此从当今发展成熟稳定的常用半导体材料中进行选取。在设计之初，对不同材料的力学特性和光学特性进行对比分析。从光传输特性方面来看，为了满足光波能够在微环谐振腔和光波导中实现全反射，并将损耗降至最低，需要材料有突出的导光能力和局域光的能力。Si 的有效折射率相对较大，对光的局域性较强，但是由于 Si 和 GaAs 的折射率相近，但 Si 的出射光强度明显高于 GaAs，因此可将 Si 作为微环谐振腔的材料。

由式（14.2-1）可知，杨氏模量越小，传感灵敏度越高，表 14.2-1 则表明如果将 SiO_2作为悬臂梁材料可得到较高的灵敏度。同时如果悬臂梁的宽度和厚度越小，传感灵敏度也越高。因此为了能够得到较好的悬臂梁尺寸，根据以往的工艺经验，利用 ANSYS 对不同材料、不同尺寸的悬臂梁在相同作用力下的力学形变进行仿真，仿真结果如表 14.2-1 所列。

表 14.2-1 悬臂梁在 100*g* 的加速度下位移情况

长×宽×高/μm	最大位移/m	长×宽×高/μm	最大位移/m	长×宽×高/μm	最大位移/m
120×15×3		200×20×4		400×25×5	
Si	0.676×10^{-10}	Si	0.627×10^{-10}	Si	0.553×10^{-10}
SiO_2	0.212×10^{-9}	SiO_2	0.197×10^{-9}	SiO_2	0.185×10^{-9}
GaAs	0.195×10^{-9}	GaAs	0.182×10^{-9}	GaAs	0.176×10^{-9}

综上，用SiO_2的力学性能最好，GaAs 次之，Si 的形变最小。因此悬臂梁的材料可以选择为SiO_2，这样不仅能够提高悬臂梁的机械灵敏度，同时SiO_2与 Si 能够形成较大的折射率差，降低微环谐振腔中光泄露，提高光的出射强度。综上所述，最后所选用的半导体材料为 SOI，这种材料按照 Si-SiO_2-Si 这种三明治形式存在，即在顶层硅和衬底之间引入了一层埋氧化层。目前已成为制作硅基光电器件的主流材料。

（2）耦合系统结构设计及仿真。

微环谐振腔与光波导耦合结构多种多样，如环形谐振腔、跑道型谐振腔等，在光波导耦合方式上也是千差万别，如级联式耦合、单环双波导式耦合等。其设计采用单臂梁结构，为了方便测试，实验中采用了经典的单环单臂式耦合结构。

为了能够尽可能降低光在由光波导和微环谐振腔组成的耦合系统中的传输损耗，方便透射谱线的提取分析，首先要使得光能够在波导和微环谐振腔中实现单模传输。利用有效折射率法对其模态传输条件进行仿真计算，不同传输模态下波导尺寸与有效折射率之间的关系如图 14.2-8 所示。$m=0$ 的曲线为基模传输曲线；$m=1$ 的曲线为一阶模态传输曲线；$m=2$ 的曲线为二阶模态传输曲线。若只让波导进行单模传输，那么波导高度应该介于 0.2～0.7μm，而当波导高度大于 0.7μm 时则会产生多模态传输。另外，利用 BPM 软件对宽、高均为 0.35μm 的波导进行模态传输仿真，结果如图 14.2-9 所示，可以看出光波几乎完全被局域在光波导内，完全满足单模传输条件。因此，所选用的 SOI 材料的尺寸可以满足单模传输条件，根据以往的工艺经验这里对波导和微环谐振腔的宽度选择为 0.4μm，高度由于材料参数限制，设置为 0.22μm。

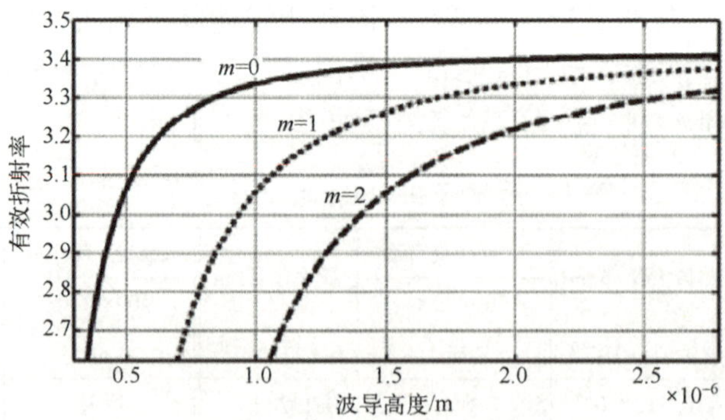

图 14.2-8　波导模态传输曲线

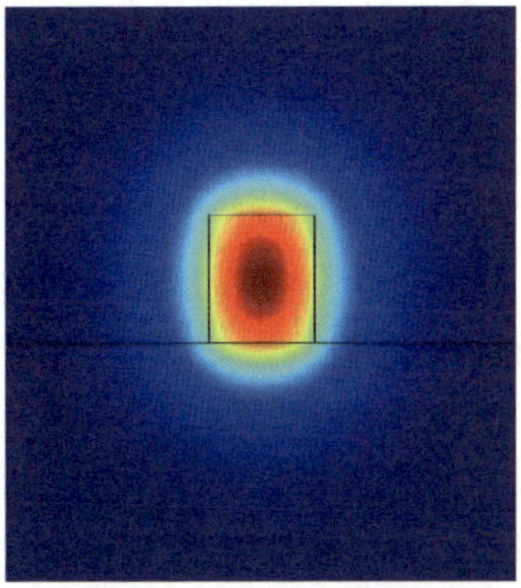

图 14.2-9　波导的单模传输

由式（14.2-2）可以看出该器件的灵敏度不仅与悬臂梁、质量块和谐振腔的几何尺寸有关，而且谐振腔的 Q 值大小也会决定灵敏度的高低。与此同时，品质因数 Q 与光波导和谐振腔之间的耦合效率也息息相关。通过对自由光谱范围和半高全宽进行测量可以得到相应半径下的耦合效率和品质因数 Q 的变化规律，如表 14.2-2 所列。

表 14.2-2　微环谐振腔半径与其他微腔指标的关系

$R/\mu m$	FSR/μm	Q	K^2
2	0.0591	724.4	0.786
3	0.0435	764.9	0.841
4	0.0337	778.5	0.869
5	0.0224	921.5	0.975
6	0.0204	874.3	0.881
7	0.0194	823.9	0.842
8	0.0160	823.3	0.909
9	0.0140	724.6	0.894
10	0.0139	547.7	0.776

从以上数据可以直观地看出，在一定范围内透射谱的自由光谱范围随微环半径的增加而缩小，品质因数随微环半径增加而增大，当微环半径为 5μm 时品质因数达到最大值，此后 Q 值随微环半径的增加而递减。通过表 14.2-2 可看出耦合效率随半径的增加呈现波浪式变化，分别在微环半径为 5μm 和 8μm 时有较高的耦合效率。由于仿真往往只是给人们一个可行性的参考，在实际中要顾及全面，针对不同特点分工设计，以满足实验测试的需要。

2. 悬臂梁结构设计

(1) 悬臂梁式传感器力学特性分析。

由于悬臂梁式的加速度计的结构多种多样，如单臂悬臂梁、双臂悬臂梁、四臂悬臂梁等等，本设计中只采用单臂式悬臂梁。因为悬臂梁所用材料为SiO_2，所以在悬臂梁的设计过程中必须满足该材料的力学特性，在此基础之上才能对悬臂梁结构参数进行合理设计，以达最优性能。

为了提高悬臂梁的动态范围和灵敏度，常在悬臂梁的自由端增加质量块以提高其性能。同时考虑到应力双折射效应，此时微环谐振腔的有效折射率将会发生变化，根据胡克定律可得到折射率变化与外力的关系为

$$\Delta n=\frac{6c_lL}{wt^2}F \tag{14.2-11}$$

可见折射率的变化不仅与材料有关，同时悬臂梁的参数对其也有一定的影响。由于微环谐振腔的受力并不相同，因此其有效折射率的变化也不是一致的，因此这里对 Δn 进行积分便可以得到整个微环谐振腔的相位变化为

$$\Delta\Phi=\frac{2\pi}{\lambda}\int_{\text{ring}}\Delta n\mathrm{d}l\approx\frac{2\pi c_l}{\lambda}\int_{\text{ring}}\Delta\sigma\mathrm{d}l=\frac{3\pi c_lEtl}{\lambda L^2}z \tag{14.2-12}$$

由式（14.2-12）可知，相位变化并不是一味地与悬臂梁长度成反比，与厚度成正比。因此，在以位移为传感要求时，要求悬臂梁短而厚，在以外力为传感要求时，要求悬臂梁长且薄。

(2) 悬臂梁结构的静力学分析。

有限元法是求解数理方程的一种数值计算方法，它将弹性理论、计算数学和计算机软件有机地结合在一起，在工业设计、工程问题分析以及 MEMS 结构的建模和仿真中具有重要的作用。利用 ANSYS 软件对悬臂梁在一定的加速度下的力学特性进行分析仿真。

根据加工经验，并考虑材料的特性、微环谐振腔的尺寸参数以及实际 SOI 片的厚度，此处我们初步设定微悬臂梁的长、宽、高等参数分别为 120μm、15μm、3μm，质量块的长、宽、高分别为 30μm、15μm、20μm，此时微环的半径为 5μm。可计算得到悬臂梁在 Y 轴方向的位移列表，仿真结果可得到悬臂梁发生的最大形变位置，悬梁臂在 Z 轴方向的最大位移为 0.2122×10^{-9}m。

(3) 悬臂梁结构模态分析。

模态分析属于动力学分析的一种，可以用于确定悬臂梁结构的振动特性，即固有频率和振型。在 ANSYS 中有多种模态提取法，使用何种模态提取方法主要取决于模型大小和具体的应用场合。可采用 Block Lanczos 法对悬臂梁的

各阶模态进行提取，该方法可以在大多数场合中使用，但要较高的内存。针对上述优化结果进行悬臂梁结构的模态分析，仿真过程主要包括 4 个步骤，即建模、定义分析类型和分析选项、施加约束条件并求解、模态扩展分析。该结构的各阶模态的位移云图和模态频率如图 14.2-10 所示。

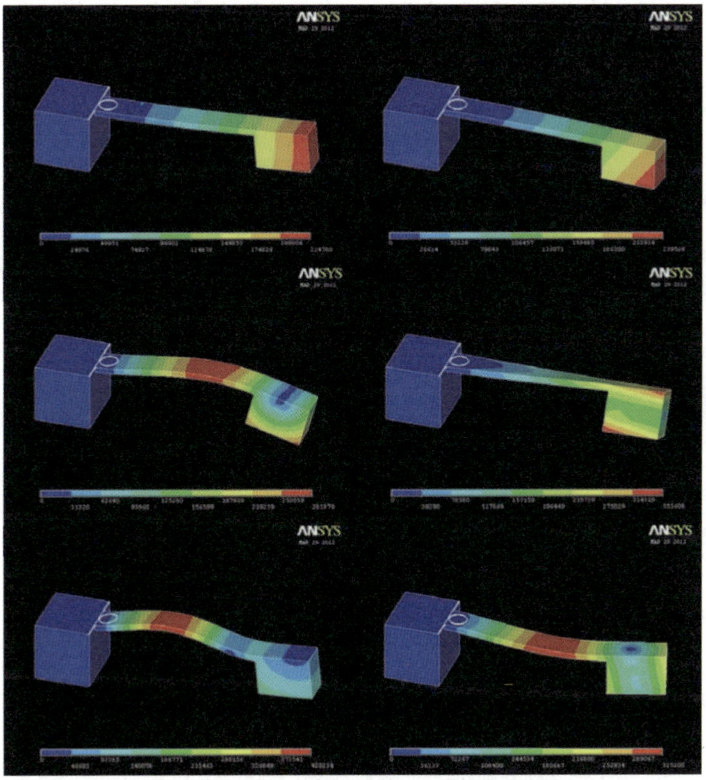

图 14.2-10 悬梁臂各阶位移模态云图

由图 14.2-10 可知，传感结构在第一、二阶模态下的谐振频率比较接近，其相应的振动模式也较为相近，但是在第二阶模态时的悬臂梁同时还沿 Z 轴有微幅振动；结合各阶模态下的振动模拟动画可知，当结构在第三阶模态时，悬臂梁出现较大振幅，在 Z 轴方向有微小振动；当悬臂梁处于第四阶模态时，整个梁沿其对角线发生扭转，形变较大；在五、六阶模态时，悬臂梁分别沿着 X 轴和 Z 轴方向进行前后搓动和左右摆动，此时的悬臂梁形变不可估量。通过上面的分析，该悬臂梁结构只适合一、二阶的模态下的工作频率，如果频率过高则该结构无法正常工作。

14.2.4 MOEMS 加速度计的测试

实验测试系统如图 14.2-11 所示，首先将 30GHz 的可调谐激光器激发出的 1550nm 的激光接入偏振控制器，然后由透镜光纤导入耦合系统。为了得到更好的透射谱线，我们利用信号发生器产生 150Hz，幅值为 3V 左右的三角波信号对激光光源进行调制。在耦合信号的输出端连接高灵敏光电探测器，最终将光信号转变为电信号输出在示波器上。同时在实验过程中通过实时观察红外 CCD 和长焦距显微镜下耦合现象并不断调节光纤位置，以达到最优耦合。

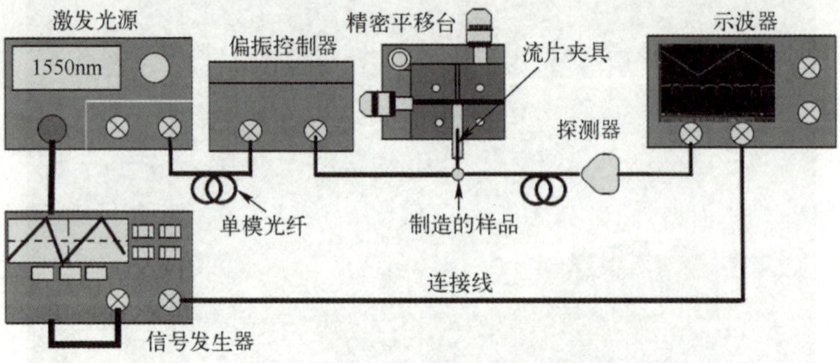

图 14.2-11 微环谐振腔耦合实验系统图

如图 14.2-12 所示，通过对所得的透射谱的计算，其谐振峰的半高全宽约为 17pm，所测谐振腔的品质因数 Q 值约为 9×10^4左右。根据灵敏度的理论表达式，可得到加速度计的理论灵敏度约为 35.4mV/g，此时信号的放大增益为 10^3，输入光功率为 1mW，探测器响应因子为 0.35mV/g。

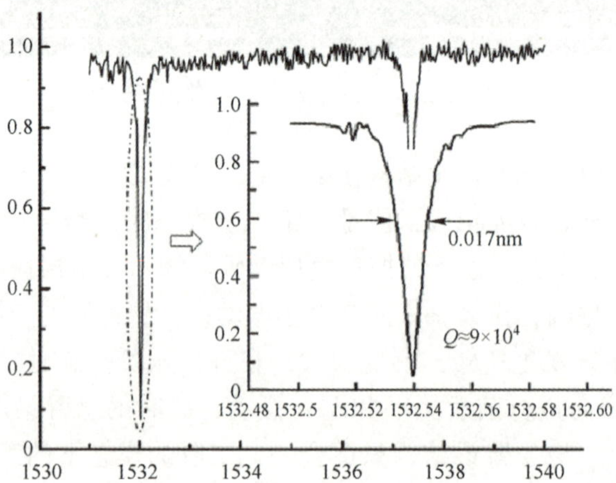

图 14.2-12 微环谐振腔透射谱

14.3 MOEMS 陀螺仪

陀螺仪技术是为了满足小型化、低成本、轻量化、微飞行器等新概念惯性导航系统的需求而飞速发展起来的，相比于机械陀螺具有无活动部件的优点，在检测精度、可靠性、质量方面具有一定的优势。微光学陀螺仪即为利用微米、纳米量级元件构成的角速度传感器。通过微纳光电子技术逐步将光学、光电器件及检测电路集成在单一基片上，实现小型化、批量化的生产[16]。

微光学陀螺仪根据增强萨格纳克效应的不同可以分为三种类型：干涉型、谐振型和受激布里渊型。其中，对于干涉型微光学陀螺仪，陀螺转动时产生正比于旋转速率的相位差，通过检测相位差得到角速度。对于谐振型微光学陀螺仪，利用谐振腔多光束干涉增强萨格纳克效应，通过检测谐振腔中顺逆时针输出光的谐振频差实现角速度的测量。对于受激布里渊型微光学陀螺仪，光入射谐振腔时腔内产生受激布里渊散射光，通过检测谐振腔中顺逆时针散射光的谐振频差实现角速度的检测[16]。

微光学陀螺仪的基本原理都是基于萨格纳克效应，只是各自采用的相位解调方式不同，或者对微光学陀螺仪的噪声补偿方法不同而已。以干涉型微光学陀螺仪为例[17]，如图 14.3-1 所示，光源发出的光经分束器分为两束后，送入长度为 L 的单模光纤中，分别沿顺时针方向及逆时针方向传输，最后均返回到分束器形成干涉。

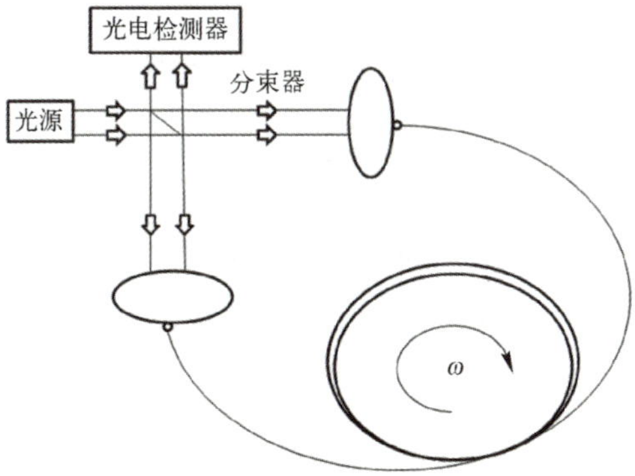

图 14.3-1 干涉微光学陀螺仪原理图

根据相对论，光在一个运动介质中传播的速度为 v，从静止坐标观察时存在下列关系：

$$v=\frac{c}{n}+V\left(1-\frac{1}{n^2}\right) \tag{14.3-1}$$

式中：c 为真空中的光速；n 为介质的折射率；V 为介质的运动速度。

假定光纤缠绕在半径为 R 的环上，显然，当环形光路相对于惯性参照系静止时，经顺时针方向、逆时针方向传播的光回到分束器时有相同的光程，即两束光的光程差等于零。当环形回路以角速度 ω 相对于惯性参考系做旋转运动时，沿顺时针方向及逆时针方向传输的两束光的传播速度分别为

$$c_+=\frac{c}{n}+\omega R\left(1-\frac{1}{n^2}\right) \tag{14.3-2}$$

$$c_-=\frac{c}{n}-\omega R\left(1-\frac{1}{n^2}\right) \tag{14.3-3}$$

式中：c 为真空中的光速；n 为光纤的折射率；c_+ 为顺时针方向行进的光的传播速度；c_- 为逆时针方向行进的光的传播速度。沿顺时针方向行进的光到达分束器所需时间为

$$t_+=\frac{nl}{c}+\frac{2}{c^2}\omega A \tag{14.3-4}$$

沿逆时针方向行进的光到达分束器所需的时间为

$$t_-=\frac{nl}{c}-\frac{2}{c^2}\omega A \tag{14.3-5}$$

式中：A 为光路所包围的面积。对于环形光路来说，$A=\pi R^2$，因此两束光的相位差为

$$\Delta\Phi=\omega\Delta t=\frac{2\pi c}{\lambda_0}\cdot\frac{4\omega A}{c^2} \tag{14.3-6}$$

整理后有

$$\Delta\Phi=\frac{8\pi A}{\lambda_0 c}\cdot\omega \tag{14.3-7}$$

式中：λ_0为所传播的光的波长。若光纤的匝数为 N，则可修正为

$$\Delta\Phi=\frac{8\pi A}{\lambda_0 c}N\omega \tag{14.3-8}$$

通过光电检测器调干涉光的相位差 $\Delta\Phi$，即可利用式（14.3-8）求出 ω。

14.3.1 谐振式 MOEMS 陀螺的传感原理

谐振式 MOEMS 陀螺（RMOG）的工作原理也是基于萨格纳克效应的，萨

格纳克效应是法国科学家G. 萨格纳克于1913年所提出的[18-19]，是现代光学陀螺仪的理论基础。它的基本原理是：首先建立一个理想的闭合光路模型，如图14.3-2所示，从A点处发射两束相反方向传输的光在环形光路中绕环传播。当环形光路静止时，这两束光从A点出发再回到A点时经历的时间和光程是相等的。但当环形光路绕垂直与光路平面的轴线以角速度ω旋转时，从A点出发的与环形光路旋转方向相同的光束在绕环一周回到原点时，此时A点已经移动到了A'。因此该光束绕环一周所经历的光程增加了ΔL，而另一束相反方向传播的光绕环一周所经历的光程减少了ΔL，这两束光的光程差引起了相位差，再次合成一束时便会发生干涉，出现干涉条纹。

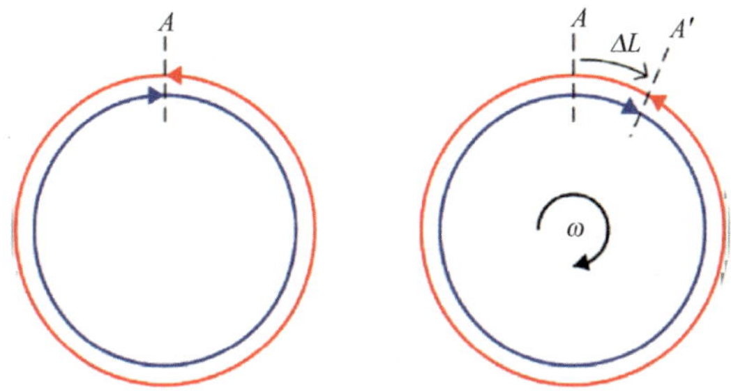

图14.3-2 萨格纳克效应

谐振式光学陀螺利用此效应作为基础原理来检测外界的旋转角速率，此闭合回路就是光学谐振腔。利用光学谐振腔具有的选频特性将其作为敏感单元，检测外界旋转引起两束光波的谐振频率差。

当光学谐振腔处于静止状态时，腔内顺时针和逆时针方向的两束光波传播通过的腔长相同，那么谐振频率也相同，因此谐振频率差为零。当光学谐振腔以角速度Ω转动时，由于萨格纳克效应，腔内顺时针和逆时针两方向的光波传播路程不同，故产生谐振频率差，同时此谐振频率差Δf与旋转角速度Ω具有线性关系。在光学谐振腔介质、尺寸及光波长确定的情况下，通过检测谐振频率差Δf即可等效换算出外界的旋转角速度。

14.3.2 MOEMS陀螺仪谐振腔的结构设计和优化

谐振式MOEMS陀螺系统中，谐振腔作为核心的敏感单元，其性能与陀螺灵敏度的高低有着直接的影响，为满足现代惯性系统小型化测试需求，谐振腔耦合单元的尺寸也受到很大的限制，因此，要提高谐振式光学陀螺的精度和灵敏度，光学微谐振腔的结构设计尤为关键，下面分别介绍 FRR（Fiber Optic Ring Resonator）、硅基楔形盘腔、硅基二氧化硅光波导谐振腔和微球腔四种微谐振腔的结构设计及优化。

1. FRR 结构设计和优化

（1）光纤耦合器。

耦合器是谐振式光学陀螺的基本结构单元，对于任何一个耦合器结构，都会有不同的耦合系数，并且谐振腔会有损耗，以光纤耦合器为例。光纤耦合器包括 FRR 和锥形光纤，主要是利用光纤中光波的倏逝场耦合机理使两个相邻的纤芯之间的光能量发生耦合，从而实现全光纤的分光和合光，根据光纤环绕制方式分为定向式耦合器和交叉式耦合器两种类型[20-21]。不管哪种设计类型都不会影响 FRR 的光波传输模式和耦合系数，只是在产生谐振时耦合系数的表达式有区别，因此，这里主要以定向式耦合器进行系统分析。

（2）FRR 参量分析。

FRR 是谐振式 MOEMS 陀螺的核心单元，精细度 F 作为谐振腔的一个重要参数，主要表征谐振腔对光频率敏感程度，表示结构干涉光模态的有效个数，与光路的损耗有关，包括光纤损耗、耦合结构损耗、吸收与散射、加工缺陷及弯曲度等引起的损耗，表达式如下：

$$F=\frac{\mathrm{FSR}}{\mathrm{FWHM}}=\frac{\pi}{2\arcsin\left(\dfrac{k}{2\sqrt{1-k}}\right)} \tag{14.3-9}$$

可以看出，F 和 k 成正比，由 $k=1-(1-\gamma_0)\mathrm{e}^{-2\alpha_0 L}$，$\alpha_0$ 为单位长度的传输损耗，γ_0 为插入损耗，分析得到随着 α_0 和 γ_0 的增加，F 随之降低，原因是损耗增大时，耦合效率降低，耦合进入谐振腔的光强减小，精细度相应降低。

半高全宽 FWHM 定义为谐振腔本征谱线宽度，与腔长 L 和耦合系数 k 有关，由式（14.3-9）可知随着腔长 L 的增加，FWHM 呈现先减小后增大的变化趋势。当腔长 $L=13\mathrm{m}$ 时，可以达到最小值，对应的 FWHM = 2.72MHz，根据谐振腔的透射谱线与反射曲线，计算得到谐振腔的 $Q=7.12\times10^7$，但是，精细度 $F=5.8$，并不满足陀螺的高精度要求，且 13m 的谐振腔长也不满足陀螺小型化需求。

为了同时满足足够高 F 和 Q，需要分析 F、Q 与 L 的变化关系，通过仿真得到如图 14.3-3 所示的关系曲线。可以看出，当 L 增大时，Q 值随之增大，F 则随之减小。由陀螺的灵敏度表达式可以看出，要获得足够高的陀螺灵敏度，必须合理选择腔长 L，使 F 值和 Q 值同时提高。取图 14.3-3 的交叉点，

此时 $L=0.214\mathrm{m}$，得到图 14.3-4 所示的谐振腔透射曲线及反射曲线，此时，$F=170$，$Q=3.34\times10^7$，灵敏度为 0.98 (°)/h，达到一般要求。

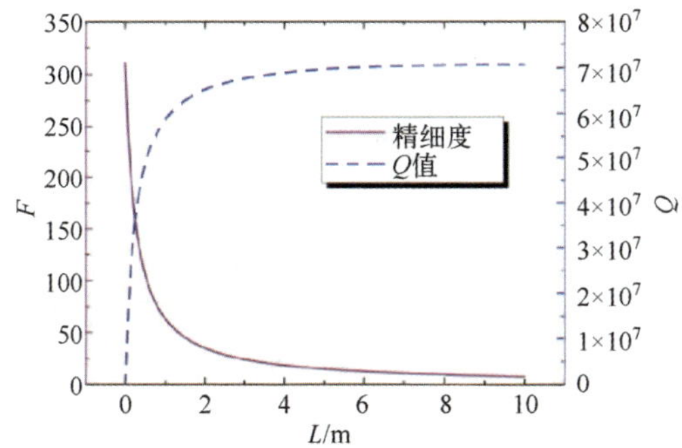

图 14.3-3　F 与 Q 随 L 的变化关系

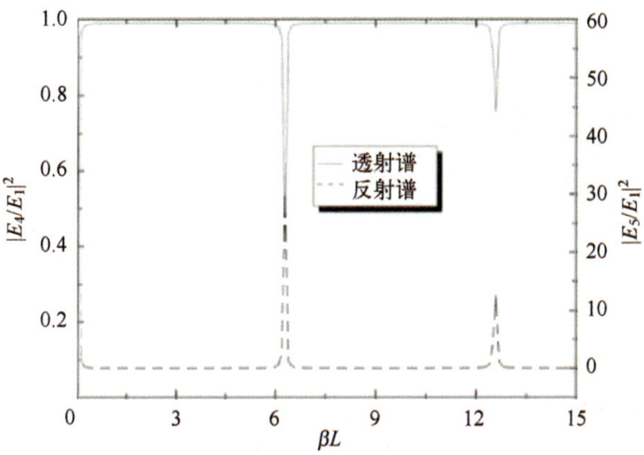

图 14.3-4　$L=0.214\mathrm{m}$ 时谐振腔的透射谱线及反射曲线

上述对谐振腔的精细度、耦合系数、谐振腔长及 Q 值之间相互制约做了分析，这些参量对陀螺的灵敏度有直接的影响，最后给出了在固定损耗下陀螺最佳灵敏度的谐振腔腔长。

(3) FRR 结构设计。

对于谐振式 MOEMS 陀螺，当 FRR 腔长一定时，陀螺的灵敏度和精度与 FRR 的直径 D、匝数 N 和 Q 值有着直接关系，为得到相互之间的制约关系，以双路谐振式 MOEMS 陀螺系统结构为例进行仿真和测试，如图 14.3-5 所示。激光器输出的光经过耦合器 C1 分成两束光波，耦合进入光纤环型谐振腔为顺时针 CW 和逆时针 CCW，输出后进入光电探测器 D2 和 D1，最后进入示波器采集存储。

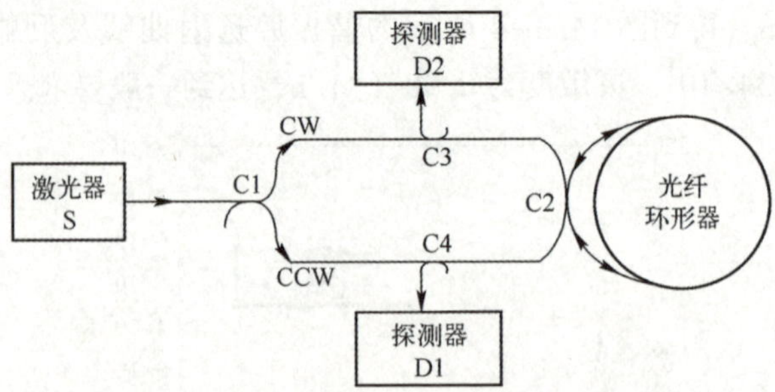

图 14.3-5 双路谐振式 MOEMS 陀螺系统示意图

激光器的输出波长为 1550nm，取 FRR 的腔长为 2.2m，耦合器的偏振消光比设置为 20dB，分光比为 50∶50。在同样的室温环境下，取不同的环腔直径 D 进行测试，经拟合可得到各项参量与 D 之间的关系，如图 14.3-6 所示。可以看出，在 $D<0.15$m 的区间内，各项参量随谐振腔直径 D 的变化基本呈现线性变化：随着直径 D 的增大，Q 值和测试带宽相应增大，半高全宽减小，标度因数 KK 非线性也随之降低，DQ 乘积近似线性增大；当 $D>0.15$m 时，各项参量呈现发散的变化。因此，直径 D 的选择需根据腔长 L 合理分配比例关系。

图 14.3-7 为光纤环腔的直径 D 不变时匝数 N 从 1 递增到 10 的测试结果，可以看出，随着 N 不断增加，谐振深度值随之变大，但 Q 值变化趋于发散，DQ 值呈递减趋势，另外，动态范围和标度因数在 $N=10$ 时较好，因此，当光纤环腔的直径 D 固定时，N 越大，陀螺的输出信号的信噪比越高，但是，匝数的增多，会增加光纤的应力、应变及温度误差，且不利于小型化、可集成设计。

综上所述，FRR 的结构设计时，须合理选择谐振腔的腔长及直径，但是，由于 FRR 最小弯曲半径受限，而且光纤纤芯与其包层的折射率之差较小，对陀螺的微型化和可集成存在较大的限制，因此，作为谐振式光学陀螺的核心单元，微谐振腔需要向芯片式集成度更高的波导腔方向发展。

2. 硅基楔形盘腔的结构设计和优化

由于 FRR 存在集成度和小型化的限制，近年来基于氧化硅的波导微谐振腔逐步成为研究的热点[22]，本节主要研究硅基楔形盘腔的结构设计、制备、优化及测试。首先从理论研究盘腔直径 D 与 Q 值的关系，得到 DQ 乘积对陀螺理论灵敏度的影响因子；其次通过半导体工艺制备一系列不同尺寸的楔形盘腔，并测试实物与 Q 值之间的关系。

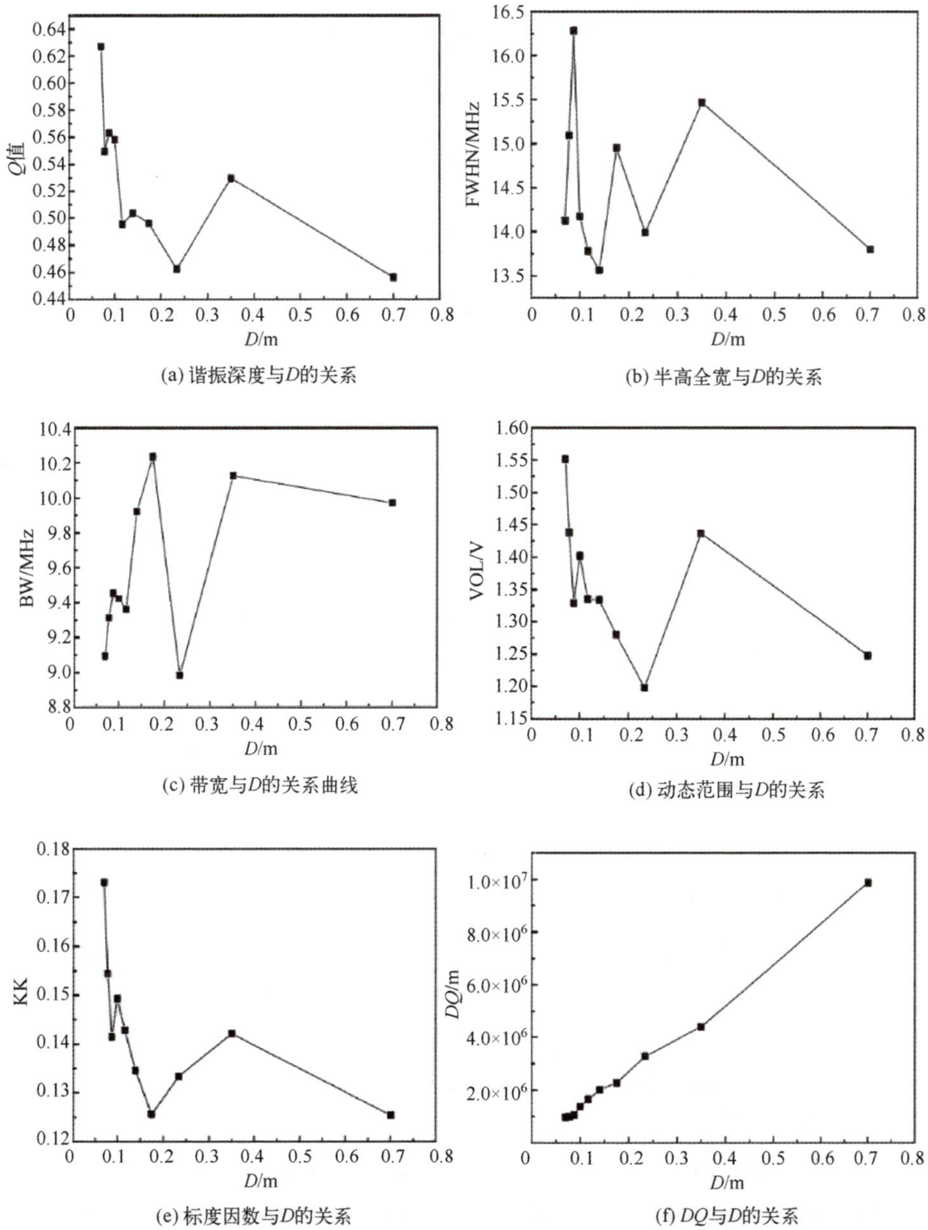

图 14.3-6　陀螺各项参量与 FRR 直径 D 的关系

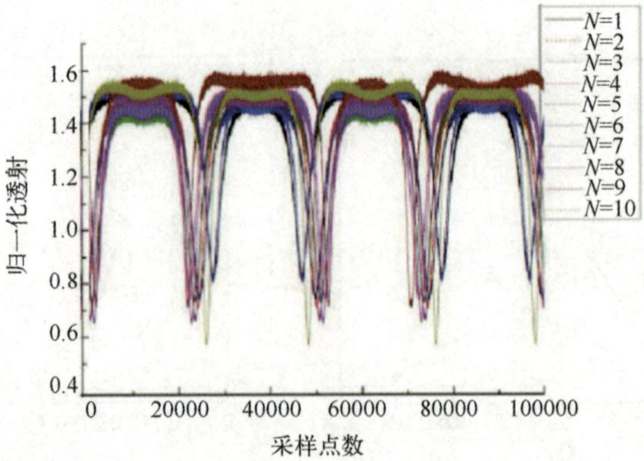

(a) 不同N值下的谐振谱线

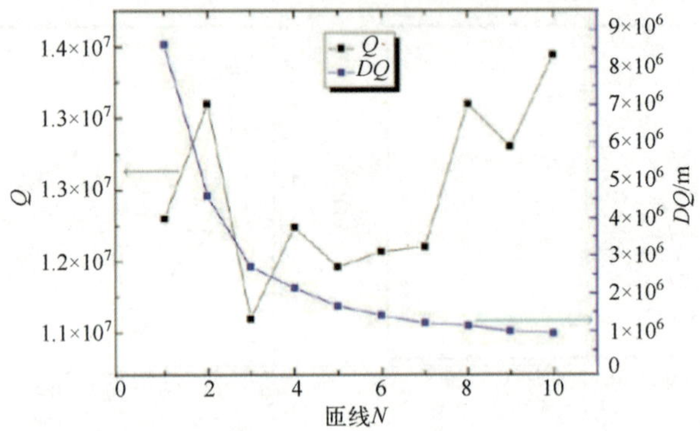

(b) Q值和DQ值与N值之间的关系

图 14. 3-7　不同缠绕匝数 N 下测 FRR 参数测试结果

（1）不同直径楔形盘腔的结构设计及制备。

楔形盘腔采用 MEMS 加工工艺进行制备，如图 14. 3-8 所示，通过热氧生长氧化硅层，经过清洗、光刻等步骤，利用氢氟酸缓冲液（BOE）腐蚀形成盘腔，用深硅刻蚀在楔形盘腔下方形成硅支撑柱，最后利用锥形光纤和楔形腔进行耦合，从而形成坚韧健壮的耦合系统。

为排除不同批次制备条件差异会影响谐振腔的 Q 值，可使用 L-Edit 设计 4 英寸的整体加工版图，在该原片上制作了直径从 400μm～15mm 的不同尺寸的盘腔，图 14. 3-9 为工艺优化过程中光刻版图的演变。原片制作完成后，通过划片得到不同尺寸的盘腔，并分别与锥形光纤组成耦合系统。

（2）楔形盘腔的测试结果分析。

谐振式光学陀螺都是基于萨格纳克效应，对于单一楔形盘腔结构，假设

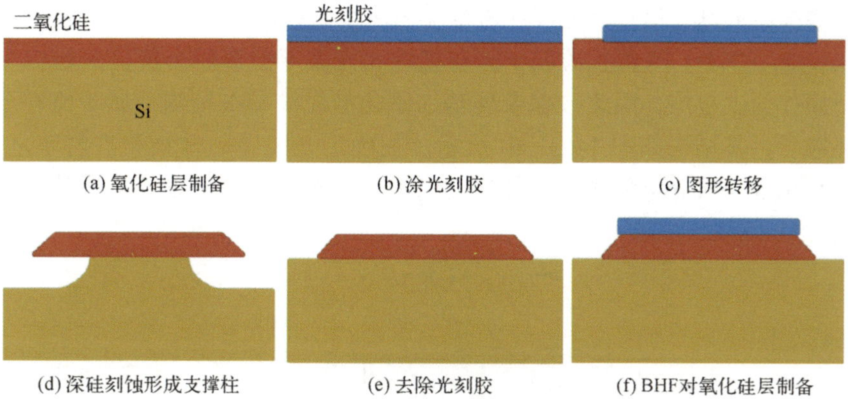

图 14.3-8 盘型腔制作工艺流程

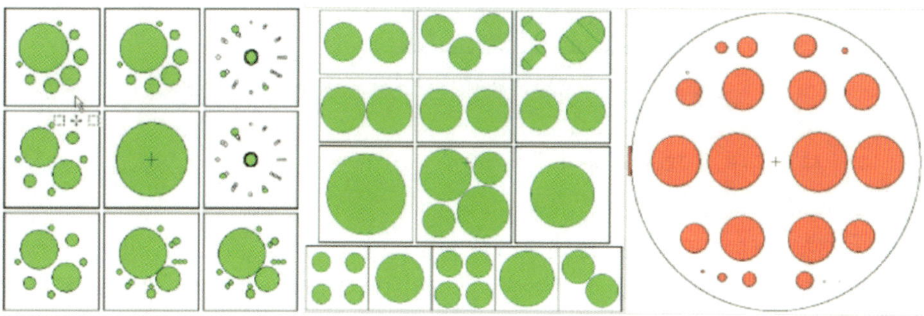

图 14.3-9 不同直径盘腔的设计版图演变

耦合系数 k、有效折射率 n_{eff}不变，Q 值与盘腔直径 D 成正比，楔形盘腔的直径 D 越大，Q 值越大，陀螺的灵敏度越高，因此，大尺寸高 Q 值的楔形盘腔是突破陀螺灵敏度的最有效途径。

但是，以目前的 MEMS 工艺制备水平，随着 D 的增大扩大，Q 值的增大速度变缓，腔体的散射、损耗等随之增大，导致耦合单元的耦合效率降低，强度较弱，增加了后续系统的信号检测难度。

3. 硅基二氧化硅光波导谐振腔结构设计、制备和参数优化

硅基二氧化硅光波导目前加工工艺已经比较成熟。其通过掺杂锗元素来提高芯层的折射率，属于弱波导，即芯层与包层的折射率差比较小。芯层的折射率通过掺锗的浓度进行调节，为了与 1550nm 单模光纤（折射率差 0.01）做到更好的模场匹配，因此在这里选择了折射率差为 0.75% 的锗掺杂硅基二氧化硅光波导。

锗掺杂硅基二氧化硅光波导通常采用化学气相沉积技术（Chemical Vapor Deposition，CVD）来沉积薄膜，并在刻蚀完光波导图形后会覆盖一层二氧化硅薄膜作为上包层，因此锗掺杂硅基二氧化硅光波导在结构上属于掩埋型条形光波导，其结构如图 14.3-10 所示。在确定光波导的材料和折射率之后，下面采用前面所介绍的光束传播法对光波导进行模拟，并设计合适的光波导参数。

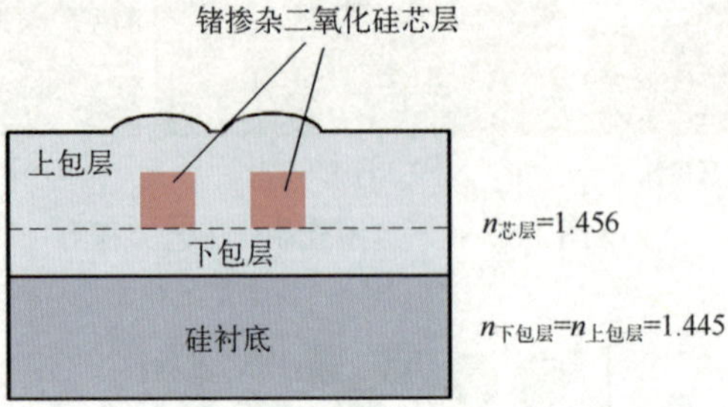

图 14.3-10　锗掺杂硅基二氧化硅光波导截面示意图

1）硅基二氧化硅光波导参数计算

（1）光波导的单模传输。

对锗掺杂硅基二氧化硅光波导参数的设计主要考虑三个方面，第一个方面是光波导结构设计要满足单模传输条件。面向角速度传感应用的光波导谐振腔主要靠跟踪基模的谐振频率实现检测。如果谐振腔中存在过多的高阶模式（如图 14.3-11 所示），模式之间的干扰会影响陀螺系统对基模谐振频率的跟踪锁定，影响陀螺系统的精度。因此我们所设计的光波导结构需要考虑到单模传输。

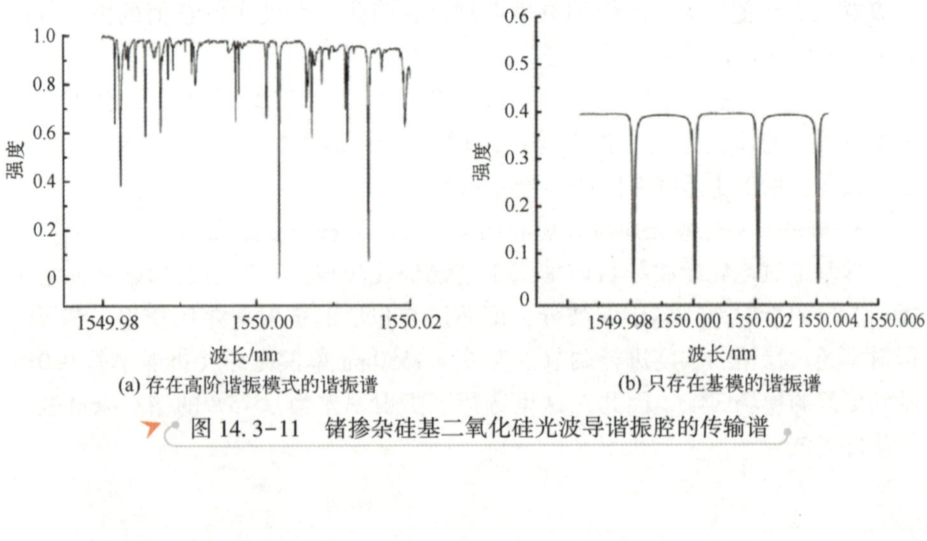

(a) 存在高阶谐振模式的谐振谱　　(b) 只存在基模的谐振谱

图 14.3-11　锗掺杂硅基二氧化硅光波导谐振腔的传输谱

（2）光波导的弯曲损耗。

设计参数考虑的第二个方面是光波导的传输损耗。光波导谐振腔的品质因数是影响谐振式微光学陀螺精度的最大因素。想要得到高品质因数的光波导谐振腔，波导的传输损耗不能太大。这里所说的传输损耗包括材料介质对光的吸收、弯曲波导的辐射以及不光滑界面引起的散射等光损。由于吸收损耗是介质材料的固有特性，散射损耗主要通过加工工艺改善。因此在设计上主要是针对弯曲波导的辐射损耗。

在环形光波导谐振腔中，光波导的弯曲是必不可少的。光波在弯曲的界面上发生全反射时，有一定的隧穿概率，这就是辐射损耗。为了降低波导弯曲的辐射损耗，目前主要采用的主要方法有直接转向、弧形转向以及镜面反射，如图 14.3-12 所示。直接转向法的损耗较大，不适合我们所设计的光波导谐振腔；镜面反射要求极高的镜面反射率，对目前的加工技术是非常大的挑战；而弧形转向法需要的加工技术简单，并且弯曲损耗可控，因此采用弧形转向法。

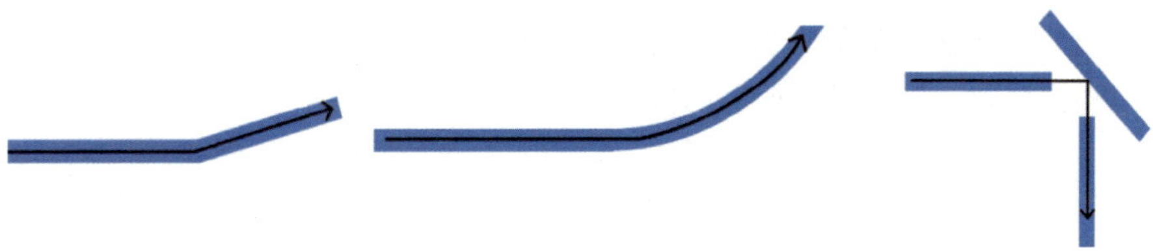

(a) 直接转向　(b) 弧形转向　(c) 镜面反射转向

图 14.3-12　三种常用的波导转向法

（3）光波导与单模光纤的模场匹配。

光波导与单模光纤的端面耦合问题也是硅基二氧化硅光波导设计中的重要问题。目前对谐振式微光学陀螺的研究水平还未达到光路整体芯片集成的程度，在国内外各研究小组的方案里，大部分光路仍然使用单模保偏光纤来对各光学器件进行连接，因此必须考虑到单模光纤与光波导的对接问题。想要做到单模光纤与光波导高效率的耦合，需要两者的模场尽量匹配。1550nm 单模光纤的模场直径一般在微米量级，因此所设计的条形波导的模场半径也应该在微米量级。

为了与单模光纤模场匹配，且满足单模传输条件。将条形波导尺寸定为宽 6μm，深 6μm。在此情况下，波导所能传播的模式为：基模与一阶模。一阶模在弧形波导部分具有较高的损耗，因此可以看作是准单模波导。既能满足单模传输的条件，也能实现与单模光纤模场的高效率匹配。6μm×6μm 尺寸的二氧化硅光波导横向折射率及光场分布如图 14.3-13 所示。

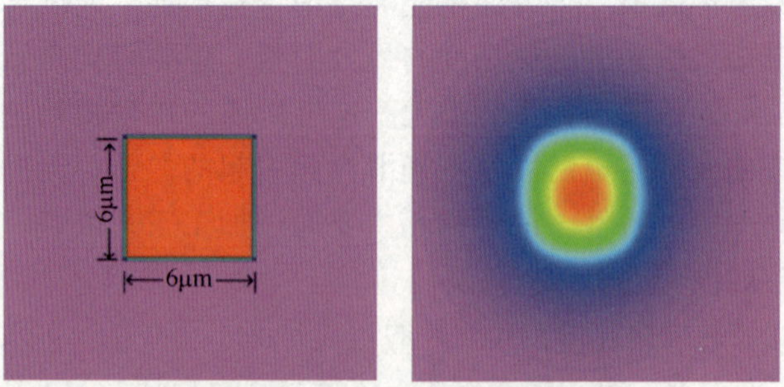

(a) 6μm × 6μm尺寸的二氧化硅光波导横向折射率分布　　(b) 光模式场分布

图 14.3-13　二氧化硅光波导的结构和光模场分布

2）硅基二氧化硅光波导谐振腔整体结构设计

在确定波导的尺寸后，可利用 BeamPROP 软件对光波导谐振腔进行设计。

(1) 反射式光波导谐振腔整体结构设计。

根据反射式光波导谐振腔的传递函数为

$$T=\frac{I_{\text{out}}}{I_{\text{in}}}=\left|\frac{E_{\text{out}}}{E_{\text{in}}}\right|^2=\frac{t^2+a^2-2ta\cos\phi}{1+t^2a^2-2ta\cos\phi} \tag{14.3-10}$$

从式（14.3-10）可以看出光波导谐振腔的传递函数只与其两个参数有关：光在谐振腔中传输一周的损耗因子 a 和耦合区域的透射系数 t。因此，要设计出符合设计人员要求的光波导谐振腔，就需要对这两个参数进行优化。最终使谐振腔的性能满足要求。对同一种工艺加工的光波导，其单位传输损耗基本上是稳定的。因此只要确定了谐振腔的腔长，在谐振腔中传输一周的损耗因子 a 就是一个常量，可由式（14.3-11）计算，即

$$a=\sqrt{10^{-\alpha L/10}} \tag{14.3-11}$$

式中：α 是光在波导中的传输损耗；L 是谐振腔的腔长。所以我们只需要考虑耦合区域的透射系数 t，根据品质因数的计算公式

$$Q=\frac{n\pi L}{\lambda\arccos\dfrac{2ta}{1+t^2a^2}} \tag{14.3-12}$$

如图 14.3-14 所示，t 越大，谐振腔内的光在经过耦合区域时耦合出去的光就越少，谐振腔的品质因数也就越高。但是 t 与 a 的差值过大时，则会将谐振腔置于欠耦合状态，导致谐振深度不够。所以在设计谐振腔耦合区域时，

要选择合适的透射参数。反射式光波导谐振腔尺寸结构如图 14.3-15 所示，光波导谐振腔的腔长为 9.5cm，氧化硅光波导的单位传输损耗测得为 0.017dB/cm。根据式（14.3-11）可计算出因子 $a=0.9816$。因此，如果要将谐振腔置于临界耦合状态，需要将耦合区域设计为 $t=a$。并且从图 14.3-14 中可以看出，谐振腔处于欠耦合状态时（$t>a$），具有更高的品质因数。

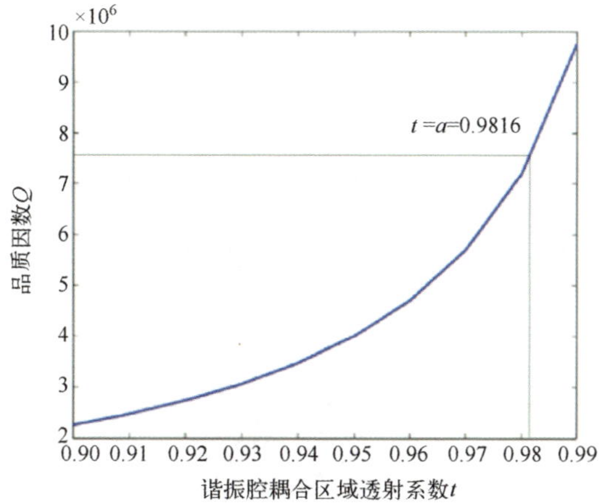

图 14.3-14 Q 值与透射系数的关系

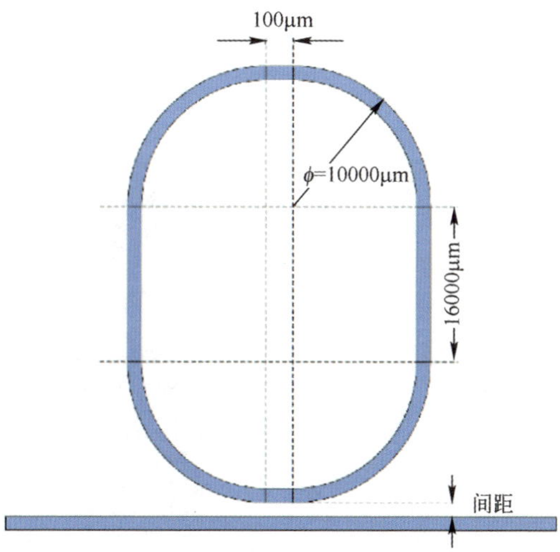

图 14.3-15 反射式平面氧化硅光波导谐振腔结构

谐振腔耦合区域透射系数 t 与波导的尺寸、弧度、芯层和包层的折射率、直波导与环形谐振腔之间的间距都有关系。调控透射系数 t 最方便的方法就是调节直波导与环形谐振腔之间的间距。采用BeamPROP 软件对耦合区域进行仿真，当如图 14. 3-16 所示的谐振式光波导谐振腔的间距设为 4. 4μm 时，经过仿真得到耦合区域的透射率为 0. 964，透射系数 $t=\sqrt{0.964}=0.9818$，此时透射系数等于光在谐振腔中传输一周的衰减因子，光波导谐振腔处于临界耦合状态。通过设置不同的间距可以将谐振腔调控到欠耦合状态或者过耦合状态，如图 14. 3-17 所示。

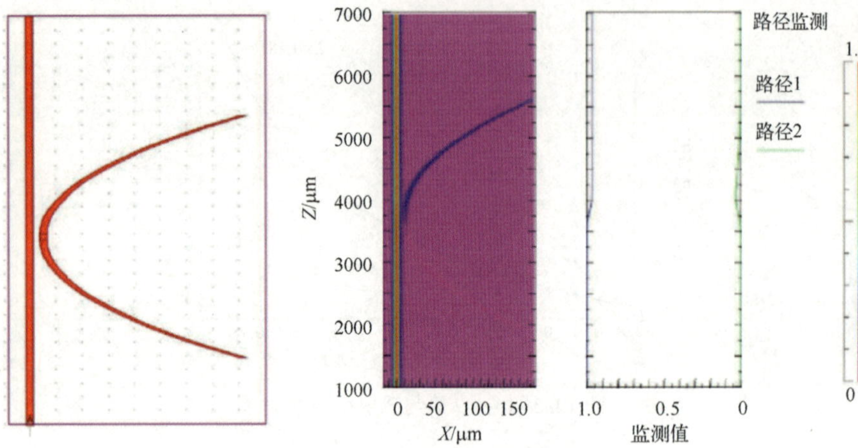

(a) 谐振腔耦合区结构图（横纵比20:1） (b) 耦合区光传输仿真结果

图 14. 3-16　谐振腔模型及仿真结果

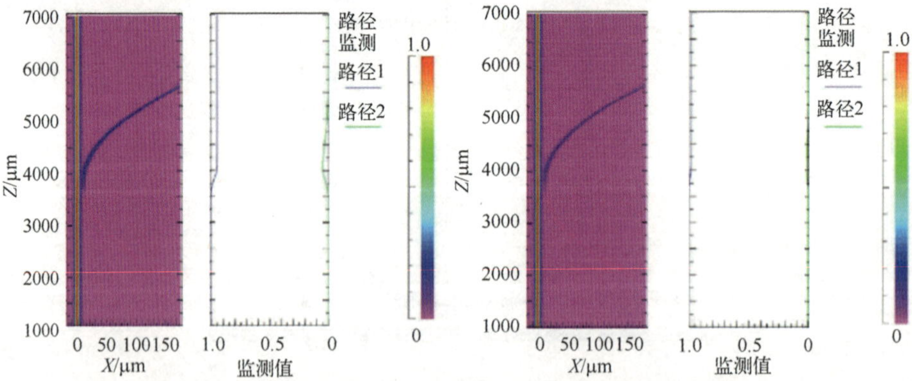

(a) 间距4μm，过耦合状态 (b) 间距5μm，欠耦合状态

图 14. 3-17　不同间距的谐振腔处于不同的耦合状态

（2）透射式光波导谐振腔整体结构设计。

与反射式光波导谐振腔不同的是，透射式光波导谐振腔具有两个耦合区，如图 14.3-18 所示的透射式光波导谐振腔结构，影响透射式光波导谐振腔谐振特性的参数有 3 个：两个耦合区的透射系数 t_1 和 t_2，以及光在谐振腔内传播一周的损耗因子 a。根据透射式光波导谐振腔的传递函数表示为以下形式。

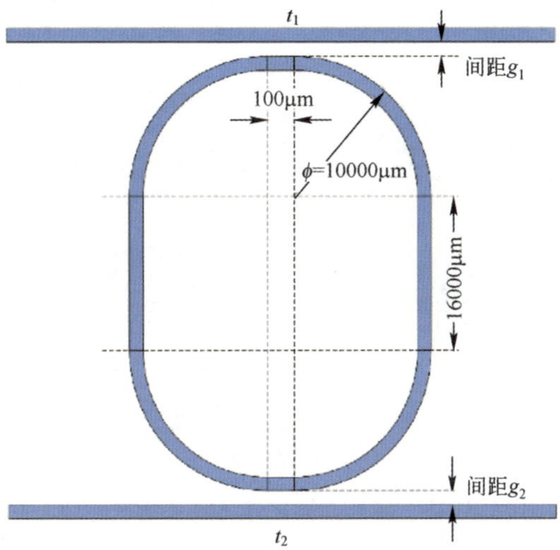

图 14.3-18 透射式平面氧化硅光波导谐振腔结构

透射端口：

$$T_t(\varphi)=\frac{I_2}{I_1}=\left|\frac{E_2}{E_1}\right|^2=\frac{t_1^2+a^2t_2^2-2t_1t_2a\cos\varphi}{1+t_1^2t_2^2a^2-2t_1t_2a\cos\varphi} \tag{14.3-13}$$

下行端口：

$$T_d(\varphi)=\frac{I_5}{I_1}=\left|\frac{E_5}{E_1}\right|^2=\frac{ak_1^2k_2^2}{1+t_1^2t_2^2a^2-2t_1t_2a\cos\varphi} \tag{14.3-14}$$

从式（14.3-13）和式（14.3-14）可以看出，透射端口的传递函数与反射式光波导谐振腔的传递函数非常相似。其临界耦合条件与反射式光波导谐振腔略有不同，这是因为下行端口所在的直波导与环形波导的耦合对于谐振腔而言也是一种损耗。透射式光波导谐振腔的临界耦合条件为

$$t_1=t_2a \tag{14.3-15}$$

式中：谐振腔中光的往返损耗 $a=0.9816$。

（3）硅基二氧化硅光波导的加工。

锗掺杂硅基二氧化硅光波导的加工主要采用电感耦合等离子体增强化学

气相沉积（Inductive Coupling Plasma Enhanced Chemical Vapor Deposition, ICPECVD）、光刻以及反应离子刻蚀（Reactive Ion Etching, RIE）等工艺。芯层及包层 SiO_2 薄膜通过 ICPECVD 生长。硅基二氧化硅光波导的工艺流程如图 14.3-19 所示，详细流程如下所述。

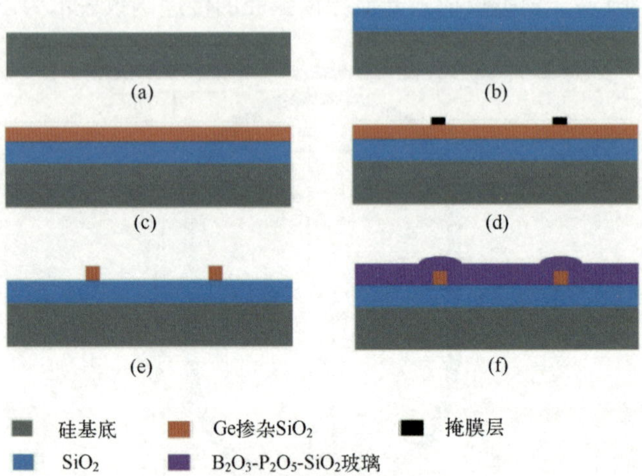

图 14.3-19　硅基二氧化硅光波导谐振腔加工步骤

第一步：生长二氧化硅下包层薄膜为纯二氧化硅薄膜，为了防止芯层中传输光的泄漏，下包层的厚度要达到 10μm 以上，并且薄膜要求具有较好的均匀性和较低的应力。第二步：生长锗掺杂二氧化硅芯层薄膜。第三步：在完成锗掺杂二氧化硅芯层的制备后，采用光刻与 RIE 刻蚀技术进行光波导谐振腔结构的图形转移，实现光波导谐振腔在芯层薄膜的成型。第四步：制作光波导上包层，给芯层提供保护。

（4）硅基二氧化硅光波导的耦合封装。

不同光波导器件间需要通过光纤连接来使用。为了固定光纤，通常在硅片上湿法腐蚀 V 型槽，将光纤置于其中，防止其侧向位移，使光纤与波导稳定耦合。在实际应用中，V 型槽对光波导器件的可靠性起到非常重要的作用[23-24]。V 型槽的制备利用了硅的各向异性，结构精确，一致性好。其结构如图 14.3-20 所示。

V 型槽的制备方法是利用硅的各向异性湿法腐蚀工艺，V 型槽要固定住光纤，光纤横截面须有两点同时与 V 型槽侧壁接触。光纤置于 V 型槽中，用固化剂进行连接，再与对波导进行对准封装，封装前后的光波导谐振腔芯片如图 14.3-21 所示。

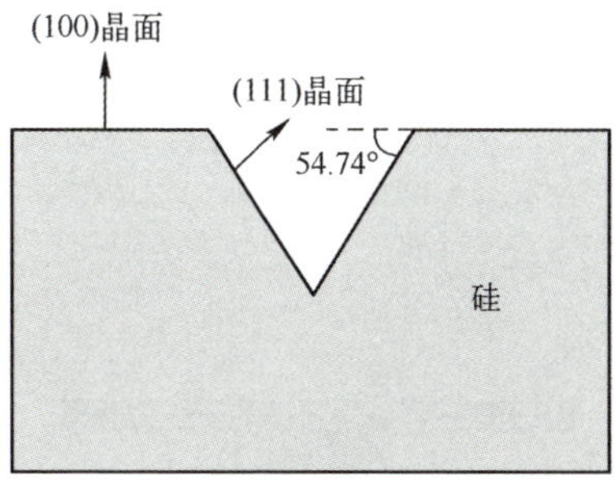

图 14. 3-20 用于固定对准光纤的 V 型槽

(a) 封装前

(b) 封装后

图 14. 3-21 二氧化硅平面光波导谐振腔芯片实物图

4. 微球腔的结构设计和制备

(1) 锥形光纤微球耦合结构。

球形腔中光传输的模式称为回音壁模式，它是指发生在圆对称介质粒子的电磁谐振。光被困在球腔边界内的圆形轨道中，不停地发生全反射，在这种情况下，光从球腔中泄漏的可能性会非常低。因此，微球腔的模式使其能够存储更多的能量，从而拥有更高的 Q 值。而如何将光耦合出微球腔，也成为一个研究重点。

图 14. 3-22 为球形微谐振腔与锥形光纤构成的理想模式匹配的耦合器，锥形微系统可以由耦合参数和球形谐振腔的往返因子（衰减系数）α 描述。E_i表示 i 个端口的归一化场振幅，ϕ 为光在球形微谐振腔内环绕一周的相移量，传递函数 H 即为

$$H=\left|\frac{E_3}{E_1}\right|^2=1-\frac{C}{1+f\sin^2\left(\pi\frac{v}{\Delta v_{\mathrm{FSR}}}\right)}=1-\frac{C}{1+f\sin^2\left(\frac{\phi}{2}\right)} \tag{14.3-16}$$

式中：$f=\frac{4\alpha t}{(1-\alpha t)^2}$；$C=1-\left(\frac{t-a}{1-at}\right)^2$。

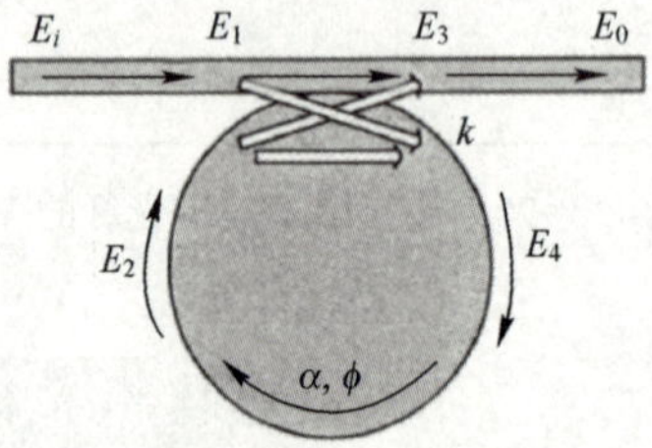

图 14.3-22　球形微谐振腔与锥形光纤的耦合结构图

临界耦合条件是波导耦合到球形谐振腔的基本特性。当到达临界耦合点时，球形腔损耗等于锥形光纤耦合损失，锥形光纤耦合器的输出端所得到的传输为零。使用锥形光纤的优点在于，它可以与谐振腔放在一起，允许入射光束的简单聚焦和对准，能够收集并输出光束。最重要的是，在临界耦合的情况下，可以非常有效地过滤掉所有输入输出端的其他模式。该锥形光纤微球耦合结构的模式滤波是由锥形光纤之前和之后的锥形区形成的耦合谐振系统进行的，达到了单模式耦合的目的，从而使该结构成为有效理想的匹配耦合器。

（2）微球腔制备。

与制作微盘腔、微环腔时复杂的工艺相比，微球腔的制备更加简单易操作。

它采用熔融的方法，去掉光纤一端的涂覆层后，使用氢火焰将其融化，融化后的氧化硅在表面张力的作用下形成光滑的球形腔。锥形光纤也使用熔融法，在氧火焰的作用下，由拉锥机的步进电机控制拉制速度和长度，将光纤拉出锥区。制备好的球腔和锥形光纤，固定在高精度三维调整架上并在光纤一端接入激光光源，通过观察透射谱的状态，进行最佳耦合位置的调节。获得较好的耦合位置后，进行点封装，使紫外固化胶包裹在球与光纤锥区的接触部分，再次调整好耦合状态后用紫外灯照射五分钟，使封装材料固化，微球形谐振腔制备完成。微球制备的实验装置实物图如图 14.3-23 所示。

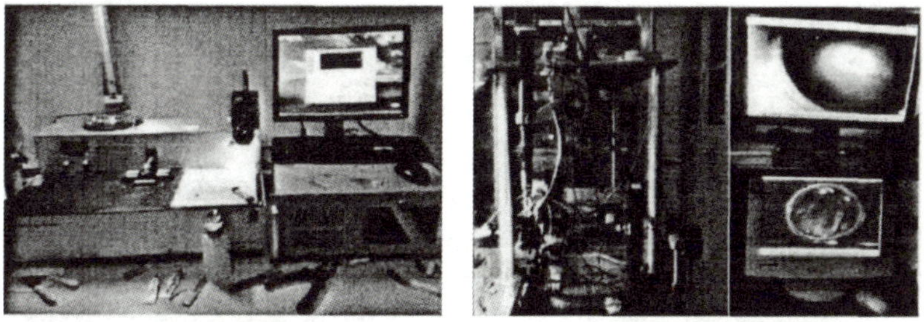

(a) 光纤拉锥机　　(b) 微腔耦合平台

图 14.3-23　微球腔制备实验平台

14.3.3　谐振式 MOEMS 陀螺的信号检测技术

由于萨格纳克效应本身比较微弱，叠加光路引入各种噪声后，使得光电转换后的电信号的信噪比很低。因此，信号检测技术在 RMOG 系统中占有十分重要的地位，它直接关系到 RMOG 的检测精度。整个 RMOG 系统中用于信号检测的模块包括光电探测器、锁相放大器、信号发生器、数字比例积分（PI）反馈控制电路等模块。相比于模拟电路稳定性差、受环境干扰大等缺点，数字电路具有稳定性好、抗干扰能力强、处理速度快、体积小等优势，因此，信号检测系统的数字化是实现 RMOG 高精度、小型化的关键。

1. 检测系统组成

图 14.3-24 所示为数字信号检测系统的原理框图，采用 FPGA 作为核心控制芯片，具有实时性好、集成度高、设计灵活等特性。根据系统需求，检测系统采用功能分解、模块化设计原则，实现包括调制、解调、数字比例积分（PI）反馈、存储、USB 接口通信等功能。

在数模转换方面，系统需要一路低频信源发生模块，用来扫描激光器的压电陶瓷，两路高频载波发生模块，用来驱动相位调制器（PM），此外，还需要将两路的同步解调信号进行模拟输出，便于在实验过程中监视系统状态。为了节约空间、降低功耗，减少硬件资源开销，可根据不同的数模转换特性，选用不同的 DAC 器件，由于压电陶瓷扫描信源和两路解调输出监视信号属于低频信号，可采用一个 DAC 加电子开关的输出形式，降低了硬件成本，两路调制信源属于高频信号，且调制信源的质量直接影响到解调信号，因此，选用高性能的高转换速率的 DAC。在模数转换方面，需要将两路包含有调制信息的光电转换信号进行采集，将采集数据送入解调模块，在调制信源的同步信号作用下，完成同步解调，解调输出数字量存储在闪存（Flash）

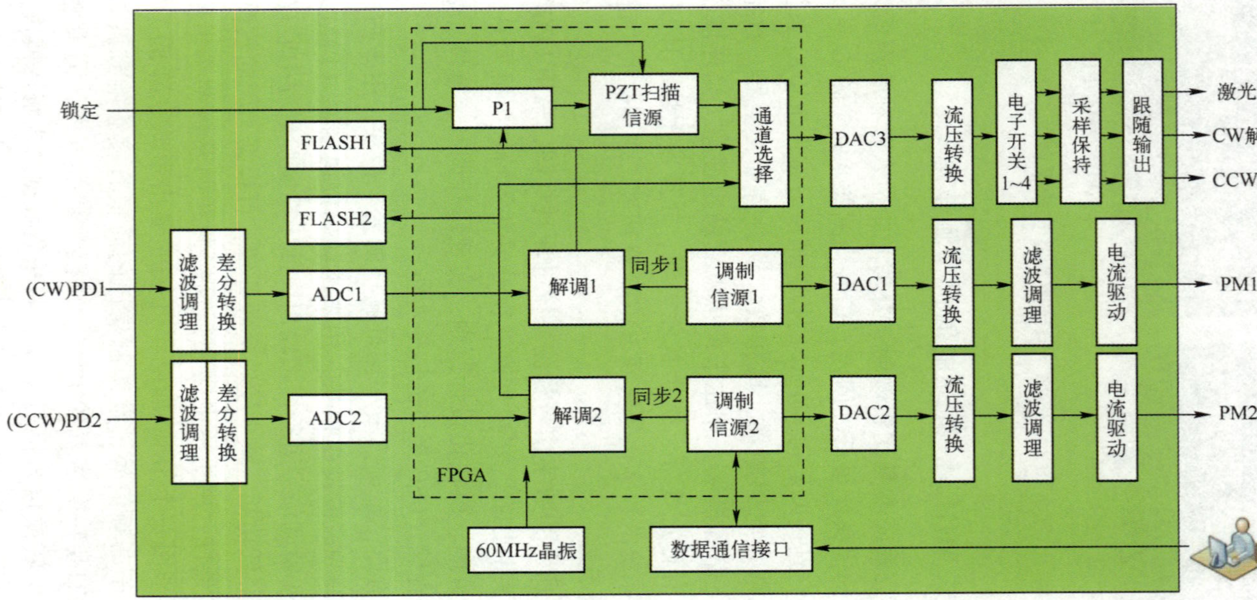

图 14.3-24　数字信号检测系统原理框图

① CW 为正转脉冲信号；

② CCW 为反转脉冲信号。

模块，供后续上位机读取分析。同时，解调数字量经 DAC3、电子开关进行模拟输出，其中，解调 1 的信号作为环路反馈的误差信号，在数字 PI 模块的控制下，实现激光频率在 CW 方向上的跟踪锁定。调制信源模块和解调模块采用同一时钟，便于实现模拟输出和数字采集的同频同相。数据通信接口用来实现上位机和检测系统的数据上传和命令的下载，例如，读取存储到 FLASH 的解调数字量信号，通过下载频率控制字和幅度控制字，调整高频载波的频率和幅度。

2. 数字信号检测的关键技术

（1）调相谱信号检测技术。

萨格纳克效应为微弱效应，因此，基于该效应由载体旋转引起的谐振频差信号也很微弱。以 FRR 为例，假设 FRR 直径为 15cm，波长为 1550nm，通过计算得到 1 (°)/h 的旋转角速率所引起的谐振频差仅为 0.32Hz，一般的激光频率在 10^{14} 量级，在如此高的频率范围内检测 1Hz 以下的微弱频差几乎是不可能完成的任务。另外，如谐振腔、光电检测器等光电元件易受外界环境的影响而引入噪声，微弱的频差很容易湮没在这些噪声里。因此，为解决陀螺的旋转方向、灵敏度小以及唯一性问题，必须对谐振光路施加频移，使输出（由萨格纳克效应引起）位于谐振谱线最大灵敏度点处；同时，要实现陀螺系统的高精度检测，提高信噪比，须采用微弱信号检测技术（调制/解调）。萨格纳克效应检测的是谐振频率差，由前面分析可知，当频差不同时，谐振腔输出的光强也不同，因此需要进行频率偏置调制，并且要求输入的光强非常稳定。

在谐振式陀螺研究初期，曾采用激光器频率内调制的方式进行检测[25-26]，该方式的反馈输入会导致激光器输出信号不稳定，不适用谐振式陀螺系统，并且也不利于其小型化需求[27]。由于相位求导后为频率，因此，可以通过相位调制方式间接实现频率的调制[28]，即调相谱。目前，基于 $LiNbO_3$ 的相位调制器精度高、可集成、驱动功率小，并且工艺较为成熟，施加在 PM 上的相位谐波调制相当于对光波产生了频移，调制过程易于实现，是实现谐振式光学陀螺（Resonator Optic Gyro，ROG）系统小型化的理想器件[29-30]。

选用正弦波作为相位调制器的驱动波形，$f_{\sin}$ 为正弦波的频率，信号峰值为 V_s，谐振腔输入调制后的光场为

$$E_{\text{in\_}r(t)}=\frac{\sqrt{1-\alpha_{\text{PM}}}}{2}E_0\exp\{\mathrm{i}[2\pi f_0 t+M\sin(2\pi f_{\sin}t)+\varphi_0]\} \tag{14.3-17}$$

式中：α_{PM}为PM插入损耗；M是调制系数，经谐振腔输出后的光场表达式为

$$E_{out\_r(t)}=\frac{\sqrt{1-\alpha_{PM}}}{2}E_0\exp\{i[2\pi f_0t+M\sin(2\pi f_{sin}t)+\varphi_0]\}\cdot h'\cdot\exp(i\phi') \tag{14.3-18}$$

根据光电探测器的输出电压与输入端的光功率、光波场标量平方有关，可得输出电压可以表示为[31-32]

$$\begin{aligned}V_{PD}&=P\cdot\langle E_{out\_r}(t)\cdot E_{out\_r}^*(t)\rangle\\&=P\cdot\sum_{n=-\infty}^{\infty}\sum_{n'=-\infty}^{\infty}J_n(M)J_{n'}(M)\exp[i2\pi(n-n')f_{sin}t]h_nh_{n'}\exp[i(\phi_n-\phi_{n'})]\end{aligned} \tag{14.3-19}$$

式中：$P=\frac{1}{4}(1-\alpha_{PM})G_1G_2I_0$，其中，$G_1$为光波场与光强之间的转换因子，$G_2$为光电探测器的输入光功率与输出电压之间的转换系数。取解调后输出电压表达式的模可得解调电压信号为

$$\begin{aligned}V_{out}&=\left|P\cdot\sum_n J_n(M)J_{n+1}(M)h_nh_{n+1}\exp\{i[2\pi f_{sin}t+(\phi_{n+1}-\phi_n)]\}\right|\\&=P\cdot\sum_n J_n(M)J_{n+1}(M)h_nh_{n+1}\end{aligned} \tag{14.3-20}$$

当调制系数$M=2.405$时，FRR经正弦波调制后的谐振谱线的同步解调曲线如图14.3-25所示。

由图14.3-25可知，同步解调曲线在谐振频率点处幅值为零，随着谐振频率的偏离，解调曲线幅度也成比例增加，且在一定谐振频率差范围内保持线性变化关系，该线性区就是谐振式MOEMS陀螺的线性工作区间。

（2）谐振频率的跟踪与锁定技术。

谐振式光学陀螺系统在工作时，顺、逆时针两路光均处于微腔的谐振状态，通过将激光频率锁定在谐振腔内顺、逆时针传输光路的一路谐振点上，间接探测另一路谐振频率与激光工作频率的频差来得到角速度[33-34]。因此，谐振频率高稳定度的锁定是陀螺信号检测的前提。

实际光学器件如光纤激光器、谐振腔等受温度和应力等环境因素的影响，会在环路中引入各种噪声，按照对CW和CCW环路影响的不同可以分为互易

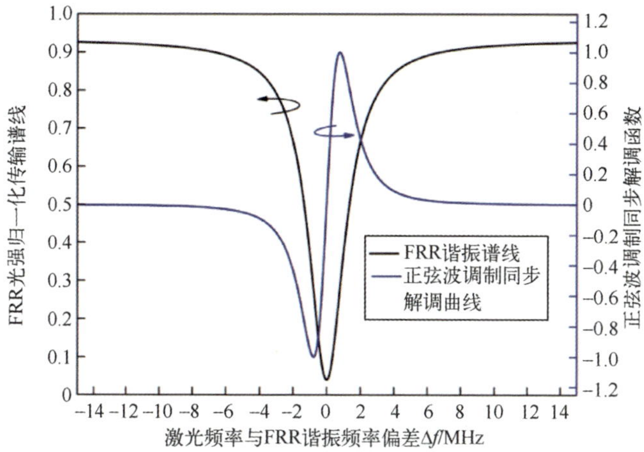

图 14.3-25 FRR 谐振曲线及其正弦波调制下的同步解调曲线

性噪声和非互易性噪声[35]。作为系统的核心敏感元件，谐振腔谐振频率受温度等环境因素的影响而漂移引入的噪声以互易性噪声为主，由萨格纳克效应引起的谐振频率差是一种非互易性效应，环路中互易性噪声的存在极大影响了萨格纳克效应的检测精度，显然，频率跟踪锁定技术也将直接影响陀螺实际检测精度[35-36]。在实际陀螺系统中，除提高元器件性能外，还需要利用反馈回路的优化设计降低互易性噪声的影响[37]，因此，有必要对谐振式光学陀螺谐振频率的高精度锁定技术开展研究。

图 14.3-26 给出了一光纤环形谐振腔的实测谐振谱线及其同步解调曲线的对应关系，解调曲线关于谐振频率点呈奇对称，在区域 I 内具有一段线性区，在谐振频率点处，解调曲线幅值为零，本实验系统正是利用解调曲线与谐振谱线的对应关系，将解调曲线作为反馈控制激光频率的误差信号，来进行谐振频率的跟踪和锁定的。具体来说，当锁频使能信号有效时，激光光源的频率逐渐进入谐振谷，数字 PI 反馈控制模块被激活，由于产生的这种误差信号经 PI 反馈控制电路后改变 PZT 扫描电压，使这种误差信号减小，只要有误差信号，这种反馈控制作用就一直进行，最终的结果使得误差信号为零，此时的光源频率也被锁定在谐振频率点处[38]。

14.3.4 谐振式 MOEMS 陀螺的测试与分析

可从单路闭环测试系统和双路闭环测试系统出发对谐振式 MOEMS 陀螺进行了测试和分析。

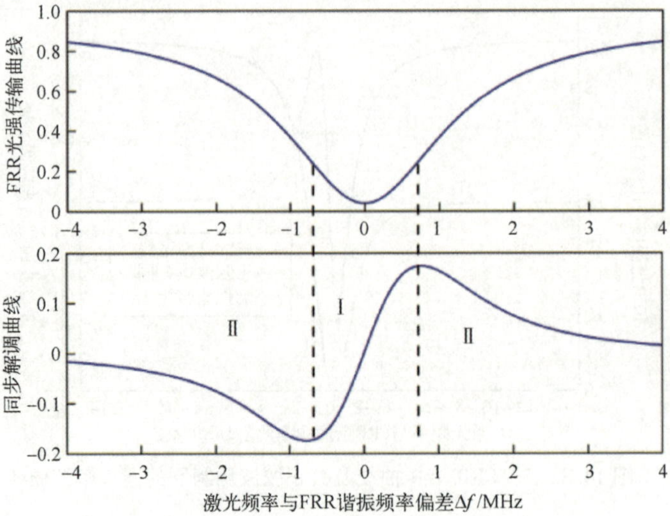

图 14.3-26 谐振曲线和解调曲线的对应关系

1. 单路闭环测试系统下谐振式 MOEMS 陀螺的测试与分析

（1）谐振式 MOEMS 陀螺单路闭环测试系统组成。

根据 RMOG 实验系统原理框图搭建的测试系统装置，如图 14.3-27 所示，在高精密转矩马达旋转平台上搭建了上下两层光学平台，下层平台固定有分布反馈式（DFB）半导体光纤激光器，为 NKT 公司的 Basik Module 模块，中心频率为 1550nm，线宽小于 1kHz，PZT 扫描系数 $K_{pzt}=15\text{MHz/V}$；上层平台固定有两个 New Focus 公司的可调光电探测器 Model 2053，带宽为 10MHz，转换系数 $R_{PD}=0.7\text{V/mW}$，量子效率 $\eta_{PD}=0.8$，分别接受顺、逆时针两路光强，并转换为电信号；最重要的光学部件包括光隔离器、3dB 耦合器、$LiNbO_3$ 相位调制器、光纤环形器及核心敏感单元——光纤环形谐振腔，也都集中在这一层，为了隔离外界环境（温度、空气流动、声音振动）对光路的影响，须对所有光纤连接均进行封装，除谐振腔外的其他光学部件在测试中不进行更换，在测试好状态后直接由硅胶封装在光学平台上，而谐振腔在测试中，要对比不同的耦合系数、腔长、腔直径的测试结果，为了测试上的方便，用蜡烛将谐振腔封装在一个小圆盘上，留出两端输出法兰头，并直接与平台上的光纤环形器相连。在实验中，所用到 FRR 参数如下：FRR 光纤长 2.2m，FRR 定向耦合器耦合系数为 0.1，插入损耗为 0.5dB，保偏光纤损耗为 0.5dB/km。

实验时，用于驱动相位调制器的载波信号、陀螺转动信号以及激光 PZT 的反馈控制信号的传输均通过电子滑环来实现，其安装结构如图 14.3-28 所

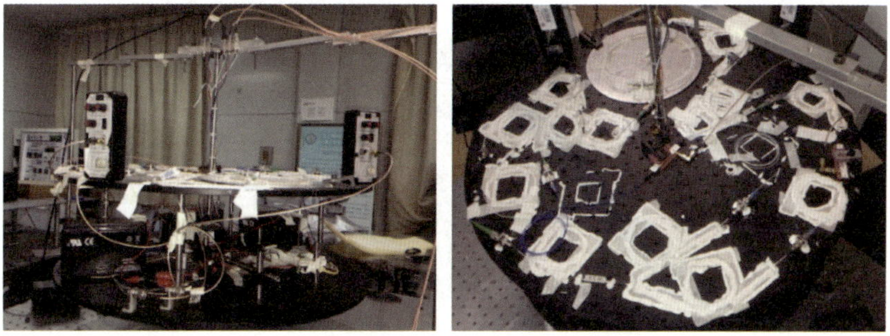

图 14.3-27 RMOG 实验系统装置

示，固定轴连接电子滑环的定子，加装止转片，防止定子的跟旋，电子滑环的转子固定在下层光学平台，跟随旋转马达转动，由此实现旋转平台上的信号与平台外信号的传输，可完成 RMOG 系统的转动测试。

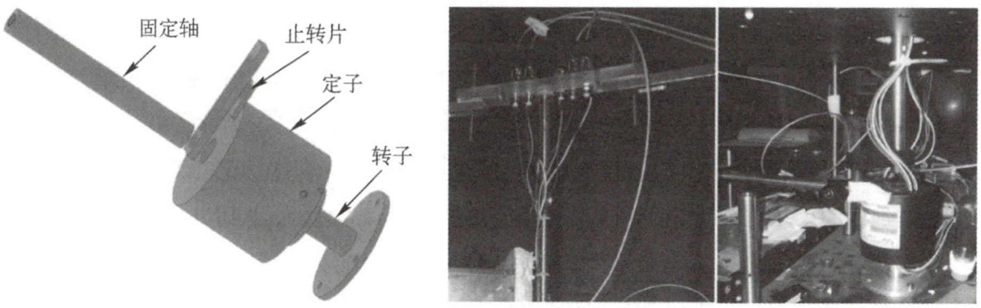

(a) 电子滑环安装示意图 (b) 固定轴连接图 (c) 电子滑环固定图

图 14.3-28 电子滑环安装结构

（2）系统转动测试结果及分析。

根据双光路调相谱最优参数确定方法，可以兼顾系统的灵敏度和载波抑制比，将两光路的调制系数设置为一次最佳载波抑制比的 2.405 和二次最佳载波抑制比的 5.52。图 14.3-29 给出了两个最佳调制系数下的解调曲线斜率和调制频率的变化关系，两个曲线的变化趋势相同，都是随着调制波形频率的增加，解调曲线斜率先增加，后减小，两个曲线在峰值的调制波形频率分别为 520kHz 和 700kHz，由此，两光路的最佳调制频率也得以分开，这样的调制系数和调制频率，对第一类和第二类背向散射噪声都有较好地抑制，同时两路的解调曲线在谐振点又具有较大的灵敏度。

图 14.3-30（a）给出了耦合系数为 0.1 的光纤环的角速率响应输出，输入的角速率由 0 开始，步进为 30（°）/s，每个速率下进行顺、逆时针两个方

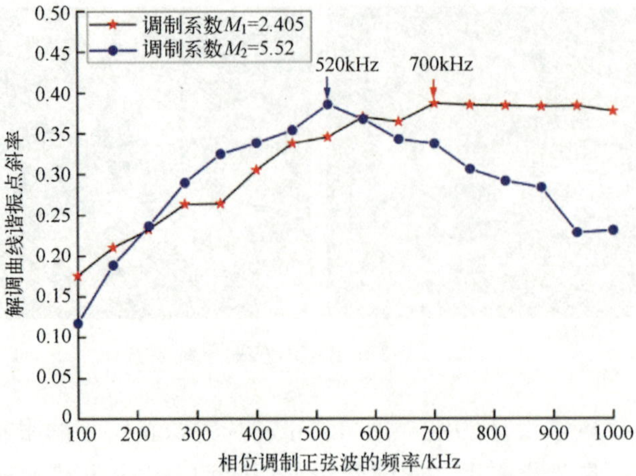

图 14.3-29 解调曲线谐振点斜率和调制正弦波频率的变化关系

向的转动，为了直观分析在不同角速率下的输出数字量，暂不考虑系统对角加速度的响应，即将角速率改变时的所用时间略去，每个角速率下保持 10s。将每个角速率下的输出数据求平均，通过最小二乘法拟合，得到角速率与数字量输出的对应关系，得到了±240（°）/s 测量范围，标度因数为 32/((°)/s)，其标度因数非线性度为 0.44%，如图 14.3-30（b）所示。

零偏稳定性表征了陀螺的检测精度，用来评价陀螺的输出围绕其均值上下的波动，是实现陀螺应用的关键指标。在静止状态下，对 R-FOG 的输出进行测试，积分时间 1s，对 100s 内的测试数据求标准方差为 5.38，根据图 14.3-31 中所测得的标度因数 32/((°)/s)，可求得系统的零偏稳定性约为 0.09（°）/s。同时，对比测试了其他调相谱参数下的零偏稳定性，在两光路采用正弦波调制系数均为 2.405，调制频率分别为 511kHz 和 519kHz 时，得到的零偏稳定性为 0.11（°）/s；当两光路采用三角波相位调制时，设置调制系数分别为 3.142 和 6.283，调制频率分别为 667kHz 和 411kHz 时，得到的零偏稳定性为 0.37（°）/s，由三种调相谱参数下的零偏稳定性测试结果可以看出二次最优调制系数下的零偏稳定性最优。

2. 双路闭环测试系统下谐振式 MOEMS 陀螺的测试与分析

（1）双路闭环检测系统的搭建。

谐振式光波导陀螺的双路闭环检测系统是在单路闭环检测的基础上，引入 CW 方向的闭环控制回路，通过移频器对激光的闭环反馈调谐实现 CW 路激光频率的谐振频率锁定。理论情况下，移频器的移频量补偿转动产生的谐

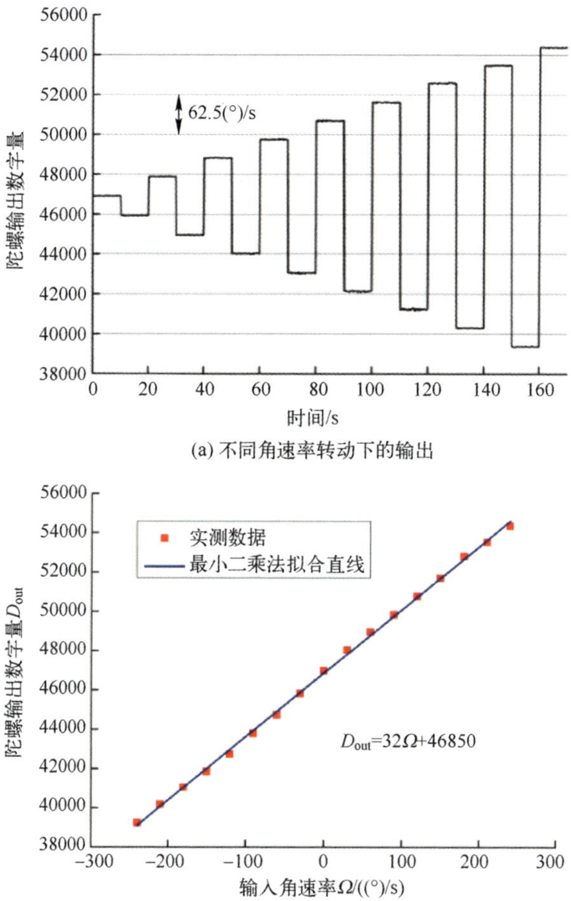

(a) 不同角速率转动下的输出

(b) 不同转速与输出均值的线性拟合结果

图 14.3-30　R-FOG 开环转动测试结果

振频差量，因而可表征陀螺的输出信号。在实际的检测过程中，移频量中存在两路谐振频率锁定残差和系统互易性噪声，因而在系统陀螺信号的最终提取中，移频量应减去两路谐振频率锁定噪声值作为陀螺信号。

设计的双路闭环谐振式光波导陀螺检测方案如图 14.3-32 所示，激光器发出的激光经隔离器和分束器分成功率相等的两束光。两束激光分别经铌酸锂相位调制器进入谐振腔形成 CCW 路和 CW 路方向上传输的激光。其中，CCW 方向上的激光从谐振腔耦合出经 C3 在光电探测器 PD1 处完成光电转换得到谐振曲线，谐振曲线经锁相放大器 LIA1 完成同步解调得到 CCW 的解调信号，解调信号作为 PI 伺服控制器 1 的误差输入信号，激光器输出的激光频

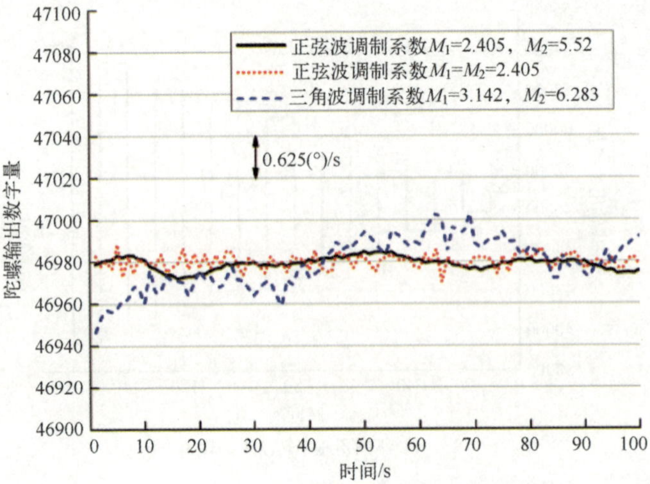

图 14.3-31　陀螺零偏稳定性测试（τ=1s）

率在 PI 1 的反馈作用下跟踪锁定在谐振腔谐振频率上。另一方面，CW 方向上的激光经过光电探测器 PD2 和锁相放大器 LIA2 得到 CW 方向的解调信号。在单路闭环检测系统中，CW 方向上的解调曲线即可表征陀螺输出信号。在双路闭环检测系统中，在 PM1 前加入移频器，CCW 方向上的解调信号作为伺服控制器 PI2 的误差输入信号，移频器在 PI2 的反馈控制下，调谐该路的激光频率同样跟踪锁定在谐振腔谐振频率处。移频量由于补偿了因转动产出的谐振频率差，因而可以表征陀螺信号。

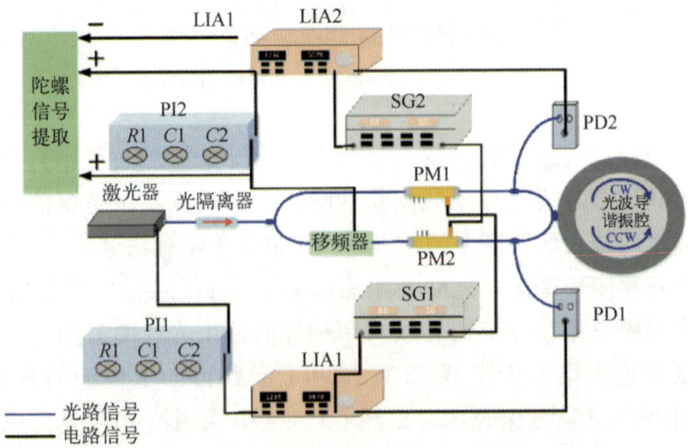

图 14.3-32　双路闭环谐振式光波导陀螺检测示意图

(2) 双路闭环检测系统的测试。

如图 14.3-33 所示检测系统主要由光路和基于 FPGA 的数字检测电路两部分组成。数字检测电路功能主要由两路调制信号发生器模块、两路基于 CORDIC 算法的数字锁相放大器、CCW 路的 PI 1 算法模块、CW 路 PI 移频模块和陀螺信号提取模块。

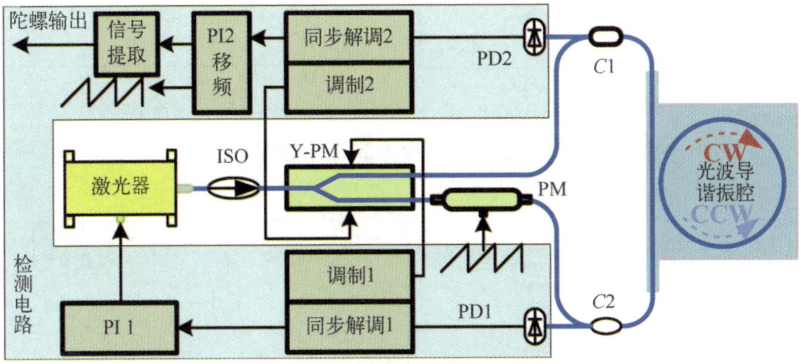

图 14.3-33 双路闭环谐振式光波导陀螺数字检测系统

为了验证和分析双路闭环检测的性能指标，对谐振式光波导陀螺单路闭环检测和双路闭环检测进行了对比实验。分别通过转动实验得到两者标度因数及其非线性度。利用高精度速率转台，分别进行了 10 (°)/s、20 (°)/s、30 (°)/s、40 (°)/s、50 (°)/s 和 60 (°)/s 转速下的正反方向转动实验，并对不同转速下的陀螺数据进行最小二乘法拟合得到陀螺的标度因数及其非线性度。通过 1000s 下的陀螺零漂数据评判陀螺输出数据中的噪声水平。

图 14.3-34 为单路闭环的转动实验结果和转动数据拟合结果，单路闭环检测系统下陀螺标度因数为 125.33mV/((°)/s)，标度因数非线性度为 0.066。图 14.3-35 为双路闭环检测系统下的转动实验结果和转动数据拟合结果，其标度因数为 135.44mV/((°)/s)，标度因数非线性度为 0.016。实验表明，双路闭环检测系统比单路闭环检测系统，在标度因数及其非线性度上均有所改善。

图 14.3-36 为双路闭环检测和单路闭环检测条件下的陀螺零漂对比实验结果，双路闭环检测条件下，零漂输出的噪声宽度为 0.17 (°)/s 低于 0.5 (°)/s 单路闭环输出噪声宽度，但是输出数据中的漂移误差上，两种检测方式并无明显差别。系统非互易性噪声和互易性噪声都能陀螺输出漂移误差，理论上，双路闭环检测在互易性噪声抑制上较单路闭环检测更具优势，因此，需要进一步提高双路闭环检测系统的互易性噪声和非互易性噪声抑制水平。

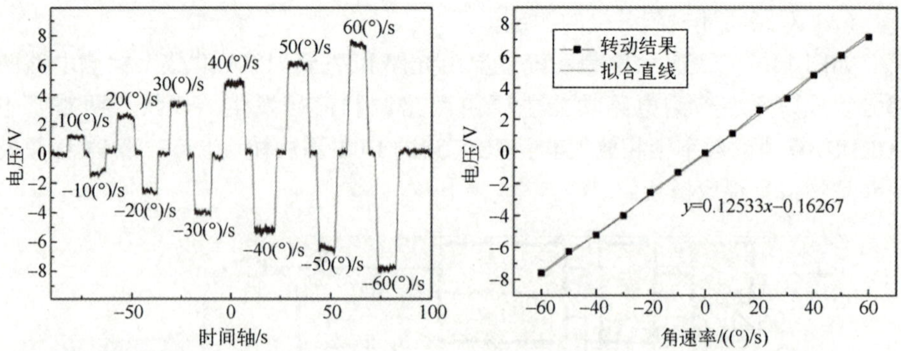

图 14.3-34　单路闭环检测下的转动测试和拟合结果

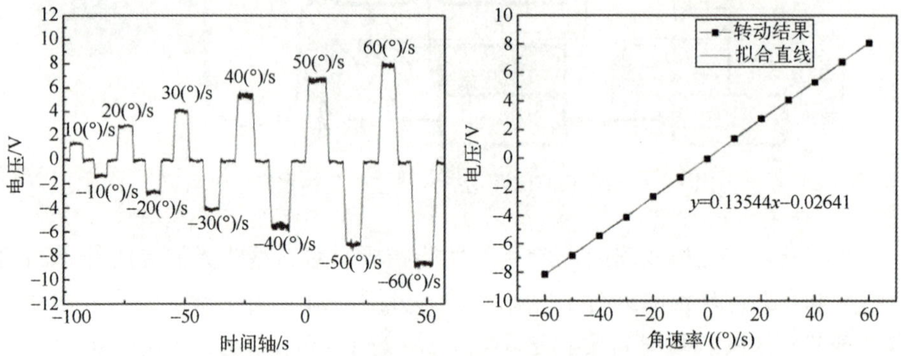

图 14.3-35　双路闭环检测下的转动测试和拟合结果

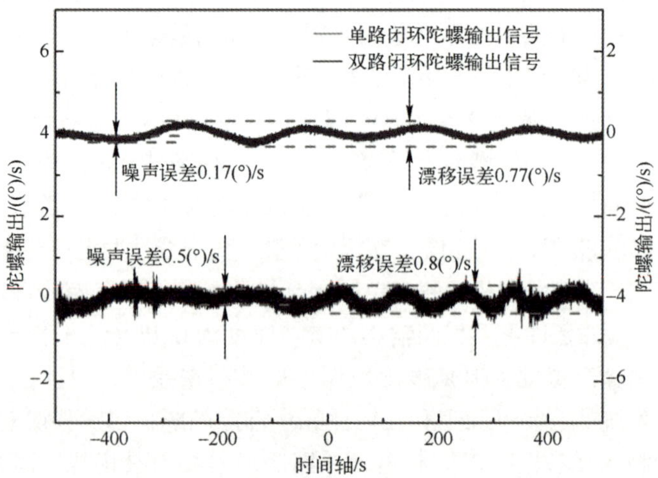

图 14.3-36　双路和单路闭环检测下的零漂输出

3. 陀螺样机性能测试

1）陀螺样机的动态性能测试

如图 14.3-37 所示为谐振式光波导陀螺样机测试平台，测试平台主要包括：高精密速率转台（GDL3-WD-ZB）、数字直流电源（GPS4303C）、示波器（DPO4104B）、计算机、USB2.0 转 RS422 电缆和数据传输及供电电缆。根据《光纤陀螺仪测试方法》（GJB 2426A-2004）对谐振式光波导陀螺样机进行转动和零漂测试。将陀螺样机先用 M6 的内六角螺钉固定在工装上，再将工装用 M8 内六角安装在高精密速率转台的内框，陀螺样机的供电及数据传输电缆按图 14.3-38 所示连接。

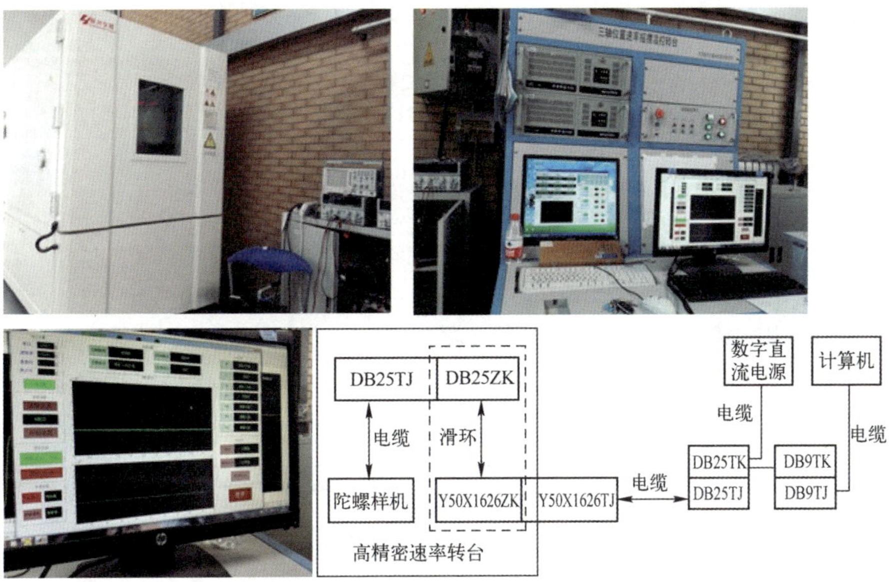

图 14.3-37　谐振式光波导陀螺样机测试平台

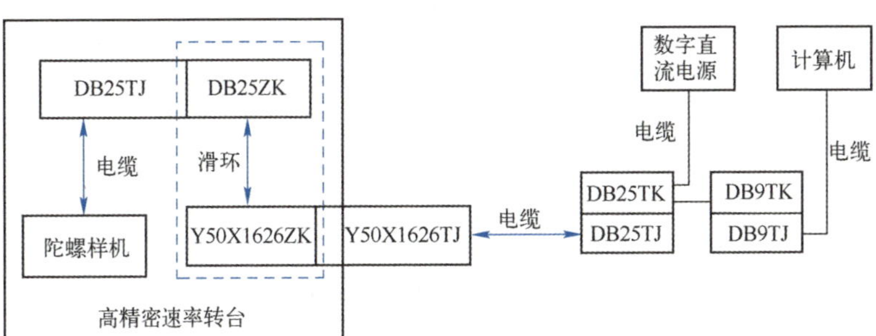

图 14.3-38　陀螺样机转动测试系统连接示意图

对采集到的样本值 F_i，按照事先标定好的数字量与电压量的关系，计算得到模拟量的陀螺输出数据，图 14.3-39（a）为模拟电压量下的陀螺转动数据，图 14.3-39（b）为利用最小二乘法得到的陀螺转动数据拟合结果。

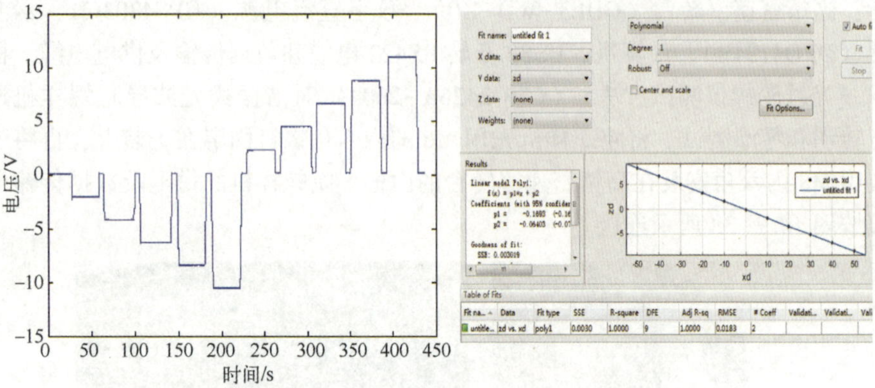

(a) 转动测试结果　　(b) 转动结果拟合图

图 14.3-39　光波导陀螺样机测试结果

2）陀螺样机的静态性能测试

（1）谐振腔 Q 值测试。

首先测试基于陀螺样机，在激光器扫描状态下测试光波导谐振腔的品质因数。打开谐振腔的温控电路，将温度控制在 25℃，待温度稳定后记录谐振腔的输出谱线。测得其输出曲线如图 14.3-40 所示，可以求得：$Q=4\times10^7$。

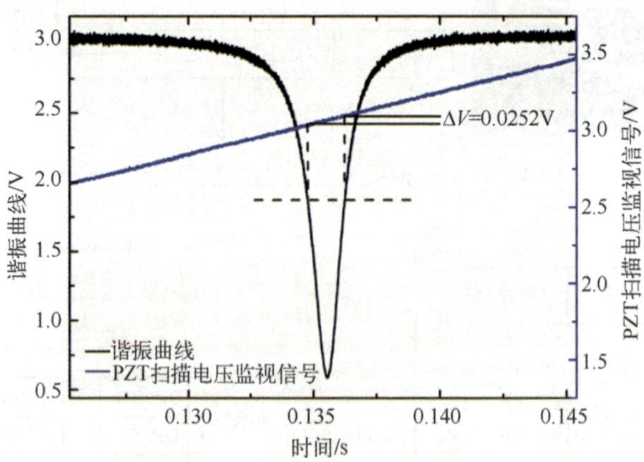

图 14.3-40　谐振腔的谐振曲线

（2）零漂测试及零偏稳定性计算。

保持转动测试环节中的系统状态不变，进入零漂测试环节。陀螺样机在角速率零输入状态下，以采样率 $f=305\text{Hz}$ 对陀螺输出数据采集 1 小时，得到点数为 N 的样本值 F_i，按 $\omega_i=(F_i-F_0)/K$ 来计算出每一个陀螺输出值对应的角速率，图 14.3-41（a）得到 1h 下陀螺输出角速率的初始样本数据。

Allan 方差的平方根 $\sigma_A(\tau_{M_a})$ 称为 Allan 标准差，在双对数坐标系中得到 $\sigma_A(\tau_{M_a})-\tau_{M_a}$ 关系曲线，低频噪声对应着斜率为零的一段水平曲线，由其对应纵坐标可获得陀螺样机的零偏稳定性 B_s。如图 14.3-41（b）所示，Allan 方差拟合曲线斜率为零处的角速率即为零漂稳定性值，其值为 16.39（°）/h。

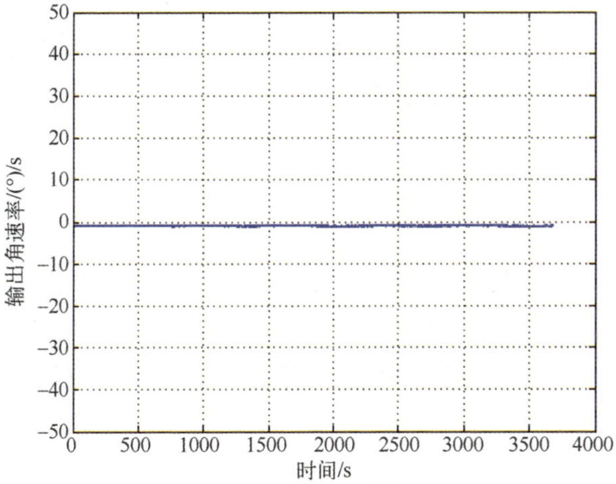

(a) 1h零漂测试结果

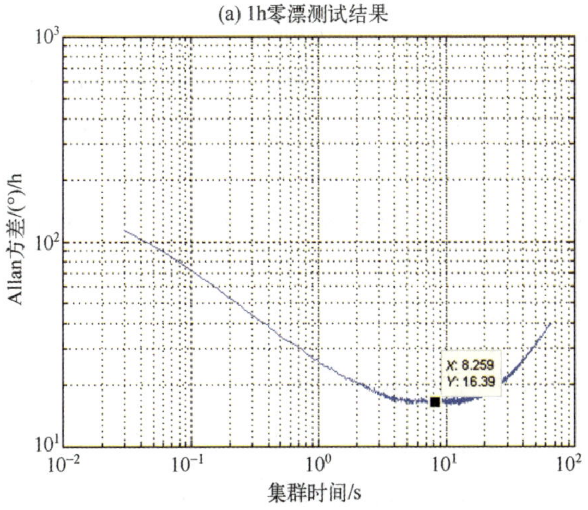

(b) Allan方差拟合得到零偏

图 14.3-41　光波导陀螺样机测试结果

14.4 MOEMS 微型光谱仪

光谱仪是光学领域的一种重要的仪器，它是通过将含有多种成分的光进行分解得到其中的光信息，并将光信号转化成电信号进行分析和显示的光谱检测系统。自英国物理学家牛顿通过棱镜，首次实现对自然光的分光试验开始，对光谱技术的研究如今已经覆盖了生活中的诸多领域。近年来，虽然实验室内的台式光谱仪系统可以提供更高的分辨率和更宽的光谱范围，但是生物医药、环境监测、资源探测等领域由于现代化建设，越来越要求光谱仪朝着微型化、集成化和智能化的方向发展。

自 20 世纪 90 年代以来，随着光纤的大规模生产以及线性微阵列检测元件的出现，MEMS 以及二元光学等微纳加工制造技术的发展，使得光谱分析仪器的微型化成为可能，开始催生出各种各样的微型光谱仪，如德国 HiperScan 公司利用弗劳恩霍夫光子微系统研究所开发的扫描光栅技术研究成功的 MOEMS 扫描仪[39]；美国德州仪器基于微镜阵列研究出的 MOEMS 光谱仪[40]；Si-ware System 公司在 2017 年推出了像芯片一样大小的 Neospectra Micro 傅里叶变换红外光谱仪以及日本滨松利用法布里珀罗干涉原理得到的 MOEMS 光谱仪等[41]。

微型光谱仪采用波导或光纤以不同的分光方法将入射光引导到色散组件上，将离散出的光直接投射或通过耦合器传输到探测器阵列上，对信号进行采集并计算重构。在过去的二十年里，利用不同的分光方法结合光谱重建算法，在微型光谱仪上取得了很大的进展——实现了占地面积小于 $1cm^2$，光谱分辨率可达 30pm，光谱带宽达 500nm 的高性能微型光谱仪[42]。根据它们用于光谱表征基本策略的不同，大致可以分为四大类：①基于色散光学；②基于窄带滤波片；③基于傅里叶变换系统；④基于光谱重建计算系统，如图 14.4-1 所示。

14.4.1 基于色散光学的微型光谱仪

光谱仪通常由一个或几个衍射光栅、一条光路和一个探测器阵列组成。通过狭缝的光被准直到衍射光栅上，然后衍射光栅将光谱成分分散到不同的方向上，最后凹面镜将分散的光聚焦到探测器阵列上，从而完成光谱探测分析，如图 14.4-2 所示为其原理结构图。微纳制造技术的进步为通过缩小这些系统的组件来开发微型光谱仪提供了机会。自 20 世纪 90 年代以来，已经出

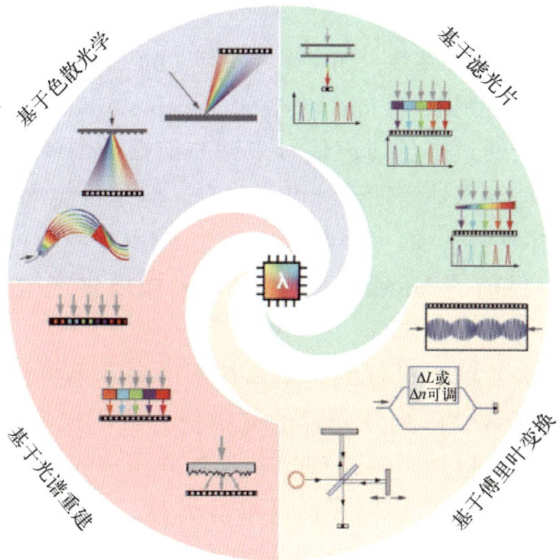

图 14.4-1 不同微型光谱仪的基本策略图[43]

现了各种尺寸越来越小的空间色散光谱仪。这些基于色散光学的微型光谱仪通常是利用电化学方法蚀刻光路，晶片键合技术完成封装制作的。为了进一步减小尺寸，提高分辨率，不断对其结构进行创新，出现了 Czerny-Turner 结构的微型光谱仪，除此之外，凹面光栅、元透镜、光栅-菲涅尔透镜等衍射元件以及波导等也被引入光谱分析系统。

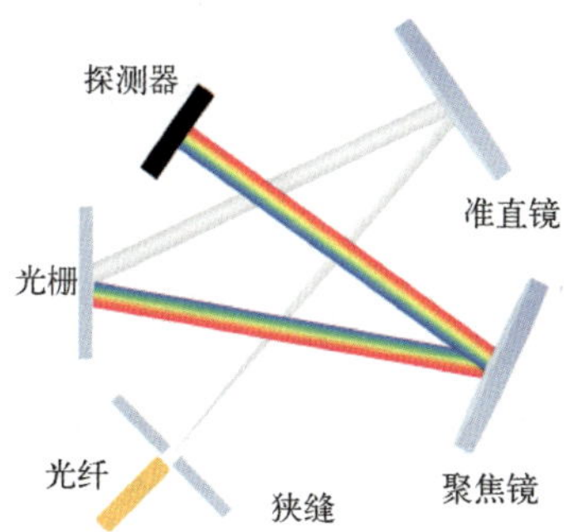

图 14.4-2 基于色散光学的微型光谱仪原理结构图

14.4.2 基于窄带滤光片的微型光谱仪

窄带滤光片可以有选择地传输特定波长的光，根据滤光片类型的不同，通常可分为基于可调谐滤光片的微型光谱仪和基于线性阵列滤光片的微型光谱仪。

一系列的可调谐窄带滤波片，如声光可调谐（Integrated Acousto Optic Tunable Filter，AOTF）、液晶可调谐（Liquid Crystal Tunable Filter，LCTF）和法布里-珀罗滤波片等，它们通过电压或声信号来调节谐振腔的厚度，在时间上分离光谱成分，从而快速动态地实现连续可调滤波。但是目前 AOTF 和 LCTF 的尺寸限制了光谱仪的微型化，而可调谐的法布里-珀罗滤波片可以通过静电或压电驱动器来实现，目前的 MEMS 工艺为实现大规模生产微型光谱仪提供了可能。

基于可调谐滤光片的光谱仪的频谱是按照时间顺序分析的，这牺牲了它的时间响应，而基于线性阵列滤光片的光谱仪允许同时测量多个光谱成分。它的基本策略一方面可以通过一系列滤光片阵列例如光子晶体等分别负责特定波长的检测；另一方面为利用线性可变滤光片，通过控制锥形腔的角度，实现多光谱的并行检测。图 14.4-3 分别为可调谐法布里-珀罗滤光片和线性阵列滤光片的分光示意图。基于滤光片型的微型光谱仪成本低、结构简单，但也存在分辨率低以及探测范围小的缺点[44]。

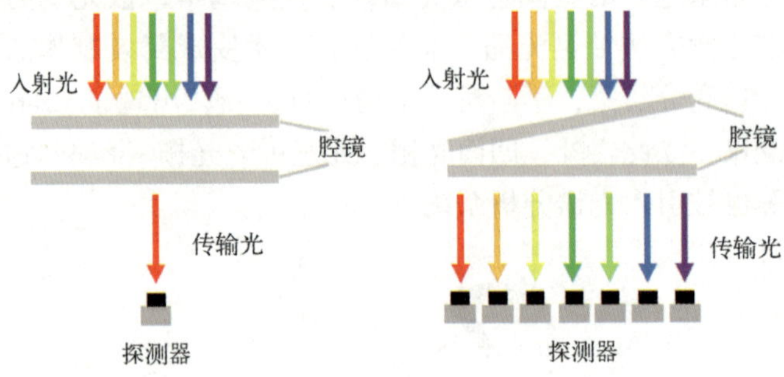

(a) 可调谐法布里珀罗滤光片　　(b) 线性阵列滤光片

图 14.4-3　微型光谱仪滤光片分光示意图

14.4.3　基于傅里叶变换系统的微型光谱仪

基于傅里叶变换系统和光的干涉基本原理，微型光谱仪通过光程差的改变来得到空间或者时间上的干涉图，再利用傅里叶变换将探测器探测到的信号转换成光谱信号。如图 14.4-4 所示为基于迈克尔逊干涉仪的 MOEMS 傅里叶变换微型光谱仪的原理示意图。虽然基于傅里叶变换系统的微型光谱仪具有高分辨率、宽光谱范围的优点，但也由于抗震性能差、成本高限制了其使用环境的外延[44]。

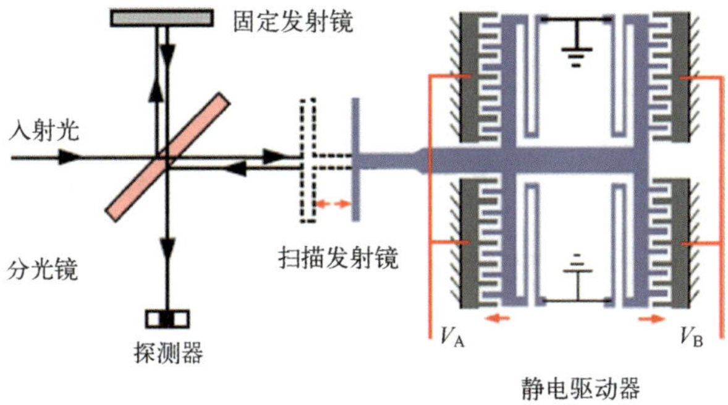

图 14.4-4　基于迈克尔逊干涉仪的 MOEMS 傅里叶变换微型光谱仪的原理示意图[43]

14.4.4　基于光谱重建计算系统的微型光谱仪

这是在过去十年中，出现的一种新的光谱仪模式，它通过将入射光输入到一个小型的光学元件上，如螺旋形波导、色散孔阵列等，从而在每个波长的空间域中创建一个特征模式，图 14.4-5 为几种用于光谱重建的光学元件，其输出光则为每个波长创建的特征模式的加权叠加，依靠计算技术从探测器编码的信息中近似或重建出入射光谱。这种方法具有扫描速度快、性能稳定、性价比高的特点，有望通过机器学习技术的引入，使其性能进一步得到提升。

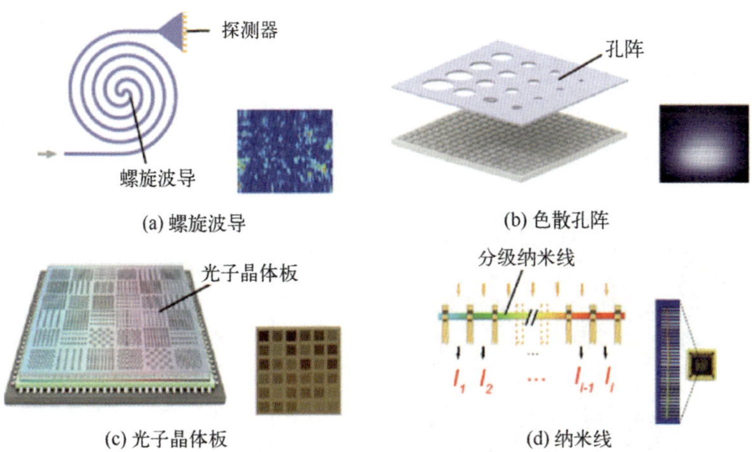

图 14.4-5　几种用于光谱重建的光学元件

MOEMS 利用半导体微纳加工技术，来实现器件的微型化，且利用该技术制造出的微型光谱仪体积小、成本低，越来越成为近年来的研究趋势。近年来通过优化高精度微加工光刻、蚀刻技术，已可制造出更小尺寸的光栅和光学器件，这使早期基于色散光学的微型光谱仪得到了改进。与此同时，MEMS组件的开发也使基于傅里叶变换系统的微型光谱仪能够使用更紧凑的电子驱动部件。随着计算算法的不断成熟，也将越来越能够弥补由于进一步小型化而带来的检测性能的折中，以及光谱分析在很多领域无法使用的遗憾。

14.5 其他 MOEMS 集成传感器

14.5.1 基于 F-P 腔的声学传感器

14.5.1.1 F-P 腔声信号检测的基本原理

法布里-珀罗（F-P）干涉仪的基本原理为多光束干涉，由多光束干涉理论分析可得 F-P 干涉仪的透射传递函数为

$$\begin{cases} T=\dfrac{I_{\text{trans}}}{I_0}=\dfrac{1}{1+\dfrac{4R\sin^2 q/2}{(1-R)^2}} \\ q=4\pi nd/\lambda \end{cases} \tag{14.5-1}$$

以参数 q 为自变量绘制图形，式（14.5-1）是周期函数，对于制作完成的干涉仪，间隙 d 是不变的，入射光束的波长 λ 也是不变的。反射平面镜反射率 R 作为设计参数，也是不变的。

从图 14.5-1 可以看出，R 影响干涉强度函数的斜率。随着不同反射平面镜的反射率的变化，通过 F-P 干涉仪的透射光强发生变化。透射光强是折射率 n，反射平面镜间隙 d，波长 λ 的函数。

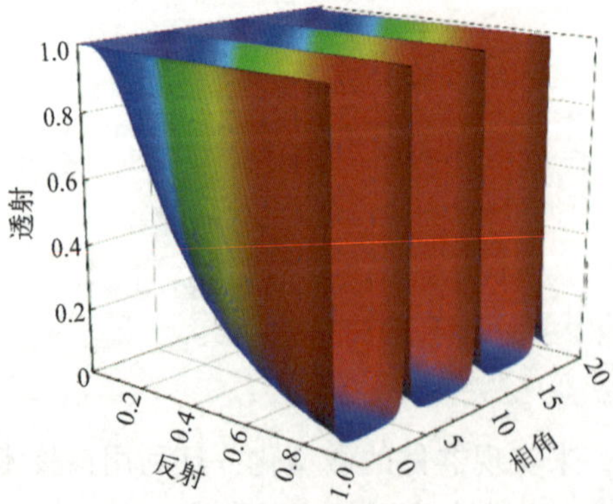

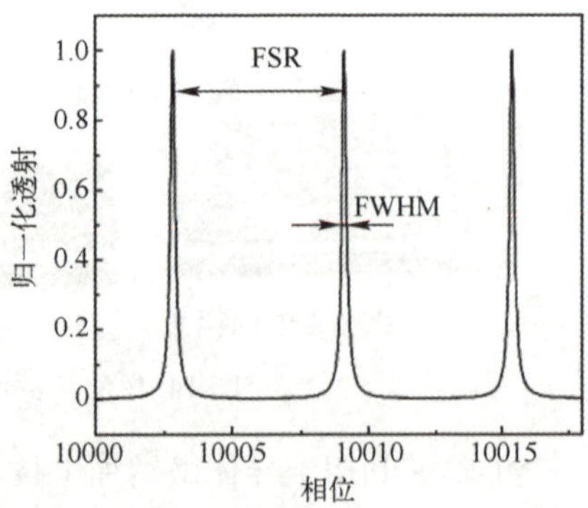

图 14.5-1 F-P 腔透射谐振谱线

洛仑兹洛仑茨公式描述了介质的宏观光学特性和粒子性的关系，简化该公式为

$$n \approx \frac{3}{2} \rho_P \alpha + 1 \tag{14.5-2}$$

空气良好的条件下 n 约为 1，n 的典型值为 1.0003。

由式（14.5-2）可以看出，折射率的线性依赖于空气分子粒子密度。依据理想气体方程，粒子密度可以描述为

$$\rho_P = \frac{P}{\kappa_B T} \tag{14.5-3}$$

式中：P 为压强；κ_B 为玻尔兹曼常量；T 是绝对温度。声学过程是绝热的，也就是没有热变化的快速过程。$T^{\kappa}/P^{\kappa-1}=\text{const}$（常数），$\kappa$ 是绝热指数（$\kappa_{air}=1.4$），因而

$$\Delta\rho_P = \frac{\Delta P}{\kappa\kappa_B T} \tag{14.5-4}$$

所以，折射率与声压是线性关系。

基于 CIDDOR 公式，在一般条件下，温度 20℃，二氧化碳含量 450mg/L，相对湿度 50%，压强 101.325kPa。一个典型的数据为压强变化 1Pa，折射率变化 2.7×10^{-9}。

14.5.1.2 基本结构

采用光胶工艺加工得到结构参数一致的一批 F-P 腔敏感单元。单个敏感单元的实物图及尺寸如下图 14.5-2（c）所示。通过六维自动耦合对准系统（如图 14.5-2（a）），将焊接有输入输出光纤的准直透镜与微型 F-P 声传感器敏感单元耦合对接，将腔体和玻璃套管使用 UV 紫外胶进行上下点固定，将固定好的系统，放置在 45°安置架上，再通过 CO_2 高功率皮秒激光器点熔融，实现光输入输出的全封装固化。封装过程及全封装噪声传感器如图 14.5-2（b）所示。

对该透射式光学噪声传感器设计防护罩，可有效减小实际应用现场风沙、温度的干扰，对微型 F-P 腔进行有效防护，防护罩结构如图 14.5-2（d）所示。

14.5.1.3 测试

声传感器的检测原理图如图 14.5-3 所示。测试光纤声传感器在恒定声压作用下，传感器的输出响应随不同频率声音信号的归一化变化。测试频率响应过程中需要使用频谱分析仪进行声信号响应峰值的记录。利用信号发生器输出一

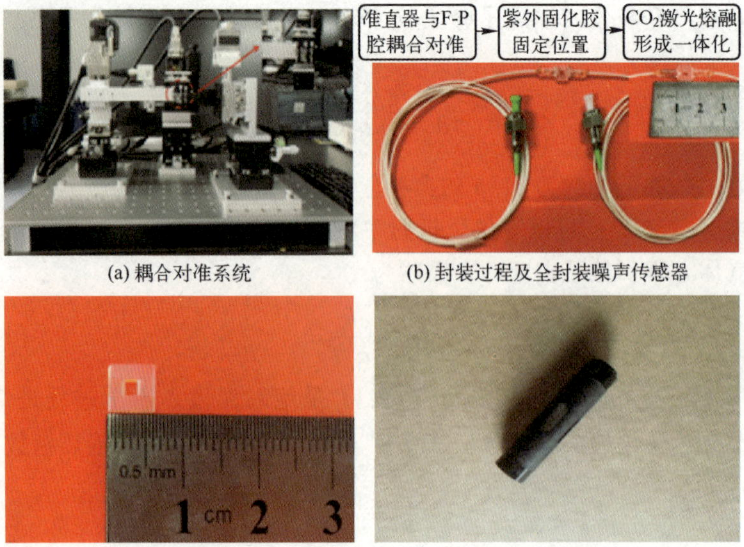

(a) 耦合对准系统　(b) 封装过程及全封装噪声传感器

(c) 敏感单元实物图　(d) 防护罩结构

图 14.5-2　封装过程及全封装传感器

个频率范围在 10Hz~1MHz 之间连续变化的驱动信号给扬声器，使扬声器发出一个频率范围在 10Hz~1MHz 之间连续变化的声音信号。声信号传感的频率响应测试须保持声信号的幅值不变，因此，在测试过程中需要保持信号发生器输出幅值不变，同时保持功率放大器的输出电压不变。测试声信号频率通过以 10 为底的 log 函数形式递增，测试过程中记录声信号频率和频谱分析仪响应声信号的信号峰值。采得数据后，进行数据处理，得到频响特性，测试结果如图 14.5-4 所示。噪声传感器的频带范围为 20Hz~20kHz，平坦度为±1.85dB。

传感器的灵敏度为在稳态工作时电压输出量的变化相对于声压输入量变化的比值。在消音室（基本无噪声的环境）进行光学微腔对声音信号的灵敏度测试。测试时，将光学微腔、标准传声器和声源放入消音室内，其他仪器放置在实验室光学平台上，消除实验中用到的仪器产生的噪音对测试结果的影响。光学微腔与相位调制器之间通过光纤跳线进行连接，以防止直接连接时光学微腔的光纤输出端穿过消音室输出孔时发生断裂。光纤跳线由消音室外部经消音室输入孔进入消音室内部。使用标准传声器测得消音室的声压级为 28.3dB，其声压比实验室环境中小 10 倍。扬声器在输入电压从 1V 至 5V 范围内间隔 1V 的驱动下，发出相应声压信号，声传感器输出与声压变化呈线性关系，如图 14.5-5 所示，对应灵敏度为 526.8mV/Pa。

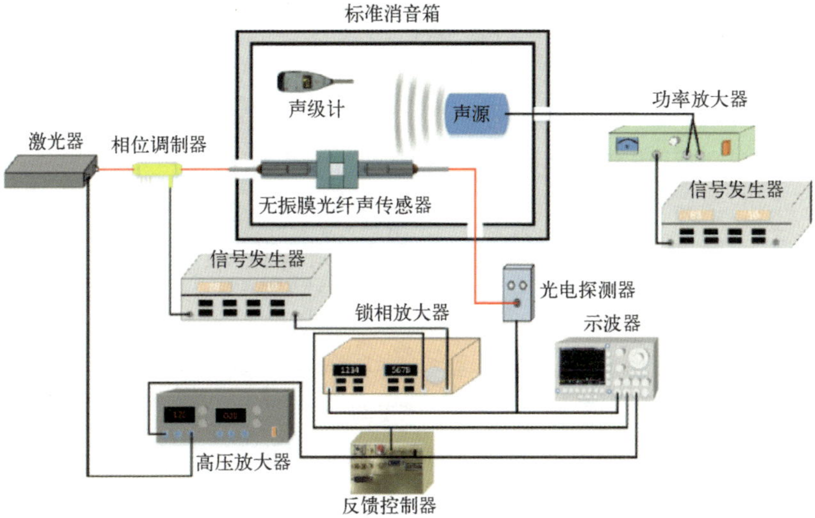

图 14.5-3 声传感器检测原理图

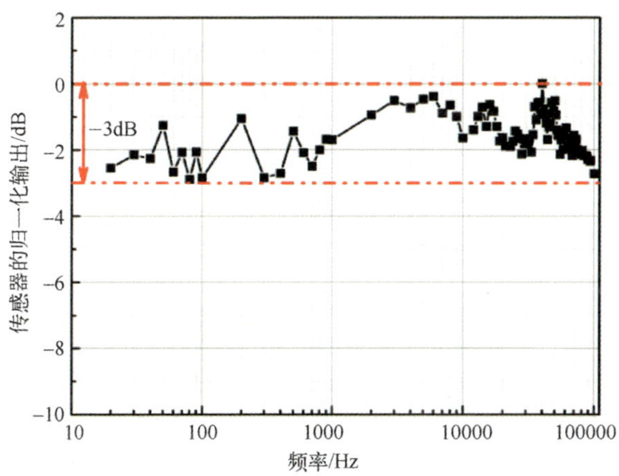

图 14.5-4 声信号频率响应测试图

14.5.2 基于半掩埋波导腔的声学传感器

14.5.2.1 基本原理

半掩埋光波导的结构如图 14.5-6 所示，介质 1 是上包层，材料为空气，折射率为 1；介质 2 为芯层，材料为掺锗二氧化硅；介质 3 为下包层，材料为二氧化硅，折射率为 1.4448；芯层介质 2 的折射率大于下包层介质 3 的折射率。光在波导中传播时，由于芯层折射率最大，光在芯层和包层交界面处会

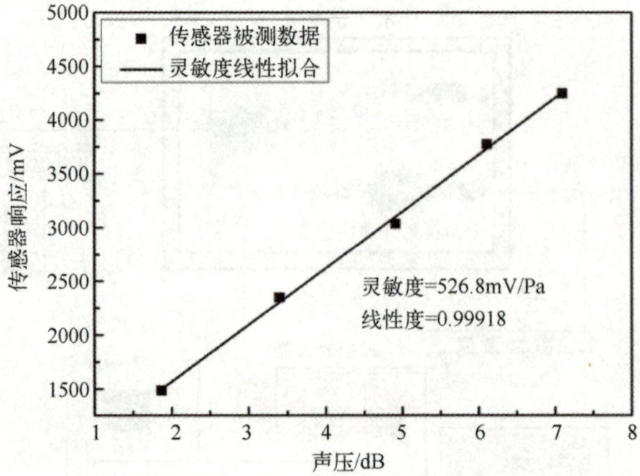

图 14.5-5　声信号灵敏度测试图

发生全反射，使光局限在芯层中进行传播，而在传播界面外部形成呈指数衰减的倏逝场。

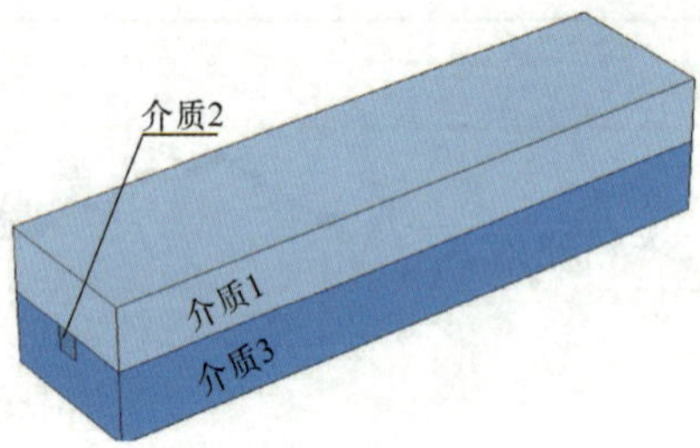

图 14.5-6　半掩埋光波导结构图

图 14.5-7 为仿真得出的半掩埋光波导的本征电场分布图。中间矩形框区域为芯层，矩形区域下方为下包层，其余部分为上包层。由图 14.5-7 可以看出，当光在波导中传输时，由于芯层与上下包层的折射率差，光会在芯层中发生全反射，光波导中传输的光基本都分布在芯层区域。当仿真光波导中光的电场分布时，全掩埋光波导（上、下包层材料一致）的光场均匀地分布在芯层，而半掩埋光波导由于上下包层材料折射率的不同（上包层折射率小于下包层折射率），光场会分布在芯层稍偏下的位置，以此来平衡上、下包层的折射率差。

半掩埋光波导环形谐振腔有两种典型形式，如图 14.5-8 所示，其中，图 14.5-8（a）为单通道光波导环形谐振腔，图 14.5-8（b）为双通道光波导环形谐振腔。它们由直波导和环形谐振腔组成，直波导与环形谐振腔的倏

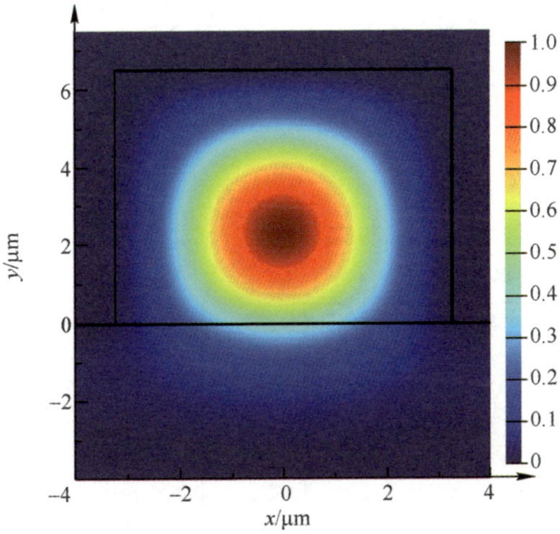

图 14.5-7 半掩埋光波导的本征电场分布图

逝场交叠区域为耦合区域。单通道光波导谐振腔包含有一个耦合区域，而双通道光波导谐振腔包含有两个耦合区域。激光器输出的光在直波导中传播，当经过耦合区域时，一部分光进入环形腔，另一部分继续沿直波导传播，在环形谐振腔中传播的光每次经过耦合区域时会有一部分光进入直波导中，当谐振腔耦合出去的光与直波导透射光发生相消干涉时，光被局限在腔内进行传输。

同样的，当空气密度变化为 $\Delta\rho$ 时，空气折射率变化 Δn 为

$$\Delta n=(n_1^2+2)^2/6n_1\times\alpha\times\Delta\rho \tag{14.5-5}$$

半掩埋光波导的结构尺寸示意图如图 14.5-9 所示。图 14.5-9 中，w 为光波导的宽度，n_1 为光波导上包层的折射率，n_2 为光波导芯层的折射率，n_3 为光波导下包层的折射率，n_{eff}为光波导的有效折射率。考虑 TE 和 TM 模的一阶模型，利用有效折射率法可以得到本征方程，并通过求解本征方程得到光波导的有效折射率。

由计算得到的有效折射率的变化量 Δn_{eff}表示为

$$\Delta n_{\text{eff}}=(2\times k_1\times n_1+k_1\times\Delta n+k_2)\cdot\Delta n \tag{14.5-6}$$

可得，光波导谐振腔的谐振波长与谐振腔的腔长和光波导的有效折射率有关，当半掩埋光波导谐振腔的上包层受声压影响密度变化时，会引起折射率的变化，从而导致光波导的有效折射率发生变化，有效折射率的变化又会导致光波导谐振腔的谐振波长的变化。因此，可以通过对光波导谐振腔谐振波长的监测进行声音信号的传感。

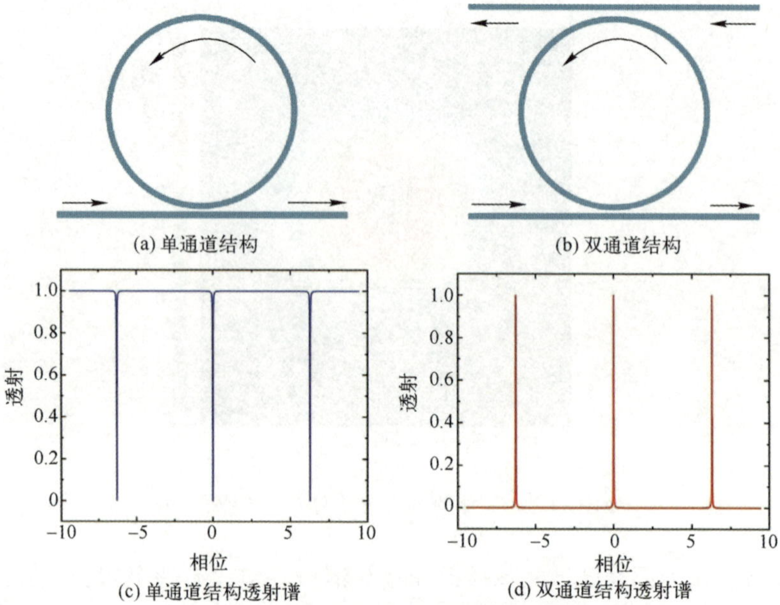

图 14.5-8　光波导环形谐振腔结构和透射谱

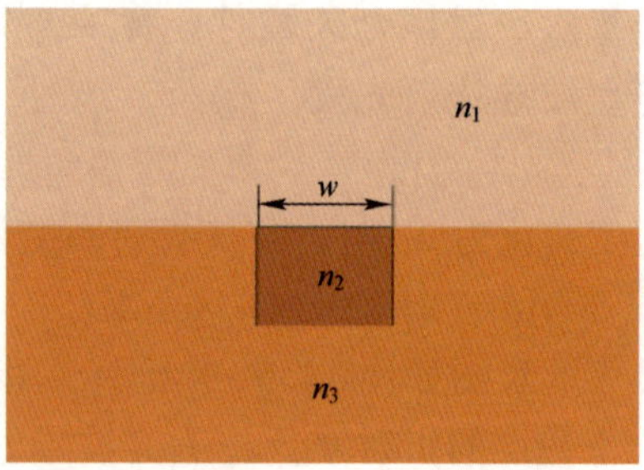

图 14.5-9　半掩埋光波导的结构尺寸示意图

14.5.2.2　基本结构

基于波导腔的全固态声传感器以硅为衬底，SiO_2为下包层，封装气体为上包层的谐振腔作为敏感单元，谐振腔结构实物图如 14.5-10 所示，为半掩埋式环形谐振腔，采用透射式光波导结构，上下两根直波导，中间为环形腔。由于全掩埋式波导腔制作工艺已经成熟，只要将制作好的全掩埋式波导腔的上包层进行刻蚀，露出芯层的上表面，就可以制作成半掩埋式波导腔。光纤与波导腔采用玻璃套管的方式进行耦合，波导腔的圆环半径 8mm，耦合间距 2.65μm，波导宽度 4μm，传输损耗 0.12dB/cm，腔长 50mm，芯层折射率

1.49，包层折射率 1.46。

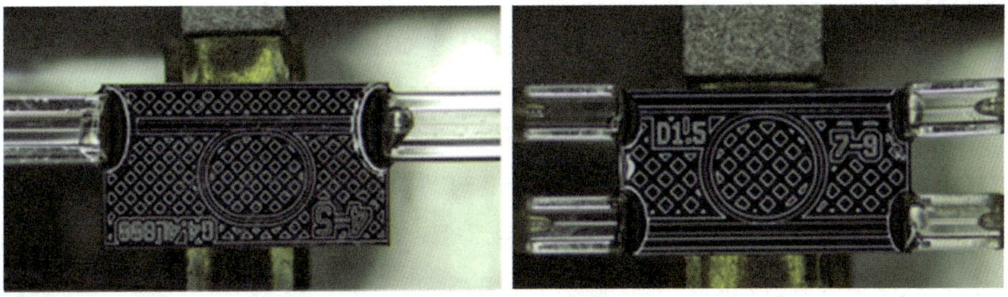

(a) 单通道　　(b) 双通道

图 14.5-10　单通道与双通道波导腔实物图

14.5.2.3　测试

（1）声传感测试带宽：10Hz～1.4MHz。

测试在消音室内进行，消音室初始声压级 28.3dB，外界声压变化对消音室内声压无影响。首先固定声信号的幅值不变，测试声信号频率以 10Hz 为起始值，然后通过以 10 为底的 log 函数形式递增，逐渐增加至兆赫兹水平进行测试。通过对所测试得到的数据进行归一化处理，可以得到如图 14.5-11 所示的频率响应曲线，传感器的 3dB 响应带宽为 10Hz～1.4MHz。

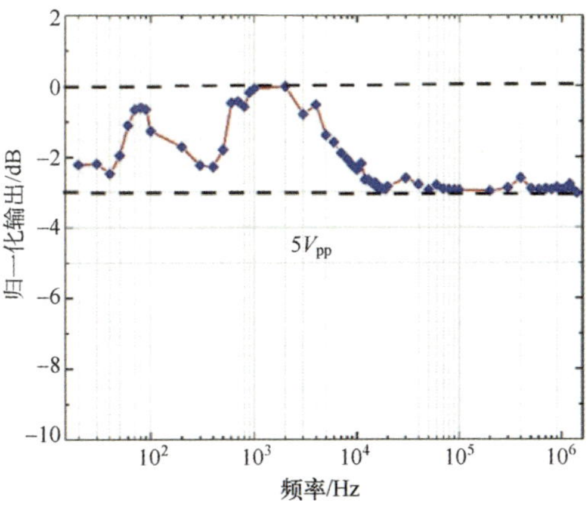

图 14.5-11　光学微腔频率响应

（2）声传感测试灵敏度：−140dB。

光学微腔传感声音信号的灵敏度测试在固定频率下进行。固定控制声源的信号发生器的频率和幅值不变，改变功率放大器的输出电压，以控制声源输出声信号的频率不变，幅值变化。通过对相同频率，不同幅值的声信号响应进行测试，得出利用光学微腔进行声信号测试的灵敏度。

灵敏度测试也在消音室内进行。实验过程中，记录声信号作用下半掩埋光波导谐振腔的解调曲线幅值和标准传声器测试得到的声压级值，对数据进行处理后绘制数据点图，然后对数据点进行线性拟合，拟合得到的一次曲线的斜率即为光学微腔的声测试灵敏度。图 14.5-12 为 9kHz 声信号频率下测试得到的光学微腔的灵敏度。在 9kHz 频率下，其测试声压范围为 0.1～0.4Pa，测试灵敏度为 143.08mV/Pa，曲线拟合的标准不确定度为 0.98969，测试数据点基本都在拟合曲线上，为测试得到的最大灵敏度。根据空气中测试声信号的灵敏度基准值 1V/μPa，得到光学微腔声信号测试的灵敏度为-136.9dB。

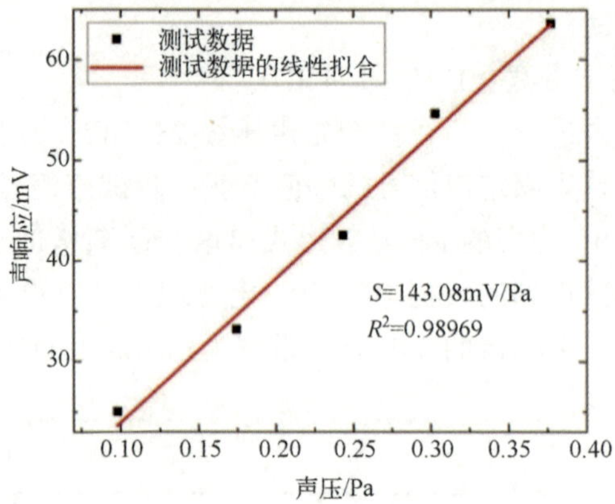

图 14.5-12 光学微腔的灵敏度测试曲线

14.5.3 气体传感器

红外光学检测系统主要包括红外气体传感器、信号处理电路、光源调制电路、微处理单元及外部数据传输与报警装置，其核心部件是红外气体传感器；信号处理电路主要是用于红外探测器的微弱信号检测。热释电探测器输出的信号很微弱，需要设计合理的电路进行信号提取、放大、处理和判断，最终才能够准确地测量和输出被测气体的浓度值。

14.5.3.1 基本原理

三气体传感器可利用郎伯-比尔定律进行设计。该定律只对单一频率的红外光适用，在实际应用中需加上滤光片，使红外光线的频率尽量限制在一个窄的范围内。但是落于探测器上的辐射也不完全是单色的，会导致一定的偏差。另一方面，除了待测气体要吸收红外能量外，组成红外传感器的光学元件也要吸收或者反射能量，引起测量的误差。

三气体传感器由 4 个单通道探测器组成，各自的滤波片选择不同。图 14.5-13 描述了三气体传感器的组成原理示意图。三气体传感器还包括敏感元件、滤波片、场效应管及电阻等。4 个单通道热释电探测器实现了同时检测三种气体。

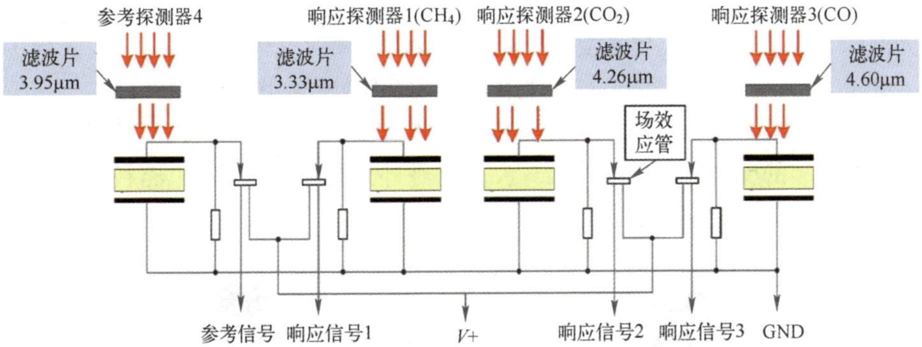

图 14.5-13 三气体传感器原理图

14.5.3.2 基本结构

三气体传感器光学气室主要由气室中腔和顶平面反光板组成。顶平面反光板上开有小孔，方便气体进入。气室内壁呈椭圆状，探测器位于椭圆的焦点。红外光源位于两个椭圆的交点处，设计上让椭圆交点处在气室横截面的圆心位置。光源发出的光照射到顶平面的反光板，然后经过一次反射，光线到达气室内壁。经过气室内壁的第二次反射，光线到达探测器表面。反射式气室结构光程具体由光从光源到顶平面反光板的光程、从顶平面反光板到气室内壁的光程、从气室内壁到探测器敏感元件的光路三部分之和组成，其具体的结构示意图如图 14.5-14 所示。

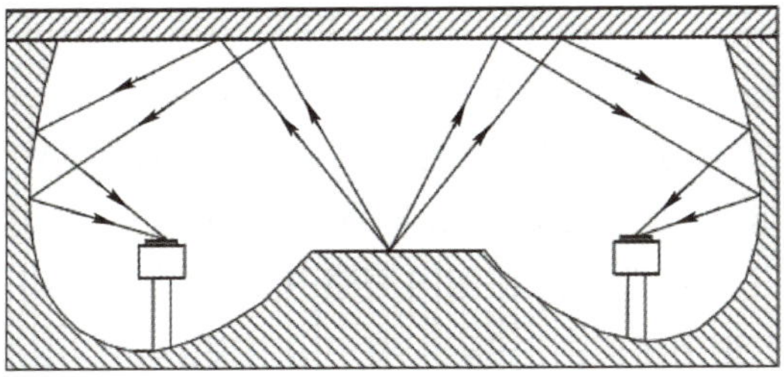

图 14.5-14 气室光路示意图

本次设计采用参考通道和测试通道双波长检测技术。为了减小传感器的体积，降低功耗，便于携带，将4个单波长的探测器（1个探测器用于参考通道测试，另外3个测试目标气体）、1个红外光源和电路板按照一定的顺序组装在一个镀金的气室内。为了对气室进行防护，设计了金属外壳。为解决部分气体对金属外壳的腐蚀问题，对其也进行了镀金。图14.5-15为三气体气传感器集成结构图。过滤网被安装在传感器的顶部，有利于消除外界环境的对气室测试的干扰，能使传感器防潮、防水等。气体可以从过滤网扩散进入气室内部。光滤网下方是反光板，反光板用于光线的反射，同时气体也可以通过反光板进入气室。其中，图14.5-15（a）为传感器的金属外壳，图14.5-15（b）为传感器的过滤网板，图14.5-15（c）为传感器的气室，图14.5-15（d）为传感器气室上部安装的反光板，图14.5-15（e）为红外光源和探测器、电路板按照一定的顺序组装起来的电路结构。

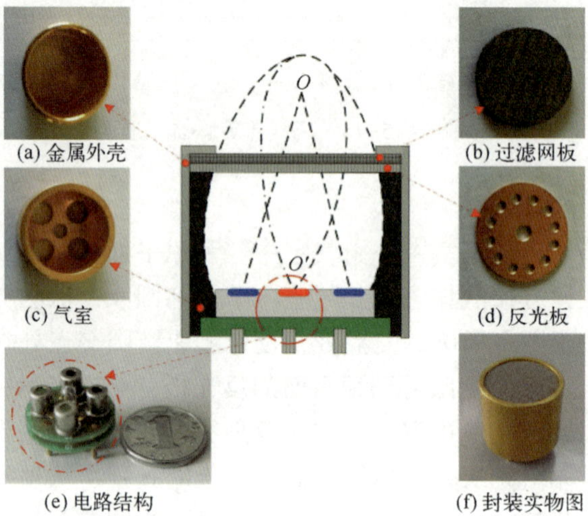

图14.5-15　三气体传感器的组装示意图

14.5.3.3　测试

选用RCS2000（A）型计算机自动配气系统，对基于上述气室结构的三气体传感器进行标定实验，同时检测其性能。在传感器标定过程中，采用99.9%的高纯N_2作为CH_4、CO_2、CO三种气体的载气。四通道红外气体传感器的气体标定的具体步骤为：分别向测量气室中通入不同浓度的CH_4气体，以建立CH_4气体浓度查询表；分别向测量气室中通入不同浓度的CO_2气体，以建立CO_2气体浓度查询表；分别向测量气室中通入不同浓度的CO气体，以建立 CO 气体浓度查询表。分别建立 CH_4、CO_2 和 CO 气体浓度查询表，能够提高传感器的测量精度。

传感器内腔作为反射光学元件时，需要在反射表面镀膜提高反射率，设计中采用了镀金处理。在实验测试中，CH_4、CO_2、CO 气体测量通道分别采用 3.31μm、4.26μm、4.60μm 波长处吸收峰的窄带滤波片，参考通道采用波长 3.91μm 处吸收峰的窄带滤波片。光学滤波片的使用，消除了其他杂光的干扰，选择针对气体特征吸收峰的滤光片，以及针对参考通道吸收的滤光片，提高了灵敏度。

实验测试时选定甲烷，二氧化碳和一氧化碳气体浓度为 0~3% 的范围进行了测试。测试得到的相对吸收率（Fa）与气体浓度的响应关系如图 14.5-16 所示。

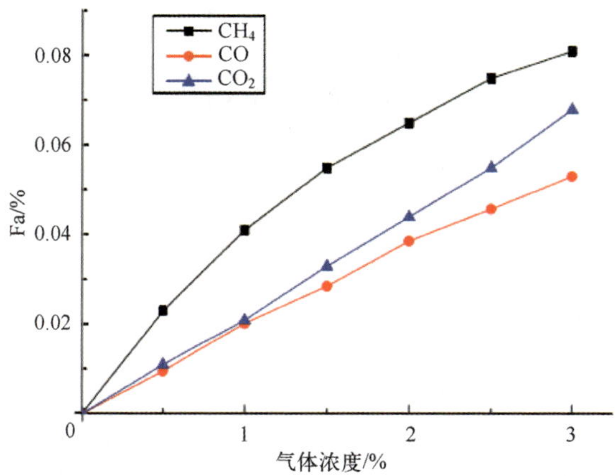

图 14.5-16 不同气体浓度下的传感器响应

14.5.4 MOEMS 压力传感器

在前文的介绍中，声压也是压力的一种形式，对于其他压力的测量也可以采用前文所述的这种形式。Jonghyun Eom 等[45]提出一种基于透镜光纤和聚合物隔膜的基于光纤 F-P 压力传感器，如图 14.5-17 所示。该传感器实现了对光纤出射光的聚焦，减小了光纤损耗，增加了膜片的柔性且膜片形变后也不会碰到光纤的表面，灵敏度最高可达到 1.41μm/kPa。

Wu Zhenha 团队[44]采用腐蚀的方式在 Pyrex 玻璃晶圆片上腐蚀出圆形浅坑，随后再将其和单晶硅圆片键合在一起，从而形成 F-P 腔如图 14.5-18 所示，外界压力变化使单晶硅圆片发生形变，进而使 F-P 腔的长度改变。

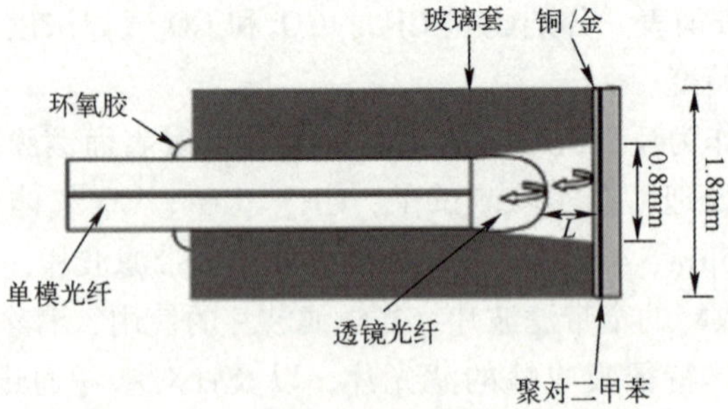

图 14.5-17　透镜式 F-P 压力传感器[45]

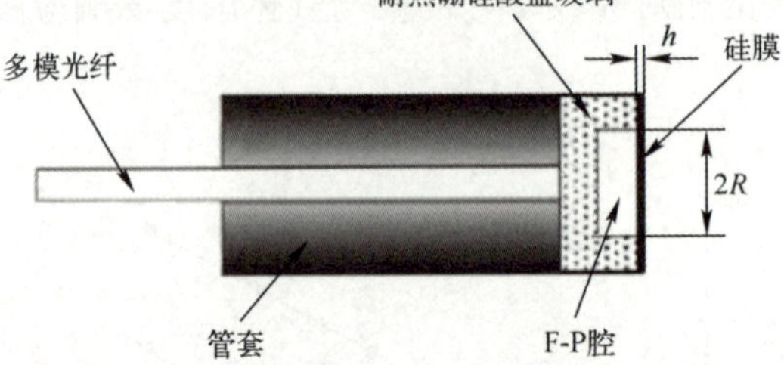

图 14.5-18　F-P 压力传感器[46]

14.5.5　MOEMS 神经探针

神经探针是 MOEMS 在脑科学、神经学研究中获得较多关注的一类集成传感器，它作为一种新型的脑机接口，能够通过植入式的方式将大脑与外部设备直接相连，从而实现信息的交换，为人们探究大脑的奥秘提供了强有力的支持。

神经探针通常与光遗传学技术搭配使用，神经探针提供的光源能够使得特定的神经元兴奋或者抑制，同时神经探针上集成的电学、电化学传感器可以通过探测神经元的放电情况或者神经元周围离子浓度的变化监测神经元的活动情况，实现特定神经元的操控和监测。这种光学控制的方式具有非常高的时间分辨率，因此能够在时间和空间上对特定类型的神经元进行精确调控。一群神经元通过突触互相连接，在激活时能够执行特定的功能，就组成了神经回路，神经回路相互连接形成大规模的大脑网络，生命体对外界的响应以及自身的变化可能就与其中某个或某些神经回路有关。这项技术不仅可以用于大脑的研究，有的神经探针还具备药物治疗或者电刺激的功能，用于改变中枢神经、外周神经或自主神经系统的活性，被用于神经修复。

在神经探针的设计中，微光源通常为光纤、光波导以及植入式微型 LED。Wu Fan 等[47]在一个硅基板上集成了 1 个光波导和 8 个记录电极如图 14.5-19 所示，利用光纤作为对准装置与激光光源相接，在大鼠的海马区记录到了自发场电位和多个神经元的诱发动作电位，蓝光强度为 51mW/mm^{2}时动作电位更加强烈。这些工作的创新点是将电极和光学组件的尺寸进行了精确把控，并实现了整体的高度集成和小型化，宽度仅为 70μm，减小了植入过程中对组织的损伤。以微型 LED 为基础的光遗传学器件通常是在硅基板上进行单个或者多个微型 LED 的集成，并在周围制造微电极进行电信号的探测。Wu Fan 等[48]对上文光波导传光的器件进行了变形，如图 14.5-20 所示，延续上文的微机械加工工艺，实现了微型 LED、微电极与硅基板的集成。

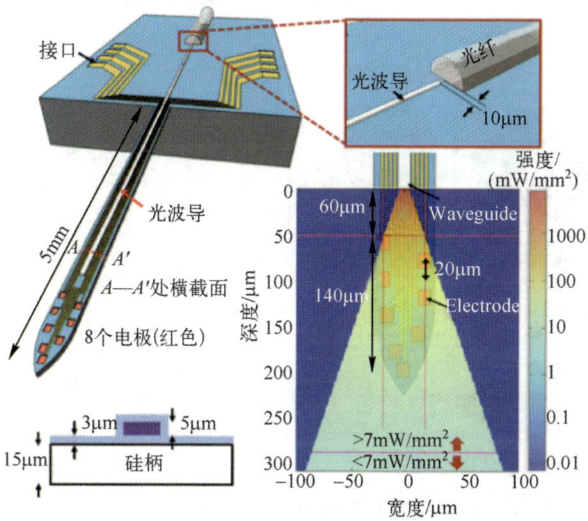

图 14.5-19 基于光波导的 MOEMS 神经探针[47]

与此同时，考虑到这种植入式传感器更好的生物相容性，基于 MEMS 加工工艺衍生出许多新型柔性 MOEMS。John A. Rogers 团队[49]提出的一种柔性光电神经探针如图 14.5-21（a）所示，该器件具有多层结构，集成了用于电生理测量的微电极、用于光刺激的无机发光二极管（微型 LED）、用于检测光强的微型光电探测器以及温度传感器，大幅度地拓宽了神经探针的应用范围。Ling Wei 等[50]基于柔性电子技术，实现了光刺激、电刺激、电信号记录以及 Ca^{2+}、Na^{+}等离子测量功能的集成如图 14.5-21（b）所示，该器件能够用于多脑区分布式的刺激与测量，为研究神经回路、动物行为学等提供了可能。

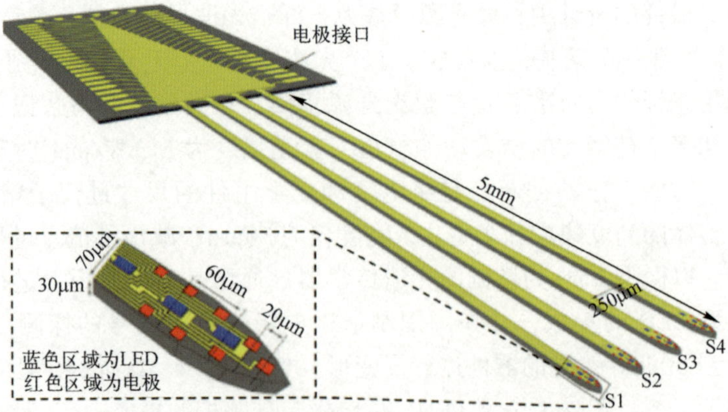

图 14.5-20　基于微型 LED 的 MOEMS 神经探针[48]

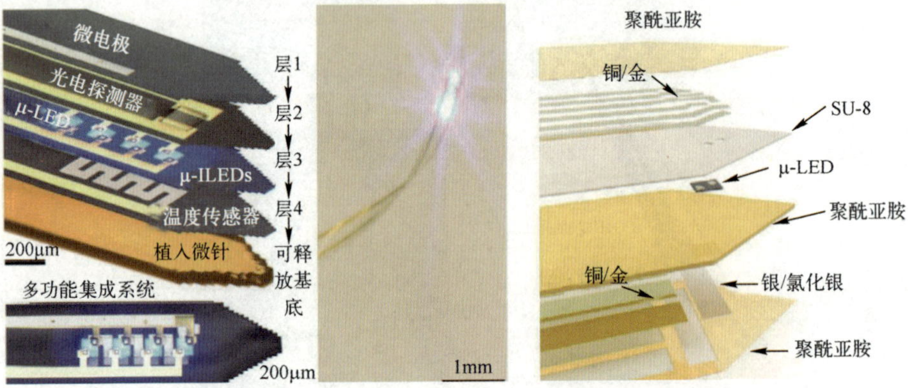

(a) 光电刺激神经探针层状结构　(b) 集成多种离子测量功能光电刺激神经探针

图 14.5-21　基于微型 LED 的柔性光电神经探针[49-50]

14.6　微结构制造工艺

MOEMS 传感器的微结构器件是通过微加工工艺制造而成，本节主要概述了微结构的加工制造工艺。微结构的加工理念其实与传统机械加工的理念是一致的，传统机械加工通过车、磨、抛等方式将工件制作成机械结构，微结构的加工则是采用更小尺度的加工工艺进行结构制造。一般来说，常用于微结构制造中的工艺技术包含以下三种：体硅微制造工艺、表面微加工工艺以及 LIGA 工艺，本节将针对这三种工艺进行叙述。

14.6.1　体硅微制造工艺

体硅微制造工艺一般是指在硅晶圆衬底上通过物理或者化学的手段去除一部分材料，使剩余的部分形成我们所需要的结构。此处所讲述的物理或者化学的手段包括湿法腐蚀以及干法刻蚀技术，根据其过程中物理化学性质的不同又可以细分为不同的类别。

1. 湿法腐蚀

体硅湿法腐蚀是指采用液态的化学刻蚀剂对衬底进行腐蚀，如果腐蚀的速率与硅衬底晶向有关，则腐蚀过程称为各向异性腐蚀，反之则成为各向同性腐蚀。

（1）各向同性腐蚀。

图 14.6-1 为各向同性腐蚀工艺不同阶段的结构示意图，明显看出腐蚀液在硅衬底各个晶向的腐蚀速率相同，最终形成截面为半圆形的腐蚀坑。其主要工艺流程包括图 14.6-1（a）硅片热氧化并在氧化层上旋涂光刻，曝光显影形成光刻胶掩膜层；图 14.6-1（b）缓冲氧化物刻蚀液（Buffered Oxide Etch，BOE）去除裸露的氧化层，形成腐蚀掩膜；图 14.6-1（c）使用各向同性腐蚀工艺腐蚀裸露的硅，最终形成截面为半圆形的腐蚀坑；图 14.6-1（d）最后去除光刻胶和氧化层后得到各向同性腐蚀后的结构，其腐蚀横截面形状为半圆形。

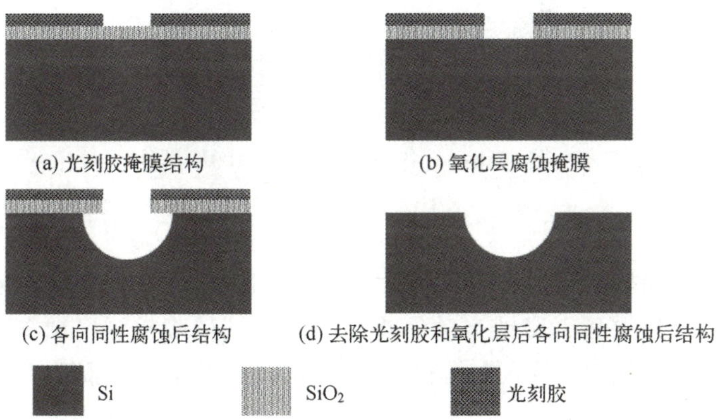

图 14.6-1　各向同性腐蚀不同阶段的结构示意图

（2）各向异性腐蚀。

各向异性腐蚀是指硅衬底的各个结晶学平面在各向异性腐蚀液中具有不同的腐蚀速率。单晶硅晶体常见的晶面如图 14.6-2 所示，其中最常应用的晶面为（100）面、（111）面和（110）面，其中，（100）面和（110）面被腐蚀得较快，而（111）面的腐蚀速率最慢。

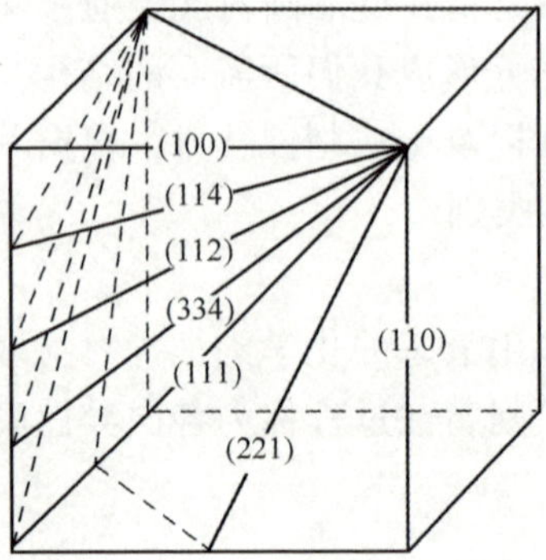

图 14.6-2　单晶硅晶面示意

如图 14.6-3 所示为（100）硅片经光刻图形化后的各向异性腐蚀结果，由于（100）面腐蚀速率快，而（111）面腐蚀速率要慢很多，最终腐蚀图形为 V 型槽或倒金字塔，腐蚀出的（111）面与（100）面夹角应为 54.74°。

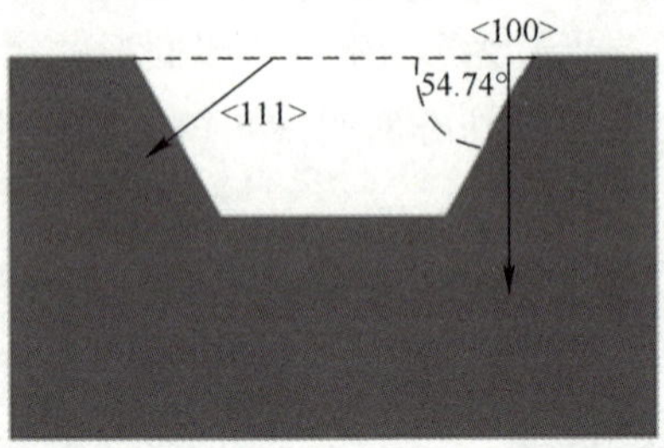

图 14.6-3　各向异性腐蚀（100）硅片

（3）自停止腐蚀。

自停止腐蚀技术是指利用人为设置的腐蚀阻挡层终止腐蚀的技术，当腐蚀过程到达阻挡层后，腐蚀自动停止，从而达到精确控制腐蚀深度的目的。采用重掺杂、电化学、注入损伤和 GexSi1-x 应变层等技术都可以实现硅自停止腐蚀。

重掺杂自停止腐蚀是在硅中掺杂高浓度原子，腐蚀速率会在高浓度掺杂区域急剧下降，其机理复杂，当前解释模型包括应变模型[51-52]、复合模型[53]、电化学模型[54]。Greenwood 等[55]最早发现使用乙二胺邻苯二酚水（Ethylene Diamine Pyrocatechol Water，EPW）腐蚀液制作 PN 结的时候，样品

P 型部分的腐蚀被完全抑制，直到样品的 N 型部分被完全腐蚀，P 型部分依然没有被腐蚀，如图 14.6-4 所示。另外，不同浓度的 KOH 溶液也能实现 EPW 腐蚀液的腐蚀效果。

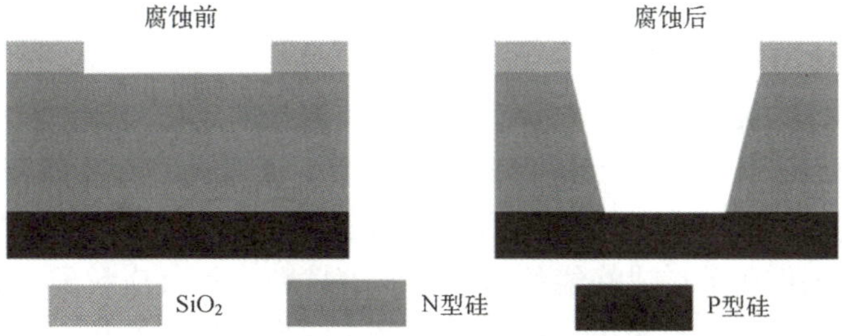

图 14.6-4　PN 结腐蚀

重掺杂成本高，工艺时间长，且过高的掺杂浓度会给最终结构留下较大的应力，因此 Hirata 等[56]提出一种利用电化学实现 PN 结自停止腐蚀的技术。实验装置原理图如图 14.6-5 所示，P 型硅浸入 $N_2H_4 \cdot H_2O$ 腐蚀液，表面的 N 型外延层接电源正极，电源负极则接入铂电阻。P 型硅由于电化学腐蚀被完全去除，此时回路中的大电流直接流向 N 型外延层；而 N 型硅表面发生阳极氧化反应，形成的氧化膜能保护 N 型外延层不被腐蚀液腐蚀，因此只要控制好 PN 结的界面深度，就可以很好地控制腐蚀的深度。

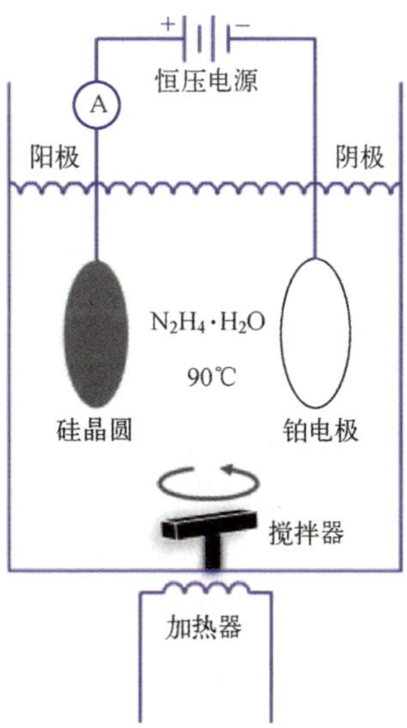

图 14.6-5　PN 结电化学自停止腐蚀

2. 干法刻蚀

干法刻蚀是指利用气体腐蚀剂对硅衬底进行各向异性刻蚀的技术，通过调整腔室气压、电压等参数可以较好地控制刻蚀过程，刻蚀结构具有较高的准直性。常见的干法刻蚀工艺主要包含等离子体刻蚀与反应离子刻蚀技术。

（1）等离子体刻蚀。

等离子体刻蚀是指在真空状态下通入一定量的反应气体，在射频电场作用下形成等离子体对硅衬底进行刻蚀的过程。通常刻蚀过程属于化学刻蚀，而非物理刻蚀。图 14.6-6 为等离子体刻蚀过程示意图。首先，腔室内反应气体在射频电场作用下形成高能的离子以及中性粒子等反应粒子，随后反应粒子到达硅衬底表面并被吸附，经过化学反应后形成反应产物。最后解析附化学反应产物，将其抽离腔室。

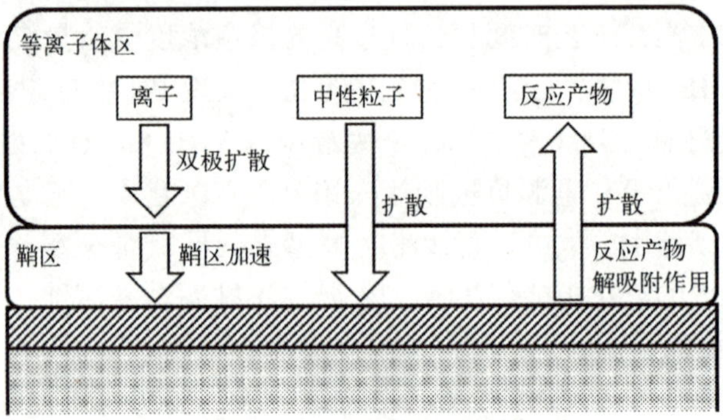

图 14.6-6　等离子体刻蚀基本机制

电极与等离子体之间的电压降称为 VDC，一般上下电极之间 VDC 分布如图 14.6-7 所示。由于电子密度和能量与 VDC 直接相关，因此增大 VDC 可直接加速等离子体刻蚀中的化学反应过程。但提高 VDC 也会导致对硅衬底的离子轰击增强，进而破坏硅衬底表面结构。因此 VDC 的取值往往取决于不同的工艺需求。

影响 VDC 大小的因素主要包括气体种类、气压以及外接电路的功率。电负性气体是一个主要因素，当其他过程参数保持一定时，气体的电负特性将决定 VDC。低电负性气体如 O_2、N_2 有较高的负偏压 VDC，含 F、Cl、Br 的气体有更强电负性，因为Ⅶ族的元素很容易吸附自由电子。因子在含 F、Cl、Br 的气体中电子密度会大大降低。含 F 比含 Cl 气体电负性更强，SF_6 为典型的电负性气体。一方面气压也影响 VDC，气压高时，更多的分子、原子与电子碰撞，产生新的电子和离子，因此通过提高气压，增加更多的自由电子，可

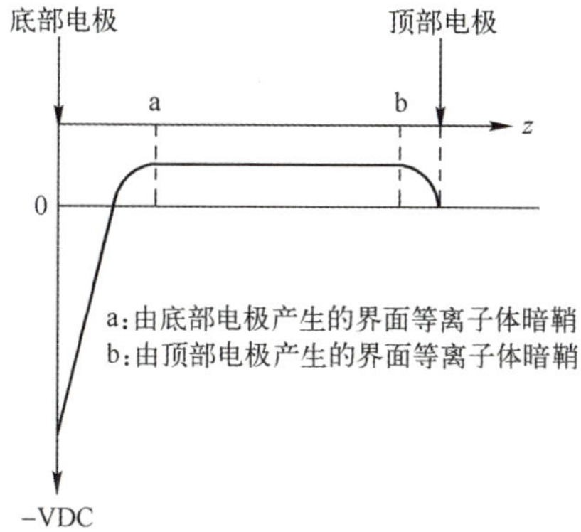

图 14.6-7 VDC 分布图

以提高负偏压。另一方面，气压增加，密度增加，电子的平均自由程降低，在和分子碰撞之前，电子获得能量减小，导致新的电子、离子减少。因此两个方面相反的趋势，对于等离子体刻蚀，在 1~100mT 范围内，等离子密度随气压增加而增加，但更高的气压，密度随气压增加而降低。VDC 也与自由电子能量相关，气压高时，电子碰撞增加，电子能量因碰撞而降低。考虑到这些机制，我们可以理解 VDC 随气压增加并不会持续增加。外接电路功率的影响则更为直观，增大功率则直接提高 VDC。

在等离子体刻蚀工艺中，由于提高了刻蚀腔内的真空度，因此气体分子的平均自由程会显著提高，因此会大大提高刻蚀速率。对于反应气体种类、比例的调控，可以实现对不同材质衬底的刻蚀，常规用于等离子体刻蚀的气体腐蚀剂见表 14.6-1。

表 14.6-1 常规气体腐蚀剂

刻蚀材料	Si	SiO_2	Si_3N_4	GaAs	GaAlAs	InGaAs	InGaAsP	InP	GaSb
气体	SF_6	CF_4	CF_4	Cl_2/Ar	Cl_2/Ar	Cl_2/Ar	Cl_2/Ar	Cl_2/Ar	BCl_3/Ar
刻蚀速率（埃米/s）	~5	~10	~20	~400	~300	~300	~300	~250	~200

（2）深反应离子刻蚀。

等离子体刻蚀会在结构中形成如图 14.6-8 所示的深度夹角 θ，这是许多 MOEMS 器件所不能接受的，尤其是需要准直性非常高的高深宽比沟道的器件。而深反应离子刻蚀（Deep Reactive Ion Etching，DRIE）技术则能克服这种问题，即 $\theta \approx 0$。

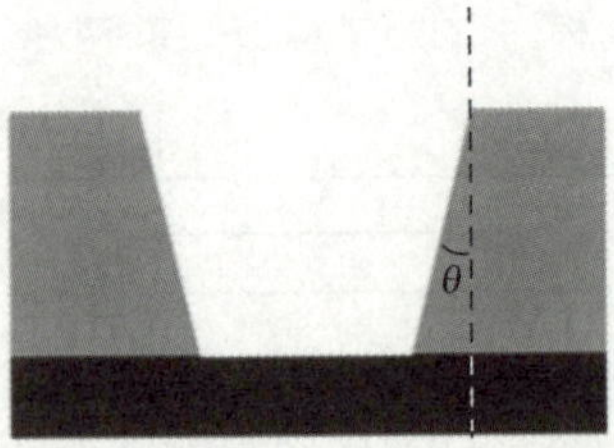

图 14.6-8 等离子体刻蚀过程中形成的夹角

DRIE 技术最早由德国博世公司开发，现基于博世公司与德州仪器公司的专利[57-58]。DRIE 技术实现高深宽比结构的关键在于周期性的刻蚀-钝化保护的过程。每刻蚀一小段深度，则进入钝化周期，在已刻蚀出的侧壁上形成钝化层，以此确保在下个刻蚀周期中不会再刻蚀此部分的侧壁。最终在侧壁上形成如图 14.6-9（a）所示的周期性扇形结构，而最终可刻蚀出来的高深宽比沟道如图 14.6-9（b）所示。

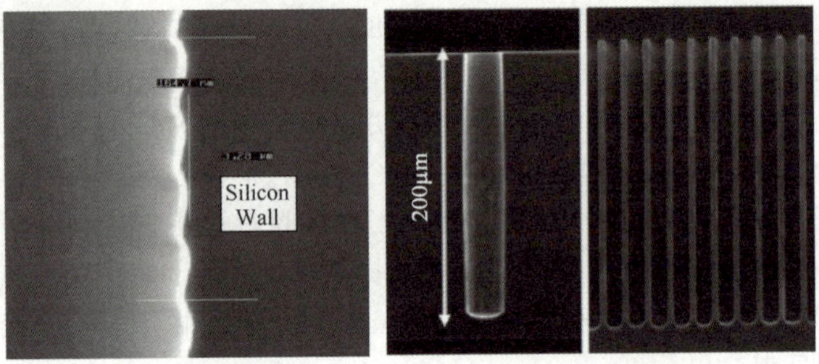

(a) 侧壁扇形结构　　(b) DRIE刻蚀形成高深宽比沟道

图 14.6-9 深反应离子刻蚀（DRIE）效果图

14.6.2 表面微加工工艺

表面微加工工艺是一种基础且关键的 MOEMS 制造工艺技术，是在集成电路的平面工艺的基础上发展起来的微加工技术。相比于通过物理或者化学方法移除衬底材料的体硅微制造技术，它是以基体材料作为机械支撑，然后在基体材料表面逐层生长不同的材料（添加层、结构层、牺牲层）来进行构造微结构。它的思路是在结构层材料上进行图形的复制与加工，然后通过释放掉牺牲层材料使得微结构悬空在基体材料之上，进而构成不同形状的微结构。添加层材料常用的是多晶硅材料，牺牲层材料通常由 SiO_2 或者磷硅玻璃

(Phosphorosilicate Glass, PSG) 来组成[59-60]。在牺牲层工艺中，需要腐蚀剂释放牺牲层但与结构层不发生反应或者反应极慢而达到高的刻蚀选择比，一般情况选用氢氟酸作为牺牲层的刻蚀剂。

表面微加工工艺具有工艺成熟，且与集成电路工艺具有兼容性好等特点，它与传统的平面集成电路工艺不同点在于表面微加工可以制造可活动的结构部件，如悬臂梁、齿轮、振子等微结构单元。此外，表面微加工相比于体硅微技术也有独特的优势，以加工微悬臂梁为例，体硅技术是通过腐蚀掉大量的硅材料而加工的，而表面微加工通过牺牲层的释放来制造微结构可以节省很多材料。表面微加工可以在单个直径为几厘米的单晶硅基片上批量生产数百个微系统装置，是广泛采用的微结构加工工艺[60-61]。

1. 表面微加工工艺过程

典型的表面微加工工艺过程主要由沉积牺牲层、刻蚀牺牲层、沉积结构层、刻蚀结构层、释放牺牲层这几个主要过程构成，如图 14.6-10 所示，详细的工艺过程如下。

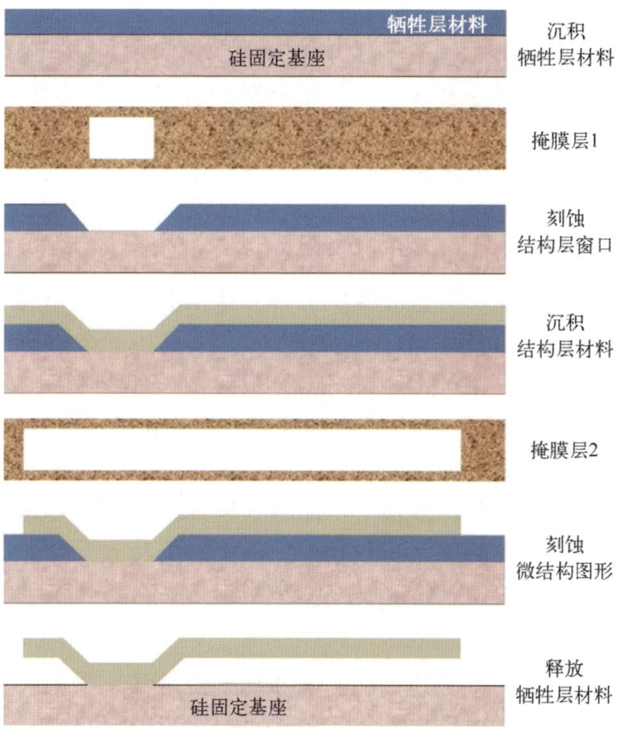

图 14.6-10 表面微加工工艺过程

第一步是将 PSG 或者 SiO_2薄膜沉积在衬底硅片上大约几微米的厚度；第二步制作覆盖在 PSG 上面的掩膜层 1；第三步利用掩膜层 1 的保护进行刻蚀出后续供悬臂梁与衬底连接的窗口，也即是结构层的支撑锚点；第四步是沉积多晶硅薄膜作为微结构层，实际应用中经常需要微结构层材料能够导电，多采用掺磷的多晶硅材料作为微结构层；第五步是通过掩膜层 2 刻蚀出微结构的图形，此时下面的牺牲层将暴露出来；第六步通过 HF 腐蚀液释放牺牲层，对微结构进行干燥得到悬空的微结构装置。对于释放牺牲层过程而言，最合适的腐蚀液是 1∶1 的 HF∶H_2O+HCI∶H_2O。为了提高牺牲层释放的速度可以在结构层不受影响的情况下增大释放的窗口以增大 HF 与牺牲层接触的面积[59-61]。此外，还可以根据实际需要将以上步骤重复几次进行制造多层复杂装置。

2. 制膜工艺

与体硅微制造工艺不同，表面工艺的特点就是在衬底材料表面制作各种不同材料的薄膜，然后对薄膜进行刻蚀以及释放从而形成微结构，因此表面工艺的基础需要成熟的制膜工艺来支撑。而制膜工艺可分成干法制膜和湿法制膜两大类。

（1）干法制膜。

干法制膜主要包括化学气相沉积（Chemical Vapor Deposition，CVD）和物理气相沉积（Physical Vapor Deposition，PVD）。

化学气相沉积是利用两种或以上的化学气体发生化学反应形成涂层或者薄膜材料在基体材料沉积下来的方法。CVD 工艺的种类很多，按照反应室压力和外部能量可以分为低压 CVD、常压 CVD、超高真空 CVD、等离子体增强 CVD、高密度等离子体 CVD、快热 CVD 以及金属有机物 CVD 等，目前表面微加工技术中常用的是低压 CVD。利用 CVD 可以沉积的薄膜有很多，如单晶硅、多晶硅、非晶硅、SiO_2、PSG、Si_3N_4以及高分子膜等[61-62]。

物理气相沉积顾名思义即只含有物理反应而无化学反应发生的气相沉积，主要包括真空蒸镀和溅射等制膜技术，真空蒸镀技术是将靶材在高真空环境中加热蒸发材料进而沉积在基板上；而溅射制膜技术则是利用离子轰击靶材使得靶材表面的材料溅射到基板材料上，由于溅射技术制膜相比于真空蒸镀具有更好的方向性，因此应用更加广泛[61]。

（2）湿法制膜。

湿法制膜常采用的方法包括旋转涂布法、浇铸法、喷墨打印法、丝网印刷法、阳极氧化法等。这里主要介绍旋转涂布法和阳极氧化法。

旋转涂布法是将准备涂覆的液态材料溶液滴在基片材料上，通过旋转基片的离心力和溶液表面张力的作用而得到厚度均匀的膜，热处理烘干之后得到均匀的薄膜，这种工艺比较简单，因此是常用的湿法制膜方法[63]。

阳极氧化法一般指在电解液中发生的电解氧化过程，比如用铝作为阳极氧化，可以在表面形成氧化铝薄膜。再如当 P 型硅作为阳极时进行氧化可以在硅表面形成 SiO_2 薄膜[61]。

14.6.3 LIGA 工艺

LIGA 工艺又称为 X-ray-LIGA 工艺，是利用同步电磁辐射 X 光进行腐蚀、电铸成型的微结构制造工艺，也是最早的以电铸结构为主的 MEMS 加工技术。LIGA 工艺技术最初是在 1986 年由德国 Karlsruhe 核物理研究中心的研究人员提出的，目的在于以工业应用为方向，制备出具有更高深宽比的三维结构。LIGA 的德文全称是 Lithographie Galvanoformung Abformung，即光刻、电铸和注塑的缩写。LIGA 工艺技术生产出的微结构产品的深宽比高达 500，其加工生产的三维结构平面尺寸可从微米级到毫米级。作为一种全新的三维微加工技术，LIGA 技术在生产厚微结构方面的优点是一般微电子工艺无法取代的。

LIGA 技术自 20 世纪 80 年代中期开发出来以后，德国、美国、日本都迅速开展了相关研究。为使该技术迅速实现产业化，德国还建造了多台同步辐射装置和成立了专门的 LIGA 技术研究机构 IMM 和 IMT。美国也成立了 DXRL（Deep-X-ray-Lithography）委员会，并在原有同步辐射装置上配备了用于 LIGA 技术研究的光源和超净间环境[61]。

受制于同步辐射光源和资金，国内的 LIGA 技术起步较晚。1994 年在北京同步辐射装置的基础上第一次开展了相关课题的研究。经过这几年的不懈努力，目前我国已掌握了 LIGA 技术的关键工艺条件，并已经成功将其应用到微型传感器，微型执行器和 MEMS 器件制造等多个领域。

1. LIGA 工艺流程

LIGA 工艺过程大致可以分为 X 光同步辐射光刻、电铸制模和注模微复制三步，具体工艺流程如图 14.6-11 所示[64]。

首先将光刻胶厚涂在导电性能良好的基片上，一般情况下光刻胶选用聚甲基丙烯酸甲酯（Polymethyl Methacrylate），在 MEMS 制造中这层光刻胶又称为抗蚀剂。与传统集成电路（Integrated Circuit，IC）的掩模版不同，LIGA 工艺技术中抗蚀剂上的掩模版由吸收体和载体薄片组成，吸收体一般用金属做材料，其对 X 射线有较高的吸收性。吸收体下的抗蚀剂经同步辐射 X 射线照射后被显影剂溶解。载体薄片厚度很薄，对 X 射线有很好的透过率，载体薄

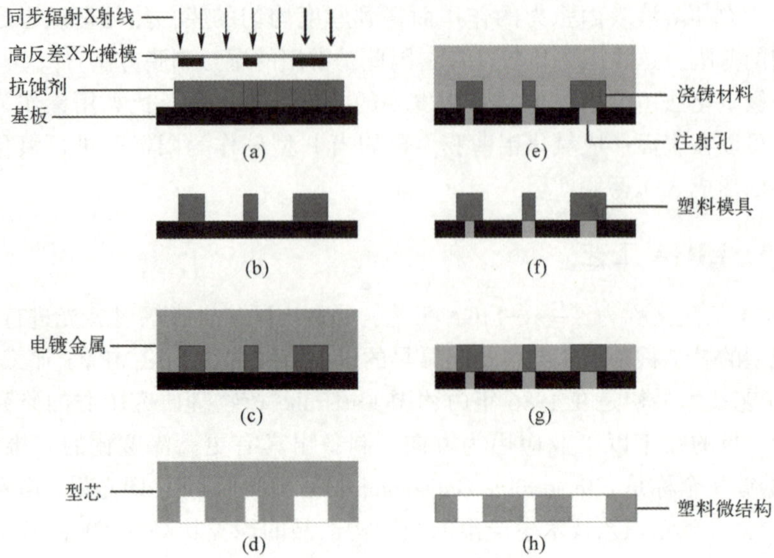

图 14.6-11 LIGA 工艺原理图

片下的抗蚀剂经同步辐射 X 射线照射显影后依然存在，这样掩模版上的二维图案就被转移到光刻胶上。光刻的刻蚀深度与同步辐射 X 射线的波长有关。

电铸是 LIGA 工艺技术形成微结构的重要步骤，电铸过程实际是电化学沉积的过程。电镀时光刻胶下面的金属基底层作为阴极，要电铸的金属作为阳极。通过电铸将金属填充到光刻后的三维结构中，直至形成一个与光刻胶结构互补的密闭图案。为了使微结构不受金属应力影响而发生变形，电镀过程要求在最小的应力下进行。一般可用电镀材料包括金、铜、镍以及镍合金等。在实际电镀过程中，电铸制模的质量受电镀液浓度、温度、pH 值及电流强度等多个因素的影响[65]。电铸制模后得到的金属结构通称为型芯，其可以作为批量复制微结构的模具。注模微复制就是采用注射成型或者模压成型等工艺复制型芯生产出大批量的微结构器件。

另外，LIGA 技术中使用的同步辐射 X 射线源是十分昂贵的，高的工艺成本限制了这一技术在工业上的广泛应用。所以探索可与 LIGA 技术相当的低成本准 LIGA 技术成为微结构制造领域的新热点。

2. 准 LIGA 技术

准 LIGA 技术即在微米级分辨率前提下，以激光刻蚀、深反应离子刻蚀和厚胶紫外光刻等取代 LIGA 技术中的 X 射线光刻的深度微加工技术，然后进行后续的电铸和微复制工艺，图 14.6-12 给出了 LIGA 与准 LIGA 技术工艺路线比较。目前研究人员已经相继研发出的准 LIGA 技术有 UV-LIGA、Laser-LIGA 和 DEM（Deepetching Electroforming Microreplication）等[66]。

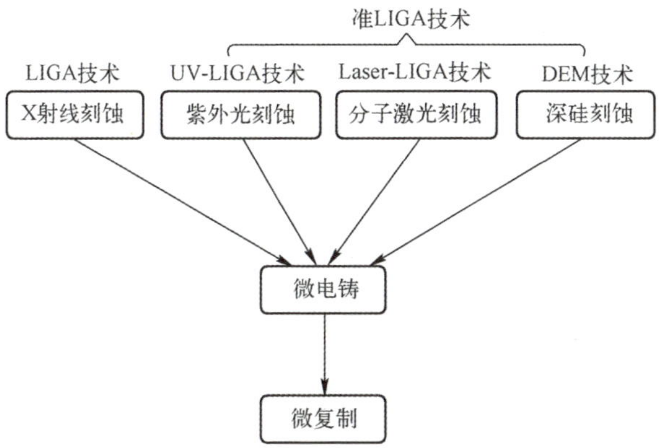

图 14.6-12 准 LIGA 技术与 LIGA 技术工艺路线比较

UV-LIGA 和 Laser-LIGA 分别是用紫外光源和准分子激光光源取代同步辐射 X 射线源对厚光刻胶进行深层刻蚀，采用这两种光源的优点是不需要制作 X 光掩模版，与同步辐射 X 射线光刻相比有更好的经济性和使用的广泛性，加工成本低。但缺点是，这两种工艺的刻蚀深度与刻蚀精度与 LIGA 工艺相比要差一些。UV-LIGA 工艺中最常使用的光刻胶是负型深紫外光刻胶 SU-8，其加工厚度可达 0.5mm 以上。UV-LIGA 技术是目前最常用的 MEMS 加工工艺之一。DEM 技术是由上海交通大学和北京大学联合研发的准 LIGA 技术[67]，采用硅深层刻蚀工艺取代 LIGA 技术中的同步辐射 X 光光刻工艺。优点是可以生产深宽比大于 20 的三维微结构。该工艺加工周期短、价格低廉、成品率高，适用于制备生物芯片模具。

为了能够更好地加工出适合于微系统制造的三维微结构，研究人员还开发出了其他的低成本准 LIGA 技术，例如，采用牺牲层技术制造可活动部件的 SLIGA 技术、可产生倾斜侧面的移动掩模 LIGA 技术以及用于制造微透镜和微透镜阵列的抗蚀剂回流 LIGA 技术等。另外，目前光刻精度最高的电子束光刻 LIGA 技术也已经被证实[68]，这进一步扩大了 LIGA 技术的应用范围。

参考文献

[1] PETERSEN K E. Silicon torsional scanning mirror [J]. IBM Journal of Research and Devel-

opment, 1980, 24 (5): 631-637.

[2] MULLER R S, LAU K Y. Surface micromachined microoptical elements and systems [J]. Proc. IEEE, 1998, 86: 1705-1720.

[3] 李文军, 赵小林, 蔡炳初, 等. 微光机电系统及其应用 [J]. 微细加工技术, 2001 (3): 9.

[4] BAYER M. Retinal scanning display: a novel HMD approach for army aviation [J]. Proceedings of SPIE - The International Society for Optical Engineering, 2002, 4711.

[5] WANG D, WATKINS C, XIE H. MEMS mirrors for LiDAR: a review [J]. Micromachines, 2020, 11 (5): 456.

[6] YANG Z. Advanced MEMS/NEMS fabrication and sensors [M]. Springer Nature Switzerland AG, 2022.

[7] MOTAMEDI M E, MANOUCHEHR E. 微光机电系统 [M]. 周海宪, 等译. 北京: 国防工业出版社, 2010.

[8] YANG Z, ALBROW-OWEN T, CAI W, et al. Miniaturization of optical spectrometers [J]. Science, 2021, 371 (6528): eabe0722.

[9] ASHA K, KRISHNASWAMY N. A review on liquid core waveguide based MOEMS structures [J]. 2019 3rd International Conference on Trends in Electronics and Informatics (ICOEI), 2019.

[10] LU Q, WANG Y, WANG X, et al. Review of micromachined optical accelerometers: from mg to sub-μg [J]. Opto-Electron Advances, 2021, 4 (3): 20004501-20004515.

[11] 韩兴宇, 黄堃, 石云波, 等. 一种光强差分调制 MOEMS 加速度计 [J]. 压电与声光, 2018, 40 (02): 211-214.

[12] MITA A, YOKOI I. Fiber bragg grating accelerometer for buildings and civil infrastructures [J]. Proc SPIE, 2001, 4330: 479-486.

[13] ZHAO M, JIANG K, BAI H, et al. A MEMS based Fabry-Pérot accelerometer with high resolution [J]. Microsystem Technologies, 2020, 26 (8).

[14] KELLEHER W P, SMITH S P, STONER R E. Optically rebalanced accelerometer: US6867411 [P]. 2005.

[15] 刘骅锋, 焦世民, 涂良成. 国外光力学加速度计研究现状及发展趋势 [J]. 导航与控制, 2021, 20 (03): 1-8.

[16] 李慧, 青晨, 冯昌坤, 等. 微光学陀螺技术发展 [C]//第五届全国自主导航学术会议 (CCAN2021) 论文集——下一代轻小型, 快响应惯性导航技术, 2021: 38-46.

[17] 杨圣, 张韶宇. 先进传感技术 [M]. 北京: 清华大学出版社, 2014.

[18] ARDITTY H J, LEFÈVRE H C. Sagnac effect in fiber gyroscopes [J]. Optics Letters, 1981, 6 (8): 401.

[19] LEEB W R, SCHIFFNER G, SCHEITERER E. Optical fiber gyroscopes: sagnac or fizeau

effect [J]. Applied Optics, 1979, 18 (9): 1293-1295.

[20] CIMINELLI C, DELL'OLIO F, ARMENISE M N, et al. High performance InP ring resonator for new generation monolithically integrated optical gyroscopes [J]. Optics Express, 2013, 21 (1): 556-564.

[21] 刘耀英, 薛晨阳, 郑华, 等. 高精度环形谐振腔的结构设计及优化 [J]. 红外与激光工程, 2014, 43 (11): 3688-3693.

[22] 章燕申, 伍晓明. 光学陀螺系统与关键器件 [M]. 北京: 中国宇航出版社, 2010.

[23] 张磊. 硅基二氧化硅单纤三向复用器设计制作及耦合封装研究 [D]. 杭州: 浙江大学, 2014.

[24] 梁静秋, 侯凤杰. 采用硅V型槽的一维光纤阵列的研制 [J]. 光学精密工程, 2007.

[25] CARROLL R, COCCOLI C D, CARDARELLI D, et al. Passive resonator fiber optic gyro and comparison to the interferometer fiber gyro [C]//Fiber Optic Gyros: 10th Anniversary Conference, SPIE, 1987: 169-177.

[26] IMAI T, NISHIDE K, OCHI H, et al. Passive ring resonator fiber optic gyro using modulatable highly coherent laser diode module [C]//Fiber Optic Gyros: 15th Anniversary Conf. SPIE, 1992: 153-162.

[27] 俞旭辉. 谐振式 MOEMS 陀螺关键器件研究 [D]. 杭州: 浙江大学, 2013.

[28] HOTATE K, HARUMOTO M. Resonator fiber optic gyro using digital serrodyne modulation [J]. J Lightwave Technol, 1997, 15 (3): 466-473.

[29] EBBERG A, SCHIFFNER G. Closed-loop fiber-optic gyroscope with a sawtooth phase-modulated feedback [J]. Opt Lett, 1985, 10 (6): 300-302.

[30] JOHNSON L M, COX III C H. Lithium niobate serrodyne frequency translator for fiber-Optic gyroscopes [C]//Fiber Optic Gyros. 10th Anniversary Conference, SPIE, 1987: 141-145.

[31] 张旭琳, 马慧莲, 丁纯, 等. 谐振式 MOEMS 陀螺调相检测分析 [J]. 中国激光, 2005 (11): 1529-1533.

[32] ZHANG X L, MA H L, JIN Z H, et al. Open-loop operation experiments in a resonator fiber-optic gyro using the phase modulation spectroscopy technique [J]. Applied Optics, 2006, 45 (31): 7961-7965.

[33] 杨雪锋, 郑阳明, 马慧莲, 等. 谐振式 MOEMS 陀螺环路锁频技术研究 [J]. 传感技术学报, 2007 (05): 990-993.

[34] 杨志怀, 马慧莲, 郑阳明, 等. 谐振式 MOEMS 陀螺数字闭环系统锁频技术 [J]. 中国激光, 2007 (06): 814-819.

[35] 鲍慧强. 谐振式光学陀螺频率锁定技术与 FPGA 实现 [D]. 杭州: 浙江大学, 2010.

[36] STOKES L F. Single-mode optical-fiber resonator and applications to sensing [D]. Stanford University, 1984.

[37] 鲍慧强，毛慧，马慧莲，等．谐振式微型光学陀螺锁频精度分析［J］．浙江大学学报（工学版），2010（01）：94-98+135.

[38] SWAIM J D, KNITTEL J, BOWEN W P. Detection of nanoparticles with a frequency locked whispering gallery mode microresonator [J]. Appl Phys Lett, 2013, 102 (18): 183106.

[39] 庚繁，温泉，雷宏杰，等．微型近红外光谱仪关键技术研究进展［J］．激光与光电子学进展，2018，55（10）：30-36.

[40] 张智海，高玲肖，张文凯．数字微镜光谱仪光谱能量理论的研究与实验［J］．红外与激光工程，2014，43（08）：2532-2537.

[41] 钟卉．高分辨率宽光谱范围微型光谱仪的设计与分析［J］．激光与光电子学进展，2020，57（15）：275-281.

[42] WANG J, ZHENG B, WANG X. Strategies for high performance and scalable on-chip spectrometers [J]. Journal of Physics: Photonics, 2021, 3 (1): 012006.

[43] YANG Z, ALBROW-OWEN T, CAI W, et al. Miniaturization of optical spectrometers [J]. Science, 2021, 371 (6528): eabe0722.

[44] 王宿慧，张旭，张根伟，等．微型近红外光谱仪研究进展［J］．红外技术，2020，42（07）：688-696.

[45] EOM J, PARK C J, LEE B H, et al. Fiber optic Fabry-Pérot pressure sensor based on lensed fiber and polymeric diaphragm [J]. Sensors and Actuators A: Physical, 2015, 225: 25-32.

[46] WU Z, LIU T, JIANG J, et al. Effect of thermal stress and residual gas pressure on the thermal response of optical fiber Fabry-Pérot pressure sensor [J]. Acta Optica Sinica, 2015, 35 (3): 0328005-0328001.

[47] WU F, STARK E, IM M, et al. An implantable neural probe with monolithically integrated dielectric waveguide and recording electrodes for optogenetics applications [J]. Journal of Neural Engineering, 2013, 10 (5).

[48] WU F, STARK E, KU P C, et al. Monolithically integrated μLEDs on silicon neural probes for high-resolution optogenetic studies in behaving animals [J]. Neuron, 2015, 88 (6): 1136-1148.

[49] KIM T I, MCCALL J G, JUNG Y H, et al. Injectable, cellular-scale optoelectronics with applications for wireless optogenetics [J]. Science, 2013, 340 (6129): 211-216.

[50] LING W, YU J, MA N, et al. Flexible electronics and materials for synchronized stimulation and monitoring in multi-encephalic regions [J]. Advanced Functional Materials, 2020, 30 (32).

[51] PALIK E D. Study of the Etch-Stop mechanism in Silicon [J]. Journal of the Electrochemical Society, 1982, 129 (9): 2051-2059.

[52] FAUST J W. Study of the orientation dependent etching and initial anodization of Si in aque-

ous KOH [J]. Journal of the Electrochemical Society, 1983, 130 (6): 1413-1420.

[53] RALEY N F, SUGIYAMA Y, DUZE T V. Silicon Etch-rate dependence on boron concentration in ethylenediamine-pyrocatechol-water solutions [J]. J. electrochem. Soc, 1984, 131 (1): 161-171.

[54] SEIDEL H, CSEPREGI L, HEUBERGER A, et al. Anisotropic etching of crystalline silicon in alkaline solutions I. Orientation dependence and behavior of passivation layers [J]. Journal of The Electrochemical Society, 1990, 137 (17): 3612-3626.

[55] GREENWOOD J C. Ethylene diamine-catechol-water mixture shows preferential etching of p-n junction [J]. Journal of the Electrochemical Society, 1969, 116 (9): 1325-1326.

[56] HIRATA M. Diaphragm thickness control in silicon pressure sensors using an anodic oxidation etch-stop [J]. Journal of the Electrochemical Society, 1987, 134 (8): 2037-2041.

[57] DOUGLAS M A. Trench etch process for a single-wafer RIE dry etch reactor: U. S. Patent 4,784,720 [P]. 1988-11-15.

[58] LAERMER F, SCHILP A. Method for anisotropic plasma etching of substrates: U. S. Patent 5,498,312 [P]. 1996-3-12.

[59] 徐泰然．MEMS 与微系统-设计、制造及纳米尺度工程 [M]. 北京：电子工业出版社，2017.

[60] 李宁．基于窄带水平集算法的表面微加工工艺的三维仿真研究 [D]. 南京：东南大学，2017.

[61] 张文栋，熊继军．微光机电系统 [M]. 北京：机械工业出版社，2006.

[62] 王喆垚．三维集成技术 [M]. 北京：清华大学出版社，2014.

[63] 冯姝．湿法制备的有机电致发光小分子薄膜性质研究 [D]. 北京：清华大学，2012.

[64] 沈叔涛．微系统关键技术的发展概况 [J]. 红外与激光工程，2012，41 (4)：6.

[65] 刘兴占．LIGA 工艺技术 [J]. 中国仪器仪表，1997.

[66] 孔祥东，张玉林，宋会英．LIGA 工艺的发展及应用 [J]. 微纳电子技术，2004，41 (5)：7.

[67] 赵旭，陈迪，张大成．三维微加工新技术-DEM 技术研究 [J]. 高技术通讯，2000，10 (5)：3.

[68] 孔祥东，张玉林，魏守水．基于电子束光刻的 LIGA 技术研究 [J]. 微细加工技术，2004 (1)：5.

第15章 激光雷达

本章简要介绍激光雷达原理、系统组成和典型的激光雷达应用。激光雷达技术是光电探测技术和激光技术结合的产物。激光雷达从传统的微波雷达延伸到光学频段，与传统微波雷达相比，激光雷达具有探测灵敏度和分辨率高、抗干扰性强、可实现分子量级探测、体积小、重量轻等特点，广泛应用在国防建设、智慧交通、遥感测量、无损检测、医疗诊断等领域。目前，激光雷达技术已成为一种重要的探测技术。

15.1 激光雷达原理

激光雷达（Light Detection and Ranging，LiDAR）是激光探测及测距系统的简称，是在激光技术和微波雷达基础上发展起来的，其工作原理与微波雷达相似。微波雷达以电磁波为信息载体，实现对目标的搜索、跟踪和定位，而激光雷达以激光为信息载体，将激光用于回波测距、定位，并通过位置、径向速度及物体反射特性识别目标[1]。

激光是受激辐射发出的光，光子在相位上是一致的，加之谐振腔的选模作用，激光具有很强的空间相干性[2]。激光广泛应用在精密加工、准直、测距、精密测量等方向。

激光雷达通过发射系统向目标物发射激光脉冲信号，然后通过接收系统接收脉冲回波信号，对回波信号进行处理后得到目标物的信息。以上过程可以通过激光雷达方程[2]表示。

朝目标物发射激光束，光束在目标表面上的光斑面积 A_{laser} 为

$$A_{\text{laser}}=\frac{\pi R^2\beta_{\text{t}}^2}{4} \tag{15.1-1}$$

式中：R 为激光器到目标物的距离；β_{t} 为发射激光束宽。假设光斑内的能量分布均匀，则到达目标物表面的能量密度 S_{S} 为

$$S_{\text{S}}=\frac{4P_{\text{t}}}{\pi R^2\beta_{\text{t}}^2} \tag{15.1-2}$$

式中：P_{t} 为发射功率。考虑到目标物的反射率和有效接收面积，散射功率 P_{S} 表示为

$$P_{\text{S}}=\frac{4P_{\text{t}}}{\pi R^2\beta_{\text{t}}^2}\rho A_{\text{S}} \tag{15.1-3}$$

式中：ρ 是反射率；A_{S} 为有效反射面积。假设目标体将入射能量均匀地散射到立体角为 Ω 的圆锥体中，如果激光雷达接收器的光学器件与圆锥体视野重叠，则返回信号的能量密度为

$$S_{\text{r}}=\frac{4P_{\text{t}}}{\pi R^2\beta_{\text{t}}^2}\rho A_{\text{S}}\frac{1}{\Omega R^2} \tag{15.1-4}$$

考虑到接收器天线孔径，大气和硬件系统条件的影响，单个散射体的雷达方程为

$$P_{\text{R},i}(t)=\frac{4P_{\text{t}}}{\pi R^2\beta_{\text{t}}^2}\rho A_{\text{S}}\frac{1}{\Omega R^2}\frac{\pi D_{\text{r}}^2}{4}\eta_{\text{Atm}}\eta_{\text{Sys}} \tag{15.1-5}$$

式中：$P_{\text{R},i}(t)$ 表示 t 时刻散射体 i 的回波信号；D_{r} 为接收器光学天线的孔径；Ω 是地物的散射立体角；η_{Atm} 为大气传输系数；η_{Sys} 为激光雷达系统光学传输系数。将散射体有关的参数整合可得散射截面系数 σ，即

$$\sigma=\frac{4\pi}{\Omega}\rho A_{\text{S}} \tag{15.1-6}$$

由式（15.1-6）可以看出散射截面系数与散射体大小、散射率和散射方向有关。对于多散射体的激光雷达方程可以表示为

$$P_{\text{sum}}(t)=\sum_{i=1}^{N}\eta_{\text{atm},i}\eta_{\text{Sys},i}\frac{D_{\text{r}}^2}{4\pi R_i^4\beta_{\text{t}}^2}P_{\text{t}}*\sigma_i(R_i) \tag{15.1-7}$$

式中：$P_{\text{sum}}(t)$ 表示 t 时刻接收 N 个散射体返回信号的累积；“ * ”表示卷积运算。

15.2 激光雷达系统

激光雷达系统是从微波雷达系统基础上发展起来，二者的结构相似，但激光雷达工作频率段延伸到光学频段，两者辐射源不同，它们的具体结构也有所差别。微波雷达中的收发天线由光学收发望远镜代替；另外，激光雷达系统需通过光学探测器将接收的光信号转换为电信号进行处理。

15.2.1 激光雷达系统组成

激光雷达系统结构如图 15.2-1 所示，主要包括发射系统、接收系统、信号与数据处理模块以及系统控制与显示部分。

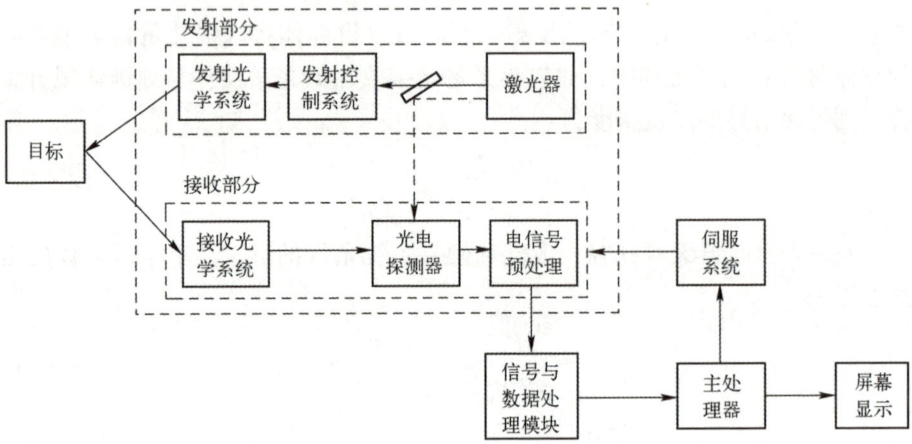

图 15.2-1 激光雷达系统结构图

1. 发射系统

(1) 激光器。

激光器是激光雷达的核心部件。目前激光器的种类繁多，各有特点，对于激光器的选型需要考虑多种因素。通常根据激光雷达的使用环境和应用目的，对体积、功耗、稳定性、成本、波长匹配、大气传输特性、脉冲宽度、功率、技术成熟度等多因素综合考虑进行激光器选型。目前激光雷达中广泛应用固体激光器、气体激光器和半导体激光器这三类。表 15.2-1 为激光雷达系统中常用激光器性能与特点。

表 15.2-1 激光雷达系统常用激光器性能与特点[3]

序号	波长/μm	激光器类型	连续功率/W	脉冲能量/J	脉冲重复频率/Hz	脉冲宽度/μs
1	0.355	YAG 三倍频				
2	0.532	YAG 二倍频				
3	0.75	半导体	0.1	12000		20
4	0.77~0.84	半导体	10	200000	100	200
5	0.808	半导体		100	1000	0.1
6	1.054	铷玻璃	1~1000	100	0.008	0.02
7	1.06	Nd:YAG		1000	10000	0.01
8	1.33~1.55	光纤激光器	0.01~1000			0.01
9	1.94~2.1	TmHo:YLF		0.1~1	10000	0.3
10	3~5	光参量激光器				0.3
11	9~11	二氧化碳	0.1~1000	5000	50000	0.1

（2）发射控制系统。

激光雷达的发射控制系统对激光器发射出的激光进行调制以及实现激光束空间位置、方向和束宽的控制。激光调制有脉冲调制（Pulse Modulation，PM）、振幅调制（Amplitude Modulation，AM）和频率调制（Frequency Modulation，FM）。通过调制可获得所需的激光波形，并使传输的激光信号含有探测信息。发射控制系统一般通过控制激光激励源和光束控制机构实现上述功能。

（3）发射光学系统。

发射光学系统也叫发射望远镜。发射光学系统对激光束进行整形，压缩光束发散角，对光束进行准直和扩束，生成满足测量分辨率和空间范围要求的激光束后，射向空间。对于传统的激光成像雷达还需要激光扫描装置。

2. 接收系统

激光雷达的接收系统接收目标反射和散射回的信号，这些信号含有探测信息，经光电探测器转换为电信号，并对电信号预处理后传输给信号处理模块。激光雷达的接收技术有相干接收和非相干接收两类。非相干接收技术采用直接接收的方式，技术简单，但对于弱信号的探测能力差。相干接收技术将本振激光信号与回波信号混合起来消除噪声，极大地提升弱信号的检测能力，但相干接收技术对激光频率稳定性、光学天线和光路要求更高。

（1）接收光学系统。

接收光学系统也叫接收望远镜，它由一系列透镜组成，光学接收系统的功能是将目标反射和散射回的激光能量汇聚到探测器上。光学接收系统可以是合置的，即与发射光学天线放置在一起，也可以是分置的，即与发射光学天线分开放置。

（2）光电探测器。

光电探测器的功能是将光信号转化为电信号。在采用非相干接收技术的接收系统中，光电探测器将接收光学天线接收到的光信号直接转化为电信号。而在采用相干接收技术的接收系统中，光电探测器将接收光学天线接收的光信号与本振激光信号的混频信号转化为电信号。

（3）电信号预处理。

电信号预处理主要包括前置放大器和主放大器。前置放大器对电信号进行匹配滤波、噪声抑制、频率和相位的预处理。主放大器将电信号功率进一步放大。

3. 信号与数据处理模块

信号与数据处理模块将预处理后的电信进一步处理，提取其中的距离、速度、角度和目标特征信号。输入主处理器进行处理的信号需要是数字信号，因此信号与数据处理模块将得到的模拟量信号通过量化和采样实现 A/D 转化，变为数字信号。

4. 系统控制与显示部分

主处理器将数字信号处理为可视的图像信息和直观的目标特征参数（速度、角度、位置等）。伺服系统根据上述信息实现对目标的捕获和跟踪。主处理器并将处理后的可视信号传输到屏幕进行显示。

15.2.2 激光雷达系统分类

激光雷达经过多年的发展，已经广泛应用于众多领域。根据不同的划分标准，激光雷达可以分为多种类型。

根据接收技术可以划分为相干式和非相干式。非相干式激光雷达采用直接接收技术，只保留了目标信号的幅度能量信息。相干式激光雷达采用相干接收的外差和光子计数方式，不仅保留了目标信号的幅度能量信息，而且保留了信号的频率、相位和偏振信息。

根据激光物质的不同，激光雷达可分为固体激光雷达、气体激光雷达和半导体激光雷达。固体激光具有峰值功率高，与现有光学元件和器件匹配度高的优点，加之体积小、效率高、重量轻，广泛地应用在机载和天基系统。气体激光雷达主要以 CO_2 激光雷达为代表。半导体激光雷达能以高重复频率方式连续工作，具有体积小、成本低、寿命长等优点，也是目前发展的热点。

根据扫描方式的不同，激光雷达可分为机械旋转激光雷达和固态激光雷达。机械旋转激光雷是目前应用较为广泛的雷达类型，但存在系统结构复杂、成本高、稳定性不足等缺点，因此固态激光雷达正逐渐取代机械旋转激光雷达。固态激光雷达可分为 MEMS 激光雷达、光学相控阵激光雷达和 Flash 激光雷达。

根据功能用途的不同，激光雷达可分为测距、测速、成像、大气探测、跟踪激光雷达等。测距激光雷达通过测量往返激光的时间差确定距离，其工作方式分为两种：一种通过直接测量时间往返时间叫作脉冲激光测距，另一种通过测量相位间接测定时间差叫作连续波激光测距。测速激光雷达通常采用两种方法：一种通过测量物体两次特定时间的距离，实现速度测量，另一种通过多普勒频移现象，激光雷达与目标存在相对速度时，发射激光信号与接收激光信号存在频率差，通过测量这个频率差实现速度测量。激光成像雷达可生成探测目标的距离图像、强度图像等[4]。大气探测激光雷达主要用于大气分子、风速、风向探测等，实现大气环境的监测。跟踪雷达用于持续跟踪目标，提供目标的位置和远动轨迹等信息。

根据激光发射波形的不同，激光雷达可分为脉冲型和连续型激光雷达。根据激光雷达的载荷平台不同，可分为固定平台和移动平台，其中移动平台又可分为机载、星载、车载激光雷达。

15.2.3 激光雷达系统特点

相较于微波雷达，激光雷达的激光波长比微波短几个数量级，拥有更窄的波束和能量更强的粒子。激光雷达的特点如下。

(1) 由于激光的光束较窄，小口径天线即可发射窄光束，具有较高的角分辨率。

(2) 对于距离和速度测量分辨率高，可获得幅度、频率和相位信息。

(3) 抗干扰性强，不受无线电波和等离子层干扰，低仰角状态下，对地面和海面的多路效应不敏感。

(4) 激光雷达的波长较短，可以实现分子量级的探测，能够完成对极小目标的探测。

（5）激光雷达探测系统的结构系统可以做到很小，随着微电子和微光学的发展，激光雷达的小型化和集成化程度越来越高，更便于集成到各种移动载荷平台。

15.3 典型激光雷达应用

根据搭载平台不同，激光雷达可以分为机载激光雷达系统、星载激光雷达系统和车载雷达系统等。其中，机载激光雷达系统能够获取大范围地面目标的三维坐标，通常用于地面表面建模；星载激光雷达存在运行轨道高和观测范围广的优势，可以观测地球表面大部分区域，甚至可以进行行星和月球观测。车载激光雷达系统则侧重于道路周边物体的高精度三维坐标数据，通常用于道路检测和城市三维建模等。本节介绍以上三种类型的激光雷达系统。

15.3.1 机载测距激光雷达系统

机载测距激光雷达系统是一种主动式对地观测系统，以飞机为主要的载荷平台，发射激光对地面进行扫描，获得高精度的地面三维激光点云数据。机载测距激光雷达系统主要由动态差分全球定位系统（Global Positioning System, GPS）、姿态测量系统和激光扫描测距装置组成。动态差分 GPS 系统用于确定扫描投影中心的空间位置。姿态测量系统用于测量扫描装置主光轴的姿态参数。激光扫描测量装置用于测量投影点到测量点的距离。

机载测距激光雷达系统的原理如图 15.3-1 所示。假设空间中某一点 O 的三维坐标(X_O,Y_O,Z_O)已知，如果可以测得待测点 P 到该点的矢量 $\boldsymbol{S}$，则点 O 与矢量 $\boldsymbol{S}$ 相加即为 P 点的三维坐标(X,Y,Z)。O 的三维坐标(X_O,Y_O,Z_O)可通过动态差分 GPS 系统获得。矢量 $\boldsymbol{S}$ 的模可通过激光测距雷达给出。矢量 $\boldsymbol{S}$ 的方向余弦由观测平台法线的俯仰角 φ、侧滚角 ω、偏航角 κ 及观测方向与法线间夹角 θ 得出，俯仰角 φ、侧滚角 ω 和偏航角 κ 可由姿态测量系统测得。

机载激光雷达系统的关键技术主要包括了激光测距技术、激光扫描技术、GPS 以及姿态测量技术等。下面对这几项关键技术进行介绍。

1. 激光测距技术

激光测距技术是激光雷达最基础的应用技术。激光雷达向空中发射激光，

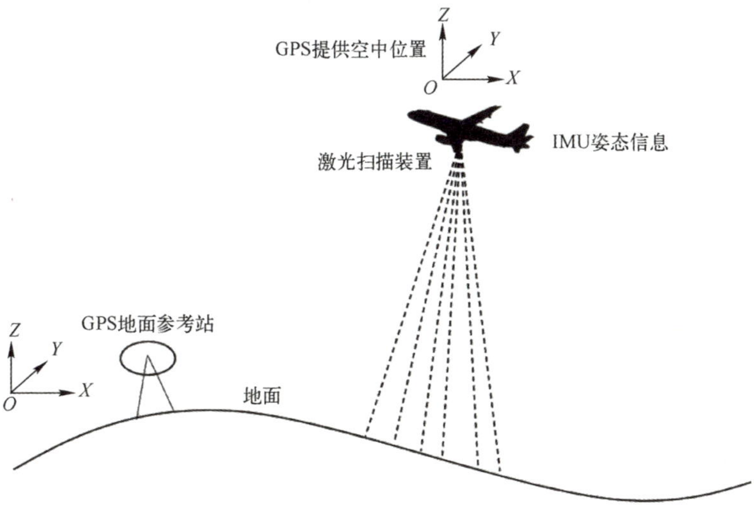

图 15.3-1 机载激光雷达系统原理

激光到达目标表面后部分被反射回激光雷达的接收机。通过测量激光的往返时间得到激光雷达与目标的距离。假设激光的往返时间为 t，激光在空中的传播速度为 c，则距离 D 为

$$D=\frac{1}{2}ct \tag{15.3-1}$$

激光测距技术的工作方式分为两类：一类是脉冲激光测距方法，这种方法直接测量时间 t；另一类是连续波激光测距方法，这种方法通过相位间接测量时间 t。

脉冲激光测距方法的测量原理如图 15.3-2 所示，由脉冲激光器向目标发射一系列窄激光脉冲，激光脉冲到达目标表面后部分反射回接收机，通过测量激光脉冲从发射到返回的时间即可得到距离。通过脉冲激光测距方法得到的距离表达式为

$$R=\frac{1}{2}ct \tag{15.3-2}$$

式中：R 为所测距离；t 为脉冲传播时间。

距离分辨率表达式为

$$\Delta R=\frac{1}{2}c\Delta t \tag{15.3-3}$$

式中：ΔR 为距离分辨率，距离分辨率可以理解为脉冲激光测距技术能够区分

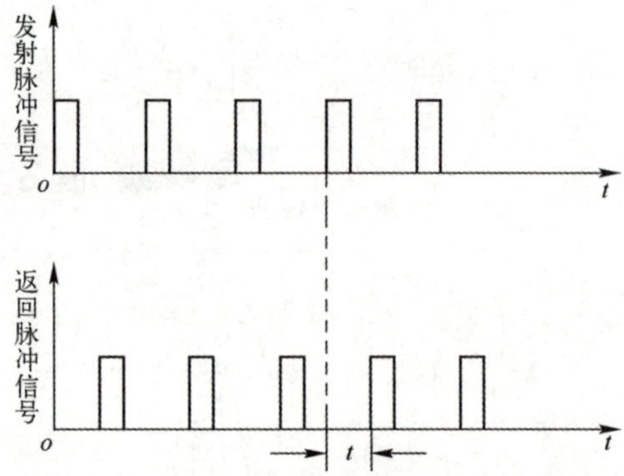

图 15.3-2　脉冲激光测距方法原理

两个目标的最小距离。由式（15.3-3）可知，距离分辨率取决于 Δt，即计时器的精度。

脉冲测距技术为了区分不同脉冲的回波，激光器必须在接收器接收到上一脉冲的回波后才能发射下一脉冲，因此脉冲测距技术存在最大测量距离，其表达式为

$$R_{\max}=\frac{1}{2}ct_{\max} \tag{15.3-4}$$

式中：$R_{\max}$为最大测量距离；$t_{\max}$为脉冲的最大往返时间，其取决于脉冲激光的发射频率。发射频率决定相邻脉冲的时间间隔，即脉冲最大往返时间，进而决定了最大测量距离。

连续波激光测距方法的测量原理如图 15.3-3 所示，连续波激光测量技术采用相位方式测量距离，由激光器向目标发射一束调制的连续波激光，连续波到达目标表面后部分反射回接收机，通过测量发射波与返回波的相位差即可得到所测距离。连续波激光测距方法的相对误差只有百万分之一。相位差的传播时间为

$$t=\frac{\phi}{2\pi}T \tag{15.3-5}$$

式中：ϕ 为发射波与回波的相位差；T 为连续波的周期时长。

通过连续波激光测距方法得到的距离表达式为

$$R=\frac{1}{2}ct=\frac{c\phi}{4\pi}T \tag{15.3-6}$$

由于 $T=\frac{\lambda}{c}$，代入式（15.3-5）可得

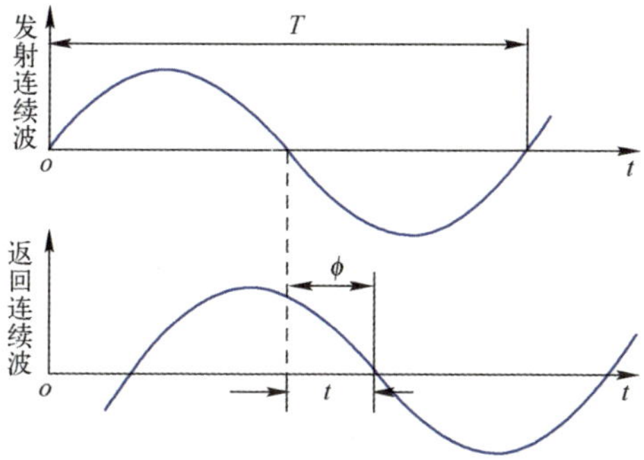

图 15.3-3 连续波激光测距方法原理

$$R=\frac{\lambda}{4\pi}\phi \tag{15.3-7}$$

式中：λ 为连续波的波长。距离分辨率表达式为

$$\Delta R=\frac{\lambda_{\text{short}}}{4\pi}\Delta\phi \tag{15.3-8}$$

式中：λ_{short}为连续波中的最短波长。由此可知连续波激光测距法的距离分辨率取决于连续波中的最短波长。由于相位差最大为 2π，连续波激光测距法同样存在最大测量距离，最大距离表达式为

$$R_{\max}=\frac{\lambda}{4\pi}\phi=\frac{\lambda}{4\pi}2\pi=\frac{\lambda_{\text{long}}}{2} \tag{15.3-9}$$

式中：λ_{long}为连续波中最长波长。

2. 激光扫描技术

一束激光只能获得航迹下的一条扫描线，为了获得一系列激光点的距离信息需要通过激光扫描技术进行作业。目前常见的激光扫描方式主要有线扫描、圆锥扫描和光纤扫描方式。

线扫描方式主要通过电机带动摆动式扫描镜按照固定角度摆动，或者驱动旋转式扫描镜匀速运动，扫描镜反射激光在地面形成 Z 字形或平行的扫描线。

圆锥扫描方式通过一个倾斜放置的可沿转轴旋转的棱镜反射激光，在地面形成椭圆形的扫描线。这种扫描方式结构简单，激光脚点分布不均匀，不利于数据处理。

光纤扫描方式将发射和接收光纤阵列排成一行，在地面形成 Z 字形或平行的扫描线。这种扫描方式的最大特点就是扫描速度远高于其他扫描方式。

3. GPS

在机载雷达激光系统中，GPS 用于给出光学系统投影点的空间位置坐标，并持续校准姿态测量系统（IMU），构成 IMU/GPS 复合姿态测量系统。

全球定位系统（GPS）是一种空基无线电导航定位系统，能够为用户在地球表面或近地空间的任何位置提供全天候的三维坐标、速度和时间信息[5]。GPS 的测量原理使用三球定位原理，用户通过接收机获得与 3 个导航卫星的距离信息，并构建 3 个球面，3 个球面的交点就是接收机的位置点。由于卫星和接收机间无法轻易达到时钟同步，因此会增加一组未知的时间差信息，需要通过已知 4 颗卫星信息才能完成定位。

差分 GPS 技术在用户附近设置一个已知精准三维坐标的差分 GPS 基准站，基准站的接收机接收 GPS 信息，并与已知坐标对比得到误差求出修正量，并将修正量传输给附近用户，修正用户定位数据，提高定位精度。

4. 姿态测量技术

在机载激光雷达系统中，姿态测量技术用于获取扫描装置主光轴的姿态参数俯仰角 φ、侧滚角 ω、偏航角 κ。机载雷达激光中的姿态测量系统通常由 3 个陀螺仪、3 个加速度计和处理器组成。陀螺仪测量的角速度对时间进行积分获取观测平台的俯仰角 φ、侧滚角 ω、偏航角 κ。观测平台静止或匀速运动时通过加速计测量值结合重力分量可以测得俯仰角 φ 和侧滚角 ω。处理器将陀螺仪和加速度计测量的姿态角数据进行融合获得最佳的姿态信息。

机载激光雷达系统的性能主要通过扫描角、发散角、脉冲能量、脉冲频率、脉冲宽度、扫描频率、飞行高度和测量精度等指标表现，下面对以上指标进行介绍。

（1）扫描角。

激光雷达系统的扫描角又称视场角，是指激光束通过扫描装置后到达的最大角度范围。扫描角越大测量光束覆盖范围越大，目前先进的激光雷达系统扫描角度可达 75°。

（2）发散角。

激光束的发散角是激光束发射的散射角度，也就是均匀光束的圆孔衍射极限束宽，其大小是发射机通光孔径 d 和激光波长 λ 的函数，单位一般为毫弧（mrad），表达式为

$$\varphi = 2.44\frac{\lambda}{d} \tag{15.3-10}$$

在这个角度内集中了激光束 84% 的能量。

(3) 脉冲能量。

脉冲能量指激光雷达发出的单个脉冲具有的能量。

(4) 脉冲频率。

脉冲频率为激光雷达单位时间内发射出的激光脉冲数量。在功率相同的情况下，脉冲频率越低，单脉冲的能量越高；脉冲频率越高，单脉冲的能量越低。

(5) 脉冲宽度。

脉冲宽度指单个脉冲作用的时间，即光子数从半极大值到峰值的时间与光子数从峰值到半极大值的时间之和。在脉冲能量相同的情况下，脉宽越宽，脉冲峰值功率越低；脉宽越窄，脉冲峰值功率越高。

(6) 扫描频率。

扫描频率指激光雷达单位时间内扫描的次数。扫描频率越高，每秒扫描的次数越多，雷达系统的感知速度越快、实时性越高。Lite Maper 5600 激光雷达的扫描频率可达到 100kHz。

(7) 飞行高度。

机载激光雷达系统的飞行高度为系统能够精确测量的最远距离。飞行高度受多种因素的影响，包括激光功率、大气和目标的反射状况以及探测器的灵敏程度。

(8) 测量精度。

测量精度为测量目标参数的误差，这个值是多次测量目标后对误差的统计平均值，即均方根值。

(9) 垂直分辨率。

垂直分辨率是激光脉冲通过路径上能够区分不同目标间的最小距离。激光脉冲路径上遇到不同的目标会产生多次回波，为区分不同目标的回波必须考虑垂直分辨率。在一个脉冲宽度内无法区分不同目标，因此垂直分辨率的大小与脉冲宽度有关，其大小表示为

$$H_{\min}=c\frac{t_{\min}}{2} \tag{15.3-11}$$

式中：$H_{\min}$为垂直分辨率；$t_{\min}$为脉冲宽度。

目前成熟的商用机载激光雷达系统主要有德国 IGI 和奥地利 RIGEL 联合开发的 Lite Maper 5600、美国 Lecai 开发的 ALS 系列以及加拿大 OPTECH 开发的 ALTM3100EA 等。表 15.3-1 为以上商用激光雷达的性能对比。

表 15.3-1 商用机载激光雷达系统性能对比表

系统名称	Lite Maper 5600	ALS50-Ⅱ	ALTM3100EA
生产厂家	德国 IGI 和奥地利 RIGEL	美国 Lecai	加拿大 OPTECH
最大扫描频率/Hz	160	90	70
最大扫描角/(°)	60	75	50
最大发射频率/kHz	400	150	100
高程精度/m	未知	0.11(500) 0.15(1000) 0.13(2000)	0.10(500) 0.10(1000) 0.15(2000)
平面精度/m	未知	0.11(500) 0.11(1000) 0.24(2000)	0.09(500) 0.18(1000) 0.36(2000)
回波次数	未知	4 次回波	无穷
扫描方式	线扫描	线扫描	线扫描
垂直分辨率/m	未知	2.8	未知
数据采集高度/m	30~2000	200~6000	80~3500

15.3.2 星载激光雷达系统

星载激光雷达系统是在 20 世纪 60 年代发展起来的一种高精度地球探测技术。最初，星载激光雷达系统应用于测距，例如，美国 NASA 发射的 ICESat 卫星搭载了地球激光测高系统（Geoscience Laser Altimeter System, GLAS）就是用于地球表面地形地貌和云层数据的测量。随后，星载激光雷达系统的应用扩展到气溶胶和云层形态位置的测量，例如，法国国家航天中心和美国 NASA 联合研发的正交偏振云-气溶胶激光雷达 GALIOP 是世界首台星载云-气溶胶激光雷达。全球的大气风场的测量也是星载激光雷达的应用领域，欧洲航天局研发的大气激光多普勒雷达 ALADIN 可从太空测量全球风场。本节将对地球激光测高系统 GLAS 进行简要介绍。

GLAS 系统于 2003 年 1 月 13 日搭载在一架波音德尔塔 2 型运载火箭上，在美国加利福尼亚州范登堡空军基地成功发射。GLAS 的高度测量原理与机载激光雷达系统的激光测距技术相同。GLAS 系统的发射部分采用 Nd:YAG 激光器，激光器为双波长工作方式，波长分别为 1064nm 和 532nm。其中，1064nm 的激光束用于地形地貌测量，1064nm 和 532nm 共同用于云层和气溶胶测量。GLAS 系统组成如图 15.3-4 所示，包括 3 台激光器（黄色）、1 个带护罩直径为 1m 的望远镜、导热管（红色）以及侧面的散热器。

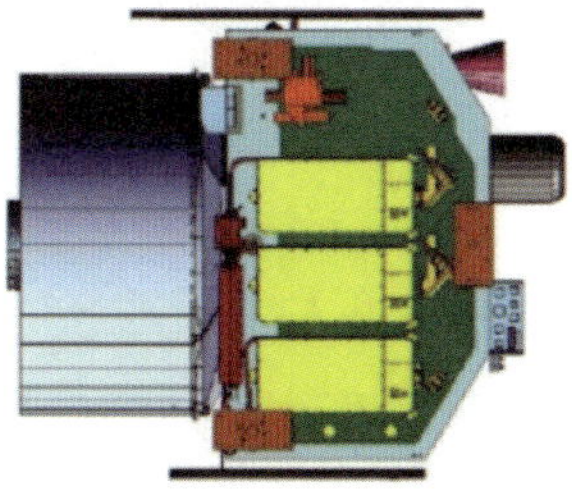

图 15.3-4 GLAS 系统结构组成[6]

GLAS 系统拥有 3 台相同的激光器，以满足至少 3 年的设计使用寿命。在执行任务期间，1 台激光器连续工作，其余的激光器根据工作需求打开，并通过翻转光学镜组完成光学选择。在实际使用中，第 1 台激光器由于使用含铟焊料过多，使金属导体氧化成不导电的金铟化合物，造成二极管阵列内部导体被腐蚀，仅工作了 37 天就停止传送数据。第 2 台激光器因氢碳化合物泄露与 532nm 的光子反应，造成能量迅速消耗而停止数据采集。第 3 台激光器不再采用连续工作模式，而是每年进行 91 天精确重复轨道周期测量。新的周期分为 3 个测量周期，每个测量周期大约 33 天。直到 2009 年 10 月 11 日第 3 台激光器停止工作，在 5 年半的时间内采集到了 15 个 33 天数据。

GLAS 的发射系统对地表面测量，测量距离较远，需要获取较高的脉冲峰值能量，因此采用激光调 Q 技术，脉冲宽度被压缩至 6ns。部分的脉冲能量通过非线性光学晶体转换为 532nm。对于每次激光发射，激光输出的能量在 1064nm 波长处约为 75mJ，在 532nm 波长处为 35mJ。发射的脉冲发散角约为 110mrad，激光脉冲在地球表面的光斑直径约为 60m。脉冲频率为 40Hz，相邻光斑中心的间距为 172m。

从大气和地球表面反向散射的激光被望远镜收集，并被 GLAS 接收。接收望远镜口径为 1m，1064nm 波长的回波通过 1nm 的滤光片到达光电探测器，1064nm 波长的回波通过 326pm 和 30pm 的滤光片到达光电探测器。GLAS 系统的仪器参数如表 15.3-2 所列。

表 15.3-2 GLAS 系统的仪器参数[7]

激光器类型	ND:YAG 激光器
激光器数量	3
脉冲频率/Hz	40
脉冲宽度/ns	6
激光发散角/μrad	70~110
望远镜直径/m	1
1064nm 探测器模式	Si APD-Analog 模式（1 主要+1 备用）
1064nm 地表数字化转换器精度/ns	1（射程内 15cm）
532nm 探测器模式	Si APD-Geiger 模式（8 个同时使用）
532nm 气溶胶数字化转换器精度/ns	500（射程内 75m）
激光束测量角度/μrad	<10（相对于恒星）
质量/kg	330
系统功耗/W	310（平均）
尺寸/cm	~110×140×110

15.3.3 车载激光雷达系统

近几年随着无人驾驶、自动驾驶等成为研究热点，车载激光雷达技术也迅速发展，成了一种有效的测绘手段。车载激光雷达系统可以在平台高速移动状态下获取道路及周边地物的高精度表面数据信息，主要用于自动驾驶、道路监测以及城市三维建模。国内外厂商对于车载激光雷达系统的研发极为重视。目前国外的车载激光雷达系统有：奥地利 Riegl 公司 VMX 系列车载激光雷达系统，加拿大 Optech 公司的山猫移动测量系统，日本 TOPCON 公司推出的 IP 系列车载激光雷达系统，美国 Trimble 公司的 MX 车载移动测绘系统，瑞士徕卡公司推出的 Leica Pegasus：Two 移动激光扫描系统和英国 MDL 公司的 Dynascan 系列产品。国内的车载激光雷达系统相对于国外发展较慢，但近些年来也有所突破。国内主要的车载激光雷达系统有：北京四维远见信息技术有限公司的 SSW 系列车载激光雷达系统，立得空间信息技术股份有限公司的 LD2000-RM 基本型移动道路测量系统、全景激光移动测量系统 LD-2011，北京北科天绘科技有限公司研制的 R-Angle 系列车载激光雷达系统，武汉滨湖电子有限公司的车载激光建模系统 SSW-MMST 等。下面对奥地利 RIEGL 公司的 VMX-450 车载激光雷达进行简要介绍。

RIEGL VMX-450 车载激光雷达系统是一款具有极高测量速率的扫描系

统，在高速行驶的状态下仍可以获取高密度、高精度的三维点云数据。整套移动测量系统集成两台 RIEGL VQ-450 激光扫描仪，以及惯性测量设备和全球卫星导航系统（Global Navigation Satellite System，GNSS）设备。用户最多可使用 6 个带有精确时间标记的高分辨率相机。RIEGL VMX-450 车载激光雷达系统如图 15.3-5 所示。

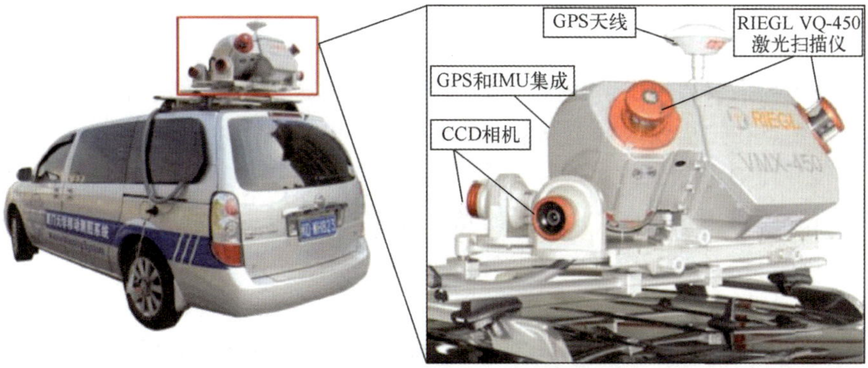

图 15.3-5 RIEGL VMX-450 车载激光雷达系统[7]

RIEGL VMX-450 激光雷达系统的工作参数如表 15.3-3 所列。RIEGL VQ-450 激光扫描仪的扫描频率为 200Hz，最大脉冲频率为 550kHz。采集的三维点云数据的绝对精度为 8mm，测量精度为 5mm，测量角度分辨率为 0.001°。激光采用近红外波长，扫描视场为 360°全景扫描。

表 15.3-3 RIEGL VMX-450 激光雷达系统的工作参数

系统名称	RIEGL VMX-450
平台	车辆或船
最大测量距离/m	800
最小测量距离/m	1.5
测量精度/mm	5
绝对精度/mm	8
扫描模式	线扫描
扫描视场	360°全景扫描
扫描频率/Hz	200
最大脉冲频率/kHz	550
测量角度分辨率/(°)	0.001
波长	近红外

1. 车载激光雷达系统组成

车载激光雷达系统以车辆作为搭载平台，系统主要由激光扫描仪、定位定姿模块、CCD 相机和多传感器同步集成与控制装置组成。定位定姿模块主要包括 GPS，惯性测量单元（Inertial Measurement Unit，IMU）和安装在车轮上的距离测量指示器（Distance Measuring Instrument，DMI）。各部分的功能如下。

（1）激光扫描仪。

激光扫描仪通过发射和接收脉冲的时间差估算目标到激光扫描仪的距离，确定测量点在扫描仪内置坐标系中的坐标。

（2）CCD 相机。

CCD 相机用于获取对应场景的光谱信息，可以辅助后续的点云数据处理。CCD 相机可以是面阵相机也可以是线阵相机。

（3）GPS。

车载激光雷达系统中 GPS 的作用与机载激光雷达系统中相似，GPS 用于接收时间、位置、速度和方向的观测值。

（4）IMU。

车载激光雷达系统中 IMU 的作用与机载激光雷达系统中相似，IMU 用于获取车辆行驶过程中的空间姿态参数，主要包括车辆的俯仰角、侧滚角和方向角。

（5）DMI。

DMI 也称为仪表化轮胎，通常安装在车胎，通过测量车胎旋转圈数估计行驶距离。其输出脉冲表示仪表化轮胎分数阶的旋转数，并最终转换为车辆的行驶距离[8]。

（6）多传感器同步集成和控制装置。

多传感器同步集成和控制装置用于 GPS、IMU、CCD 相机以及激光扫描仪等传感器的时间同步和数据存储工作。

2. 车载激光雷达系统工作原理

车载激光雷达系统的激光扫描仪和定位定姿模块的数据获取是相互独立的。当测量车沿着道路行驶扫描道路及周边地物时，定位定姿模块记录 GPS、IMU 和 DMI 的数据信息。差分 GPS 基准站接收 GPS 信息与已知坐标对比，计算测量车的差分 GPS 位置数据。根据差分 GPS 数据信息、惯性测量单元数据和距离测量指示器数据，激光扫描仪的定位精度最高可达厘米级，定向精度可达 0.01°。车载激光雷达系统的定位定向数据、激光扫描点云数据和 CCD

相机的数据基于 GPS 时间同步存储。将同步后的数据信息转换到大地坐标系下，即可以绝对坐标表示地物目标[7]。

参考文献

[1] 戴永江. 激光雷达技术 [M]. 北京：电子工业出版社, 2010.

[2] WAGNER W, ULLRICH A, DUCIC V, et al. Gaussian decomposition and calibration of a novel small-footprint fullwaveform digitising airborne laser scanner [J]. ISPRS Journal of Photogrammetry and Remote Sensing, 2006, 60 (2): 100-112.

[3] 王春晖, 陈德应. 激光雷达系统设计 [M]. 哈尔滨：哈尔滨工业大学出版社, 2014.

[4] 杨兴雨, 苏金善, 王元庆, 等. 国内外激光成像雷达系统发展的研究 [J]. 激光杂志, 2016, 37 (1): 1-4.

[5] 宁津生, 姚宜斌, 张小红. 全球导航卫星系统发展综述 [J]. 导航定位学报, 2013 (1): 3-8.

[6] ZWALLY H J. Icesat's laser measurements of polar ice and atmosphere [C]//EGS General Assembly Conference Abstracts, 2002: 6587.

[7] 汪汉云. 高分辨率三维点云目标识别技术研究 [D]. 长沙：国防科技大学, 2015.

[8] PETRIE G. An introduction to the technology: mobile mapping systems [J]. Geoinformatics, 2010, 13 (1): 32.

参考文献